U0349528

新型钢-混凝土组合剪力墙及筒体结构

——试验、理论与技术

曹万林 著

科学出版社

北京

内 容 简 介

本书结合高层建筑组合结构的抗震设计需求，考虑钢-混凝土组合剪力墙及筒体的构造特点，提出了不同抗侧力体系组合与钢和混凝土两种不同特性材料组合联合应用的多重组合剪力墙及筒体体系。首先在体系层次上，合理选择了各具优势的混凝土剪力墙、钢桁架、钢板剪力墙、密柱深梁钢构等不同抗侧力体系组合，并将抗侧力体系的优化组合作为获得高效抗震体系的首要问题；然后，在构件层次上，将不同受力特性的钢和混凝土两种材料组合起来，以获得合理的性价比和高效的抗震效果。本书阐述了作者提出的钢-混凝土多重组合剪力墙及筒体体系的抗震设计思路，介绍了所研发的几种不同构造的钢-混凝土组合剪力墙及筒体体系的抗震性能试验与匹配的主要试验结果，给出了相应的理论分析方法及构造措施，并列出了部分工程应用案例。

本书可供建筑结构领域工程设计和研究人员及高等院校土建专业的师生参考。

图书在版编目(CIP)数据

新型钢-混凝土组合剪力墙及筒体结构：试验、理论与技术 / 曹万林著. —北京：科学出版社，2018.12

ISBN 978-7-03-056300-2

Ⅰ. ①新… Ⅱ. ①曹… Ⅲ. ①高层建筑-钢筋混凝土结构-剪力墙结构-研究 Ⅳ. ①TU973.1

中国版本图书馆 CIP 数据核字（2018）第 006480 号

责任编辑：王 钰 陈将浪 / 责任校对：王万红
责任印制：吕春珉 / 封面设计：东方人华平面设计部

科学出版社 出版
北京东黄城根北街 16 号
邮政编码：100717
http://www.sciencep.com

北京中科印刷有限公司印刷
科学出版社发行 各地新华书店经销
*
2018 年 12 月第 一 版 开本：B5（720×1000）
2018 年 12 月第一次印刷 印张：25 3/4
字数：502 000

定价：150.00 元

（如有印装质量问题，我社负责调换〈中科〉）
销售部电话 010-62136230 编辑部电话 010-62137026

序

结构材料的发展推动了结构工程学科的快速发展，在现有材料基础上优化挖潜可显著提升结构的性能。对于钢材和混凝土这两种典型的传统建筑材料，如何通过组合技术使两者各自的性能优势得到更充分的发挥，一直是国内外学者研究的热点问题之一。近年来，钢-混凝土组合结构在大型复杂高层建筑中的应用越来越多，钢-混凝土组合剪力墙及筒体体系是高层建筑组合结构抗震设计的主体，提升钢-混凝土组合剪力墙及筒体体系的抗震性能是高层建筑组合结构抗震设计需要解决的关键技术问题。

本书作者曹万林教授从事钢筋混凝土带暗支撑剪力墙、钢-混凝土组合剪力墙及筒体结构体系的抗震研究已有二十余年，研发了具有新型构造的组合剪力墙及筒体结构高效抗震体系，本书是作者从事钢-混凝土组合剪力墙及筒体结构体系抗震研究的部分成果总结。作者结合高层建筑组合结构的抗震设计需求，考虑钢-混凝土组合剪力墙及筒体的构造特点，创造性地提出以下观点：首先在体系层次上，应合理选择各具优势的混凝土剪力墙、钢桁架、钢板剪力墙、密柱深梁钢构等不同抗侧力体系组合，并将抗侧力体系的优化组合作为获得高效抗震体系的首要问题；然后，在构件层次上，将不同受力特性的钢、混凝土两种材料组合起来，以获得合理的性价比和高效的抗震效果。作者提出并研发了“内藏钢桁架混凝土组合剪力墙及筒体”“钢管混凝土边框内藏钢桁架组合剪力墙及筒体”“钢管混凝土边框内藏钢板组合剪力墙及筒体”“钢管混凝土叠合边框内藏钢板及钢桁架组合剪力墙及筒体”“内藏密柱深梁钢构混凝土组合剪力墙及筒体”等结构体系，形成了具有新型构造的组合剪力墙及筒体高效抗震体系系列，并获得了相应的自主知识产权。作者进行了系统的抗震试验和理论研究，建立了适用于新型组合剪力墙及筒体构造特点的力学模型，提出了设计方法和构造措施，形成了关键理论与技术。

本书阐述了作者提出的钢-混凝土多重组合剪力墙及筒体体系的抗震设计思路，介绍了所研发的几种不同构造的钢-混凝土组合剪力墙及筒体体系的抗震性能试验与匹配的主要试验结果，给出了相应的理论分析方法及构造措施，并列出了部分工程应用案例。本书的出版必将对钢-混凝土组合剪力墙及筒体结构的研究和工程应用起到推动作用。

聂建国

中国工程院院士

清华大学土木工程系教授

2017 年 12 月

前　言

我国是世界高层和超高层建筑发展最快的国家。高层建筑抗震设计的首要问题是高效能的抗震体系（即高效抗震体系），与之匹配的是高性能的抗震和消能减震构件。钢-混凝土组合剪力墙及筒体体系，是高层建筑组合结构抗侧力和抵抗水平地震作用的主体。作者从 1994 年开始研究钢筋混凝土带暗支撑剪力墙抗震性能，之后又开展了钢-混凝土组合剪力墙及筒体体系抗震性能的研究。结合高层建筑组合结构的抗震设计需求，考虑钢-混凝土组合剪力墙及筒体体系的构造特点，作者提出了“不同抗侧力体系组合与钢和混凝土两种不同特性材料组合联合应用的多重组合剪力墙及筒体体系”。本书是作者从事钢-混凝土组合剪力墙及筒体结构体系抗震研究的部分成果总结。

全书共分 7 章。第 1 章介绍了新型钢-混凝土组合剪力墙及筒体体系的相关知识。第 2 章介绍了有关新型钢-混凝土组合剪力墙及筒体抗震试验与理论的一些基础性内容。第 3～6 章分别介绍了所提出的几种不同构造的新型钢-混凝土组合剪力墙及筒体的抗震试验与匹配的主要试验结果，给出了相应的理论分析方法及构造措施。第 7 章介绍了新型钢-混凝土组合剪力墙及筒体体系应用的工程案例。

书中的研究成果是在作者及团队成员的共同努力下取得的，其中 4 个工程案例的关键技术研究分别是与尹华钢（教授级高级工程师）、王绍合（教授级高级工程师）、王立长（教授级高级工程师）、余海群（教授级高级工程师）等专家合作完成的，诚挚地感谢为本书出版做出贡献的所有朋友。团队成员张建伟教授、董宏英教授、乔崎云讲师，博士生常卫华、王敏、杨亚彬、张文江、王尧鸿、刘暤，硕士生王金、杨信强、耿海霞、李刚、张云鹏、刘恒超、许方方、于传鹏、张慧、张力嘉等，对书中所述的试验和理论研究的完善工作做出了重要的贡献。博士后武海鹏为本书的出版做了大量工作。

本书的研究工作得到了国家自然科学基金重点项目（项目编号：90815029）、国家自然科学基金面上项目（项目编号：50678010、50978005、51478020）和北京市科技计划重大项目（项目编号：D09050600370000）的资助。

限于作者的经验与水平，书中难免存在不足之处，恳请同行批评指正。

作　者

2017 年 9 月于北京

目　录

第1章 绪　　论

1.1 引　　言

《组合结构设计规范》（JGJ 138—2016）规定[1]：组合结构是由组合结构构件组成的结构，以及由组合结构构件与钢构件、钢筋混凝土构件组成的结构；组合结构构件是由型钢、钢管或钢板与钢筋混凝土组合能整体受力的结构构件。文献[2]对钢-混凝土组合结构的原理进行了系统研究，结果表明，组合结构将多种材料和结构构件通过某种方式组合在一起，其整体工作性能明显优于各自性能的简单叠加。钢筋混凝土结构由钢筋和混凝土两种材料组成，从某种意义上讲属于组合结构，随着钢筋混凝土结构技术的不断发展，它已经成为一个独立的结构体系。

钢-混凝土组合结构早在 1894 年就已在美国被采用，当时主要出于防火的目的在钢梁外面包裹了混凝土[3]。钢-混凝土组合结构的试验研究开始于 20 世纪 20 年代初，1922 年加拿大 Domion 桥梁公司对两个外包混凝土的钢梁进行了试验[4]，研究表明，钢-混凝土组合结构充分发挥了钢材和混凝土材料各自的性能优势，与混凝土结构相比，可以减小构件截面尺寸、减轻结构自重、减小地震作用、增加有效使用空间、降低基础造价、提高结构的延性等；与钢结构相比，用钢量减少、刚度增大、整体性和稳定性提高、抗火性能和耐久性能较高。普通钢筋混凝土剪力墙及筒体虽然刚度大、承载力高，但延性较差，国内外学者为改善其抗震性能，提出了各种改善剪力墙延性和提高其抗震性能的构造措施，如填充氯丁橡胶带的带缝剪力墙[5]、采用摩阻式控制装置的带缝剪力墙[6]、双功能带缝剪力墙[7]、带水平短缝削弱的剪力墙[8]等。

高层建筑组合结构按照受力体系可分为剪力墙结构、框架-剪力墙结构、框架-核心筒结构、巨型框架-核心筒结构、筒中筒结构等结构体系，钢-混凝土组合剪力墙及筒体体系可作为其结构抵抗风荷载和水平地震作用的主体。在同一高层建筑组合结构中，平面不同位置及竖向不同楼层的钢-混凝土组合剪力墙及筒体的设计，应根据抗侧力和抵抗水平地震作用的需求采用不同构造的组合剪力墙及筒体，在高层建筑抗震设计中，这些不同构造的组合剪力墙及筒体的合理匹配构成了钢-混凝土组合剪力墙及筒体结构体系，简称钢-混凝土组合剪力墙及筒体结构。

高层建筑组合结构的钢-混凝土组合剪力墙及筒体，在抗风设计中要求其变形处于弹性阶段，在大震作用下允许发生限值允许范围内的弹塑性变形。高层建筑组合结构抗震设计的首要问题是高效抗震体系，以高层建筑组合巨型柱框架-组合核心筒结构为例，其抗震设计的首要问题是研发高效的组合巨型柱框架-组合核心筒体系，与之匹配的是研发高性能的抗震和消能减震构件。我国已建成和正在建设的 300m 以上高度的高层建筑多数采用了组合结构。天津高银 117 大厦（设防烈度 7.5 度，高度 597m）、深圳平安国际金融中心大厦（设防烈度 7 度，高度 592.5m）和上海中心大厦（设防烈度 7 度，主体结构高度 580m），均采用了组合巨型柱框架-组合核心筒结构体系；主体结构已封顶的北京中国尊大厦（设防烈度 8 度，结构高度 528m）也采用了组合巨型柱框架-组合核心筒结构体系，如图 1-1 所示。

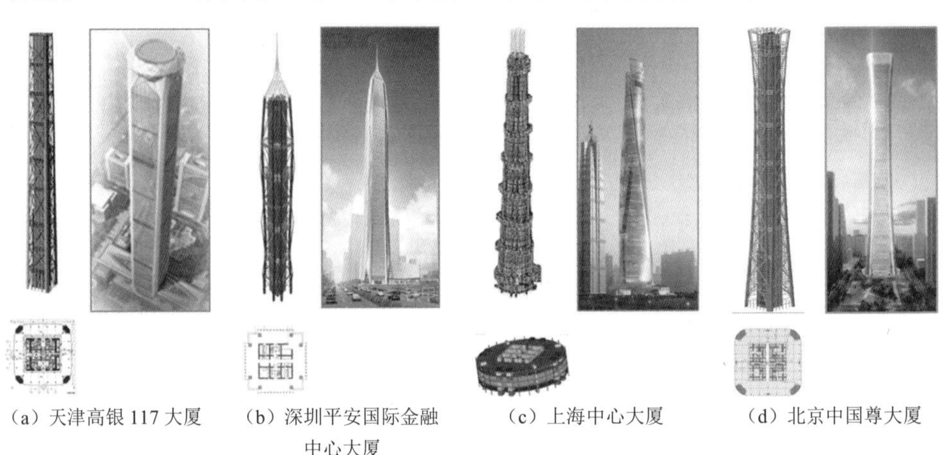

（a）天津高银 117 大厦　（b）深圳平安国际金融中心大厦　（c）上海中心大厦　（d）北京中国尊大厦

图 1-1　采用了组合巨型柱框架-组合核心筒结构体系的高层建筑

1.2　新型钢-混凝土组合剪力墙及筒体体系

本书论述的新型钢-混凝土组合剪力墙及筒体体系，主要是作者团队研发的具有新型构造的钢-混凝土组合剪力墙及筒体高效抗震体系，包括内藏钢桁架混凝土组合剪力墙及筒体、钢管混凝土边框内藏钢桁架组合剪力墙及筒体、钢管混凝土边框内藏钢板组合剪力墙及筒体、钢管混凝土叠合边框内藏钢板及钢桁架组合剪力墙及筒体、内藏密柱深梁钢构混凝土组合剪力墙及筒体等结构体系，它们具有良好的屈服机制和多道抗震防线，形成了新型钢-混凝土组合剪力墙及筒体体系系列。本书较系统地介绍了作者团队对新型钢-混凝土组合剪力墙及筒体所进行的抗震性能试验研究、理论分析和构造措施研究，并介绍了部分关键技术与工程应用案例。下面以内藏钢桁架混凝土组合剪力墙及筒体、钢管混凝土边框内藏钢桁架组合剪力墙及筒体为例，叙述多重组合剪力墙及筒体的概念和技术优势。

1.2.1 内藏钢桁架混凝土组合剪力墙及筒体

内藏钢桁架混凝土组合剪力墙及筒体，将高层建筑钢结构竖向桁架抗震延性较好的优势与高层建筑混凝土结构竖向剪力墙抗震承载力较大的优势进行了组合，在体系层次上实现了钢桁架与混凝土剪力墙两种不同抗侧力体系的组合；同时，在构件层次上合理地将钢与混凝土两种特性不同的材料进行了组合，充分发挥了不同抗侧力体系和不同材料的优势，组成了优势互补的多重组合混凝土剪力墙及筒体。内藏钢桁架混凝土组合剪力墙及筒体如图 1-2 所示。

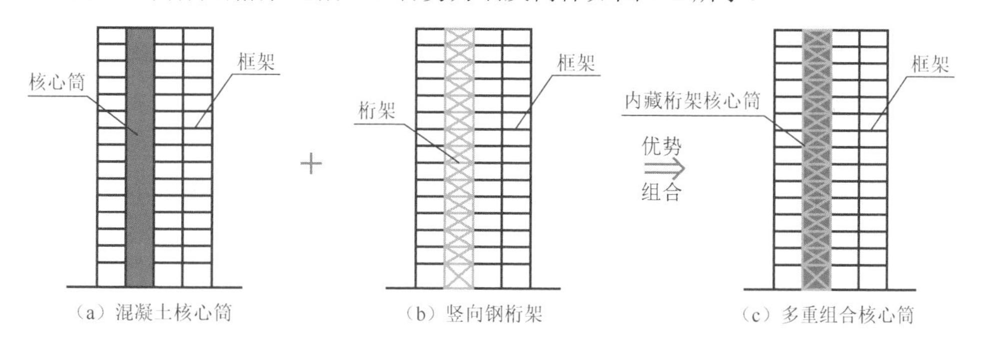

图 1-2 内藏钢桁架混凝土组合剪力墙及筒体

内藏钢桁架混凝土组合剪力墙，与钢框架-钢板支撑外包钢筋混凝土剪力墙相比，不同点如下：内藏钢桁架混凝土组合剪力墙的抗震主体是钢-混凝土组合剪力墙，钢桁架与混凝土剪力墙两者组合成协同抗震整体；而钢框架-钢板支撑外包钢筋混凝土剪力墙的受力主体仍是钢框架-钢板支撑体系，外包钢筋混凝土剪力墙主要作用是防止其内藏钢板支撑的平面外屈曲。

1.2.2 钢管混凝土边框内藏钢桁架组合剪力墙及筒体

试验表明，当位移角达到弹塑性位移角之后，内藏钢桁架混凝土组合剪力墙的底部两端混凝土会出现明显的损伤和破坏现象，为此作者团队制成钢管混凝土边框内藏钢桁架组合剪力墙及筒体，钢管混凝土边框既可有效减缓剪力墙两端混凝土性能的退化，同时可兼作钢桁架的边框柱，这种多重组合剪力墙及筒体，实现了钢管混凝土边框钢桁架与混凝土剪力墙两种体系、钢与混凝土两种材料优势组合的联合应用，具有多道抗震防线。钢管混凝土边框内藏钢桁架组合剪力墙及筒体如图 1-3 所示。

钢管混凝土边框内藏钢桁架组合剪力墙及筒体具有以下优点：钢管混凝土边框内的约束混凝土性能退化较慢，钢管混凝土边框具有良好的抗拉和抗压能力；钢管混凝土边框与剪力墙水平分布钢筋采取焊接构造后可有效约束剪力墙混凝土；内藏钢桁架的存在可有效制约剪力墙裂缝的开展，使剪力墙性能退化减慢，后期性能稳定；钢管混凝土边框的徐变小于钢筋混凝土墙体的徐变，两者的徐变差异使两者承受的竖向荷载发生重分布，即将混凝土墙体所承担的部分竖向荷载转移到徐变相对较小的钢管混凝土边框柱上，混凝土墙体轴压比减小，延性有所提高；在施工过程中，钢管混凝土边框柱可承担全部的结构自重，若采用逆作法施工，可先施工柱，中间墙体逆作，这样能节约资金。

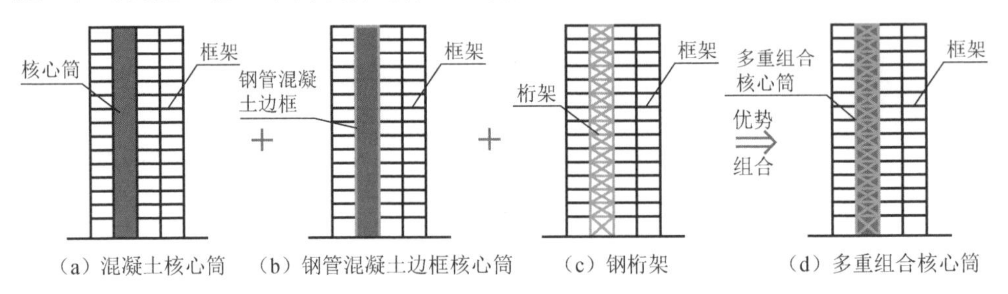

图 1-3 钢管混凝土边框内藏钢桁架组合剪力墙及筒体

1.3 本 章 小 结

本章介绍了新型钢-混凝土组合剪力墙及筒体体系的概念和抗震设计思路，以内藏钢桁架混凝土组合剪力墙及筒体与钢管混凝土边框内藏钢桁架组合剪力墙及筒体为例，说明了多重组合剪力墙及筒体的概念和技术优势。

参 考 文 献

[1] 中华人民共和国住房和城乡建设部. 组合结构设计规范：JGJ 138—2016[S]. 北京：中国建筑工业出版社，2016.
[2] 聂建国. 钢-混凝土组合结构原理与实例[M]. 北京：科学出版社，2009.
[3] NETHERCOT D A. Composite construction[M]. New York: Taylor & Francis, 2003.
[4] 朱聘儒. 钢-混凝土组合梁设计原理[M]. 北京：中国建筑工业出版社，1989.
[5] 吕西林，孟良. 一种新型抗震耗能剪力墙结构：结构的抗震性能研究[J]. 世界地震工程，1995，11（2）：22-26.
[6] 李爱群，曹征良，丁大钧. 带摩阻装置钢筋砼低剪力墙极限承载力分析[J]. 东南大学学报，1994，29（3）：70-74.
[7] 叶列平，康胜，曾勇. 双功能带缝剪力墙的弹性受力性能分析[J]. 清华大学学报（自然科学版），1999，39（12）：79-81.
[8] 戴航，丁大钧，陆勤. 带水平短缝剪力墙与普通剪力墙模型的对比振动台试验研究[J]. 工程力学，1992，9（2）：76-85.

第2章　新型钢-混凝土组合剪力墙及筒体抗震试验与理论

2.1　低周反复荷载试验

本书介绍的组合剪力墙及筒体抗震性能试验多数采用的是低周反复荷载试验。低周反复荷载试验是一种周期性加载结构抗震静力试验，也称为拟静力试验，这种试验从20世纪50年代后期开始逐步得到应用，可为确定构件或结构的恢复力模型提供依据。低周反复荷载试验的试验成本较低，不需要特别复杂的设备，特别是在试验过程中可以暂停，因而在构件及结构抗震性能试验中得到了较广泛的应用。本书针对新型钢-混凝土组合剪力墙及筒体进行的抗震性能试验大部分采用的是低周反复荷载试验。

2.1.1　试件设计

在新型钢-混凝土组合剪力墙及筒体抗震性能试验中，试件的设计主要依据以下两方面：一方面是为探索具有新型构造的组合剪力墙及筒体的抗震性能，试件设计以国内外现行的相关标准、规范作为参考，在组合结构构造上有所创新；另一方面是以实际工程为原型，根据加载条件设计成足尺试件或缩尺试件，在一组试件的设计中除包含以实际结构为原型的试件外，也包含改进了实际结构构造的试件，这样既可验证实际结构的抗震性能，又可研究改进构造后结构的抗震性能。当采用缩尺模型试件时，钢-混凝土组合剪力墙及筒体静力试验试件模型的相似系数见表2-1，表中F为力量纲（工程单位制），L为长度量纲，S_σ为应力相似系数，S_l为长度相似系数。本节试验试件的设计采用的是实用模型相似系数。

表2-1　钢-混凝土组合剪力墙及筒体静力试验试件模型的相似系数

类型	物理量	符号	量纲	一般模型相似系数	实用模型相似系数
材料性能	混凝土应力	σ_c	FL^{-2}	S_σ	1
	混凝土应变	ε_c	—	1	1
	混凝土弹性模量	E_c	FL^{-2}	S_σ	1
	泊松比	μ_c	—	1	1
	质量密度	ρ_c	FL^{-3}	S_σ / S_l	$1/ S_l$
	钢材应力	σ_s	FL^{-2}	S_σ	1

续表

类型	物理量	符号	量纲	一般模型相似系数	实用模型相似系数
	钢材应变	ε_s	—	1	1
	钢材弹性模量	E_s	FL^{-2}	S_σ	1
	黏结应力	μ	FL^{-3}	S_σ	1
几何特性	几何尺寸	l	L	S_l	S_l
	线位移	δ	L	S_l	S_l
	角位移	β	—	1	1
	钢材面积	A_s	L^2	S_l^2	S_l^2
荷载	集中荷载	P	F	$S_\sigma S_l^2$	S_l^2
	线荷载	W	FL^{-1}	$S_\sigma S_l$	S_l
	面荷载	q	FL^{-2}	S_σ	1
	力矩	M	FL	$S_\sigma S_l^3$	S_l^3

2.1.2 加载装置与数据采集

组合剪力墙及筒体低周反复荷载下抗震试验的加载装置示意图如图2-1所示。加载装置包括反力墙、反力梁、门式刚架、滚轴系统、水平及竖向千斤顶、液压控制系统等，基础通过地锚螺栓与试验台座锚固。部分试件的加载现场照片如图 2-2 所示。采用实时数据采集系统进行荷载、位移、应变的数据采集，人工观测并描绘裂缝，记录其出现和发展过程。

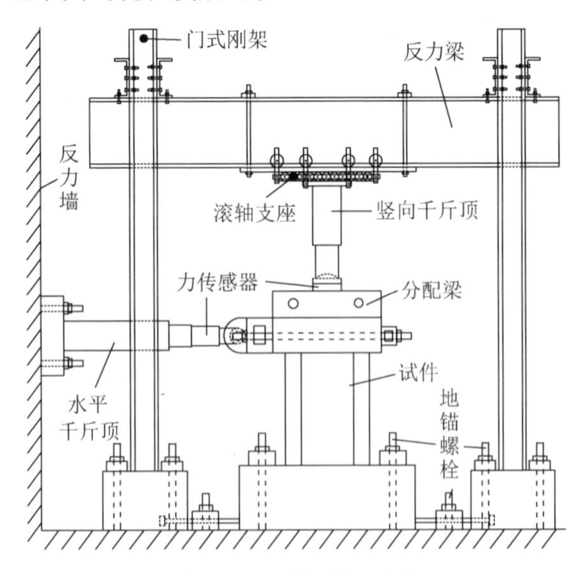

图 2-1 加载装置示意图

(a) 组合剪力墙

(b) 组合核心筒

(c) 组合双肢剪力墙

图 2-2　加载现场照片

试验加载过程中，首先通过竖向千斤顶对试件施加竖向轴力并达到预定的轴压比，在试验过程中保持施加的竖向荷载不变；其次，用水平拉压千斤顶分级施加水平荷载，水平加载点的位置位于加载梁中部；最后，施加的水平低周反复荷载采用荷载-位移联合控制，屈服前以荷载控制为主，屈服后以位移控制为主，加载制度示意图如图 2-3 所示。通常当施加的竖向轴力或水平承载力下降到最大承载力的 85%及以下且试件不能维持时，认为试件破坏并停止加载。

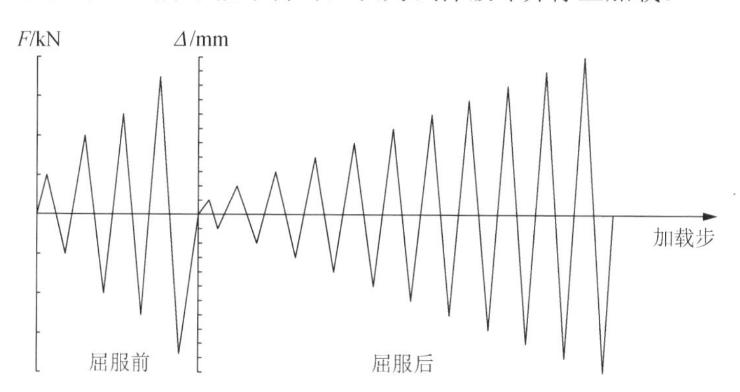

图 2-3　加载制度示意图

2.1.3　试验数据处理

1. 开裂点

试件开裂点的确定。在试验加载初期，根据理论分析对试件预估较早开裂的部位重点观测，记录试件混凝土墙体表面裂缝的开展情况。当发现第 1 条裂缝时，应关注此时荷载-位移骨架曲线上刚度的变化；当发现荷载-位移骨架曲线上刚度明显变化时，应仔细观测并找到试件上的裂缝。发现试件裂缝时的荷载和位移即为开裂荷载和开裂位移，相应荷载-位移骨架曲线上的点即为开裂点。

2. 屈服点

试件屈服点的确定。当荷载-位移骨架曲线上有明显的屈服点时，可以由骨架曲线直接确定屈服点；当荷载-位移骨架曲线上没有明显的屈服点时，需要用近似的方法确定屈服点。可采用以下几种方法确定屈服点。

1）通用屈服弯矩法。从原点作直线 *OA* 与试件的荷载-位移骨架曲线初始相切，也可按照弹性理论计算来确定初始刚度，与过荷载-位移骨架曲线极限荷载点 *G* 点的水平线交于 *A* 点；作垂线 *AB* 与荷载-位移骨架曲线交于 *B* 点，连接 *OB* 并延伸后与过 *G* 点的水平线交于 *C* 点；从 *C* 点作垂线与荷载-位移骨架曲线相交得 *Y* 点，*Y* 点对应的纵坐标值为屈服荷载，对应的横坐标值为屈服位移，*Y* 点为屈服点。通用屈服弯矩法如图 2-4（a）所示。

2）破坏荷载法。假定试件的荷载-位移骨架曲线为理想弹塑性曲线，从原点作直线 *OA* 与荷载-位移骨架曲线初始相切，也可按照弹性理论计算来确定初始刚度，与过荷载-位移骨架曲线极限荷载点 *G* 点的水平线交于 *A* 点；从 *A* 点作垂线 *AY* 与荷载-位移骨架曲线交于 *Y* 点，*Y* 点对应的纵坐标值为屈服荷载，对应的横坐标值为屈服位移，*Y* 点为屈服点。破坏荷载法如图 2-4（b）所示。

3）能量等值法。作折线 *OA*—*AG* 替代试件原来的荷载-位移骨架曲线，需满足的条件是图示两个填充图形的面积相等；从 *A* 点作垂线 *AY* 与荷载-位移骨架曲线交于 *Y* 点，*Y* 点为屈服点，其对应的纵坐标值为屈服荷载，对应的横坐标值为屈服位移。能量等值法如图 2-4（c）所示。

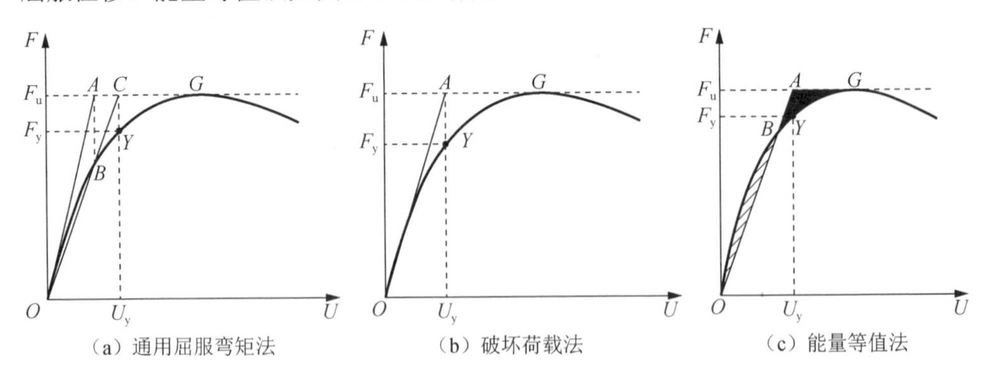

图 2-4　屈服点确定方法

以上 3 种确定屈服点的方法都是为了满足试件非线性计算分析的荷载-位移骨架曲线模型化的需要，通过屈服点的确定将曲线形的骨架曲线用折线来代替，使非线性计算得到简化。

能量等值法能将试件的荷载-位移骨架曲线模型化，且计算中反映了试件的耗能性能，故与实际比较接近。本章中试件的荷载-位移骨架曲线的屈服点和计算模型主要采用能量等值法确定。

3. 最大弹塑性位移点

取荷载-位移骨架曲线上荷载下降到最大荷载的0.85倍时对应点的位移点作为最大弹塑性位移点，相应的弹塑性位移为最大弹塑性位移。当荷载-位移骨架曲线上没有下降到最大荷载0.85倍的点时，取试件最终破坏时骨架曲线上的点作为最大弹塑性位移点，相应的弹塑性位移为最大弹塑性位移。

2.2　模拟地震振动台试验

本章部分组合剪力墙在地震激励下的抗震试验采用了模拟地震振动台试验。结构的模拟地震振动台试验，是将结构模型试件安装在振动台的刚性台面上，通过台面按照预定的加载时程运动，给试件施加地震作用。模拟地震振动台可以再现结构的地震反应过程。模拟地震振动台试验主要用于以下研究：研究结构的动力特性及结构性能退化过程；研究结构地震破坏模式和机理，评价结构的抗震能力；研究结构的地震反应，检验结构抗震分析方法的实用性；发现结构的薄弱楼层和薄弱部位，为采取有效抗震措施提供依据；验证新型构造结构的抗震可靠性及分析模型的实用性；研究新型结构的抗震特点与地震反应规律，为建立抗震设计理论提供依据。

由于模拟地震振动台的承载能力和台面尺寸的限制，高层建筑只能进行缩尺的结构模型试验。为了适应结构抗震研究发展的需要，近年来模拟地震振动台试验的装置和技术得到了较快发展，主要包括以下两方面：一是振动台台面尺寸和承载能力的大型化及控制精度的提升，二是由多个振动台组成台阵实现了大跨度结构模型的多点-多维地震输入试验。

目前，模拟地震振动台试验主要用于结构整体模型的抗震试验，试验费用相对较高。试验表明，造成结构破坏的关键因素是结构的薄弱层和薄弱部位，结构抗震构造是保证结构延性的重要措施。由于振动台台面尺寸、台面承载能力和激振能力的限制，高层建筑钢-混凝土组合结构采用缩尺的结构模型试件进行振动台试验时，钢-混凝土组合结构构件缩尺后由于尺寸较小，难以反映实际组合结构的构造效果；同时，由于试验费用较高，难以开展多个对关键构件改变设计参数或采用新型构造的结构整体的模拟地震振动台试验。

为了开展高层建筑组合结构的新型组合剪力墙动力荷载下的抗震性能试验，作者研发了用于剪力墙、柱、平面框架、平面框架-剪力墙振动台试验的装置，利用该装置进行了系列组合剪力墙的振动台试验，试验装置照片如图 2-5 所示。该试验装置由原有振动台的台面与新研制的上部附加装置构成；上部附加装置由以下部件组成：1 个钢制荷重槽（需要确定荷重槽内放入的荷重块质量）、1 个固定于荷重槽下面与试件螺栓联接后可传递竖向荷载与水平地震作用的夹件槽、4 个置于振动台台面与荷重槽之间起支撑作用并防止试件平面外倾倒的钢制支杆、包括钢制支杆在内的具有调节高度功能的可调螺杆系统，以及 1 组将 4 个钢制支杆与振动台台面固定的固定件系统。试件的基础直接固定在振动台台面上。4 个钢制支杆的下端通过螺栓与台面固定件系统的矩形钢管联接；4 个钢制支杆的上端焊接方钢板，该方钢板上对称设置 4 个螺栓孔，穿过该方钢板螺栓孔的 4 根螺杆在方钢板上下面用螺母拧紧，同时这 4 根螺杆的上端穿过荷重槽的底板并在荷重槽底板的上下面用螺母拧紧。

图 2-5　试验装置照片

试件安装过程如下：①将试件的基础固定在振动台台面上；②安装与台面固定的上部装置的固定件系统及 4 个钢制支杆；③将荷重槽置于试件加载梁上，将螺杆穿过夹件槽和试件加载梁上对应的螺孔，用螺母临时固定；④装配 4 个钢制支杆上端的可调螺杆系统并与荷重槽底板的螺孔联接；⑤将试验设计确定的荷重块放置于荷重槽中，此时荷重槽的自重及荷重块的质量已作用在试件的加载梁上；⑥将可调螺杆系统的位置调节至既可保证荷重槽及荷重块质量全部作用于试件加载梁上，又可有效防止试验后期试件平面外倾倒的位置；⑦拧紧夹件槽与试件加载梁联接的螺栓。

在进行装置设计时，应使 4 个钢制支杆系统在振动台激振方向的抗侧力刚度与试件抗侧力刚度的比值在 5%以内，试验中可忽略钢制支杆系统对试件地震时程反应的影响。

本章组合剪力墙的振动台试验是在北京工业大学结构实验室完成的，振动台台面尺寸为 3m×3m，台面自重为 6t，最大倾覆力矩为 30kN · m，最大位移为 ±127mm，频率范围为 0.1～50Hz。

2.3　有限元分析

本章介绍的新型钢-混凝土组合剪力墙及筒体的弹塑性有限元分析，主要是利用 ABAQUS 有限元软件进行的，分析过程中实现有限元的合理建模是关键因素，应建立合适的计算模型。应合理确定钢材及混凝土的本构关系模型，合理选取钢管、核心混凝土、墙板混凝土、型钢、连接键、钢筋等单元类型，合理划分单元网格，建立符合构造特点的钢管与核心混凝土的界面模型及钢管混凝土边框与剪力墙板的界面模型，并确定有限元求解算法。

ABAQUS 有限元分析的一个完整过程通常由前处理、模拟计算、后处理 3 个步骤组成，其过程包括创建部件、赋予部件特性、装配部件、设置分析步、定义部件间相互作用、施加荷载及约束、划分网格、提交作业及可视化。

2.3.1　材料模型

材料的本构关系是工程结构材料的物理关系，是其内部微观力学作用的宏观力学行为表现，是结构受力过程中材料力和变形关系的数学表达，是结构强度和变形计算中的重要依据。

钢材一般采用 ABAQUS 软件中提供的等向弹塑性模型，这种模型多用于模拟金属材料的弹塑性性能。通过连接给定数据点的一系列直线来平滑地逼近金属材料的应力-应变关系。该模型采用任意多个点来逼近实际的材料力学行为，塑性数据将材料的真实屈服应力定义为真实塑性应变的函数。钢材模型服从相关流动法则，其在多轴应力状态下满足米泽斯屈服准则。

混凝土是一种复合的多相材料，内部结构非常复杂。在结构分析中往往把混凝土看成均匀的各向同性材料，以便进行宏观的受力分析。混凝土本构关系模型是混凝土构件强度计算、内力分析、结构延性计算和有限元分析的基础。

ABAQUS 软件中提供了多种可以用来描述混凝土的本构关系模型，主要包括混凝土损伤塑性模型、弥散裂缝模型及脆性破裂模型，本书介绍的组合剪力墙及筒体有限元分析中主要采用混凝土损伤塑性模型。

2.3.2　单元选取

钢管核心混凝土与墙板混凝土都采用 8 节点六面体线性减缩积分格式的三维实体单元 C3D8R，钢管也可采用 C3D8R 单元。

抗剪连接键、边框节点板、内藏桁架组合剪力墙的桁架梁和桁架斜撑均采用 4 节点减缩积分格式的壳单元 S4R，钢管也可采用 S4R 单元，其属于一种通用的壳单元，它允许沿厚度方向的剪切变形随着壳厚度变化，求解方法会自动服从厚壳理论或薄壳理论。此外，S4R 单元考虑了有限薄膜应变和大转动，属于有限应变壳单元，它适用于包含大应变的分析。

对于混凝土中的加强筋，ABAQUS 软件有两种模拟方法，即定义 REBAR 或使用嵌入单元。在 ABAQUS 软件中，混凝土的加强筋或者复合材料的纤维通常由定义 REBAR 来实现。REBAR 本身不是单元，没有尺度，其作用相当于基于一维应变理论的杆单元，可以单个或者成批地定义在某一平面内。当钢筋使用嵌入单元时，一般采用三维桁架单元 T3D2。

2.3.3 网格划分

网格划分的密度对有限元计算非常重要，如果网格过于粗糙，结果可能包含严重的错误；如果网格过于细致，将花费过多的计算时间，浪费计算机资源。因此在模型生成时应结合网格试验确定合理的网格密度。

ABAQUS 软件提供了 3 种网格划分技术，即结构化网格、扫掠网格、自由网格。结构化网格将一些标准的网格模式应用于一些形状简单的几何区域。扫掠网格对于二维区域，首先在边上生成网格，然后沿扫掠路径拉伸，得到二维网格；对于三维区域，首先在面上生成网格，然后沿扫掠路径拉伸，得到三维网格。扫掠网格也只适用于某些特定的几何区域。自由网格是十分灵活的网格划分技术，可以用于大多数几何形状。自由网格一般适用于 Tri 单元（二维区域）和 Tet 单元（三维区域），一般应选择带内部节点的二次单元来保证精度。结构化网格和扫掠网格一般适用于 Quad 单元（二维区域）和 Hex 单元（三维区域），分析精度相对较高，因此在划分网格时应尽可能优先选用这两种划分技术。

本章研究的新型钢-混凝土组合剪力墙及筒体的部件几何形状较为规则，故采用结构化网格划分技术，即先将结构的每一个组成部分通过切割形成规则的形状，再通过布置“种子”来控制网格划分的密度；之后设置单元类型，由 ABAQUS 软件生成相应的单元网格。

2.3.4 接触模拟

钢管与核心混凝土的界面模型由界面法线方向的接触和切线方向的黏结滑移构成。

在 ABAQUS 软件中，两个表面分开的距离称为间隙。当两个表面之间的间隙变为零时，在 ABAQUS 软件中施加接触约束。在接触问题的公式中，对接触面之间能够传递的接触压力的量值未做任何限制。当接触面之间的接触压力变成零或负值时，两个接触面分离，并且约束被移开，这种行为代表了“硬”接触。钢管和核心混凝土界面的法线方向接触采用的是“硬”接触，接触单元传递界面压力，垂直于接触面的压力可以完全在界面间传递。

钢管和核心混凝土切线方向接触模型采用库仑摩擦模型，库仑摩擦是经常用来描述接触面之间相互作用的摩擦模型。该模型应用摩擦系数 μ 来表征在两个表面之间的摩擦行为。界面可以传递剪应力，直到剪应力达到临界值 τ_{crit}，界面之间产生相对滑动，滑动过程中界面剪应力保持 τ_{crit} 不变。剪应力临界值 τ_{crit} 与界面接触压力 p 成比例，且不小于平均界面黏结力 τ_{bond}，即

$$\tau_{crit} = \mu p \geqslant \tau_{bond} \tag{2-1}$$

式中，μ 为界面摩擦系数，钢与混凝土界面摩擦系数的取值范围为 0.2～0.6[1]。对于方钢管混凝土，文献[2]建议的平均界面黏结力 τ_{bond} 表达式为

$$\tau_{bond} = 0.75 \times [2.314 - 0.0195(B / t)] \tag{2-2}$$

式中，B 为核心混凝土的边长；t 为钢管的管壁厚度。

模拟理想的摩擦行为是非常困难的。因此，在默认的大多数情况下，ABAQUS 软件使用一个允许“弹性滑动”的罚摩擦公式。“弹性滑动”是在黏结的接触面之间所发生的小量的相对运动。罚摩擦公式适用于大多数问题。

组合剪力墙中的型钢、抗剪连接键、桁架梁、桁架斜撑、钢筋、加载梁纵筋和箍筋组成骨架埋入墙板混凝土中时，在 ABAQUS 软件中采用嵌入来模拟；顶部节点板与混凝土接触面也采用嵌入来模拟。

2.4　理论计算

2.4.1　初始刚度

在低周反复加载的初始阶段，按材料力学基本理论，假设剪力墙为一个弹性薄板来计算其初始刚度。剪力墙顶端施加单位水平力后，引起的变形由弯曲变形和剪切变形组成。试验表明，新型钢-混凝土组合剪力墙在混凝土开裂前基本处于弹性状态，墙体中的钢板与混凝土板能够协同变形，型钢混凝土柱或钢管混凝土柱与墙体之间产生的相对滑移可以忽略。组合剪力墙中两种材料的弹性模量不同，可通过换算截面面积的方法，将钢筋、钢管、型钢及钢板按弹性模量比换算为等效混凝土面积后进行初始刚度计算。

2.4.2　承载力

极限承载力的计算包括正截面承载力计算和斜截面承载力计算。当试件以弯曲破坏为主时，根部弯矩起控制作用，属于大偏心受压破坏，可根据试验结果进行合理假设，建立力学分析模型与公式。当试件以弯剪破坏为主要破坏特征时，除进行正截面承载力计算外，还应进行斜截面抗剪承载力计算。建立力学模型时，应考虑钢管、型钢、钢筋、斜撑及混凝土对抗剪承载力的贡献。

2.4.3 恢复力模型

在大震作用下，结构可能进入弹塑性变形阶段，此时结构弹性理论不再适用，结构的抗震分析为弹塑性地震反应分析。

恢复力是指结构或构件在去掉外力后恢复到原有状态的能力。恢复力特性曲线反映了结构或构件恢复力与变形之间的关系。恢复力模型就是结构或构件所受荷载与其变形之间的数学描述或几何描述。由于恢复力模型有滞回性质，又称为滞回曲线。恢复力模型涵盖了结构或构件的刚度、强度、延性、吸收能量的能力等力学特性，是结构弹塑性动力分析的重要依据。

恢复力模型的研究可以分为两个层次：第一层次是材料的恢复力模型，主要用于描述材料的应力-应变滞回关系；第二层次是构件的恢复力模型，主要用于描述构件截面的弯矩与曲率（M 与 Φ）的滞回关系或构件的荷载与位移（P 与 Δ）的滞回关系。一种结构的恢复力模型不仅要满足一定的精度，能体现出实际结构的滞回性能，而且要简便实用。国内外地震工程界针对上述两个层次的恢复力模型开展了广泛的试验研究和理论分析，提出了适用的恢复力模型，促进了结构弹塑性地震时程地震反应理论的发展。

恢复力模型主要由两部分组成，即骨架曲线和不同特性的滞回曲线。试验实测的恢复力曲线都是曲线形，这使得在数值积分中常常难以处理，在有限元计算分析中通常采用分段直线的折线形恢复力模型，目前常用的恢复力模型有双线性模型、三线性模型、曲线模型、折线滑移型模型[3]。

1. 双线性模型

双线性模型按有无刚度退化可分为无刚度退化的双线性模型和刚度退化的双线性模型。无刚度退化的双线性模型可用来表达稳态的梭形滞回环，其形式简单，同时又能够反映结构弹塑性恢复力滞回性能的本质特点，是研究结构弹塑性地震反应规律的基本模型之一。无刚度退化的双线性模型的方向及加载方式均相同，主要适用于反映钢结构的弹塑性滞回性能，如图 2-6 所示。模型的主要特征参数为第一刚度 K_1、屈服位移 δ_y 和第二刚度系数 p。K_1 可根据材料的弹性性能通过计算求得，δ_y 可取一次加载曲线上从直线段到曲线段转折点所对应的位移，第二刚度系数 p 可取该转折点到最大位移反应点的割线斜率的 1.8 倍。20 世纪 60 年代，针对钢筋混凝土构件刚度退化明显这一特点提出了克拉夫退化双线性模型，即刚度退化的双线性模型，该模型考虑了加载与卸载时的刚度退化，如图 2-7 所示。

2. 三线性模型和曲线模型

1）三线性模型是在由众多钢筋混凝土构件试验所得到的恢复力特性的基础

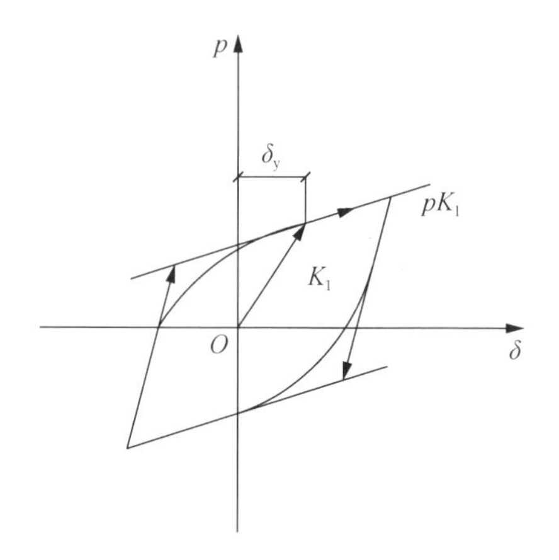

图 2-6　无刚度退化的双线性模型

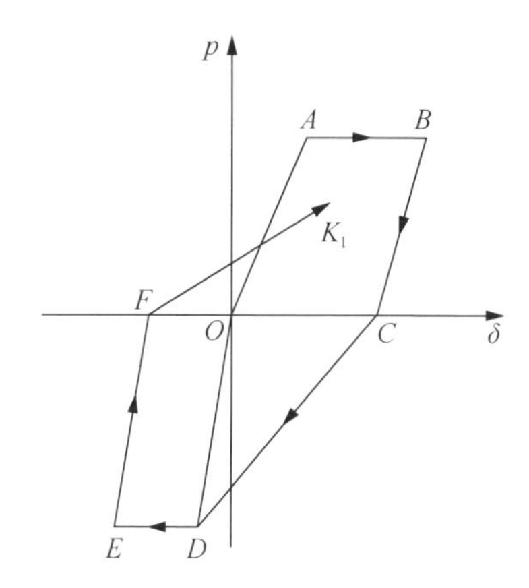

图 2-7　刚度退化的双线性模型

上抽象出来的，如图 2-8 所示。

三线性模型考虑了混凝土开裂对构件刚度的影响，同时也给出了卸载刚度的确定方法。其退化刚度为

$$k_{\mathrm{f}}=\frac{p_{\mathrm{f}}+p_{\mathrm{y}}}{\delta_{\mathrm{f}}+\delta_{\mathrm{y}}}\left|\frac{\delta_{\mathrm{m}}}{\delta_{\mathrm{y}}}\right|^{-\alpha} \tag{2-3}$$

式中，（p_{f}，δ_{f}）为开裂点；（p_{y}，δ_{y}）为屈服点；k_{f} 为对应于最大位移 δ_{m} 的退化刚度；α 为刚度退化指数。三线性模型较好地描述了钢筋混凝土构件的恢复力特性，得到了较多的应用。

2）曲线模型能比较真实地反映钢筋混凝土构件的力学特征，由剪刀撑框架的恢复力特性试验发现，在 60%～70%的极限荷载范围内，且同一位移幅值在 2、3 次循环加载下，出现的滞回环比较稳定，把这些滞回环无量纲化，把力和位移修改成 p/p_0 及 δ/δ_0 坐标并加以标准化，则在上述荷载范围内趋近于标准特征曲线，如图 2-9 所示，模型的方程为

$$\frac{p}{p_0}=\pm A\left(\frac{\delta}{\delta_0}\right)^4+B\left(\frac{\delta}{\delta_0}\right)^3-(1-B)\left(\frac{\delta}{\delta_0}\right)\pm A \tag{2-4}$$

式中，A 和 B 为系数。变化 A 和 B 以后可以得到一系列从梭形到反 S 形的滞回曲线。

1976 年，Wen 提出了光滑曲线模型，其滞变位移 $\dot{z}$ 可以表示为

$$\dot{z}=\frac{1}{\eta}(A\dot{x}-v)[\beta|\dot{x}||z|^{n-1}z+\gamma\dot{x}|z|^n] \tag{2-5}$$

式中，A、v、β、γ、η 和 n 为模型参数。可以通过调整参数数值的方式来与较多的滞回曲线相匹配。

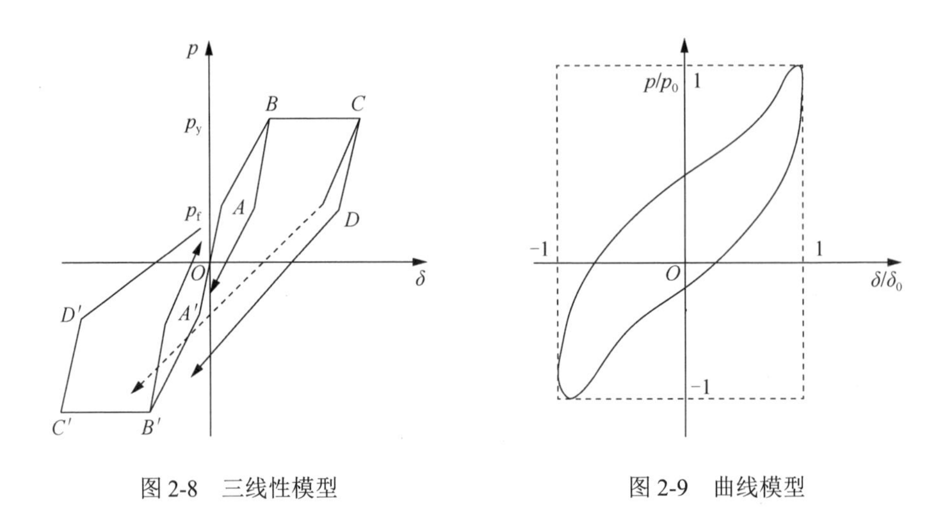

图 2-8　三线性模型　　　　图 2-9　曲线模型

3. 折线滑移型模型

几种折线滑移型模型如图 2-10 所示，能部分反映弓形、反 S 形滞回曲线的图形特征，但对退化效应的考虑存在欠缺。

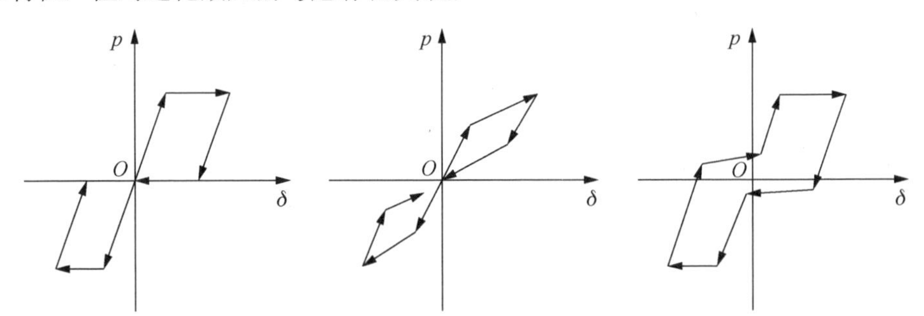

图 2-10　几种折线滑移型模型

2.5　本 章 小 结

为便于后续章节的叙述，本章对组合剪力墙及筒体抗震性能试验和理论分析的一些基础性内容进行了概括性介绍，包括新型钢-混凝土组合剪力墙及筒体的低周反复荷载试验、试验数据处理、有限元分析、恢复力模型等内容，同时还介绍了作者研发的一种用于组合剪力墙、平面框架、平面框架-剪力墙振动台试验的装置。

参 考 文 献

[1] BALTAY P, GJELSVIK A. Coefficient of friction for steel on concrete at high normal stress[J]. Journal of materials in civil engineering, 1990, 2(1): 46-49.
[2] 刘威. 钢管混凝土局部受压时的工作机理研究[D]. 福州：福州大学，2005.
[3] 朱伯龙. 结构抗震试验[M]. 北京：地震出版社，1989.

第 3 章　内藏钢桁架组合剪力墙及筒体抗震试验与理论

3.1　中心荷载作用下内藏钢桁架组合核心筒

3.1.1　试验概况

本节进行了 4 个 1/6 缩尺的内藏钢桁架组合核心筒模型试件的低周反复荷载下抗震性能试验研究，试件编号分别为 CW-1～CW-4，其中 CW-1 为普通混凝土核心筒，CW-2 为在 CW-1 基础上内藏钢桁架的混凝土组合核心筒，CW-3 为普通带洞口混凝土核心筒，CW-4 为在 CW-3 基础上内藏钢桁架的混凝土组合核心筒。

4 个核心筒模型均为对称结构，外轮廓几何尺寸完全一致，剪跨比 λ 均为 2.1。核心筒均取底部 3 层，底部两层层高为 830mm，第三层层高为 330mm，基础高度为 360mm，顶部加载板的厚度为 300mm，水平荷载加载点位于加载板高度的中点，加载点到模型基础表面的距离为 2260mm，试件总高度为 2770mm。

核心筒模型的钢筋、型钢配置及构造参考《高层建筑混凝土结构技术规程》（JGJ 3—2002）确定，暗柱箍筋及剪力墙拉结筋均用 8 号钢丝制作；水平和竖向分布筋的配筋率一致，由 φ4 冷拔钢筋组成双层钢筋网。模型的型钢采用 Q235 钢材，钢边框采用等边角钢∟45×4，斜撑采用钢板（60mm×3mm）。内藏钢桁架沿模型高度分两层设置，钢边框延伸至加载板中部，两层斜撑均采用交叉形式，倾角均取为 45°。试件配筋及配钢如图 3-1 所示。

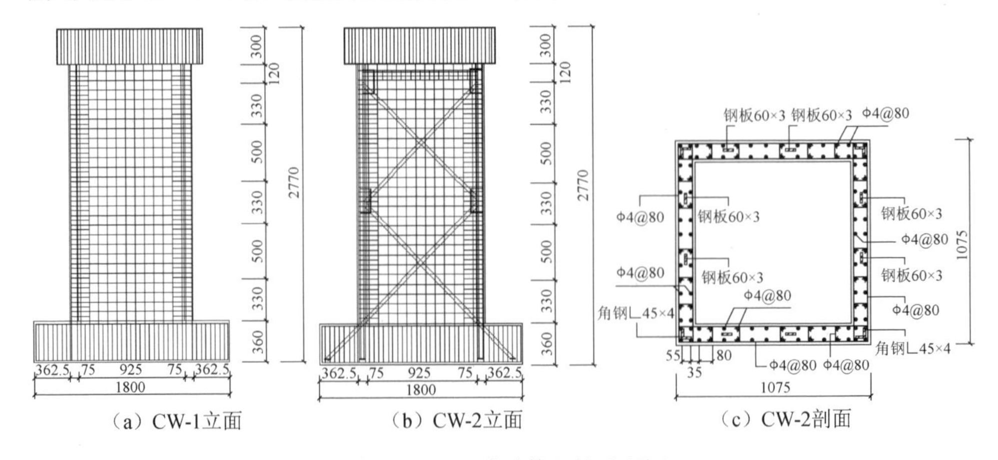

（a）CW-1立面　（b）CW-2立面　（c）CW-2剖面

图 3-1　3.1.1 节试件配筋及配钢

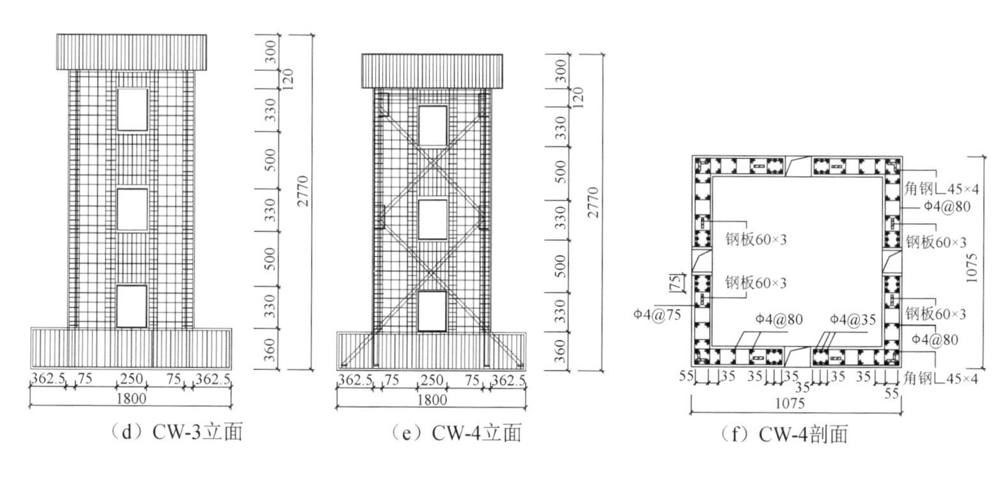

（d）CW-3立面　（e）CW-4立面　（f）CW-4剖面

图 3-1（续）

试件采用全现浇的施工方法，用细石混凝土浇筑，设计强度等级为 C35。实测试件 CW-1、CW-2、CW-3、CW-4 的标准立方体抗压强度值分别为 44.1MPa、42.4MPa、41.3MPa、42.6MPa。钢材的力学性能实测值见表 3-1。

表 3-1　钢材的力学性能实测值

钢材类型	屈服强度/MPa	极限强度/MPa	延伸率/%	弹性模量/MPa
8 号钢丝	370	448	15.0	1.96×10^5
Φ4 冷拔钢筋	669	836	7.5	2.06×10^5
角钢∟45×4	327	463	28.3	2.10×10^5
60mm×3mm 钢板	314	448	30.3	1.96×10^5

试验采用低周反复荷载的加载方式，水平力由水平拉压千斤顶施加，分别在距基础顶面 830mm、1660mm、2260mm 处布置位移计。轴力通过竖向千斤顶施加，竖向千斤顶与反力梁通过滚动支座相连，轴向压力为 1320kN，试件 CW-1、CW-2 的轴压比均为 0.27，试件 CW-3、CW-4 的轴压比均为 0.35。弹性阶段用位移与荷载联合控制水平荷载，弹塑性阶段主要用位移控制水平荷载。

3.1.2　承载力与位移

表 3-2 为试件主要阶段的特征荷载及位移实测值。表中 F_c 为试件正负两个方向的开裂荷载均值；F_y 为正负两个方向的明显屈服荷载均值；U_y 为加载点高度处正负两个方向的屈服位移均值；F_u 为正负两个方向的极限荷载均值；U_d 为正负两个方向的弹塑性最大位移均值（承载力降至极限荷载 85%时的相应位移）；F_y/F_u 为屈强比；$\mu=U_d/U_y$，为延性系数。

表 3-2　试件主要阶段的特征荷载及位移实测值

试件编号	F_c/kN	F_y/kN	U_y/mm	F_u/kN	F_u相对值	U_d/mm	U_d相对值	F_y/F_u	μ	μ相对值
CW-1	343.76	424.18	6.33	562.95	1.000	28.00	1.000	0.754	4.423	1.000
CW-2	390.35	523.08	9.6	756.62	1.344	59.22	2.115	0.691	6.169	1.395
CW-3	138.32	357.59	7.58	483.71	1.000	39.54	1.000	0.739	5.216	1.000
CW-4	146.79	435.70	7.23	676.50	1.399	41.64	1.053	0.644	5.759	1.104

由表 3-2 可知，内藏钢桁架混凝土组合核心筒的开裂荷载比普通混凝土核心筒有所提高，屈服荷载、屈服位移、极限荷载、最大弹塑性位移均有较大幅度提高，特别是无洞口组合核心筒变形能力提高的幅度更大；内藏钢桁架组合核心筒的屈强比小于普通混凝土核心筒，延性系数大于普通混凝土核心筒，说明内藏钢桁架组合核心筒从明显屈服点到极限位移点的发展过程较长，即有约束的屈服段较长，这对“大震不倒”是有利的；带洞口组合核心筒较无洞口组合核心筒的开裂荷载大幅降低，屈服荷载及极限荷载有一定降低。

3.1.3　刚度及其退化过程

由实测发现，组合核心筒的刚度K随位移角θ的增大而退化，组合核心筒的K-θ曲线如图 3-2 所示。

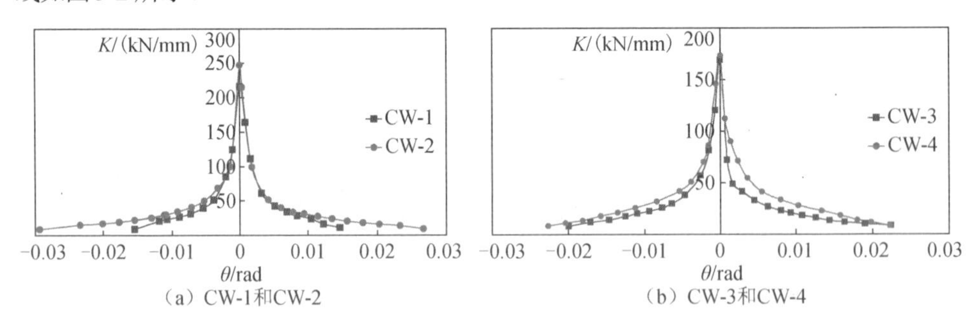

（a）CW-1和CW-2　（b）CW-3和CW-4

图 3-2　组合核心筒的K-θ曲线

由图 3-2 可知，内藏钢桁架组合筒体的刚度随位移角的增大而退化的过程可大致分为三个阶段：从微裂发展到肉眼可见的裂缝为刚度速降阶段，从结构明显开裂到明显屈服为刚度次速降阶段，从明显屈服到最大弹塑性变形为刚度缓降阶段；内藏钢桁架组合筒体和普通混凝土筒体的初始弹性刚度非常接近；在刚度速降阶段，内藏钢桁架组合筒体和普通混凝土筒体变化不大，说明初始阶段主要由混凝土强度及试件尺寸决定刚度；在刚度次速降阶段，内藏钢桁架组合筒体的屈服刚度比普通混凝土筒体有所提高；在刚度缓降阶段，内藏钢桁架组合筒体的屈服刚度比普通混凝土筒体有明显提高，说明钢桁架的存在约束了筒体墙肢裂缝的开展，使筒体刚度的退化速度变慢。试验全过程表明，内藏钢桁架组合筒体的刚度退化比普通混凝土筒体明显要慢，结构后期的承载力和工作性能比普通混凝土筒体更加稳定，这有利于抗震。

3.1.4　滞回特性

实测所得各试件的 F-U_1（水平力-底层位移）滞回曲线、F-U_2（水平力-中间层位移）滞回曲线、F-U_3（水平力-顶层位移）滞回曲线分别如图 3-3～图 3-5 所示，图中 U_1 为 830mm 高度的底层位移，U_2 为 1660mm 高度的中间层位移，U_3 为 2260mm 高度的顶层位移。

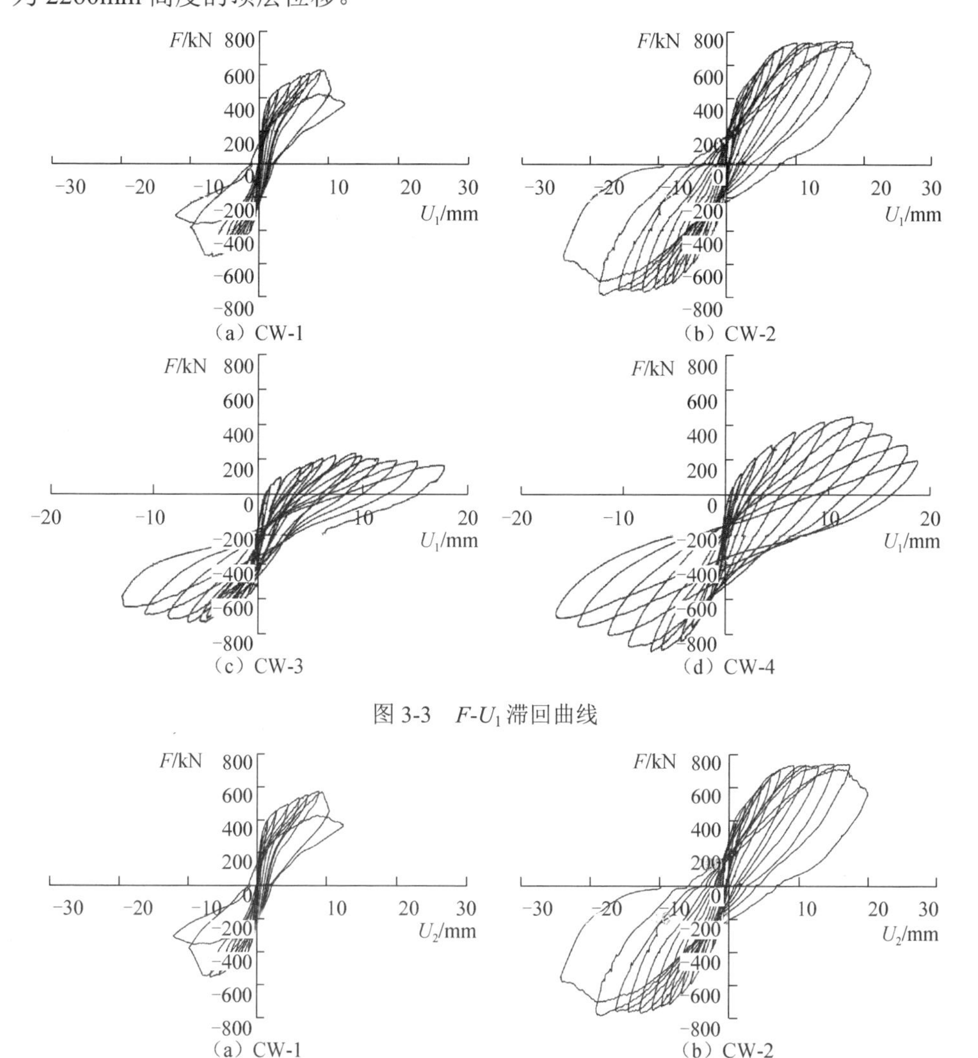

（a）CW-1　（b）CW-2　（c）CW-3　（d）CW-4

图 3-3　F-U_1 滞回曲线

（a）CW-1　（b）CW-2

图 3-4　F-U_2 滞回曲线

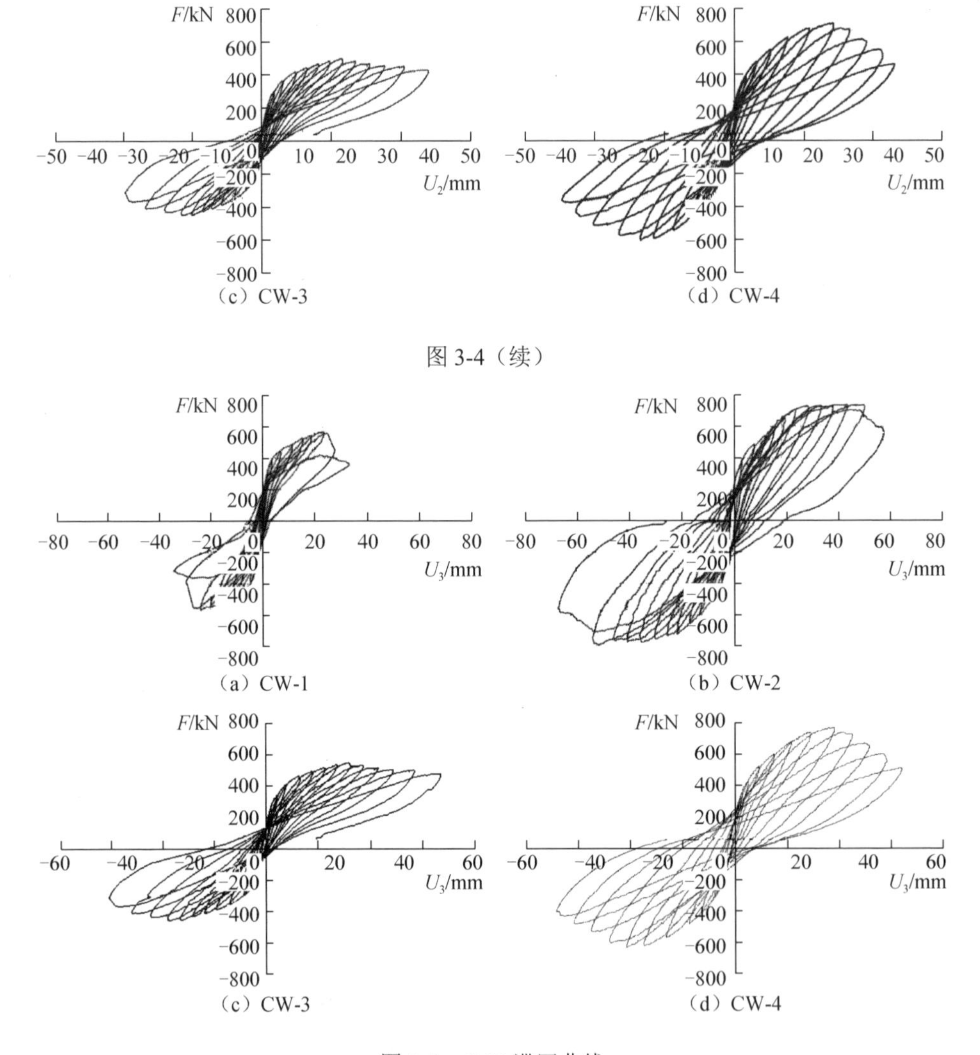

图 3-4（续）

图 3-5　F-U_3 滞回曲线

由图 3-3～图 3-5 可知，内藏钢桁架混凝土组合核心筒的滞回环比普通混凝土核心筒的滞回环更饱满，中部捏拢现象较轻，承载力、延性、后期刚度、耗能均显著提高。

3.1.5　耗能能力

由于试验加载历程有差异，取滞回曲线的骨架曲线在第一象限和第三象限所包含的面积作为比较各试件耗能能力的一个代表值指标，即耗能实测值，见表 3-3。

表 3-3　耗能实测值

试件编号	钢筋质量/kg	钢桁架质量/kg	钢桁架配钢比	耗能/（kN·mm）		用钢量增加百分比/%	耗能提高百分比/%
				正向	负向		
CW-1	81.03	0.000	0.000	15125.64	15710.54	0.00	0.00
CW-2	81.03	44.48	0.354	37453.54	43921.42	54.89	147.65
CW-3	81.03	0.000	0.000	20041.45	18716.08	0.00	0.00
CW-4	81.03	44.48	0.354	27041.00	27050.90	54.89	39.70

由表 3-3 可知，无洞口内藏钢桁架组合核心筒较普通混凝土核心筒耗能能力提高了 147.65%，用钢量提高了 54.89%，其耗能提高比例是用钢量提高比例的 2.69 倍；带洞口内藏钢桁架组合核心筒与普通带洞口混凝土核心筒相比，耗能能力提高了 39.70%。

各核心筒试件的等效黏滞阻尼系数 h_e 随筒体顶层位移 U_1 的变化如图 3-6 所示。

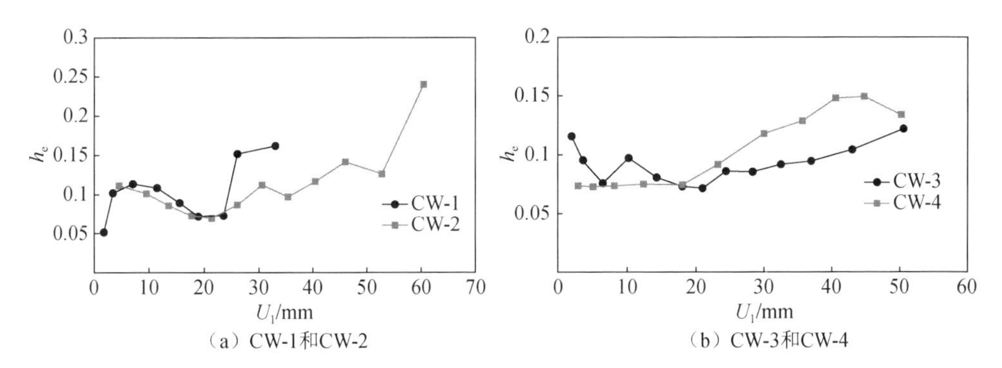

图 3-6　各核心筒试件的等效黏滞阻尼系数随筒体顶层位移的变化

1）对于无洞口组合核心筒试件，顶层位移变化在 1%之前，随着加载的进行，试件的等效黏滞阻尼系数先是减小，这和滞回曲线从梭形向弓形、反 S 形发展是一致的，在这个阶段两个核心筒试件的耗能能力相当；顶层位移变化在 1%之后，普通混凝土核心筒破坏加剧，等效黏滞阻尼系数迅速增大，而内藏钢桁架组合核心筒的破坏较小，等效黏滞阻尼系数平稳增加，直到顶层位移变化达到 2.5%时，破坏才开始加剧；普通混凝土核心筒与内藏钢桁架组合核心筒达极限荷载时的等效黏滞阻尼系数分别为 0.07 和 0.14。试验全过程表明，加设钢桁架可明显提高无洞口混凝土核心筒的耗能能力。

2）对于带洞口组合核心筒试件，如普通带洞口混凝土核心筒试件 CW-3，在加载初期，等效黏滞阻尼系数逐渐减小，反映了试件 CW-3 在这个阶段随着裂缝的开展，耗能能力逐步降低；当连梁出现较宽的裂缝时，试件的耗能能力增大，此后的破坏转变为墙体和连梁同时破坏，等效黏滞阻尼系数又开始逐渐减小，当顶层位移达到 24.45mm 时，试件剪力墙受压区的角部混凝土出现酥松破坏，连梁钢筋裸露严重，等效黏滞阻尼系数开始逐渐增大。带洞口内藏钢桁架组合核心筒试件 CW-4 在加载过程中，等效黏滞阻尼系数始终稳定增加，表明在受力初期，连梁中的型钢斜支撑发挥了明显的耗能作用，试件的滞回曲线在加载过程中随荷载的增加越来越饱满；在加载初期，试件 CW-4 的等效黏滞阻尼系数增加较为缓慢，与试件 CW-3 的耗能能力相当，在顶层位移达到 18mm 之后，试件 CW-4 的等效黏滞阻尼系数增加幅度加大，耗能能力明显高于试件 CW-3，且在该过程中试件的等效黏滞阻尼系数增加平稳，说明试件保持了很好的整体受力稳定性；当试件的顶层位移超出极限位移 38mm 时，试件 CW-4 并没有迅速破坏，等效黏滞阻尼系数仍然平稳增加，直到控制位移达到 50mm 时，试件 CW-4 还是没有出现突然破坏的现象；普通带洞口混凝土核心筒与带洞口内藏钢桁架组合核心筒达极限荷载时的等效黏滞阻尼系数分别为 0.085 和 0.118。试验全过程表明，内藏钢桁架可显著提高带洞口混凝土核心筒的耗能能力。

3.1.6 破坏特征分析

各种组合的核心筒在弯剪复合作用下的破坏展开的最终裂缝形态如图 3-7 所示，其中以垂直于加载方向以反复拉压受力为主的一组平行剪力墙称为剪力墙 1 和剪力墙 2，以平行于加载方向以反复弯剪受力为主的一组平行剪力墙称为剪力墙 3 和剪力墙 4。各试件的最终破坏形态如图 3-8 所示。

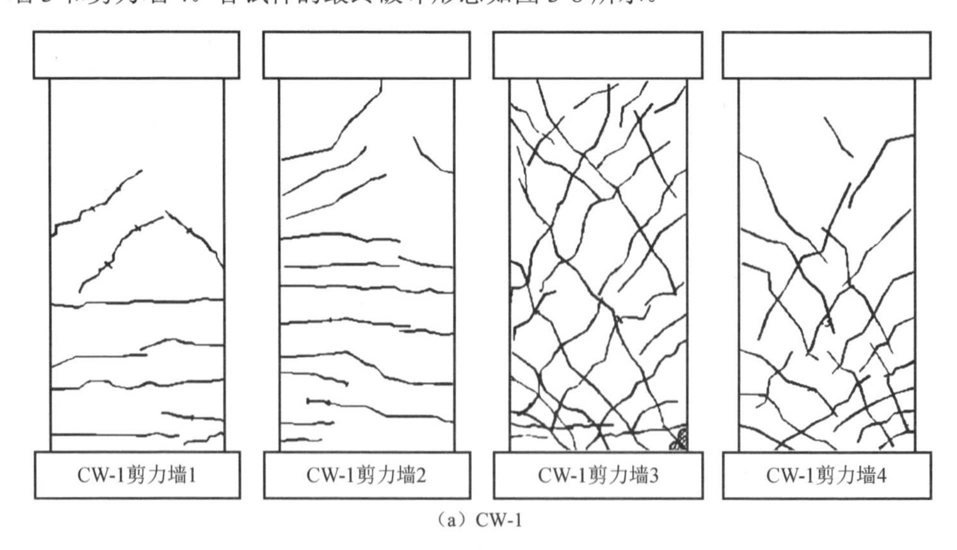

（a）CW-1

图 3-7 试件 CW-1～试件 CW-4 的最终裂缝形态

（b）CW-2

（c）CW-3

（d）CW-4

图 3-7（续）

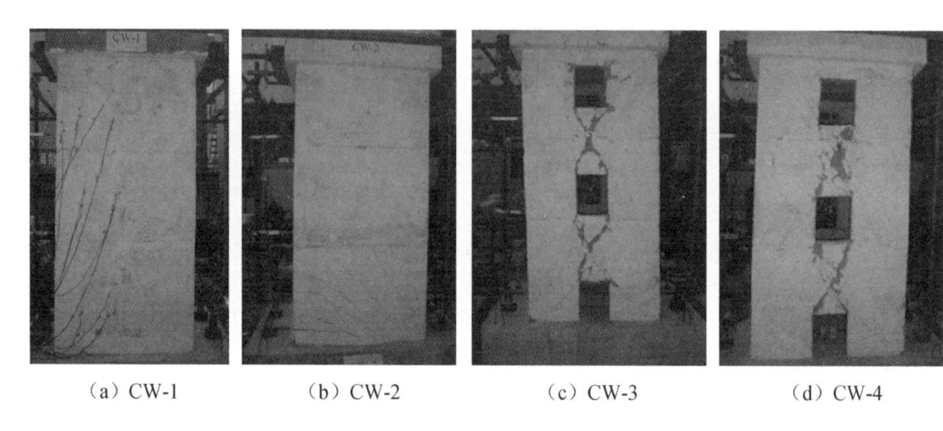

（a）CW-1　（b）CW-2　（c）CW-3　（d）CW-4

图 3-8　试件 CW-1～试件 CW-4 的最终破坏形态

由图 3-7 和图 3-8 可知，无洞口内藏钢桁架组合核心筒与普通核心筒相比，其裂缝具有增多明显、分布均匀、出现较晚且发展较慢的特点，裂缝在发展过程中延伸角度逐渐向钢桁架斜撑的角度逼近，说明钢斜撑起到了控制裂缝开展的作用；带洞口内藏钢桁架组合核心筒与普通核心筒相比，在达到极限位移后，随着控制位移的增大，承载力下降，但是连梁中暗藏的钢支撑在反复荷载的作用下反复屈曲，既起到了耗能的作用，也保证了结构的整体稳定性，即使承载力下降到极限荷载的 65%，结构仍没有出现突然性破坏。

3.2　中心荷载作用下内藏钢桁架组合核心筒承载力计算

试验研究表明，在中心水平荷载作用下，内藏钢桁架混凝土组合核心筒以弯曲破坏为主，属于大偏心受压情况。试件因弯曲破坏而失效，根部弯矩起控制作用。在受拉区，垂直水平加载方向的受拉剪力墙钢筋及型钢达到屈服应力时，平行于水平加载方向的墙板受拉区竖向分布钢筋也大部分达到屈服应力，在中和轴附近的竖向分布钢筋应力较小，计算时不予考虑，受拉区只计距受拉边缘 $h_w-1.5x$ 范围内的竖向分布受拉钢筋，其中 h_w 为截面的总高度，x 为混凝土受压区高度。在受压区，垂直水平加载方向的剪力墙中，受压钢筋及型钢均受压屈服；平行于水平加载方向的墙板，受压竖向分布钢筋由于截面面积较小，容易发生压屈现象，这部分压应力不予考虑。

3.2.1　基本假定

对中心荷载作用下内藏钢桁架组合核心筒的承载力进行计算时，基本假定如下：

1）截面保持平面。

2）不计受拉区混凝土的抗拉作用。

3）受压混凝土的应力-应变关系曲线按《混凝土结构设计规范》（GB 50010—2002）确定，$\varepsilon_c < 0.002$ 时为抛物线；$0.002 \leqslant \varepsilon_c < 0.0033$ 时为水平直线，取 0.0033。其中，ε_c 为混凝土极限压应变值，最大压应力取混凝土抗压强度标准值。

4）钢筋的应力-应变关系：屈服前为线弹性关系，屈服后的应力取屈服强度。

3.2.2　无洞口组合核心筒力学模型

1. 大偏心受压承载力计算

无洞口内藏钢桁架核心筒的大偏心受压承载力计算模型如图 3-9 所示。

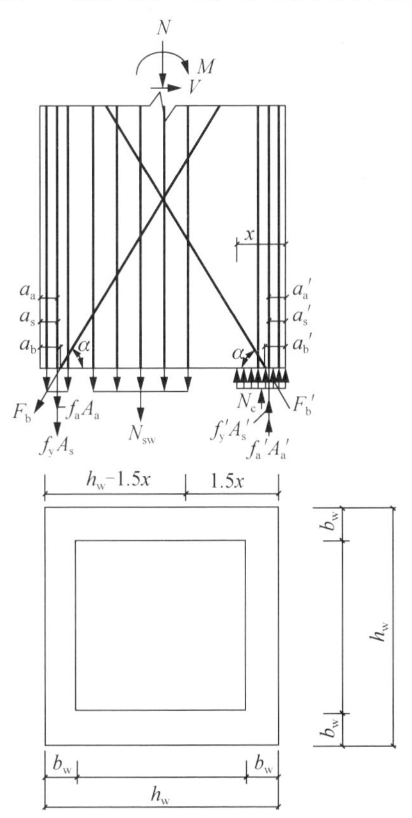

图 3-9　大偏心受压承载力计算模型

根据平截面假定，当 $x \leqslant \xi_b h_{w0}$ 时，墙体为大偏心受压，相对界限受压区高度为

$$\xi_b = \frac{0.8}{1 + \dfrac{f_y}{0.0033E_s}}$$

大偏心受压情况下，内藏钢桁架核心筒的承载力公式可按式（3-1）～式（3-5）进行计算，则有如下情况。

1）当 $x \leqslant b_w$ 时，有

$$N = f'_y A'_s + f'_a A'_a - f_y A_s - f_a A_a + f'_{ab} A'_{ab} \sin\alpha - f_{ab} A_{ab} \sin\alpha \\ -2 f_{yw} b_w \rho_w (h_w - 1.5x - b_w) + f_{ck} h_w x \tag{3-1}$$

式中，x 为混凝土受压区高度；f_{yw} 为核心筒平行于水平加载方向的剪力墙纵筋抗拉强度；f_y、f'_y 分别为核心筒垂直水平加载方向的剪力墙纵筋抗拉、抗压强度；f_a、f'_a 分别为核心筒角部受拉型钢抗拉、抗压强度；f_{ab}、f'_{ab} 分别为核心筒中型钢斜撑抗拉、抗压强度；A_s、A'_s 分别为核心筒垂直水平加载方向的剪力墙抗拉、抗压纵筋总面积；A_a、A'_a 分别为核心筒角部受拉、受压型钢的面积；A_{ab}、A'_{ab} 分别为核心筒中受拉、受压型钢斜撑的面积；f_{ck} 为混凝土抗压强度值；α 为型钢斜撑倾角；N 为轴力；b_w 为截面的墙板厚度；ρ_w 为平行于水平加载方向的剪力墙竖向分布钢筋配筋率。

$$N\left(e_0 - \frac{h_w}{2} + \frac{x}{2}\right) = f_y A_s \left(h_w - a_s - \frac{x}{2}\right) + f_a A_a \left(h_w - a_a - \frac{x}{2}\right) \\ + 2 f_{yw} b_w \rho_w (h_w - 1.5x - b_w)\left(\frac{h_w - b_w}{2} + \frac{x}{4}\right) \\ + f_{ab} A_{ab} \left(h_w - a_b - \frac{x}{2}\right)\sin\alpha + f'_y A'_s \left(\frac{x}{2} - a'_s\right) \\ + f'_a A'_a \left(\frac{x}{2} - a'_a\right) + f'_{ab} A'_{ab} \left(\frac{x}{2} - a'_b\right)\sin\alpha \tag{3-2}$$

式中，e_0 为偏心距，$e_0 = M/N$；a_s、a'_s 分别为核心筒垂直水平加载方向的剪力墙受拉、受压纵筋合力点到截面近边缘的距离；a_a、a'_a 分别为核心筒角部受拉、受压型钢合力点到截面近边缘的距离；a_b、a'_b 分别为受拉、受压型钢斜撑到截面近边缘的距离。

2）当 $x > b_w$ 时，有

$$N = f'_y A'_s + f'_a A'_a - f_y A_s - f_a A_a + f'_{ab} A'_{ab} \sin\alpha - f_{ab} A_{ab} \sin\alpha \\ -2 f_{yw} b_w \rho_w (h_w - 1.5x - b_w) + 2 f_{ck} b_w x + f_{ck} (h_w - 2b_w) b_w \tag{3-3}$$

$$N\left(e_0 - \frac{h_w}{2} + \frac{x}{2}\right) = f_y A_s \left(h_w - a_s - \frac{x}{2}\right) + f_a A_a \left(h_w - a_a - \frac{x}{2}\right) \\ + 2 f_{yw} b_w \rho_w (h_w - 1.5x - b_w)\left(\frac{h_w - b_w}{2} + \frac{x}{4}\right) \\ + f_{ab} A_{ab} \left(h_w - a_b - \frac{x}{2}\right)\sin\alpha + f'_y A'_s \left(\frac{x}{2} - a'_s\right) + f'_a A'_a \left(\frac{x}{2} - a'_a\right) \\ + f'_{ab} A'_{ab} \left(\frac{x}{2} - a'_b\right)\sin\alpha + f_{ck} (h_w - 2b_w) b_w \frac{x - b_w}{2} \tag{3-4}$$

试件水平承载力为

$$F = Ne_0/H \tag{3-5}$$

式中，H 为模型水平加载点至基础顶面的距离；F 为水平承载力。

2. 小偏心受压承载力计算

虽然试件未发生小偏心受压破坏，但本节也给出了小偏心受压承载力公式。小偏心受压承载力计算模型如图 3-10 所示。当发生小偏心受压破坏时，截面大部分或者全部受压，墙体内竖向分布钢筋全部受压屈曲或部分受压但应变未达到屈服，故计算承载力时墙体竖向分布钢筋的作用不计入抗弯，受压较大一侧边框柱的纵向钢筋及型钢均达到屈服，受压暗支撑的纵筋及型钢均达到屈服。

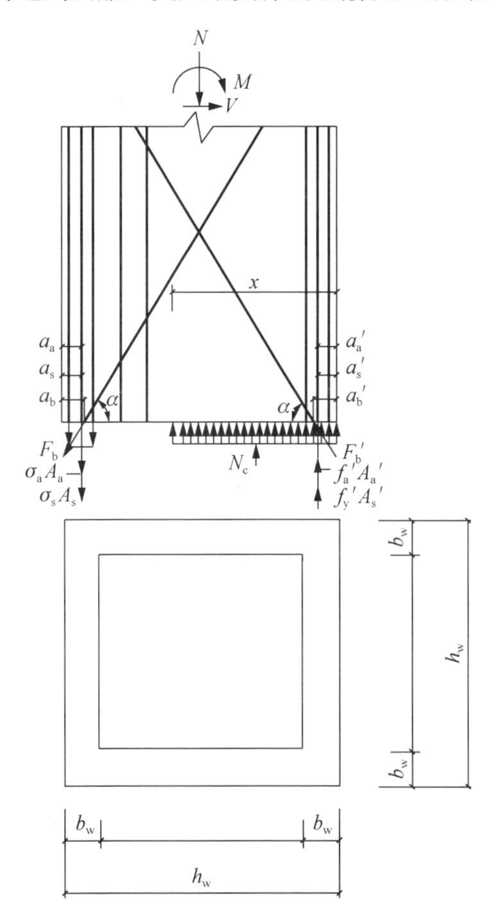

图 3-10　小偏心受压承载力计算模型

小偏心受压情况下，内藏钢框架及内藏钢桁架核心筒的承载力可按式（3-6）～式（3-8）进行计算。

由平衡条件可以得出以下两个方程：

$$N = f_y'A_s' + f_a'A_a' + f_{ab}'A_{ab}'\sin\alpha + 2f_cb_wx + f_c(b_f' - b_w)h_f' - \sigma_sA_s - \sigma_aA_a - \sigma_{ab}A_{ab}\sin\alpha \tag{3-6}$$

$$N\left(e_0 - \frac{h_w}{2} + \frac{x}{2}\right) = \sigma_sA_s\left(h_w - a_s - \frac{x}{2}\right) + \sigma_aA_a\left(h_w - a_a - \frac{x}{2}\right) + \sigma_{ab}A_{ab}\left(h_w - a_b - \frac{x}{2}\right)\sin\alpha + f_y'A_s'\left(\frac{x}{2} - a_s'\right) + f_a'A_a'\left(\frac{x}{2} - a_a'\right) + f_{ab}'A_{ab}'\left(\frac{x}{2} - a_b'\right)\sin\alpha \tag{3-7}$$

式中，$\sigma_s = \frac{f_y}{\xi_b - 0.8}\left(\frac{x}{h_{w0}} - 0.8\right)$；$\sigma_a = \frac{f_a}{\xi_b - 0.8}\left(\frac{x}{h_{w0}} - 0.8\right)$；$\sigma_{ab} = \frac{f_{ab}}{\xi_b - 0.8}\left(\frac{x}{h_{w0}} - 0.8\right)$，$h_{w0}$ 为核心筒垂直水平加载方向的剪力墙纵筋或型钢合力点至截面远边缘的距离；h_f'、b_f' 分别为截面受压翼缘高度、受压翼缘厚度。

试件水平承载力计算见式（3-5）。

根据平截面假定，当 $x > \xi_bh_{w0}$ 时，墙体为小偏心受压。

3.2.3 带洞口组合核心筒力学模型

1. 大偏心受压墙肢承载力计算

带洞口内藏钢桁架组合核心筒的承载力计算简化为两个 L 形双肢剪力墙的承载力计算，内藏钢桁架的 L 形双肢剪力墙墙肢的大偏心受压极限承载力计算模型如图 3-11 所示。大偏心受压时，受拉区竖向分布钢筋与型钢达到屈服应力；在中和轴附近的受拉钢筋因应力较小而不计入，只计算 h_{w0}-1.5x 范围内的墙板受拉钢筋，其中 h_{w0} 为截面的有效高度，$h_{w0} = h_w - a_s$；忽略受压区分布钢筋的作用，这样偏于安全；受压区型钢斜撑及竖向分布钢筋达到屈服应力。

1）图 3-11（a）所示墙肢，条件为 $x \leqslant \xi_bh_{w0}$，由平衡条件可得

$$N = f_y'A_s' - f_yA_s - f_aA_a - f_{ab}A_{ab}\sin\alpha - f_{yw}b_w\rho_w(h_w - 1.5x - b_w) + f_{ck}b_wx \tag{3-8}$$

$$N\left(e_0 - h_c + \frac{x}{2}\right) = f_yA_s\left(h_w - a_s - \frac{x}{2}\right) + f_aA_a\left(h_w - a_a - \frac{x}{2}\right) + f_{yw}b_w\rho_w(h_w - 1.5x - b_w)\left(\frac{h_w - b_w}{2} + \frac{x}{4}\right) + f_{ab}A_{ab}\left(h_w - a_b - \frac{x}{2}\right)\sin\alpha + f_y'A_s'\left(\frac{x}{2} - a_s'\right) \tag{3-9}$$

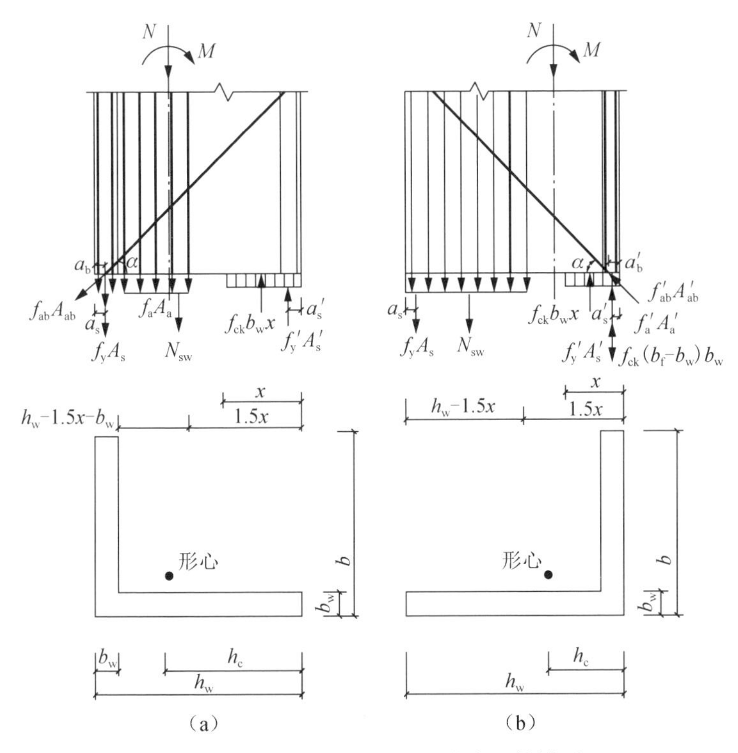

图 3-11　大偏心受压极限承载力计算模型

2）图 3-11（b）所示墙肢，条件为 $x \leqslant \xi_b h_{w0}$，由平衡条件可得：

① 当 $x \leqslant b_w$ 时，有

$$
\begin{aligned}
N = {} & f'_y A'_s + f'_a a'_a - f_y A_s + f'_{ab} A'_{ab} \sin\alpha \\
& - f_{yw} b_w \rho_w (h_w - 1.5x - 2a_s) + f_{ck} b_f x
\end{aligned}
\tag{3-10}
$$

$$
\begin{aligned}
N\left(e_0 - h_c + \frac{x}{2}\right) = {} & f_y A_s \left(h_w - a_s - \frac{x}{2}\right) \\
& + f_{yw} b_w \rho_w (h_w - 1.5x - 2a_s)\left(\frac{h_w - 2a_s}{2} + \frac{x}{4}\right) \\
& + f'_y A'_s \left(\frac{x}{2} - a'_s\right) + f'_a A'_a \left(\frac{x}{2} - a'_a\right) \\
& + f'_{ab} A'_{ab} \left(\frac{x}{2} - a'_b\right) \sin\alpha
\end{aligned}
\tag{3-11}
$$

② 当 $x > b_w$ 时，有

$$
\begin{aligned}
N = {} & f'_y A'_s + f'_a a'_a - f_y A_s + f'_{ab} A'_{ab} \sin\alpha \\
& - f_{yw} b_w \rho_w (h_w - 1.5x - 2a_s) \\
& + f_{ck} b_w x + f_{ck} (b_f - b_w) b_w
\end{aligned}
\tag{3-12}
$$

$$N\left(e_0-h_c+\frac{x}{2}\right)=f_yA_s\left(h_w-a_s-\frac{x}{2}\right)+f_{yw}b_w\rho_w(h_w-1.5x-2a_s)$$
$$\cdot\left(\frac{h_w-2a_s}{2}+\frac{x}{4}\right)+f'_yA'_s\left(\frac{x}{2}-a'_s\right)+f'_aA'_a\left(\frac{x}{2}-a'_a\right)$$
$$+f'_{ab}A'_{ab}\left(\frac{x}{2}-a'_b\right)\sin\alpha+f_{ck}(b_f-b_w)b_w\frac{x-b_w}{2} \tag{3-13}$$

上述各式中，f_{yw} 为 L 形剪力墙平行于水平加载方向的墙肢纵筋抗拉强度；f_y、f'_y 分别为 L 形剪力墙端部纵筋抗拉、抗压强度；f_a、f'_a 分别为 L 形剪力墙端部受拉型钢抗拉、抗压强度；f_{ab}、f'_{ab} 分别为型钢斜撑抗拉、抗压强度；A_s、A'_s 分别为 L 形剪力墙端部抗拉、抗压纵筋总面积；A_a、A'_a 分别为 L 形剪力墙端部受拉、受压型钢的面积；A_{ab}、A'_{ab} 分别为受拉、受压型钢斜撑的面积；f_{ck} 为混凝土抗压强度值；α为型钢斜撑倾角；N 为轴力；h_w、b_w 分别为截面的总高度、墙板厚度；a_s、a'_s 分别为核心筒垂直水平加载方向的剪力墙受拉、受压纵筋合力点到截面近边缘的距离；a_a、a'_a 分别为核心筒角部受拉、受压型钢合力点到截面近边缘的距离；a_b、a'_b 分别为受拉、受压型钢斜撑到截面近边缘的距离；ρ_w 为平行于水平加载方向的墙肢竖向分布钢筋配筋率；ξ_b 为界限相对受压区高度。

2. 小偏心受压墙肢承载力计算

带洞口内藏钢桁架组合核心筒的 L 形墙肢的小偏心受压极限承载力计算模型如图 3-12 所示。小偏心受压时，截面全部或大部分受压，受拉区钢筋未达到屈服应力，受压区离中和轴较远的受压型钢斜撑及筒体纵筋达到屈服应力。计算中忽略中部分布钢筋的合力影响。

图 3-12（a）所示墙肢，条件为 $x>\xi_b h_{w0}$，由平衡条件可得

$$N=f'_yA'_s-\sigma_sA_s-\sigma_aA_a-\sigma_{ab}A_{ab}\sin\alpha+f_{ck}b_wx \tag{3-14}$$

$$N\left(e_0-h_c+\frac{x}{2}\right)=\sigma_sA_s\left(h_w-a_s-\frac{x}{2}\right)+\sigma_aA_a\left(h_w-a_a-\frac{x}{2}\right)$$
$$+\sigma_{ab}A_{ab}\left(h_w-a_{ab}-\frac{x}{2}\right)\sin\alpha+f'_yA'_s\left(\frac{x}{2}-a'_s\right) \tag{3-15}$$

$$\sigma_s=\frac{f_y}{\xi_b-0.8}\left(\frac{x}{h_{w0}}-0.8\right) \tag{3-16}$$

$$\sigma_a=\frac{f_a}{\xi_b-0.8}\left(\frac{x}{h_{w0}}-0.8\right) \tag{3-17}$$

$$\sigma_{ab}=\frac{f_{ab}}{\xi_b-0.8}\left(\frac{x}{h'_{w0}}-0.8\right) \tag{3-18}$$

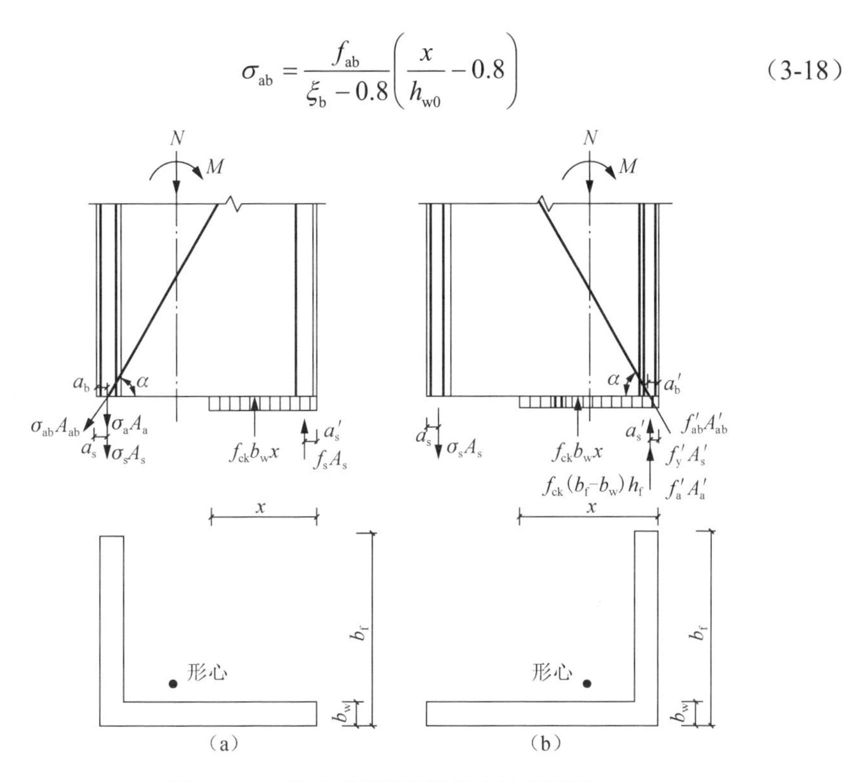

图 3-12　小偏心受压极限承载力计算模型

图 3-12（b）所示墙肢，条件为 $x>\xi_b h_{w0}$，由平衡条件可得

$$N=f'_yA'_s+f'_aA'_a-\sigma_sA_s+f'_{ab}A'_{ab}\sin\alpha+f_{ck}b_wx+f_{ck}(b_f-b_w)b_w \tag{3-19}$$

$$N\left(e_0-h_c+\frac{x}{2}\right)=\sigma_sA_s\left(h_w-a_s-\frac{x}{2}\right)+f'_yA'_s\left(\frac{x}{2}-a'_s\right)+f'_aA'_a\left(\frac{x}{2}-a'_a\right)$$
$$+f'_{ab}A'_{ab}\left(\frac{x}{2}-a'_{ab}\right)\sin\alpha+f_{ck}(b_f-b_w)b_w\frac{x-b_w}{2} \tag{3-20}$$

3.2.4　承载力计算结果与实测结果比较

普通混凝土核心筒及内藏钢桁架混凝土组合核心筒的极限承载力计算值与实测值的比较见表 3-4。计算中钢筋按实测屈服强度考虑，混凝土按实测抗压强度考虑。

表 3-4　极限承载力计算值与实测值的比较

试件编号	正向实测值/kN	负向实测值/kN	平均值/kN	计算值/kN	相对误差/%
CW-1	565.29	560.61	562.95	543.25	3.50
CW-2	729.57	683.79	706.68	674.32	4.58
CW-3	467.92	499.49	483.71	452.45	6.46
CW-4	688.63	664.37	666.50	642.34	3.63

3.3　偏心荷载作用下内藏钢桁架组合核心筒

3.3.1　试验概况

对 4 个 1/6 缩尺的核心筒模型试件进行偏心水平荷载作用下的低周反复荷载试验研究，试件编号分别为 CWT-1～CWT-4，试件 CWT-1 为无洞口普通混凝土核心筒，试件配筋及配钢与 3.1.1 节试件 CW-1 相同；试件 CWT-2 为无洞口内藏钢桁架组合核心筒，试件配筋及配钢与 3.1.1 节试件 CW-2 相同；试件 CWT-3 为带洞口普通混凝土核心筒，试件配筋及配钢与 3.1.1 节试件 CW-3 相同；试件 CWT-4 为带洞口内藏钢桁架组合核心筒，试件配筋及配钢与 3.1.1 节试件 CW-4 相同。

试件 CWT-1～试件 CWT-4 与 3.1.1 节试件 CW-1～试件 CW-4 的不同之处在于加载点的水平位置，试件 CWT-1～试件 CWT-4 为偏心加载试件，加载点到模型基础表面的垂直距离为 2260mm，到平行于加载方向的试件的竖向对称轴的垂直距离（偏心距）为 632.5mm。在距离基础顶面 2260mm 高度处布置了两个位移计，其中一个位移计位于与加载点相应的位置，记作位移计 1，另一个位于核心筒试件加载板另一侧的端部，记作位移计 2；在距离基础顶面 1660mm 高度处布置了两个位移计，记作位移计 3 和位移计 4，分别位于核心筒的两侧端部；在距离基础顶面 830mm 高度处布置了两个位移计，记作位移计 5 和位移计 6，分别位于核心筒的两侧端部。加载点位置及位移计布置如图 3-13 所示。

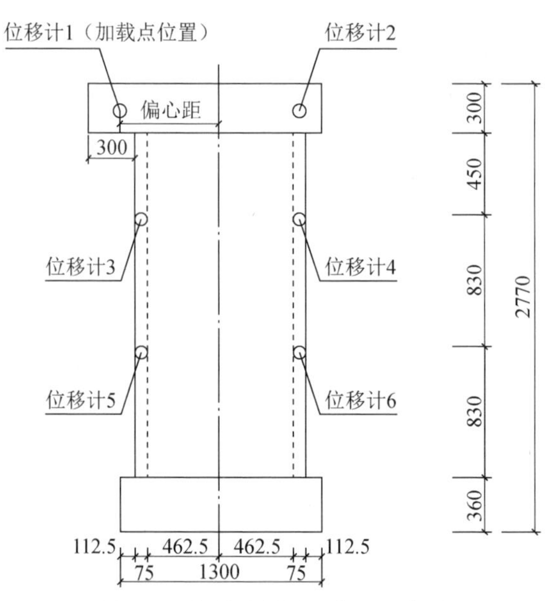

图 3-13　加载点位置及位移计布置

试件 CWT-1～试件 CWT-4 的加载方案及钢材性能同 3.1.1 节试件 CW-1～试件 CW-4，实测混凝土标准立方体抗压强度分别为 44.1MPa、42.4MPa、44.1MPa、42.4MPa。

3.3.2　承载力实测结果

试件核心筒的特征荷载及位移实测值见表 3-5，表中位移指核心筒与顶部水平加载点相应的位移计 1 的实测位移。

表 3-5　试件核心筒的特征荷载及位移实测值

试件编号	F_c/kN	F_y/kN	U_y/mm	F_u/kN	F_u 相对值	U_d/mm	U_d 相对值	θ_d	F_y/F_u	μ	μ 相对值
CWT-1	235.14	358.50	8.82	506.39	1.000	38.81	1.000	1/58	0.708	4.400	1.000
CWT-2	240.25	398.45	8.47	644.86	1.273	44.88	1.156	1/50	0.618	5.299	1.205
CWT-3	122.41	292.13	9.74	373.54	1.000	44.93	1.000	1/50	0.782	4.613	1.000
CWT-4	127.68	344.86	9.56	470.18	1.259	48.59	1.081	1/47	0.733	5.082	1.104

由表 3-5 可知，内藏钢桁架组合核心筒的开裂荷载比普通混凝土核心筒有所提高。内藏钢桁架组合核心筒的屈服荷载、极限荷载、最大弹塑性位移比普通混凝土核心筒明显提高，其中试件 CWT-2 比试件 CWT-1 的屈服荷载、极限荷载、最大弹塑性位移分别提高了 11.1%、27.3%、16.0%；试件 CWT-4 比试件 CWT-3 的屈服荷载、极限荷载、最大弹塑性位移分别提高了 18.1%、25.9%、8.1%。普通混凝土核心筒的屈强比较内藏钢桁架组合核心筒大 6.7%～14.6%，延性系数低 10.2%～20.4%，说明内藏钢桁架组合核心筒有约束的屈服段较长。

3.3.3　刚度退化过程

由试验得知，各组合核心筒的刚度 K 随位移角 θ 增大而退化，试件 CWT-1～试件 CWT-4 的 K-θ 曲线如图 3-14 所示。

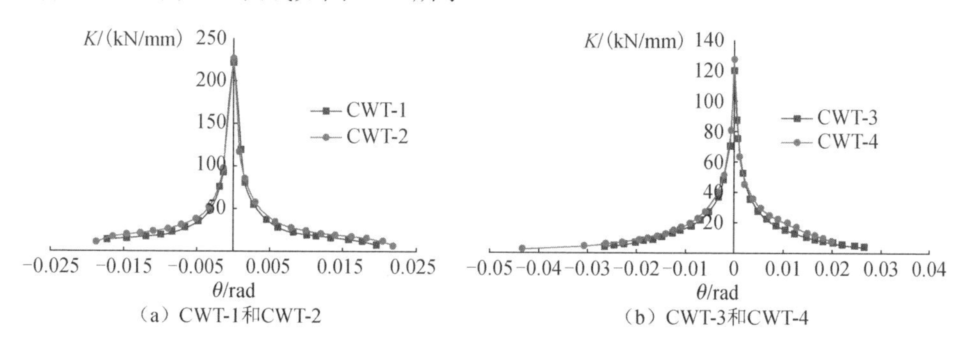

（a）CWT-1和CWT-2　（b）CWT-3和CWT-4

图 3-14　试件 CWT-1～试件 CWT-4 的 K-θ曲线

由图 3-14 可知，内藏钢桁架组合核心筒和普通混凝土核心筒的初始弹性刚度非常接近；在刚度速降阶段，内藏钢桁架组合核心筒和普通混凝土核心筒的变化均不大，说明初始阶段主要由混凝土强度及试件尺寸决定刚度；在刚度次速降阶段，内藏钢桁架组合核心筒的屈服刚度比普通混凝土核心筒有所提高；在刚度缓降阶段，内藏钢桁架组合核心筒的屈服刚度比普通混凝土核心筒明显提高。综上所述，说明钢桁架的存在约束了筒体墙肢裂缝的开展，使筒体刚度退化速度变慢，试件的后期性能相对于普通混凝土筒体更稳定。

3.3.4 滞回特性

实测各组合核心筒模型不同高度处的滞回曲线如图 3-15 所示。图 3-15 中，试件 CWT-4 在水平力反复加载到第 13 个滞回环的时候，水平千斤顶出现故障，不能进行正向加载，只能进行负向循环加载，故试验记录的滞回曲线正向有 13 个滞回环，负向有 16 个滞回环。

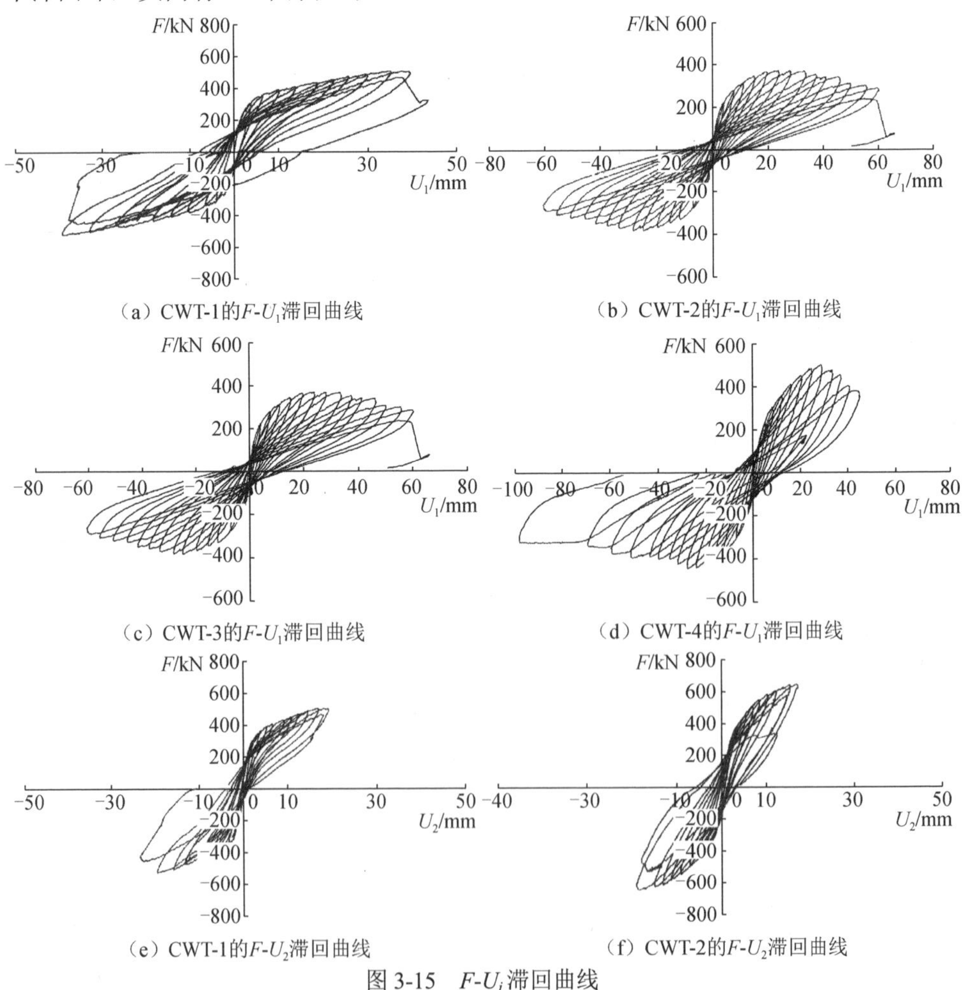

（a）CWT-1的F-U_1滞回曲线

（b）CWT-2的F-U_1滞回曲线

（c）CWT-3的F-U_1滞回曲线

（d）CWT-4的F-U_1滞回曲线

（e）CWT-1的F-U_2滞回曲线

（f）CWT-2的F-U_2滞回曲线

图 3-15　F-U_i 滞回曲线

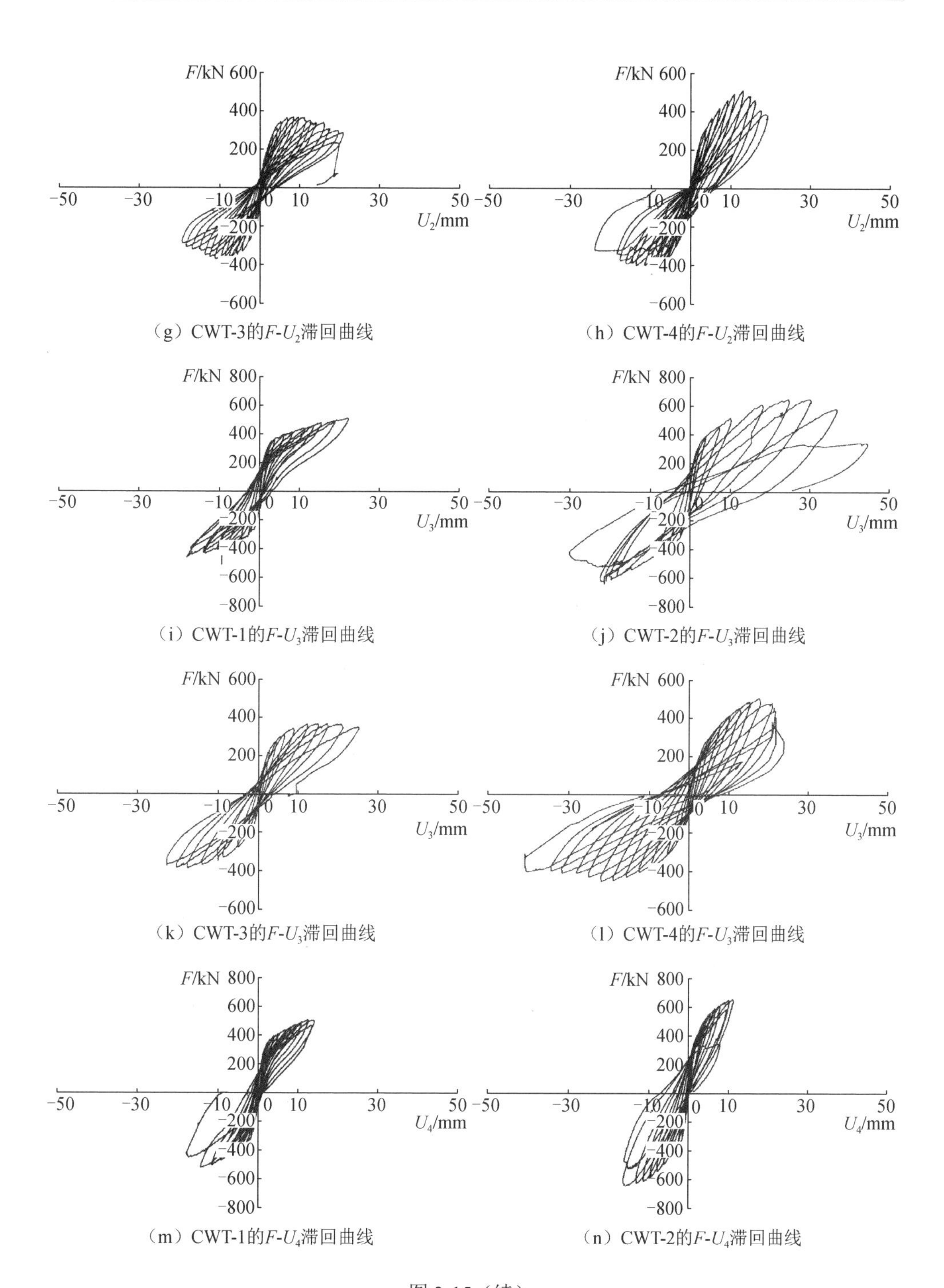

（g）CWT-3的F-U_2滞回曲线

（h）CWT-4的F-U_2滞回曲线

（i）CWT-1的F-U_3滞回曲线

（j）CWT-2的F-U_3滞回曲线

（k）CWT-3的F-U_3滞回曲线

（l）CWT-4的F-U_3滞回曲线

（m）CWT-1的F-U_4滞回曲线

（n）CWT-2的F-U_4滞回曲线

图 3-15（续）

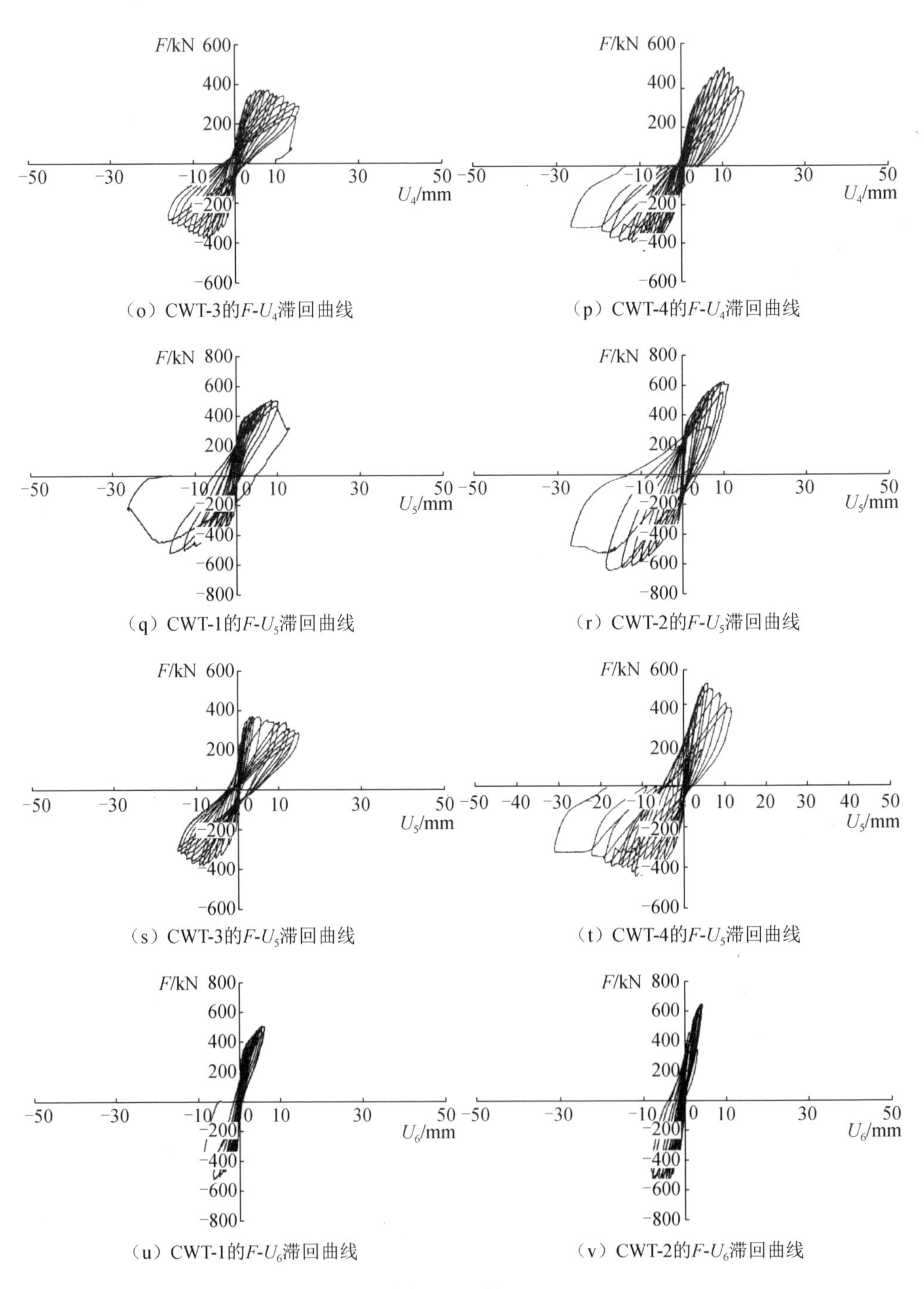

（o）CWT-3的F-U_4滞回曲线　（p）CWT-4的F-U_4滞回曲线

（q）CWT-1的F-U_5滞回曲线　（r）CWT-2的F-U_5滞回曲线

（s）CWT-3的F-U_5滞回曲线　（t）CWT-4的F-U_5滞回曲线

（u）CWT-1的F-U_6滞回曲线　（v）CWT-2的F-U_6滞回曲线

图 3-15（续）

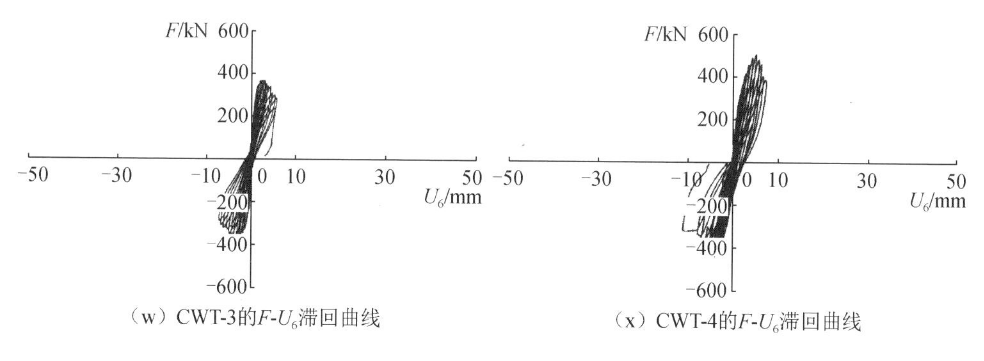

（w）CWT-3的F-U_6滞回曲线　（x）CWT-4的F-U_6滞回曲线

图 3-15（续）

由图 3-15 可知，无洞口及带洞口的内藏钢桁架组合核心筒的滞回环比普通混凝土核心筒的滞回环更饱满，中部捏拢现象较轻，承载力、延性、后期刚度、耗能均显著提高。

3.3.5　耗能能力

试件核心筒的耗能实测值见表 3-6。各试件的等效黏滞阻尼系数随筒体顶层位移的变化如图 3-16 所示。

表 3-6　试件核心筒的耗能实测值

试件编号	钢筋质量/kg	钢桁架质量/kg	耗能/（kN · mm）		耗能提高百分比/%
			正向	负向	
CWT-1	81.03	0	18345.23	15772.79	0
CWT-2	81.03	44.48	24950.35	20898.90	34.38
CWT-3	81.03	0	18972.20	19136.06	0
CWT-4	81.03	44.48	17403.02	34503.51	36.21

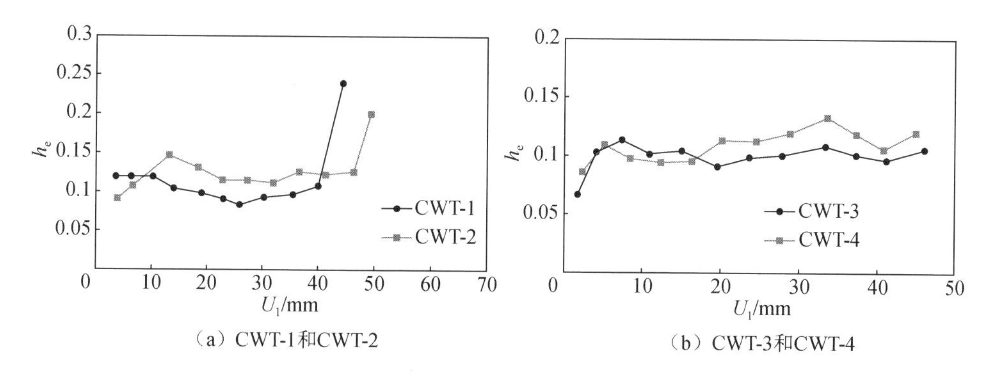

（a）CWT-1和CWT-2　（b）CWT-3和CWT-4

图 3-16　各试件的等效黏滞阻尼系数随筒体顶层位移的变化

1）对于无洞口普通混凝土核心筒试件，加载点位移变化在 1.1%之前，随着加载的进行，试件的等效黏滞阻尼系数逐渐减小，这和试件滞回曲线在这个阶段从梭形向弓形、反 S 形发展是相关的。加载点位移变化超过 1.1%之后，普通混凝土核心筒的等效黏滞阻尼系数开始增大，破坏加剧；加载点位移变化超过 1.8%时，普通混凝土核心筒的等效黏滞阻尼系数迅速增大，试件破坏。

2）对于无洞口内藏钢桁架组合核心筒，加载点位移变化在 1.1%之前，等效黏滞阻尼系数逐渐增大，反映了试件在这个阶段随着裂缝的出现，耗能增大；加载点位移变化在 1.1%之后，等效黏滞阻尼系数平稳发展，耗能能力大于普通混凝土核心筒；加载点位移变化超过 2.1%后，等效黏滞阻尼系数迅速增大，试件破坏，但达到破坏时的等效黏滞阻尼系数要小于普通混凝土核心筒，这表明内藏钢桁架组合核心筒的最终破坏较轻。普通混凝土核心筒与内藏钢桁架组合核心筒达到极限荷载时的等效黏滞阻尼系数分别为 0.107 和 0.121，这表明内藏钢桁架可明显提高混凝土核心筒的耗能能力。

3）带洞口核心筒试件的等效黏滞阻尼系数均在加载初期有上升趋势，表明随着试件裂缝的出现和延伸，其耗能能力增大。当试件达到屈服后，等效黏滞阻尼系数的发展趋势是缓慢下降，这与试件滞回曲线在这个阶段从梭形向弓形、反 S 形发展是相关的。加载点位移达到 1%之后，两个试件的等效黏滞阻尼系数均开始缓慢增长。在试件达到屈服之前，两个试件的等效黏滞阻尼系数大体相等，这表明在这个阶段两个试件的耗能能力相当，从试件屈服到加载点位移变化达到 1%之前，普通带洞口混凝土核心筒的等效黏滞阻尼系数略高于内藏钢桁架带洞口混凝土组合核心筒，这表明在这个阶段普通带洞口混凝土核心筒的裂缝发展较快，破坏更为严重。当加载点位移变化达到 1%之后，普通带洞口混凝土核心筒的等效黏滞阻尼系数要低于内藏钢桁架带洞口混凝土组合核心筒，这与普通核心筒的破坏特征（随着加载的进行，主要是主裂缝开展，其他裂缝较少，耗能能力不能提高）相一致。而内藏钢桁架带洞口混凝土组合核心筒，当加载点位移变化达到 1%之后，裂缝继续增多，密度增大且范围更广，耗能能力稳定提高。普通带洞口混凝土核心筒与内藏钢桁架带洞口混凝土组合核心筒达到极限荷载时的等效黏滞阻尼系数分别为 0.101 和 0.120，这表明内藏钢桁架可明显提高混凝土核心筒的耗能能力。

3.3.6 复合受力下的扭转性能

1. 抗扭承载力

试件核心筒的抗扭承载力实测值见表 3-7。表 3-7 中的 T_c 为试件开裂时对应的扭矩，T_y 为试件明显屈服时对应的扭矩，T_u 为试件达到极限承载力时对应的扭矩，T_y/T_u 为屈强比。

表 3-7　试件核心筒的抗扭承载力实测值

试件编号	开裂扭矩		屈服扭矩		极限扭矩		屈强比	
	T_c/（kN·m）	相对值	T_y/（kN·m）	相对值	T_u/（kN·m）	相对值	T_y/T_u	相对值
CWT-1	148.73	1.000	226.75	1.000	320.29	1.000	0.708	1.146
CWT-2	151.96	1.022	252.02	1.111	407.87	1.273	0.618	1.000
CWT-3	77.42	1.000	184.77	1.000	236.26	1.000	0.782	1.067
CWT-4	80.76	1.043	218.12	1.180	297.38	1.259	0.733	1.000

由表 3-7 可知，内藏钢桁架组合核心筒的开裂扭矩比普通混凝土核心筒有所提高；内藏钢桁架组合核心筒的屈服扭矩和极限扭矩比普通混凝土核心筒明显提高，试件 CWT-2 的屈服扭矩和极限扭矩分别比试件 CWT-1 提高了 11.1%、27.3%，试件 CWT-4 的屈服扭矩和极限扭矩分别比试件 CWT-3 提高了 18.0%、25.9%。

2. 扭转延性

试件核心筒的扭角及扭转延性系数实测值见表 3-8。表中θ为核心筒在顶层加载点高度的扭角；θ_{ty} 为屈服扭角；θ_{tp} 为试件达到极限扭矩时的扭角；θ_{td} 为弹塑性最大扭角（抗扭承载力降至极限扭矩 85%时的相应扭角）；$\beta_1=\theta_{tp}/\theta_{ty}$，为核心筒极限扭矩阶段的扭角比（或称为第一阶段延性系数）；$\beta_2=\theta_{td}/\theta_{tp}$，为破坏阶段的扭角比（或称为第二阶段延性系数）；$\beta=\beta_1\beta_2=\theta_{td}/\theta_{ty}$，为扭角延性系数。以上均为构件塑性变形能力的指标。计算扭角比时，θ_{ty}、θ_{tp}、θ_{td} 均取正负两项实测位移的均值。

表 3-8　试件核心筒的扭角及扭转延性系数实测值

试件编号	位置	θ_{ty}/（mrad/m）	θ_{tp}/（mrad/m）		θ_{td}/（mrad/m）		β_1	β_2	β	β相对值
		正负向均值	正负向均值	相对值	正负向均值	相对值				
CWT-1	θ	4.12	16.39	1.000	21.15	1.000	4.051	1.267	5.133	1.000
CWT-2	θ	4.02	22.10	1.348	28.57	1.351	5.498	1.293	7.107	1.385
CWT-3	θ	4.87	13.68	1.000	27.24	1.000	2.891	1.928	5.573	1.000
CWT-4	θ	4.72	14.59	1.067	28.99	1.068	3.091	1.987	6.142	1.102

由表 3-8 可知，内藏钢桁架组合核心筒顶点的弹塑性位移θ_{td}的正负向均值比普通混凝土核心筒要高；内藏钢桁架组合核心筒的极限扭矩阶段的扭角比比普通混凝土核心筒要高，说明内藏钢桁架组合核心筒从明显屈服到极限扭矩阶段的发展过程较长；内藏钢桁架组合核心筒的破坏阶段的扭角比比普通混凝土核心筒要高，说明内藏钢桁架组合核心筒从极限扭矩到弹塑性最大扭角的发展过程较长；

内藏钢桁架组合核心筒的扭角延性系数比普通混凝土核心筒要高，其中试件CWT-2的延性系数比试件CWT-1提高了38.5%，试件CWT-4的延性系数比试件CWT-3提高了10.2%，说明内藏钢桁架组合核心筒从明显屈服到弹塑性最大扭角的发展过程较长，也就是有约束的屈服段较长。

3. 滞回特性

各核心筒试件的 T-θ 滞回曲线如图3-17所示，图中 θ 为2260mm高度处的实测扭角。

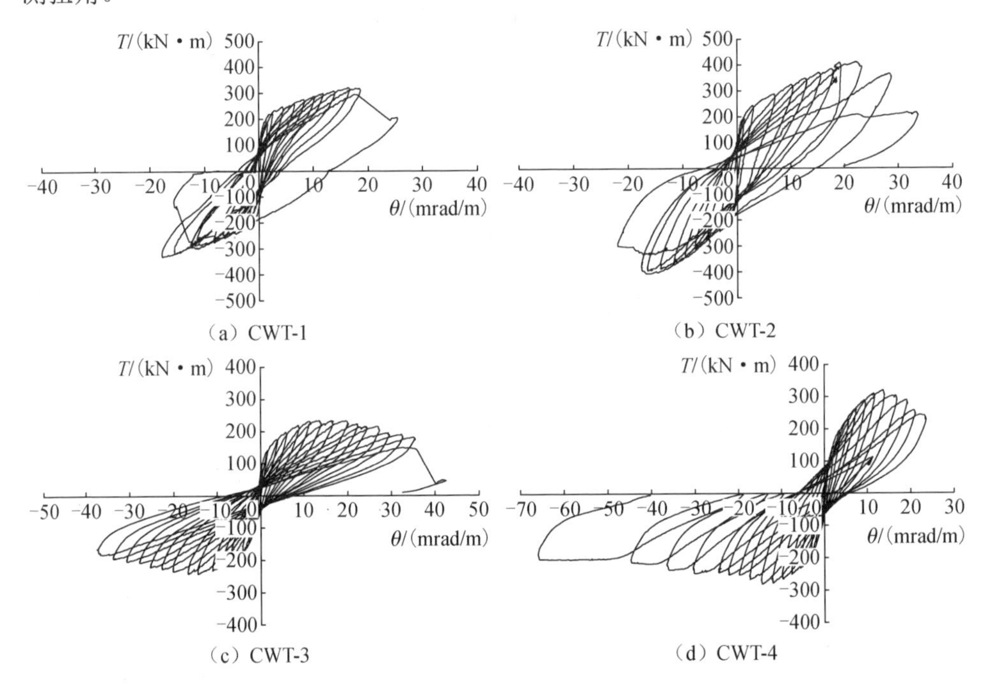

图3-17　各核心筒试件的 T-θ 滞回曲线

由图3-17可知，内藏钢桁架组合核心筒的“扭矩-扭角”滞回环比普通混凝土核心筒的 T-θ 滞回环更饱满，中部捏拢现象较轻，抗扭承载力、延性、后期刚度、耗能均显著提高。

4. 扭转耗能

试件核心筒的扭转耗能实测值见表3-9。由表3-9可知，无洞口内藏钢桁架组合核心筒比无洞口普通混凝土核心筒的耗能提高了57.65%，带洞口内藏钢桁架组合核心筒比带洞口普通混凝土核心筒的耗能提高了44.36%。

表 3-9　试件核心筒的扭转耗能实测值

试件编号	钢筋质量/kg	钢桁架质量/kg	耗能/（kN · mrad）			耗能提高百分比/%
			正向	负向	均值	
CWT-1	81.03	0	6649.83	4643.22	5646.53	0
CWT-2	81.03	44.48	10866.24	6937.25	8901.75	57.65
CWT-3	81.03	0	6987.98	7230.68	7109.33	0
CWT-4	81.03	44.48	5627.67	14898.57	10263.12	44.36

3.3.7　破坏特征

弯剪扭复合作用下 4 个核心筒展开的剪力墙墙面最终裂缝形态如图 3-18 所示，为便于表述试件的破坏过程，核心筒受力过程中由扭矩产生的剪力和水平力导致剪力叠加的剪力墙记作剪力墙 1，由扭矩产生的剪力和水平力导致剪力相减的剪力墙记作剪力墙 3，水平荷载为拉力时的核心筒中受拉剪力墙记作剪力墙 2，受压剪力墙记作剪力墙 4。试件最终破坏形态如图 3-19 所示。

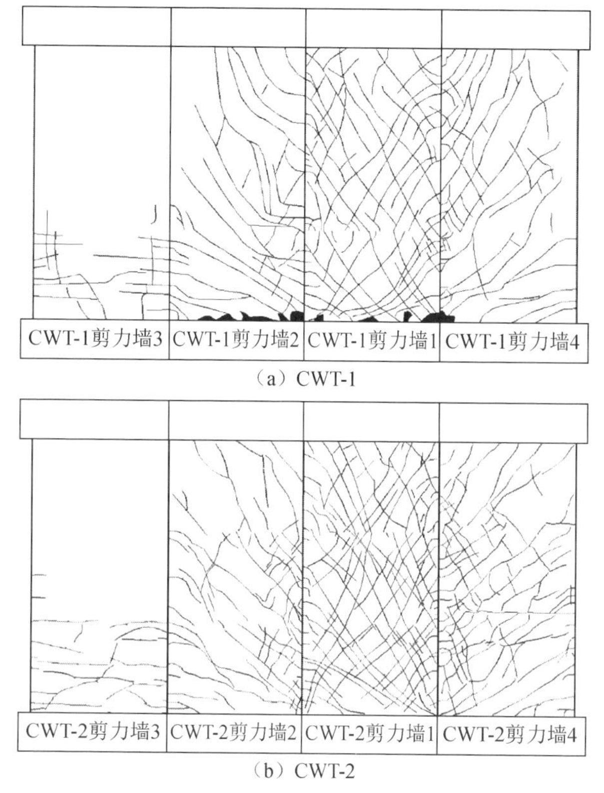

（a）CWT-1

（b）CWT-2

图 3-18　试件 CWT-1～试件 CWT-4 的最终裂缝形态

（c）CWT-3

（d）CWT-4

图 3-18（续）

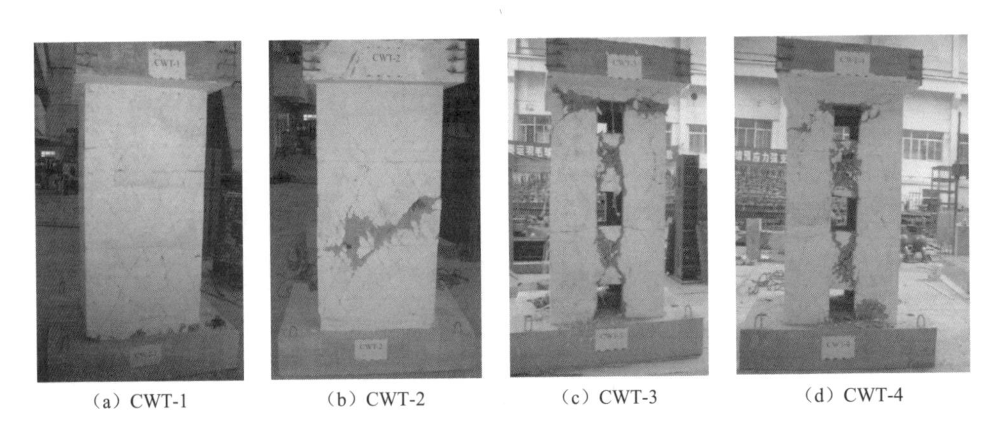

（a）CWT-1　（b）CWT-2　（c）CWT-3　（d）CWT-4

图 3-19　试件 CWT-1～试件 CWT-4 的最终破坏形态

由图 3-18 和图 3-19 可知，核心筒的破坏特征具有以下特点：①各核心筒的破坏均呈剪扭破坏形态；②普通混凝土核心筒的裂缝相对较少，其斜裂缝出现较早且发展较快，试件的最终破坏具有突然性；③与普通混凝土核心筒相比，内藏钢桁架组合核心筒的裂缝具有增多明显、分布均匀、出现较晚且发展较慢的特点，裂缝在发展过程中的延伸角度逐渐向钢桁架斜撑的角度逼近，在试件最终破坏阶段，型钢仍然继续工作，保证了结构的整体稳定性。

3.4　偏心水平荷载下内藏钢桁架组合核心筒承载力计算

偏心水平荷载下，内藏钢桁架组合核心筒承受压力、剪力、弯矩和扭矩的复合作用。钢筋混凝土压弯剪扭复合受力构件是一个带裂缝工作的空间受力问题，受力性能非常复杂。复合受扭构件承载力的计算理论模型有很多，如空间桁架理论、斜弯破坏理论、谐调压力场理论和薄膜元理论等。

本节采用变角空间桁架模型对复合受扭单向试件在单调扭矩作用下的抗扭性能进行受力分析，推导出复合受扭构件的承载力基本公式，再考虑构件形式和加载方式对抗扭承载力的影响，以混凝土轴心抗压强度为参数建立复合受扭构件承载力统一方程。

3.4.1　基本假定

对偏心水平荷载下内藏钢桁架组合核心筒进行承载力计算时，基本假定如下：

1）桁架由倾角为 θ_i 的斜向混凝土压杆和纵向钢筋及箍筋组成，同一侧壁各斜压杆的倾角相等。

2）斜向混凝土压杆仅承受压应力，忽略混凝土的抗拉及受压弦杆的抗剪作用，忽略其受剪及扭转而产生翘曲的影响。

3）纵筋和箍筋仅承受轴向力，忽略销栓作用。

4）设剪力流的中心线通过筒体剪力墙截面上封闭箍筋中心的连线。

3.4.2　平衡方程

核心筒在压剪扭作用下的空间桁架模型如图 3-20 所示，其中由扭矩产生的剪应力和水平力导致剪应力叠加的剪力墙记作剪力墙 1，由扭矩产生的剪应力和水平力导致剪应力相减的剪力墙记作剪力墙 3，水平荷载为拉力时的核心筒中受拉剪力墙记作剪力墙 2，受压剪力墙记作剪力墙 4。

根据布雷特薄管理论，扭矩 T 产生的剪力流 q_τ 在核心筒的四面剪力墙上均匀分布，$q_\tau = T/(2A_{cor})$，其中 A_{cor} 为核心筒截面剪力流中心线所包围的核心面积，即 $A_{cor} = b_{cor}h_{cor}$。对于核心筒，近似地取封闭箍筋中心的连线为剪力流的中心线。$b_{cor} = b-2a-d_1$ 和 $h_{cor} = h-2a-d_1$ 分别为剪力流的长边和短边尺寸，其中 a 为核心筒保护层厚度，h 为核心筒截面高度，b 为核心筒截面宽度，d_1 为核心筒箍筋直径。

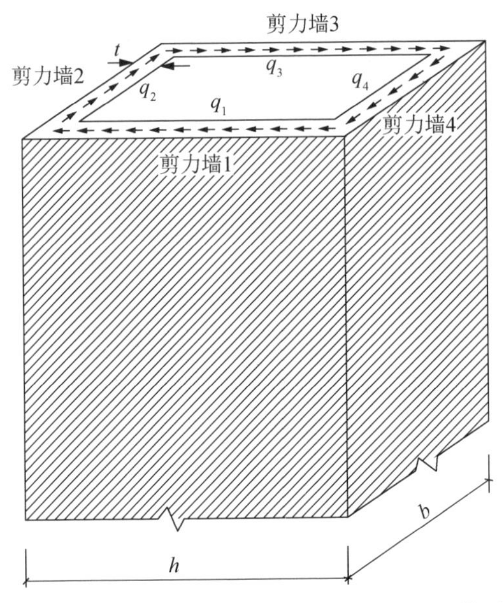

图 3-20　核心筒在压剪扭作用下的空间桁架模型

设由剪力 V 产生的剪力流 q_V 在剪力墙 1 和剪力墙 3 的壁内均匀分布，$q_V = V/(2h)$。

在剪力墙 1 的墙面取一个隔离体，剪力流为 q_1，则有

$$q_1 = q_\tau + q_V = \frac{T}{2A_{cor}} + \frac{V}{2h_{cor}} \tag{3-21}$$

在剪力墙 2 的墙面取一个隔离体，剪力流为 q_2，则有

$$q_2 = q_\tau = \frac{T}{2A_{cor}} \tag{3-22}$$

在剪力墙 3 的墙面取一个隔离体，剪力流为 q_3，则有

$$q_3 = q_\tau - q_V = \frac{T}{2A_{cor}} - \frac{V}{2h_{cor}} \tag{3-23}$$

在剪力墙 4 的墙面取一个隔离体，剪力流为 q_4，则有

$$q_4 = q_\tau = \frac{T}{2A_{cor}} \tag{3-24}$$

设核心筒各剪力墙中混凝土斜压杆承受的压力分别为 D_1、D_2、D_3、D_4，相应的倾角分别为 θ_1、θ_2、θ_3、θ_4。剪力墙 i 中取一隔离体，剪力流 q_i 引起的桁架受力截面分离图如图 3-21 所示。混凝土压力场总压力为 D_i，其平均压应力为 σ_{di}；箍筋单肢拉力为 F_i；混凝土斜裂缝倾角为 θ_i；型钢受拉斜撑的压应力为 σ_{xb}，倾角为 α_1；型钢受压斜撑的拉应力为 σ'_{xb}，倾角为 α_2。

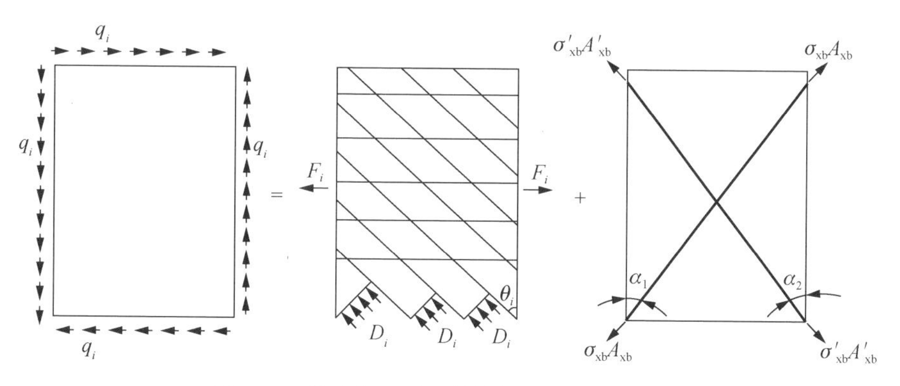

图 3-21　剪力流 q_i 引起的桁架受力截面分离图

在各个侧壁上的横向分布钢筋相应的拉力为 F_1、F_2、F_3、F_4。按照设计要求，在各个侧壁上的横向分布钢筋应连通设置成核心筒箍筋，间距为 s。核心筒临近破坏时，箍筋接近屈服，可取 $F_1=F_2=F_3=F_4=F$。

对剪力墙 1，由水平方向平衡得

$$D_1\sin\theta_1+\sigma_{xb_1}A_{xb_1}\sin\alpha_1+\sigma'_{xb_1}A'_{xb_1}\sin\alpha_2=q_1h_{cor} \tag{3-25}$$

$$\frac{F_1}{s}h_{cor}\cot\theta_1=q_1h_{cor} \tag{3-26}$$

由式（3-26）可得

$$\cot\theta_1=\frac{q_1s}{F_1} \tag{3-27}$$

由竖直方向平衡得

$$D_1\cos\theta_1+\sigma_{xb_1}A_{xb_1}\cos\alpha_1+\sigma'_{xb_1}A'_{xb_1}\cos\alpha_2=N_{(V+T)1}=q_1h_{cor}\cot\theta_1 \tag{3-28}$$

将式（3-26）代入式（3-28），得

$$N_{(V+T)1}=D_1\cos\theta_1+\sigma_{xb_1}A_{xb_1}\cos\alpha_1+\sigma'_{xb_1}A'_{xb_1}\cos\alpha_2=\frac{q_1^2h_{cor}s}{F_1} \tag{3-29}$$

同理，对剪力墙 2，可得

$$N_{(V+T)2}=D_2\cos\theta_2+\sigma_{xb_1}A_{xb_1}\cos\alpha_1+\sigma'_{xb_1}A'_{xb_1}\cos\alpha_2=\frac{q_2^2h_{cor}s}{F_2} \tag{3-30}$$

对剪力墙 3，可得

$$N_{(V+T)3}=D_3\cos\theta_3+\sigma_{xb_1}A_{xb_1}\cos\alpha_1+\sigma'_{xb_1}A'_{xb_1}\cos\alpha_2=\frac{q_3^2h_{cor}s}{F_3} \tag{3-31}$$

对剪力墙 4，可得

$$N_{(V+T)4}=D_4\cos\theta_4+\sigma_{xb_1}A_{xb_1}\cos\alpha_1+\sigma'_{xb_1}A'_{xb_1}\cos\alpha_2=\frac{q_4^2h_{cor}s}{F_4} \tag{3-32}$$

建立组合核心筒在弯矩和轴力的复合作用下的计算模型，如图 3-22 所示，设受压剪力墙 4 截面上的剪力流中心线为 $I—I$ 轴。

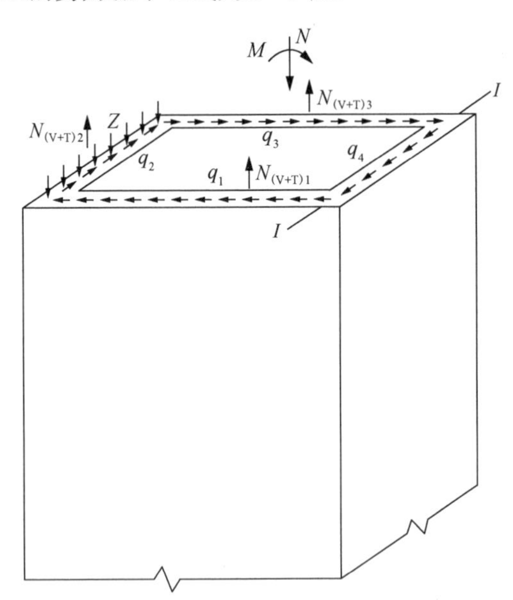

图 3-22　组合核心筒在弯矩和轴力的复合作用下的计算模型

对 $I—I$ 轴取矩，由平衡条件得

$$M = Z(h_0' - a') - N_{(\mathrm{V+T})1}\frac{h_{\mathrm{cor}}}{2} - N_{(\mathrm{V+T})3}\frac{h_{\mathrm{cor}}}{2} - N_{(\mathrm{V+T})2}h_{\mathrm{cor}} + N\frac{h_{\mathrm{cor}}}{2} \tag{3-33}$$

式中，Z 为受拉剪力墙中钢筋、型钢和型钢斜撑在竖直方向上的分量和，即

$$Z = 2A_{\mathrm{xz}}f_{\mathrm{xz}} + A_{sl}f_{xl} + 2A_{\mathrm{xc}}f_{\mathrm{xc}}\cos\alpha \tag{3-34}$$

式中，A_{xz}、A_{sl}、A_{xc} 分别为受拉剪力墙中型钢柱、钢筋和型钢斜撑的面积；f_{xz}、f_{xl}、f_{xc} 分别为受拉剪力墙中型钢柱、钢筋和型钢斜撑的屈服强度。设 $\alpha_1 = \alpha_2 = \alpha$，将式（3-29）～式（3-32）代入式（3-33），得

$$M = Z(h_0' - a') - \frac{q_1^2 h_{\mathrm{cor}} s}{F}\frac{h_{\mathrm{cor}}}{2} - \frac{q_3^2 h_{\mathrm{cor}} s}{F}\frac{h_{\mathrm{cor}}}{2} - \frac{q_1^2 h_{\mathrm{cor}} s}{F}h_{\mathrm{cor}} + N\frac{h_{\mathrm{cor}}}{2} \tag{3-35}$$

令 $u_{\mathrm{cor}} = 2(b_{\mathrm{cor}} + h_{\mathrm{cor}})$，得

$$\frac{M}{Z(h_0' - a')} + \left(\frac{T}{2A_{\mathrm{cor}}}\right)^2 \frac{u_{\mathrm{cor}} s}{2ZF}\frac{h_{\mathrm{cor}}}{(h_0' - a')} + \left(\frac{V}{2h_{\mathrm{cor}}}\right)^2 \frac{h_{\mathrm{cor}}^2 s}{F}\frac{1}{Z(h_0' - a')} - N\frac{h_{\mathrm{cor}}}{2Z(h_0' - a')} = 1 \tag{3-36}$$

若忽略 $(h_0' - a')$ 与 h_{cor} 的差别，式（3-36）变为

$$\frac{M}{Zh_{cor}} + \left(\frac{T}{2A_{cor}}\right)^2 \frac{u_{cor}s}{2ZF} + \left(\frac{V}{2h_{cor}}\right)^2 \frac{h_{cor}s}{ZF} - \frac{N}{2Z} = 1 \tag{3-37}$$

令 $M_0 = Zh_{cor}$，$T_0 = 2A_{cor}\sqrt{\frac{2ZF}{u_{cor}s}}$，$V_0 = 2h_{cor}\sqrt{\frac{ZF}{h_{cor}s}}$，$N_0 = 2Z$，代入式（3-37），得

$$\frac{M}{M_0} + \left(\frac{T}{T_0}\right)^2 + \left(\frac{V}{V_0}\right)^2 - \frac{N}{N_0} = 1 \tag{3-38}$$

式（3-38）为压弯剪扭构件承载力的基本公式，基本公式没有考虑构件形式和加载方式对复合受扭构件抗扭承载力的影响。

考虑复合受扭构件本身的构件形式和加载方式的不同，对式（3-38）进行改进，则有

$$\frac{M}{M_0} + \left(\frac{T}{T_0}\right)^2 + \left(\frac{V}{V_0}\right)^2 - \frac{N}{N_0} = \alpha \tag{3-39}$$

式中，α 为与构件形式和加载方式有关的综合影响系数，设 $\alpha = \beta_1\beta_2$，其中 β_1 为复合作用下构件形式的影响系数，β_2 为复合作用下构件加载方式的影响系数。综合两种因素的影响，本节取 $\alpha = 1.25$。

从式（3-39）可知，压弯剪扭构件的承载力与纵筋和箍筋的配筋率、纵横钢筋配筋强度比、内藏钢桁架的配钢率、内藏钢桁架的强度、构件上竖向作用的荷载和截面尺寸有关。当剪扭比为 0（即剪力为 0）时，式（3-39）将退化为压弯扭构件的计算式；当弯扭比为 0（即弯矩为 0）时，式（3-39）将退化为剪扭构件的计算式；当 N=0 时，式（3-39）将退化为弯剪扭构件的计算式；当 V、T、N 全部为 0 时，式（3-39）则退化为纯扭构件的计算式。

应用式（3-39）对偏心水平作用下内藏钢桁架组合核心筒的承载力进行计算，极限承载力计算值与实测值的比较见表 3-10。

表 3-10　应用式（3-39）所得极限承载力计算值与实测值的比较

模型编号	正向实测值/kN	负向实测值/kN	平均值	计算值/kN	相对误差/%
CWT-1	565.29	560.61	562.95	526.86	6.41
CWT-2	729.57	783.67	756.62	726.58	3.97
CWT-3	345.16	370.02	357.59	339.85	4.96
CWT-4	446.52	424.88	435.70	416.74	4.35

3.5　压弯剪作用下内藏钢桁架组合低剪力墙软化桁架模型及分析

3.5.1　模型建立

美国休斯敦大学的 Thomas 将混凝土的软化应力-应变关系应用到钢筋混凝土构件的桁架模型中，提出了软化桁架模型。这种模型可以较精确地描述低矮剪力墙和深梁等部件的受剪性能。

在试验研究的基础上，根据试验中发现的内藏钢桁架组合剪力墙的裂缝分布和开展特点，建立了内藏钢桁架组合剪力墙的软化桁架模型。该模型认为在内藏钢桁架组合剪力墙体的初裂阶段，裂缝延伸方向垂直于由外加荷载确定的混凝土主拉应力方向，在开裂后期裂缝的延伸方向受内藏钢桁架的影响。

剪力墙在水平及垂直荷载作用下，当墙板产生斜裂缝后，混凝土起压杆作用，压杆与垂直向（y 方向）的夹角为θ，裂缝处的垂直及水平钢筋产生拉应力，对压杆内混凝土基体起箍束作用，使其产生压应力，因而垂直压杆的方向作用有较高的拉压应力。混凝土压杆单元应力如图 3-23 所示。墙板在裂缝出现后，拉压应力的存在导致混凝土斜压杆的抗压强度低于其棱柱体的抗压强度，产生软化效应。

在应用软化桁架理论分析剪力墙的工作特性前，必须研究墙板中应力与应变分量之间的关系，进而研究墙板混凝土软化应力-应变的关系。

有如下假定：

1）每种应变状态只对应一种应力状态。

2）采用跨过数条裂缝的平均应变及平均应力。

3）板内垂直、水平钢筋均匀分布。

4）最大平均应变及其应力方向视为重合，即 $\theta = \theta'$ 。

5）不考虑加载历史的影响。

6）在整个受力过程中，平截面假定成立，即纵向应变沿截面高度呈线性分布。

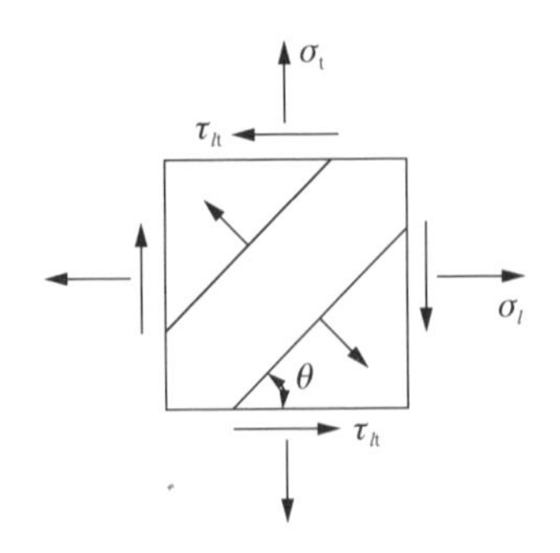

图 3-23　混凝土压杆单元应力

将横向钢筋和纵向钢筋的方向分别定义为 l 轴和 t 轴，建立 l-t 直角坐标系。将初裂阶段裂缝开展的方向定义为 2 轴，建立 2-1 直角坐标系，如图 3-24（a）所示。2 轴的方向与初裂时主拉应力的方向垂直，与 l 轴的夹角 θ_2 可由外加应力确定。将开裂后裂缝开展的方向定义为 d 轴，建立 d-r 直角坐标系，d 轴与开裂后主拉应力的方向垂直，与 l 轴的夹角为 θ，如图 3-24（b）所示。

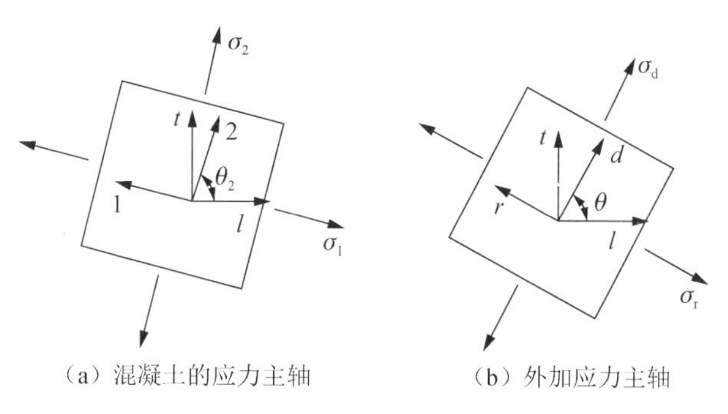

（a）混凝土的应力主轴　　（b）外加应力主轴

图 3-24　内藏钢桁架组合剪力墙墙体单元坐标系

3.5.2　平衡方程

由于开裂后墙板钢筋及内藏桁架的影响，混凝土的主拉应力不断改变，裂缝的开展方向也不断改变，d 轴将发生转动。将裂缝间混凝土斜杆和桁架钢筋的应力转换到 l-t 直角坐标系，得到钢筋混凝土单元在外力作用下的 3 个平衡方程，即

$$\sigma_l = \sigma_\mathrm{d}\cos^2\theta + \sigma_\mathrm{r}\sin^2\theta + \rho_l f_l + \rho_{\mathrm{x}l} f_{\mathrm{x}l} + (\rho_\mathrm{b} f_\mathrm{b} + \rho_\mathrm{xb} f_\mathrm{xb})\cos^2\alpha + (\rho_{\mathrm{b}'} f_{\mathrm{b}'} + \rho_{\mathrm{xb}'} f_{\mathrm{xb}'})\cos^2\alpha' \tag{3-40}$$

$$\sigma_\mathrm{t} = \sigma_\mathrm{d}\sin^2\theta + \sigma_\mathrm{r}\cos^2\theta + \rho_\mathrm{t} f_\mathrm{t} + \rho_\mathrm{xt} f_\mathrm{xt} + (\rho_\mathrm{b} f_\mathrm{b} + \rho_\mathrm{xb} f_\mathrm{xb})\sin^2\alpha + (\rho_{\mathrm{b}'} f_{\mathrm{b}'} + \rho_{\mathrm{xb}'} f_{\mathrm{xb}'})\sin^2\alpha' \tag{3-41}$$

$$\tau_{lt} = (-\sigma_\mathrm{d} + \sigma_\mathrm{r})\sin\theta\cos\theta - (\rho_\mathrm{b} f_\mathrm{b} + \rho_\mathrm{xb} f_\mathrm{xb})\sin\alpha\cos\alpha - (\rho_{\mathrm{b}'} f_{\mathrm{b}'} + \rho_{\mathrm{xb}'} f_{\mathrm{xb}'})\sin\alpha'\cos\alpha' \tag{3-42}$$

式中，σ_l、σ_t 均为 l-t 坐标系中墙体单元的正应力（受拉为正）；τ_{lt} 为 l-t 坐标系中墙体单元的剪应力（顺时针方向为正）；σ_d、σ_r 均为 d-r 坐标系中混凝土的正应力（受拉为正）；ρ_l、ρ_t 分别为 l、t 方向的分布钢筋的配筋率；f_l、f_t 分别为 l、t 方向的分布钢筋的应力；$\rho_{\mathrm{x}l}$、ρ_xt 分别为桁架中 l、t 方向的型钢配钢率；$f_{\mathrm{x}l}$、f_xt 分别为桁架中 l、t 方向的型钢应力；ρ_b、f_b 分别为桁架中与 l 轴夹角为 α 的钢筋配筋率和应力，$\rho_\mathrm{b} = \dfrac{A_\mathrm{sb}}{bh\sin\alpha}$；$\rho_\mathrm{xb}$、$f_\mathrm{xb}$ 分别为桁架中与 l 轴夹角为 α 的型钢斜撑配筋率和应力，$\rho_\mathrm{xb} = \dfrac{A_\mathrm{sxb}}{bh\sin\alpha}$；$\rho_{\mathrm{b}'}$、$f_{\mathrm{b}'}$ 分别为桁架中与 l 轴夹角为 α' 的钢

筋斜撑配筋率和应力，$\rho_{b'}=\dfrac{A_{sb'}}{bh\sin\alpha'}$；$\rho_{xb'}$、$f_{xb'}$ 分别为桁架中与 l 轴夹角为 α' 的型钢斜撑配筋率和应力，$\rho_{xb'}=\dfrac{A_{sxb'}}{bh\sin\alpha'}$；$\theta$ 为 d 轴与 l 轴的夹角；h 为剪力墙截面高度；b 为剪力墙截面厚度。

内藏钢桁架组合剪力墙墙体单元可以看成由混凝土单元、弥散的墙板钢筋单元、弥散的型钢单元、桁架中钢筋斜撑单元和桁架中型钢斜撑单元五部分组成，如图 3-25 所示。

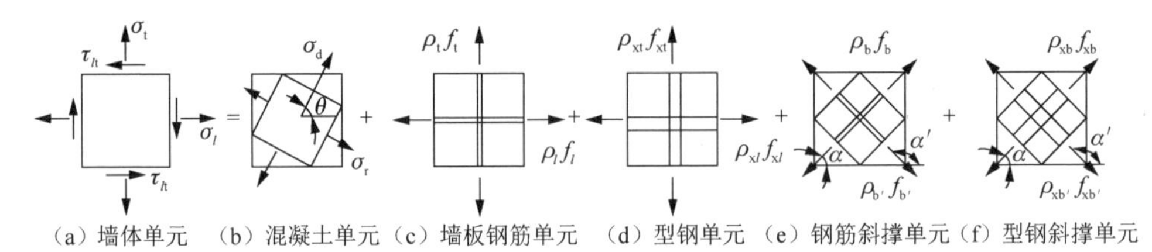

图 3-25　内藏钢桁架组合剪力墙墙体单元所受应力

在内藏钢桁架组合剪力墙的受力过程中，由于钢桁架自身能够形成很好的传力体系，本节未考虑钢与混凝土的黏结关系，内藏钢筋桁架剪力墙与内藏钢桁架剪力墙的平衡方程均采用上述公式。

3.5.3 协调方程

将裂缝间混凝土斜杆的应变转换到 l-t 直角坐标系，得到钢筋混凝土单元的三个应变方程，即

$$\varepsilon_l=\varepsilon_d\cos^2\theta+\varepsilon_r\sin^2\theta \tag{3-43}$$

$$\varepsilon_t=\varepsilon_d\sin^2\theta+\varepsilon_r\cos^2\theta \tag{3-44}$$

$$\gamma_{lt}=2(-\varepsilon_d+\varepsilon_r)\sin\theta\cos\theta \tag{3-45}$$

式中，ε_l、ε_t 均为 l-t 坐标系中的平均正应变（受拉为正）；γ_{lt} 为 l-t 坐标系中的平均剪应变；ε_d、ε_r 均为 d-r 坐标系中混凝土的正应变（受拉为正）。

桁架中与 l 轴夹角为 α 和 α' 的斜撑应变分别为

$$\varepsilon_b=\varepsilon_l\cos^2\alpha+\varepsilon_t\sin^2\alpha+\frac{1}{2}\gamma_{lt}\sin 2\alpha \tag{3-46}$$

$$\varepsilon_{b'}=\varepsilon_l\cos^2\alpha'+\varepsilon_t\sin^2\alpha'+\frac{1}{2}\gamma_{lt}\sin 2\alpha' \tag{3-47}$$

3.5.4 本构关系

裂缝间混凝土受到压力和拉力的复合作用，致使混凝土发生软化。

（1）受压混凝土软化的本构关系

承受拉、压双向应力的混凝土，其应力-应变关系将发生软化。表述为下列方程，即

$$\begin{cases}\sigma_{\rm d}=\zeta f_{\rm c}'\left[2\left(\dfrac{\varepsilon_{\rm d}}{\zeta\varepsilon_0}\right)-\left(\dfrac{\varepsilon_{\rm d}}{\zeta\varepsilon_0}\right)^2\right] & (\varepsilon_{\rm d}\leqslant\zeta\varepsilon_0)\\ \sigma_{\rm d}=\zeta f_{\rm c}'\left[1-\left(\dfrac{\varepsilon_{\rm d}/(\zeta\varepsilon_0)-1}{2/\zeta-1}\right)^2\right] & (\varepsilon_{\rm d}>\zeta\varepsilon_0)\\ \zeta=0.9/\sqrt{1+400\varepsilon_{\rm r}}\end{cases} \tag{3-48}$$

式中，ζ 为软化系数；ε_0 为非软化混凝土应力-应变关系中与最大压应力相应的应变，取 0.002；软化混凝土达到应力峰值的应变取 $\zeta\varepsilon_0$；$f_{\rm c}'$ 为混凝土棱柱体的最大轴心抗压强度，取 $f_{\rm c}'=0.8f_{\rm cu}$。

（2）受拉混凝土软化的本构关系

$$\begin{cases}\sigma_{\rm r}=E_{\rm c}\varepsilon_{\rm r} & (\varepsilon_{\rm r}\leqslant 0.00008)\\ \sigma_{\rm r}=f_{\rm cr}\left(\dfrac{0.00008}{\varepsilon_{\rm r}}\right)^{0.4} & (\varepsilon_{\rm r}>0.00008)\end{cases} \tag{3-49}$$

式中，$E_{\rm c}$ 为混凝土弹性模量，取 $3900\sqrt{f_{\rm c}'}$；$f_{\rm cr}$ 为混凝土的开裂应力，取 $0.31\sqrt{f_{\rm c}'}$。

（3）钢筋和型钢的本构关系

考虑混凝土墙体中钢筋和型钢的本构方程采用理想弹塑性模型，数学表达式为

$$f_l=-f_{ly},\varepsilon_{\rm s}<-\varepsilon_{\rm y};f_l=f_{ly},\varepsilon_{\rm s}>\varepsilon_{\rm y};f_l=E_{\rm s}\varepsilon_{\rm s},|\varepsilon_{\rm s}|\leqslant\varepsilon_{\rm y} \tag{3-50}$$

式中，$E_{\rm s}$ 为钢筋的弹性模量；f_{ly} 为水平钢筋裸筋的屈服应力；$\varepsilon_{\rm s}$ 为钢筋的应变；$\varepsilon_{\rm y}$ 为裸筋的屈服应变。

式（3-50）为水平钢筋的本构关系式，将式（3-50）中的 f_l 用 $f_{\rm t}$ 代替，f_{ly} 用 $f_{\rm ty}$ 代替，便得竖向钢筋的本构关系式，记作式（3-51）。将式（3-50）中的 f_l 用 f_{xl} 代替，f_{ly} 用 f_{xly} 代替，便得竖向型钢的本构关系式，记作式（3-52）。将式（3-50）中的 f_l 用 $f_{\rm xt}$ 代替，f_{ly} 用 $f_{\rm xty}$ 代替，便得横向型钢的本构关系式，记作式（3-53）。将式（3-50）中的 f_l 用 $f_{\rm b}$ 代替，f_{ly} 用 $f_{\rm by}$ 代替，便得桁架中与 l 轴夹角为 α 的斜向钢筋的本构关系式，记作式（3-54）。将式（3-50）中的 f_l 用 $f_{\rm xb}$ 代替，f_{ly} 用 $f_{\rm xby}$ 代替，便得桁架中与 l 轴夹角为 α 的斜向型钢的本构关系式，记作式（3-55）。将式（3-50）中的 f_l 用 $f_{\rm b'}$ 代替，f_{ly} 用 $f_{\rm b'y}$ 代替，便得桁架中与 l 轴夹角为 α' 的斜向钢筋的本构关系式，记作式（3-56）。将式（3-50）中的 f_l 用 $f_{\rm xb'}$ 代替，f_{ly} 用 $f_{\rm xb'y}$ 代

替，便得桁架中与l轴夹角为α'的斜向型钢的本构关系式，记作式（3-57）。

$$f_{\mathrm{t}}=-f_{\mathrm{ty}},\varepsilon_{\mathrm{s}}<-\varepsilon_{\mathrm{y}};f_{\mathrm{t}}=f_{\mathrm{ty}},\varepsilon_{\mathrm{s}}>\varepsilon_{\mathrm{y}};f_{\mathrm{t}}=E_{\mathrm{s}}\varepsilon_{\mathrm{s}},|\varepsilon_{\mathrm{s}}|\leqslant\varepsilon_{\mathrm{y}} \tag{3-51}$$

$$f_{\mathrm{x}l}=-f_{\mathrm{x}l\mathrm{y}},\varepsilon_{\mathrm{s}}<-\varepsilon_{\mathrm{y}};f_{\mathrm{x}l}=f_{\mathrm{x}l\mathrm{y}},\varepsilon_{\mathrm{s}}>\varepsilon_{\mathrm{y}};f_{\mathrm{x}l}=E_{\mathrm{s}}\varepsilon_{\mathrm{s}},|\varepsilon_{\mathrm{s}}|\leqslant\varepsilon_{\mathrm{y}} \tag{3-52}$$

$$f_{\mathrm{xt}}=-f_{\mathrm{xty}},\varepsilon_{\mathrm{s}}<-\varepsilon_{\mathrm{y}};f_{\mathrm{xt}}=f_{\mathrm{xty}},\varepsilon_{\mathrm{s}}>\varepsilon_{\mathrm{y}};f_{\mathrm{xt}}=E_{\mathrm{s}}\varepsilon_{\mathrm{s}},|\varepsilon_{\mathrm{s}}|\leqslant\varepsilon_{\mathrm{y}} \tag{3-53}$$

$$f_{\mathrm{b}}=-f_{\mathrm{by}},\varepsilon_{\mathrm{s}}<-\varepsilon_{\mathrm{y}};f_{\mathrm{b}}=f_{\mathrm{by}},\varepsilon_{\mathrm{s}}>\varepsilon_{\mathrm{y}};f_{\mathrm{b}}=E_{\mathrm{s}}\varepsilon_{\mathrm{s}},|\varepsilon_{\mathrm{s}}|\leqslant\varepsilon_{\mathrm{y}} \tag{3-54}$$

$$f_{\mathrm{xb}}=-f_{\mathrm{xby}},\varepsilon_{\mathrm{s}}<-\varepsilon_{\mathrm{y}};f_{\mathrm{xb}}=f_{\mathrm{xby}},\varepsilon_{\mathrm{s}}>\varepsilon_{\mathrm{y}};f_{\mathrm{xb}}=E_{\mathrm{s}}\varepsilon_{\mathrm{s}},|\varepsilon_{\mathrm{s}}|\leqslant\varepsilon_{\mathrm{y}} \tag{3-55}$$

$$f_{\mathrm{b'}}=-f_{\mathrm{b'y}},\varepsilon_{\mathrm{s}}<-\varepsilon_{\mathrm{y}};f_{\mathrm{b'}}=f_{\mathrm{b'y}},\varepsilon_{\mathrm{s}}>\varepsilon_{\mathrm{y}};f_{\mathrm{b'}}=E_{\mathrm{s}}\varepsilon_{\mathrm{s}},|\varepsilon_{\mathrm{s}}|\leqslant\varepsilon_{\mathrm{y}} \tag{3-56}$$

$$f_{\mathrm{xb'}}=-f_{\mathrm{xb'y}},\varepsilon_{\mathrm{s}}<-\varepsilon_{\mathrm{y}};f_{\mathrm{xb'}}=f_{\mathrm{xb'y}},\varepsilon_{\mathrm{s}}>\varepsilon_{\mathrm{y}};f_{\mathrm{xb'}}=E_{\mathrm{s}}\varepsilon_{\mathrm{s}},|\varepsilon_{\mathrm{s}}|\leqslant\varepsilon_{\mathrm{y}} \tag{3-57}$$

3.5.5　内藏钢桁架组合剪力墙各组成部分对抗剪承载力的贡献

内藏钢桁架中两个方向的钢筋斜撑配筋率及型钢斜撑配钢率相等，且两个方向的斜撑倾角关系为$\alpha'=\pi-\alpha$，试验表明，剪力墙达到破坏时，裂缝处的水平钢筋、竖向钢筋和型钢柱钢筋均达到屈服，有

$$f_l=f_{l\mathrm{y}},f_{\mathrm{t}}=f_{\mathrm{ty}},f_{\mathrm{x}l}=f_{\mathrm{x}l\mathrm{y}},f_{\mathrm{xt}}=f_{\mathrm{xty}},$$

$$f_{\mathrm{b}}=f_{\mathrm{by}}=-f_{\mathrm{b'}}=-f_{\mathrm{b'y}},f_{\mathrm{xb}}=f_{\mathrm{xby}}=-f_{\mathrm{xb'}}=-f_{\mathrm{xb'y}}$$

代入式（3-40）～式（3-42）可以得到

$$\sigma_l=\sigma_{\mathrm{d}}\cos^2\theta+\sigma_{\mathrm{r}}\sin^2\theta+\rho_l f_l+\rho_{\mathrm{x}l}f_{\mathrm{x}l} \tag{3-58}$$

$$\sigma_t=\sigma_{\mathrm{d}}\sin^2\theta+\sigma_{\mathrm{r}}\cos^2\theta+\rho_{\mathrm{t}}f_{\mathrm{t}}+\rho_{\mathrm{xt}}f_{\mathrm{xt}} \tag{3-59}$$

$$\tau_{lt}=(-\sigma_{\mathrm{d}}+\sigma_{\mathrm{r}})\sin\theta\cos\theta+2(\rho_{\mathrm{b'}}f_{\mathrm{b'}}+\rho_{\mathrm{xb'}}f_{\mathrm{xb'}})\sin\alpha'\cos\alpha' \tag{3-60}$$

剪力墙中混凝土和钢筋的应力和应变均采用跨越几条裂缝的平均值。剪力墙承受的剪力可以表示为$V=\tau_{lt}bh$，当剪力墙的外形尺寸确定时，剪力墙承受的剪力与墙板中的剪应力成正比。只要求得剪力墙中各组成部分对墙板单元中剪应力的贡献，就可以计算出其对剪力墙剪力的贡献。

用$\sin\theta$乘以式（3-58），用$\cos\theta$乘以式（3-60），两式相加消去σ_{d}项，得

$$\tau_{lt}-(\rho_{\mathrm{b'}}f_{\mathrm{b'y}}+\rho_{\mathrm{xb'}}f_{\mathrm{xb'y}})\sin2\alpha=(\sigma_{\mathrm{r}}-\sigma_l+\rho_l f_{l\mathrm{y}}+\rho_{\mathrm{x}l}f_{\mathrm{x}l\mathrm{y}})\tan\theta \tag{3-61}$$

用$\cos\theta$乘以式（3-59），用$\sin\theta$乘以式（3-60），两式相加消去σ_{d}项，得

$$\tau_{lt}-(\rho_{\mathrm{b'}}f_{\mathrm{b'y}}+\rho_{\mathrm{xb'}}f_{\mathrm{xb'y}})\sin2\alpha=(\sigma_{\mathrm{r}}-\sigma_{\mathrm{t}}+\rho_{\mathrm{t}}f_{\mathrm{ty}}+\rho_{\mathrm{xt}}f_{\mathrm{xty}})\cot\theta \tag{3-62}$$

用式（3-61）乘以式（3-62），得

$$\begin{aligned}&\left[\tau_{lt}-(\rho_{\mathrm{b'y}}f_{\mathrm{b'y}}+\rho_{\mathrm{xb'y}}f_{\mathrm{xb'y}})\sin2\alpha\right]^2\\&=(\sigma_{\mathrm{r}}-\sigma_l+\rho_l f_{l\mathrm{y}}+\rho_{\mathrm{x}l}f_{\mathrm{x}l\mathrm{y}})(\sigma_{\mathrm{r}}-\sigma_{\mathrm{t}}+\rho_{\mathrm{t}}f_{\mathrm{ty}}+\rho_{\mathrm{xt}}f_{\mathrm{xty}})\end{aligned} \tag{3-63}$$

从式（3-63）中解出剪力墙单元的剪应力为

$$\tau_{lt}=\sqrt{\sigma_r^2+(\rho_l f_{ly}+\rho_{xl}f_{xly}+\rho_t f_{ty}+\rho_t f_{ty}-\sigma_t-\sigma_l)\sigma_r+(\rho_l f_{ly}+\rho_{xl}f_{xly}-\sigma_l)(\rho_t f_{ty}+\rho_{xt}f_{xty}-\sigma_t)}$$
$$+(\rho_{b'y}f_{b'y}+\rho_{xb'y}f_{xb'y})\sin 2\alpha \tag{3-64}$$

对 $\sqrt{\sigma_r^2+(\rho_l f_{ly}+\rho_{xl}f_{xly}+\rho_t f_{ty}+\rho_t f_{ty}-\sigma_t-\sigma_l)\sigma_r+(\rho_l f_{ly}+\rho_{xl}f_{xly}-\sigma_l)(\rho_t f_{ty}+\rho_{xt}f_{xty}-\sigma_t)}$ 按泰勒级数展开，取前两项代入式（3-64）得

$$\tau_{lt}=\frac{\sigma_r^2+(\rho_l f_{ly}+\rho_{xl}f_{xly}+\rho_t f_{ty}+\rho_t f_{ty}-\sigma_t-\sigma_l)\sigma_r}{2\sqrt{(\rho_l f_{ly}+\rho_{xl}f_{xly}-\sigma_l)(\rho_t f_{ty}+\rho_{xt}f_{xty}-\sigma_t)}}$$
$$+\sqrt{(\rho_l f_{ly}+\rho_{xl}f_{xly}-\sigma_l)(\rho_t f_{ty}+\rho_{xt}f_{xty}-\sigma_t)}$$
$$+(\rho_{b'y}f_{b'y}+\rho_{xb'y}f_{xb'y})\sin 2\alpha \tag{3-65}$$

对于承受纯剪应力而没有正应力的单元有 $\sigma_l=\sigma_t=0$，代入式（3-65）得

$$\tau_{lt}=\frac{\sigma_r^2+(\rho_l f_{ly}+\rho_{xl}f_{xly}+\rho_t f_{ty}+\rho_t f_{ty})\sigma_r}{2\sqrt{(\rho_l f_{ly}+\rho_{xl}f_{xly})(\rho_t f_{ty}+\rho_{xt}f_{xty})}}$$
$$+\sqrt{(\rho_l f_{ly}+\rho_{xl}f_{xly})(\rho_t f_{ty}+\rho_{xt}f_{xty})}+(\rho_{b'y}f_{b'y}+\rho_{xb'y}f_{xb'y})\sin 2\alpha \tag{3-66}$$

在式（3-65）和式（3-66）中，等号右边第一项为混凝土对剪应力的相对贡献，第二项为水平和竖向分布钢筋及型钢梁、型钢柱对剪应力的贡献，第三项为桁架中斜向钢筋支撑和斜向型钢支撑对剪应力的贡献。

当内藏钢桁架组合剪力墙的分布钢筋和桁架各组成部分的用钢量或强度增加时，对剪应力的影响可以通过对式（3-66）求导来分析，此时假设混凝土贡献项为常量。

若与水平钢筋相关的 $\rho_l f_{ly}$ 或与型钢梁相关的 $\rho_{xl}f_{xly}$ 增加，则有

$$\frac{\partial\tau_{lt}}{\partial(\rho_l f_{ly})}=\frac{\partial\tau_{lt}}{\partial(\rho_{xl}f_{xly})}=\frac{1}{2}\sqrt{\frac{\rho_t f_{ty}+\rho_{xt}f_{xty}}{\rho_l f_{ly}+\rho_{xl}f_{xly}}} \tag{3-67}$$

若与竖向钢筋相关的 $\rho_t f_{ty}$ 或与型钢柱相关的 $\rho_{xt}f_{xty}$ 增加，则有

$$\frac{\partial\tau_{lt}}{\partial(\rho_t f_{ty})}=\frac{\partial\tau_{lt}}{\partial(\rho_{xt}f_{xty})}=\frac{1}{2}\sqrt{\frac{\rho_l f_{ly}+\rho_{xl}f_{xly}}{\rho_t f_{ty}+\rho_{xt}f_{xty}}} \tag{3-68}$$

若与桁架中斜向钢筋相关的 $\rho_b f_{by}$ 或 $\rho_{b'}f_{b'y}$ 及与斜向型钢有关的 $\rho_{xb}f_{xby}$ 或 $\rho_{xb'}f_{xb'y}$ 增加，则有

$$\frac{\partial\tau_{lt}}{\partial(\rho_{b'}f_{b'y})}=\frac{\partial\tau_{lt}}{\partial(\rho_{xb'}f_{xb'y})}=\sin 2\alpha \tag{3-69}$$

比较式（3-67）～式（3-69）可以得到以下结论：

1）若剪力墙中 $\rho_l f_{ly}+\rho_{xl}f_{xly}<\rho_t f_{ty}+\rho_{xt}f_{xty}$，在剪力墙中增加水平分布钢筋的配筋率与强度、型钢梁的配钢率与强度，对提高剪力作用更为明显；若剪力墙

中 $\rho_l f_{ly}+\rho_{xl} f_{xly}>\rho_t f_{ty}+\rho_{xt} f_{xty}$，则在剪力墙中增加竖向分布钢筋的配筋率与强度、型钢柱的配钢率与强度，对提高抗剪作用更为明显。

2）若桁架中支撑的倾角 $\alpha=45^\circ$，式（3-69）右端为 1，此时增加桁架中斜向钢筋的配筋率与强度、斜向型钢的配钢率与强度对提高剪力墙的承载能力作用效果最好。在这种情况下，当 $\dfrac{\rho_l f_{ly}+\rho_{xl} f_{xly}}{\rho_t f_{ty}+\rho_{xt} f_{xty}}>4$ 时，在剪力墙中增加竖向分布钢筋的配筋率与强度、型钢柱的配钢率与强度对剪力墙的抗剪能力的提高效果才能优于增加桁架中斜向钢筋的配筋率与强度、斜向型钢的配钢率与强度所带来的提高效果；当 $\dfrac{\rho_l f_{ly}+\rho_{xl} f_{xly}}{\rho_t f_{ty}+\rho_{xt} f_{xty}}<0.25$ 时，在剪力墙中增加水平分布钢筋的配筋率与强度、型钢梁的配钢率与强度对剪力墙的抗剪能力的提高效果才能优于增加桁架中斜向钢筋的配筋率与强度、斜向型钢的配钢率与强度所带来的提高效果。但实际工程通常不采用这两种设计方案。

3）若剪力墙的水平钢筋与竖向钢筋的配筋率和强度相同，型钢梁与型钢柱的配钢率和强度相同（这符合实际工程情况），式（3-67）和式（3-68）两式的右端均为 1/2，在这种情况下，桁架中斜撑倾角 α 若满足 $\alpha\in(15^\circ,75^\circ)$，$\sin 2\alpha$ 的值则大于 1/2。因此，若桁架斜撑在该倾角范围内，则增加桁架斜撑的钢筋配筋率与强度、桁架中斜向钢筋的配筋率与强度、斜向型钢的配钢率与强度对提高剪力墙的承载能力的效果比增加相同数值的水平和竖向分布钢筋的配筋率与强度、型钢柱和型钢梁的配钢率与强度的效果更为明显。同理，当桁架斜撑在该倾角范围内，保持剪力墙总配筋率和总配钢率不变，适当减少竖向和水平分布钢筋的配筋率及型钢柱和型钢梁的配钢率，合理增加桁架中钢筋斜撑的配筋率和型钢斜撑的配钢率，可明显提高剪力墙的抗剪承载力。

1. *内藏钢桁架参数对裂缝延伸方向的影响*

在剪力墙达到破坏之前，桁架中两个方向的支撑中钢筋或型钢应力的绝对值并不一定相等。由于本节中两个方向支撑的倾角满足关系 $\alpha'=\pi-\alpha$，代入式（3-40）～式（3-42）可以得

$$\sigma_l=\sigma_d\cos^2\theta+\sigma_r\sin^2\theta+\rho_l f_l+\rho_{xl} f_{xl} \\ +(\rho_b f_b+\rho_{b'} f_{b'}+\rho_{xb} f_{xb}+\rho_{xb'} f_{xb'})\cos^2\alpha \tag{3-70}$$

$$\sigma_t=\sigma_d\sin^2\theta+\sigma_r\cos^2\theta+\rho_t f_t+\rho_{xt} f_{xt} \\ +(\rho_b f_b+\rho_{b'} f_{b'}+\rho_{xb} f_{xb}+\rho_{xb'} f_{xb'})\sin^2\alpha \tag{3-71}$$

$$\tau_{lt}=(-\sigma_d+\sigma_r)\sin\theta\cos\theta+(\rho_{b'} f_{b'}-\rho_b f_b+\rho_{xb'} f_{xb'}-\rho_{xb} f_{xb})\sin\alpha\cos\alpha \tag{3-72}$$

用 $\sin\theta$ 乘以式（3-70），用 $\cos\theta$ 乘以式（3-72），两式相加得

$$\tau_{lt}-\frac{1}{2}(\rho_{xb'}f_{xb'}+\rho_{b'}f_{b'}-\rho_{b}f_{b}-\rho_{xb}f_{xb})\sin 2\alpha$$
$$=\left[\sigma_{r}-\sigma_{l}+\rho_{l}f_{l}+\rho_{xl}f_{xl}+(\rho_{b}f_{b}+\rho_{b'}f_{b'}+\rho_{xb}f_{xb}+\rho_{xb'}f_{xb'})\cos^{2}\alpha\right]\tan\theta \quad (3\text{-}73)$$

用 $\cos\theta$ 乘以式（3-71），用 $\sin\theta$ 乘以式（3-72），两式相加化简得

$$\tau_{lt}-\frac{1}{2}(\rho_{b'}f_{b'}+\rho_{xb'}f_{xb'}-\rho_{b}f_{b}-\rho_{xb}f_{xb})\sin 2\alpha$$
$$=[\sigma_{r}-\sigma_{t}+\rho_{t}f_{t}+\rho_{xt}f_{xt}+(\rho_{b}f_{b}+\rho_{b'}f_{b'}+\rho_{xb}f_{xb}+\rho_{xb'}f_{xb'})\sin^{2}\alpha]\cot\theta \quad (3\text{-}74)$$

式（3-73）与式（3-74）相除，得到

$$\tan^{2}\theta=\frac{\sigma_{r}-\sigma_{t}+\rho_{t}f_{t}+\rho_{xt}f_{xt}+(\rho_{b}f_{b}+\rho_{b'}f_{b'}+\rho_{xb}f_{xb}+\rho_{xb'}f_{xb'})\sin^{2}\alpha}{\sigma_{r}-\sigma_{l}+\rho_{l}f_{l}+\rho_{xl}f_{xl}+(\rho_{b}f_{b}+\rho_{b'}f_{b'}+\rho_{xb}f_{xb}+\rho_{xb'}f_{xb'})\cos^{2}\alpha} \quad (3\text{-}75)$$

从式（3-75）中可以看出：

1）其他条件不变的时候，裂缝延伸角 θ 随着剪力墙轴压力的增大而增大。

2）其他条件不变，增大水平方向钢筋的配筋率和强度，或增大型钢梁的配钢率和强度，裂缝延伸角 θ 将随着增大。

3）其他条件不变，增大竖直方向钢筋的配筋率和强度，或增大型钢柱的配钢率和强度，裂缝延伸角 θ 将随着减小。

4）开裂后裂缝延伸角 θ 随着内藏钢桁架斜撑倾角 α 的增大而增大，这说明内藏钢桁架斜撑的倾角对裂缝的开展起到了引导作用，特别是桁架斜撑倾角 α 在式（3-75）的右端处在平方项，其变化速度更快，作用更为明显。

5）桁架钢筋斜撑的配筋率与强度越大于水平与竖向分布钢筋的配筋率与强度，桁架型钢斜撑的配钢率与强度越大于型钢梁与型钢柱的配钢率与强度，则桁架斜撑对裂缝开展的引导作用就越大。

若剪力墙单元为承受纯剪应力而没有正应力的单元，$\sigma_{l}=\sigma_{t}=0$，忽视裂缝处混凝土的拉应力，即 $\sigma_{r}=0$，此时式（3-75）简化为

$$\tan\theta=\sqrt{\frac{\rho_{t}f_{t}+\rho_{xt}f_{xt}+(\rho_{b}f_{b}+\rho_{b'}f_{b'}+\rho_{xb}f_{xb}+\rho_{xb'}f_{xb'})\sin^{2}\alpha}{\rho_{l}f_{l}+\rho_{xl}f_{xl}+(\rho_{b}f_{b}+\rho_{b'}f_{b'}+\rho_{xb}f_{xb}+\rho_{xb'}f_{xb'})\cos^{2}\alpha}} \quad (3\text{-}76)$$

从式（3-76）中可以看出若承受纯剪的剪力墙中配置的水平钢筋和竖向钢筋相同，型钢梁和型钢柱的配钢也相同，即 $\rho_{l}f_{ly}=\rho_{t}f_{ty},\rho_{xl}f_{xly}=\rho_{xt}f_{xty}$，此时裂缝方向的改变只取决于桁架斜撑的倾角。

2. 开裂后裂缝延伸角度的转动

设 θ_{2} 为外加主拉应力与竖向钢筋之间的夹角，剪力墙初始开裂时裂缝沿着 θ_{2} 的角度开裂，开裂后裂缝沿着 θ 的角度发展。式（3-73）乘以 $\cot\theta$，式（3-74）乘以 $\tan\theta$，两式相减，整理得

$$-\sigma_l+\sigma_{\mathrm{t}}=\left[2\tau_{lt}-(\rho_{\mathrm{b'}}f_{\mathrm{b'}}+\rho_{\mathrm{xb'}}f_{\mathrm{xb'}}-\rho_{\mathrm{b}}f_{\mathrm{b}}-\rho_{\mathrm{xb}}f_{\mathrm{xb}})\sin 2\alpha\right]\cot 2\theta \\ -\rho_l f_l-\rho_{\mathrm{x}l}f_{\mathrm{x}l}+\rho_{\mathrm{t}}f_{\mathrm{t}}+\rho_{\mathrm{xt}}f_{\mathrm{xt}}-(\rho_{\mathrm{b}}f_{\mathrm{b}}+\rho_{\mathrm{b'}}f_{\mathrm{b'}}+\rho_{\mathrm{xb}}f_{\mathrm{xb}}+\rho_{\mathrm{xb'}}f_{\mathrm{xb'}})\cos 2\alpha \tag{3-77}$$

对式（3-77）两边除以$2\tau_{lt}$，又有$\cot 2\theta_2=\dfrac{-\sigma_l+\sigma_{\mathrm{t}}}{2\tau_{lt}}$，得

$$\cot 2\theta_2=\cot 2\theta-\frac{(\rho_{\mathrm{b'}}f_{\mathrm{b'}}+\rho_{\mathrm{xb'}}f_{\mathrm{xb'}}-\rho_{\mathrm{b}}f_{\mathrm{b}}-\rho_{\mathrm{xb}}f_{\mathrm{xb}})\sin 2\alpha}{2\tau_{lt}}\cot 2\theta \\ +\frac{\rho_l f_l+\rho_{\mathrm{x}l}f_{\mathrm{x}l}-\rho_{\mathrm{t}}f_{\mathrm{t}}-\rho_{\mathrm{xt}}f_{\mathrm{xt}}+(\rho_{\mathrm{b}}f_{\mathrm{b}}+\rho_{\mathrm{xb}}f_{\mathrm{xb}}+\rho_{\mathrm{b'}}f_{\mathrm{b'}}+\rho_{\mathrm{xb'}}f_{\mathrm{xb'}})\cos 2\alpha}{-2\tau_{lt}} \tag{3-78}$$

从式（3-78）可以分析剪力墙初裂时裂缝的角度θ_2与开裂后裂缝延伸角度θ的关系。

1）若剪力墙为素混凝土剪力墙，即有$\rho_l f_l=\rho_{\mathrm{t}}f_{\mathrm{t}}=\rho_{\mathrm{b}}f_{\mathrm{b}}=\rho_{\mathrm{xb}}f_{\mathrm{xb}}=\rho_{\mathrm{b'}}f_{\mathrm{b'}}=\rho_{\mathrm{xb'}}f_{\mathrm{xb'}}=0$，式（3-78）可简化为$\theta_2=\theta$，裂缝延伸方向$\theta$和初始开裂方向$\theta_2$相同。

2）若普通剪力墙水平钢筋和竖向钢筋的配筋及强度相同，即$\rho_l f_l=\rho_{\mathrm{t}}f_{\mathrm{t}}$，$\rho_{\mathrm{b}}f_{\mathrm{b}}=\rho_{\mathrm{b'}}f_{\mathrm{b'}}=0$，式（3-77）可简化为$\theta_2=\theta$，即开裂后裂缝将沿着初始裂缝的角度开展。

3）若组合剪力墙水平钢筋和竖向钢筋的配筋及强度相同，即$\rho_l f_l=\rho_{\mathrm{t}}f_{\mathrm{t}}$，这时，裂缝延伸方向$\theta$是否偏离初始开裂方向$\theta_2$主要由剪力墙中的内藏钢桁架决定。

3.5.6　计算分析

在内藏钢桁架组合低剪力墙软化桁架模型中，共有21个独立的变量，其中包括：13个应力，即σ_l、σ_{t}、τ_{lt}、σ_{d}、σ_{r}、f_l、f_{t}、$f_{\mathrm{x}l}$、f_{xt}、f_{b}、$f_{\mathrm{b'}}$、f_{xb}、$f_{\mathrm{xb'}}$；7个应变，即ε_l、ε_{t}、γ_{lt}、ε_{d}、ε_{r}、ε_{b}、$\varepsilon_{\mathrm{b'}}$；转动角$\theta$。

该模型提供了18个独立的方程：3个平衡方程，即式（3-40）～式（3-42）；5个协调方程，即式（3-43）～式（3-47）；10个本构关系，即式（3-48）～式（3-57）。其中，N为剪力墙顶部施加的轴压力。只要给定3个变量值，方程组其余18个变量可由18个方程求得。

计算中采用两个条件作为检验条件[1]，即

$$\sigma_{\mathrm{t}}=\frac{N}{bh} \tag{3-79}$$

$$\sigma_l=\frac{1}{\lambda}\left(\frac{4}{3}-\frac{2}{3}\lambda\right)\sigma_{\mathrm{t}} \tag{3-80}$$

式中，λ为剪力墙剪跨比。剪力墙的水平剪力$V=\tau_{lt}bh$，顶点水平位移$u=\gamma_{lt}H$，求解本节剪力墙V、u的程序框图如图3-26所示。首先给定变量ε_{d}，设定步长，

使其从 0 逐步增大至 0.0033；依次进行图 3-26 所示计算，可进行剪力墙受力的全过程分析，求得 V-u 全过程曲线。

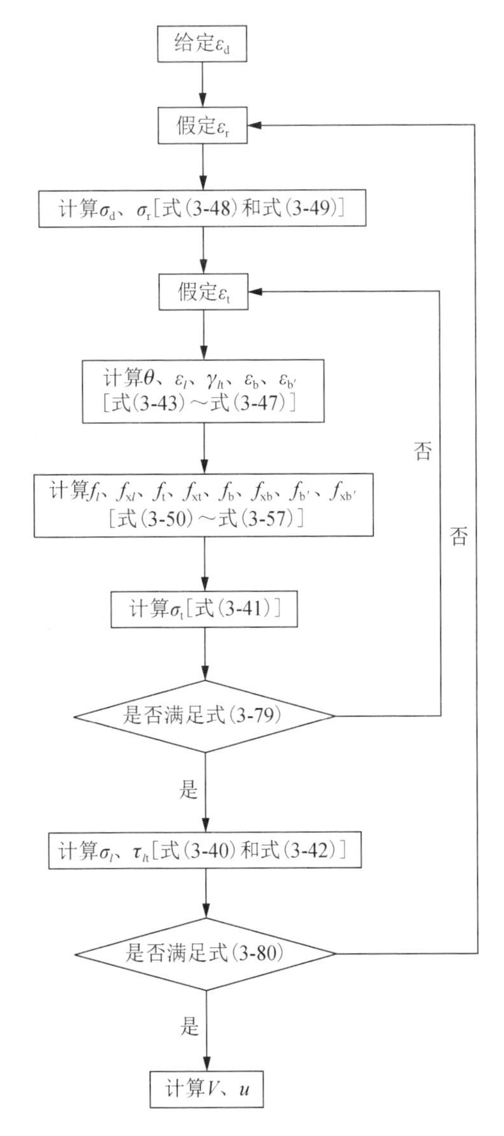

图 3-26　求解本节剪力墙 V、u 的程序框图

3.5.7　内藏钢桁架低剪力墙计算分析

1. 试验概况

本节共设计了 5 个模型构件，试件的主要设计参数见表 3-11。5 个试件均为“一”字形截面低剪力墙，模型按 1/3 缩尺，剪跨比为 1.5。试件编号分别为 SW1.5-1、

SW1.5-2、SW1.5-3、SW1.5-4、SW1.5-5。其中，SW1.5-1 为普通混凝土低剪力墙，SW1.5-2 为内藏钢框架组合低剪力墙，SW1.5-3 为内藏钢筋桁架组合低剪力墙，SW1.5-4 为内藏钢框架和钢筋桁架混凝土组合低剪力墙，SW1.5-5 为内藏钢桁架混凝土组合低剪力墙。各剪力墙试件的配筋及配置的型钢均对称。试件 SW1.5-1～试件 SW1.5-5 的配筋及配钢图如图 3-27 所示。剪力墙混凝土采用设计强度等级为 C35 的商品细石混凝土，基础混凝土采用设计强度等级为 C40 的商品混凝土，槽钢采用热轧普通槽钢 [5。试验制作的混凝土立方体试块尺寸为 150mm×150mm×150mm，与模型同条件下养护，测得混凝土强度值。钢筋和槽钢的力学性能实测值见表 3-12，混凝土的力学性能实测值见表 3-13（表中 $f_{cu,m}$ 为试块实测强度）。

表 3-11　试件的主要设计参数　　（单位：mm）

试件编号	SW1.5-1	SW1.5-2	SW1.5-3	SW1.5-4	SW1.5-5
试件类型	普通	内藏钢框架	内藏钢筋桁架	内藏钢框架和钢筋桁架	内藏钢桁架
墙板宽	1000	1000	1000	1000	1000
墙板厚	150	150	150	150	150
墙板净高	1350	1350	1350	1350	1350

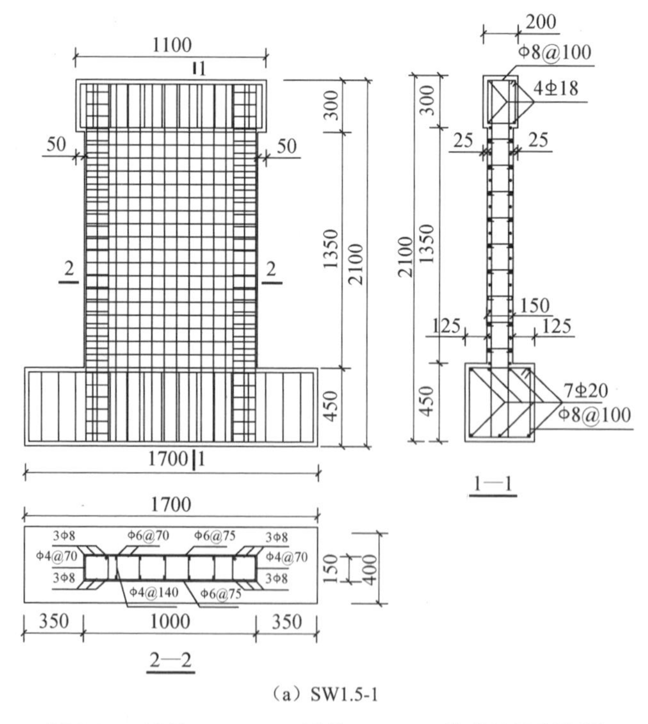

（a）SW1.5-1

图 3-27　试件 SW1.5-1～试件 SW1.5-5 的配筋及配钢图

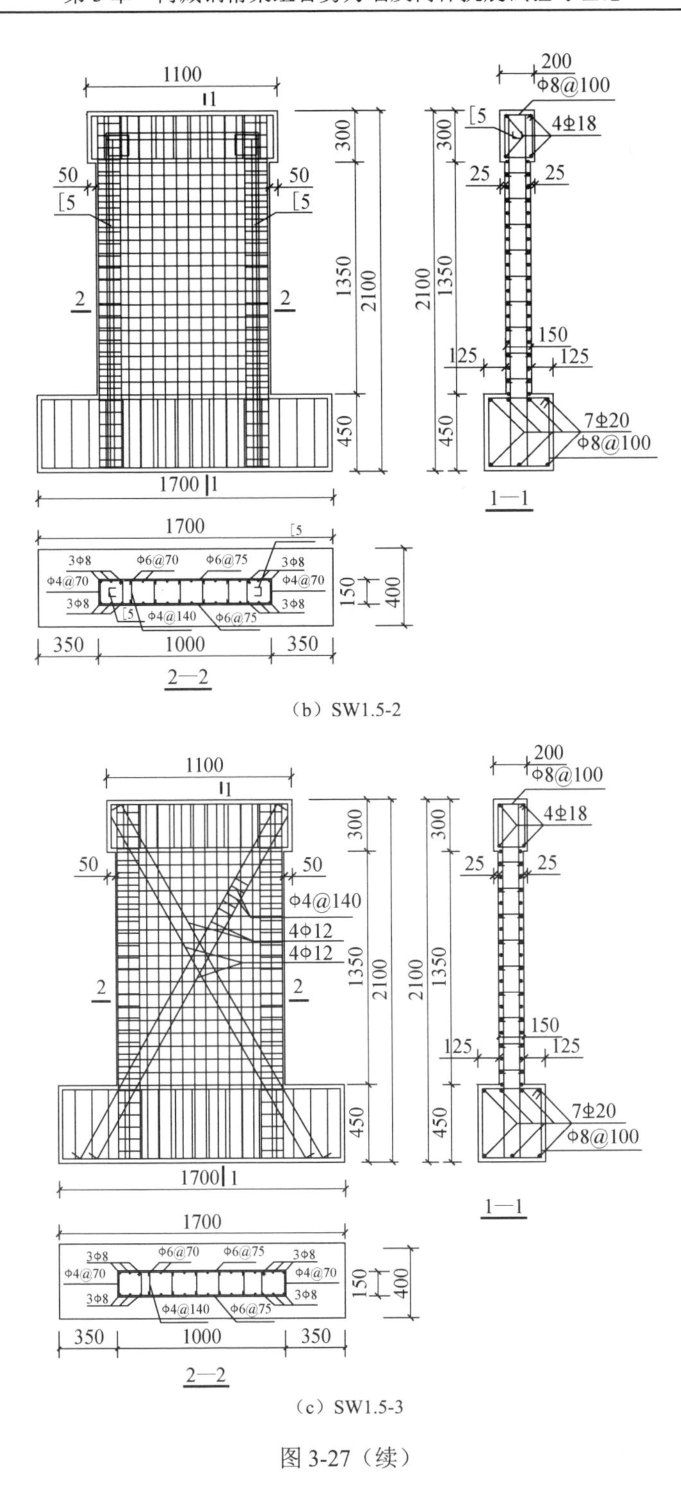

（b）SW1.5-2

（c）SW1.5-3

图 3-27（续）

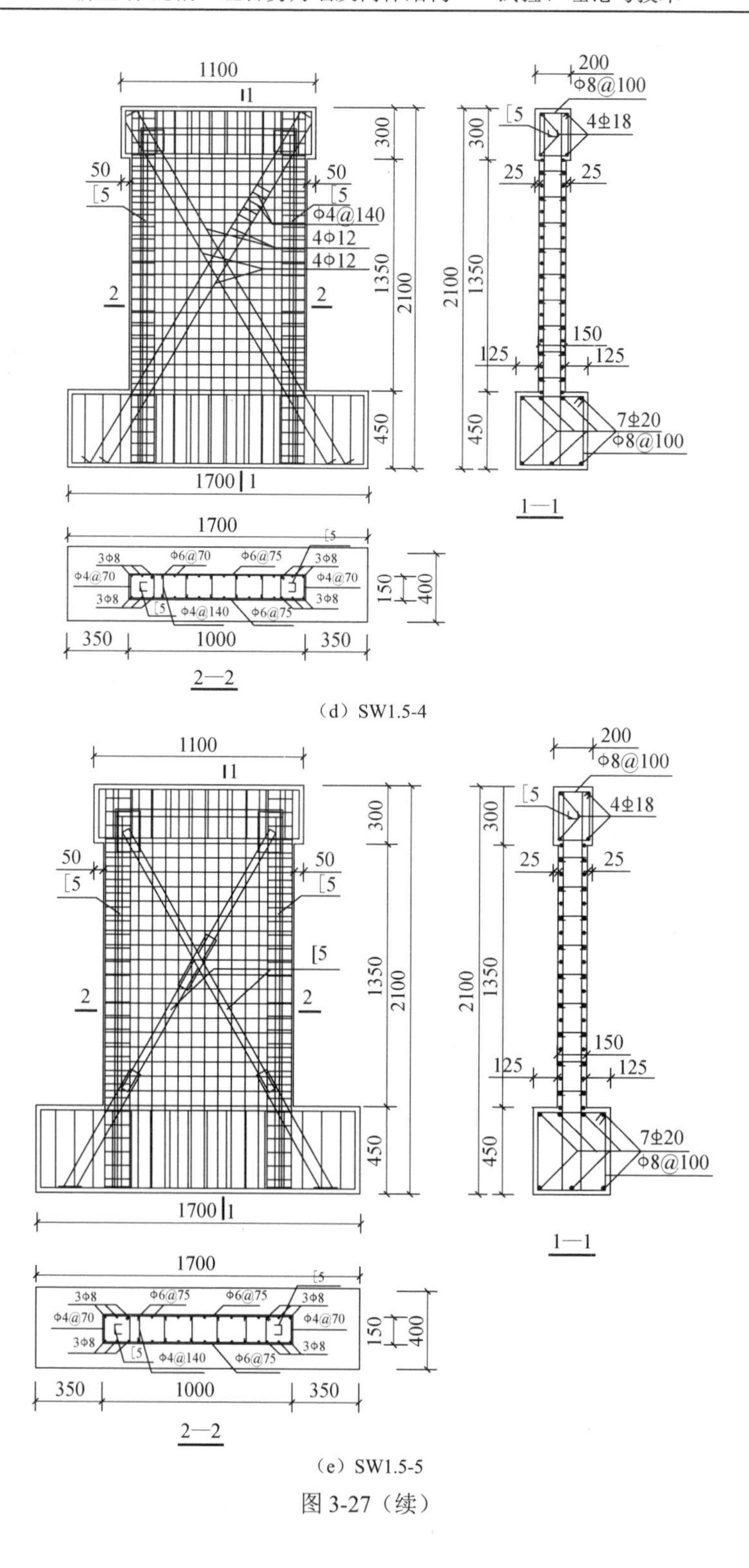

（d）SW1.5-4

（e）SW1.5-5

图 3-27（续）

表 3-12　钢筋和槽钢的力学性能实测值

钢材类型	屈服强度/MPa	极限强度/MPa	延伸率/%	弹性模量/MPa
Φ6 钢筋	380	475	10.8	1.94×10^5
Φ8 钢筋	360	530	25.0	1.95×10^5
Φ12 钢筋	380	591	28.3	1.91×10^5
5mm 槽钢	393	478	18.0	1.95×10^5

表 3-13　混凝土的力学性能实测值

试件编号	1	2	3	4	5	6
立方体抗压强度 $f_{cu,m}$/MPa	22.8	24.9	27.7	23.1	33.0	23.9

对各试件首先施加 1250kN 的竖向荷载，使各试件的轴压比达到 0.5。在距离基础顶面 1500mm 高度处用拉压千斤顶施加低周反复水平荷载。用联机数据采集系统采集应变、水平位移、水平荷载等数据，并绘制滞回曲线。

2. 计算结果与试验对比

对试件 SW1.5-1、SW1.5-3、SW1.5-4、SW1.5-5 进行计算，高轴压下 4 个试件的 *F-U* 曲线如图 3-28 所示，有关极限承载力计算值与实测值的比较见表 3-14。可见各试件的计算值与实测值匹配较好。

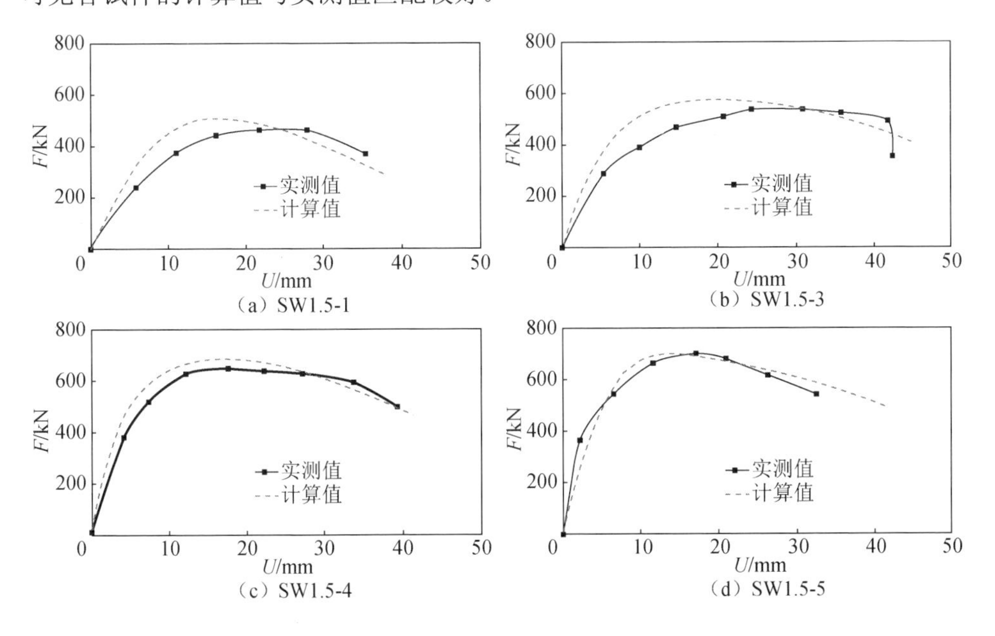

图 3-28　*F-U* 曲线

表 3-14 有关极限承载力计算值与实测值的比较

试件编号	实测值/kN	计算值/kN	相对误差/%
SW1.5-1	504.18	480.5	4.70
SW1.5-3	559.88	568.3	1.50
SW1.5-4	677.73	687.2	1.40
SW1.5-5	715.70	678.4	-5.21

3.6 压弯剪作用下组合高剪力墙及核心筒软化桁架模型及分析

压弯剪作用下的组合高剪力墙及核心筒，任意微小单元都处在复杂的三维应力状态中。核心筒的单元应力状态可分解为一维应力状态和二维应力状态[2]。其中，处于二维应力状态的体系用于抵抗剪力作用下截面的剪切应力，称为体系 1；处于一维应力状态的体系用于抵抗复合受力作用下截面的轴向应力，称为体系 2。两个体系应满足单元的变形协调条件、力的平衡条件和材料本构方程，形成压弯剪作用下内藏钢桁架混凝土组合剪力墙及核心筒的软化桁架力学分析模型。

3.6.1 二轴应力状态

在受剪二轴应力状态下的体系 1 中，二维应力状态单元抵抗由剪力引起的截面剪应力，其基本假设、平衡方程、协调方程、本构关系同 3.5 节。

在二轴应力状态下，由剪切应力产生的顶点水平位移 $u_l = \gamma_{lt} H$。

3.6.2 单轴应力状态

在单轴应力状态下的体系 2 中，一维应力状态单元抵抗由外部作用引起的纵向分量。在剪力墙或核心筒的截面上，由混凝土和纵向钢筋的纵向应力及型钢斜撑在纵向的分力可得到 N_2 和 M_2。

采用基于平截面假定的条带有限元方法对内藏钢桁架混凝土组合高剪力墙及核心筒进行单轴应力状态分析。试验研究和相关文献表明，在满足型钢构造要求并配置有一定构造要求的柔性钢筋的情况下，内藏钢桁架、钢筋与外包混凝土可以共同工作，直至达到极限承载力。由于受到外包混凝土的约束作用，型钢不会产生局部屈曲，可满足条带有限元方法的要求。

利用条带有限元方法计算时采用以下假定：

1）截面应变分布符合平截面假定。

2）每一条带上的应变均匀分布。

3）不考虑混凝土的抗拉强度。

4）型钢和钢筋采用理想弹塑性应力-应变关系。

5）型钢不发生局部屈曲直至达到极限荷载。

6）不考虑钢筋与混凝土、型钢与混凝土之间的滑移。

计算时，根据设定，截面划分成有限条带，如图 3-29 所示。假定每一条带上的应力σ_i均匀分布，混凝土和钢筋的应力均以压力为负，拉力为正。

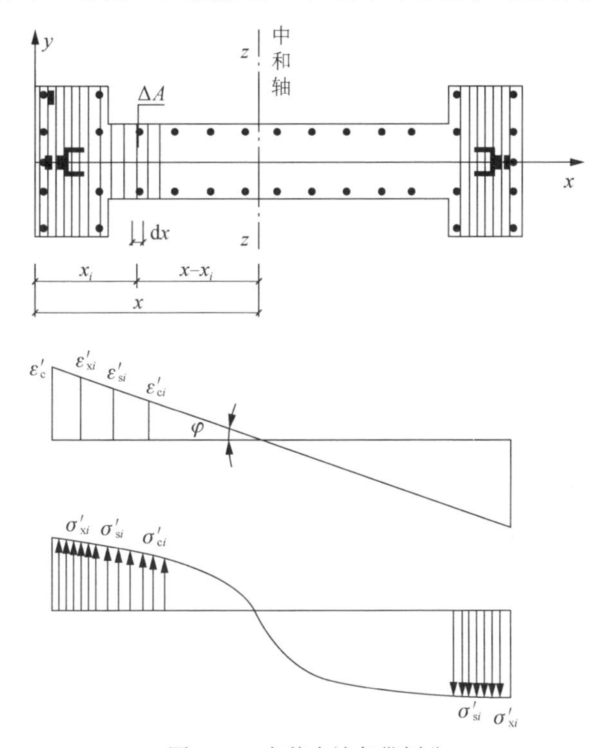

图 3-29　高剪力墙条带划分

图 3-29 中，以剪力墙垂直于水平力方向的翼缘外边缘中点为坐标原点建立坐标系，x_i 为条带形心的横坐标，x 为中和轴横坐标，可得任意一条带的中心距中和轴（z-z）的距离为（$x-x_i$），其中受压区为正，受拉区为负；ΔA 为条带的面积，σ_i 为条带的应力，ε_i 为条带的应变，φ 为截面变形曲率。由截面关系有

$$\varepsilon_i=(x-x_i)\varphi \tag{3-81}$$

根据混凝土、钢筋和型钢的本构关系，可得截面上任一条带的混凝土、钢筋和型钢的应力σ_{ci}、σ'_{si}、σ_{si}、σ'_{xi}、σ_{xi}、σ'_{zi}和σ_{zi}，则每一条带上作用的力为

$$N_i=\Delta A\sigma_{ci}, N'_{si}=\sigma'_{si}A'_{si}, N_{si}=\sigma_{si}A_{si}, N'_{xci}=\sigma'_{xci}A'_{xci},$$

$$N_{xci}=\sigma_{xci}A_{xci}, N'_{xzi}=\sigma'_{xzi}A'_{xzi}, N_{xzi}=\sigma_{xzi}A_{xzi} \tag{3-82}$$

式中，N_i 为混凝土条带作用力；N'_{si} 为条带中受压钢筋作用力；N_{si} 为条带中受拉

钢筋作用力；$N'_{\mathrm{xc}i}$ 为条带中受压型钢斜撑作用力；$N_{\mathrm{xc}i}$ 为条带中受拉型钢斜撑作用力；$N'_{\mathrm{xz}i}$ 为条带中受压型钢柱作用力；$N_{\mathrm{xz}i}$ 为条带中受拉型钢柱作用力；$\sigma_{\mathrm{c}i}$ 为条带压区混凝土应力；$\sigma'_{\mathrm{s}i}$、$\sigma_{\mathrm{s}i}$ 分别为条带竖向钢筋应力；$\sigma'_{\mathrm{xc}i}$、$\sigma_{\mathrm{xc}i}$ 分别为条带型钢斜撑的竖向分量应力；$\sigma'_{\mathrm{xz}i}$、$\sigma_{\mathrm{xz}i}$ 分别为条带型钢柱应力；ΔA 为压区条带中的混凝土面积；$A'_{\mathrm{s}i}$、$A_{\mathrm{s}i}$ 分别为条带中的竖向钢筋面积；$A'_{\mathrm{xc}i}$、$A_{\mathrm{xc}i}$ 分别为条带中的型钢斜撑面积；$A'_{\mathrm{xz}i}$、$A_{\mathrm{xz}i}$ 分别为条带中的型钢柱面积。

假定一个高剪力墙或核心筒截面的中和轴位置为 x，根据该中和轴位置按式（3-81）计算出截面各混凝土条带和型钢、钢筋单元的相应应变ε_i；然后根据各材料的应力-应变关系，计算出相应单元的应力σ_i和抵抗力 N_i，检验是否能满足平衡条件式（3-83）；如果不满足，修正截面中和轴的位置 x 再次计算，直至满足设定的精度。

$$N_2 = \sum_1^i (\sigma_{\mathrm{c}i} A_i + \sigma'_{\mathrm{s}} A'_{\mathrm{s}}) - \sum_i^n \sigma_{\mathrm{s}} A_{\mathrm{s}} + \sum_1^2 \sigma'_{\mathrm{xc}} A'_{\mathrm{xc}} \sin\theta + \sum_1^2 \sigma_{\mathrm{xz}} A_{\mathrm{xz}} \tag{3-83}$$

$$\begin{aligned} M_2 = {} & \sum_1^i \sigma_{\mathrm{c}i} A_{\mathrm{c}i} \left(\frac{h}{2} - x_i \right) + \sum_1^n \sigma_{\mathrm{s}i} A_{\mathrm{s}i} \left(\frac{h}{2} - x_{\mathrm{s}i} \right) \\ & + \sum_1^n \sigma_{\mathrm{xc}i} A_{\mathrm{xc}i} \left(\frac{h}{2} - x_{\mathrm{xc}i} \right) \sin\theta + \sum_1^n \sigma_{\mathrm{xz}i} A_{\mathrm{xz}i} \left(\frac{h}{2} - x_{\mathrm{xz}i} \right) \end{aligned} \tag{3-84}$$

式中，N_2 为体系 2 中各条带的竖向合力；M_2 为体系 2 中各条带对核心筒垂直于加载方向对称面的弯矩和；x_i 为条带高度中心的横坐标；$x_{\mathrm{s}i}$ 为条带中的竖向钢筋横坐标；$x_{\mathrm{xc}i}$ 为条带中的型钢斜撑横坐标；$x_{\mathrm{xz}i}$ 为条带中的型钢柱横坐标。

体系 2 中剪力墙、核心筒的截面处于一维应力状态下的受力状态，一维应力状态下单元抵抗弯剪扭压引起的截面纵向应力，假设水平方向应变沿截面高度线性分布，应力和应变满足材料的一维应力-应变关系。

混凝土一维受压本构关系采用 Hognestad 公式，即

$$\sigma_{\mathrm{c}} = f_{\mathrm{c}} \left[2\left(\frac{\varepsilon_{\mathrm{c}}}{\varepsilon_0} \right) - \left(\frac{\varepsilon_{\mathrm{c}}}{\varepsilon_0} \right)^2 \right] \quad (0 < \varepsilon_{\mathrm{c}} \leqslant \varepsilon_0) \tag{3-85}$$

$$\sigma_{\mathrm{c}} = f_{\mathrm{c}} \left[1 - \left(\frac{\varepsilon_{\mathrm{c}} - \varepsilon_0}{\varepsilon_0} \right)^2 \right] \quad (\varepsilon_{\mathrm{c}} > \zeta \varepsilon_0) \tag{3-86}$$

式中，f_{c} 为混凝土轴心抗压强度；ε_0 为相应的峰值压应变，取 $\varepsilon_0 = 0.002$。

混凝土一维受拉的本构关系采用 Belabi-Hsu 公式，其数学表达式为

$$\begin{cases} \sigma_{\mathrm{c}} = E_{\mathrm{c}} \varepsilon_{\mathrm{c}} & (0 < \varepsilon_{\mathrm{c}} \leqslant \varepsilon_{\mathrm{cr}}) \\ \sigma_{\mathrm{c}} = f_{\mathrm{cr}} \left(\dfrac{\varepsilon_{\mathrm{cr}}}{\varepsilon_{\mathrm{c}}} \right) & (\varepsilon_{\mathrm{c}} > \varepsilon_{\mathrm{cr}}) \end{cases} \tag{3-87}$$

式中，E_c为混凝土弹性模量，取 $3900\sqrt{f_c}$；f_{cr}为混凝土开裂应力，$f_{cr}=0.31\sqrt{f_c}$。

在单轴应力状态下，板顶点水平产生的位移由式（3-88）计算，即

$$u_2=\int\frac{M\overline{M}}{EI}\mathrm{d}s-\int_0^H\varphi x\mathrm{d}x \tag{3-88}$$

式中，H为剪力墙高度；E为混凝土弹性模量；I为截面惯性矩；M为截面上的弯矩；等号右边第一项为由弯矩引起的顶点水平位移，第二项为由剪力墙截面转动引起的顶点水平位移。对式（3-88）进行推导，有

$$\begin{aligned}u_2&=\int\frac{M\overline{M}}{EI}\mathrm{d}s-\int_0^H\varphi(x)x\mathrm{d}x\\&=\frac{1}{EI}\int M\overline{M}\mathrm{d}x-\int_0^H\frac{\varphi_{\mathrm{m}}}{H}x^2\mathrm{d}x\\&=\frac{1}{EI}\frac{H^2}{2}\frac{2VH}{3}-\frac{1}{3}\varphi_{\mathrm{m}}H^2\\&=\frac{VH^3}{3EI}-\frac{1}{3}\varphi_{\mathrm{m}}H^2\end{aligned} \tag{3-89}$$

式中，V为墙板顶点水平剪力；φ_{m}为剪力墙横截面转动最大曲率。

3.6.3　两个状态体系之间的关系

剪力墙横截面应变是在弯矩和剪力复合作用下形成的。在其竖向上的应变为

$$\varepsilon_{\mathrm{cu}}=\varepsilon_{\mathrm{t}}+\varphi x \tag{3-90}$$

式中，$\varepsilon_{\mathrm{cu}}$为墙板受压区端部竖向应变；$\varepsilon_{\mathrm{t}}$为剪切引起的竖向应变；$\varphi$为横截面变形曲率；$x$为混凝土受压区高度。

两个体系中在竖直方向上产生的轴力、弯矩满足

$$\sigma_{\mathrm{t}}A_0+N_2=N \tag{3-91}$$

$$\tau bhH=M \tag{3-92}$$

式中，N为竖向荷载；M为截面上的弯矩；A_0为墙板横截面面积；H为剪力墙折算高度；h为墙板折算宽度；b为墙板截面的宽度，即墙板厚度。

将体系 2 发生的剪切变形和体系 1 发生的弯曲变形叠加，即可得到构件在荷载作用下的总变形，即试件的顶层位移为

$$u=u_1+u_2 \tag{3-93}$$

式中，u为试件的顶层位移；u_1为二轴应力状态下剪切应力引起的试件顶层位移；u_2为单轴应力状态下试件的顶层位移。

对于高剪力墙（$\lambda>1.5$），其横向应力应满足

$$\sigma_l=\frac{1}{\lambda}\left(\frac{4}{3}-\frac{2}{3}\lambda\right)\sigma_{\mathrm{t}} \tag{3-94}$$

在本节中，组合剪力墙试验的外部荷载条件为

$$\sigma_{\mathrm{t}} = (N - N_2) / A_0 \tag{3-95}$$

本节中体系 1 仅承受剪力产生的截面剪应力，因此取

$$\sigma_{\mathrm{t}} = 0 \tag{3-96}$$

代入式（3-95）得

$$N = N_2 \tag{3-97}$$

由式（3-92）可得

$$\tau_{lt} = \frac{M}{bhH} \tag{3-98}$$

3.6.4 计算分析

在本节的内藏钢桁架组合高剪力墙软化桁架模型中，共有 24 个独立的变量，其中包括：13 个应力，即σ_l、σ_{t}、τ_{lt}、σ_{d}、σ_{r}、f_l、f_{t}、f_{xl}、f_{xt}、f_{b}、$f_{\mathrm{b'}}$、f_{xb}、$f_{\mathrm{xb'}}$；8 个应变，即$\varepsilon_{\mathrm{cu}}$、$\varepsilon_l$、$\varepsilon_{\mathrm{t}}$、$\gamma_{lt}$、$\varepsilon_{\mathrm{d}}$、$\varepsilon_{\mathrm{r}}$、$\varepsilon_{\mathrm{b}}$、$\varepsilon_{\mathrm{b'}}$；转动角$\theta$；曲率$\varphi$；压区混凝土高度$x$。

该模型提供了 19 个独立的方程：3 个平衡方程，即式（3-40）～式（3-42）；5 个协调方程，即式（3-43）～式（3-47）；10 个本构关系，即式（3-48）～式（3-57）；1 个关系方程式，即式（3-90）。只要给定 5 个变量值，方程组 19 个变量可由 19 个方程求得。在求解过程中，给定的 5 个变量为$\varepsilon_{\mathrm{cu}}$、$\varepsilon_{\mathrm{d}}$、$\varphi$、$\varepsilon_{\mathrm{r}}$、$x$，其中$\varepsilon_{\mathrm{cu}}$按适当的增量选取，从零开始直至 0.0033；$x$、$\varepsilon_{\mathrm{r}}$、$\varepsilon_{\mathrm{d}}$、$\varphi$由补充方程（3-97）、方程（3-96）、方程（3-94）、方程（3-88）校验其给定的准确性。

用软化桁架理论计算内藏钢桁架混凝土组合剪力墙的程序算法示意图如图 3-30 所示。一般情况下，在上述迭代算法中，$\varepsilon_{\mathrm{cu}}$可按适当的增量选取，直至为-0.0033，这样求得的解反映了加载全过程中各参数的变化情况。由水平剪力$V = \tau_{lt} bh$，顶点水平位移u，可求得 V-u 全过程曲线。

3.6.5 内藏钢桁架组合高剪力墙计算分析

内藏钢桁架组合高剪力墙计算分析共设计了 5 个模型构件，模型按 1/3 缩尺，截面为工字形，墙板厚度为 150mm。试件编号分别为 SW2.2-1、SW2.2-2、SW2.2-3、SW2.2-4、SW2.2-5，其中 SW 代表剪力墙，2.2 代表剪力墙的剪跨比，SW2.2-1 为普通剪力墙，SW2.2-2 为内藏钢筋桁架组合剪力墙，SW2.2-3 为内藏钢框架组合剪力墙，SW2.2-4 为内藏钢框架及钢筋桁架组合剪力墙，SW2.2-5 为内藏钢桁架组合剪力墙。5 个剪力墙构件混凝土的设计强度等级为 C35，混凝土为细石混凝土。基础混凝土强度设计等级为 C40，使其具有足够的刚度和强度。本计算所用钢筋和槽钢的力学性能实测值见表 3-15，本计算所用混凝土的力学性能实测值见表 3-16。试件 SW2.2-1～试件 SW2.2-5 的配筋及配钢图如图 3-31 所示。

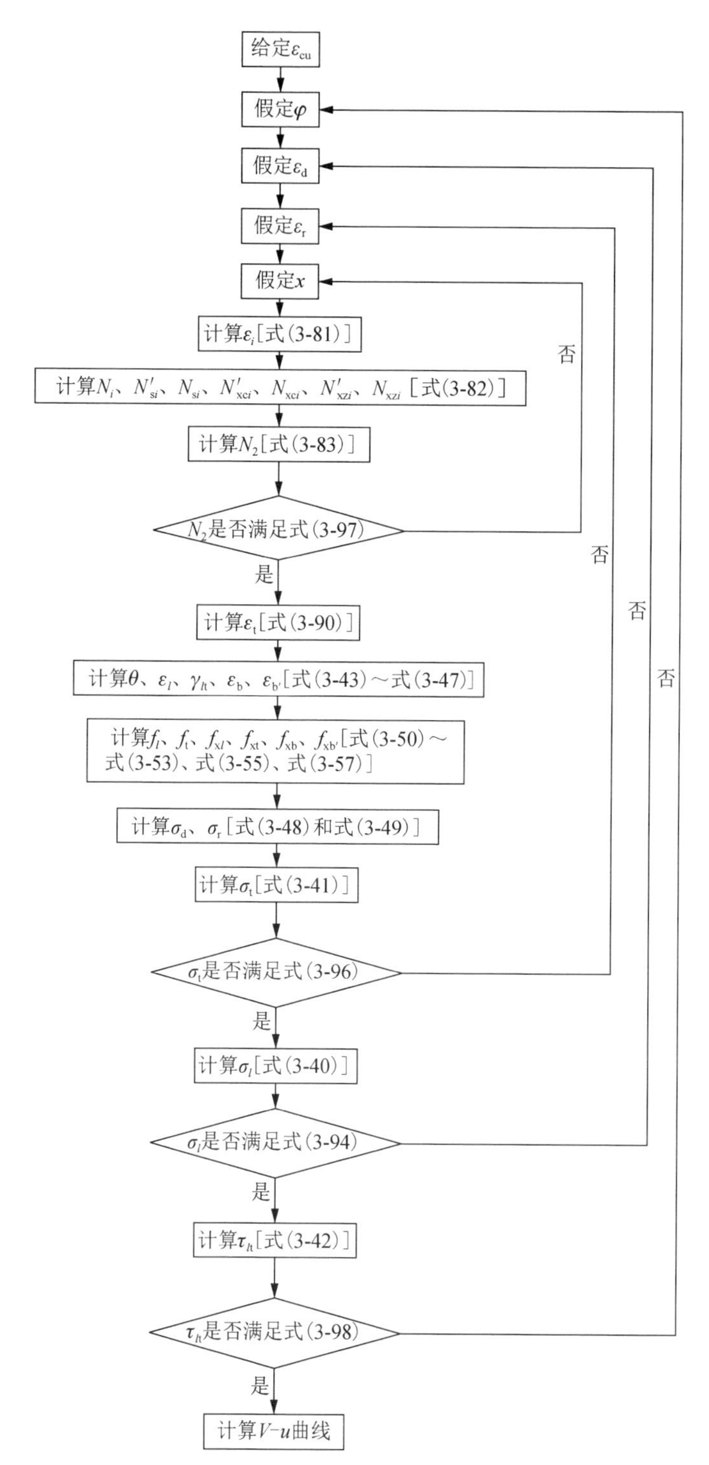

图 3-30　用软化桁架理论计算内藏钢桁架混凝土组合剪力墙的程序算法示意图

表 3-15　本计算所用钢筋和槽钢的力学性能实测值

规格	屈服强度/MPa	极限强度/MPa	延伸率/%	弹性模量/MPa	屈服应变
φ6 钢筋	380	475	10.8	1.94×10^5	1970×10^{-6}
φ8 钢筋	360	530	25.0	1.95×10^5	1693×10^{-6}
φ12 钢筋	380	591	28.3	1.71×10^5	2398×10^{-6}
槽钢	393	478	18.0	1.95×10^5	1805×10^{-6}

表 3-16　本计算所用混凝土的力学性能实测值　　（单位：MPa）

试块编号	SW2.2-1	SW2.2-2	SW2.2-3	SW2.2-4	SW2.2-5
弹性模量	3.20×10^4	3.18×10^4	3.17×10^4	3.21×10^4	3.19×10^4
立方体抗压强度 $f_{cu,m}$	45.6	43.1	46.1	45.9	47.2

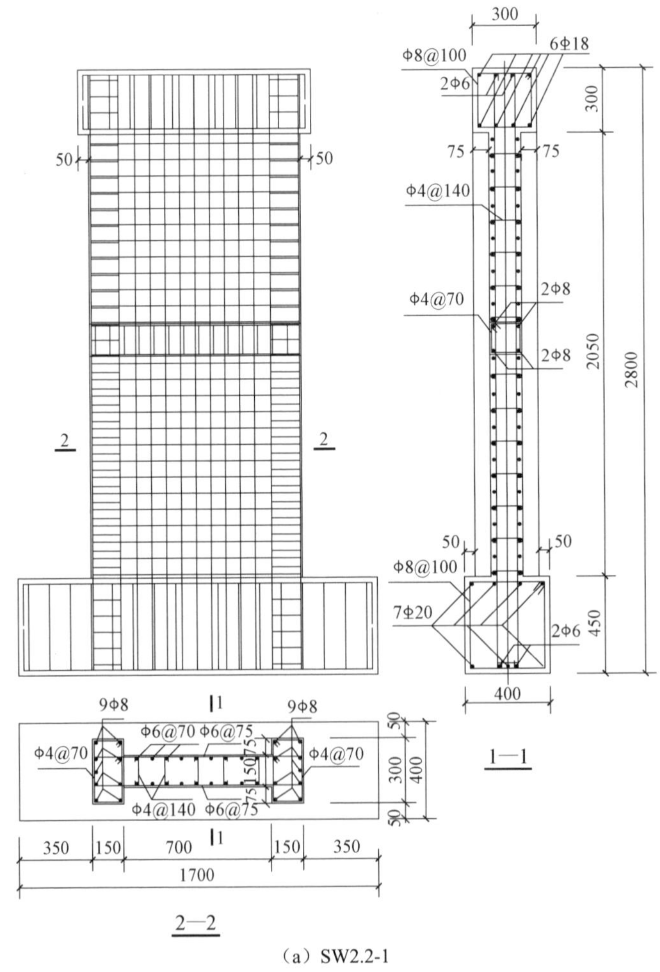

（a）SW2.2-1

图 3-31　试件 SW2.2-1～试件 SW2.2-5 的配筋及配钢图

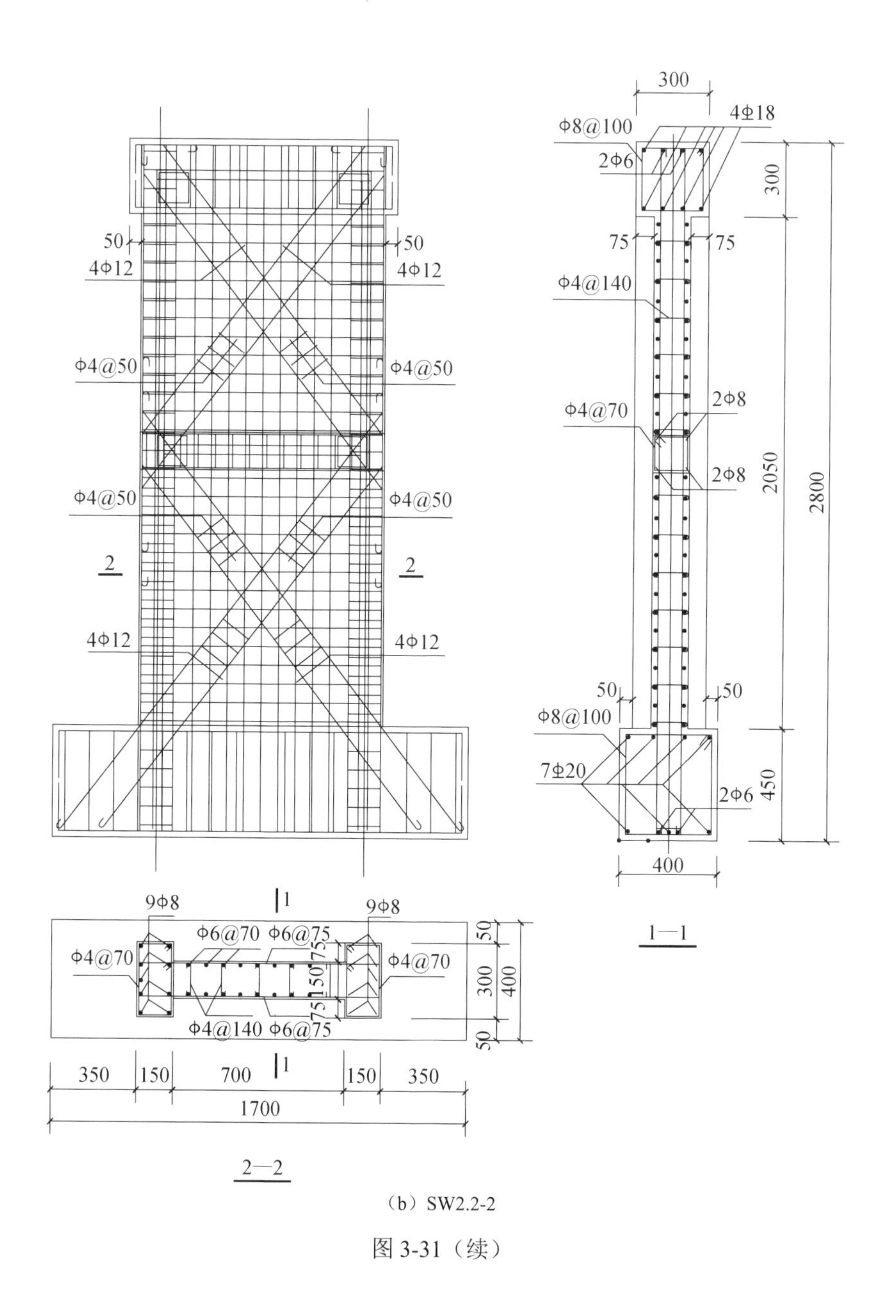

（b）SW2.2-2

图 3-31（续）

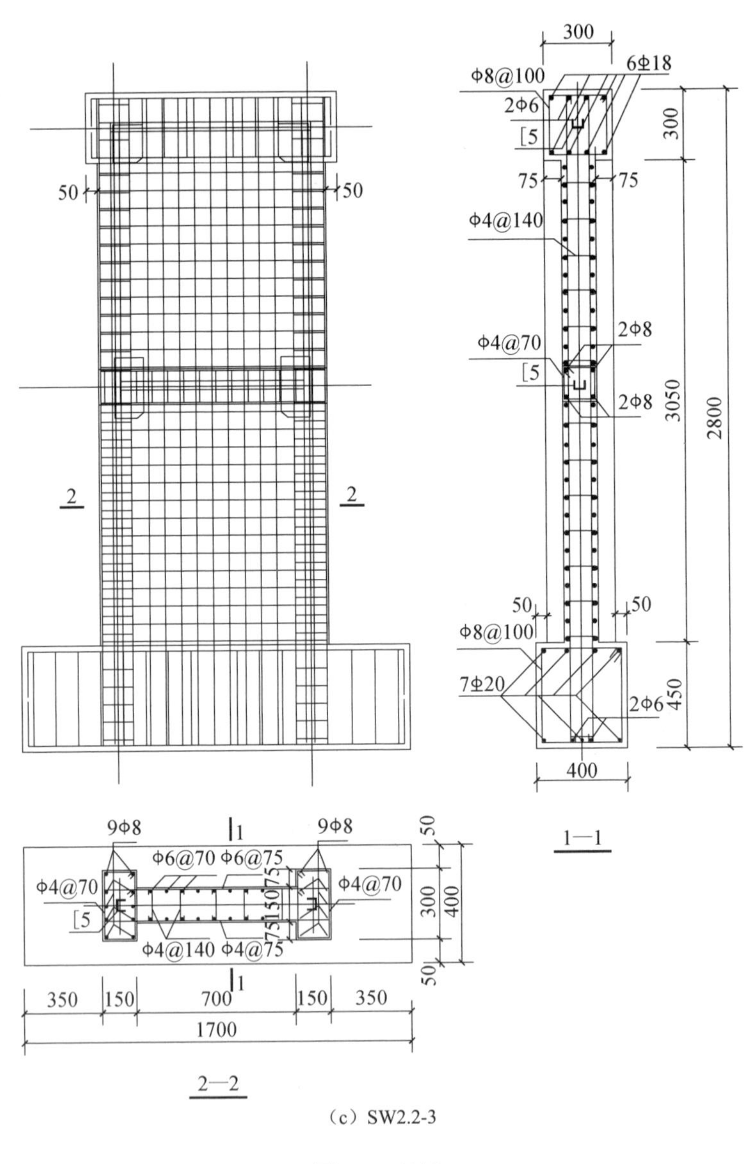

（c）SW2.2-3

图 3-31（续）

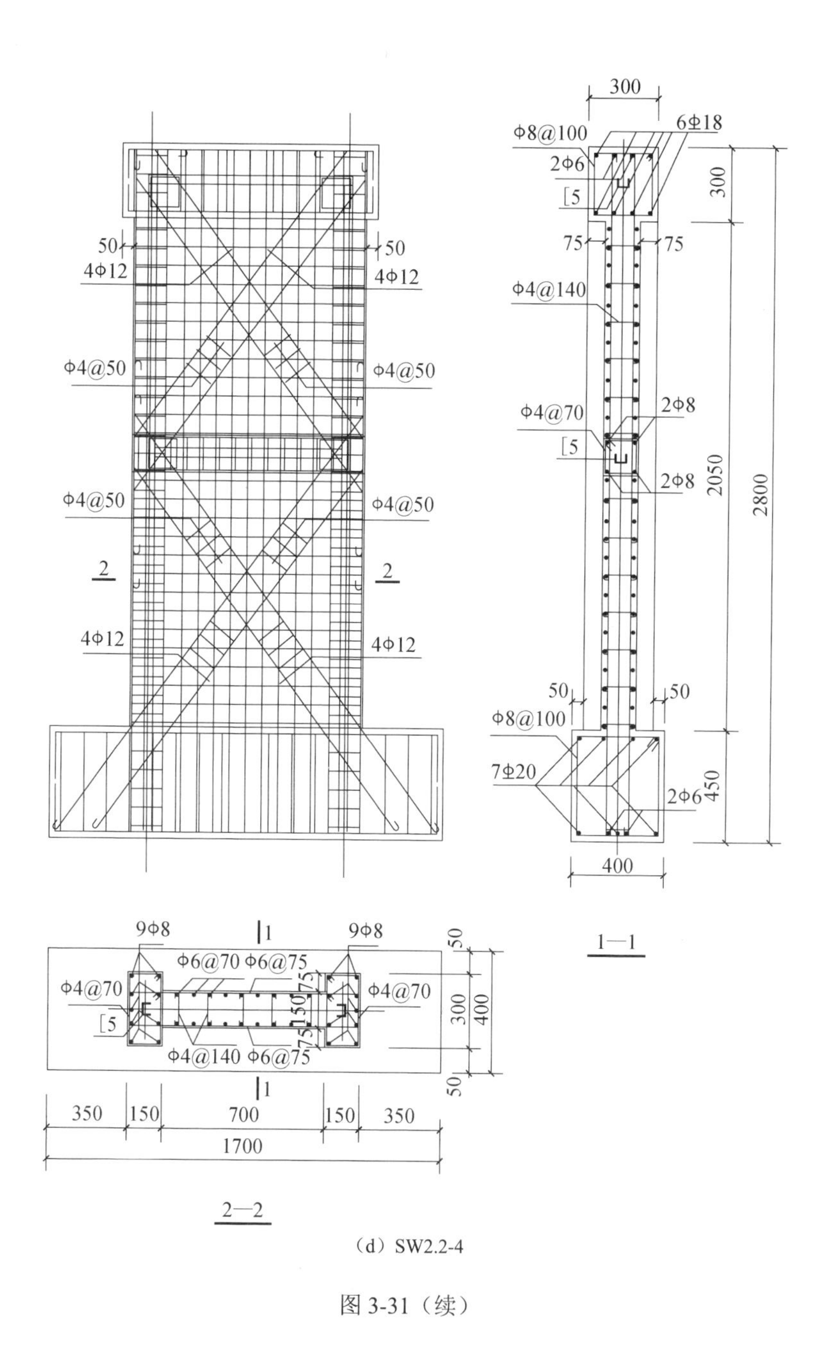

(d) SW2.2-4

图 3-31（续）

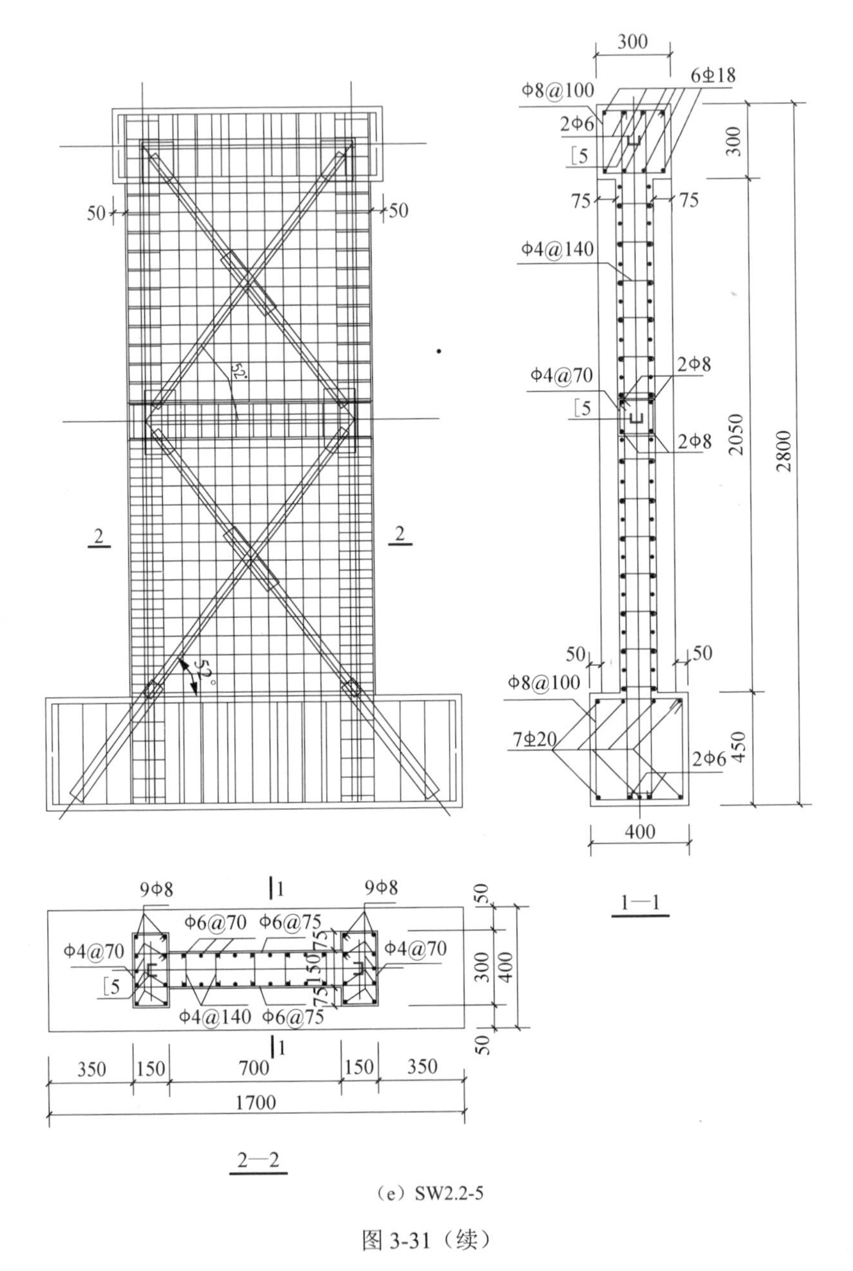

(e) SW2.2-5

图 3-31（续）

对各试件首先施加 1250kN 的竖向荷载，使各试件的轴压比达到 0.5。在距离基础顶面 1500mm 高度处用拉压千斤顶施加低周反复水平荷载。

对试件 SW2.2-1、试件 SW2.2-3、试件 SW2.2-4、试件 SW2.2-5 进行计算，高轴压下 4 个试件各剪力墙的剪力-位移曲线如图 3-32 所示，试件极限承载力计算值与实测值的比较见表 3-17，可见高剪力墙的计算值与实测值匹配较好。

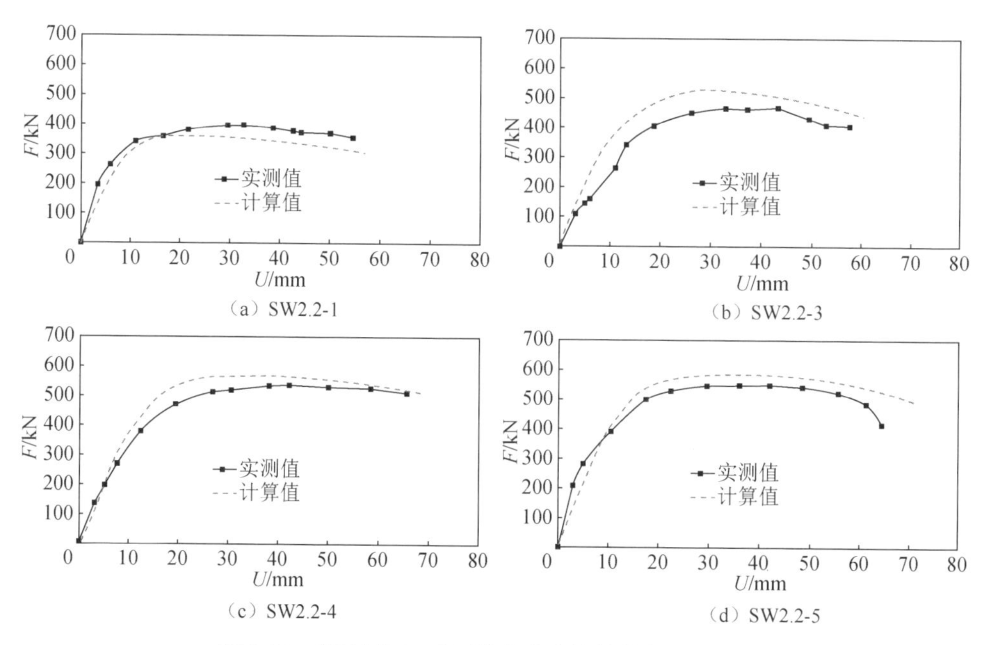

图 3-32 高轴压下 4 个试件各剪力墙的剪力-位移曲线

表 3-17 试件极限承载力计算值与实测值的比较

试件编号	计算值/kN	实测值/kN	相对误差/%
SW2.2-1	367.27	393.55	6.68
SW2.2-3	525.32	484.47	8.43
SW2.2-4	572.81	538.17	6.44
SW2.2-5	585.02	552.54	5.88

3.6.6 内藏钢桁架组合核心筒计算

对本章 3.2 节的各核心筒进行计算，可得各核心筒的剪力-位移曲线，如图 3-33 所示。

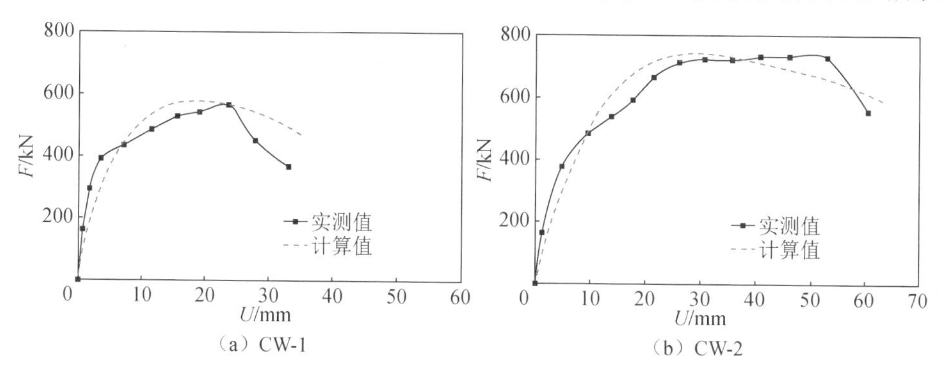

图 3-33 各核心筒的剪力-位移曲线

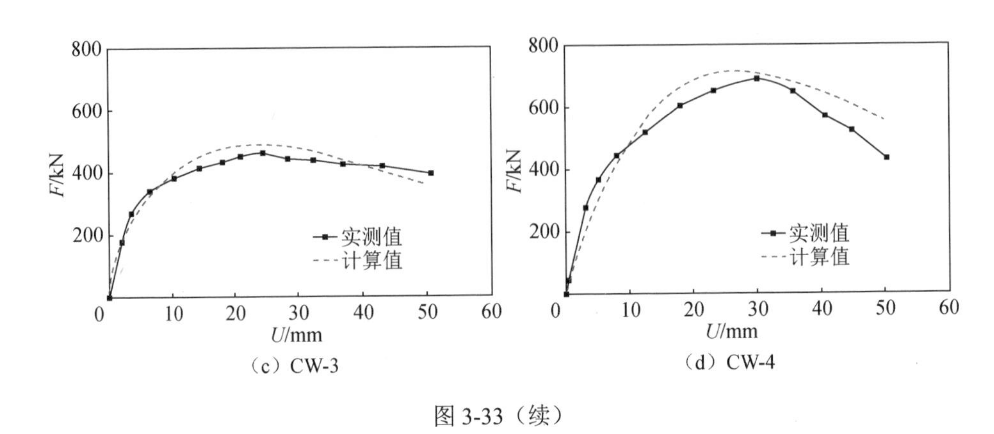

（c）CW-3　　（d）CW-4

图 3-33（续）

表 3-18 为 4 个试件核心筒的极限承载力计算值与实测值的比较。可以看出，计算结果和实测结果匹配较好。

表 3-18　4 个试件核心筒的极限承载力计算值与实测值的比较

试件编号	计算值/kN	实测值/kN	相对误差/%
CW-1	367.27	393.55	6.68
CW-2	483.61	458.64	5.44
CW-3	525.32	484.47	8.43
CW-4	572.81	538.17	6.44

3.7　压弯剪扭作用下组合核心筒软化桁架模型及分析

偏心水平荷载作用下内藏钢桁架混凝土组合核心筒承受压弯剪扭的复合作用，核心筒的单元应力状态可分解为一维应力状态和二维应力状态。其中，处于二维应力状态的体系抵抗由扭矩和剪力引起的截面剪应力，称为体系 1；处于一维应力状态的体系抵抗截面轴向应力，称为体系 2。两个体系满足单元的变形协调条件、力的平衡条件和材料本构方程，形成压弯剪扭作用下内藏钢桁架混凝土组合核心筒的力学分析模型。

3.7.1　基本假设

为简化分析过程，根据内藏钢桁架混凝土组合核心筒试验的结果，有如下基本假设：

1）无纵向或侧向约束限制的组合核心筒截面的翘曲，即组合核心筒发生自由扭转，截面只通过剪力流来抵抗外扭矩。

2）钢筋只承受轴向力，忽略其暗销作用。

3）开裂后的混凝土主压应力方向与主压应变方向重合，且与斜裂缝方向一致。

4）所有变形均为小变形，不考虑二次受力的影响。

5）混凝土和内藏型钢之间无相对滑移。

6）在整个受力过程中，平截面假定成立，即纵向应变沿截面高度线性分布。

需要指出的是，假设 6）和假设 1）在力学机理上是相互矛盾的，但是根据本章试验和已有试验[3]，在复合作用下，实测的纵向应变沿截面高度基本呈线性分布。因此，本节在理论分析中仍采用平截面假定。

3.7.2　二轴应力状态

在受到剪扭二轴应力作用的体系 1 中，二维应力状态单元抵抗由剪力、扭矩引起的截面剪应力。混凝土的应力-应变关系满足二维应力关系。

内藏钢桁架组合剪力墙单元可以看成由混凝土单元、弥散的墙板钢筋单元、弥散的型钢单元、桁架中钢筋斜撑单元和桁架中型钢斜撑单元五部分组成。

1. 平衡方程

核心筒在压剪扭作用下四面剪力墙的受力情况是不同的。在受力过程中扭矩产生的剪应力和水平力产生的剪应力相叠加的剪力墙记作剪力墙 1；扭矩产生的剪应力和水平力产生的剪应力相减的剪力墙记作剪力墙 3；水平荷载为拉力时核心筒中受拉剪力墙记作剪力墙 2，受压剪力墙记作剪力墙 4。

根据 Bredt 薄管理论，设由扭矩 T 产生的剪力流 q_τ 在核心筒的四面剪力墙上均匀分布，根据截面平衡条件，可知截面所能承受的扭矩为 $T=\oint q_\tau \gamma \mathrm{d}s=2q_\tau A_{cor}$，可得 $q_\tau = T/(2A_{cor})$，其中 A_{cor} 为核心筒截面剪力流中心线所包围的核心面积，即 $A_{cor}=b_{cor}h_{cor}$。对于核心筒，近似地取封闭箍筋中心的连线为剪力流的中心线，这样，$b_{cor}=b-2a-d_l$ 和 $h_{cor}=h-2a-d_l$ 分别为剪力流的长边和短边尺寸。其中，h 为核心筒截面高度，b 为核心筒截面宽度，d_l 为核心筒箍筋直径，a 为保护层厚度。

设由剪力 V 产生的剪力流 q_V 在剪力墙 1 和剪力墙 3 的壁内均匀分布，有 $q_V = V/(2h)$。

在剪力墙 1 墙面取一个隔离体，剪力流为 q_1，则有

$$q_1 = q_\tau + q_V = \frac{T}{2A_{cor}} + \frac{V}{2h_{cor}} = \frac{T}{2A_{cor}} + \frac{T}{2\eta h_{cor}} \tag{3-99}$$

式中，η 为扭剪比，$\eta = T / bV$。

在剪力墙 2 墙面取一个隔离体，剪力流为 q_2，则有

$$q_2 = q_\tau = \frac{T}{2A_{\text{cor}}} \tag{3-100}$$

在剪力墙 3 墙面取一个隔离体，剪力流为 q_3，则有

$$q_3 = q_\tau - q_\text{V} = \frac{T}{2A_{\text{cor}}} - \frac{V}{2h_{\text{cor}}} = \frac{T}{2A_{\text{cor}}} - \frac{T}{2\eta h_{\text{cor}}} \tag{3-101}$$

在剪力墙 4 墙面取一个隔离体，剪力流为 q_4，则有

$$q_4 = q_\tau = \frac{T}{2A_{\text{cor}}} \tag{3-102}$$

在内藏钢桁架组合剪力墙的受力过程中，由于钢桁架自身能够形成很好的传力体系，本节没有考虑钢与混凝土的黏结关系。

将剪力墙 i 的横向钢筋和纵向钢筋的方向分别定义为 l_i 轴和 t_i 轴，建立 l_i-t_i 直角坐标系。将初裂阶段裂缝开展的方向定义为 l_i' 轴，建立 l_i'-t_i' 直角坐标系。l_i' 轴的方向与初裂时主拉应力的方向垂直，与 l_i 轴的夹角 θ_i 可由外加应力确定。以开裂后裂缝开展的方向定义为 d_i 轴，建立 d_i-r_i 直角坐标系，d_i 轴与开裂后主拉应力的方向垂直，与 l_i 轴的夹角为 θ_i。由于开裂后墙板钢筋及内藏钢桁架的影响，混凝土的主拉应力不断改变，裂缝开展方向也不断改变，故 d_i 轴将发生转动。

将裂缝间混凝土斜杆和型钢斜撑的应力转换到 l_i-t_i 直角坐标系，得到型钢混凝土单元在外力作用下的平衡方程，即

$$\begin{aligned}\sigma_{li} = {} & \sigma_{\text{d}i}\cos^2\theta_i + \sigma_{\text{r}i}\sin^2\theta_i + \rho_{\text{s}li}\sigma_{\text{st}i} + \rho_{\text{x}li}\sigma_{\text{xt}i} \\ & + \rho_{\text{xb}i}\sigma_{\text{xb}i}\cos^2\alpha + \rho_{\text{xb}i'}\sigma_{\text{xb}i'}\cos^2\alpha'\end{aligned} \tag{3-103}$$

$$\sigma_{\text{t}i} = \sigma_{\text{d}i}\sin^2\theta_i + \sigma_{\text{r}i}\cos^2\theta_i + \rho_{\text{xb}i}\sigma_{\text{xb}i}\sin^2\alpha + \rho_{\text{xb}i'}\sigma_{\text{xb}i'}\sin^2\alpha' \tag{3-104}$$

$$\begin{aligned}\tau_{lti} = {} & (-\sigma_{\text{d}i} + \sigma_{\text{r}i})\sin\theta_i\cos\theta_i - \rho_{\text{xb}i}\sigma_{\text{xb}i}\sin\alpha\cos\alpha \\ & - \rho_{\text{xb}i'}\sigma_{\text{xb}i'}\sin\alpha'\cos\alpha'\end{aligned} \tag{3-105}$$

$$q_i = \tau_{lti}t_{\text{d}i} \tag{3-106}$$

$$N_{(\text{V+T})i} = \sigma_{\text{t}i}h_i t_{\text{d}i} \tag{3-107}$$

式中，σ_{li}、$\sigma_{\text{t}i}$ 分别为剪力墙 i 的 l_i-t_i 坐标系中墙体单元的正应力（受拉为正）；τ_{lti} 为剪力墙 i 的 l_i-t_i 坐标系中墙体单元的剪应力（顺时针方向为正）；$\sigma_{\text{d}i}$、$\sigma_{\text{r}i}$ 分别为剪力墙 i 的 d_i-r_i 坐标系中混凝土的正应力（受拉为正）；$\rho_{\text{s}li}$ 为剪力墙 i 的 l_i 方向的分布钢筋的配筋率；$\rho_{\text{x}li}$ 为剪力墙 i 中 l_i 方向的型钢的配钢率；$\sigma_{\text{xt}i}$ 为剪力墙 i 桁架中 t_i 方向的型钢的应力；$\rho_{\text{xb}i}$、$\sigma_{\text{xb}i}$ 分别为剪力墙 i 桁架中与 l_i 轴夹角为 α 的型钢配钢率和应力，$\rho_{\text{xb}i} = \dfrac{A_{\text{xb}i}}{b_i h_i \sin\alpha}$；$\rho_{\text{xb}i'}$、$\sigma_{\text{xb}i'}$ 分别为桁架中与 l_i 轴夹角为 α' 的

钢筋配筋率和应力，$\rho_{xbi'}=\dfrac{A_{xbi'}}{b_i h_i \sin\alpha'}$；$b_i$为剪力墙$i$的截面厚度；$\theta_i$为剪力墙$i$中$d_i$轴与$l_i$轴的夹角；$h_i$为剪力墙$i$的截面高度；$t_{di}$为核心筒截面剪力流区的有效厚度，即混凝土斜压杆受压区高度。

2. 协调方程

（1）剪力墙面内协调方程

将剪力墙i中裂缝间混凝土斜杆的应变转换到l_i-t_i直角坐标系，得到如下钢筋混凝土单元的3个应变方程：

$$\varepsilon_{li}=\varepsilon_{di}\cos^2\theta_i+\varepsilon_{ri}\sin^2\theta_i \tag{3-108}$$

$$\varepsilon_{ti}=\varepsilon_{di}\sin^2\theta_i+\varepsilon_{ri}\cos^2\theta_i \tag{3-109}$$

$$\gamma_{lti}=2(-\varepsilon_{di}+\varepsilon_{ri})\sin\theta_i\cos\theta_i \tag{3-110}$$

式中，ε_{li}、ε_{ti}分别为l_i-t_i坐标系中的平均正应变（受拉为正）；γ_{lti}为剪力墙i的l_i-t_i坐标系中的平均剪应变；ε_{di}、ε_{ri}分别为剪力墙i的d_i-r_i坐标系中混凝土的正应变（受拉为正）。

剪力墙i中与l_i轴夹角为α和α'的斜撑应变分别为

$$\varepsilon_{xbi}=\varepsilon_{li}\cos^2\alpha+\varepsilon_{ti}\sin^2\alpha+\frac{1}{2}\gamma_{lti}\sin 2\alpha \tag{3-111}$$

$$\varepsilon_{xbi'}=\varepsilon_{li}\cos^2\alpha'+\varepsilon_{ti}\sin^2\alpha'+\frac{1}{2}\gamma_{lti}\sin 2\alpha' \tag{3-112}$$

（2）Bredt 薄壁构件扭转方程

根据 Bredt 薄壁构件扭转方程，构件受扭变形后，薄壁翘曲成双曲抛物面，如图 3-34 所示。曲面方程可表示为$\omega=\phi xy$，其中ϕ为构件扭转角。其一阶及二阶导数分别为$\dfrac{\mathrm{d}\omega}{\mathrm{d}s}=\phi y\cos\theta_i+\phi x\sin\theta_i$，$\dfrac{\mathrm{d}^2\omega}{\mathrm{d}s^2}=\phi\sin 2\theta_i$，其中二阶导数$\phi\sin 2\theta_i$为剪力墙$i$斜压杆在斜压方向由扭转引起的弯曲曲率。

由 Bredt 薄管理论$\oint\gamma\mathrm{d}s=2\phi A_{cor}$，得

$$\phi=\oint\gamma\mathrm{d}s/(2A_{cor})=\sum_{i=1}^{4}\gamma_{lti}h \tag{3-113}$$

（3）混凝土斜压杆弯曲

截面弯曲和扭转引起的混凝土斜压杆弯曲曲率为

$$\psi_i=\varphi_i\cos^2\theta_i+\phi\sin 2\theta_i \tag{3-114}$$

式中，φ_i为剪力墙i由弯曲引起的截面曲率，$\varphi_1=\varphi_3=\varphi$，$\varphi_2=\varphi_4=0$。

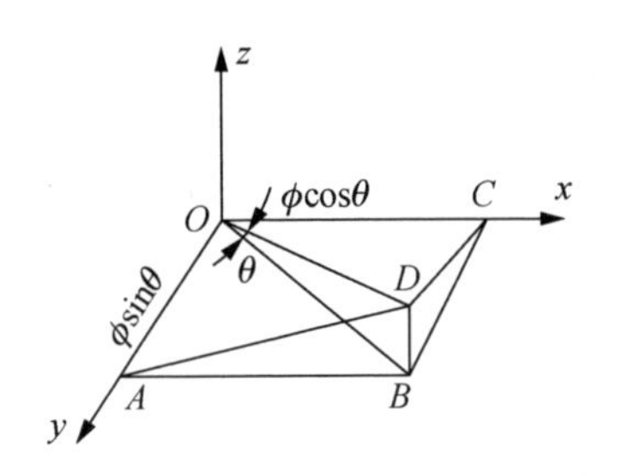

图 3-34　薄壁翘曲变形

（4）混凝土斜压杆弯曲线性应变分布

薄壁的翘曲使斜裂缝间的混凝土斜压杆像压弯构件一样，应变呈三角形分布，如图 3-35 所示，在构件表面处应变 $\varepsilon_{\mathrm{ds}i}$ 最大，沿壁厚 $t_{\mathrm{e}i}$ 线性减小为零，设剪力墙 i 中混凝土斜压杆表面的压应变为

$$\varepsilon_{\mathrm{d}i}=m\varepsilon_{\mathrm{ds}i} \tag{3-115}$$

$$t_{\mathrm{e}i}=2(1-m)t_{\mathrm{d}i} \tag{3-116}$$

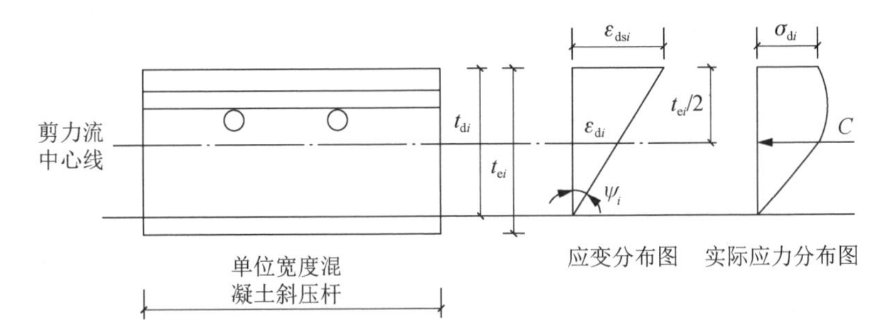

图 3-35　混凝土斜压杆的弯曲

剪力墙 i 中混凝土斜压杆的弯矩线性应变分布假定为

$$\varepsilon_{\mathrm{ds}i}=-\psi_i t_{\mathrm{d}i} \tag{3-117}$$

式中，$\varepsilon_{\mathrm{ds}i}$ 为剪力墙 i 中混凝土斜压杆表面的压应变。

由筒壁的应力和应变分布图可得

$$\psi_i=\frac{\varepsilon_{\mathrm{ds}i}}{t_{\mathrm{d}i}}=\frac{\varepsilon_{\mathrm{d}i}}{2t_{\mathrm{d}i}} \tag{3-118}$$

$$t_{\mathrm{d}i}=\frac{\varepsilon_{\mathrm{d}i}}{2\varphi_i\cos^2\theta_i+2\phi\sin 2\theta_i} \tag{3-119}$$

3. 本构关系

裂缝间混凝土受到压力和拉力的复合作用，致使混凝土发生软化。受压软化混凝土的本构关系、受拉软化混凝土的本构关系、钢筋和型钢的本构关系均参照 3.5.4 节进行设置。

扭转会引起混凝土斜压杆弯曲，因此混凝土斜压杆截面上的压应力不均匀分布，由静力等效条件，其平均压应力表达式为

$$\sigma_{di} = \int_0^{\varepsilon_{dsi}} f_c'(\varepsilon_d, \varepsilon_r) \mathrm{d}\varepsilon_d / \varepsilon_{dsi} \tag{3-120}$$

将式（3-48）代入式（3-120）化简得

$$\begin{cases} \sigma_{di} = k_i \zeta f_c' \\ k_i = \dfrac{\varepsilon_{dsi}}{\varepsilon_0 \zeta} - \dfrac{1}{3}\left(\dfrac{\varepsilon_{dsi}}{\varepsilon_0}\right)^3 \quad (\varepsilon_{ds} \leqslant \varepsilon_0 \zeta) \\ k_i = \left[1 - \dfrac{\zeta^2}{(2-\zeta)^2}\right]\left(1 - \dfrac{\varepsilon_0}{3\varepsilon_{dsi}}\right) + \dfrac{\zeta^2}{(2-\zeta)^2}\dfrac{\varepsilon_{dsi}}{\varepsilon_0}\left(1 - \dfrac{\varepsilon_0}{3\varepsilon_{dsi}}\right) \quad (\varepsilon_{ds} > \varepsilon_0 \zeta) \end{cases} \tag{3-121}$$

由截面平衡条件还可得到体系 1 对组合结构截面轴力和弯矩的贡献，即

$$N_1 = \sum_1^4 \sigma_{ti} t_{ei} b_i \tag{3-122}$$

$$M_1 = -\sum_1^4 \sigma_{ti} t_{ei} b_i x_{ci} \tag{3-123}$$

式中，N_1 为体系 1 中各剪力墙的竖向合力；M_1 为体系 1 中各剪力墙对核心筒垂直于加载方向对称面的弯矩和；x_{ci} 为剪力墙 i 到核心筒垂直于加载方向对称面的距离。

3.7.3　单轴应力状态

在单轴应力状态的体系 2 中，一维应力状态单元抵抗由外部作用引起的纵向分量。在核心筒截面上，由混凝土和纵向钢筋的纵向应力及型钢斜撑在纵向的分力可得到 N_2 和 M_2。相关计算方法与 3.6.2 节相似，核心筒截面划分成有限条带，如图 3-36 所示。

3.7.4　两个状态体系之间的关系

核心筒的两个体系的纵向应变在扭矩、剪力和弯矩的复合作用下形成，并满足平截面假定，可表示为

$$\varepsilon_{cen} = \varepsilon_t + \varphi x \tag{3-124}$$

式中，ε_{cen} 为核心筒受压区端部的竖向应变；ε_t 为扭矩、剪切引起的竖向应变；φ 为核心筒横截面弯曲的变形曲率；x 为核心筒混凝土的受压区高度。

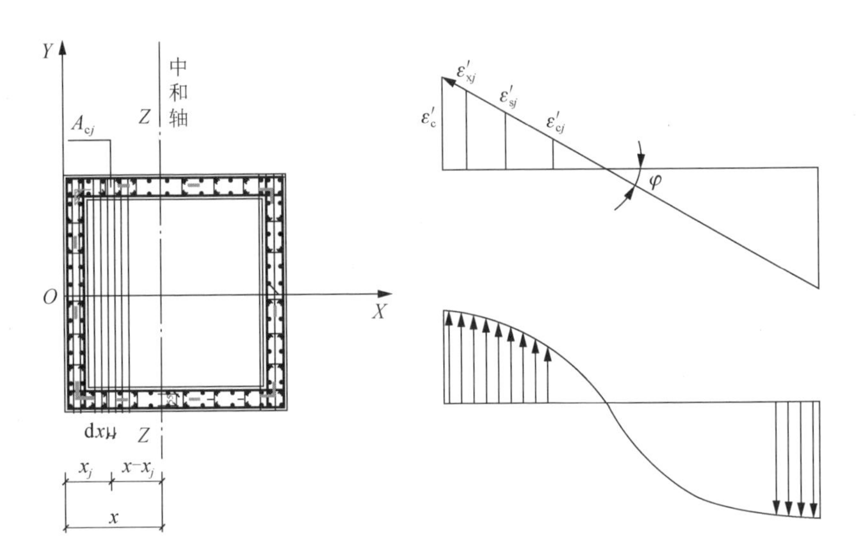

图 3-36　组合核心筒条带划分

两个体系在竖直方向上产生的轴力、弯矩满足

$$N_1 + N_2 = N \tag{3-125}$$

$$M_1 + M_2 = M \tag{3-126}$$

构件的复合受力中，λ 为扭弯比，则有

$$\lambda = \frac{T}{M} \tag{3-127}$$

$$V = \frac{M}{h} \tag{3-128}$$

3.7.5　计算分析

计算内藏钢桁架混凝土组合核心筒的程序算法示意图如图3-37和图3-38所示。

3.7.6　偏心荷载下内藏钢桁架混凝土组合核心筒非线性分析

对 3.4 节各偏心荷载作用下的核心筒进行计算，核心筒的扭矩-扭率曲线如图 3-39 所示。

表 3-19 为 5 个试件核心筒的极限承载力计算值与实测值的比较。可见计算结果和实测结果匹配较好。

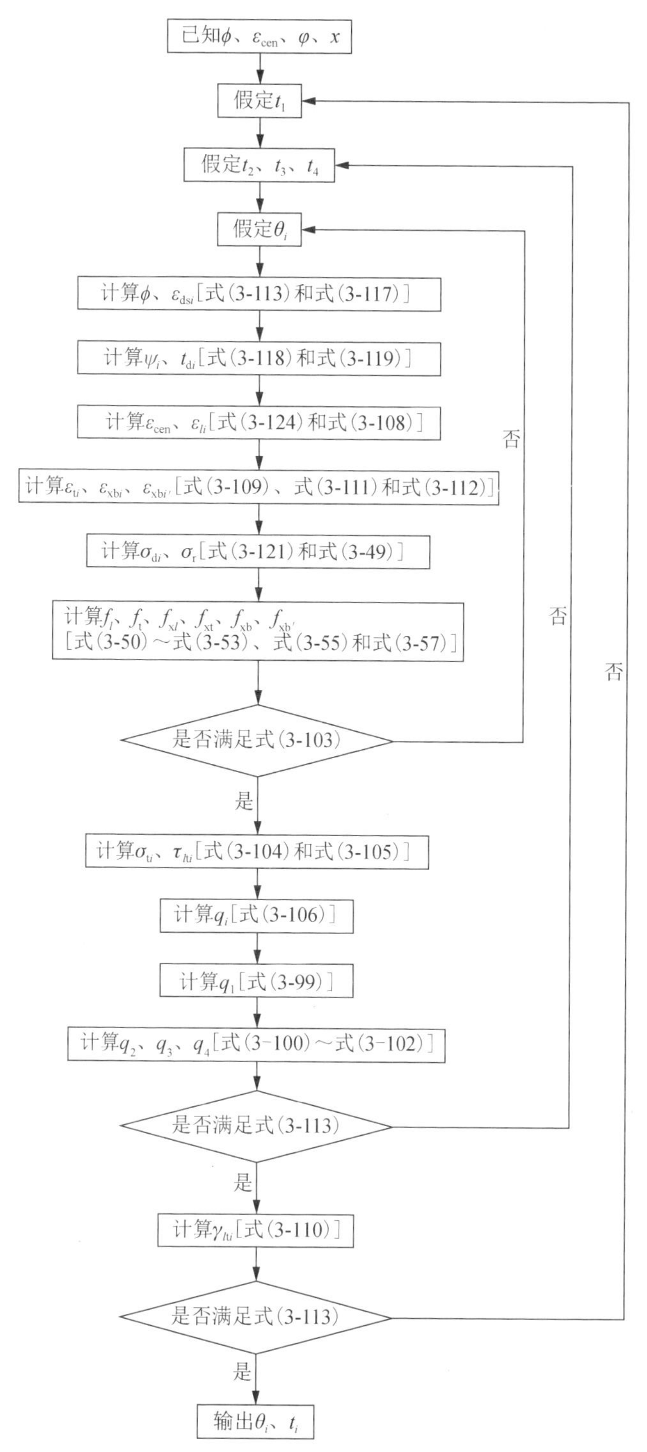

图 3-37　内藏钢桁架混凝土组合核心筒子程序算法示意图

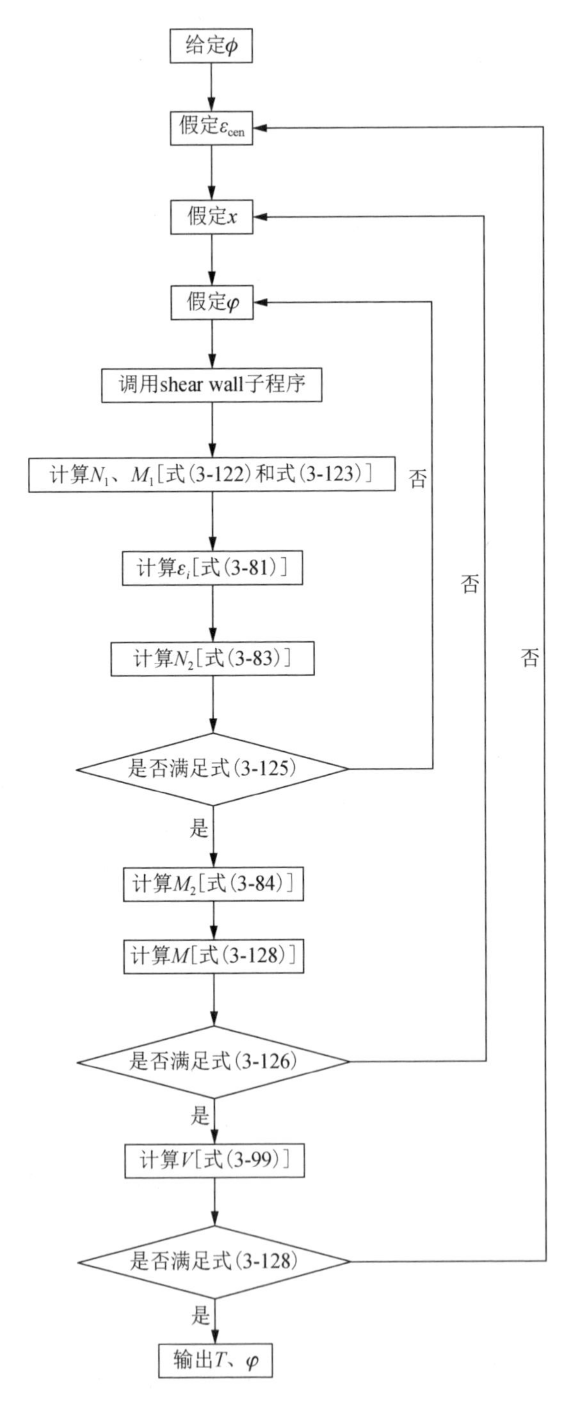

图 3-38　内藏钢桁架混凝土组合核心筒主程序算法示意图

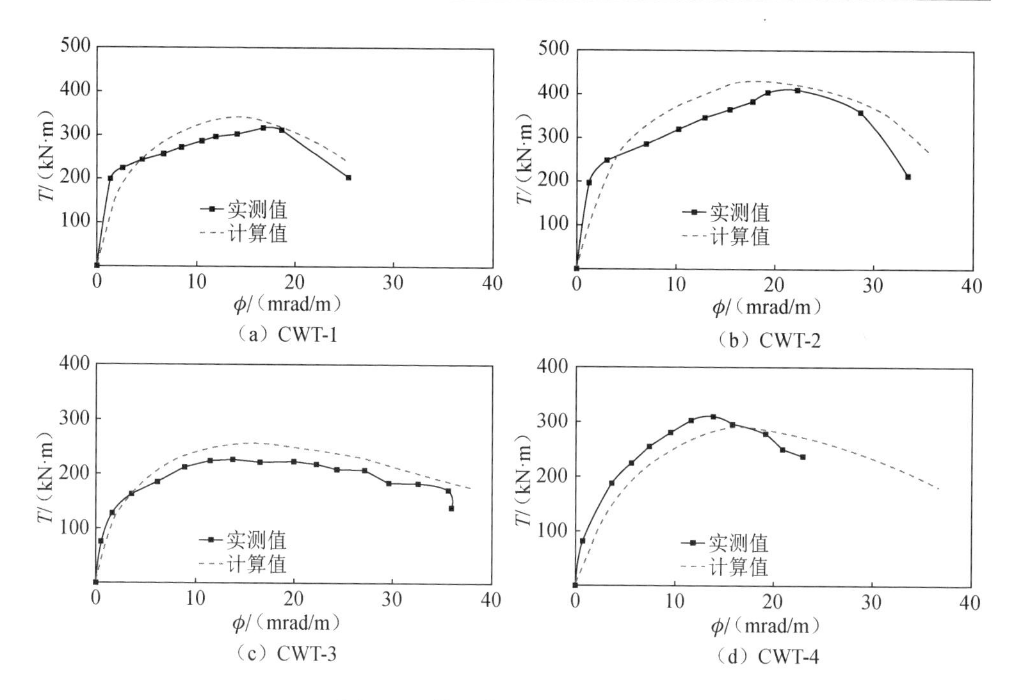

图 3-39　核心筒的扭矩-扭率曲线

表 3-19　5 个试件核心筒的极限承载力计算值与实测值的比较

试件编号	实测值/kN	计算值/kN	相对误差/%
CWT-1	320.29	342.42	6.46
CWT-2	407.87	431.24	5.42
CWT-3	236.26	256.32	7.83
CWT-4	297.38	287.65	-3.38

3.8　本 章 小 结

本章进行了 4 个 1/6 缩尺的核心筒模型（2 个整体核心筒和 2 个开洞核心筒）中心水平荷载作用下的抗震性能试验研究和 4 个 1/6 缩尺的核心筒模型(2 个整体核心筒和 2 个开洞核心筒）偏心水平荷载作用下的抗震性能试验研究，建立了承载力计算模型，给出了承载力计算式。结合已有软化桁架模型理论，考虑组合剪力墙及核心筒构造特点，建立了内藏钢桁架组合剪力墙、内藏钢桁架组合核心筒的软化桁架模型，计算分析了试件在二轴剪切应力下的受力；运用有限条带法计算分析了试件在轴向应力下的受力和变形；以满足截面变形协调和内力平衡为条件，对试件受力全过程进行了分析。计算结果与试验匹配较好。

研究表明：

1）内藏钢桁架组合核心筒与普通混凝土核心筒相比，内藏钢桁架的存在显著提高了核心筒的承载力、延性、后期刚度和耗能能力。

2）内藏钢桁架组合核心筒的裂缝分布域较广，裂缝密集且宽度较小，内藏钢桁架有效制约了混凝土裂缝的发展，减缓了混凝土的损伤破坏，提高了核心筒的弹塑性变形与耗能能力。

3）偏心荷载下核心筒在弯矩、剪力和扭矩复合作用下，内藏钢桁架组合核心筒抗扭承载力、扭角延性、后期扭转刚度和扭转耗能能力显著提高。

参 考 文 献

[1] HSU T T C. Softened truss model theory for shear and torsion[J]. Aci structural journal, 1988, 85(6): 624-635.

[2] RAHAL K. Analysis of sections subjected to combined shear and torsion-a theoretical model[J]. Aci structural journal, 1995, 92(4): 459-469.

[3] 胡少伟．钢-混凝土组合梁抗扭性能的研究[D]．北京：清华大学，1999．

第 4 章　钢管混凝土边框内藏钢桁架组合剪力墙及筒体抗震试验与理论

4.1　钢管混凝土边框组合剪力墙

4.1.1　试验概况

1. 试件设计

本试验设计了 12 个试件，试件编号分别为 SW1-2.0～SW10-2.0、SW4-1.5、SW9-1.5，“-”后数值为剪跨比，试件的主要设计参数见表 4-1。其中，试件 SW1-2.0、SW7-2.0 为普通钢筋混凝土剪力墙，两试件配筋相同，轴压比不同；试件 SW2-2.0、SW8-2.0 为型钢混凝土边框组合剪力墙，两试件配筋相同，轴压比不同；试件 SW3-2.0、SW4-1.5、SW4-2.0、SW5-2.0、SW6-2.0、SW9-1.5、SW9-2.0 和 SW10-2.0 为钢管混凝土边框组合剪力墙，边框钢管采用截面 175mm×175mm×4mm 的方钢管，混凝土墙板与矩形钢管间采用一种型钢套箍式抗剪连接键，在钢管上焊接 U 形抗剪连接键，混凝土墙板靠近边框钢管的端部两排竖向钢筋插入 U 形抗剪连接键中。其中，试件 SW3-2.0、SW4-1.5、SW4-2.0、SW6-2.0、SW9-1.5 和 SW9-2.0 采用强抗剪连接键，试件 SW5-2.0 和 SW10-2.0 采用弱抗剪连接键，强、弱抗剪连接键的区别在于其钢板的厚度和高度。4.1 节试件配筋及配钢图如图 4-1 所示，4.1 节试件抗剪连接键设计图如图 4-2 所示。

表 4-1　4.1 节试件的主要设计参数

试件编号	边框类型	抗剪连接键	混凝土强度/MPa	轴压比	特殊构造
SW1-2.0	钢筋混凝土暗柱	无	31.37	0.35	—
SW2-2.0	HW125×125×6.5×9	无	31.37	0.35	—
SW3-2.0	□175×175×4	强	31.37	0.20	—
SW4-2.0	□175×175×4	强	31.37	0.35	—
SW5-2.0	□175×175×4	弱	31.37	0.35	—
SW6-2.0	□175×175×4	强	31.37	0.35	增加横梁

续表

试件编号	边框类型	抗剪连接键	混凝土强度/MPa	轴压比	特殊构造
SW7-2.0	钢筋混凝土暗柱	无	21.00	0.65	—
SW8-2.0	HW125×125×6.5×9	无	21.00	0.65	—
SW9-2.0	□175×175×4	强	21.00	0.65	—
SW10-2.0	□175×175×4	弱	21.00	0.65	—
SW4-1.5	□175×175×4	强	34.10	0.35	—
SW9-1.5	□175×175×4	强	34.10	0.65	—

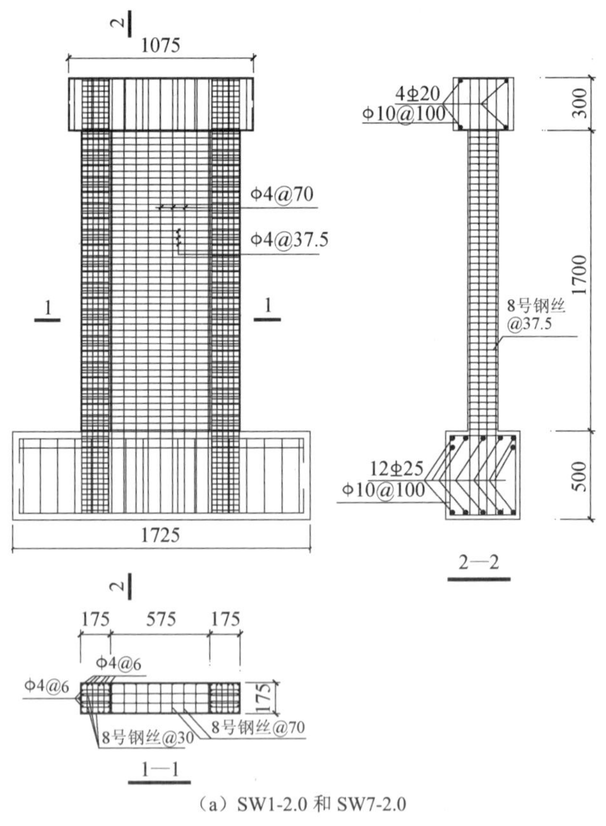

（a）SW1-2.0 和 SW7-2.0

图 4-1　4.1 节试件的配筋及配钢图

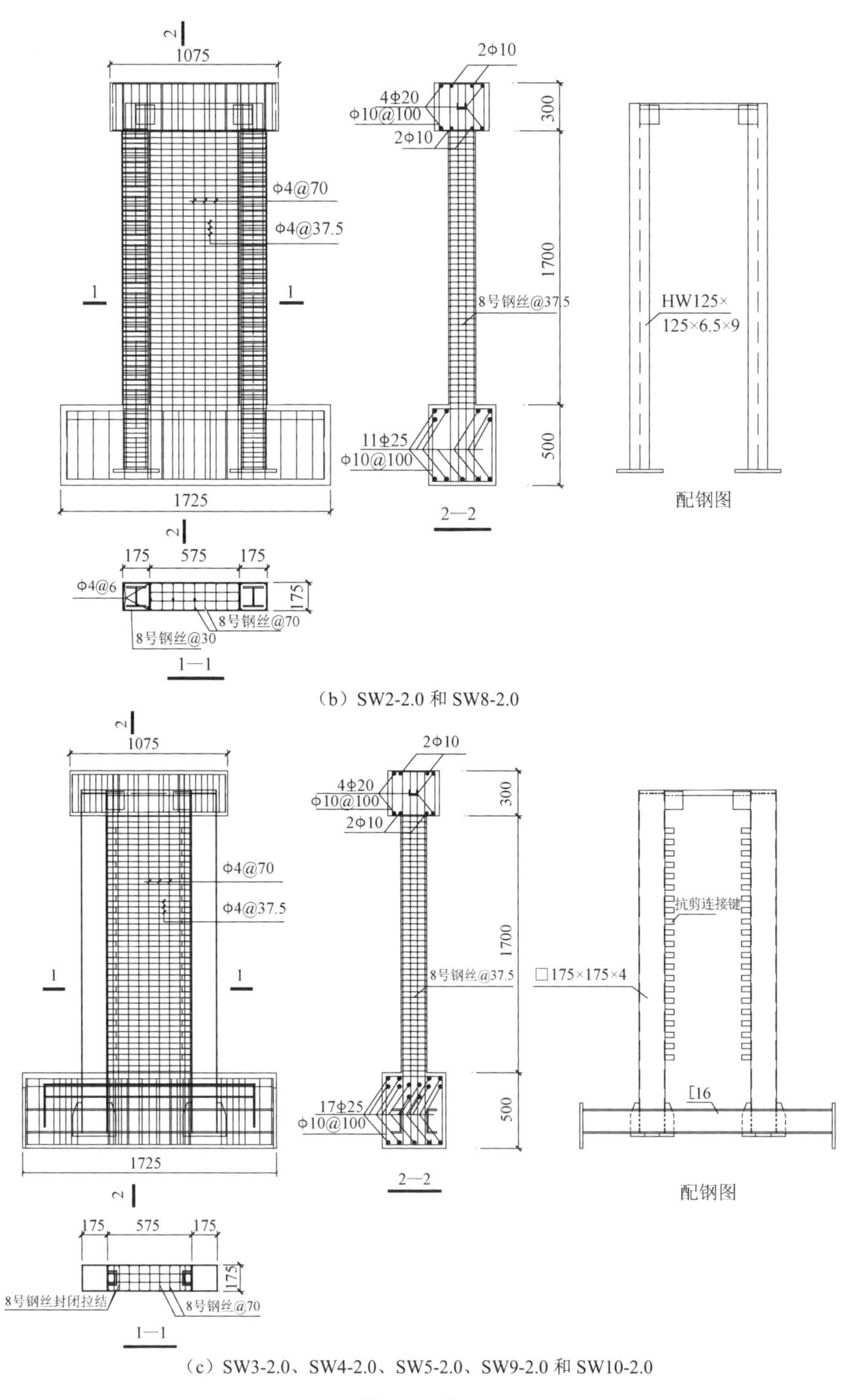

（b）SW2-2.0 和 SW8-2.0

（c）SW3-2.0、SW4-2.0、SW5-2.0、SW9-2.0 和 SW10-2.0

图 4-1（续）

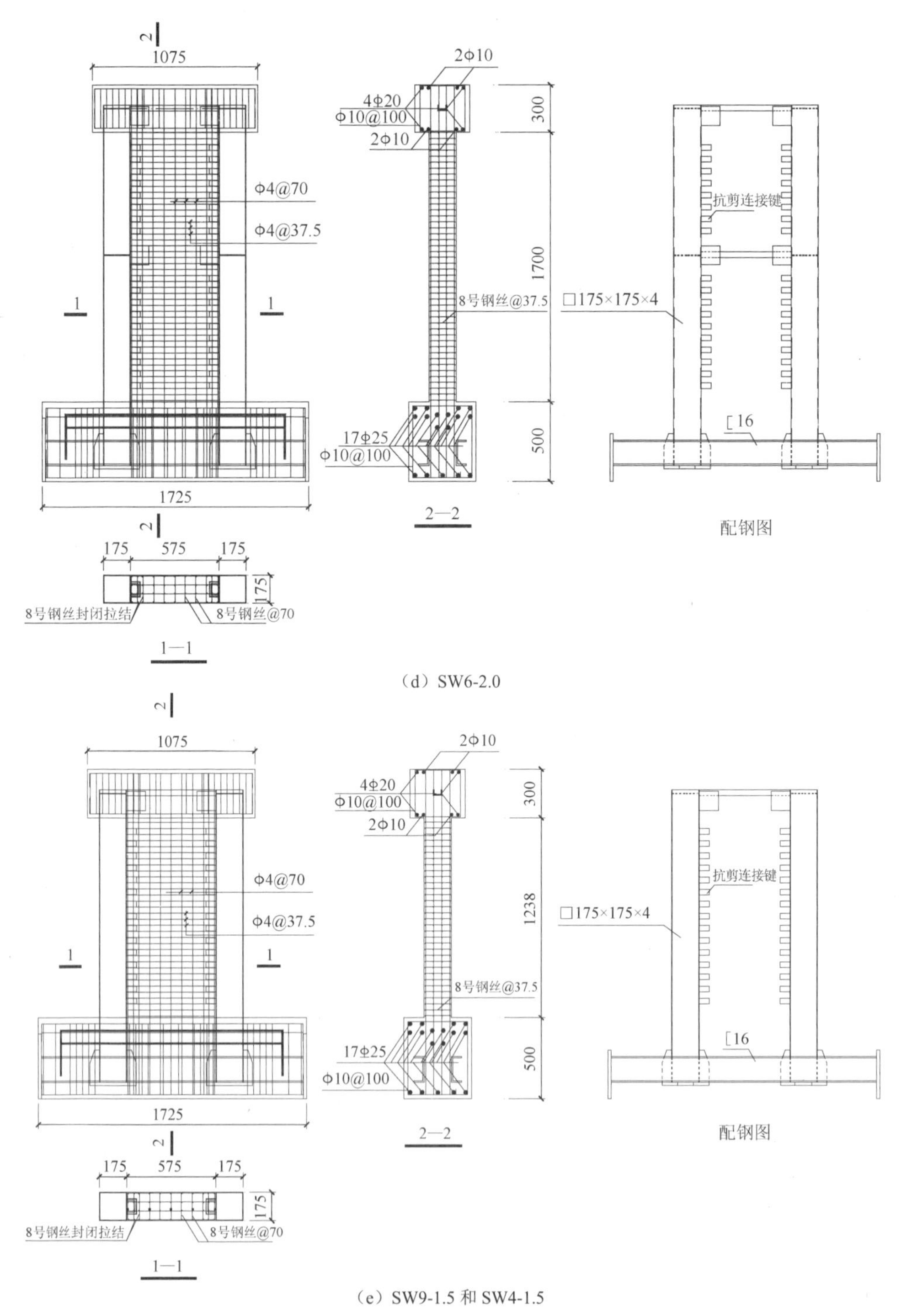

（d）SW6-2.0

（e）SW9-1.5 和 SW4-1.5

图 4-1（续）

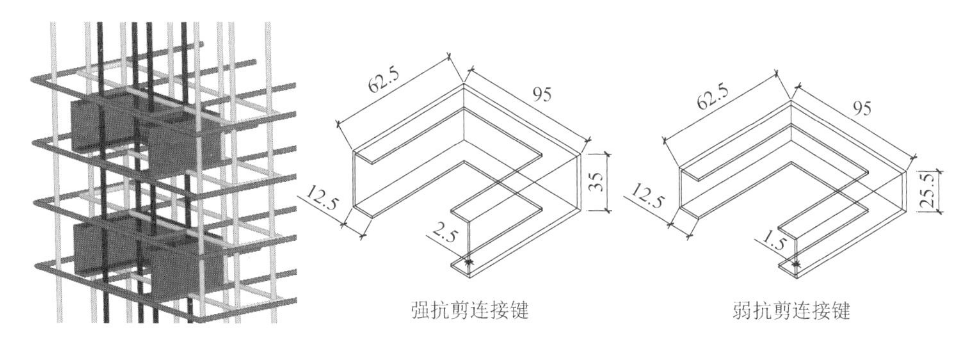

图 4-2　4.1 节试件抗剪连接键设计图

2. 试件制作及材料性能

钢管混凝土边框组合剪力墙的方钢管采用 Q235 钢板冷弯成槽形再拼焊而成，剪力墙与矩形钢管之间采用 U 形连接键（由 Q235 槽钢弯制而成）联接，试件制作过程如图 4-3 所示。试件 SW1-2.0～试件 SW6-2.0 采用同一批次混凝土浇筑，试件 SW7-2.0～试件 SW10-2.0 采用同一批次混凝土浇筑，试件 SW4-1.5 和试件 SW9-1.5 采用同一批次混凝土浇筑，实测混凝土强度见表 4-1，钢材的力学性能实测值见表 4-2。

（a）钢构件

（b）剪力墙绑扎钢筋

（c）组合剪力墙绑扎钢筋

（d）浇筑混凝土

图 4-3　4.1 节试件制作过程

表 4-2　4.1 节试件钢材的力学性能实测值

钢筋及钢材	结构名称	屈服强度/MPa	极限强度/MPa	延伸率/%	弹性模量/MPa
4mm 厚钢板	边框柱钢管	320.85	472.65	21.00	1.96×10^5
2.5mm 厚钢板	强抗剪连接键	249.60	320.10	31.37	2.06×10^5
1.5mm 厚钢板	弱抗剪连接键	407.30	502.35	12.00	1.99×10^5
ϕ4 冷拔钢筋	墙体分布钢筋	—	793.53	10.00	1.80×10^5
ϕ6 冷拔钢筋	边框柱纵筋	—	583.83	8.30	1.70×10^5

3. 加载方案

试验时采用低周反复荷载进行试验。试验时首先施加竖向荷载，达到预定轴压比后保持该竖向荷载在试验过程中不变；然后施加水平荷载，试件屈服前按荷载控制，屈服后按位移控制。

4.1.2 承载力、变形、刚度

实测所得各组合剪力墙的开裂荷载 F_c、开裂位移 U_c、明显屈服荷载 F_y、屈服位移 U_y、极限荷载 F_u、承载力下降至极限荷载 85%时的最大弹塑性位移 U_d、相应的位移角 θ_d、延性系数 μ、屈强比 F_y/F_u 见表 4-3；实测各试件刚度 K 随位移角 θ 增大而退化的 K-θ 曲线如图 4-4 所示。

表 4-3　4.1 节试件的特征荷载及位移实测值

试件编号	F_c/kN	U_c/mm	F_y/kN	U_y/mm	F_u/kN	F_u 相对值	U_d/mm	U_d 相对值	θ_d	μ	μ 相对值	F_y/F_u
SW1-2.0	199.64	2.51	444.92	10.01	506.26	1.000	40.05	1.000	1/46	4.001	1.000	0.879
SW2-2.0	215.29	2.27	559.19	9.65	721.60	1.425	65.79	1.643	1/28	6.818	1.704	0.775
SW3-2.0	125.70	1.51	411.40	7.77	635.01	1.254	47.67	1.190	1/39	6.135	1.533	0.648
SW4-2.0	222.76	2.42	589.58	10.27	734.72	1.451	56.85	1.419	1/33	5.536	1.384	0.802
SW5-2.0	218.83	2.31	570.48	10.32	725.70	1.433	55.53	1.387	1/33	5.381	1.345	0.786
SW6-2.0	215.71	2.30	515.68	8.91	724.79	1.432	51.76	1.292	1/36	5.809	1.452	0.711
SW7-2.0	159.58	2.14	401.93	9.79	454.64	0.898	37.77	0.943	1/49	3.858	0.964	0.884
SW8-2.0	200.62	2.30	463.85	9.80	640.12	1.264	49.98	1.248	1/37	5.100	1.275	0.725
SW9-2.0	205.50	2.39	516.15	9.24	642.56	1.269	51.18	1.278	1/36	5.539	1.384	0.803
SW10-2.0	205.17	2.40	486.37	9.65	614.06	1.213	45.19	1.128	1/41	4.683	1.170	0.792
SW4-1.5	193.78	1.18	619.48	8.52	760.94	1.503	45.90	1.146	1/30	5.387	1.346	0.814
SW9-1.5	341.00	2.07	641.95	7.75	803.60	1.587	31.40	0.784	1/44	4.052	1.013	0.799

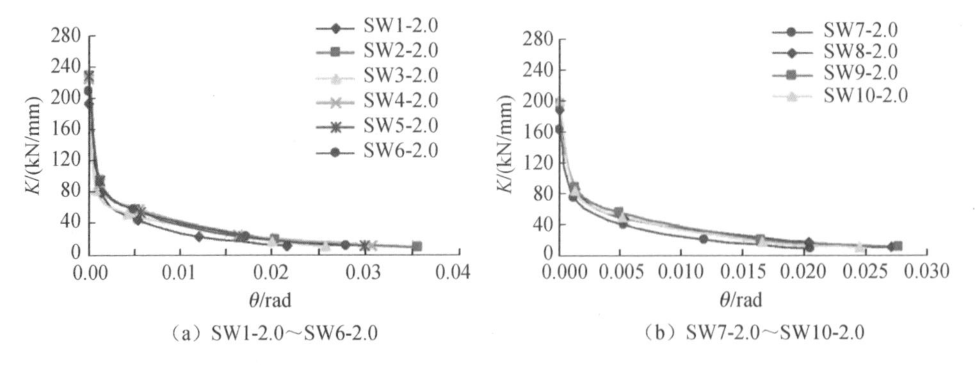

（a）SW1-2.0～SW6-2.0　（b）SW7-2.0～SW10-2.0

图 4-4　4.1 节试件的 K-θ 曲线

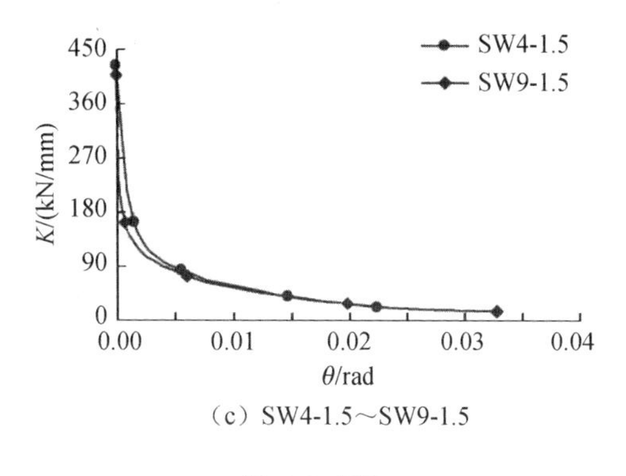

（c）SW4-1.5～SW9-1.5

图 4-4（续）

由表 4-3 和图 4-4 可知：钢管混凝土边框组合剪力墙与型钢混凝土边框组合剪力墙各阶段的承载力、变形能力、刚度相差不大，但均比普通混凝土剪力墙有大幅提高，且后期刚度退化较缓；钢管混凝土边框组合剪力墙屈强比较小，延性系数大，从明显屈服到极限荷载的发展过程较长，也就是有约束的屈服段较长，这对“大震不倒”是有利的；配置弱抗剪连接键的钢管混凝土边框组合剪力墙与配置强抗剪连接键的组合剪力墙相比，承载力和延性有所降低，刚度相近；配置横梁的钢管混凝土边框组合剪力墙与无横梁剪力墙相比，承载力、变形能力和刚度基本接近；低轴压比下，钢管混凝土边框组合剪力墙的承载力随轴压比的增大而增大，当轴压比达一定值后，随轴压比的增大而减小；随轴压比的增大试件的延性降低；随剪跨比的减小试件承载力有一定提高，但延性有所降低。

4.1.3　滞回特性

实测各试件加载点高度处的 F-U（荷载-位移）滞回曲线如图 4-5 所示，相应试件的 F-U 骨架曲线如图 4-6 所示。

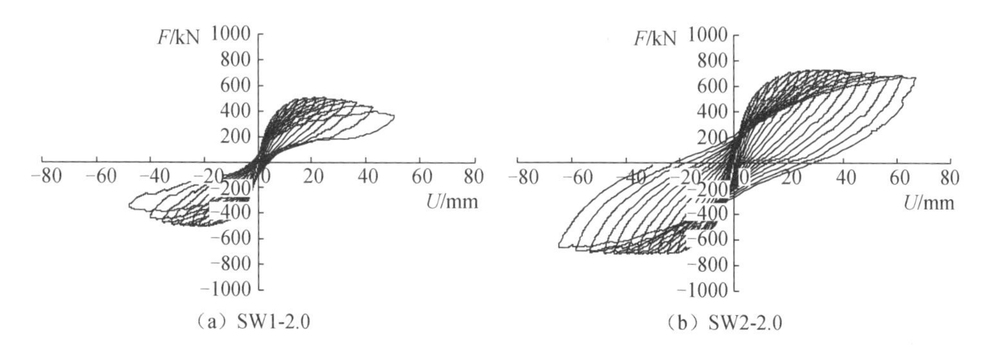

（a）SW1-2.0　　（b）SW2-2.0

图 4-5　4.1 节试件的 F-U 滞回曲线

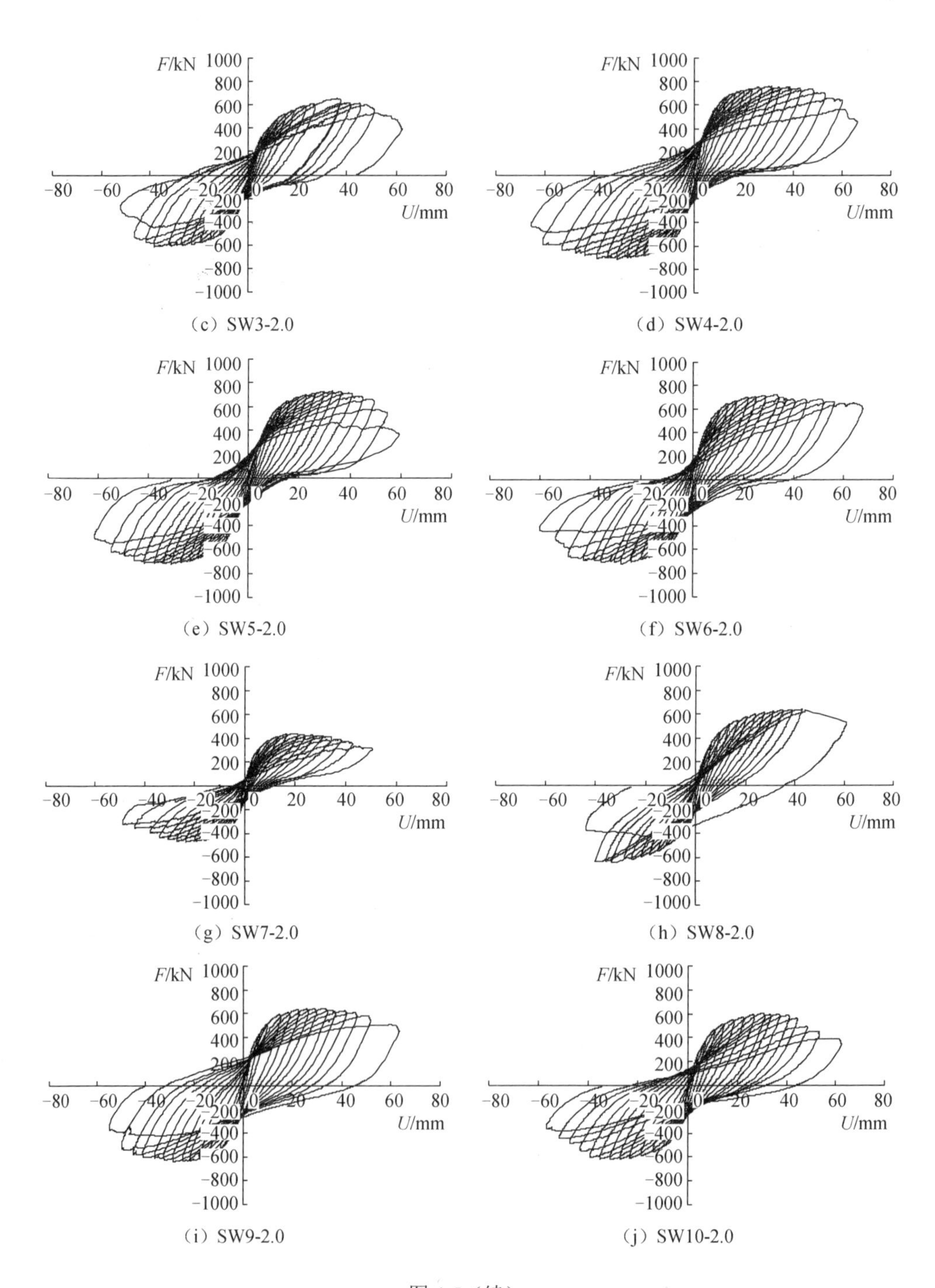

（c）SW3-2.0　（d）SW4-2.0

（e）SW5-2.0　（f）SW6-2.0

（g）SW7-2.0　（h）SW8-2.0

（i）SW9-2.0　（j）SW10-2.0

图 4-5（续）

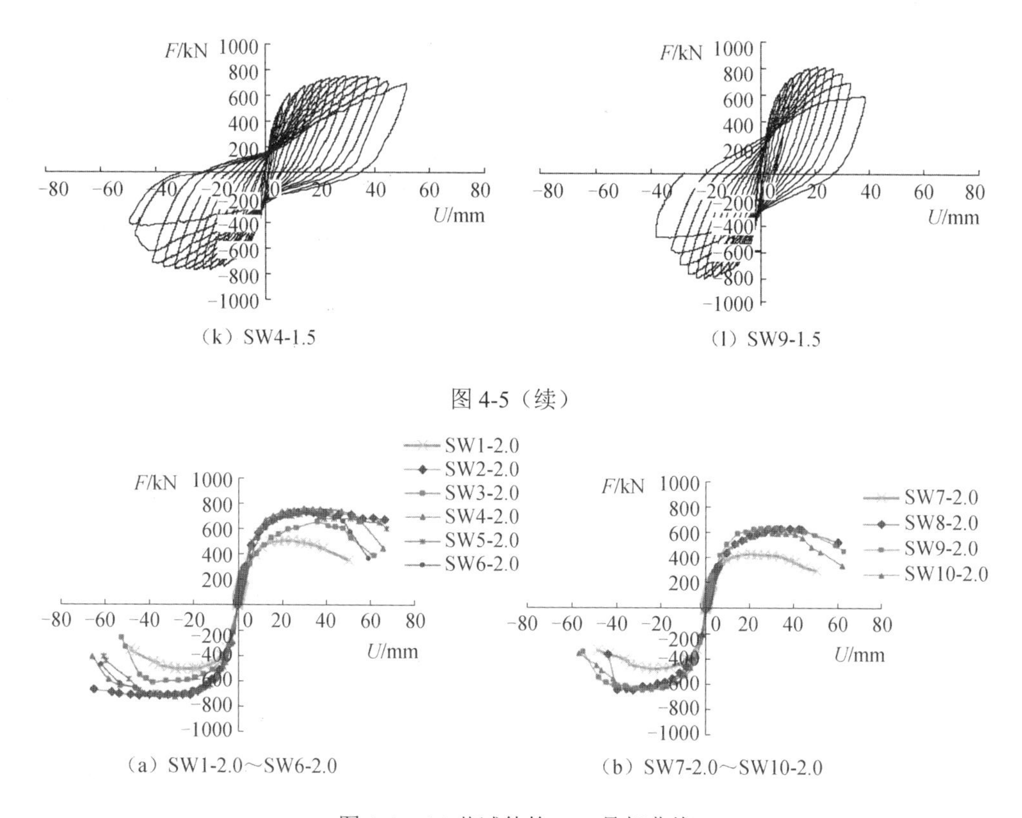

（k）SW4-1.5

（l）SW9-1.5

图 4-5（续）

（a）SW1-2.0～SW6-2.0

（b）SW7-2.0～SW10-2.0

图 4-6　4.1 节试件的 F-U 骨架曲线

由图 4-5 和图 4-6 可知，钢管混凝土边框组合剪力墙及型钢混凝土剪力墙的滞回环比普通混凝土剪力墙的滞回环更饱满，中部捏拢现象较轻，承载力较高，抗震耗能能力更强；配置强抗剪连接键的钢管混凝土边框组合剪力墙，滞回曲线中部的捏拢现象比配置弱抗剪连接键的组合剪力墙更轻；随着轴压比的提高，钢管混凝土边框组合剪力墙滞回环的饱满程度略有增加；随着剪跨比的降低，试件承载力提高，变形能力降低，但滞回环的饱满程度略有降低。

4.1.4　耗能能力

由于各试件的加载历程不完全相同，取承载力下降至极限荷载 85%时滞回曲线外包络线包围的面积作为耗能大小的比较值，实测所得的各剪力墙的耗能实测值见表 4-4。

表 4-4 各剪力墙的耗能实测值

试件编号	耗能/（kN · mm）	相对值
SW1-2.0	29389	1.000
SW2-2.0	76609	2.607
SW3-2.0	60710	2.066
SW4-2.0	81720	2.781
SW5-2.0	75462	2.568
SW6-2.0	69145	2.353
SW7-2.0	31801	1.082
SW8-2.0	57549	1.958
SW9-2.0	73010	2.484
SW10-2.0	62777	2.136
SW4-1.5	69108	2.351
SW9-1.5	55972	1.905

由表 4-4 可知，低轴压比下，钢管混凝土边框组合剪力墙的耗能能力较普通混凝土剪力墙提高了 135.3%～178.1%；高轴压比下，钢管混凝土边框组合剪力墙的耗能较普通混凝土剪力墙提高了 81.0%～129.6%，说明高轴压比下该新型组合剪力墙比普通混凝土剪力墙的抗震能力有显著提高；配置弱抗剪连接键的钢管混凝土边框组合剪力墙的耗能较配置强抗剪连接键的组合剪力墙要低一些；剪跨比为 1.5 的试件较剪跨比为 2.0 的试件耗能能力降低了 15.4%～23.3%。

4.1.5 破坏特征

试件最终破坏形态如图 4-7 所示。

（a）SW1-2.0

（b）SW2-2.0

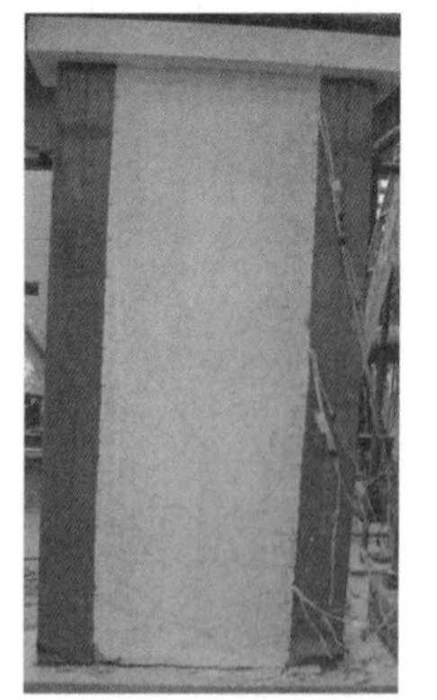
（c）SW3-2.0

（d）SW4-2.0

图 4-7 4.1 节试件的最终破坏形态

（e）SW5-2.0　（f）SW6-2.0　（g）SW7-2.0　（h）SW8-2.0

（i）SW9-2.0　（j）SW10-2.0　（k）SW4-1.5　（l）SW9-1.5

图 4-7（续）

由图 4-7 可知，对于普通混凝土剪力墙，裂缝相对较少，主要分布在墙体下部 1/2 高度范围内，其斜裂缝出现较早且发展较快；加载后期，墙体两侧的根部混凝土压碎脱落，暗柱主筋外露、压曲，构件失去承载力。对于型钢混凝土边框组合剪力墙，从底部到顶部，墙身上部两侧出现了许多短斜裂缝，中上部出现了少数几条竖向受压裂缝，受弯水平裂缝和弯剪斜裂缝主要分布在墙身下部 1/2 范围内；最终破坏时，墙两侧角部混凝土压酥脱落严重，暗柱底部纵筋被拉断。

对于钢管混凝土边框组合剪力墙，最终破坏时裂缝较多，分布范围较广，几乎布满墙体，但没有较宽的裂缝。在靠近钢管角部，混凝土有小面积压酥脱落，边框柱底部鼓起处钢管被拉裂，其内的混凝土粉末外漏。在加载到 1/50 位移角之前，钢管混凝土边框柱与混凝土墙体之间基本没有出现滑移错动的现象。轴压比较大的试件，底部钢管起鼓面积相对较大，混凝土腔体压碎区域也较大；弱抗剪连接键试件发生滑移的位移角较小，约 1/80 的位移角即可观测到相对滑移，滑移量也相对较大；低剪跨比试件的墙体斜裂缝分布更加广泛。

4.2 钢管混凝土边框内藏钢桁架组合剪力墙

4.2.1 试验概况

1. 试件设计

本节共设计了13个试件，包括3种剪跨比的普通钢筋混凝土剪力墙、圆钢管混凝土框架、圆钢管混凝土桁架、圆钢管混凝土边框组合剪力墙、圆钢管混凝土边框内藏钢桁架组合剪力墙、方钢管混凝土边框组合剪力墙、方钢管混凝土边框内藏钢桁架组合剪力墙7类试件。普通钢筋混凝土剪力墙试件编号为CSW1-1.0、CSW1-1.5、CSW1-2.0，圆钢管混凝土框架试件编号为CF2-1.0，圆钢管混凝土桁架试件编号为CF3-1.0，圆钢管混凝土边框组合剪力墙编号为CSW2-1.0、CSW2-1.5、CSW2-2.0，圆钢管混凝土边框内藏钢桁架组合剪力墙编号为CSW3-1.0、CSW3-1.5、CSW3-2.0，方钢管混凝土边框组合剪力墙编号为SSW2-2.0，方钢管混凝土边框内藏钢桁架组合剪力墙编号为SSW3-2.0，各试件“-”后的数值为剪跨比。试件的墙体厚度均为140mm，圆钢管截面尺寸为159mm×3.7mm，方钢管截面尺寸为140mm×140mm×3.6mm，钢桁架中的钢板支撑穿透钢管壁并与其焊接，支撑交叉处采用连接板焊接；混凝土剪力墙与钢管边框采用U形连接键（伸入墙体长度50mm×墙厚方向长度76mm×高28mm，钢板厚2mm）联接，连接键净距为32mm。试件的主要设计参数见表4-5，试件配筋及配钢图如图4-8所示，试件制作过程如图4-9所示。

表4-5 4.2节试件的主要设计参数

试件编号	试件类型	边框	支撑截面	剪跨比
CF2-1.0	框架	○159×3.7	无	1.0
CF3-1.0	桁架	○159×3.7	92mm×12mm	1.0
CSW1-1.0	普通剪力墙	钢筋混凝土	无	1.0
CSW2-1.0	组合剪力墙	○159×3.7	无	1.0
CSW3-1.0	组合剪力墙	○159×3.7	92mm×12mm	1.0
CSW1-1.5	普通剪力墙	钢筋混凝土	无	1.5
CSW2-1.5	组合剪力墙	○159×3.7	无	1.5
CSW3-1.5	组合剪力墙	○159×3.7	92mm×12mm	1.5
CSW1-2.0	普通剪力墙	钢筋混凝土	无	2.0
CSW2-2.0	组合剪力墙	○159×3.7	无	2.0
CSW3-2.0	组合剪力墙	○159×3.7	92mm×12mm+60mm×12mm	2.0
SSW2-2.0	组合剪力墙	□140×140×3.6	无	2.0
SSW3-2.0	组合剪力墙	□140×140×3.6	92mm×12mm+60mm×12mm	2.0

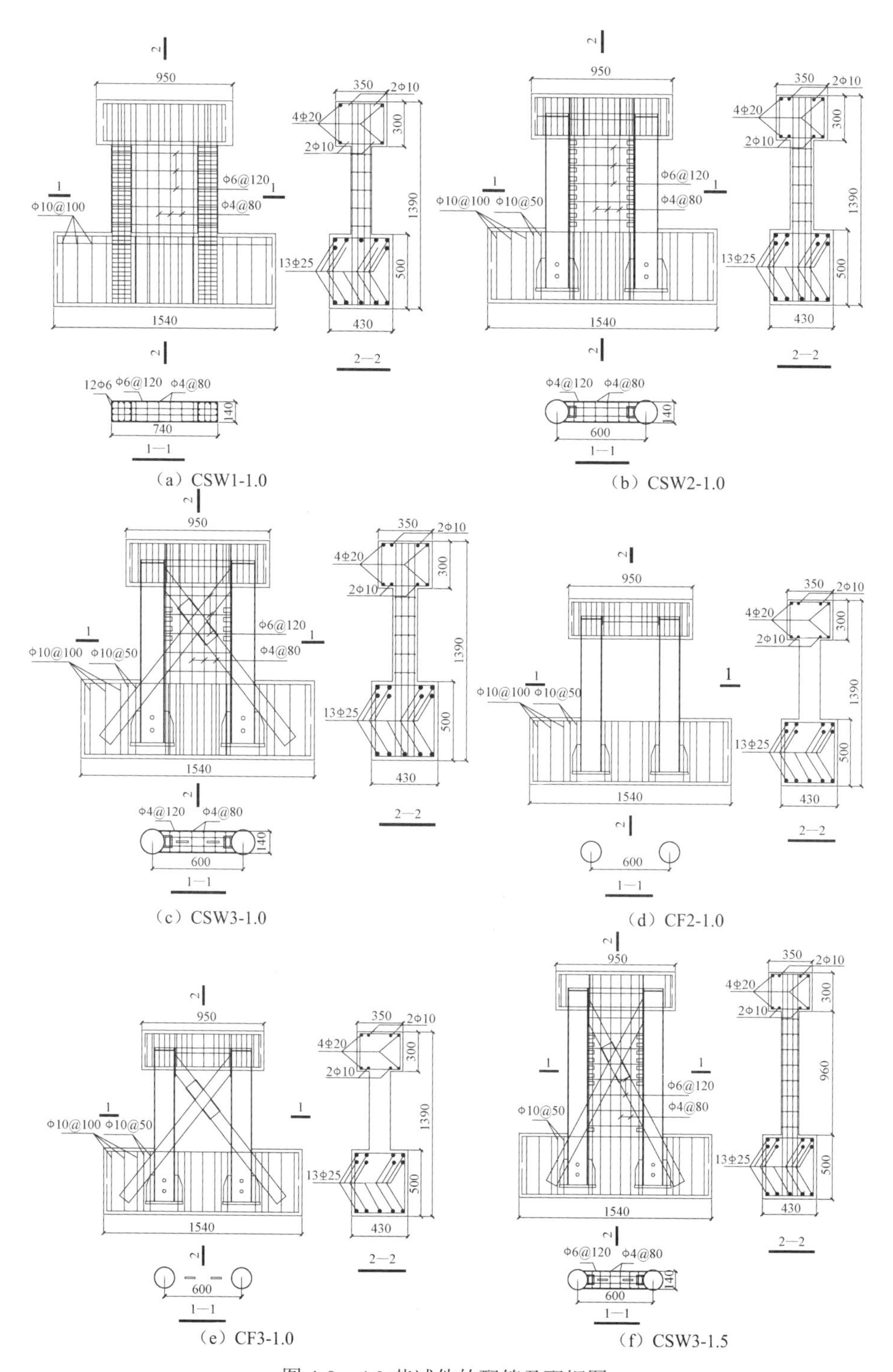

图 4-8　4.2 节试件的配筋及配钢图

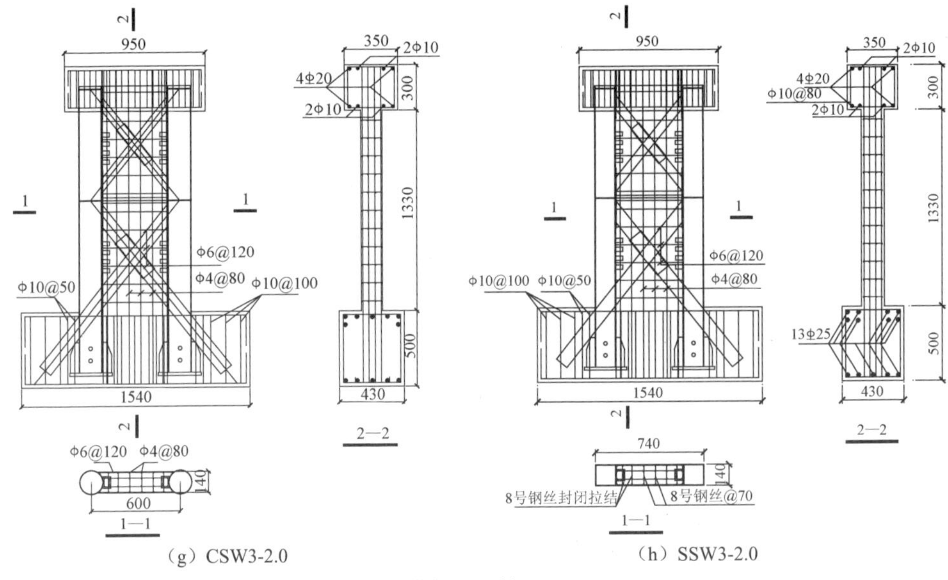

（g）CSW3-2.0　　（h）SSW3-2.0

图 4-8（续）

图 4-9　4.2 节试件的制作过程

2. 材料性能

各试件采用同一批混凝土浇筑，实测混凝土标准立方体抗压强度为52.10MPa。钢材的力学性能实测值见表 4-6。

表 4-6　4.2 节试件钢材的力学性能实测值

钢材类型	结构名称	屈服强度/MPa	极限强度/MPa	延伸率/%	弹性模量/MPa
3.7mm 圆钢管	边框柱钢管	312.33	417.77	27.50	1.91×10^5
3.6mm 方钢管	边框柱钢管	367.53	442.70	12.22	2.09×10^5
12mm 钢板	钢板支撑	365.70	536.37	29.17	2.11×10^5
2mm 钢板	U 形连接键	226.67	313.2	39.44	1.98×10^5
Φ4 冷拔钢筋	竖向分布钢筋	—	803.73	10.00	1.80×10^5
Φ6 冷拔钢筋	暗柱纵筋、横向分布筋	—	563.21	8.30	1.70×10^5

3. 加载制度

试验采用低周反复加载方式，首先施加一竖向荷载并保持其在试验过程中不变，随后再施加水平荷载，加载点位于加载梁中心，采用荷载和位移联合控制加载。

4.2.2　承载力、变形、刚度

实测所得各试件的特征荷载及位移实测值见表 4-7，各试件的刚度 K 随位移角 θ 增大而退化的 K-θ 曲线如图 4-10 所示。

表 4-7　4.2 节试件的特征荷载及位移实测值

试件编号	F_c/kN	U_c/mm	F_y/kN	U_y/mm	F_u/kN	F_u相对值	U_d/mm	U_d相对值	θ_p	μ	μ相对值	F_y/F_u
CF2-1.0	—	—	203.43	5.81	280.53	1.000	32.50	1.000	1/23	5.594	1.000	0.725
CF3-1.0	—	—	473.70	6.03	576.88	2.056	27.95	0.860	1/26	4.635	0.830	0.821
CSW1-1.0	184.64	1.06	471.60	5.87	553.97	1.000	18.50	1.000	1/40	3.151	1.000	0.851
CSW2-1.0	239.28	0.84	725.52	7.02	872.09	1.574	25.66	1.387	1/29	3.656	1.200	0.832
CSW3-1.0	239.77	0.80	935.09	8.06	1167.01	2.107	30.86	1.668	1/24	3.829	1.256	0.801
CSW1-1.5	123.01	1.76	313.14	7.87	378.70	1.000	25.48	1.000	1/44	3.237	1.000	0.83
CSW2-1.5	159.52	0.79	487.16	8.65	591.49	1.562	29.21	1.146	1/38	3.377	1.043	0.82
CSW3-1.5	159.84	0.77	657.04	10.25	799.08	2.110	42.74	1.677	1/26	4.170	1.287	0.82
CSW1-2.0	91.05	2.19	223.37	9.76	304.58	1.000	34.19	1.000	1/43	3.503	1.000	0.73
CSW2-2.0	142.27	2.14	392.65	10.29	523.68	1.719	38.01	1.112	1/39	3.694	1.037	0.75
CSW3-2.0	150.67	2.04	473.88	10.49	621.00	2.039	47.19	1.380	1/31	4.499	1.311	0.76
SSW2-2.0	141.98	2.10	390.34	9.93	539.83	1.772	34.87	1.020	1/42	3.512	1.003	0.723
SSW3-2.0	176.60	2.00	453.12	10.15	625.80	2.055	47.81	1.398	1/31	4.710	1.346	0.724

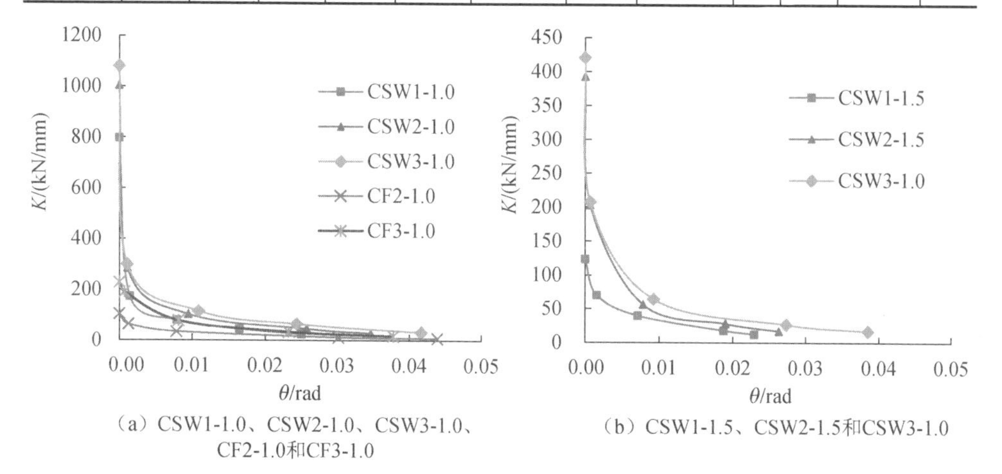

（a）CSW1-1.0、CSW2-1.0、CSW3-1.0、CF2-1.0和CF3-1.0　（b）CSW1-1.5、CSW2-1.5和CSW3-1.0

图 4-10　4.2 节试件的 K-θ 曲线

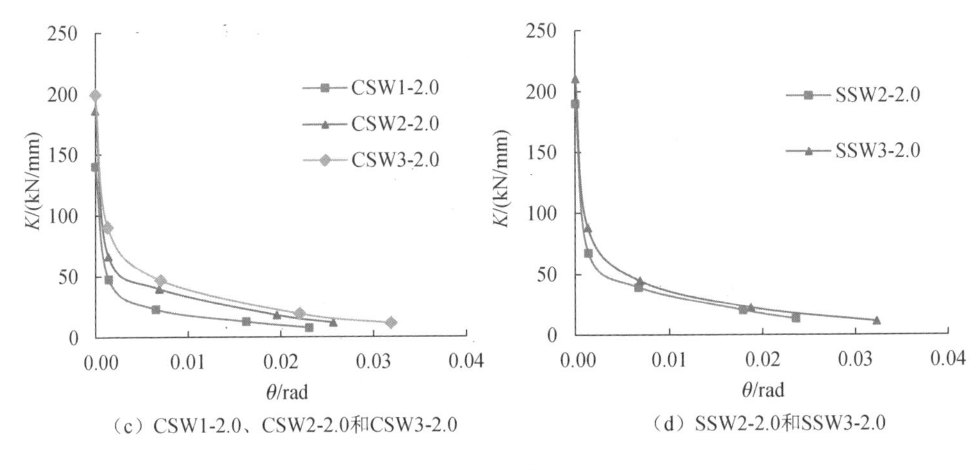

（c）CSW1-2.0、CSW2-2.0和CSW3-2.0　（d）SSW2-2.0和SSW3-2.0

图 4-10（续）

由表 4-7 可知，圆钢管混凝土边框-钢桁架结构较无支撑框架的极限荷载提高了 105.64%，说明钢桁架发挥作用明显；钢管混凝土边框内藏钢桁架组合剪力墙较普通混凝土剪力墙的开裂荷载提高了 29.9%～94.0%，极限荷载提高了 103.9%～111.1%，最大弹塑性位移提高了 38.0%～67.7%；钢管混凝土边框内藏钢桁架组合剪力墙较钢管混凝土边框组合剪力墙的开裂荷载略高，极限荷载提高了 18.58%～35.1%，最大弹塑性位移提高了 23.4%～38.7%，延性系数也有较大的提高；内藏钢桁架组合剪力墙屈强比较小，说明从明显屈服到极限荷载的发展过程历时较长，即有约束的屈服段较长；圆钢管边框组合剪力墙和方钢管边框组合剪力墙的承载力及变形能力基本接近。随着剪跨比的增大，试件的承载力和屈强比降低，但延性增大。

由图 4-10 可知，各剪力墙的刚度退化分为刚度速降阶段、刚度次速降阶段和刚度缓降阶段 3 个阶段，从微裂发展到肉眼可见的裂缝期间为刚度速降阶段，从结构明显开裂到明显屈服期间为刚度次速降阶段，从明显屈服到最大弹塑性变形期间为刚度缓降阶段。钢管混凝土内藏钢桁架结构较无钢桁架结构刚度更大，钢支撑作用明显；钢管混凝土边框内藏钢桁架组合剪力墙和钢管混凝土边框组合剪力墙由于配钢率提高，初始刚度、屈服刚度都有一定的提高，且后期退化速率较小，其中钢管混凝土边框内藏钢桁架组合剪力墙的刚度更大，内藏钢桁架的存在不仅约束了斜裂缝的开展，也提供了一定的刚度，使剪力墙刚度的退化速度变慢且后期性能较为稳定。

4.2.3　滞回特性

实测所得各试件的 F-U 滞回曲线如图 4-11 所示，相应的试件骨架曲线如图 4-12 所示；由于各试件的加载过程不完全相同，取承载力下降至极限荷载 85%时滞回曲线外包络线所包围的面积作为比较用的耗能指标，各试件的耗能实测值见表 4-8。

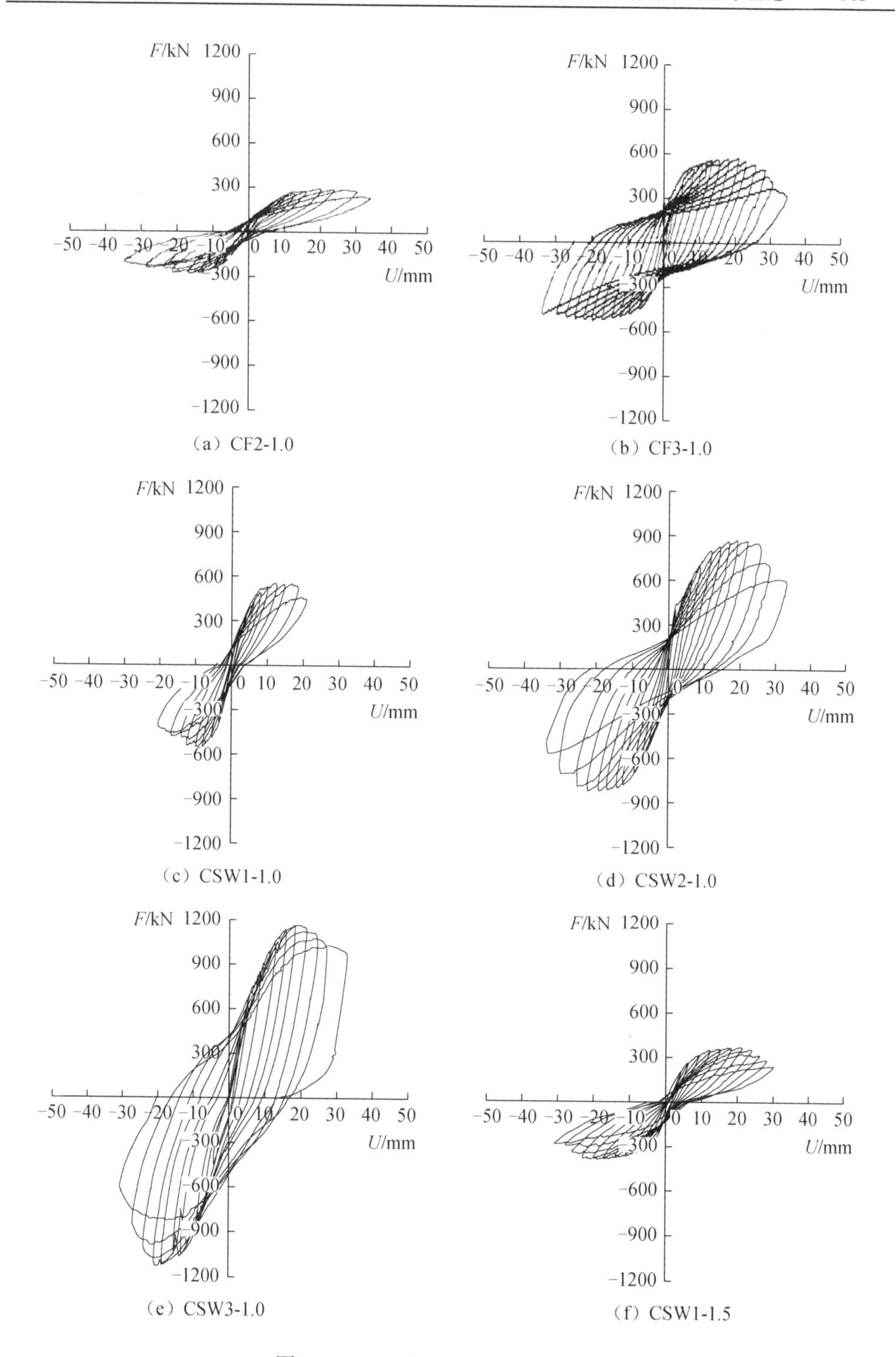

图 4-11　4.2 节试件的 F-U 滞回曲线

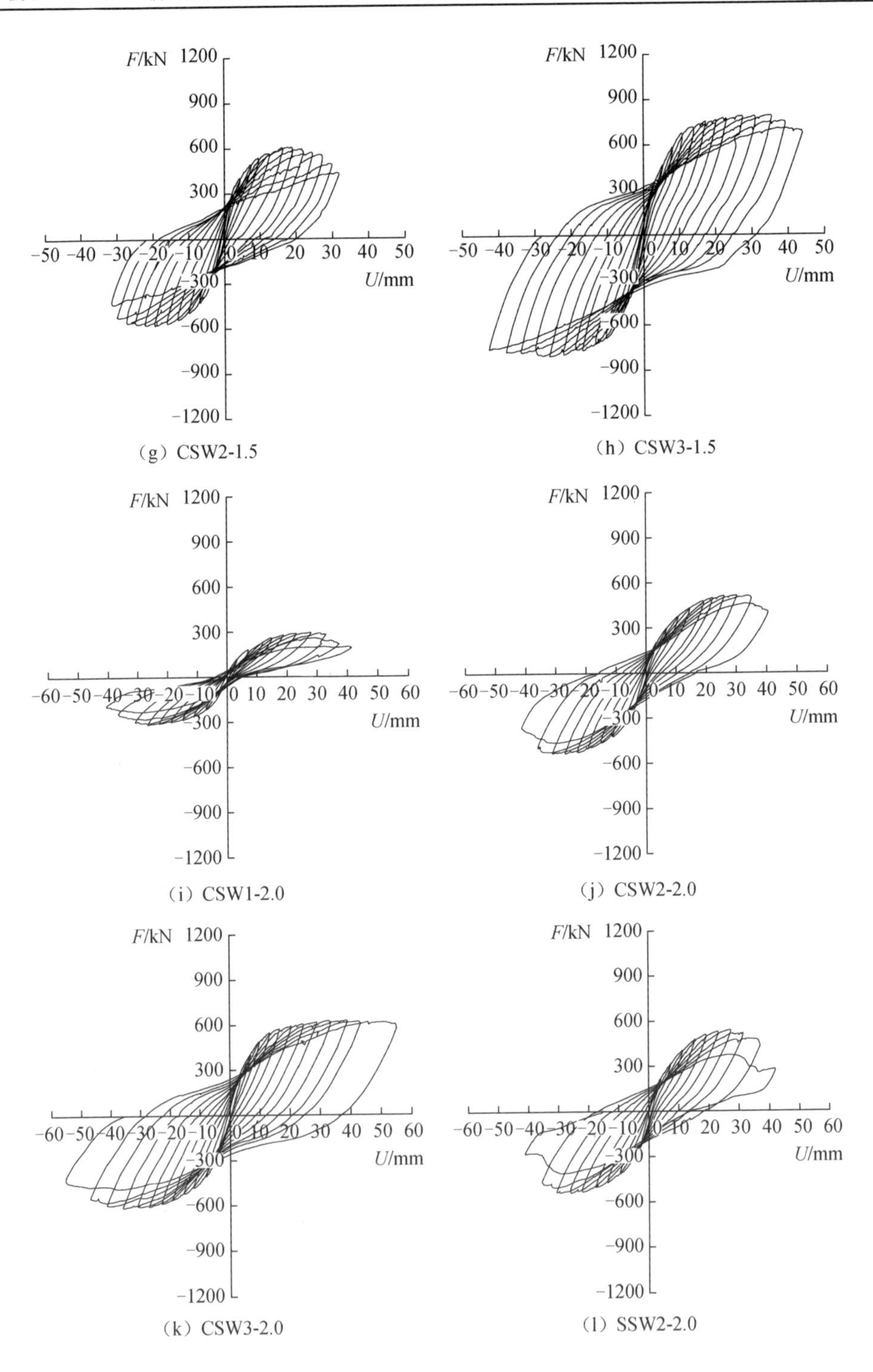

图 4-11（续）

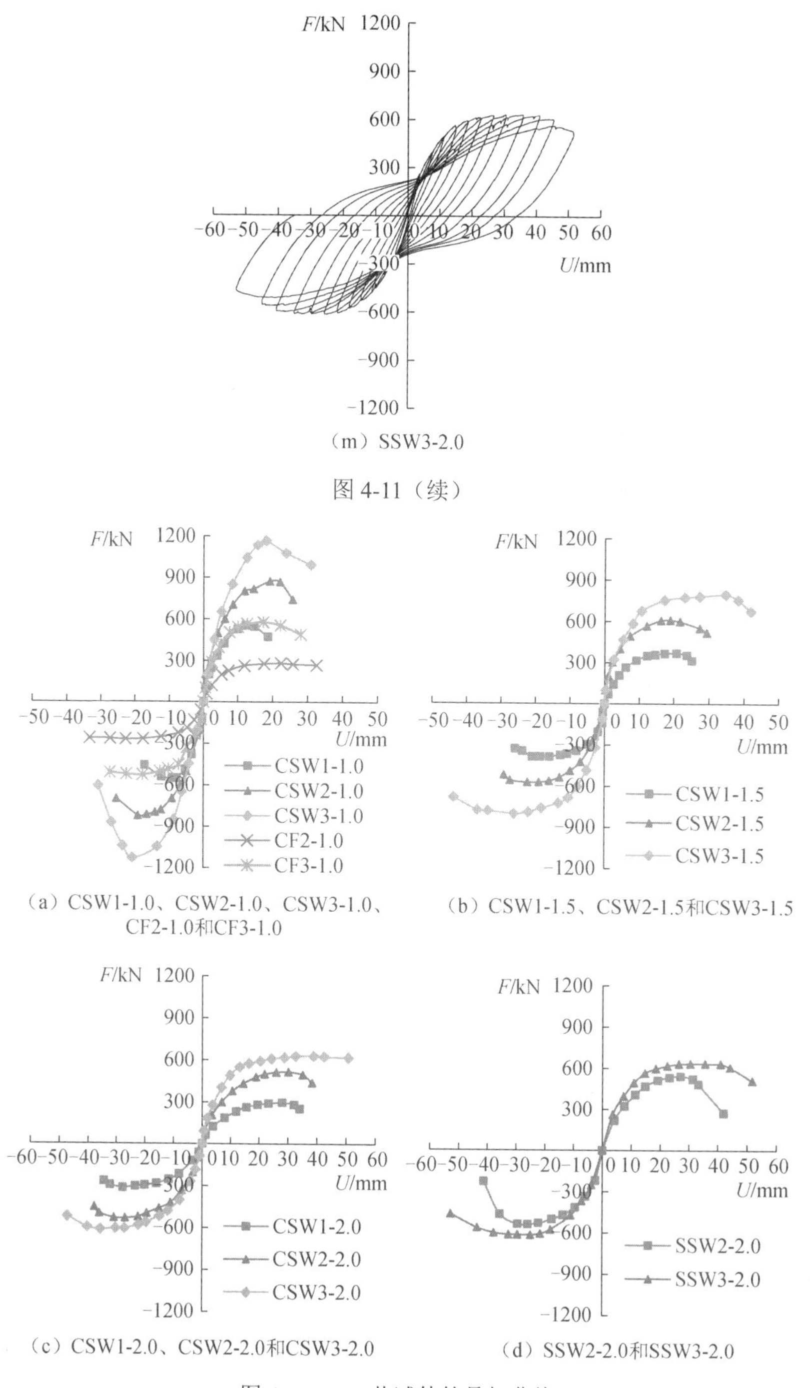

（m）SSW3-2.0

图 4-11（续）

（a）CSW1-1.0、CSW2-1.0、CSW3-1.0、CF2-1.0和CF3-1.0

（b）CSW1-1.5、CSW2-1.5和CSW3-1.5

（c）CSW1-2.0、CSW2-2.0和CSW3-2.0

（d）SSW2-2.0和SSW3-2.0

图 4-12　4.2 节试件的骨架曲线

表 4-8　4.2 节试件的耗能实测值

试件编号	耗能/（kN・mm）	相对值
CF2-1.0	18280.82	1.000
CF3-1.0	33876.46	1.853
CSW1-1.0	14587.74	1.000
CSW2-1.0	33696.15	2.310
CSW3-1.0	62112.02	4.258
CSW1-1.5	16048.69	1.000
CSW2-1.5	32600.09	2.031
CSW3-1.5	65211.30	4.063
CSW1-2.0	16031.23	1.000
CSW2-2.0	32048.95	1.999
CSW3-2.0	62000.00	3.867
SSW2-2.0	32544.67	2.030
SSW3-2.0	58354.02	3.640

由图 4-11、图 4-12 和表 4-8 可知，钢管混凝土边框内藏钢桁架组合剪力墙试件的滞回环最为饱满，中部捏拢现象较轻，钢管混凝土边框组合剪力墙试件次之，普通钢筋混凝土剪力墙较差，并且随剪跨比的增大，滞回环的饱满程度略有增加；钢管混凝土边框-钢桁架结构较钢管混凝土结构耗能提高了 85.3%，表明钢桁架耗能作用明显；钢管混凝土边框内藏钢桁架组合剪力墙较钢管混凝土边框组合剪力墙耗能提高了 84.3%～103.0%，较普通混凝土剪力墙耗能提高了 264.0%～325.8%，表明钢管混凝土边框内藏钢桁架组合剪力墙耗能能力很强，抗震优势明显。

4.2.4　破坏特征

试件最终破坏形态如图 4-13 所示。

（a）CF2-1.0

（b）CF3-1.0

（c）CSW1-1.0

图 4-13　4.2 节试件的最终破坏形态

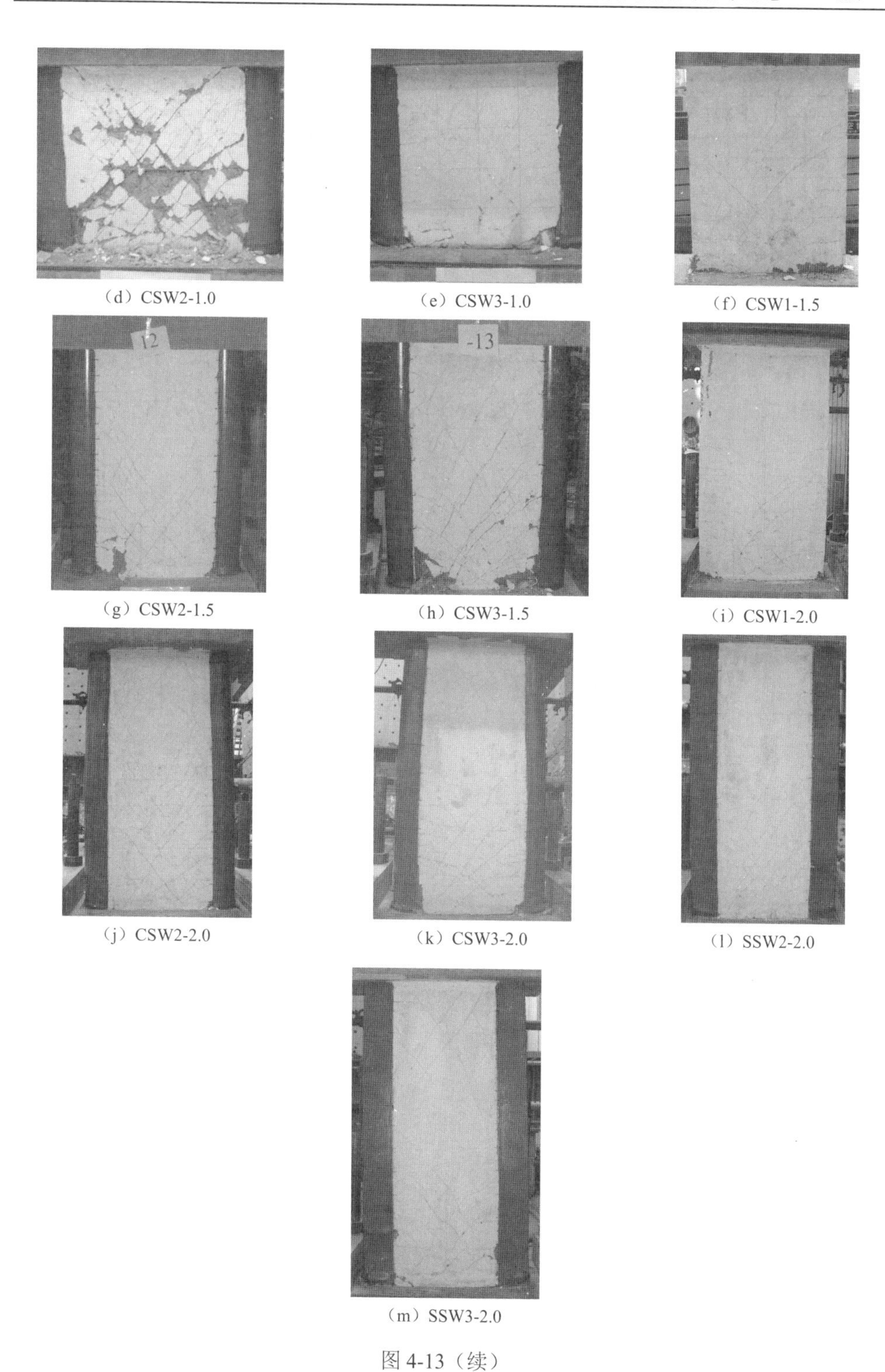

（d）CSW2-1.0　（e）CSW3-1.0　（f）CSW1-1.5

（g）CSW2-1.5　（h）CSW3-1.5　（i）CSW1-2.0

（j）CSW2-2.0　（k）CSW3-2.0　（l）SSW2-2.0

（m）SSW3-2.0

图 4-13（续）

试验表明：钢管混凝土框架结构的破坏主要表现为柱脚的起鼓变形和钢桁架的平面外屈曲；普通钢筋混凝土剪力墙的破坏主要集中在角部；钢管混凝土边框组合剪力墙最终破坏时裂缝较多，分布范围较广，首先在墙体底部 1/3 高度范围内陆续出现弯剪裂缝，并从墙侧向中部斜向下发展，在位移达到 1/50 位移角之前，钢管混凝土边框柱与混凝土墙体之间基本没有出现滑移错动现象；钢管混凝土边框内藏钢桁架组合剪力墙最终破坏时裂缝较多且分布范围较广，整个墙面都出现了斜裂缝，主斜裂缝的宽度、走势与内藏钢桁架相关，表明内藏钢桁架可以控制裂缝的开展，同时内藏钢桁架充分发挥了混凝土在开裂、闭合过程中的耗能能力，提高了试件的刚度和承载力，也明显改善了底部薄弱的问题，使结构上部也能充分发挥耗能的作用，在加载达到 1/50 位移角之前，钢管混凝土边框柱与混凝土墙体之间基本没有出现滑移错动现象。

4.3　钢管混凝土边框内藏钢桁架组合剪力墙有限元分析

4.3.1　材料模型

1. 钢材

由于钢管混凝土边框内藏钢桁架组合剪力墙中包含有钢筋、钢管、抗剪连接键、桁架梁和桁架斜撑，对于不同类型的钢材，其材料本构关系应根据各自特点分别定义。

各试件中所用的直径为 4mm 和 6mm 的墙体分布钢筋均属于冷拔钢筋，其在冷拔过程中产生强烈的塑性变形，金属晶粒的变形和位移很大，显著提高了钢材的强度，相应的极限延伸率有较大下降，其应力-应变关系曲线与硬钢相似，采用文献[1]建议的公式，即

$$\begin{cases}\sigma_{\mathrm{s}}=E_{\mathrm{s}}\varepsilon_{\mathrm{s}} & (0\leqslant\varepsilon_{\mathrm{s}}\leqslant\varepsilon_{\mathrm{p}})\\ \sigma_{\mathrm{s}}=Af_{\mathrm{b}}-\dfrac{B}{\varepsilon_{\mathrm{s}}} & (\varepsilon_{\mathrm{s}}>\varepsilon_{\mathrm{p}})\end{cases}\tag{4-1}$$

式中，f_{b}为钢筋抗拉极限强度；ε_{p}为钢筋比例极限对应的应变，取 2.5×10^{-3}；A、B 分别为根据钢筋拉伸试验所确定的常数，根据极限强度不同 A 取 1.025～1.125，B 取 0.6。

其余类型钢材均为 Q235，应力-应变关系曲线一般可分为弹性段（Oa）、弹塑性段（ab）、塑性段（bc）、强化段（cd）和二次塑流（de）五个阶段[2]。为了计算方便取强化段为直线关系，达到强度极限时采用水平塑性段。图 4-14 中的虚线和实线分别为钢材实际的和简化的应力-应变关系，模型的数学表达式如下：

$$\sigma_s=\begin{cases}E_s\varepsilon_s & (\varepsilon_s\leqslant\varepsilon_e)\\ -A\varepsilon_s^{\ 2}+B\varepsilon_s+C & (\varepsilon_e<\varepsilon_s\leqslant\varepsilon_{e1})\\ f_y & (\varepsilon_{e1}<\varepsilon_s\leqslant\varepsilon_{e2})\\ f_y\left(1+0.6\dfrac{\varepsilon_s-\varepsilon_{e2}}{\varepsilon_{e3}-\varepsilon_{e2}}\right) & (\varepsilon_{e2}<\varepsilon_s\leqslant\varepsilon_{e3})\\ 1.6f_y & (\varepsilon_s>\varepsilon_{e3})\end{cases}\tag{4-2}$$

式中，$\varepsilon_e=0.8f_y/E_s$；$\varepsilon_{e1}=1.5\varepsilon_e$；$\varepsilon_{e2}=10\varepsilon_{e1}$；$\varepsilon_{e3}=100\varepsilon_{e1}$；$A=0.2f_y/(\varepsilon_{e1}-\varepsilon_e)^2$；$B=2A\varepsilon_{e1}$；$C=0.8f_y+A\varepsilon_e^{\ 2}-B\varepsilon_e$。

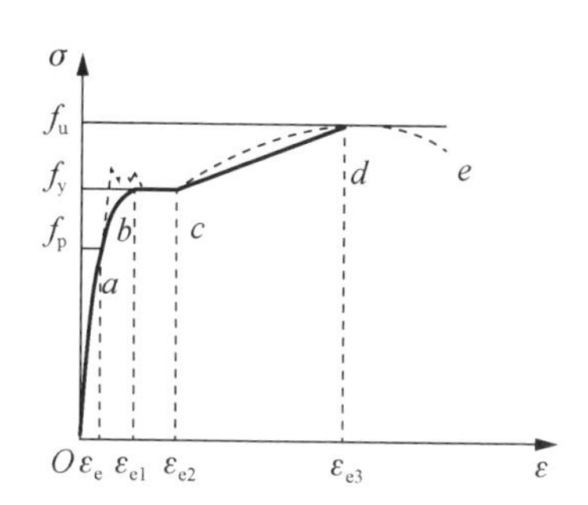

图 4-14　钢材应力-应变关系

2. 混凝土

钢管混凝土边框内藏钢桁架组合剪力墙由钢管混凝土边框和钢筋混凝土墙板组成，钢管内受约束的核心混凝土和墙板的普通混凝土相比，塑性性能有很大差异。对约束混凝土受力性能的研究表明，混凝土的塑性会有所增加，主要表现在两个方面：对应峰值应力的应变有所增加；应力-应变关系曲线的下降段趋于平缓。

采用文献[2]提出的适用于 ABAQUS 软件有限元分析的核心混凝土单轴应力-应变关系，此关系是在总结以往有关研究成果的基础上，考虑核心混凝土受钢管被动约束的特点，通过大量钢管混凝土轴压算例的计算分析，修正了混凝土单轴应力-应变关系曲线的峰值应变和下降段后提出的，具体表达式如下：

$$y=\begin{cases}2x-x^2 & (x\leqslant 1)\\ \dfrac{x}{\beta_0(x-1)^\eta+x} & (x>1)\end{cases}\tag{4-3}$$

式中，$x=\dfrac{\varepsilon}{\varepsilon_0}$；$y=\dfrac{\sigma}{\sigma_0}$；$\sigma_0=f_c'$；$\varepsilon_0=\varepsilon_c+800\xi^{0.2}\times10^{-6}$；$\varepsilon_c=(1300+12.5f_c')\times10^{-6}$；$\eta=1.6+1.5/x$；$\beta_0=\dfrac{f_c'^{0.1}}{1.2\sqrt{1+\xi}}$。

式中，f_c' 为混凝土轴心抗压强度；ξ 为约束效应系数，用来衡量钢管混凝土截面的组合作用效应，表达式如下：

$$\xi=\frac{A_s f_y}{A_c f_{ck}}=\alpha\frac{f_y}{f_{ck}} \tag{4-4}$$

式中，A_s、A_c 分别为钢管和混凝土的横截面面积；α 为截面的含钢率，其值为 A_s/A_c；f_y 为钢管屈服强度；f_{ck} 为混凝土轴心抗压强度标准值。

文献[3]提出的混凝土受压模型经过了大量的试验验证，具有形式简单、适用范围广等优点。其表达式如下：

$$Y=\frac{AX+BX^2}{1+CX+DX^2} \tag{4-5}$$

式中，$Y=\sigma_c/f_c'$；$X=\varepsilon_c/\varepsilon_{c0}$；$f_c'$ 和 ε_{c0} 分别为混凝土圆柱体标准试件应力-应变关系曲线上峰值点对应的应力和应变。

$$\varepsilon_{c0}=\frac{4.26f_c'}{E_c\sqrt[4]{f_c'}} \tag{4-6}$$

1）当 $0\leqslant\varepsilon_c\leqslant\varepsilon_{c0}$ 时，有

$$A=\frac{E_c\varepsilon_{c0}}{f_c'},\quad B=\frac{(A-1)^2}{0.55}-1,\quad C=A-2,\quad D=B+1$$

2）当 $\varepsilon_c>\varepsilon_{c0}$ 时，有

$$A=\frac{f_{ic}(\varepsilon_{ic}-\varepsilon_{c0})^2}{\varepsilon_{ic}\varepsilon_{c0}(f_c'-f_{ic})},\quad B=0,\quad C=A-2,\quad D=1$$

式中，E_c 为混凝土弹性模量；f_{ic} 和 ε_{ic} 分别为混凝土应力-应变关系曲线下降段反弯点对应的应力和应变值，按以下公式确定：

$$f_{ic}/f_c'=1.41-0.17\ln(f_c') \tag{4-7}$$

$$\varepsilon_{ic}/\varepsilon_{c0}=2.5-0.3\ln(f_c') \tag{4-8}$$

4.3.2 荷载-位移骨架曲线

1. 骨架曲线

文献[4]指出，相同参数的试件，低周反复荷载作用下的试验骨架曲线与单调荷载作用下的 *F-U* 曲线相比，曲线的形状相似，各项指标的变化规律相同，只是试验数值有所差别。文献[2]的研究表明，钢管混凝土结构 *F-U* 滞回曲线的骨架曲线与单调加载时的 *F-U* 关系曲线基本重合，本节钢管混凝土边框组合剪力墙从形式上可以看作是钢管混凝土结构和钢筋混凝土结构的组合，其滞回曲线的骨架曲线和单调加载的 *F-U* 关系曲线在理论上较为接近。

由于钢管混凝土边框内藏钢桁架组合剪力墙各试件的工作机理基本相同，采用上述建模方法，对部分典型试件进行了有限元分析，计算所得 F-U 骨架曲线如图4-15所示，其中图4-15（a，b）为4.1节不同轴压比和剪跨比的钢管混凝土边框组合剪力墙试件，图4-15（c～f）为4.2节不同剪跨比的圆钢管混凝土边框内藏钢桁架组合剪力墙试件。由图4-15可知，钢管混凝土边框内藏钢桁架组合剪力墙试件的计算值与实测值匹配较好。

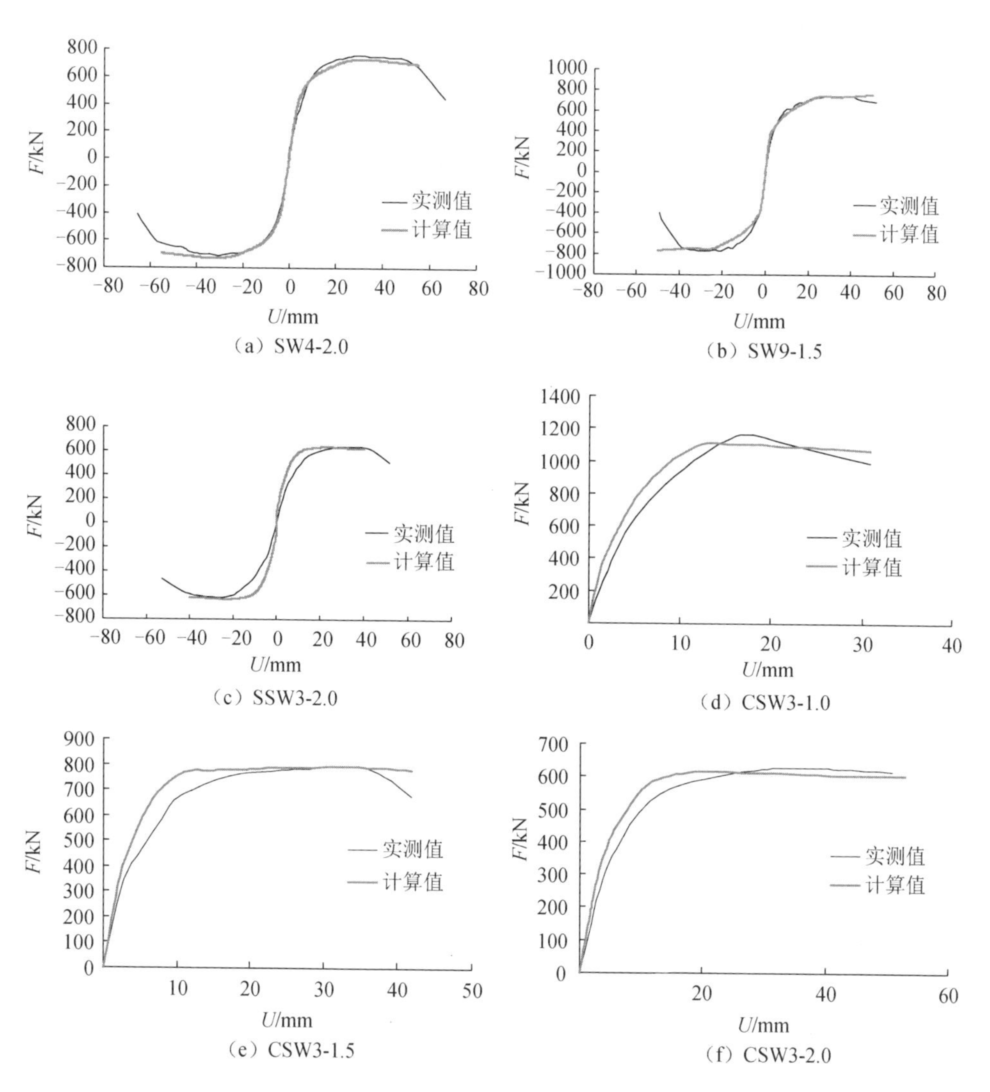

图4-15 4.3节试件的 F-U 骨架曲线

2. 受力机理

以试件 SSW3-2.0 为例，图 4-16～图 4-18 给出了试件在开裂、屈服、极限荷载情况下的墙板主塑性应变矢量图、墙板主应力矢量图、墙板分布钢筋应力云图、钢构 Mises 应力云图。ABAQUS 软件的混凝土塑性损伤模型定义混凝土单元中出现受拉塑性应变（最大主塑性应变），即表示该混凝土单元已经开裂，混凝土裂缝方向垂直于最大主塑性应变方向，即裂缝方向垂直于图中箭头方向，其裂缝宽度可以近似由最大主塑性应变矢量箭头的长度来反映。因此，用主塑性应变矢量图中的受拉塑性应变（最大主塑性应变）的矢量箭头可以大致反映混凝土的开裂形态。同时，在受剪切作用的双向应力的多数情况下，混凝土单元最小主塑性应变的矢量方向与最大主塑性应变的矢量方向垂直，即和单元裂缝方向平行，因此在这些情况中也可以从最小主塑性应变矢量的分布上更为直观地近似反映混凝土裂缝的分布和开展方向。墙板的主应力矢量图，不同的箭头分别代表最小（压）主应力、中间主应力和最大（拉）主应力。主应力（“S,Max”“S,Mid”“S,Min”）矢量图用于反映墙板混凝土主应力的分布及方向。剪力墙试件的墙板混凝土处于双向受力状态，用单轴应力云图无法全面地反映墙板混凝土的应力状态，因此选用主应力矢量图来反映此刻墙板混凝土的应力分布及方向等状态。

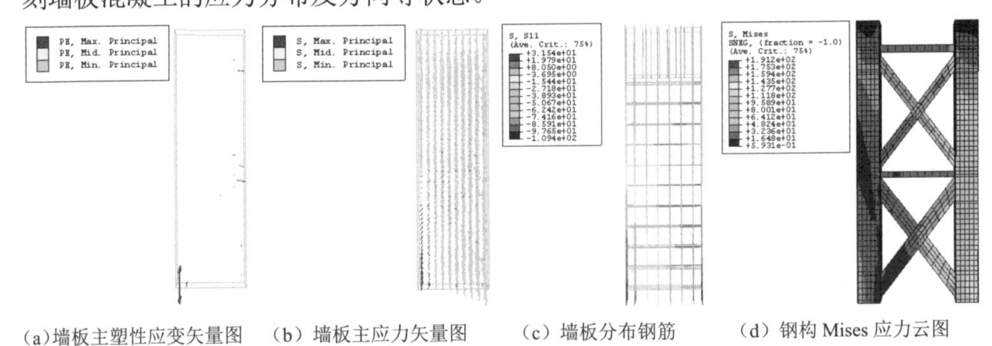

（a）墙板主塑性应变矢量图　（b）墙板主应力矢量图　（c）墙板分布钢筋应力云图　（d）钢构 Mises 应力云图

图 4-16　SSW3-2.0 开裂

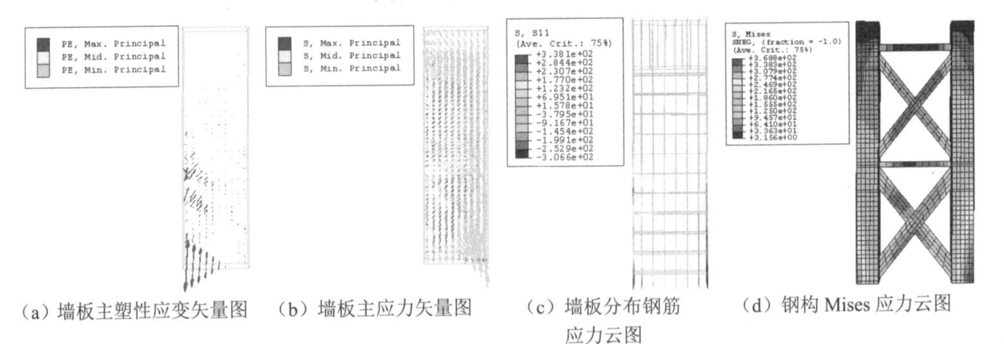

（a）墙板主塑性应变矢量图　（b）墙板主应力矢量图　（c）墙板分布钢筋应力云图　（d）钢构 Mises 应力云图

图 4-17　SSW3-2.0 屈服

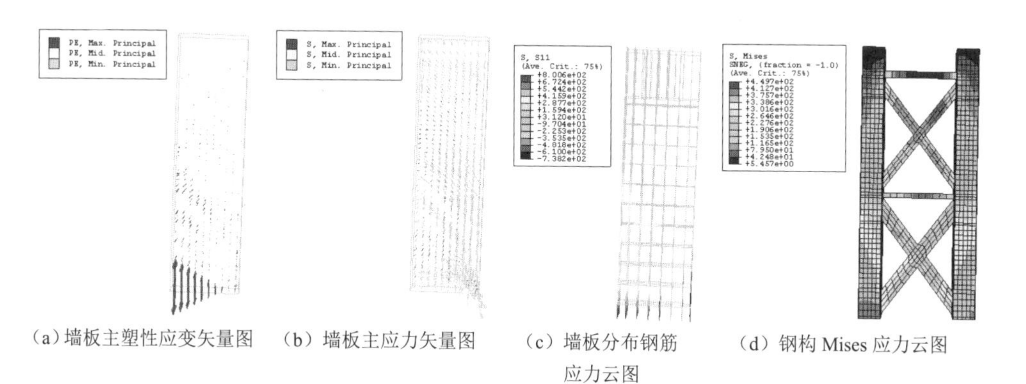

(a) 墙板主塑性应变矢量图　(b) 墙板主应力矢量图　(c) 墙板分布钢筋应力云图　(d) 钢构 Mises 应力云图

图 4-18　SSW3-2.0 极限荷载

分析表明，钢管混凝土边框内藏钢桁架组合剪力墙由于钢桁架的存在，墙板混凝土和分布钢筋的受力形态与无钢桁架的组合剪力墙相比有所不同。钢桁架分为上部桁架和下部桁架，故墙板混凝土斜压杆、分布钢筋的受力，以及斜裂缝的开展均在墙板上、下两部分展开，即混凝土开裂后桁架斜撑对裂缝也起到了控制作用，墙板各部分的耗能作用得到充分利用，提高了墙体的耗能能力，内层钢桁架在墙板工作性能下降后可以更加充分地发挥抗力作用，提高了组合剪力墙的后期承载力和刚度。

4.3.3　钢桁架与剪力墙组合效果

对钢管混凝土边框内藏钢桁架组合剪力墙试验模型的桁架部分与钢筋混凝土剪力墙板部分在单调加载下的受力过程分别进行计算，图 4-19（a）为桁架模型，图 4-19（b）为剪力墙模型，桁架顶部增加一混凝土加载梁以方便施加荷载，桁架和剪力墙的竖向荷载均由轴压比控制，与钢管混凝土边框内藏钢桁架组合剪力墙的轴压比相同。计算所得的桁架和钢筋混凝土剪力墙的荷载-位移曲线如图 4-20 所示。

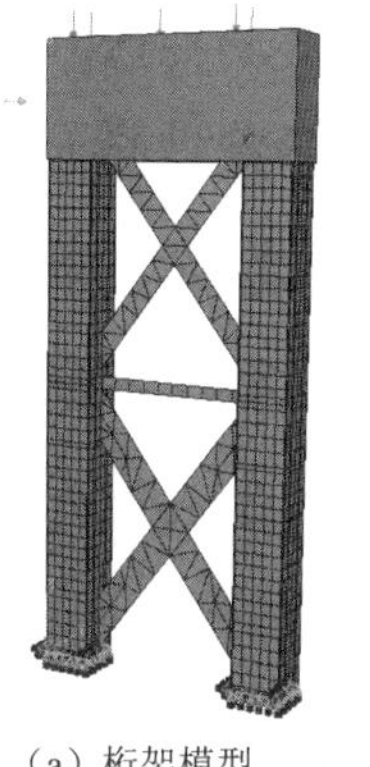

(a) 桁架模型

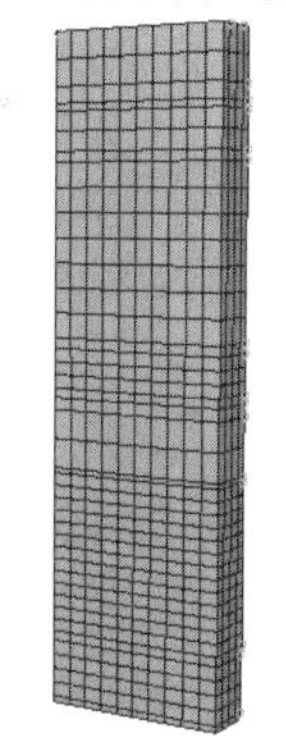

(b) 剪力墙模型

图 4-19　钢桁架和钢筋混凝土剪力墙模型

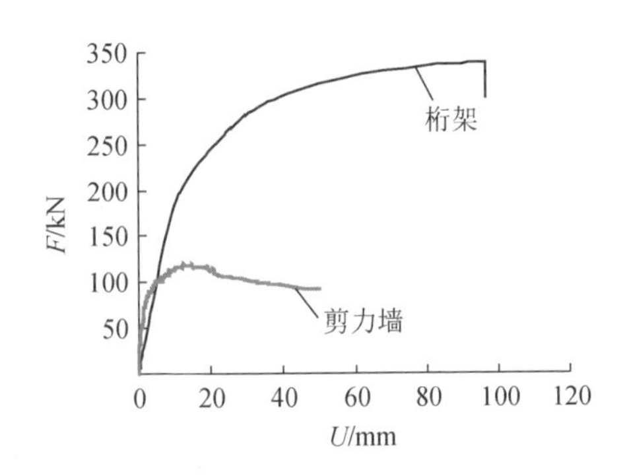

图 4-20　桁架和钢筋混凝土剪力墙的荷载-位移曲线

由图 4-20 可知，钢筋混凝土剪力墙在位移较小时就达到了极限承载力 117.38kN，之后承载力下降较快；而桁架延性很好，荷载值一直有所增大，在位移角达到 1/15 时，达到极限承载力 338.42kN，之后由于下部斜撑屈曲严重，承载力急速下降。两部分的水平承载力之和为 455.80kN，而试验所得内藏桁架的组合剪力墙承载力为 625.80kN，后者比前者提高了 37.3%。

耗能分析：按照荷载-位移曲线和水平轴包围的面积计算的桁架（按照顶层位移达到 1/30 位移角计算）和剪力墙（按照荷载下降至极限荷载的 85%时对应的位移计算）的耗能值分别为 11872.04kN · mm 和 3379.00kN · mm，两者之和为 15251.04kN · mm；按照试验所得组合剪力墙第一象限骨架曲线和水平轴包围的面积计算的耗能值为 26749.66kN · mm，后者比前者提高了 75.4%，说明两者的组合达到了“1+1>2”的效果。

由上可知，将桁架与钢筋混凝土剪力墙两者组合后，桁架斜撑嵌入剪力墙中，可以防止斜撑的屈曲，保证承载力的充分发挥；剪力墙的受力状态也发生改变，桁架与混凝土共同形成受压斜杆，且桁架斜撑对剪力墙的裂缝起到控制作用，剪力墙裂缝分布区域扩大到整个墙板，而不是只在底部出现塑性铰，耗能能力明显增强。

4.3.4　参数分析

影响钢管混凝土边框内藏钢桁架组合剪力墙抗震性能的设计参数较多，本节研究的主要参数包括剪跨比、轴压比、桁架斜撑配钢率、钢管混凝土边框截面含钢率、墙板分布钢筋配筋率和混凝土强度等。

1. 剪跨比

计算所得钢管混凝土边框内藏钢桁架组合剪力墙在不同剪跨比下的 *F-U* 曲线如图 4-21 所示。

由图 4-21 可知，在其他条件相同的情况下，随着剪跨比的减小，试件的各阶段刚度和荷载都有明显提高；中高剪力墙和低剪力墙的极限承载力分别比高剪力墙提高了 27%和 87%，三种剪力墙的延性均较好，最大弹塑性位移角超过 1/50。

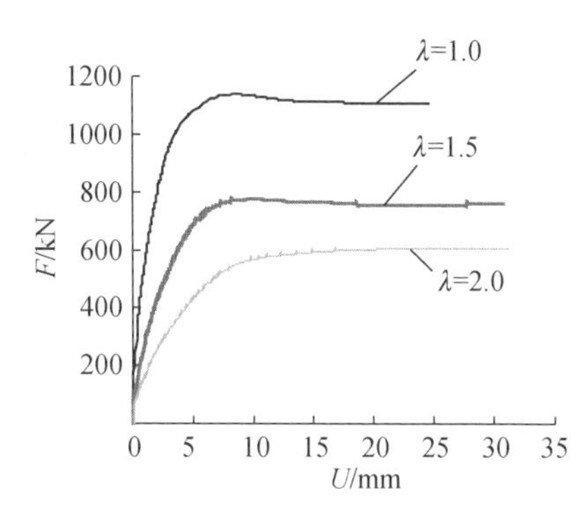

图 4-21　不同剪跨比下的 F-U 曲线

剪跨比λ实际上表示着截面上弯矩与剪力的相对大小，是影响剪力墙破坏形态的重要因素。图 4-22 表示的是在达到峰值荷载的时刻剪跨比为 1.5 和 1.0 的墙板最大主塑性应变矢量图，可以看出这时的裂缝分布，即中高剪力墙和高剪力墙的裂缝分布区域都比较大，几乎布满整个墙面，底部裂缝宽度较大，其余裂缝宽度很小。图 4-23 和图 4-24 分别为峰值荷载时墙板的主应力矢量图和最小主塑性应变云图，可以看到随着剪跨比的减小，对于低剪力墙，除了分布钢筋承受水平抗剪承载力外，墙板混凝土沿对角线形成的斜压杆受力机制更加显著，桁架斜撑由于接近混凝土主应变方向显著提高了剪力墙的水平抗剪承载力。图 4-25 为峰值荷载时墙板分布钢筋应力云图，此时受拉侧底部多排竖向钢筋受拉屈服，受压侧底部竖向钢筋受压屈服，由于内藏钢桁架斜撑的作用，墙板中分布钢筋的应力较小。从钢筋、混凝土的应力分布和破坏模式来看，由于配筋、配钢等设计合理，3 种剪力墙呈现了弯曲破坏或弯剪破坏形态。

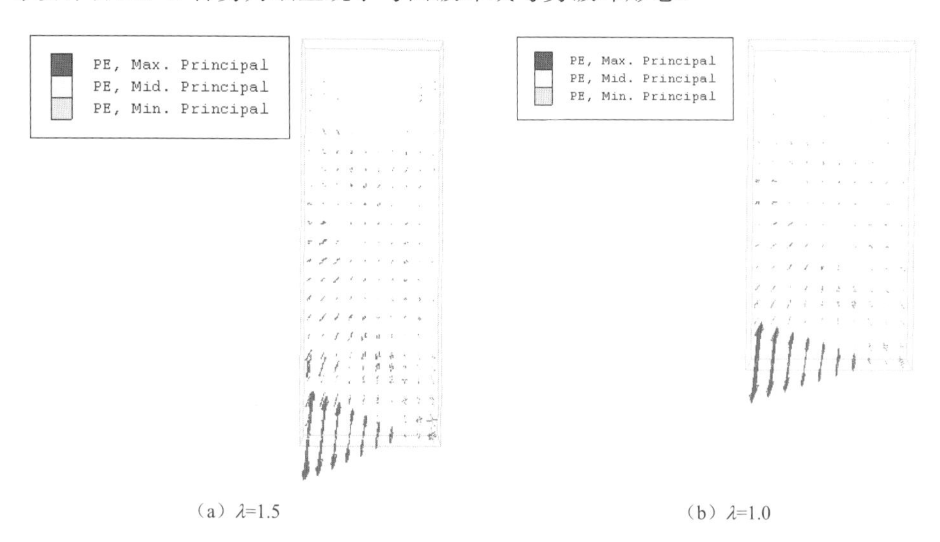

（a）λ=1.5　　（b）λ=1.0

图 4-22　峰值荷载时墙板最大主塑性应变矢量图

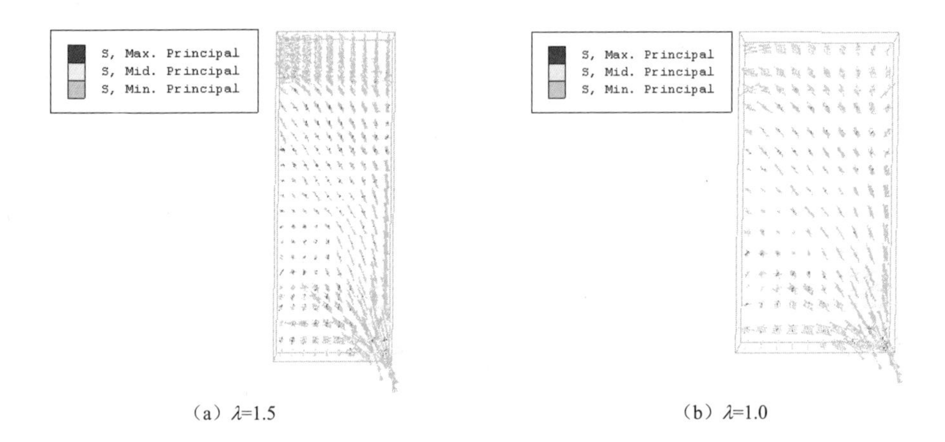

（a）λ=1.5　　（b）λ=1.0

图 4-23　峰值荷载时墙板主应力矢量图

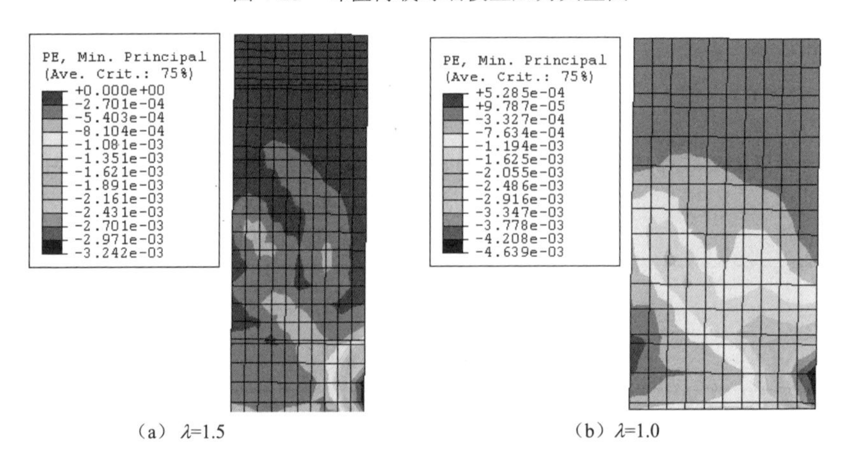

（a）λ=1.5　　（b）λ=1.0

图 4-24　峰值荷载时墙板最小主塑性应变云图

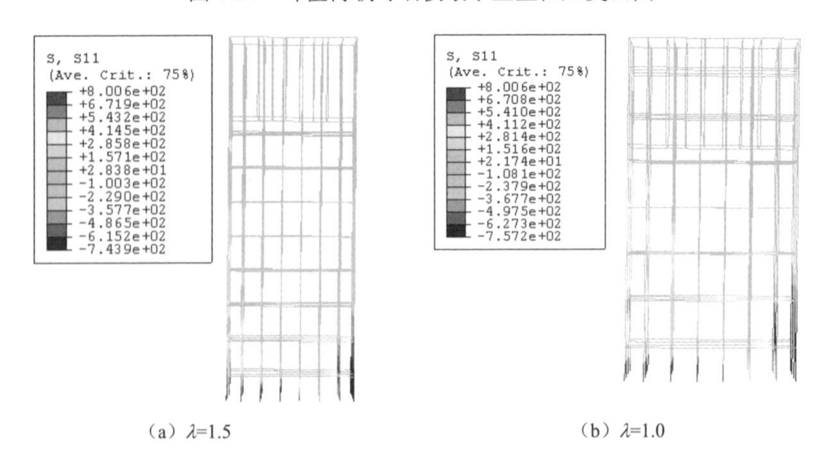

（a）λ=1.5　　（b）λ=1.0

图 4-25　峰值荷载时墙板分布钢筋应力云图

2. 轴压比

计算所得钢管混凝土边框内藏钢桁架组合剪力墙的不同轴压比下的 *F-U* 曲线如图 4-26 所示，分别计算了轴压比 *n* 为 0.1、0.35、0.5、0.7 的工况。

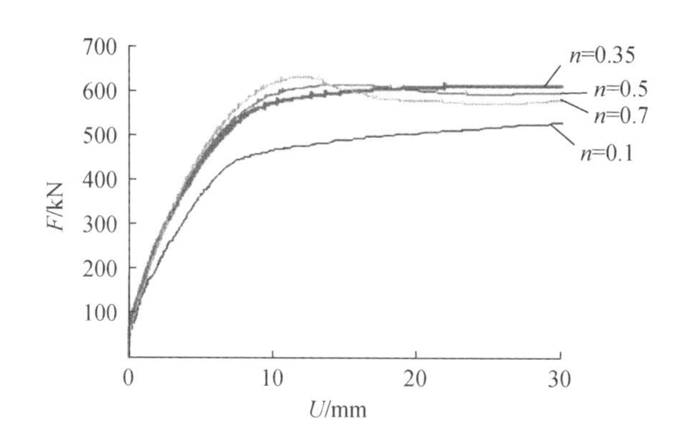

图 4-26　不同轴压比下的 *F-U* 曲线

由图 4-26 可知，轴压比对于试件初始弹性刚度影响很小，不同轴压比下剪力墙的初始弹性刚度几乎相同。从屈服到峰值荷载前的弹塑性阶段，随着轴压比的增大，剪力墙的弹塑性刚度随之增大。剪力墙的开裂荷载、屈服荷载和极限荷载随轴压比的增大而增大，这时轴向压力使剪力墙截面产生压应力，在剪力墙受到水平荷载作用时，受拉侧要抵消这部分压应力后才出现拉应力，因而阻滞了斜裂缝的出现和开展，剪力墙的各阶段荷载相应提高。延性随着轴压比的增大明显减小，轴压比为 0.1 时，荷载没有出现下降；轴压比为 0.35 时，*F-U* 曲线在达到峰值后承载力基本没有下降；轴压比为 0.5 时，*F-U* 曲线在达到峰值后出现的下降段比较平缓；轴压比为 0.7 时，在变形增长不多的情况下承载力下降较快。

3. 桁架斜撑配钢率

为了研究不同桁架斜撑配钢率对钢管混凝土边框内藏钢桁架组合剪力墙承载能力及破坏模态等的影响，试置了桁架斜撑参数，见表 4-9。表 4-9 中，斜撑配钢率 ρ_{ab} 指上部斜撑与下部斜撑配钢总和与剪力墙体积配钢之比；下部斜撑与钢管配钢比 n_{b1} 指下部斜撑截面面积 A_2 与钢管截面面积之比；上、下斜撑配钢比 n_{b2} 指上部斜撑截面面积 A_1 与下部斜撑截面面积之比。计算模型中斜撑材料的本构关系与试件钢材的本构关系相同。

表 4-9　桁架斜撑参数

上部斜撑截面 /（mm×mm）	下部斜撑截面 /（mm×mm）	斜撑配钢率/%	下部斜撑与钢管配钢比	上、下斜撑配钢比	承载力/kN
60×4	92×4	0.93	0.19	0.65	511
60×4	92×8	1.50	0.37	0.33	570
60×8	92×8	1.86	0.37	0.65	585
60×4	92×12	2.06	0.56	0.22	584
60×12	92×12	2.80	0.56	0.65	605

下部斜撑与钢管配钢比 n_{b1} 分别为 0.19、0.37、0.56，斜撑配钢率 ρ_{ab} 分别为 0.93%、1.86%、2.80%时剪力墙的 *F-U* 曲线如图 4-27 所示，此时上、下斜撑配钢比 n_{b2} 均为 0.65。根据图 4-27 分析，随着斜撑配钢率的增加，剪力墙的初始刚度、开裂刚度、屈服刚度明显增加，开裂荷载、屈服荷载和极限荷载均有所提高。斜撑配钢率从 0.93%到 1.86%增加 1 倍时，剪力墙的承载力增加了 14.5%；斜撑配钢率从 1.86%增大至 2.80%时，承载力增加了 3.4%，增加的幅度有所减小，表明斜撑配钢率的合理取值为构造设计的关键因素。

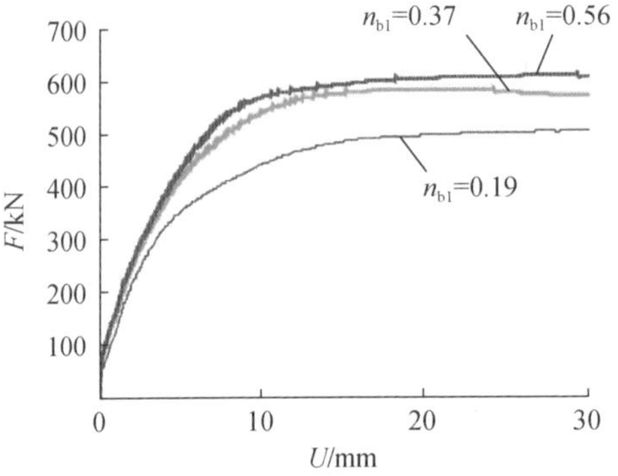

图 4-27　不同下部斜撑与钢管配钢比剪力墙的 *F-U* 曲线

对于高剪力墙，下部受力较上部要大，但上部斜撑与下部斜撑的配钢比也对剪力墙的受力性能产生了一定影响。图 4-28 为 $n_{b1}=0.37$ 时不同上、下斜撑配钢比剪力墙的 *F-U* 曲线，图 4-29 为 $n_{b1}=0.56$ 时不同上、下斜撑配钢比剪力墙的 *F-U* 曲线。

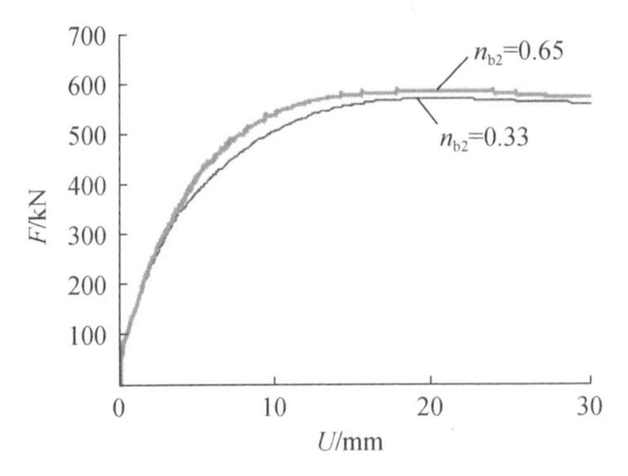

图 4-28　n_{b1}=0.37 时不同上、下斜撑配钢比剪力墙的 *F-U* 曲线

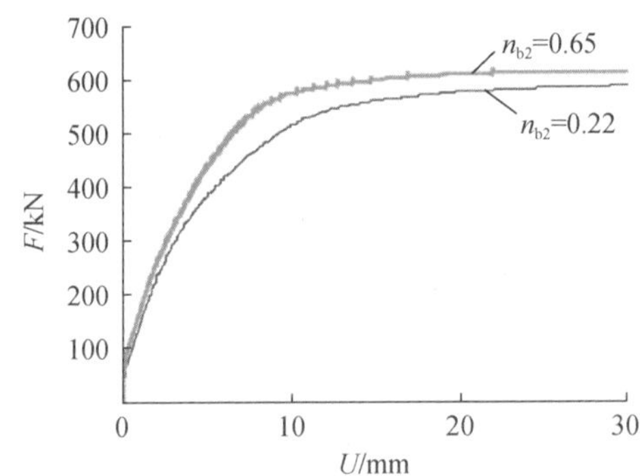

图 4-29　n_{b1}=0.56 时不同上、下斜撑配钢比剪力墙的 *F-U* 曲线

由图 4-28 和图 4-29 可知，采用同样的下部斜撑时，随着上部斜撑的配钢增大，剪力墙的各阶段刚度有明显的提高，各阶段承载力略有提高；上部斜撑体积增大一倍，极限承载力仅增大 2.63%；上部斜撑体积增大两倍，极限承载力仅增大 3.60%，且剪力墙的延性没有明显变化。因此，设计中斜撑截面应随高度的增加逐步减小，使斜撑的材料性能得到充分发挥。

4. 钢管混凝土边框截面含钢率

钢管混凝土边框柱的性能受到约束效应系数 ξ 的影响，ξ 越大，钢管对核心混凝土提供的约束作用就越强，混凝土强度和延性的增加也相对较大；反之，随着 ξ 的减小，钢管对其核心混凝土的约束作用将随之减小，即 ξ 的大小可以较准确地反映出钢管和混凝土之间的组合作用。本节对钢管厚度为 8mm，钢管混凝土截面含钢率 α 为 0.27，约束效应系数 ξ 为 2.90 的剪力墙进行了单调加载下的受力全过程计算，并与试验的含钢率 α 为 0.11，约束效应系数 ξ 为 1.17 的剪力墙进行了对比。计算得到了不同钢管混凝土边框截面含钢率剪力墙的 *F-U* 曲线，如图 4-30 所示。

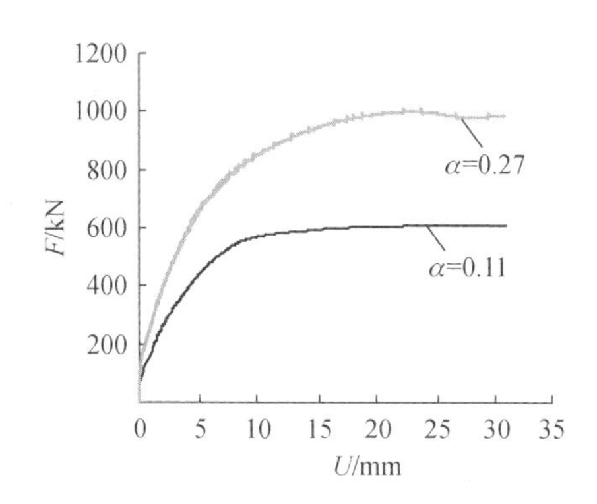

图 4-30　不同钢管混凝土边框截面含钢率剪力墙的 *F-U* 曲线

由图 4-30 可知，随着钢管混凝土边框截面含钢率的增大，剪力墙的各阶段刚度和各阶段荷载值均有明显的提高，截面含钢率增加 1.45 倍，剪力墙的承载力增加了 65%；含钢率的增大使约束效应系数增大，钢管混凝土边框柱内钢管对核心混凝土的约束作用增强，配钢的增加也使边框柱的承载力大大提高，故剪力墙的承载力大幅度提高；两剪力墙的墙板裂缝形态和破坏模态相近，含钢率高的剪力墙达到峰值荷载时裂缝分布范围和裂缝宽度较大。

5. 墙板分布钢筋配筋率

不同墙板竖向分布钢筋配筋率下剪力墙的荷载-位移曲线如图 4-31 所示，分别计算了配筋率ρ_w为0.31%、0.47%和1.17%的工况，与试验剪力墙0.62%的工况进行对比。

由图4-31可知，4条F-U曲线非常接近，在初始阶段基本重合，随着竖向分布钢筋配筋率的提高，剪力墙的屈服荷载和极限承载力稍有提高，但提高幅度很小，配筋率提高2.75倍，极限荷载仅提高4.4%。竖向分布钢筋配筋率对剪力墙的墙板裂缝形态和破坏模态影响较少。

不同墙板水平分布钢筋配筋率下剪力墙的F-U曲线如图4-32所示。计算了配筋率ρ_w为0.30%的工况，并与试验剪力墙0.67%的工况进行对比。

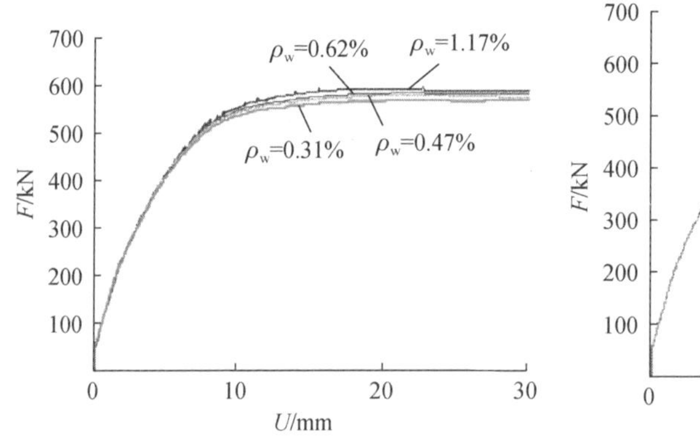

图4-31　不同墙板竖向分布钢筋配筋率下剪力墙的F-U曲线

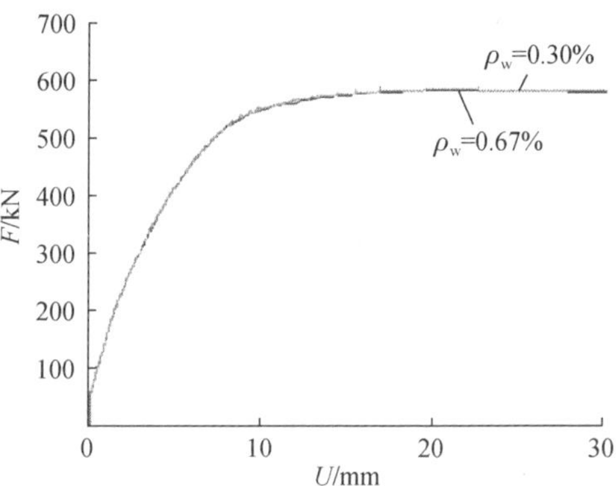

图4-32　不同墙板水平分布钢筋配筋率下剪力墙的F-U曲线

由图4-32可知，两条F-U曲线非常接近，水平分布钢筋配筋率对剪力墙刚度和承载力影响较小。从计算得到的主塑性应变矢量图和剪力墙变形图可以看出，水平分布钢筋配筋率对墙板的裂缝开展形态和破坏模态影响也较小。

6. 混凝土强度

考虑到目前工程使用C60高强混凝土较为常见，与C52混凝土做对比，模拟了钢管混凝土边框内藏钢桁架组合剪力墙的F-U曲线，如图4-33所示。

由图4-33可知，墙板混凝土和钢管混凝土都采用C60混凝土时，组合剪力墙具有较高的承载力和良好的延性；与试验试件的混凝土强度为52MPa的组合剪力墙相比，在其他条件相同情况下，试件的初始弹性刚度有明显提高，混凝土强度对初始刚度的影响较大，这时混凝土强度的提高会增大其弹性模量，使得试件初始弹性刚度有所提高；混凝土强度由52MPa增大到60MPa时试件的开裂荷载、屈服荷载和极限荷载都有所增大，其中极限承载力提高了9%左右，仍然保持较好的延性；两试件的破坏形式没有明显差别。

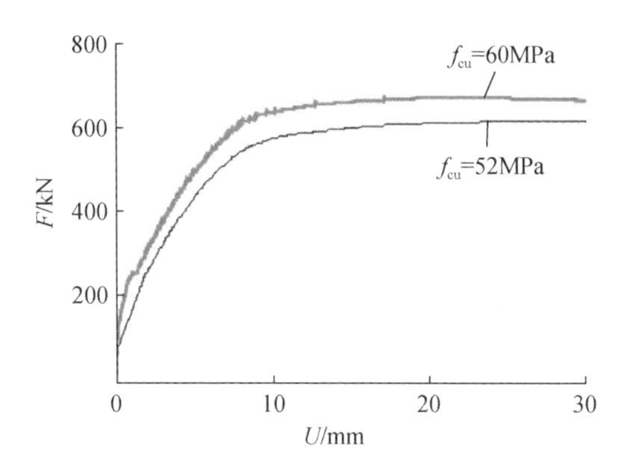

图 4-33　不同混凝土强度下钢管混凝土边框内藏钢桁架组合剪力墙的 F-U 曲线

4.4　钢管混凝土边框内藏钢桁架组合剪力墙理论计算

4.4.1　弹性刚度计算

1. 弹性刚度计算模型

在低周反复加载的初始阶段，可以根据材料力学的基本理论假设各剪力墙试件为一个弹性薄板，在单位荷载作用下，剪力墙的变形由弯曲变形和剪切变形组成，其计算模型如图 4-34 所示。

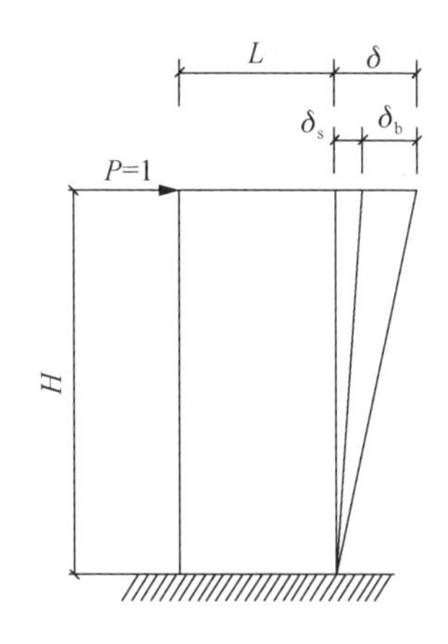

图 4-34　剪力墙的变形计算模型

剪力墙的柔度为

$$\delta = \delta_s + \delta_b$$

剪力墙的初始刚度为

$$K = \frac{1}{\delta_s + \delta_b} = \frac{1}{\dfrac{\psi H}{AG} + \dfrac{H^3}{3EI}} \tag{4-9}$$

$$A = A_0 + A_1 \quad \psi = \frac{A_2}{A_3} \tag{4-10}$$

式中，H 为剪力墙的计算高度；δ_s 为单位荷载作用下所产生的剪切变形；δ_b 为单位荷载作用下所产生的弯曲变形；ψ 为剪应变不均匀系数；A_0 为模型水平截面混凝土净面积；A_1 为换算后钢筋和型钢的截面面积；A_2 为模型水平截面面积；A_3 为截面腹板面积；G 为剪切模量，一般取值为 $G = 0.4E$；E 为弹性模量；I 为截面惯性矩。

2. 计算值与实测值的比较

按照式（4-9）计算所得各剪力墙的初始弹性刚度的计算值与实测值的比较见表 4-10，可知二者匹配较好。

表 4-10　初始弹性刚度的计算值与实测值的比较

试件编号	计算值/（kN/mm）	实测值/（kN/mm）	相对误差/%
SW3-2.0	242.10	232.05	4.33
SW4-2.0	242.10	225.01	7.60
SW5-2.0	242.10	229.15	5.65
SW9-2.0	206.79	196.00	5.51
SW10-2.0	206.79	200.51	3.13
SW9-1.5	433.12	425.92	1.69
SW4-1.5	433.12	410.27	5.57
CSW1-1.0	823.21	797.09	3.17
CSW2-1.0	1016.01	1003.21	1.28
CSW3-1.0	1102.26	1079.38	2.08
CSW1-1.5	315.62	301.94	4.33
CSW2-1.5	400.76	392.22	2.13
CSW3-1.5	429.92	420.36	2.22
CSW1-2.0	151.67	140.21	7.56
CSW2-2.0	192.07	186.3	3.10
CSW3-2.0	202.03	199.26	1.37
SSW2-2.0	194.30	190.00	2.26
SSW3-2.0	206.81	210.56	1.78

4.4.2　承载力计算

1. 基本假定

对承载力进行计算时，基本假定如下：

1）截面保持平面。

2）不计受拉区混凝土的抗拉作用。

3）受压混凝土的应力-应变关系曲线按现行混凝土结构设计规范确定，混凝土极限压应变值$\varepsilon_c<0.002$时为抛物线，$0.002\leqslant\varepsilon_c<0.0033$时为水平直线，取 0.0033，最大压应力取混凝土抗压强度标准值。

钢筋的应力-应变关系：屈服前为线弹性关系，屈服后的应力取屈服强度；考虑到钢管混凝土边框柱与普通钢筋混凝土边框不同，其受压侧钢管混凝土边框柱钢管和其内混凝土受力的合力按照钢管混凝土统一理论提出的组合强度和面积的乘积计算[2]。

2. 正截面承载力计算

试验研究表明，剪跨比为 1.5 和 2.0 的钢管混凝土边框内藏钢桁架组合剪力墙试件以弯曲破坏为主，属于大偏心受压情况。当试件因弯曲破坏而失效时，根部弯矩起控制作用。在受拉区，钢管达到屈服应力时，墙板受拉区竖向分布钢筋也大部分达到屈服应力，在中和轴附近的钢筋应力较小，计算时不予考虑，受拉区只计距受拉边缘 $h_w-1.5x$ 范围内的受拉钢筋，其中 h_w 为截面的总高度，x 为混凝土受压区高度；受压区的竖向分布钢筋由于截面面积较小，容易发生压屈现象，因此这部分压应力不予考虑，钢管受压屈服。钢管混凝土边框组合剪力墙可作为钢管混凝土边框内藏钢桁架组合剪力墙中桁架斜撑为零的特殊情况，故钢管混凝土边框内藏钢桁架组合剪力墙的计算式均适用于前者。

大偏心受压承载力计算模型如图 4-35 所示。根据平截面假定，当 $x \leqslant \xi_b h_{w0}$ 时，墙体为大偏心受压，相对界限受压区高度为

$$\xi_b = 0.8/\left[1 + f_a/(0.0033E_s)\right] \tag{4-11}$$

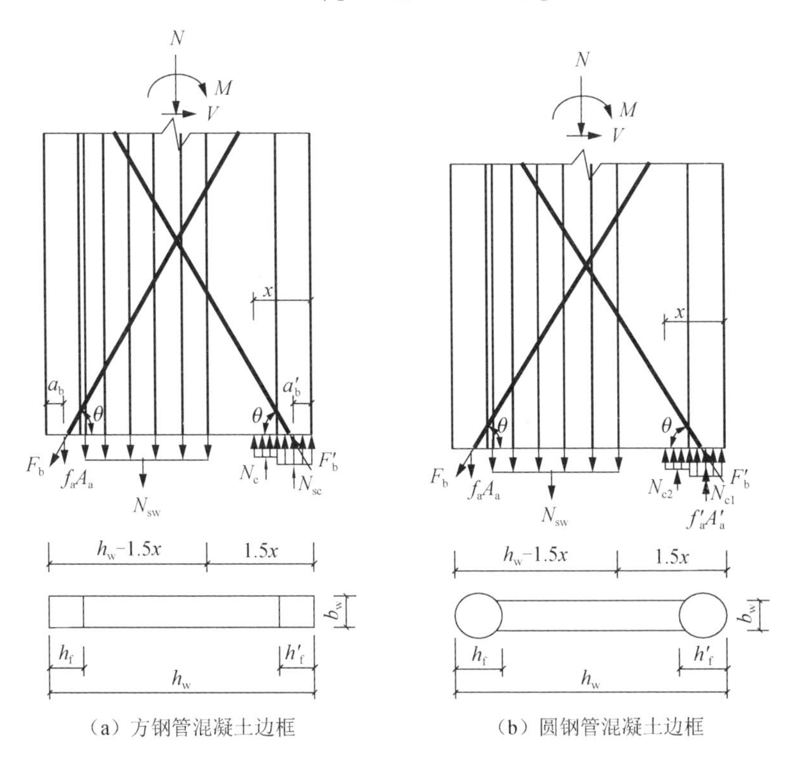

（a）方钢管混凝土边框　（b）圆钢管混凝土边框

图 4-35　大偏心受压承载力计算模型

大偏心受压情况下，钢管混凝土边框内藏钢桁架组合剪力墙的承载力满足如下计算式：

$$N = N_{\mathrm{sc}} + N_{\mathrm{c}} + F_{\mathrm{b}}'\sin\theta - f_{\mathrm{a}}A_{\mathrm{a}} - N_{\mathrm{sw}} - F_{\mathrm{b}}\sin\theta \tag{4-12}$$

$$N\left(e_0 - \frac{h_{\mathrm{w}}}{2} + \frac{h_{\mathrm{f}}'}{2}\right) = f_{\mathrm{a}}A_{\mathrm{a}}\left(h_{\mathrm{w}} - \frac{h_{\mathrm{f}}}{2} - \frac{h_{\mathrm{f}}'}{2}\right) + F_{\mathrm{b}}\left(h_{\mathrm{w}} - a_{\mathrm{b}} - \frac{h_{\mathrm{f}}'}{2}\right)\sin\theta + N_{\mathrm{sw}}\left(\frac{h_{\mathrm{w}} - h_{\mathrm{f}}' - h_{\mathrm{f}}}{2} + \frac{3x}{4}\right) + F_{\mathrm{b}}'\left(a_{\mathrm{b}}' - \frac{h_{\mathrm{b}}'}{2}\right)\sin\theta - N_{\mathrm{c}}\frac{x}{2} \tag{4-13}$$

$$N_{\mathrm{c}} = f_{\mathrm{c}}b_{\mathrm{w}}(x - h_{\mathrm{f}}')\text{，}\quad N_{\mathrm{sc}} = f_{\mathrm{sc}}'A_{\mathrm{sc}}'\text{，}\quad F_{\mathrm{b}} = f_{\mathrm{ab}}A_{\mathrm{ab}}\text{，}\quad F_{\mathrm{b}}' = f_{\mathrm{ab}}'A_{\mathrm{ab}}'$$

在进行剪力墙承载力计算时，因截面对称且采用对称配筋配钢形式，故部分参数之间有如下关系：

$$f_{\mathrm{a}} = f_{\mathrm{a}}'\text{，}\quad h_{\mathrm{f}} = h_{\mathrm{f}}'\text{，}\quad f_{\mathrm{ab}} = f_{\mathrm{ab}}'\text{，}\quad A_{\mathrm{ab}} = A_{\mathrm{ab}}'$$

平衡方程可以简化为

$$N = N_{\mathrm{sc}} + N_{\mathrm{c}} - f_{\mathrm{a}}A_{\mathrm{a}} - N_{\mathrm{sw}} \tag{4-14}$$

$$N\left(e_0 - \frac{h_{\mathrm{w}}}{2} + \frac{h_{\mathrm{f}}}{2}\right) = f_{\mathrm{a}}A_{\mathrm{a}}\left(h_{\mathrm{w}} - h_{\mathrm{f}}\right) + F_{\mathrm{b}}\left(h_{\mathrm{w}} - a_{\mathrm{b}} - \frac{h_{\mathrm{f}}'}{2}\right)\sin\theta + N_{\mathrm{sw}}\left(\frac{h_{\mathrm{w}}}{2} + \frac{3x}{4} - h_{\mathrm{f}}\right) + F_{\mathrm{b}}'\left(a_{\mathrm{b}}' - \frac{h_{\mathrm{f}}'}{2}\right)\sin\theta - N_{\mathrm{c}}\frac{x}{2} \tag{4-15}$$

式（4-12）～式（4-15）中，f_{a}、f_{a}' 为钢管混凝土边框柱所用钢材的抗拉、抗压强度；f_{ab}、f_{ab}' 为墙体中斜撑钢板的抗拉、抗压强度；f_{sc}' 为钢管混凝土边框柱组合抗压强度，按照文献[2]取 $f_{\mathrm{sc}}' = (1.212 + B\xi + C\xi^2)f_{\mathrm{c}}$，其中 f_{c} 为混凝土抗压强度值；A_{sc}' 为钢管混凝土边框柱截面面积；A_{a} 为受拉钢管混凝土边框柱钢管的面积；A_{ab}、A_{ab}' 为墙体中受拉、受压斜撑钢板的截面面积；N 为轴力；N_{c} 为钢筋混凝土墙板的受压区混凝土合力；N_{sc} 为受压侧钢管混凝土边框柱合力；N_{sw} 为钢筋混凝土墙板受拉钢筋合力；b_{w} 为截面的墙板厚度；h_{f}、h_{f}' 为钢管混凝土边框柱截面高度；a_{b}、a_{b}' 为受拉、受压斜撑合力点到截面近边缘的距离；θ 为钢支撑的倾角；e_0 为偏心距。其中，$N_{\mathrm{sw}} = f_{\mathrm{yw}}b_{\mathrm{w}}\rho_{\mathrm{w}}(h_{\mathrm{w}} - 1.5x - h_{\mathrm{f}})$，$f_{\mathrm{yw}}$ 为墙体竖向分布筋抗拉强度，ρ_{w} 为剪力墙竖向分布钢筋配筋率。

试件水平承载力为

$$F = (Ne_0)/H \tag{4-16}$$

式中，$e_0 = M/N$；H 为模型水平加载点至基础顶面的距离。

3. 斜截面承载力计算

试验表明，剪跨比为 1.0 的钢管混凝土边框内藏钢桁架低矮剪力墙在达到极限荷载时，主要表现为弯剪破坏特征，故应对其斜截面抗剪承载力进行验算。基于钢管混凝土边框内藏钢桁架剪力墙的力学特性，将钢管混凝土边框内藏钢桁架剪力墙的抗剪承载力分为钢筋混凝土墙板和钢管混凝土柱两部分加以考虑，即

$$V = V_{w} + V_{col} \tag{4-17}$$

式中，V_w 为钢筋混凝土墙板的水平抗剪承载力；V_{col} 为钢管混凝土柱的水平抗剪承载力。V_w 考虑三方面的贡献，如图 4-36 所示，即混凝土剪压区承担的剪力 V_c，与斜裂缝相交的水平分布筋的抗剪承载力 V_s，与斜裂缝相交的钢支撑的抗剪承载力 V_{sb}，即

$$V_{w} = V_{c} + V_{s} + V_{sb} \tag{4-18}$$

式中，$V_{c} = \dfrac{1}{\lambda - 0.5}\left(0.5 f_{t} b_{w} h_{w0} + 0.13 N \dfrac{A_{w}}{A}\right)$；$V_{s} = f_{yh} \dfrac{A_{sh}}{S} h_{w0}$；$V_{sb} = f_{yb} A_{sb} \cos\theta$；

λ为计算截面处的剪跨比，$\lambda=M/(Vh_0)$，当 $\lambda < 1.5$ 时取 $\lambda=1.5$，当 $\lambda > 2.2$ 时取 $\lambda=2.2$；A、A_w 分别为截面的全截面面积和腹板面积；N 为剪力墙轴向压力设计值；f_{yh} 为墙肢水平分布钢筋的抗拉屈服强度；A_{sh} 为配置在同一水平截面内的水平分布钢筋的总截面面积；S 为水平分布钢筋的间距；f_{yb} 为钢支撑的抗拉屈服强度；A_{sb} 为钢支撑的横截面面积。

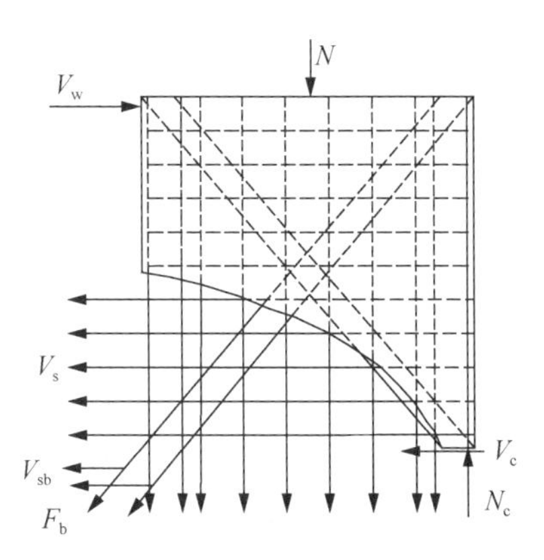

图 4-36　钢筋混凝土墙板抗剪承载力计算模型

钢管混凝土柱的抗剪承载力为

$$V_{col} = \gamma_{v} A_{sc} \tau_{scy} \tag{4-19}$$

式中，γ_v 为抗剪承载力计算系数，$\gamma_v=0.97+0.2\ln(\xi)$；$\xi$ 为约束效应系数，$\xi=\alpha f_y/f_{ck}$，α为钢管混凝土柱截面用钢量，$\alpha=A_s/A_c$，A_s、A_c 分别为截面钢的面积和混凝土的面积；A_{sc} 为截面总面积；τ_{scy} 为抗剪屈服极限，$\tau_{scy} = (0.422 + 0.313\alpha^{2.33})\xi^{0.134} f_{scy}$，$f_{scy} = (1.14 + 1.02\xi) f_{ck}$。

4. 计算值与实测值比较

将各试件混凝土和钢材实测强度代入大偏心受压承载力计算式及斜截面抗剪承载力计算式进行计算，各剪力墙的计算值和实测值见表 4-11，表中括号内的数值为斜截面抗剪承载力计算值。计算值与实测值匹配较好。

表 4-11 4.3 节试件极限承载力计算值与实测值的比较

试件编号	计算值/kN	实测值/kN	相对误差/%
SW3-2.0	634.44	635.01	0.09
SW4-2.0	732.27	734.72	0. 33
SW5-2.0	732.27	725.70	0.91
SW9-2.0	595.61	642.56	7.31
SW10-2.0	595.61	614.06	3.00
SW9-1.5	793.84	803.60	1.21
SW4-1.5	761.88	760.94	0.12
CSW3-1.0	1115.95（1161.71）	1167.01	4.38（-0.45）
CSW3-1.5	814.64	799.08	1.95
CSW3-2.0	597.84	621.00	3.73
SSW2-2.0	495.22	539.83	8.26
SSW3-2.0	622.40	625.80	0.54

4.4.3 恢复力模型

在确定恢复力模型之前，需要先确定骨架曲线和滞回规则。骨架曲线要确定能反映开裂、屈服、破坏等主要特征的关键点；一般由比较可靠的理论公式确定骨架曲线上的关键点。滞回规则一般要确定正负向加、卸载过程中的行走路线，以及强度退化、刚度退化等特征，能体现构件的非线性，一般由低周反复荷载试验确定滞回规律。

根据钢管混凝土边框内藏钢桁架组合剪力墙骨架曲线的形状及走势，采用带下降段的三折线骨架线模型，模型以屈服荷载点和极限荷载点作为转折点，即确定屈服荷载对应的点、极限荷载对应的点和极限位移对应的点，如图 4-37 所示。

定义构件屈服刚度为屈服前刚度 K_y，屈服荷载到极限荷载的刚度为屈服后刚度 K_{py}，极限荷载到破坏荷载的刚度为下降段刚度 K_u。

1）K_y 的取值为弹性刚度 K_0 乘以折减系数，即 $K_y = \alpha_1 K_0$。式中，α_1 为折减系数，建议如下：对于钢管混凝土边框内藏钢桁架组合剪力墙，当剪跨比为 1.0 时，α_1 取 0.11；当剪跨比为 1.5 时，α_1 取 0.15；当剪跨比为 2.0 时，α_1 取 0.21～0.23，轴压比较大时取较大值。对于钢管混凝土边框组合剪力墙，当剪跨比为 2.0

时，α_1 取 0.25～0.28，轴压比较大时取较大值。

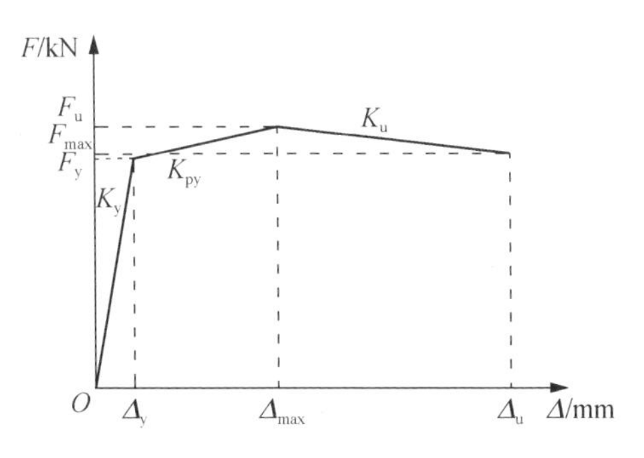

图 4-37　骨架曲线模型

屈服荷载 F_y 的取值为将式（4-16）和式（4-17）计算所得的极限承载力进行折减，折减系数取为 0.8。

屈服位移 Δ_y 由屈服荷载 F_y 和屈服前刚度 K_y 确定，即 $\Delta_y = F_y / K_y$ 。

2）屈服后刚度 K_{py} 的取值为屈服前刚度 K_y 乘以折减系数，即 $K_{py} = \alpha_2 K_y$ 。式中，α_2 为折减系数，建议如下：对于钢管混凝土边框内藏钢桁架组合剪力墙，当剪跨比为 1.0 时，α_2 取 0.28；当剪跨比为 1.5～2.0 时，α_2 取 0.14～0.15。对于钢管混凝土边框组合剪力墙，当剪跨比为 2.0 时，α_2 取 0.09～0.12，轴压比较大时取较小值。

极限荷载 F_{max} 取式（4-16）和式（4-17）计算所得的极限承载力。

极限位移 Δ_{max} 由屈服荷载 F_y、屈服位移 Δ_y、极限荷载 F_{max} 和屈服后刚度 K_{py} 确定，计算式为 $\Delta_{max} = \dfrac{F_{max} - F_y}{K_{py}} + \Delta_y$ 。

3）下降段刚度 K_u 的取值为屈服前刚度 K_y 乘以折减系数，即 $K_u = \alpha_3 K_y$ 。式中，α_3 为折减系数，建议如下：对于钢管混凝土边框内藏钢桁架组合剪力墙，当剪跨比为 1.0 时，α_3 取−0.12；当剪跨比 1.5 时，α_3 取−0.11；当剪跨比 2.0 时，α_3 取−0.09。对于钢管混凝土边框组合剪力墙，当剪跨比为 2.0 时，α_3 取−0.07～−0.06，轴压比较大时取较小值。

破坏荷载 F_u 取极限承载力下降到 85%时的值。

破坏位移 Δ_u 由极限荷载 F_{max}、极限位移 Δ_{max}、破坏荷载 F_u 和下降段刚度 K_u 确定，计算式为 $\Delta_u = \Delta_{max} - \dfrac{F_{max} - F_u}{K_u}$ 。

4.4.4　滞回特性

剪力墙正向和反向的卸载规则基本相同，在达到屈服荷载前，认为滞回曲线

的卸载刚度与屈服前的刚度基本相同；在荷载超过屈服荷载后，将实测的刚度退化曲线进行拟合，通过拟合得到的计算式为

$$K_{un}=\beta\left(\frac{\Delta_i}{\Delta_y}\right)^{\gamma}K_y \tag{4-20}$$

式中，K_{un} 为卸载刚度。Δ_i 为屈服后曾经达到位移绝对值的最大值。β 为拟合系数，对于钢管混凝土边框内藏钢桁架组合剪力墙，当剪跨比为 1.0 时，β 取 1.35；当剪跨比为 1.5 时，β 取 1.13；当剪跨比为 2.0 时，β 取 1.08～1.12。对于钢管混凝土边框组合剪力墙，当剪跨比为 2.0 时，β 取 1.29。γ 为拟合指数，对于钢管混凝土边框内藏钢桁架组合剪力墙，当剪跨比为 1.0 时，γ 取−0.36；当剪跨比为 1.5 时，γ 取−0.24；当剪跨比为 2.0 时，γ 取−0.33。对于钢管混凝土边框组合剪力墙，当剪跨比为 2.0 时，γ 取−0.81～−0.47，轴压比较大时取较大值。

对试验测得的滞回曲线进行观察后发现，正反向卸载到零荷载后再加载，曲线指向此方向曾经达到的最大位移点，因此钢管混凝土边框内藏钢桁架组合剪力墙和钢管混凝土边框组合剪力墙的再加载规则均采用最大位移点指向型。

4.4.5　恢复力模型及计算结果

恢复力模型的行走路线如图 4-38 所示。

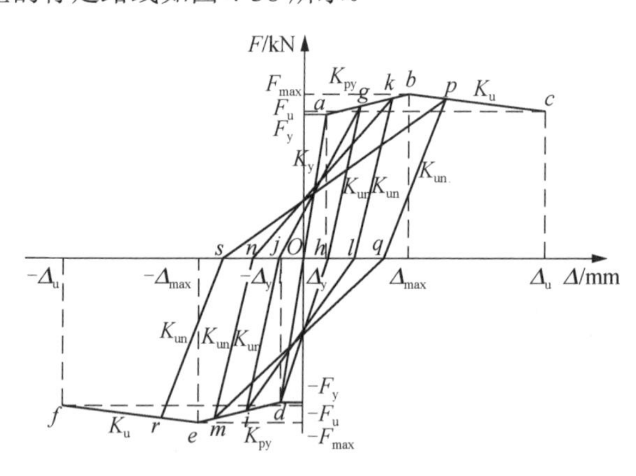

图 4-38　恢复力模型的行走路线

对图 4-38 的描述如下：

1）在构件的受力尚未超过屈服强度以前，加载和卸载均沿骨架曲线的弹性段行走，卸载时不考虑刚度退化和残余变形，即路线 Oa，加载、卸载路线的刚度为 K_y。

2）构件受力超过屈服强度后，加载路径沿着骨架曲线进行，即正向加载的路线 ab 和路线 bc，反向加载的路线 de 和路线 ef，从屈服点到极限荷载点之间的刚度为 K_{py}，从极限荷载点到破坏荷载点之间的刚度为 K_u。

3）正反向屈服后的卸载刚度均按刚度 K_{un} 卸载，即路线 *gh*、*kl*、*pq* 和路线 *ij*、*mn*、*rs* 分别从路线 *ab*、*bc* 和路线 *de*、*ef* 上反向卸载至荷载为 0，刚度均为 K_{un}。

4）正向卸载后的反向再加载指向反向曾经经历过的最大位移点，即路线 *hd*、*li*、*qm*；反向卸载后的正向再加载指向正向曾经经历过的最大位移点，即路线 *jg*、*nk*、*sp*，均遵循最大位移指向的再加载规则。

计算与实测所得的滞回曲线，如图 4-39 所示。图中虚线为本节计算模型所绘曲线，实线为实测滞回曲线，可以看出两者匹配较好，说明本节建立的恢复力模型是较为合理的。

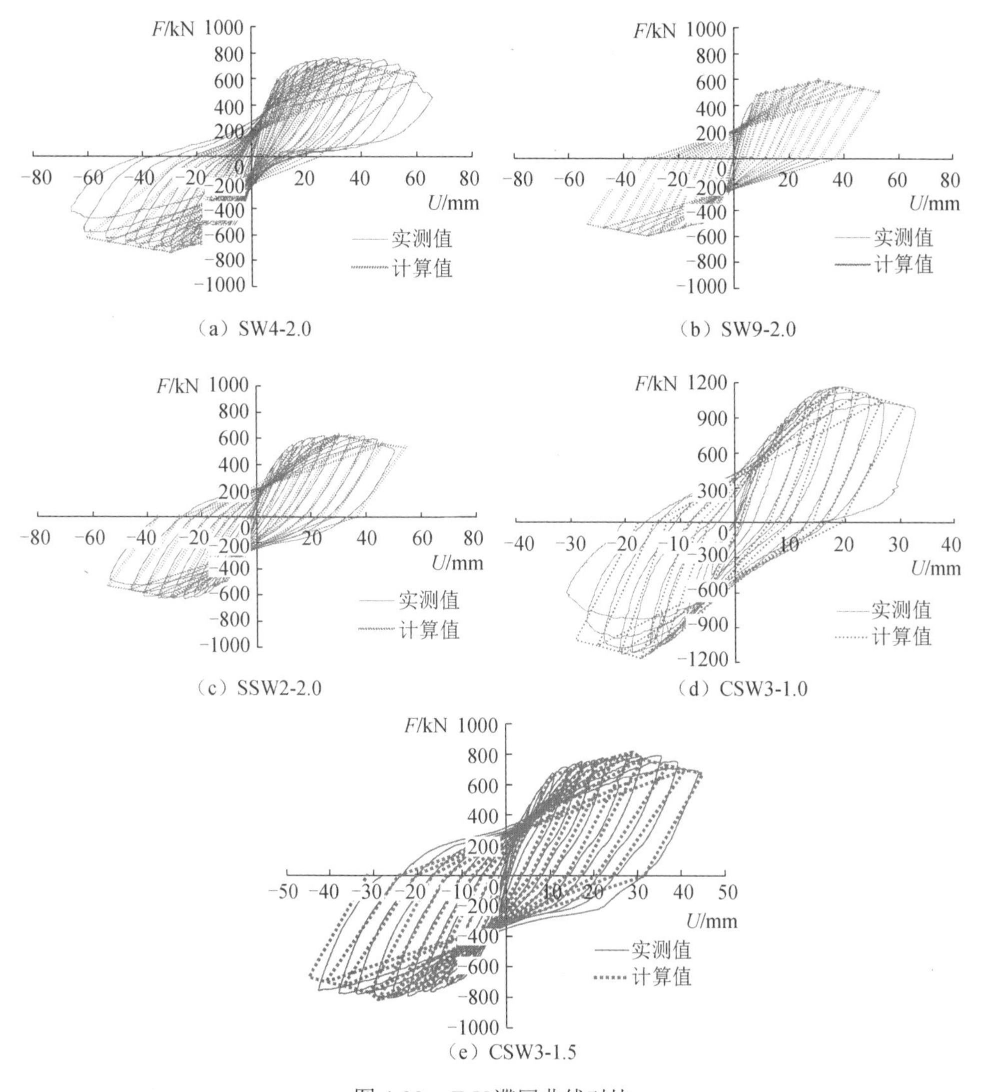

（a）SW4-2.0　（b）SW9-2.0　（c）SSW2-2.0　（d）CSW3-1.0　（e）CSW3-1.5

图 4-39　*F-U* 滞回曲线对比

4.5　钢管混凝土边框内藏钢桁架组合核心筒

4.5.1　试验概况

本节进行了 7 个 1/6 缩尺的组合核心筒的低周反复荷载下的抗震性能试验研究，试件编号分别为 CTG-1、CTG-2、CTD-1、CTD-2、CT-1、CT-2、CWD-1。其中，试件 CTG-1 为钢管混凝土边框组合核心筒模型，试件 CTG-2 为钢管混凝土边框内藏钢桁架组合核心筒模型，试件 CTD-1 为钢管混凝土叠合柱边框组合核心筒模型，试件 CTD-2 为钢管混凝土叠合柱边框内藏钢桁架组合核心筒模型，试件 CT-1 为钢管混凝土叠合柱边框带洞口组合核心筒模型，试件 CT-2 为钢管混凝土叠合柱边框内藏钢桁架带洞口组合核心筒模型，试件 CWD-1 为钢管混凝土叠合柱边框内藏钢板、钢桁架带洞口组合核心筒模型。

各核心筒均为对称结构，两对边墙体中心线间轴距为 1000mm，墙体厚度为 75mm，水平加载点位于加载板高度中心位置，加载点到模型基础表面的距离为 2260mm，试件总高为 2910mm，剪跨比均为 2.1，施加轴力为 1320kN，无洞口剪力墙试件设计轴压比均为 0.27，带洞口剪力墙试件设计轴压比均为 0.35。

各试件的钢管混凝土柱及叠合柱钢管均采用截面为 80mm×80mm×3.5mm 的焊接方钢管，钢管与剪力墙连接一侧的钢管壁上设双排间距为 80mm 的抗剪连接键（M3 螺栓），并焊接 2 个竖向宽 10mm 的钢板条，这样便于墙体水平钢筋弯折段与钢管焊接连接。试件 CTG-2、CTD-2、CT-2 墙体内部设置钢桁架，沿高度分 2 层设置，每层钢桁架中的斜撑均采用 X 形，倾角为 45°，斜撑截面尺寸为 3mm×60mm 的一字形钢板，斜撑与钢管柱连接部位采用节点板焊接，节点板穿过钢管壁，并与钢管壁焊接。试件 CWD-1 核心筒墙体从基础至 1160mm 高度范围内内藏钢板，钢板与钢管柱的连接做法：钢板边切割成马牙槎，钢管开槽，使钢板可以穿过钢管柱进行焊接；洞口边设置型钢柱，型钢柱为焊接 H 型钢，截面尺寸为 50mm×35mm×4mm×4mm，该 H 型钢柱直接与钢板焊接；钢板以上设置斜撑，斜撑与钢管柱连接部位采用节点板焊接，节点板穿过钢管壁，并与钢管壁焊接，斜撑另一端头与 H 型钢柱直接焊接；洞口之间的深梁设置交叉斜撑。各试件水平和竖直方向分布 Φ4@80mm 的双层钢筋网，叠合柱内钢筋为直径 6mm 的冷拔钢筋，墙体的拉结筋采用 8 号钢丝制作，梅花形布置。试件的主要设计参数见表 4-12，部分试件配筋及配钢图如图 4-40 所示，试件制作过程如图 4-41 所示。

矩形钢管柱和桁架斜撑采用 Q235 钢材，试件墙体和边框柱中的混凝土均为现场搅拌的细石混凝土，混凝土设计强度为 C35，实测各试件的混凝土强度见表 4-12。钢材的力学性能实测值见表 4-13。

表 4-12　4.5 节试件的主要设计参数

试件编号	边框柱	钢桁架	洞口	混凝土强度/MPa
CTG-1	钢管混凝土柱	—	无	37.34
CTG-2	钢管混凝土柱	X 形钢桁架	无	39.41
CTD-1	钢管混凝土叠合柱	—	无	39.41
CTD-2	钢管混凝土叠合柱	X 形钢桁架	无	31.55
CT-1	钢管混凝土叠合柱	—	有	37.34
CT-2	钢管混凝土叠合柱	X 形钢桁架	有	37.81
CWD-1	钢管混凝土叠合柱	钢桁架+钢板	有	31.55

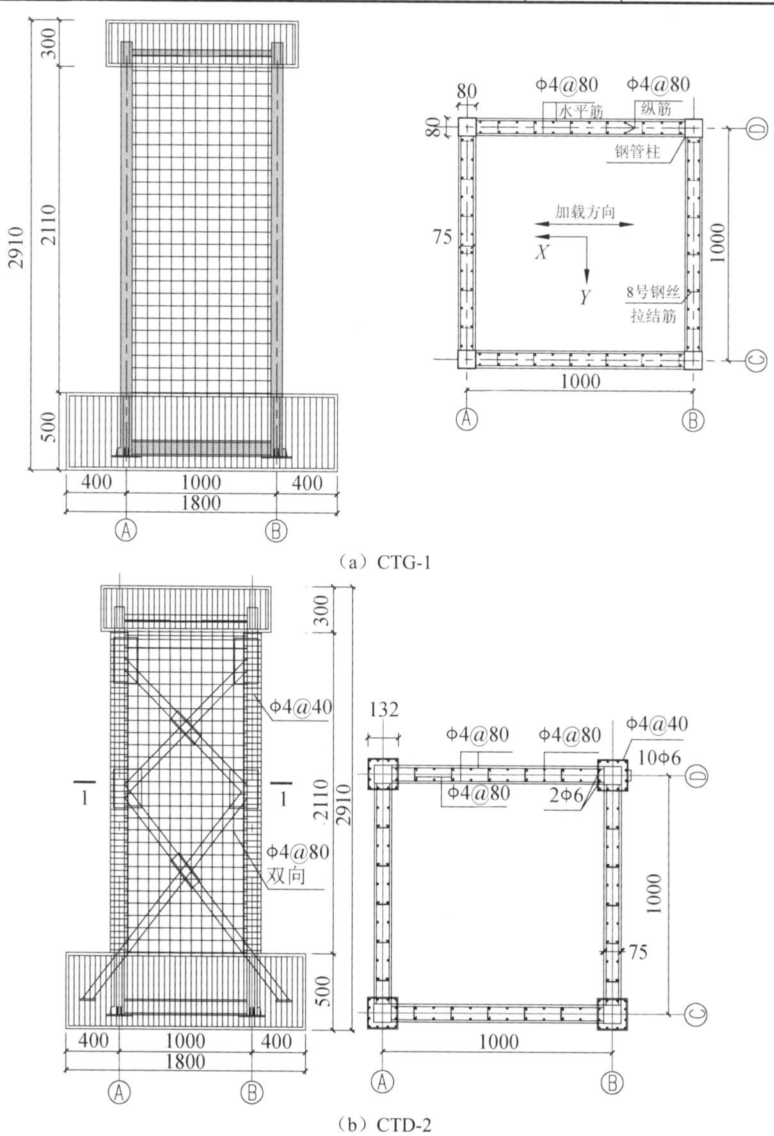

图 4-40　4.5 节试件的配筋及配钢图

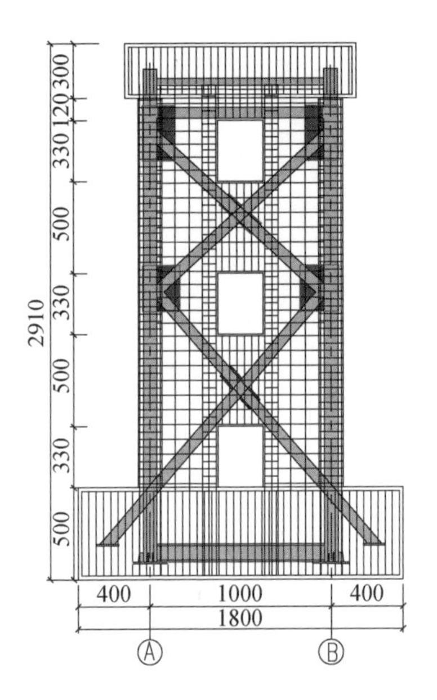

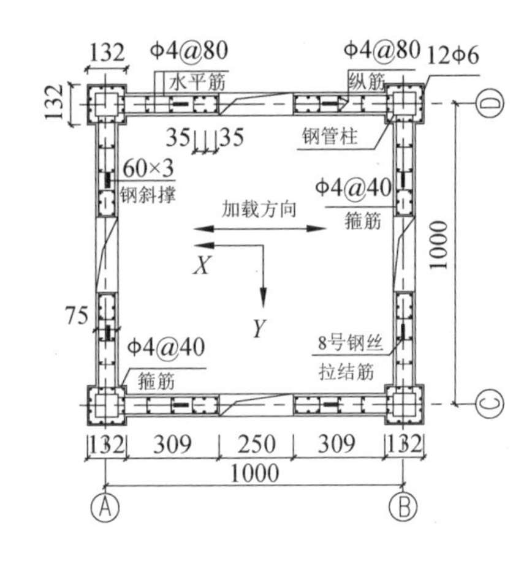

（c）CT-2

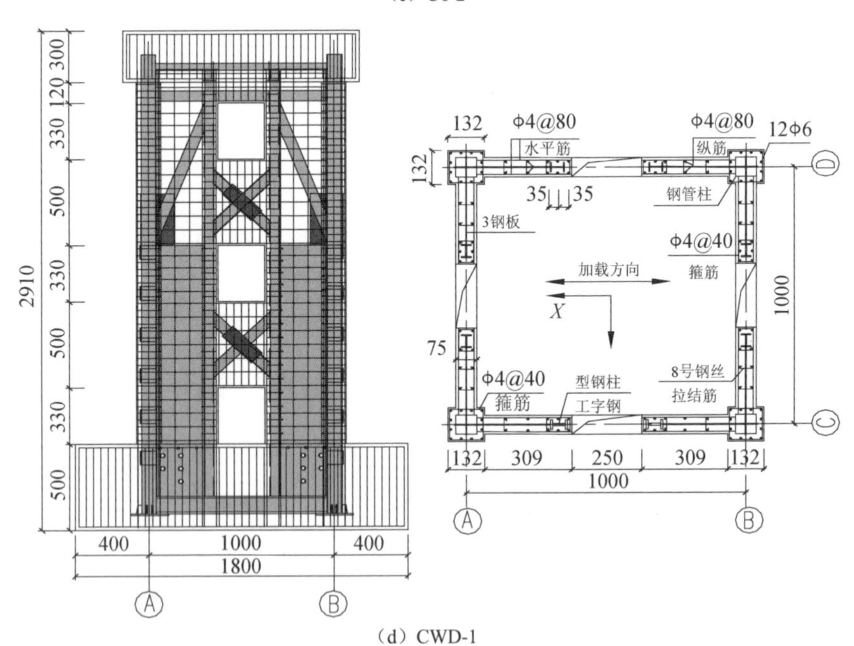

（d）CWD-1

图 4-40（续）

（a）钢构件

（b）绑扎钢筋

（c）支模板、浇筑混凝土

图 4-41 4.5 节试件的制作过程

表 4-13 4.5 节试件钢材的力学性能实测值

钢筋及钢材	结构名称	屈服强度/MPa	极限强度/MPa	延伸率/%	弹性模量/MPa
3.5mm 厚钢管	叠合柱边框和钢管柱边框	361.1	432.9	17.5	2.09×10^5
3mm 厚钢板	斜撑及内藏钢板	368.9	509.2	25.5	2.06×10^5
8 号钢丝	箍筋、拉结筋	379.6	455.5	16.0	1.96×10^5
ϕ4 冷拔钢筋	墙体分布钢筋	657.1	821.4	8.2	1.96×10^5
ϕ6 冷拔钢筋	叠合柱	397.0	550.5	7.5	1.87×10^5

4.5.2 加载方案

试验加载方式为低周反复荷载。在施加水平荷载前先施加竖向力至 1320kN，并保持其在试验过程中不变化，以确保核心筒的轴压比恒定。水平力通过 200t 拉压千斤顶施加，拉为正，压为负，加载点位于距基础顶面 2260mm 高度处的加载板中间位置，试验过程中，弹性阶段采用荷载控制加载，当出现明显的非线性趋势后改为位移控制加载。当核心筒承载力下降到 85%极限承载力后继续加载，直至核心筒严重破坏为止。

4.5.3 承载力

试验所得各试件的特征荷载及位移实测值见表 4-14。

表 4-14　4.5 节试件的特征荷载及位移实测值

试件编号	F_c/kN	F_y/kN	U_y/mm	F_u/kN	F_u 相对值	U_d/mm	U_d 相对值	θ_d	F_y/F_u	μ
CTG-1	168.19	362.37	10.45	620.95	1.000	33.69	1.000	1/67	0.584	3.224
CTG-2	170.83	462.32	8.67	851.95	1.372	35.96	1.067	1/63	0.543	4.148
CTD-1	313.05	463.08	9.44	907.99	1.462	38.67	1.148	1/58	0.510	4.096
CTD-2	331.67	481.55	10.13	978.85	1.576	42.75	1.269	1/53	0.492	4.220
CT-1	145.76	276.75	7.64	446.98	1.000	38.89	1.000	1/58	0.620	5.090
CT-2	150.26	421.03	7.52	719.69	1.610	39.01	1.003	1/58	0.586	5.188
CWD-1	165.96	388.21	7.16	767.68	1.717	34.69	0.892	1/66	0.505	4.845

由表 4-14 可知，在钢管混凝土柱边框或钢管混凝土叠合柱边框组合核心筒中增设钢桁架后，尽管试件 CTD-2 的混凝土强度偏低，但屈服荷载、极限荷载均有较大幅度的提高，钢桁架与边框柱共同工作，使边框对混凝土墙板的约束效果更好；当边框由钢管混凝土柱改为钢管混凝土叠合柱后，钢桁架的作用有所减弱；混凝土墙板开洞后，钢桁架的作用相对有所增强；内藏钢桁架核心筒的屈强比相对较小，明显屈服到极限荷载的发展过程较长，即有约束的屈服段较长，这是由于内藏钢桁架的存在有效地限制了裂缝的扩展贯通，减缓了构件的刚度衰减，保证了构件的后期稳定性；设置钢桁架试件的屈服位移有所减小，最大弹塑性位移有所增大，延性系数较大，内藏钢桁架的组合核心筒从屈服到最大承载力的弹塑性变形过程较长，实现了极限荷载较大程度的滞后，有利于结构在达到极限荷载之前大量地耗散地震能量，减轻其破坏程度，明显提高结构抗震的可靠性；各组合核心筒的最大弹塑性位移对应的位移角在 1/67～1/53 范围内，满足现行规范对剪力墙及核心筒最大弹塑性位移角的限值 1/120 的要求。

4.5.4 刚度

各组合核心筒试件的刚度 K 随位移角 θ 增大而退化的 K-θ 曲线如图 4-42 所示。

由图 4-42 可知，各试件刚度退化过程可分为刚度速降阶段、刚度次速降阶段、刚度缓降阶段。刚度速降阶段为核心筒微裂缝发展到肉眼可见的裂缝阶段；刚度次速降阶段为明显开裂到明显屈服阶段；刚度缓降阶段为明显屈服到最大弹塑性变形阶段。可以看出，由于加设了钢桁架，约束了筒体墙肢裂缝的开展，内藏钢桁架组合核心筒刚度退化明显减慢，结构后期的刚度和性能相对于无钢桁架组合核心筒性能更稳定。

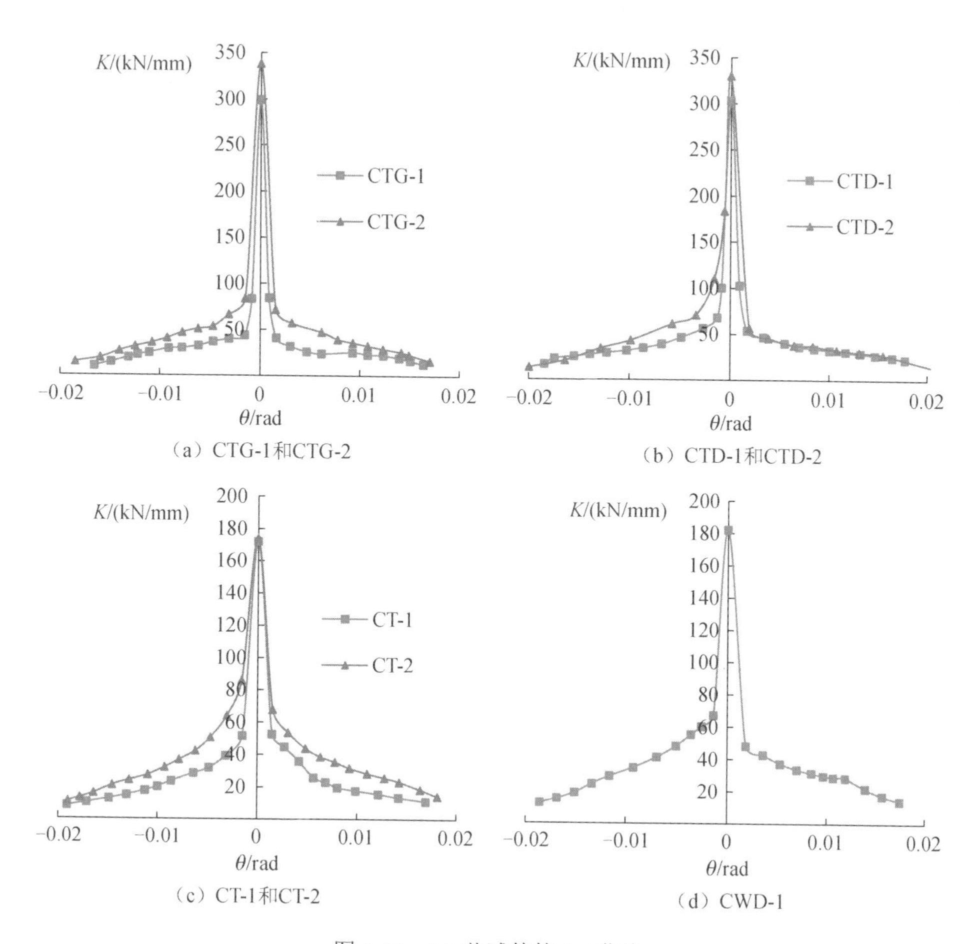

图 4-42　4.5 节试件的 K-θ曲线

4.5.5　滞回特性

实测所得试件的 F-U_1（水平力-顶层水平位移）滞回曲线如图 4-43 所示，其中 U_1 为 2260mm 顶层位移；相应的骨架曲线如图 4-44 所示，F-U_2（水平力-中间层水平位移）滞回曲线如图 4-45 所示，其中 U_2 为 1660mm 中间顶层位移；F-U_3（水平力-底层水平位移）滞回曲线如图 4-46 所示，其中 U_3 为 830mm 底层位移。要说明的是，试件 CT-1 在加载过程中地锚松动，整个筒体出现水平滑移，在施加正向推力时，筒体基础有翘起现象，故滞回曲线出现异常。

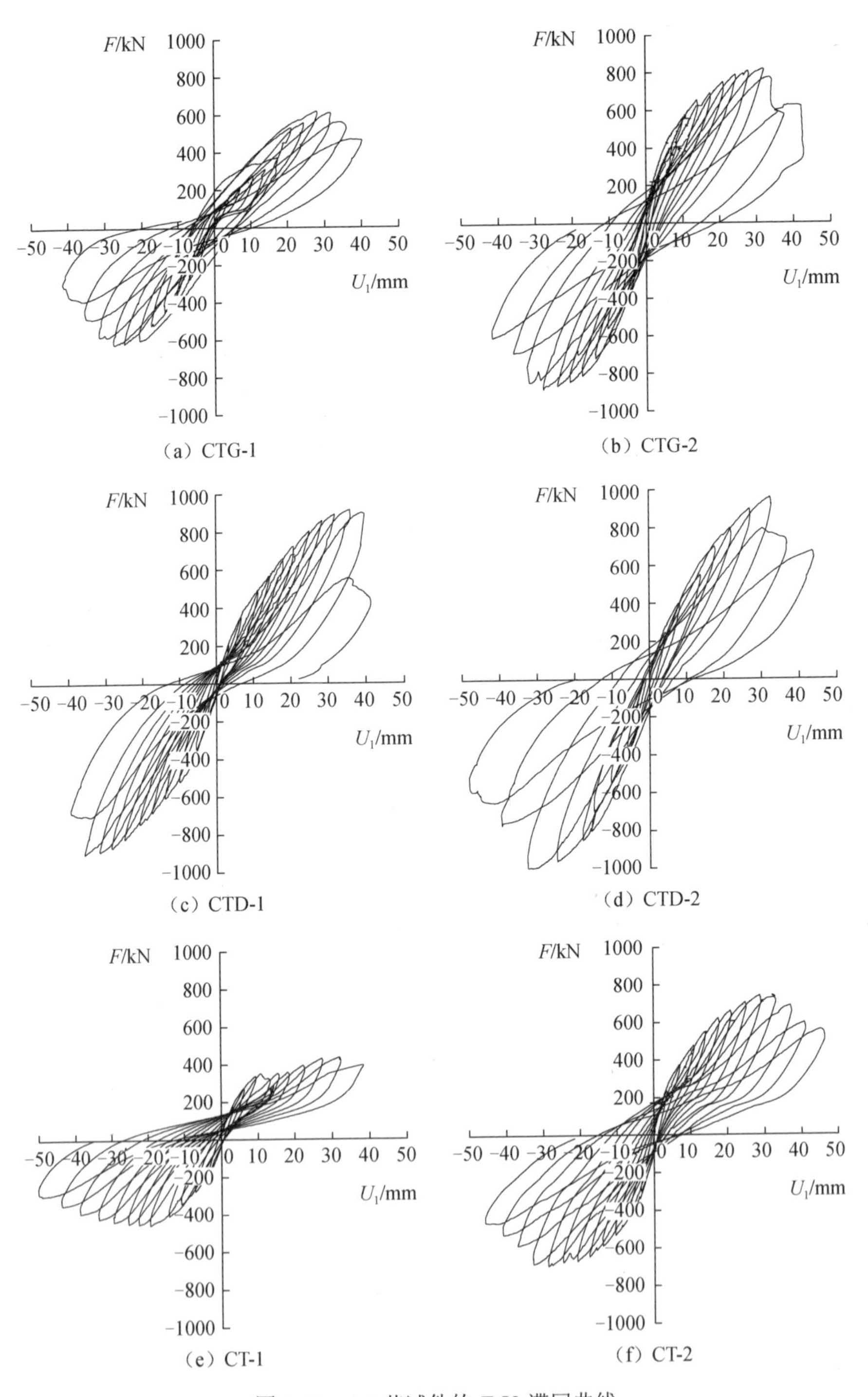

图 4-43　4.5 节试件的 F-U_1 滞回曲线

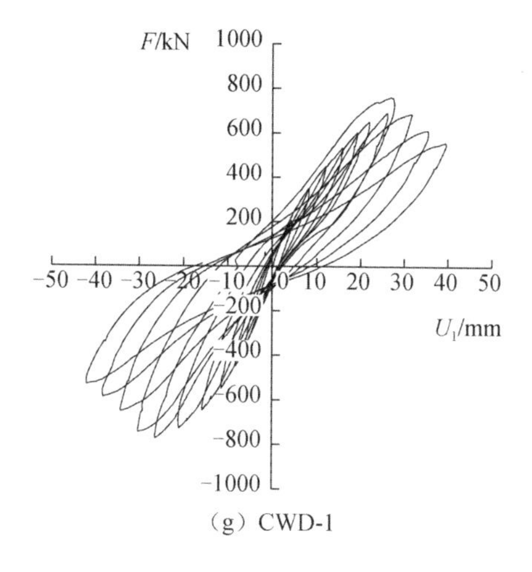

（g）CWD-1

图 4-43（续）

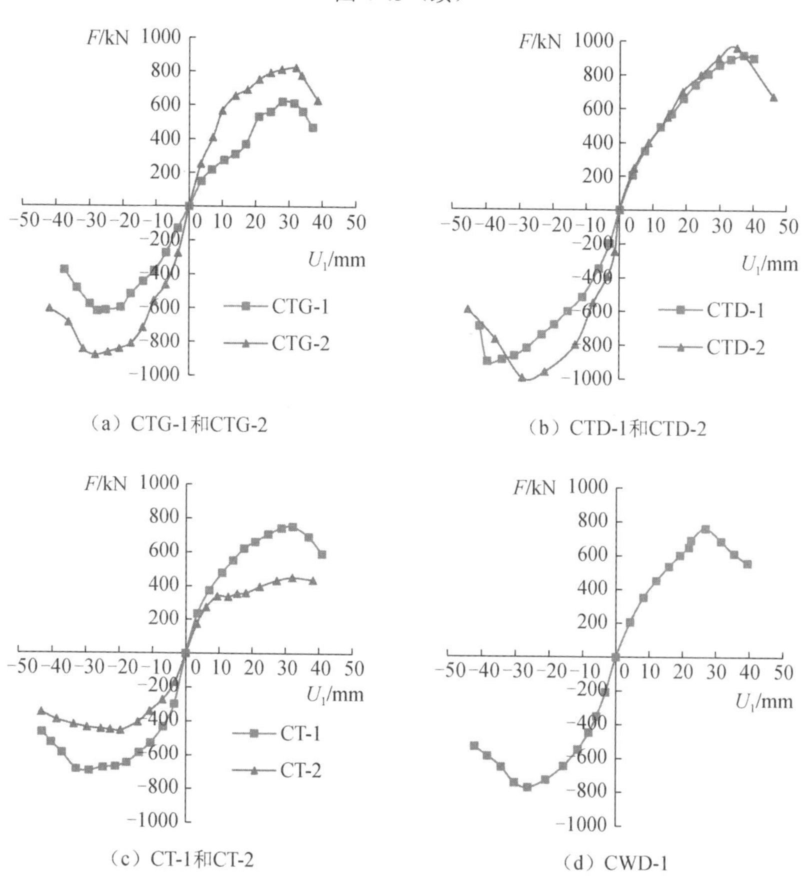

（a）CTG-1和CTG-2

（b）CTD-1和CTD-2

（c）CT-1和CT-2

（d）CWD-1

图 4-44 4.5 节试件的 F-U_1 骨架曲线

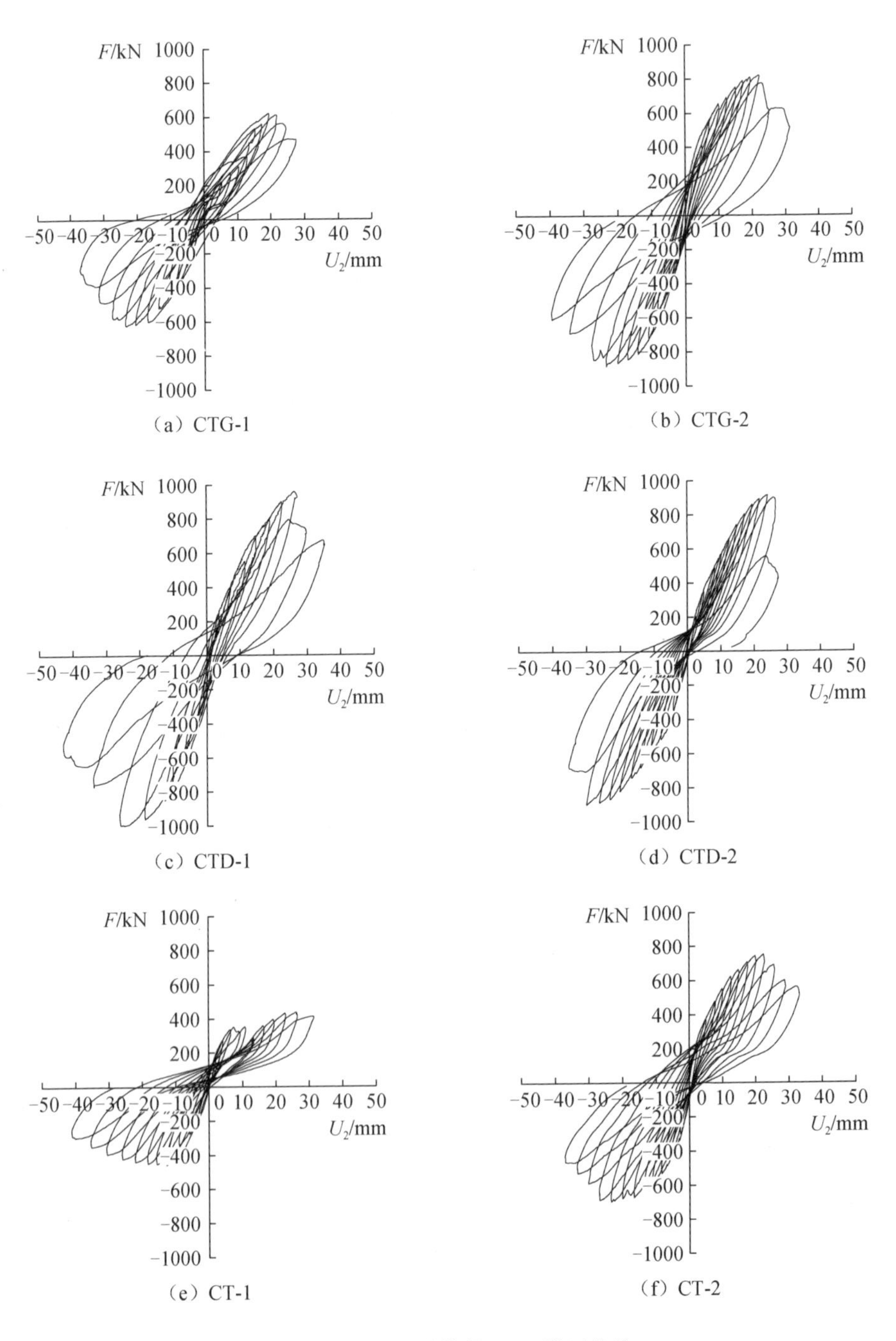

图 4-45　4.5 节试件的 F-U_2 滞回曲线

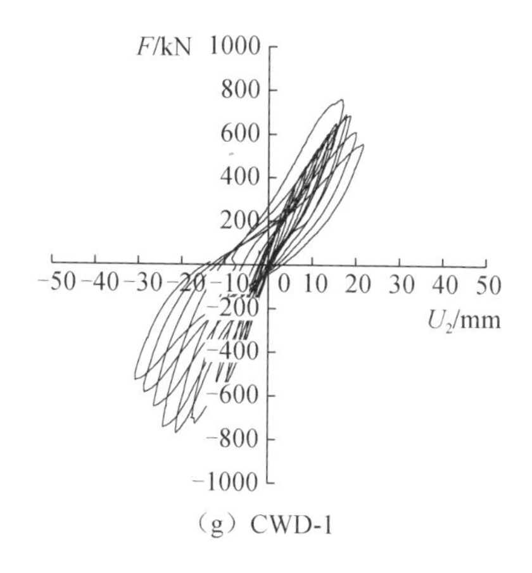

（g）CWD-1

图 4-45（续）

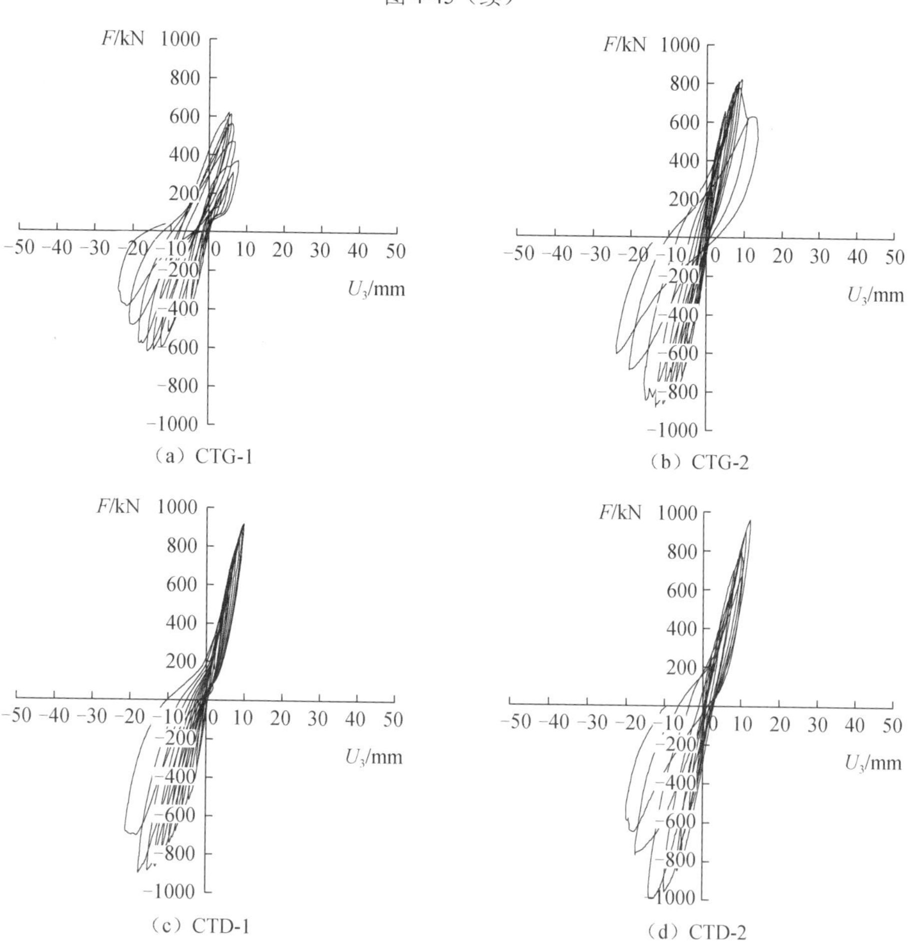

（a）CTG-1　（b）CTG-2

（c）CTD-1　（d）CTD-2

图 4-46　4.5 节试件的 F-U_3 滞回曲线

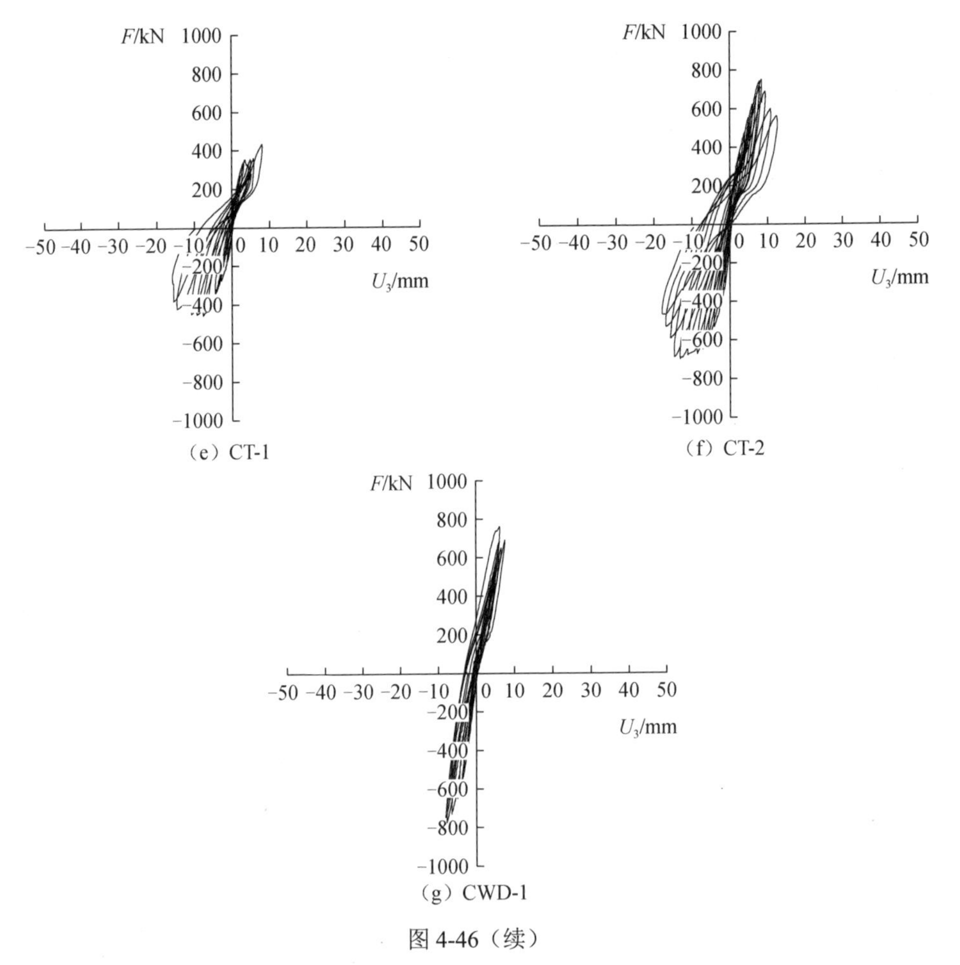

（e）CT-1

（f）CT-2

（g）CWD-1

图 4-46（续）

由试验及图 4-43～图 4-46 和表 4-15 可知，内藏钢桁架组合核心筒的滞回环较无钢桁架组合核心筒更饱满，中部捏拢现象较轻，承载力、延性、后期刚度及耗能均有所提高；试件 CTG-2 与试件 CTG-1 相比，耗能能力提高了 52.5%；尽管试件 CTD-2 比试件 CTD-1 的混凝土强度小了 20.05%，但其耗能能力仍比 CTD-1 提高了 14.59%；试件 CT-2 与试件 CT-1 相比，耗能提高了 60.0%，可见内藏钢桁架的存在对提高构件耗能能力效果非常明显。各试件的骨架曲线与普通混凝土核心筒的骨架曲线相比，明显出现了几个拐点，加载至屈服点之后，其变形又经历了弹塑性位移发展较快段、承载力强化上升段、承载力短暂稳定发展后下降段三个阶段，分析其原因：墙体开裂后，在钢管混凝土边框柱与混凝土墙体的连接处，混凝土也出现了开裂现象，随着反复荷载的加大和反复荷载作用次数的增多，该连接处混凝土性能逐步退化，剪力墙水平钢筋弯折段与焊接点过渡区逐步拉直，此阶段核心筒的弹塑性位移发展较快；之后剪力墙水平钢筋的端部弯折段与边框钢管的焊接部分开始充分发挥作用，核心筒的承载力出现提升较快的强化段；当边框钢管与水平钢筋的焊缝处出现个别钢筋受拉缩颈和拉断后，此过程中骨架曲线出现了短暂稳定发展后承载力下降的现象。

表 4-15　4.5 节试件的耗能实测值

试件编号	耗能/（kN · mm）	相对值
CTG-1	31934	1.000
CTG-2	48708	1.525
CTD-1	56193	1.000
CTD-2	64392	1.146
CT-1	29336	1.000
CT-2	46376	1.600

4.5.6　破坏特征

各试件破坏时的最终裂缝形态如图 4-47 所示，试件最终破坏形态如图 4-48 所示，其中，Y 面和 $-Y$ 面为与加载方向平行的两个面，X 面和 $-X$ 面为与加载方向垂直的两个面。

图 4-47　4.5 节试件的最终裂缝形态

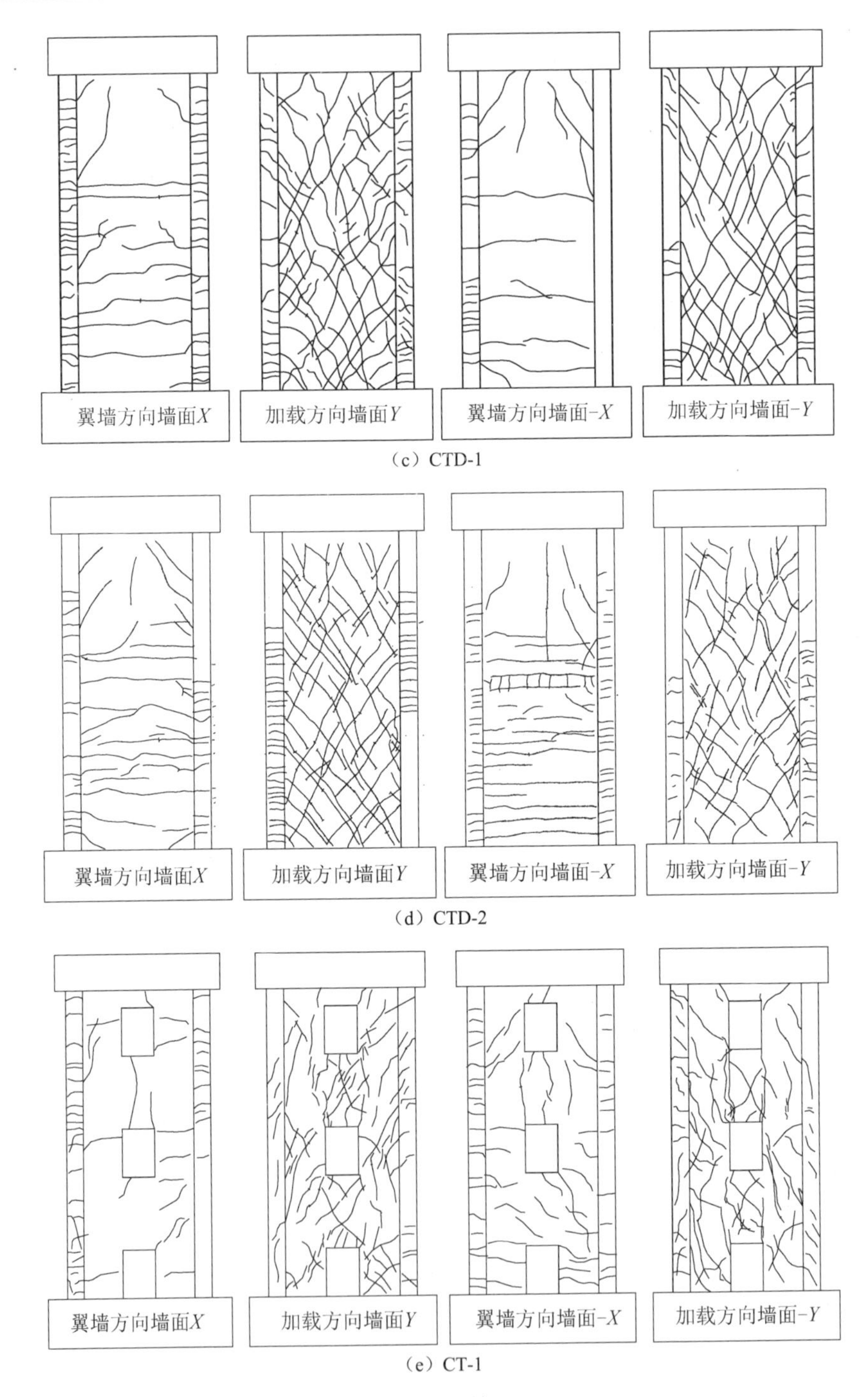
翼墙方向墙面X
加载方向墙面Y
翼墙方向墙面-X
加载方向墙面-Y
(c) CTD-1
翼墙方向墙面X
加载方向墙面Y
翼墙方向墙面-X
加载方向墙面-Y
(d) CTD-2
翼墙方向墙面X
加载方向墙面Y
翼墙方向墙面-X
加载方向墙面-Y
(e) CT-1

图 4-47（续）

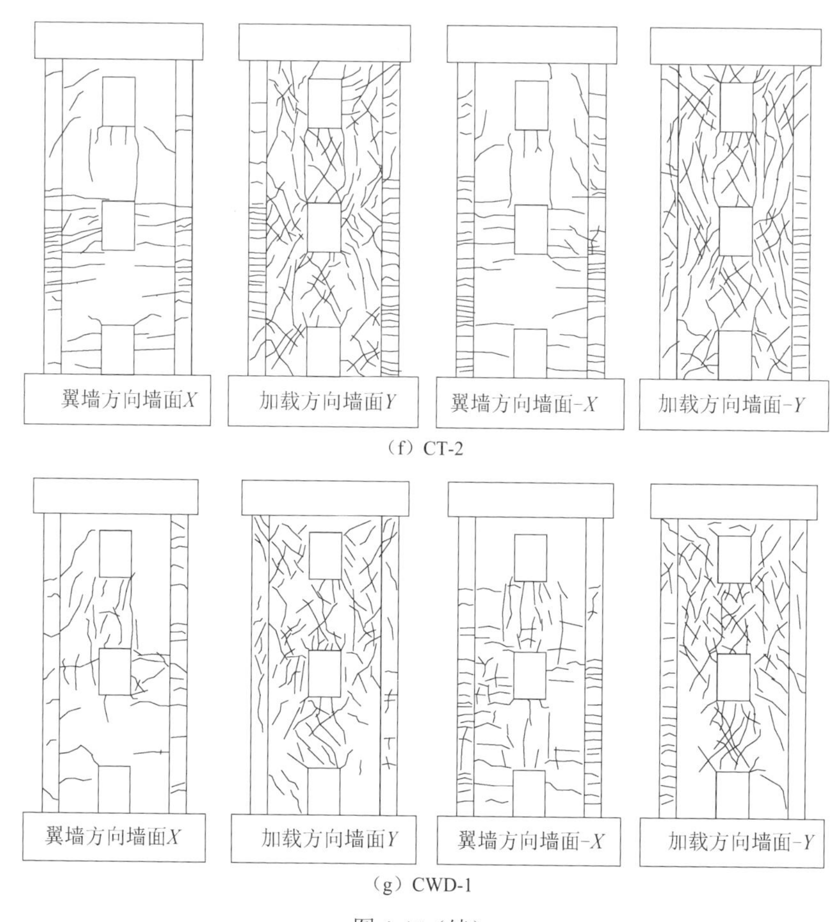

图 4-47（续）

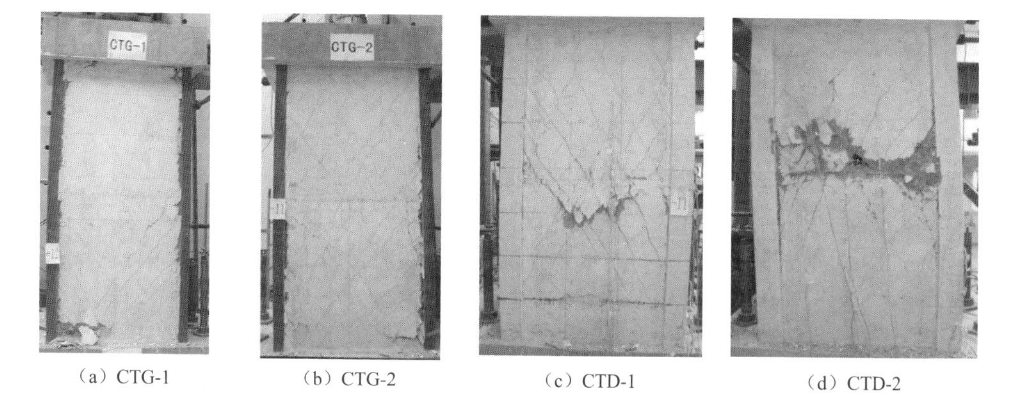

（a）CTG-1　（b）CTG-2　（c）CTD-1　（d）CTD-2

图 4-48　4.5 节试件的最终破坏形态

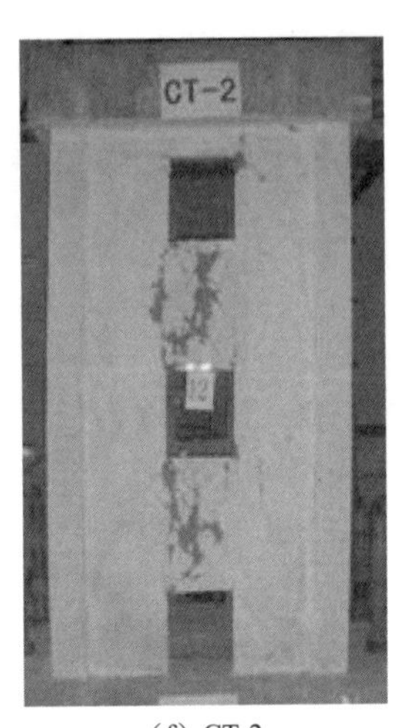

（e）CT-1　　（f）CT-2　　（g）CWD-1

图 4-48（续）

1）试件 CTG-1 与试件 CTG-2 比较：对于试件 CTG-1，在水平加载方向的墙体上，裂缝分布均匀且分布区域较广，墙体下部裂缝较上部裂缝多；随着反复荷载的继续，边框钢管与墙体水平钢筋弯折段的焊接处先拉直再拉断，随后竖向钢筋也出现拉断现象；最终核心筒墙体的根部混凝土压碎脱落，内部钢筋露出，纵向钢筋屈曲而破坏；试件 CTG-2 墙体上的裂缝细而多，混凝土墙板与钢管接触区域混凝土的开裂脱落过程发展较慢，表明 CTG-2 有着更好的耗能性能。

2）试件 CTD-1 与试件 CTD-2 比较：试件 CTD-1 墙体裂缝数量相对较少，墙体斜裂缝出现较早且扩展较快，之后裂缝出现在墙体和叠合柱的交线处，到了加载后期，筒体中部斜裂缝贯通，缝宽不断加大，水平钢筋发生断裂，混凝土剥落，最后混凝土突然崩出，发生破坏；试件 CTD-2 与试件 CTD-1 相比，剪力墙裂缝数量明显增多，分布均匀且发展缓慢，内藏钢桁架很好地限制了裂缝的扩展贯通，可见与叠合柱共同工作性能良好。

3）试件 CT-1 和试件 CT-2 比较：试件 CT-1 在水平加载方向的墙体上，破坏表现为强墙肢弱连梁，连梁呈剪切破坏；上部连梁破坏较下部连梁破坏严重，墙肢上裂缝分布域较广，破坏前连梁上的裂缝要比墙肢上的裂缝密集，墙肢上裂缝的出现时间要晚于连梁裂缝；墙肢主裂缝的形成原因是连梁 45° 斜裂缝延伸到墙肢上，形成的 X 形裂缝一直贯穿整个墙肢。试件 CT-2 在水平加载方向的墙体上，破坏形式表现为比 CT-1 的墙肢更强的强墙肢弱连梁，洞口之间的连梁中部斜撑出现外凸现象，钢撑反复被压屈、拉直，但在加载过程中并没有出现折断现象，内部钢筋也没有缩颈和拉断现象，说明钢筋所受的力部分被斜撑承担了，使斜撑和钢筋共同发挥耗能作用，增加了核心筒的承载力和耗能性能。

试件 CWD-1 在水平加载方向的墙体上，破坏表现为上部墙体破坏较下部墙体严重，底部采用内藏钢板混凝土组合剪力墙，可有效地增强底部的抗剪和抗弯性能，克服了普通核心筒的底部相对薄弱的现象，提高了核心筒的抗震安全性。

4.6　钢管混凝土边框内藏钢桁架组合核心筒承载力计算

试验表明，研究的组合核心筒以弯曲破坏为主，属于大偏心受压情况。在受拉区，垂直水平加载方向的翼墙钢筋及型钢达到屈服时，平行于水平加载方向的腹板墙受拉区竖向分布钢筋也大部分达到屈服应力，由于在中和轴附近的竖向分布钢筋应力较小，计算时不予考虑，受拉区分布钢筋只计距受拉边缘 $h_w-1.5x$ 范围内的钢筋；计算受压区时，垂直水平加载方向的翼墙中受压钢筋及钢管柱均受压屈服，平行于水平加载方向的腹板墙受压竖向分布钢筋容易发生压屈现象，这部分压应力不予考虑。

4.6.1　基本假定

对钢管混凝土边框内藏钢桁架组合核心筒进行承载力计算时，基本假定如下：

1）截面应变保持平面。

2）不考虑混凝土的抗拉强度。

3）混凝土受压的应力与应变关系曲线按《混凝土结构设计规范》（GB50010—2002）确定，即当$\varepsilon_c<0.002$ 时为抛物线，当 $0.002\leqslant\varepsilon_c<0.0033$ 时为水平直线，取 0.0033，最大压应力取混凝土抗压强度实测值。

4）钢筋的应力-应变关系：屈服前为线弹性关系，屈服后应力取屈服强度。

5）钢管内部混凝土强度：钢管的约束使其内部混凝土强度有所提高，引入约束，令混凝土强度提高系数为α 。

4.6.2　无洞口组合核心筒承载力计算模型与公式

无洞口钢管混凝土柱边框内藏钢桁架组合核心筒的大偏心受压承载力计算模型如图 4-49 所示。

根据平截面假定，当 $x \leqslant \xi_b h_{w0}$ 时，墙体为大偏心受压，相对界限受压区高度为$\xi_b = 0.8/[1 + f_y/(0.0033E_s)]$ 。

大偏心受压情况下，内藏钢桁架钢管混凝土叠合柱边框组合核心筒承载力可按式（4-21）～式（4-24）、式（4-16）计算。

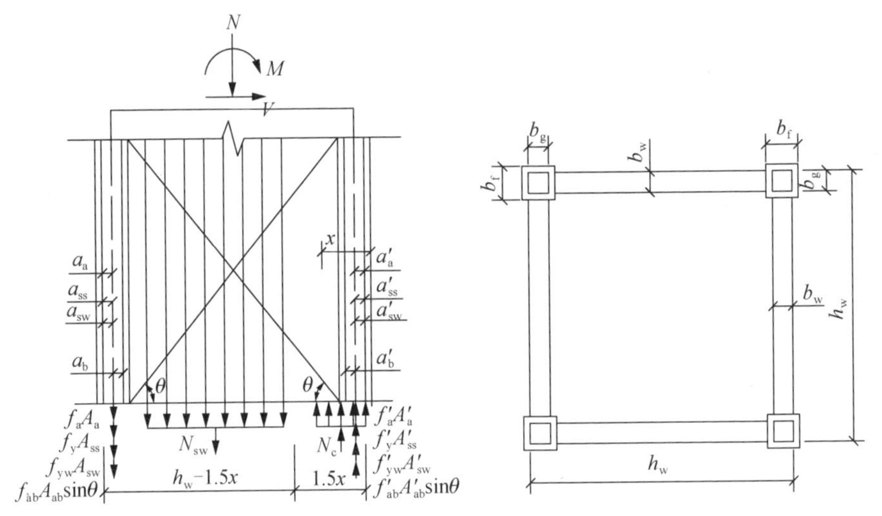

图 4-49　4.6.2 节大偏心受压承载力计算模型

注：a_{ss}、a'_{ss} 分别为叠合柱中受拉、受压纵筋合力点到截面近边缘的距离，均取 $b_w/2$；a_{sw}、a'_{sw} 分别为翼墙受拉、受压分布纵筋合力点到截面近边缘的距离，均取 $b_w/2$；a_a、a'_a 分别为核心筒角部受拉、受压钢管合力点到截面近边缘的距离，均取 $b_w/2$；a_b、a'_b 分别为核心筒中型钢斜撑到截面近边缘的距离，均取 $b_w/2$。

当 $x \leqslant b_w$ 时，则有

$$\begin{aligned}N &= f'_{yw}A'_{sw} + f'_yA'_{ss} + f'_aA'_a + f_{ck}(h_w - b_w - b_f)b_w + 2f_{ck}(b_f^2 - b_g^2) \\ &\quad + 2\alpha f_{ck}b_g^{\,2} + 2f_{ck}b_w\left(x - \frac{b_w + b_f}{2}\right) + f'_{ab}A'_{ab}\sin\theta - f_{yw}A_{sw} \\ &\quad - f_yA_{ss} - f_aA_a - f_{ab}A_{ab}\sin\theta - 2f_{yw}\rho_{sw}b_w\left(h_w - 1.5x - \frac{b_w + b_f}{2}\right)\end{aligned} \quad (4\text{-}21)$$

$$\begin{aligned}N\left(e_0 - \frac{h_w}{2} + \frac{b_w}{2}\right) &= f_{yw}A_{sw}(h_w - b_w) + f_yA_{ss}(h_w - b_w) \\ &\quad + 2f_{yw}b_w\rho_w\left(h_w - 1.5x - \frac{b_w + b_f}{2}\right)\left(\frac{h_w + 1.5x}{2} - \frac{3b_w + b_f}{4}\right) \\ &\quad + f_aA_a(h_w - b_w) + 2f_{ck}b_w\left(x - \frac{b_w + b_f}{2}\right)\left(\frac{x}{2} + \frac{b_f - b_w}{4}\right) \\ &\quad + f_{ab}A_{ab}\left(h_w - a_b - \frac{b_w}{2}\right)\sin\theta\end{aligned} \quad (4\text{-}22)$$

式中，当 $x \leqslant b_w$ 时，取 $x = (b_w + b_f)/2$；f_{yw}、f'_{yw} 分别为核心筒竖向分布筋抗拉、抗压强度；f_y、f'_y 分别为叠合柱中纵筋抗拉、抗压强度；f_a、f'_a 分别为核心筒角部钢管抗拉、抗压强度；f_{ab}、f'_{ab} 分别为核心筒中型钢斜撑抗拉、抗压强度；A_{ss}、A'_{ss} 分别为叠合柱中受拉、受压纵筋总面积；A_a、A'_a 分别为核心筒角部受拉、受压钢管的面积；A_{sw}、A'_{sw} 分别为翼墙受拉、受压纵筋总面积；A_{ab}、A'_{ab} 分别为核

心筒中型钢斜撑受拉、受压面积；θ 为核心筒中型钢斜撑的倾斜角度；f_{ck} 为混凝土抗压强度，这里取实测值；α 为钢管中混凝土强度提高系数，取 1.2；N 为轴力；h_w、b_w 分别为墙体截面的总高度、墙板厚度；b_g 为边框柱钢管的边长；b_f 为叠合柱边框的截面边长；e_0 为偏心距，$e_0 = M / N$；ρ_w 为平行于水平加载方向的剪力墙竖向分布钢筋配筋率。

当 $x \leqslant \dfrac{b_f + b_w}{2}$ 时，取 $x = \dfrac{b_f + b_w}{2}$，则有

$$\begin{aligned} N = & f'_{yw} A'_{sw} + f'_y A'_{ss} + f'_a A'_a + f_{ck}(h_w - b_w - b_f) b_w \\ & + 2 f_{ck}(b_f^2 - b_g^2) + 2\alpha f_{ck} b_g^{\ 2} + f'_{ab} A'_{ab} \sin\theta \\ & - f_{yw} A_{sw} - f_y A_{ss} - f_a A_a - f_{ab} A_{ab} \sin\theta \\ & - 2 f_{yw} \rho_{sw} b_w \left(h_w - 1.5x - \frac{b_w + b_f}{2} \right) \end{aligned} \tag{4-23}$$

$$\begin{aligned} N\left(e_0 - \frac{h_w}{2} + \frac{b_w}{2} \right) = & f_{yw} A_{sw}(h_w - b_w) \\ & + 2 f_{yw} b_w \rho_w \left(h_w - 1.5x - \frac{b_w + b_f}{2} \right)\left(\frac{h_w + 1.5x}{2} - \frac{3b_w + b_f}{4} \right) \\ & + f_a A_a (h_w - b_w) + 4 f_{ab} A_{ab} \left(h_w - a_b - \frac{b_w}{2} \right) \sin\theta \\ & + f_y A_{ss}(h_w - b_w) \end{aligned} \tag{4-24}$$

尽管试验的构件未发生小偏心受压破坏，但这里同时也给出小偏心受压承载力计算式。小偏心受压承载力计算模型如图 4-50 所示。

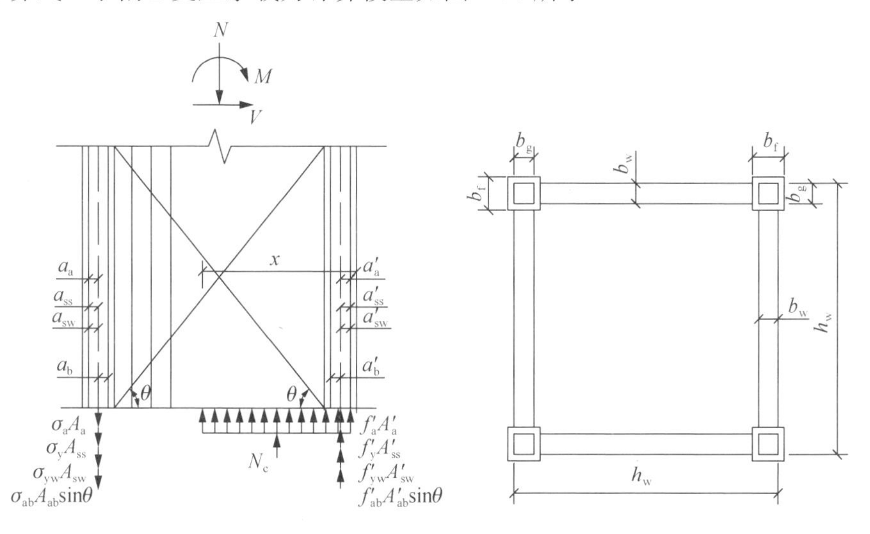

图 4-50　4.6.2 节小偏心受压承载力计算模型

当发生小偏心受压破坏时，截面大部或全部受压，墙体内竖向分布钢筋大部或全部受压屈曲或部分受拉但应变不屈服，故计算承载力时墙体内竖向分布钢筋作用不计入抗弯，受压或受压较大一侧叠合柱边框的受压纵向钢筋及受压钢管均达到屈服，受压内藏钢桁架均达到屈服。

根据平截面假定，当 $x > \xi_b h_{w0}$ 时，墙体为小偏心受压，相对界限受压区高度为 $\xi_b = 0.8 / [1 + f_y/(0.0033E_s)]$。

小偏心受压情况下，内藏钢桁架钢管混凝土叠合柱边框组合核心筒承载力计算式可按式（4-25）和式（4-26）及式（4-16）计算。

$$N = f'_{yw}A'_{sw} + f'_yA'_{ss} + f'_aA'_a + f_{ck}(h_w - b_w - b_f)b_w + 2f_{ck}(b_f^2 - b_g^2) + 2\alpha f_{ck}b_g^2 + 2f_{ck}b_w\left(x - \frac{b_w + b_f}{2}\right) + f'_{ab}A'_{ab}\sin\theta - \sigma_{yw}A_{sw} - \sigma_yA_{ss} - \sigma_aA_a - \sigma_{ab}A_{ab}\sin\theta \tag{4-25}$$

$$N\left(e_0 - \frac{h_w}{2} + \frac{b_w}{2}\right) = \sigma_{yw}A_{sw}(h_w - b_w) + \sigma_yA_{ss}(h_w - b_w) + \sigma_aA_a(h_w - b_w) + 4\sigma_{ab}A_{ab}\left(h_w - a_b - \frac{b_w}{2}\right)\sin\theta + 2f_cb_w(x - b_w)\frac{x}{2} \tag{4-26}$$

式中，$\sigma_{yw} = \frac{f_{yw}}{\xi_b - 0.8}\left(\frac{x}{h_{w0}} - 0.8\right)$；$\sigma_y = \frac{f_y}{\xi_b - 0.8}\left(\frac{x}{h_{w0}} - 0.8\right)$；$\sigma_a = \frac{f_a}{\xi_b - 0.8}\left(\frac{x}{h_{w0}} - 0.8\right)$；$h_{w0}$ 为核心筒垂直于水平加载方向的剪力墙纵向钢筋合力点至截面远边缘的距离。

4.6.3 带洞口组合核心筒承载力计算模型与公式

钢管混凝土叠合柱边框内藏钢桁架带洞口混凝土组合核心筒大偏心受压承载力计算模型如图 4-51 所示。

大偏心受压情况下，根据力的平衡条件及配筋、配钢对称性，内藏钢桁架核心筒的承载力公式按式（4-27）～式（4-34）计算。

$$N = N_c - 2f_{yl}A_{sl} - f_{yw}b_w\rho_w\left(h_w - h_f - \frac{b_d}{2} - \frac{b_w}{2}\right) - f_{yw}b_w\rho_w(h_w - 1.5x - h_f) \tag{4-27}$$

$$M = M_c + 2f_{yw}A_{sw}\left(h_w + \frac{a}{2} - a_{sw}\right) + 2f_yA_s\left(h_w + \frac{a}{2} - a_s\right) + 2f_aA_a\left(h_w + \frac{a}{2} - a_a\right) + 2f_{ab}A_{ab}\left(h_w + \frac{a}{2} - a_b\right)\sin\alpha + f_{yw}b_w\rho_w\left(h_w - h_f - \frac{b_d}{2} - \frac{b_w}{2}\right)\left(\frac{h_w + h_f + a - b_d - b_w}{2}\right) - f_{yw}b_w\rho_w(h_w - 1.5x - h_f)\left(\frac{h_w + h_f + a - 1.5x}{2}\right) \tag{4-28}$$

当 $x > \dfrac{b_d + b_w}{2}$ 时，则有

$$N_c = f_c b_w \left[\left(b_f - \frac{b_w + b_d}{2} \right) + (b_d^2 - b_g^2) \right] + \beta f_c b_g^2 + f_c b_w \left(x - \frac{b_w + b_d}{2} \right) \tag{4-29}$$

$$M_c = \left\{ f_c b_w \left[\left(b_f - \frac{b_w + b_d}{2} \right) + (b_d^2 - b_g^2) \right] + \beta f_c b_g^2 \right\} \left(h_w + \frac{a}{2} - \frac{b_w}{2} \right) + f_c b_w \left(x - \frac{b_w + b_d}{2} \right) \left(h_w + \frac{a}{2} - \frac{x}{2} - \frac{b_w + b_d}{4} \right) \tag{4-30}$$

当 $x \leqslant \dfrac{b_d + b_w}{2}$ 时，取 $x = \dfrac{b_d + b_w}{2}$，则有

$$N_c = f_c b_w \left[\left(b_f - \frac{b_w + b_d}{2} \right) + (b_d^2 - b_g^2) \right] + \beta f_c b_g^2 \tag{4-31}$$

$$M_c = \left\{ f_c b_w \left[\left(b_f - \frac{b_w + b_d}{2} \right) + (b_d^2 - b_g^2) \right] + \beta f_c b_g^2 \right\} \left(h_w + \frac{a}{2} - \frac{b_w}{2} \right) \tag{4-32}$$

式中，f_{ab} 为斜撑抗拉强度；f_{yl} 为洞口边暗柱纵筋抗拉强度；A_{sl} 为洞口边暗柱纵筋面积；A_s 为叠合柱中抗拉纵筋总面积；f_c 为混凝土抗压强度值；α 为斜撑倾角；β 为钢管中混凝土强度提高系数，取 1.2；h_w、b_w 分别为墙体截面的总高度、墙板厚度；b_d 为方形叠合边框柱的边长；a 为洞口宽度。

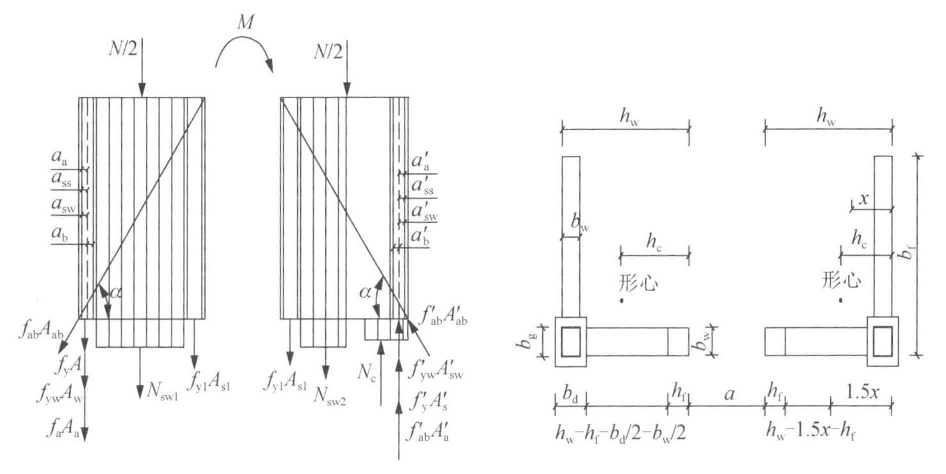

图 4-51　4.6.3 节大偏心受压承载力计算模型

注：a_{sw}、a'_{sw} 分别为翼墙受拉、受压分布纵筋合力点到截面近边缘的距离，$a_{sw} = a'_{sw} = b_w / 2$；$a_a$、$a'_a$ 分别为核心筒角部受拉、受压钢管合力点到截面近边缘的距离，$a_a = a'_a = b_w / 2$；a_b、a'_b 分别为核心筒角部受拉、受压型钢斜撑到截面近边缘的距离，$a_b = a'_b = b_w / 2$。

L 形双肢墙极限水平承载力为

$$F_{\mathrm{w}} = \frac{M}{H} \tag{4-33}$$

式中，H 为加载点到基础顶面的距离。

叠合柱边框内藏钢桁架组合核心筒极限水平承载力为

$$F = 2F_{\mathrm{w}} \tag{4-34}$$

4.6.4　计算值与实测值的比较

试件极限承载力计算值与实测值的比较见表 4-16，计算时钢筋和混凝土均取实测强度值，由表 4-16 可知，计算值与实测值匹配较好。

表 4-16　4.5 节试件的极限承载力计算值与实测值的比较

模型编号	实测平均值/kN	计算值/kN	相对误差/%
CTG-1	620.95	677.68	9.14
CTG-2	851.95	906.11	6.36
CTD-1	907.99	901.34	0.73
CTD-2	978.85	984.43	0.57
CT-1	446.98	425.54	4.80
CT-2	719.69	670.67	6.81

4.7　钢管混凝土叠合柱边框内藏网状钢桁架组合核心筒

4.7.1　试验概况

1. 试件设计

试验以大连国际会议中心工程中典型的核心筒为试验原型，模型与原型的缩尺比为 1∶7。试件 MCT 的平面图如图 4-52 所示，图中的 GLZ1 表示筒体角部钢管混凝土叠合柱；GLZ2 表示内藏网状钢桁架柱。试件 MCT 的配筋及配钢图如图 4-53 所示。

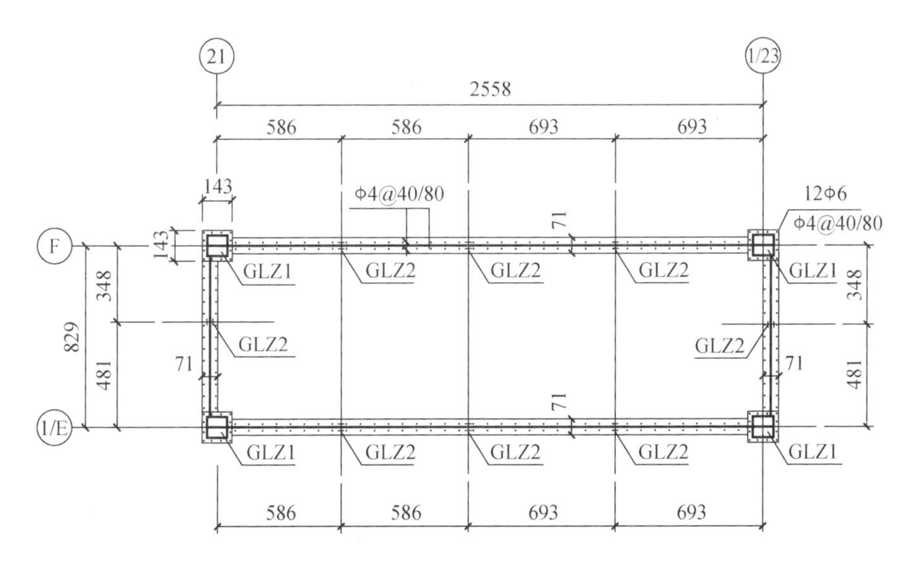

图 4-52　试件 MCT 的平面图

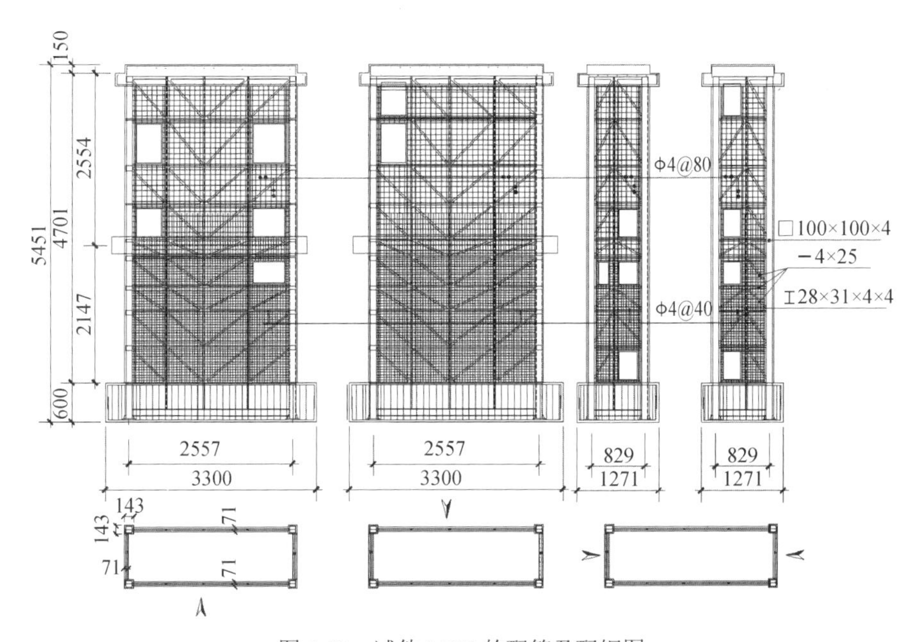

图 4-53　试件 MCT 的配筋及配钢图

试验模型在实验室制作，其制作顺序为钢结构骨架定位、绑扎钢筋、支模板、现浇混凝土等，如图 4-54 所示。

（a）钢结构骨架定位

（b）绑扎钢筋

（c）支模板

（d）现浇混凝土

（e）完成试件（一）

（f）完成试件（二）

图 4-54　4.7 节试件的制作过程

2. 材料特性

基础及加载梁的混凝土材料由混凝土搅拌站提供，墙体及叠合柱混凝土材料均现场搅拌。基础及加载梁混凝土设计强度为 C60，墙体及叠合柱混凝土设计强度为 C40。墙体分布钢筋折算后选用 ф4 钢筋，墙体拉结筋折算后选用 8 号钢丝；叠合柱纵筋折算后选用 ф6 钢筋，箍筋用 8 号钢丝制作。

混凝土的力学性能实测值见表 4-17；钢材的力学性能实测值见表 4-18。

表 4-17　4.7 节试件混凝土的力学性能实测值

试件编号	养护时间/d	抗压强度/MPa	弹性模量/MPa
MCT	28	42.3	3.28×10^4

表 4-18　4.7 节试件钢材的力学性能实测值

规格	屈服强度/MPa	极限强度/MPa	延伸率/%	弹性模量/MPa
4mm 厚钢板	370	530	26.0	2.03×10^5
10 号工字钢	250	405	31.5	1.91×10^5
ϕ4 钢筋	669	836	7.50	2.06×10^5
ϕ6 钢筋	536	591	30.00	1.77×10^5
8 号钢丝	406	456	23.67	1.96×10^5

3. 加载方案

试验加载采用低周反复荷载。水平反复荷载通过水平拉压千斤顶实现，水平拉压千斤顶连接在竖向反力墙上；竖向荷载通过竖向千斤顶实现，竖向千斤顶固定在反力梁上，并在竖向千斤顶与反力梁之间设置滚轴装置；试件用螺栓固定在水平试验台座上。

水平两向荷载采用合力加载的方式，其加载角按照计算所得 X 向、Y 向中震情况下的水平地震作用的比值确定；扭转作用采用水平偏心加载方式进行模拟，其偏心矩按照计算所得中震情况下的扭矩和水平合力确定；水平方向采用顶部和中部大平台位置两点加载，上下两点水平荷载的比例按照计算所给的水平地震作用及重力荷载代表值确定，并设计了用于水平上下两点加载分配用的简支梁，顶部加载点距基础的高度为 4.626m，中部加载点距基础的高度为 2.147m。加载方向如图 4-55 所示，试验中荷载分配如图 4-56 所示，加载装置如图 4-57 所示，试验现场照片如图 4-58 所示。

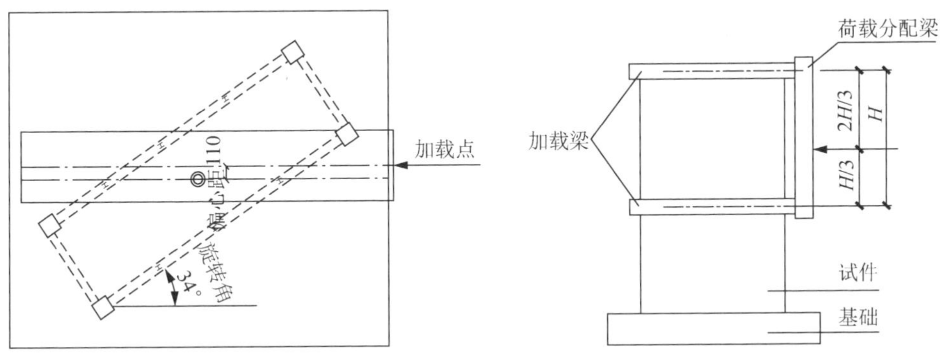

图 4-55　加载方向示意图　　图 4-56　试验中荷载分配示意图

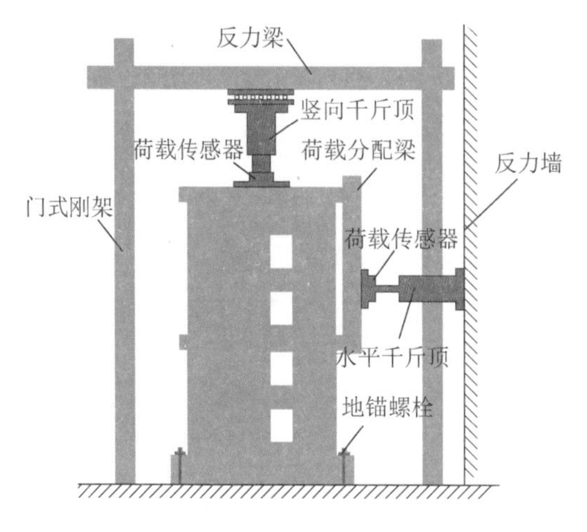

图 4-57　加载装置示意图

图 4-58　试验现场照片

为了测试核心筒在合力方向的位移，首先在通过竖向分配梁施加的上下水平荷载位置处布置两个电子位移计；同时，在上述两位移计相应水平高度处及距每个位移计 900mm 处均布置了另外的电子位移计，以通过两水平位移计实测位移的差值来计算核心筒的扭转变形。电子位移计布置如图 4-59 所示。顶部位移计距基础的高度为 4.626m，中部位移计距基础的高度为 2.147m。

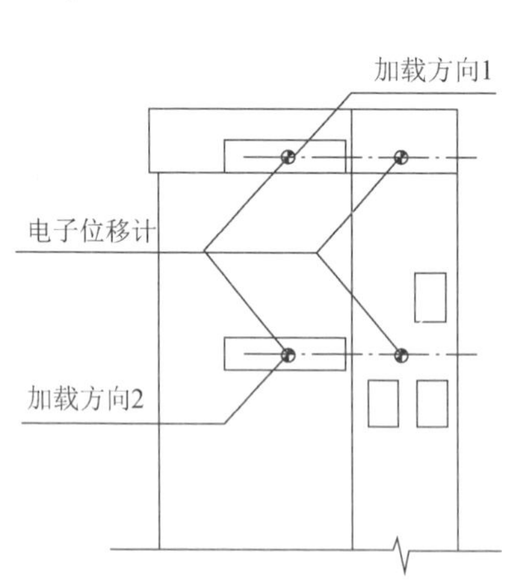

图 4-59　电子位移计布置位置图

试验采用分级加载的方式进行，每级荷载稳定时间为 5min，弹性阶段采用荷载控制加载，当出现明显的非线性趋势后改为位移和力联合控制加载，并减小数据采集的时间步长，达极限荷载后仍根据实际情况继续加载，至试件承载力下降到近 85%极限荷载；最后，加载至试件严重破坏为止。

4.7.2　承载力实测值及分析

试件 MCT 的特征荷载见表 4-19。表中，F_c为试件初始开裂水平荷载；F_y为试件正负两向明显屈服水平荷载；F_u 为试件正负两向极限水平荷载；$\mu_{cy}=F_c/F_y$为开裂荷载与屈服荷载的比值；$\mu_{yu}=F_y/F_u$为屈强比。荷载均指水平合力加载值。水平千斤顶为拉力时为正向加载。

表 4-19　试件 MCT 的特征荷载

试件编号	F_c/kN			F_y/kN			F_u/kN			μ_{cy}		μ_{yu}	
	正向	负向	均值	正向	负向	均值	正向	负向	均值	正向	负向	正向	负向
MCT	335.5	300.4	318.0	701.3	635.5	668.4	1272.4	1150.5	1211.5	0.692	0.692	0.551	0.552

由表 4-19 可知：

1）正向加载时，离反力墙较远的短向墙体受拉，虽然该短向墙体在中部平台以下有四个洞口，但是该短向墙体的抗拉能力主要取决于弯矩最大的底部叠合柱边框以及分布纵筋和钢桁架，因此该短向墙体的抗拉能力与洞口多少相关性不大，该短向墙体在抗拉能力方面与离反力墙较近的、洞口较少的短向墙体较为接近，然而离反力墙较近的短向墙体洞口较少，抗压性能好，因此正向承载力较大且延性较好。

2）负向加载时，离反力墙较远的短向墙体受压，该短向墙体在中部平台以下有四个洞口，且四个洞口的中部两个洞口集中，故该短向墙体抗压能力明显削弱，再加上筒体的扭转作用，加剧了这两个集中洞口部位的刚度和强度退化，其抗压能力进一步削弱，因此负向承载力较小且延性相对较弱。若在建筑功能允许的条件下，减少该短向墙体洞口数量，可使整个筒体的强度和刚度分布变得较为均匀，达到明显提高筒体承载力和延性的目的，这对抗震是非常有利的。

3）该筒体的正负两向屈强比均较普通混凝土筒体的屈强比小，说明其从屈服到极限荷载发展的时段较长。分析其原因，内藏网状钢桁架对筒体初始阶段的混凝土开裂有明显的制约作用，特别是当筒体各墙片的混凝土刚度和强度明显退化后，其内藏网状钢桁架发挥了更为显著的抗力作用，内藏网状钢桁架作为第二道防线，即使在混凝土作用削弱很大的情况下仍可起到继续抵抗地震的作用并发挥其良好延性的作用。

4.7.3　位移及延性

试件 MCT 的位移和延性系数实测值见表 4-20。表中，U_c为与F_c对应的初始开裂位移，U_y为与F_y对应的位移，U_u为弹塑性最大位移（荷载-位移骨架曲线上的最大位移），$\mu_{yu}=U_u/U_y$，μ_{yu}为位移延性系数。上述位移均指模型顶部与水平加载方向同向位移。

表 4-20 试件 MCT 的位移和延性系数实测值

试件编号	U_c/mm			U_y/mm			U_u/mm			μ_{yu}		
	正向	负向	均值	正向	负向	均值	正向	负向	均值	正向	负向	均值
MCT	5.59	2.34	3.97	20.39	12.46	16.43	100.06	41.50	70.78	4.907	3.331	4.12

由表 4-20 可知：

1）正向加载时，离反力墙较远的短向墙体受拉，而该短向墙体在中部平台以下共有四个洞口，且四个洞口的中部两个洞口集中，致使该短向墙体中部刚度明显削弱，特别在筒体扭转复合受力情况下，导致了该薄弱部位的刚度进一步退化，因此其正向加载时位移发展较快。

2）负向加载时，离反力墙较近的短向墙体受拉，而该短向墙体在中部平台以下共有三个洞口，且三个洞口分布较为均匀，刚度沿高度方向没有突变，因此负向加载时其位移发展较慢。

3）由于内藏网状钢桁架的存在，即使在筒体墙片混凝土刚度明显退化的情况下，内藏网状钢桁架作为第二道防线仍可使筒体具有足够的承载力和良好的延性。实测所得该筒体正负两向位移的延性系数均值为 4.119，满足抗震要求。

4.7.4 刚度及退化

组合筒体试件的刚度随位移角的增大而减小，其刚度退化规律大体分三阶段：从微裂发展到肉眼可见的裂缝为刚度速降阶段；从结构明显开裂到明显屈服为刚度次速降阶段；从明显屈服到最大弹塑性变形为刚度缓降阶段。K-θ 曲线如图 4-60 所示。

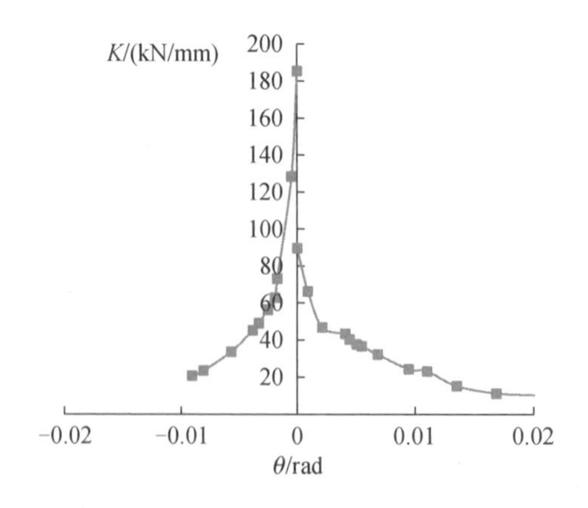

图 4-60 试件 MCT 的 K-θ曲线

试件 MCT 的刚度实测值及各阶段的刚度退化系数见表 4-21。表中，K_0 为试件初始弹性刚度；K_c 为试件开裂割线刚度；K_y 为试件明显屈服割线刚度；$\beta_{c0}=K_c/K_0$，为从初始弹性到开裂过程中的刚度退化系数；$\beta_{y0}=K_y/K_0$，为从初始弹性到明显屈服过程中的刚度退化系数。

表 4-21　试件 MCT 的刚度实测值及各阶段的刚度退化系数

试件编号	K_0/（kN/mm）			K_c/（kN/mm）			K_y/（kN/mm）			β_{c0}		β_{y0}	
	正向	负向	均值	正向	负向	均值	正向	负向	均值	正向	负向	正向	负向
MCT	89.75	185.51	137.63	60.02	128.38	94.20	34.39	51.00	42.70	0.669	0.692	0.383	0.275

由表 4-21 和图 4-60 可知：

1）正向加载时，离反力墙较远的短向墙体受拉，而该短向墙体在中部平台以下共有四个洞口，且四个洞口的中部两个洞口集中，致使该短向墙体中部刚度明显削弱，导致正向初始刚度、开裂刚度、屈服刚度均减小。

2）负向加载时，离反力墙较近的短向墙体受拉，而该短向墙体在中部平台以下共有三个洞口，且三个洞口分布较为均匀，刚度沿高度方向没有突变，因此负向初始刚度、开裂刚度、屈服刚度均较大。

3）由于内藏网状钢桁架的存在，筒体刚度的衰减速度比普通混凝土筒体刚度的衰减速度更慢，这对抗震有利。

4.7.5　滞回特性

实测所得试件的 F-U_2（水平力-顶部加载点位移）滞回曲线如图 4-61 所示，F-U_1（水平力-中部加载点位移）滞回曲线如图 4-62 所示，F-U_2（水平力-顶部加载点位移）骨架曲线如图 4-63 所示。

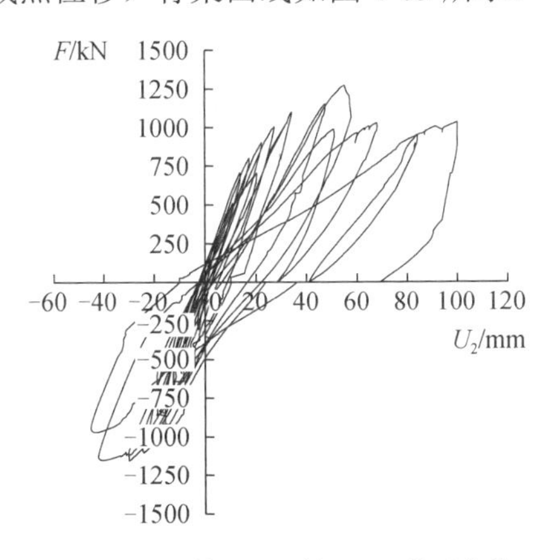

图 4-61　试件 MCT 的 F-U_2 滞回曲线

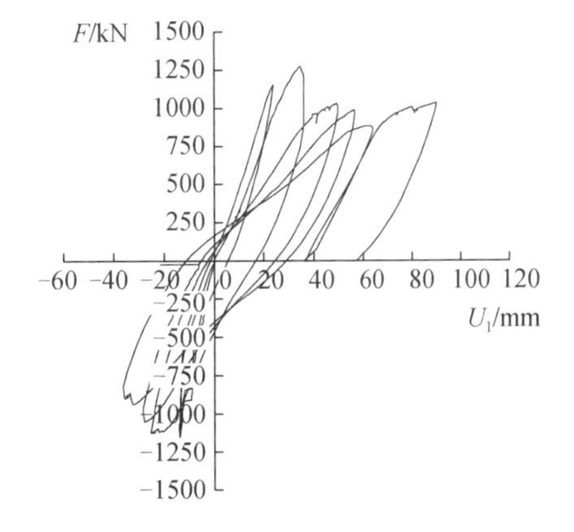

图 4-62　试件 MCT 的 F-U_1 滞回曲线

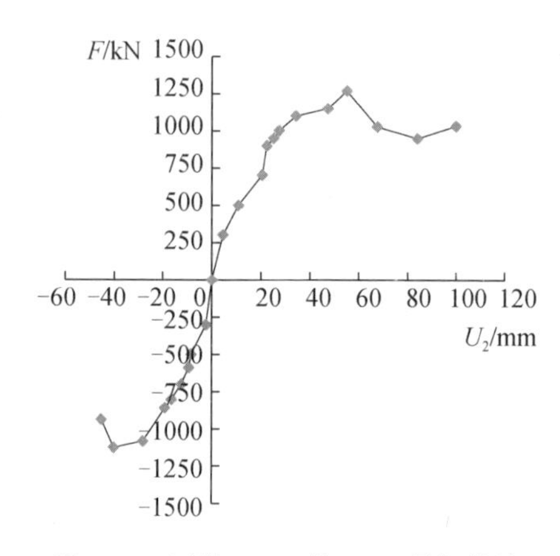

图 4-63　试件 MCT 的 F-U_2 骨架曲线

由图 4-61～图 4-63 可知：

1）正向加载时，洞口较多的短向墙体位于受拉一侧，而洞口较少的短向墙体位于受压一侧，因此筒体的正向承载力较高、延性较好；负向加载时，洞口较多的短向墙体位于受压一侧，特别是四层有两个洞口密集在一起，两洞口间仅有较弱的墙肢，在受压和筒体扭转作用下，这两个洞口部位破坏较为严重，因此负向承载力较低、延性较差。

2）由于长向墙体无洞口，短向墙体均有洞口且洞口主要位于中部大平台以下，同时由于约 2/3 的水平荷载施加于中部大平台位置、约 1/3 的水平荷载施加于筒体顶部，中部大平台以上的墙体承受水平剪力较小，中部大平台以上墙体的变形也相对下部较小。

实测表明，正向加载时，顶部最大位移为100.06mm，中部最大位移为89.89mm，二者仅差 11.3%；负向加载时，顶部最大位移为41.50mm，中部最大位移为36.38mm，二者仅差 14.1%。上述结果表明，筒体的变形主要集中在中部大平台以下部分，若将短向墙体上的洞口移向长向墙体，则可在一定程度上改善底部变形相对集中的薄弱现象。

4.7.6　破坏特征

1. 试件 MCT 各阶段损伤特征

试件 MCT 试验所得各阶段的破坏特征见表 4-22。表 4-22 中，C、D 墙为短向墙体，其中 C 墙为离反力墙较近的短向墙体，D 墙为离反力墙较远的短向墙体。

表 4-22　试件 MCT 试验所得各阶段的破坏特征

破坏特征	荷载	顶层位移/mm	顶层位移角	说明
C、D 墙首先出现裂缝	第二循环 350kN 左右	5.6	1/826	图 4-64
叠合柱边框出现裂缝。相应荷载高于墙面开裂荷载，这是钢管与叠合外包钢筋混凝土共同工作的优势	第三、第四循环 700～850kN	12.4	1/373	图 4-65
D 墙中部两集中洞口间墙肢裂缝开展较快，洞口下混凝土有少量脱落。此时，荷载已超过给定的中震荷载，结构基本完好	第五、第六循环 900～1000kN	26.0	1/178	图 4-66
C 墙底部上下两洞口间的深梁突然出现脆性剪切裂缝，内藏钢桁架作用显著。同时，D 墙中部两集中洞口间墙肢裂缝发展迅速	第九循环 1100～1270kN	44.5	1/104	图 4-67
筒体倾斜严重，C 墙底部上下两洞口间的深梁剪切裂缝迅速扩展，几乎只靠内藏钢桁架发挥抗力作用。墙底部受压区混凝土压碎脱落。同时，D 墙中部两集中洞口间墙肢端部混凝土脱落，墙肢明显倾斜，该部位楼层短向墙体层间位移集中，出现薄弱现象	第十三循环	100.1	1/46	图 4-68

试件的裂缝形态如图 4-64～图 4-68 所示。

（a）C 墙面（一）

（b）C 墙面（二）

（c）D 墙面

图 4-64　C、D 墙的墙体初始裂缝形态

（a）D 墙薄弱楼层裂缝

（b）D 墙底部洞口处叠合柱开裂

（c）D 墙叠合柱底部开裂

图 4-65　D 墙的薄弱层、叠合柱裂缝形态

（a）洞口集中处

（b）洞口下部

图 4-66　D 墙的洞口处裂缝形态

图 4-67　深梁破坏形态

图 4-68　薄弱楼层破坏形态

2. 试件破坏形态

试件 MCT 的各墙面最终裂缝形态如图 4-69 所示，试件 MCT 的最终破坏形态如图 4-70 和图 4-71 所示。试件最终的整体破坏现象如下：

1）核心筒整体上部破坏较轻，下部破坏较重。

2）长向墙体破坏较轻，短向墙体破坏较重。

3）离反力墙较近的短向墙体严重破坏首先发生在底部上下两洞口间的深梁剪切破坏。

4）离反力墙较远的短向墙体严重破坏首先发生在中部两集中洞口间的小墙肢，继而在该两集中洞口楼层形成薄弱层。

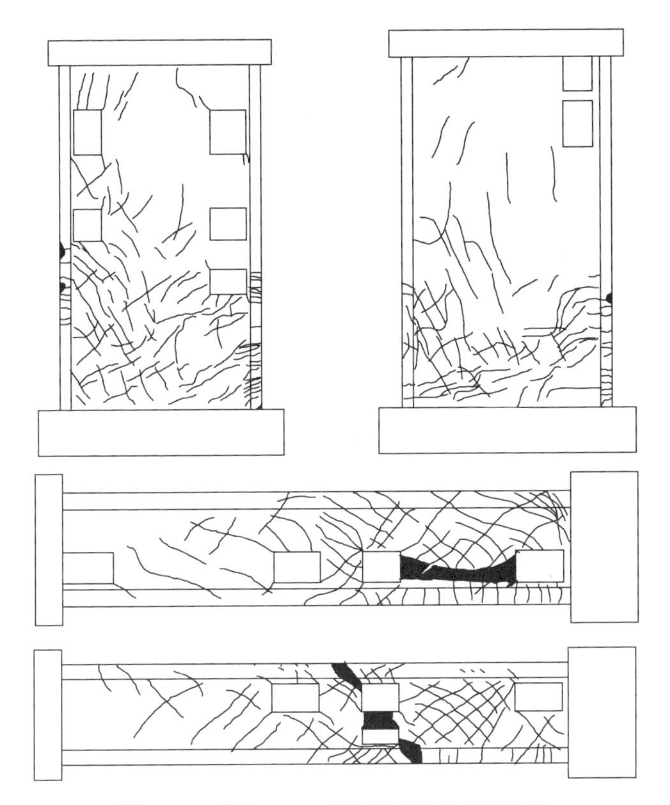

图 4-69　试件 MCT 的各墙面最终裂缝形态

图 4-70　试件 MCT 的最终破坏形态（一）

图 4-71　试件 MCT 的最终破坏形态（二）

4.7.7　组合筒体承载力分析

中震情况下组合筒体极限承载力计算值与实测值的比较见表 4-23。表 4-23 给出了筒体模型、筒体原型的承载力实测值，其中筒体原型的承载力实测值由筒体模型的承载力实测值按照模型率推算而得。

表 4-23　中震情况下组合筒体极限承载力计算值与实测值的比较

筒体	计算值/kN		实测值/kN		实测值与计算值之比	
	正向	负向	正向	负向	正向	负向
筒体模型	687.0	687.0	1272.4	1150.5	1.852	1.674
筒体原型	33665.0	33665.0	62347.6	56374.5	1.852	1.674

由表 4-23 可知，正向加载时，实测水平承载力比给定的中震情况下的水平荷载合力值高 85.2%；负向加载时，实测水平承载力比给定的中震情况下的水平荷载合力值高 67.4%。

4.7.8　组合筒体变形能力分析

由试验所得的 F-U_2（水平荷载-顶部位移）关系曲线可知：当正向加载至与筒体设计荷载相等时，相应点的位移为 19.58mm，位移角为 1/236；当负向加载至与筒体设计荷载相等时，相应点的位移为 12.07mm，位移角为 1/383；当正向加载至极限荷载点时，相应的位移为 55.11mm，位移角为 1/84；当负向加载至极限荷载点时，相应位移为 28.23mm，位移角为 1/164。试件 MCT 关键荷载点的顶层位移及顶层位移角见表 4-24。

表 4-24　试件 MCT 关键荷载点的顶层位移及顶层位移角

MCT	与计算值相等荷载下的实测位移及位移角			极限荷载下的实测位移及位移角		
	正向	负向	均值	正向	负向	均值
顶层位移/mm	19.58	12.07	15.83	55.11	28.23	41.67
顶层位移角	1/236	1/383	1/292	1/84	1/164	1/111

由表 4-24 可知，当加载至设计荷载时，正负两向的位移角均值仅为 1/292，仅约为筒体弹塑性位移角限值 1/120 的 41%；分析裂缝的开展情况也可知，当加载至设计荷载值时，筒体正向基本处于弹性阶段（正向屈服荷载为 701.3kN），筒体负向处于临界屈服阶段（负向屈服荷载为 635.5kN），如果在设计中可以将离反力墙较远的短向 D 墙体上的两集中洞口减少一个，即和 C 墙体相应位置的洞口布置一致，则筒体可达到在给定的设计荷载下基本处于弹性阶段的设计目标。

4.8　钢管混凝土叠合柱边框内藏网状钢桁架组合筒体承载力计算

核心筒试件承受压力、弯矩、剪力和扭矩的复合作用，是一个带裂缝工作的空间受力筒体。

复合受扭构件承载力的计算理论包括空间桁架理论、斜弯破坏理论、谐调压力场理论（谐调方程）和薄膜元理论等。

本节采用变角空间桁架模型对复合受扭试件进行受力分析，推导复合受扭构件的承载力基本公式，再考虑构件形式和加载方式对抗扭承载力的影响，以混凝土轴心抗压强度为参数建立复合受扭构件承载力方程。

4.8.1　基本假定

对钢管混凝土叠合柱边框内藏网状钢桁架组合筒体的承载力进行计算时，基本假定如下：

1）桁架由倾角为θ_i的斜向混凝土压杆和纵向钢筋及箍筋组成，同一侧壁各斜压杆倾角相等。

2）斜向混凝土压杆仅承受压应力，忽略混凝土的抗拉及受压弦杆的抗剪作用，忽略其受剪及受扭产生翘曲的影响。

3）纵筋和箍筋仅承受轴向力，忽略销栓作用。

4）设剪力流的中心线通过筒体剪力墙截面上封闭箍筋中心的连线。

4.8.2　承载力模型

根据试验中的试件形式、加载方式对文献[5,6]中的近似计算进行了以下修正：

试验中采用了合力加载的方式，如图 4-72 所示，同时考虑核心筒本身的不对称性，因此分别计算出两个主轴方向的水平力 F_x、F_y（扭矩均为 T=Fe，e 为 F 在加载方向的偏心距），然后合成得到加载方向总承载力 F，即

$$F = (F_x^{\ 2} + F_y^{\ 2})^{1/2} \tag{4-35}$$

计算过程中，建立核心筒在弯矩和轴力复合作用下的计算模型，如图 4-73 所示。图 4-73 中，假设受压剪力墙 C、A 截面上的剪力流中心线分别为 a—a、b—b 轴。

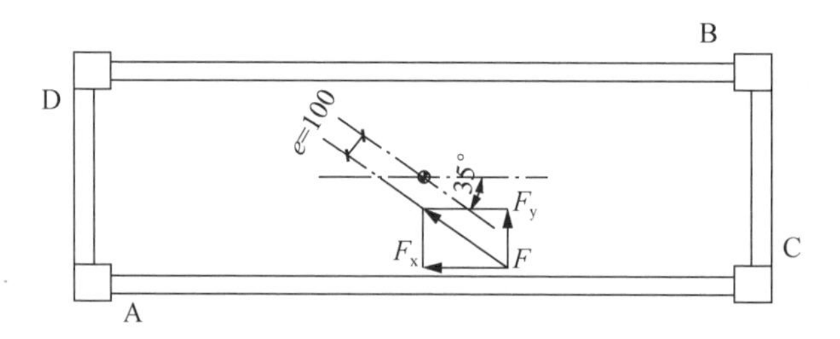

图 4-72　模型加载示意图

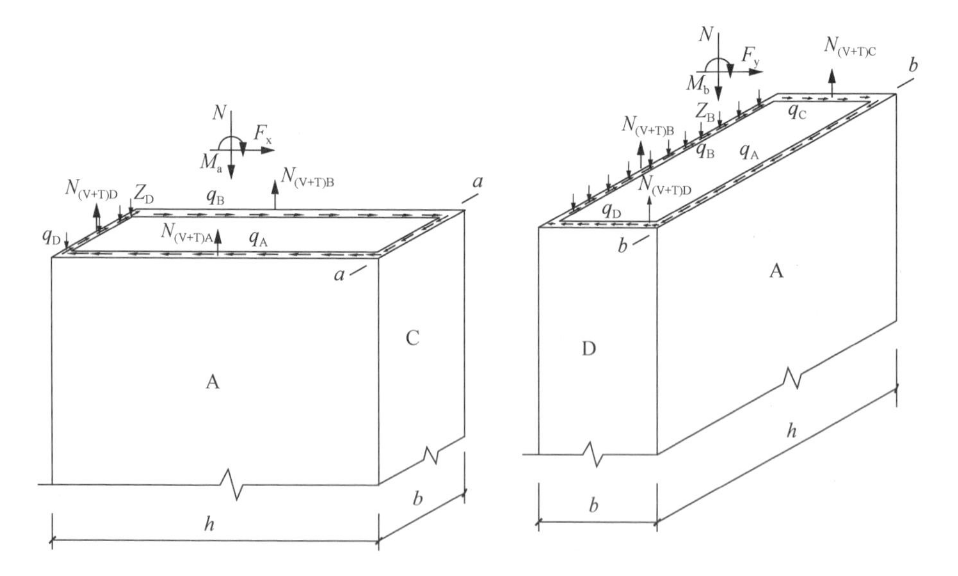

图 4-73　核心筒复合受力计算模型

分别对 a—a、b—b 轴取矩，由平衡条件得

$$M_a = Z_D(h_0' - a') - N_{(V+T)A}\frac{h_{cor}}{2} - N_{(V+T)B}\frac{h_{cor}}{2} - N_{(V+T)D}h_{cor} + N\frac{h_{cor}}{2} \tag{4-36}$$

$$M_{\mathrm{b}}=Z_{\mathrm{B}}(b_0'-a')-N_{(\mathrm{V+T})\mathrm{C}}\frac{b_{\mathrm{cor}}}{2}-N_{(\mathrm{V+T})\mathrm{D}}\frac{b_{\mathrm{cor}}}{2}-N_{(\mathrm{V+T})\mathrm{B}}b_{\mathrm{cor}}+N\frac{b_{\mathrm{cor}}}{2} \tag{4-37}$$

式中，M_{a}、M_{b} 分别为 X、Y 向弯矩；h_0'、b_0' 分别为剪力墙 D、B 的抗弯截面有效高度；a' 为保护层厚度；h_{cor}、b_{cor} 分别为核心筒中剪力流的长边和短边长度，近似取封闭箍筋中心的连线；$N_{(\mathrm{V+T})i}$ 为侧向混凝土形成的斜压腹杆在竖直方向上的分量和；Z_{D}、Z_{B} 分别为受拉剪力墙 D、B 中钢筋、钢管柱和型钢斜撑在竖直方向上的分量和。

$$Z=2A_{\mathrm{xz}}f_{\mathrm{xz}}+A_{\mathrm{x}l}f_{\mathrm{x}l}+2A_{\mathrm{xc}}f_{\mathrm{xc}}\cos\alpha \tag{4-38}$$

式中，A_{xz}、$A_{\mathrm{x}l}$、A_{xc} 分别为受拉剪力墙中钢管柱、钢筋和型钢斜撑的面积；f_{xz}、$f_{\mathrm{x}l}$、f_{xc} 分别为受拉剪力墙中钢管柱、钢筋和型钢斜撑的屈服强度；α 为钢支撑的倾角。

根据《混凝土结构设计规范》（GB 50010—2002）可得

$$N_{(\mathrm{V+T})\mathrm{A}}=\frac{q_{\mathrm{A}}^2h_{\mathrm{cor}}s}{F_{\mathrm{y}}},N_{(\mathrm{V+T})\mathrm{B}}=\frac{q_{\mathrm{B}}^2h_{\mathrm{cor}}s}{F_{\mathrm{y}}},N_{(\mathrm{V+T})\mathrm{C}}=\frac{q_{\mathrm{C}}^2b_{\mathrm{cor}}s}{F_{\mathrm{y}}},N_{(\mathrm{V+T})\mathrm{D}}=\frac{q_{\mathrm{D}}^2b_{\mathrm{cor}}s}{F_{\mathrm{y}}} \tag{4-39}$$

式中，q_i 为剪力流；F_{y} 为各侧壁上的横向分布钢筋的屈服强度；s 为横向分布钢筋的间距。将式（4-39）代入式（4-36）和式（4-37），经推导且考虑复合受扭构件本身的构件形式和加载方式的不同影响，最终可得到

$$\frac{M_{\mathrm{a}}}{M_{\mathrm{a0}}}+\left(\frac{T}{T_{\mathrm{a0}}}\right)^2+\left(\frac{F_{\mathrm{x}}}{V_{\mathrm{a0}}}\right)^2-\frac{N}{N_{\mathrm{a0}}}=\alpha \tag{4-40}$$

式中，$M_{\mathrm{a0}}=Z_{\mathrm{D}}h_{\mathrm{cor}}$；$T_{\mathrm{a0}}=2A_{\mathrm{cor}}\sqrt{\dfrac{2Z_{\mathrm{D}}F_{\mathrm{y}}}{u_{\mathrm{cor}}s}}$；$V_{\mathrm{a0}}=2h_{\mathrm{cor}}\sqrt{\dfrac{Z_{\mathrm{D}}F_{\mathrm{y}}}{h_{\mathrm{cor}}s}}$；$N_{\mathrm{a0}}=2Z_{\mathrm{D}}$。

$$\frac{M_{\mathrm{b}}}{M_{\mathrm{b0}}}+\left(\frac{T}{T_{\mathrm{b0}}}\right)^2+\left(\frac{F_{\mathrm{y}}}{V_{\mathrm{b0}}}\right)^2-\frac{N}{N_{\mathrm{b0}}}=\alpha \tag{4-41}$$

式中，$M_{\mathrm{b0}}=Z_{\mathrm{B}}b_{\mathrm{cor}}$；$T_{\mathrm{b0}}=2A_{\mathrm{cor}}\sqrt{\dfrac{2Z_{\mathrm{B}}F_{\mathrm{y}}}{u_{\mathrm{cor}}s}}$；$V_{\mathrm{b0}}=2b_{\mathrm{cor}}\sqrt{\dfrac{Z_{\mathrm{B}}F_{\mathrm{y}}}{b_{\mathrm{cor}}s}}$；$N_{\mathrm{b0}}=2Z_{\mathrm{B}}$；$\alpha$ 为构件形式和加载方式的综合影响系数，取 1.25。

利用式（4-40）和式（4-41）分别可计算得到两个主轴方向承载力 F_{x}、F_{y}，而后利用式（4-35）即可得到加载方向总承载力。

4.8.3 计算值与实测值的比较

试件的承载力计算值与实测值见表 4-25。为与实测值进行比较，计算时钢筋的抗拉强度取实测屈服强度值，混凝土强度取实测值。由表 4-25 可知，试件承载力计算值与实测值匹配较好。

表 4-25 试件 MCT 的承载力计算值与实测值的比较

试件编号	计算值/kN	实测值			相对误差/%
		正向/kN	负向/kN	平均值/kN	
MCT	1125.8	1272.4	1150.5	1211.5	7.61

4.9 钢管混凝土叠合边框内藏钢桁架组合剪力墙振动台试验

4.9.1 试验概况

制作了 4 个钢管混凝土叠合边框组合剪力墙试件，编号分别为 DHW1、DHW2、DHW3、DHW4，1/12 缩尺。试件 DHW1、DHW2 高宽比为 1.6，试件 DHW3、DHW4 高宽比为 3.0；试件 DHW1 和 DHW3 为普通钢管混凝土叠合边框组合剪力墙试件，试件 DHW2 和 DHW4 为钢管混凝土叠合边框内藏钢桁架组合剪力墙试件。试件的叠合柱钢筋、墙体分布钢筋分别采用 ϕ2.8、ϕ1.6 钢丝；边框方钢管由厚 2mm 的钢板制作，其截面边长为 60mm；试件 DHW2 中钢桁架的钢撑截面尺寸为 40mm×4mm，试件 DHW4 中钢桁架的下部钢撑截面尺寸为 40mm×4mm、上部钢撑截面尺寸为 30mm×4mm；钢管边框与混凝土剪力墙之间采用尺寸为 30mm×30mm×2mm 的 U 形钢板连接键联接，U 形连接键的端部弯成钩状并在弯钩内插入竖向 ϕ4 钢筋，以加强边框与混凝土剪力墙的共同工作性能。试件采用 C30 细石混凝土浇筑，实测混凝土立方体抗压强度为 34.2MPa、弹性模量为 2.91×10^4MPa。试件钢材的力学性能实测值见表 4-26，各试件的配筋及配钢图如图 4-74 所示。

表 4-26 4.9 节试件钢材的力学性能实测值 （单位：MPa）

钢材类型	结构名称	屈服强度	极限强度	弹性模量
ϕ1.6 钢丝	剪力墙分布钢筋	376	445	1.88×10^5
ϕ2.8 钢丝	叠合柱纵筋、箍筋	420	525	2.04×10^5
ϕ4 钢筋	连接键处纵筋	625	697	1.95×10^5
2mm 厚钢板	叠合柱方钢管	290	420	1.92×10^5
4mm 厚钢板	钢桁架斜撑	285	415	1.90×10^5

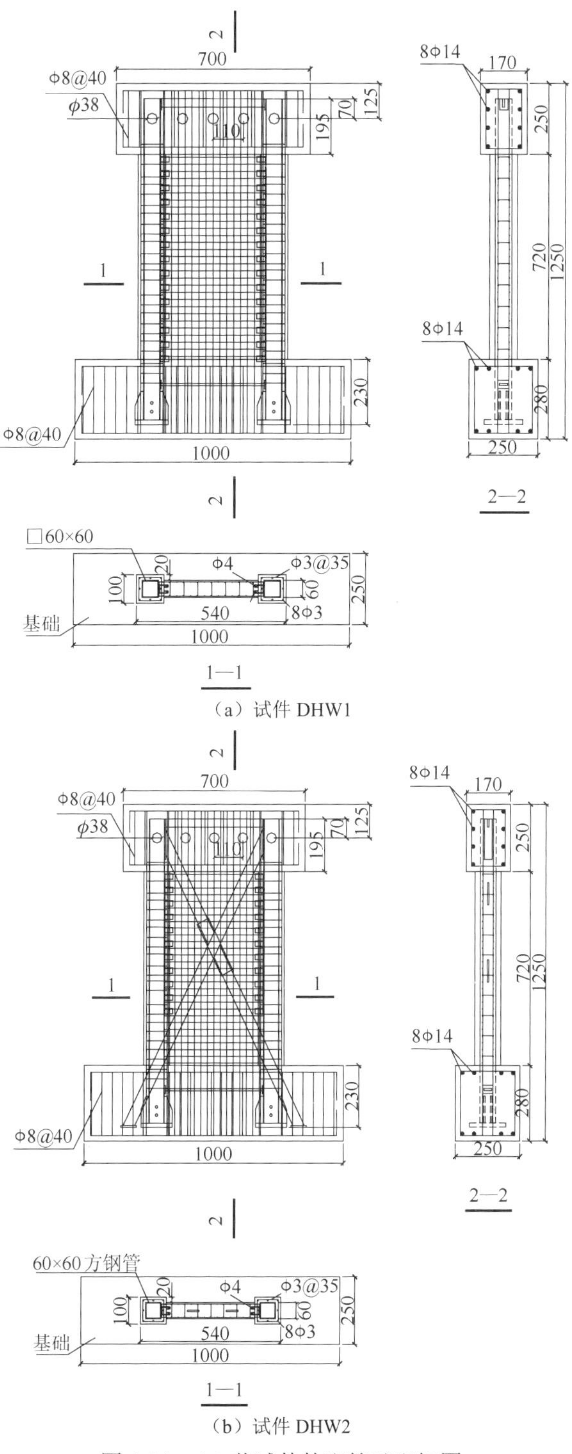

图 4-74　4.9 节试件的配筋及配钢图

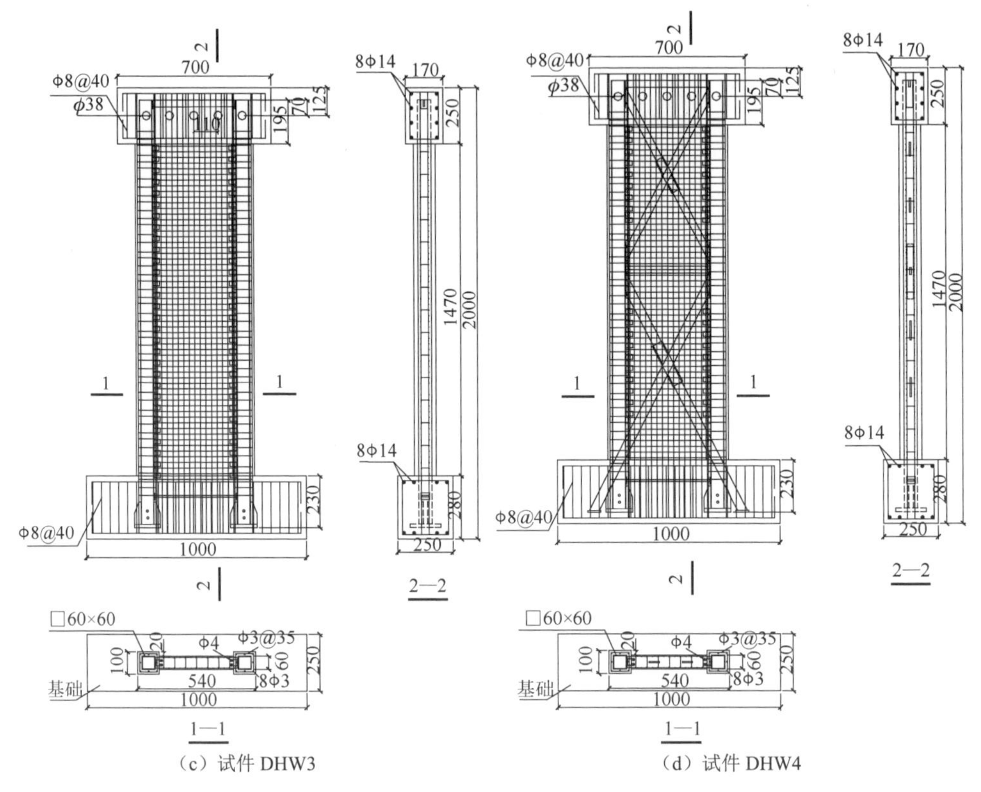

（c）试件 DHW3　　（d）试件 DHW4

图 4-74（续）

4.9.2　试验方案

试验装置如图 4-75 所示，荷重槽和荷重块总重为 7t，试验装置照片如图 4-76 所示。

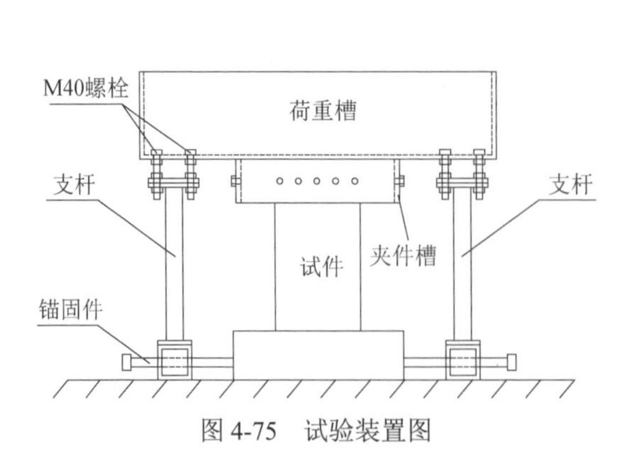

图 4-75　试验装置图

图 4-76　试验装置照片

试验时，振动台单向输入 Taft 地震波（X 方向）。根据相似关系要求，时间相似系数为 0.289，持续时间为 50×0.289=14.45s。试验过程中的台面实际输入过程见表 4-27。试件 DHW2 进行到第 16 个工况后仍未破坏，此时振动台设备已达到最大工作极限，为了得到试件的破坏状态，地震波换成 Kobe 波又进行了两次激振。

表 4-27　台面实际输入过程

DHW1			DHW2		
工况	地震烈度	台面输入加速度峰值	工况	地震烈度	台面输入加速度峰值
1	—	0.129g	1	—	0.117g
2	—	0.241g	2	—	0.227g
3	—	0.359g	3	—	0.332g
4	8 度罕遇烈度	0.464g	4	8 度罕遇烈度	0.438g
5	9 度罕遇烈度	0.613g	5	—	0.531g
6	—	0.708g	6	9 度罕遇烈度	0.618g
7	—	0.842g	7	—	0.755g
8	—	0.969g	8	—	0.853g
9	—	0.995g	9	—	0.992g
10	—	1.047g	10	—	1.181g
11	—	1.163g	11	—	1.243g
12	—	1.253g	12	—	1.334g
13	—	1.484g	13	—	1.472g
14	—	1.642g	14	—	1.619g
			15	—	1.827g
			16	—	1.984g
			17	—	K1.940g
			18	—	K1.986g

DHW3			DHW4		
工况	地震烈度	台面输入加速度峰值	工况	地震烈度	台面输入加速度峰值
1	—	0.093g	1	—	0.122g
2	—	0.181g	2	—	0.233g
3	—	0.289g	3	—	0.321g
4	8 度罕遇烈度	0.422g	4	8 度罕遇烈度	0.416g
5	—	0.498g	5	—	0.549g
6	9 度罕遇烈度	0.630g	6	9 度罕遇烈度	0.661g
7	—	0.738g	7	—	0.798g
8	—	0.817g	8	—	0.821g
9	—	0.932g	9	—	0.882g
10	—	1.168g	10	—	1.021g

续表

DHW3			DHW4		
工况	地震烈度	台面输入 加速度峰值	工况	地震烈度	台面输入 加速度峰值
11	—	1.283*g*	11	—	1.139*g*
			12	—	1.218*g*
			13	—	1.461*g*
			14	—	1.655*g*
			15	—	1.742*g*
			16	—	1.988*g*
			17	—	1.819*g*

4.9.3 自振频率与阻尼比

4 个试件的实测自振频率-输入加速度峰值关系曲线如图 4-77 所示，阻尼比-输入加速度峰值曲线如图 4-78 所示。

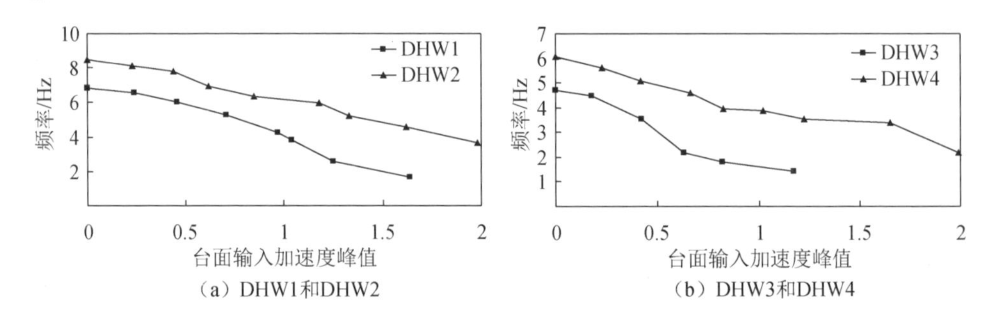

（a）DHW1和DHW2　（b）DHW3和DHW4

图 4-77　4 个试件的实测自振频率-输入加速度峰值关系曲线

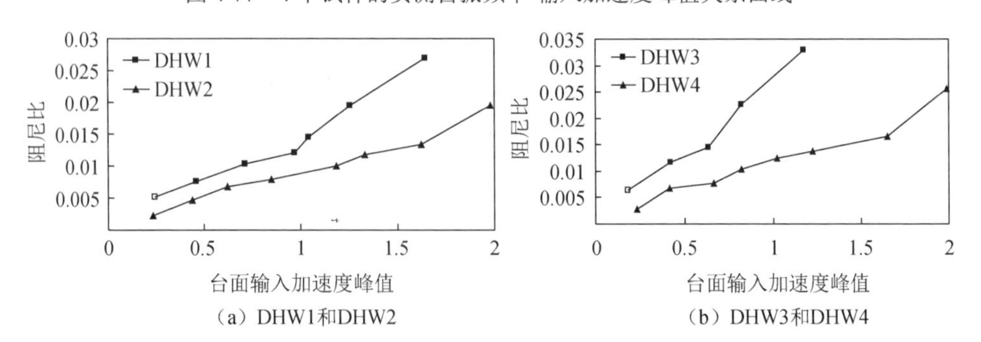

（a）DHW1和DHW2　（b）DHW3和DHW4

图 4-78　阻尼比-输入加速度峰值曲线

由图 4-77 和图 4-78 可知，①内藏钢桁架剪力墙 DHW2 和 DHW4 与剪力墙 DHW1 和 DHW3 相比，刚度有所提高，故自振频率相应提高；随地震输入加速度峰值的逐级加大，DHW2 和 DHW4 的刚度退化速度较 DHW1 和 DHW3 要慢，故自振频率衰减速度相应减慢。②内藏钢桁架剪力墙 DHW2 和 DHW4 与剪力墙 DHW1 和 DHW3 相比，由于钢桁架的存在，阻尼比减小；随着地震输入加速度峰值的逐级加大，DHW2 和 DHW4 的损伤较 DHW1 和 DHW3 慢且程度较轻，故阻尼比的增加相应减慢。

4.9.4　加速度反应

DHW1 和 DHW2 各位置的台面输入加速度峰值见表 4-28 和表 4-29。试验过程中，试件 DHW1 在部分工况下台面和加载梁中部的加速度反应时程曲线如图 4-79 所示；试件 DHW2 在部分工况下台面和加载梁中部的加速度反应时程曲线如图 4-80 所示；试件 DHW3 在部分工况下台面和加载梁中部的加速度反应时程曲线如图 4-81 所示；试件 DHW4 在部分工况下台面和加载梁中部的加速度反应时程曲线如图 4-82 所示。部分工况下各试件加载梁中部的加速度反应时程曲线比较如图 4-83 所示。

表 4-28　DHW1 和 DHW2 各位置的台面输入加速度峰值

DHW1				DHW2			
台面输入加速度峰值	基础顶面	加载梁中部	荷重槽中部	台面输入加速度峰值	基础顶面	加载梁中部	荷重槽中部
0.129*g*	0.141*g*	0.283*g*	0.299*g*	0.117*g*	0.125*g*	0.175*g*	0.191*g*
0.241*g*	0.289*g*	0.501*g*	0.538*g*	0.227*g*	0.233*g*	0.420*g*	0.438*g*
0.359*g*	0.424*g*	0.643*g*	0.714*g*	0.332*g*	0.356*g*	0.616*g*	0.641*g*
0.464*g*	0.556*g*	0.808*g*	0.879*g*	0.438*g*	0.469*g*	0.770*g*	0.795*g*
0.613*g*	0.632*g*	0.986*g*	1.094*g*	0.531*g*	0.576*g*	0.979*g*	0.998*g*
0.708*g*	0.734*g*	1.136*g*	1.251*g*	0.618*g*	0.652*g*	1.050*g*	1.095*g*
0.842*g*	0.886*g*	1.353*g*	1.479*g*	0.755*g*	0.783*g*	1.261*g*	1.293*g*
0.969*g*	0.989*g*	1.515*g*	1.548*g*	0.853*g*	0.925*g*	1.388*g*	1.457*g*
0.995*g*	1.033*g*	1.582*g*	1.651*g*	0.992*g*	1.078*g*	1.575*g*	1.632*g*
1.047*g*	1.123*g*	1.787*g*	1.875*g*	1.181*g*	1.257*g*	1.859*g*	1.877*g*
1.163*g*	1.267*g*	1.699*g*	1.732*g*	1.243*g*	1.296*g*	1.808*g*	1.833*g*
1.253*g*	1.342*g*	1.806*g*	1.850*g*	1.334*g*	1.377*g*	1.846*g*	1.884*g*
1.484*g*	1.596*g*	1.511*g*	1.492*g*	1.472*g*	1.506*g*	1.885*g*	1.992*g*
1.642*g*	1.738*g*	1.415*g*	1.223*g*	1.619*g*	1.664*g*	1.959*g*	1.983*g*
				1.827*g*	1.884*g*	1.973*g*	2.015*g*
				1.984*g*	2.192*g*	2.273*g*	2.318*g*
				*K*1.940*g*	2.172*g*	1.685*g*	1.628*g*
				*K*1.986*g*	2.084*g*	1.281*g*	1.174*g*

表 4-29 DHW3 和 DHW4 各位置的台面输入加速度峰值

DHW3				DHW4			
台面输入加速度峰值	基础顶面	加载梁中部	荷重槽中部	台面输入加速度峰值	基础顶面	加载梁中部	荷重槽中部
0.093g	0.152g	0.176g	0.201g	0.122g	0.180g	0.209g	0.242g
0.181g	0.214g	0.325g	0.394g	0.233g	0.259g	0.378g	0.448g
0.289g	0.311g	0.598g	0.756g	0.321g	0.332g	0.650g	0.771g
0.422g	0.417g	0.903g	0.951g	0.416g	0.417g	0.911g	0.946g
0.498g	0.51g	0.898g	0.922g	0.549g	0.571g	0.959g	0.976g
0.630g	0.674g	0.966g	1.053g	0.661g	0.684g	1.211g	1.253g
0.738g	0.866g	1.06g	1.302g	0.798g	0.800g	1.429g	1.502g
0.817g	0.867g	1.12g	1.26g	0.821g	0.901g	1.398g	1.443g
0.932g	1.00g	1.05g	1.13g	0.882g	0.887g	1.382g	1.533g
1.168g	1.21g	0.767g	0.755g	1.021g	1.018g	1.268g	1.532g
1.283g	2.05g	0.498g	0.422g	1.139g	1.228g	1.671g	1.955g
				1.218g	1.222g	2.201g	1.677g
				1.461g	1.654g	2.201g	1.935g
				1.655g	1.580g	1.666g	1.738g
				1.742g	1.749g	2.201g	2.500g
				1.988g	1.901g	2.202g	2.500g
				1.819g	1.902g	0.965g	0.945g

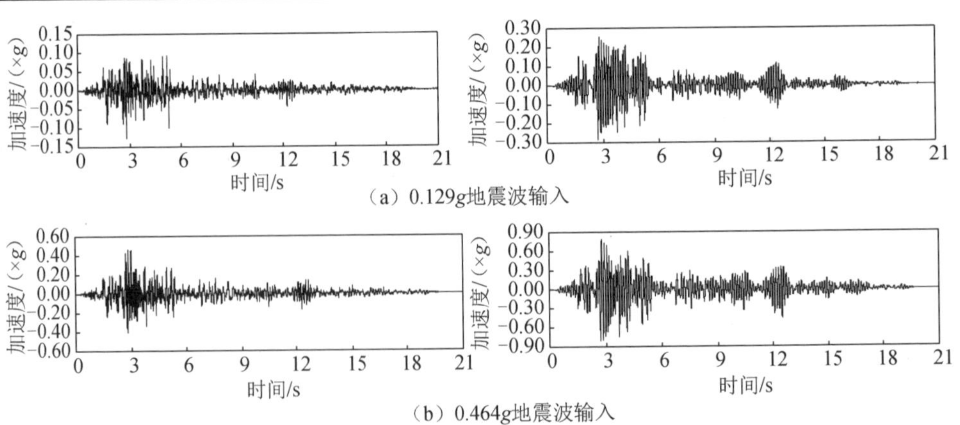

图 4-79 DHW1 加速度反应时程曲线

注：各分图中的左侧图均为台面处，右侧图均为加载梁中部，图 4-80～图 4-82 同此。

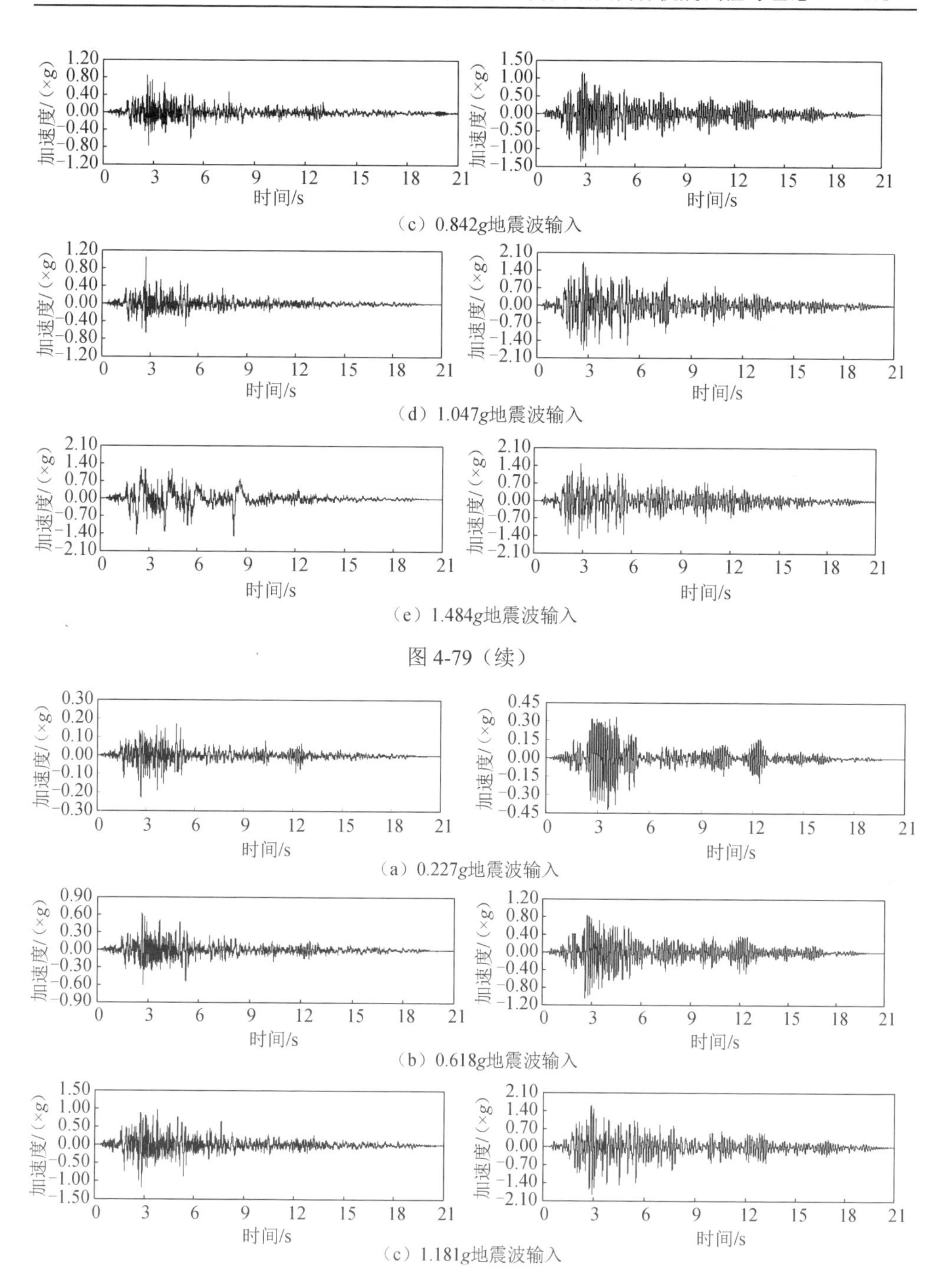

图4-80　DHW2加速度反应时程曲线

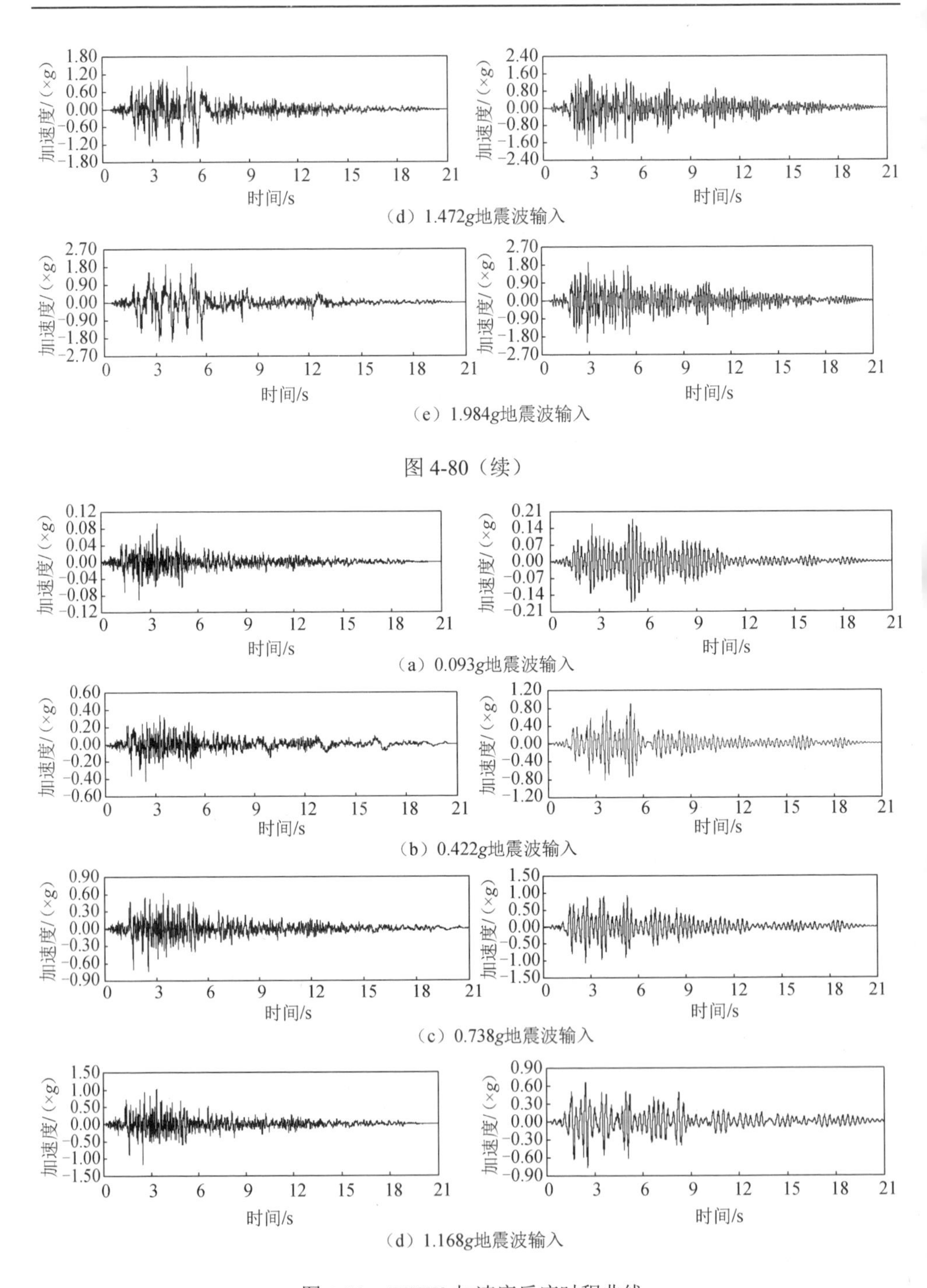

（d）1.472g地震波输入

（e）1.984g地震波输入

图 4-80（续）

（a）0.093g地震波输入

（b）0.422g地震波输入

（c）0.738g地震波输入

（d）1.168g地震波输入

图 4-81　DHW3 加速度反应时程曲线

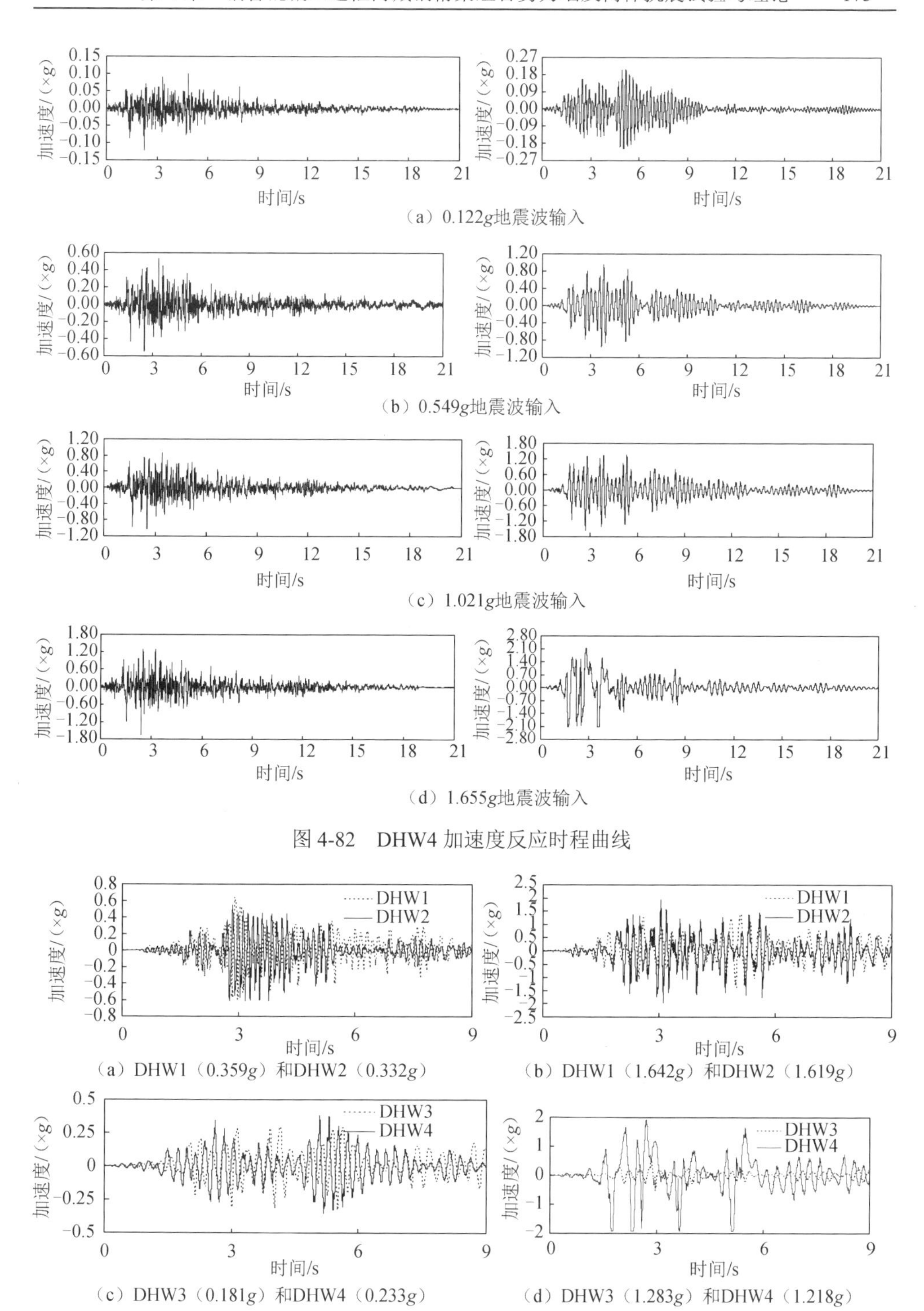

（a）0.122g地震波输入

（b）0.549g地震波输入

（c）1.021g地震波输入

（d）1.655g地震波输入

图4-82　DHW4加速度反应时程曲线

（a）DHW1（0.359g）和DHW2（0.332g）

（b）DHW1（1.642g）和DHW2（1.619g）

（c）DHW3（0.181g）和DHW4（0.233g）

（d）DHW3（1.283g）和DHW4（1.218g）

图4-83　加载梁中部加速度反应时程曲线的比较

由表 4-28、表 4-29 和图 4-79～图 4-83 可知：

1）试件 DHW2 开裂时的台面加速度峰值比试件 DHW1 提高了 14.4%，试件 DHW4 开裂时的台面加速度峰值比试件 DHW3 提高了 30.1%。

2）在台面加速度峰值输入相近的情况下，开裂前同高宽比试件加载梁中部的加速度反应也相近；但随着台面输入加速度峰值的提高，带钢桁架试件加载梁中部的加速度反应峰值大于不带钢桁架试件加载梁中部的加速度反应峰值，而且两者的相差幅度也越来越大。

3）由于钢桁架的存在，墙体的刚度和承载力退化慢，剪力墙的塑性变形发展较慢；到试件加载梁中部加速度反应峰值与振动台台面峰值的比值为 1 时，带钢桁架试件与不带钢桁架试件相比，矮墙激振次数多 3 次，高墙激振次数多 6 次。

试验表明：钢桁架的存在，提高了墙体的初始侧向刚度，延缓了剪力墙的塑性变形发展，刚度退化变慢，内藏钢桁架试件具有更好的后期抗震性能。

4.9.5 位移反应

实测所得 4 个试件在不同加速度峰值地震波输入下，加载梁中部相对于试件基础顶面的最大位移反应及所对应的位移角见表 4-30 和表 4-31，表中的相对位移为水平相对位移，它由斜向布置的拉线式位移传感器实测位移转换而得。试件 DHW1 在部分工况下的加载梁中部位移反应时程曲线如图 4-84 所示；试件 DHW2 在部分工况下的加载梁中部位移反应时程曲线如图 4-85 所示；试件 DHW3 在部分工况下的加载梁中部位移反应时程曲线如图 4-86 所示；试件 DHW4 在部分工况下的加载梁中部位移反应时程曲线如图 4-87 所示。各试件在部分工况下的加载梁中部位移反应时程曲线比较如图 4-88 所示。

表 4-30　DHW1 和 DHW2 加载梁中部最大位移反应及对应的位移角

DHW1			DHW2		
台面输入加速度峰值	位移/mm	位移角/rad	台面输入加速度峰值	位移/mm	位移角/rad
0.129*g*	0.58	1/1456	0.117*g*	0.42	1/2012
0.241g	0.77	1/1097	0.227*g*	0.6	1/1408
0.359*g*	1.37	1/617	0.332*g*	1.24	1/682
0.464*g*	1.94	1/435	0.438*g*	1.66	1/509
0.613*g*	2.99	1/283	0.531*g*	2.21	1/382
0.708*g*	3.68	1/230	0.618*g*	2.65	1/319
0.842*g*	4.89	1/173	0.755*g*	3.59	1/235
0.969*g*	6.67	1/127	0.853*g*	3.67	1/230
0.995*g*	7.29	1/116	0.992*g*	4.39	1/192

续表

DHW1			DHW2		
台面输入加速度峰值	位移/mm	位移角/rad	台面输入加速度峰值	位移/mm	位移角/rad
1.047*g*	8.62	1/100	1.181*g*	5.12	1/165
1.163*g*	11.3	1/75	1.243*g*	6.14	1/138
1.253*g*	17.29	1/50	1.334*g*	6.71	1/126
1.484*g*	26.45	1/32	1.472*g*	7.55	1/112
1.642*g*	39.23	1/22	1.619*g*	8.03	1/105
			1.827*g*	9.43	1/90
			1.984*g*	10.87	1/78
			*K*1.940*g*	18.78	1/45
			*K*1.986*g*	27.18	1/31

表 4-31　DHW3 和 DHW4 加载梁中部最大位移反应及对应的位移角

DHW3			DHW4		
台面输入加速度峰值	位移/mm	位移角/rad	台面输入加速度峰值	位移/mm	位移角/rad
0.093*g*	0.944	1/1689	0.122*g*	0.92	1/1733
0.181*g*	2.077	1/768	0.233*g*	3.212	1/497
0.289*g*	4.391	1/363	0.321g	4.51	1/354
0.422*g*	7.579	1/210	0.416g	7.436	1/215
0.498*g*	13.953	1/114	0.549*g*	8.69	1/184
0.63*g*	20.543	1/78	0.661g	11.191	1/143
0.738*g*	28.641	1/56	0.798*g*	15.182	1/105
0.817*g*	29.351	1/54	0.821*g*	14.947	1/107
0.932*g*	33.694	1/47	0.882*g*	16.529	1/97
1.168*g*	51.095	1/31	1.021g	16.553	1/96
1.283*g*	56.836	1/28	1.139*g*	18.086	1/88
			1.218*g*	19.173	1/83
			1.461g	24.627	1/65
			1.655*g*	28.665	1/56
			1.742*g*	31.736	1/50
			1.988*g*	39.504	1/41
			1.819*g*	46.233	1/35

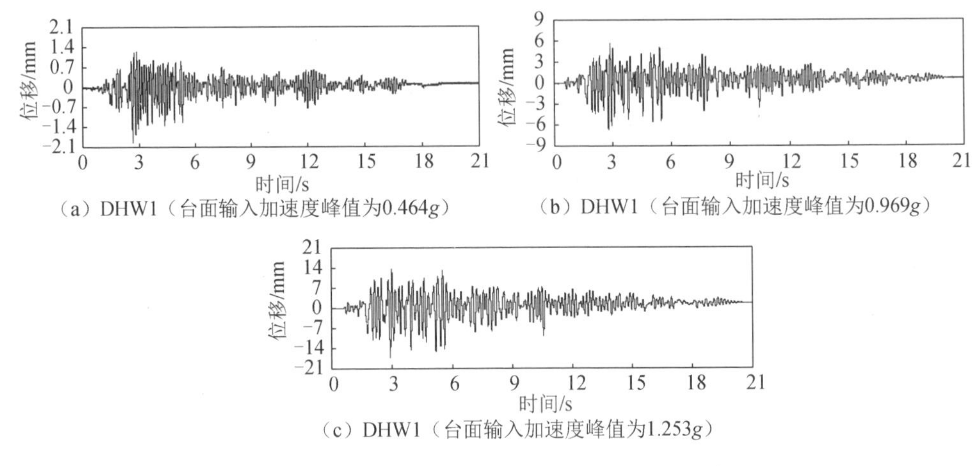

（a）DHW1（台面输入加速度峰值为0.464g）

（b）DHW1（台面输入加速度峰值为0.969g）

（c）DHW1（台面输入加速度峰值为1.253g）

图 4-84　DHW1 加载梁中部位移反应时程曲线

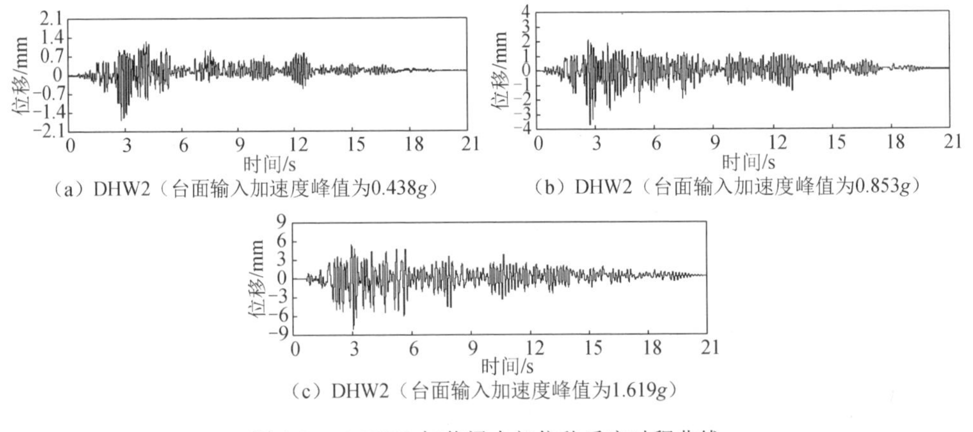

（a）DHW2（台面输入加速度峰值为0.438g）

（b）DHW2（台面输入加速度峰值为0.853g）

（c）DHW2（台面输入加速度峰值为1.619g）

图 4-85　DHW2 加载梁中部位移反应时程曲线

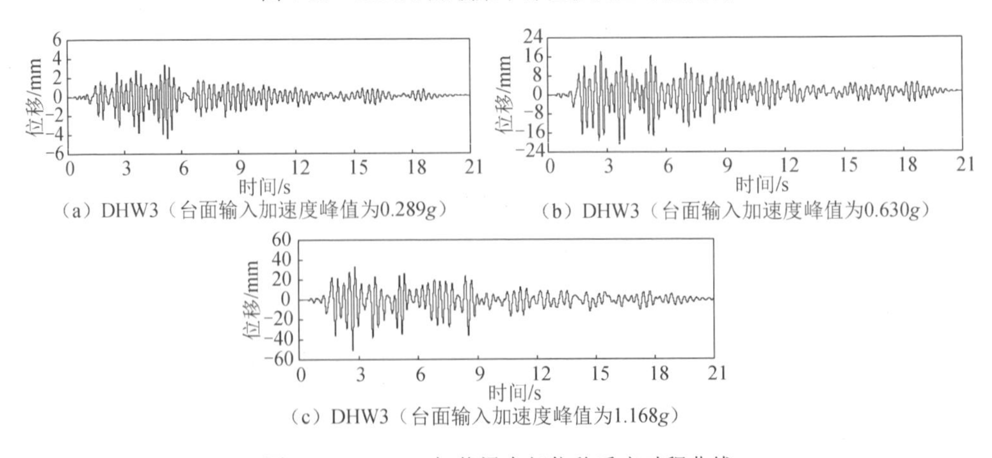

（a）DHW3（台面输入加速度峰值为0.289g）

（b）DHW3（台面输入加速度峰值为0.630g）

（c）DHW3（台面输入加速度峰值为1.168g）

图 4-86　DHW3 加载梁中部位移反应时程曲线

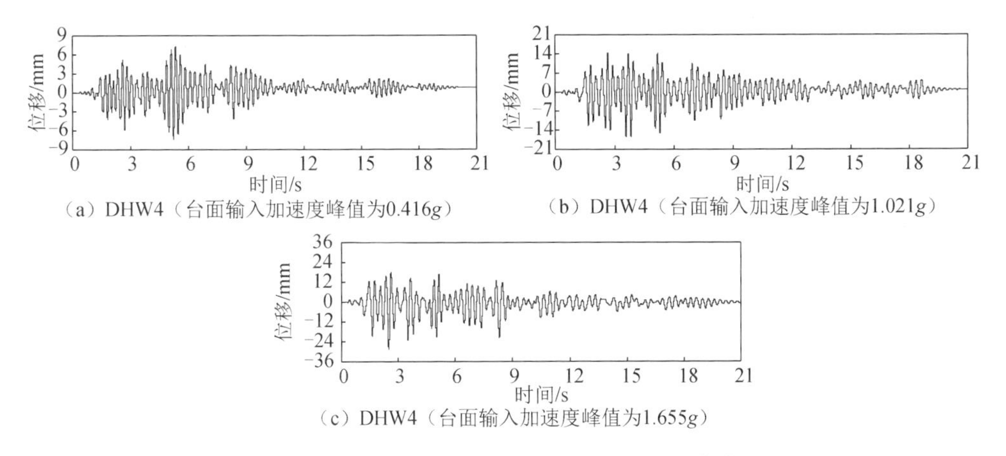

（a）DHW4（台面输入加速度峰值为0.416g）

（b）DHW4（台面输入加速度峰值为1.021g）

（c）DHW4（台面输入加速度峰值为1.655g）

图 4-87　DHW4 加载梁中部位移反应时程曲线

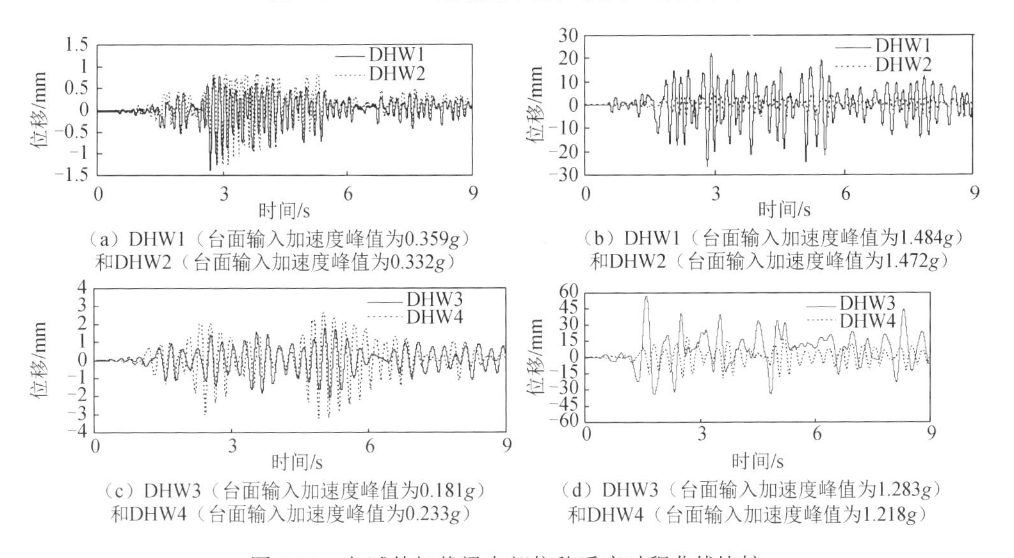

（a）DHW1（台面输入加速度峰值为0.359g）和DHW2（台面输入加速度峰值为0.332g）

（b）DHW1（台面输入加速度峰值为1.484g）和DHW2（台面输入加速度峰值为1.472g）

（c）DHW3（台面输入加速度峰值为0.181g）和DHW4（台面输入加速度峰值为0.233g）

（d）DHW3（台面输入加速度峰值为1.283g）和DHW4（台面输入加速度峰值为1.218g）

图 4-88　各试件加载梁中部位移反应时程曲线比较

由表 4-30、表 4-31 和图 4-84～图 4-88 可知，在台面输入加速度峰值相近的情况下，开裂时内藏钢桁架试件的加载梁中部最大相对基础位移略大于无钢桁架试件的相应值，即内藏钢桁架试件开裂较晚；在各工况的激振中，内藏钢桁架试件的加载梁中部相对基础的最大位移均小于无钢桁架试件的相应值，并且随着台面峰值加速度的增大，二者的差距越明显。对于试件 DHW1 和 DHW2 来说，在第 10 个工况时，后者加载梁中部相对基础的最大位移比前者小 3.5mm；到了第 13 个工况，后者的基础最大位移比前者小 18.9mm。对于试件 DHW3 和 DHW4 来说，在第 8 个工况时，后者的基础最大位移比前者小 14.4mm；到了第 11 个工况，后者的基础最大位移比前者小 38.8mm。出现以上现象的原因是，试件开裂后钢桁架不仅使墙体保持了一定的侧向刚度，而且提高了混凝土裂缝在张开和闭合过程中的耗能能力，使试件后期性能稳定，从而减小了加载梁中部的位移反应，增强了试件的后期变形能力，显著提高了试件的抗震性能。

4.9.6　破坏特征

试件 DHW1 和 DHW2 在工况 12 时的破坏形态比较如图 4-89（a，b）所示，其最终破坏形态如图 4-89（c，d）所示。试件 DHW3 和 DHW4 在工况 9 时的破坏形态如图 4-90（a，b）所示，其最终破坏形态如图 4-90（c，d）所示。

从各试件的破坏形态可知，试件 DHW2（DHW4）的破坏较试件 DHW1（DHW3）相对轻些，而且裂缝出现的位置分布较广且较为均匀，这样可以让试件的更多部分发挥耗能的作用；试件 DHW2 进行到第 16 个工况后，振动台已达到最大工作极限，试件仍未破坏，地震波换成 Kobe 波重复两次激振（台面加速度峰值均达到 1.9g）后才破坏，比试件 DHW1 多做了 4 个工况；试件 DHW2 和 DHW4 中的钢桁架可以约束裂缝开展，使试件的内力重分布，进而可以出现更多的较为分散的裂缝，扩大塑性区域，充分发挥试件各个部分材料的耗能作用，提高试件整体的抗震耗能能力。

（a）DHW1（工况 12）

（b）DHW2（工况 12）

（c）DHW1（最终）

（d）DHW2（最终）

图 4-89　DHW1 和 DHW2 的破坏形态

（a）DHW3（工况 9）

（b）DHW4（工况 9）

（c）DHW3（最终）

（d）DHW4（最终）

图 4-90　DHW3 和 DHW4 的破坏形态

4.9.7　有限元弹塑性时程分析

采用 ABAQUS 有限元软件建立实体模型，对钢管混凝土叠合边框组合剪力墙和钢管混凝土叠合边框内藏钢桁架组合剪力墙进行弹塑性时程分析。

混凝土采用八节点六面体线性减缩积分格式的三维实体单元 C3D8R 来模拟；钢管和钢桁架采用四节点减缩积分格式的壳单元 S4R 来模拟；钢筋单元采用两节点的线性三维杆单元 T3D2 来模拟。在建模过程中，使用 ABAQUS 软件提供的 Embedded 技术，将钢筋嵌入混凝土单元中，以模拟钢筋与混凝土之间的黏结关系；钢管与核心混凝土的界面模型由界面法线方向的接触和切线方向的黏结滑移构成。

1. 计算与实测结果对比

在弹性阶段，4 个试件的自振频率计算值与实测值的比较见表 4-32。各试件在弹性阶段和弹塑性阶段若干典型工况下加载梁中部的位移反应计算结果和实测结果的比较如图 4-91 所示。计算结果和实测结果匹配较好。

表 4-32　自振频率计算值与实测值的比较

试件编号	计算值/Hz	实测值/Hz	相对误差/%
DHW1	6.43	6.82	5.72
DHW2	8.02	8.47	5.31
DHW3	4.50	4.72	4.66
DHW4	5.75	6.07	5.27

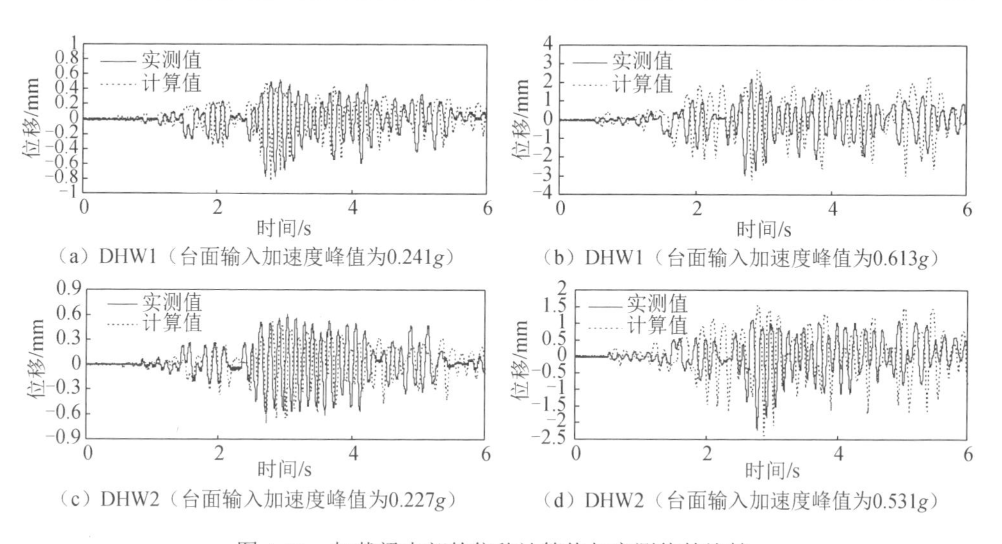

（a）DHW1（台面输入加速度峰值为0.241g）　（b）DHW1（台面输入加速度峰值为0.613g）

（c）DHW2（台面输入加速度峰值为0.227g）　（d）DHW2（台面输入加速度峰值为0.531g）

图 4-91　加载梁中部的位移计算值与实测值的比较

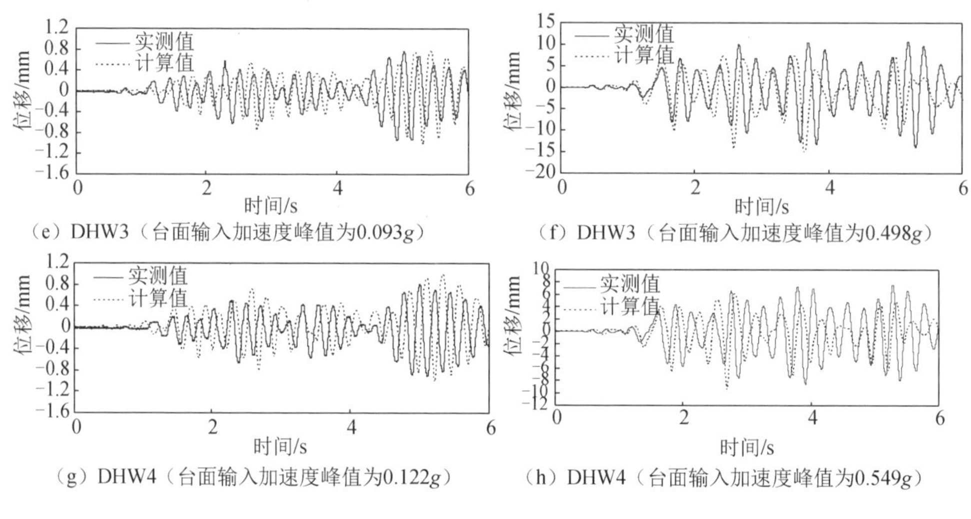

（e）DHW3（台面输入加速度峰值为0.093g）　（f）DHW3（台面输入加速度峰值为0.498g）

（g）DHW4（台面输入加速度峰值为0.122g）　（h）DHW4（台面输入加速度峰值为0.549g）

图 4-91（续）

2. 钢桁架截面尺寸对剪力墙抗震性能的影响

从试件 DHW2、DHW4 的破坏形态可以看出，试件下部破坏最为严重（钢桁架的下半部分屈曲严重），因此如果要进一步提升试件的抗震性能，就应该对试件的下半部分进行改进。通过 ABAQUS 有限元软件计算，仍然使用前面提到的建模分析方式，试件 DHW4 下半部分桁架截面尺寸增大而上半部分桁架截面尺寸不变，输入 Taft 地震波，进行不同峰值加速度下的位移时程反应计算，计算结果见表 4-33。由表 4-33 可见，在相同的台面加速度峰值下，随着试件下半部分钢桁架截面的增大，试件加载梁中部的最大位移呈现一定幅度的减小；随着台面加速度峰值的不断加大，试件加载梁中部最大位移减小的幅度也越来越大。这说明在较大的台面加速度峰值下，钢桁架的作用发挥得更大。在实际工程设计中，可以根据不同的抗震需求来确定钢桁架的截面构造。

表 4-33　不同钢桁架截面试件加载梁中部最大位移反应　（单位：mm）

地震峰值加速度	钢桁架截面/（mm×mm）			
	40×6	40×8	40×10	40×12
0.4g	6.214	5.324	4.298	3.377
0.6g	9.734	8.247	6.749	5.237
0.8g	12.168	10.133	8.201	6.174
1.0g	14.236	11.732	9.248	7.699

3. 叠合边框钢管壁厚对剪力墙抗震性能的影响

利用 ABAQUS 有限元软件，改变试件 DHW4 钢管混凝土叠合边框中钢管的壁厚，试件的其他设计参数不变，输入 Taft 地震波，进行不同峰值加速度下加载梁中部位移时程反应计算，计算结果见表 4-34。由表 4-34 可知，随着钢管壁厚的增加，可以加大对核心混凝土的约束作用，增加叠合柱边框的刚度和承载力，从而减小试件加载梁中部的位移反应。从试验现象还可以看出，钢管混凝土叠合柱是剪力墙最后一道抗震防线，其内部钢管壁厚的增加可以较大幅度提高剪力墙的承载力和安全储备。

表 4-34　不同钢管壁厚试件加载梁中部最大位移反应　（单位：mm）

地震峰值加速度	叠合边框内钢管的壁厚/mm			
	3	4	5	6
0.4g	4.412	3.567	2.994	2.404
0.6g	6.911	5.525	4.859	3.728
0.8g	8.639	6.789	5.904	4.395
1.0g	10.107	7.860	6.658	5.482

4.9.8　剪力墙宏观模型的弹塑性时程分析

1. 斜撑框架模型的建立

采用一种斜撑框架剪力墙计算模型[7]来模拟钢管混凝土叠合边框内藏钢桁架组合剪力墙，并进行其弹塑性时程分析。斜撑框架模型中的支撑能在几何和力学特性方面与钢桁架相匹配，边杆又能近似模拟剪力墙的边框，因而采用支撑框架模型进行钢管混凝土叠合边框内藏钢桁架剪力墙的弹塑性时程分析。采用的斜撑框架计算模型如图 4-92（a）所示。在该斜撑框架计算模型中，上下两端为刚性梁，上部刚性梁进行加密处理，可模拟试件上部荷重槽的作用；中间部分竖杆与上下刚性梁刚接，可承受拉压力、剪力及弯矩作用；左右的边杆与刚性梁铰接，为拉压杆件，可以模拟钢管混凝土叠合边框作用；中部的斜向支撑杆件也为拉压杆件，用以模拟试件内钢桁架斜撑的作用。

对于钢管混凝土叠合边框组合剪力墙，其计算模型可以采用如图 4-92（b）所示的框架模型。该模型上下两端为刚性梁，上部刚性梁进行加密处理，用来模拟荷重槽的作用；中间为柱子，与刚性梁刚接；两端设有左右两根连杆，与刚性梁铰接，目的是考虑钢管混凝土叠合边框的作用。

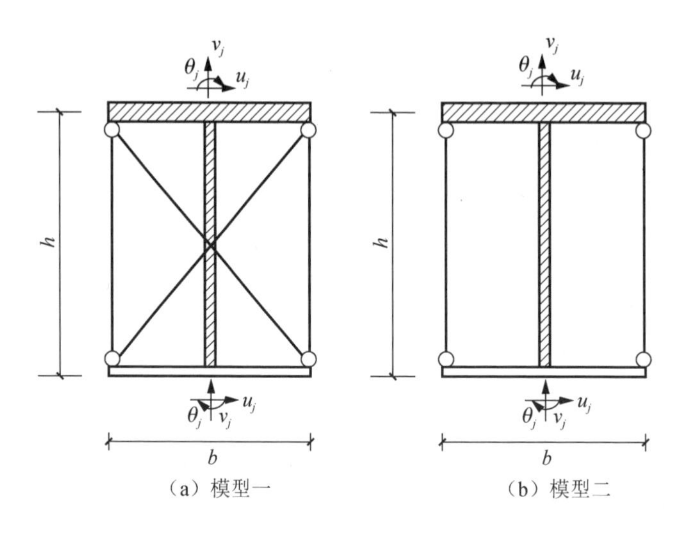

图 4-92　斜撑框架计算模型

2. 杆件非线性力和位移的关系

(1) 轴向力-位移关系

在计算时，斜撑框架模型中间竖杆、边杆、斜杆的轴向力-位移关系曲线采用如图 4-93 所示的非对称二折线骨架曲线[8]。

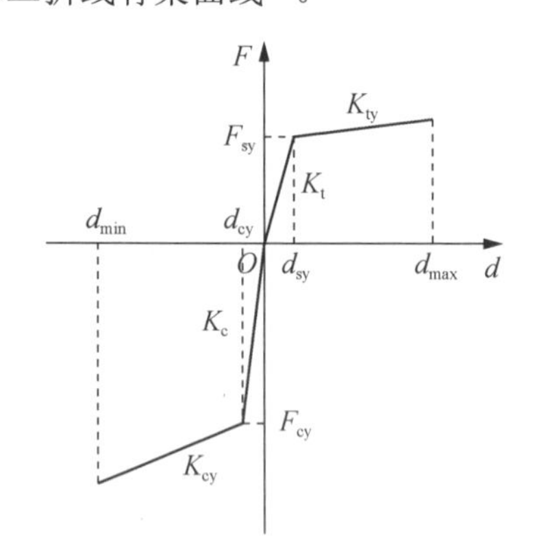

图 4-93　轴向力-位移关系曲线

对一根承受拉力 F 的轴向拉杆，杆件中钢筋的平均应力为

$$\sigma_{sa} = \phi\sigma_{sk} \tag{4-42}$$

式中，ϕ 为纵向受拉钢筋应力不均匀系数，这是考虑了混凝土对受拉钢筋的作用，这里参照《混凝土结构设计规范》(GB 50010—2002) 中的规定，按式 (4-43) 计算：

$$\phi = 1.1 - \frac{0.65 f_{\mathrm{tk}}}{\rho_{\mathrm{te}} \sigma_{\mathrm{sk}}} \quad (0.4 \leqslant \varphi \leqslant 1) \tag{4-43}$$

式中，σ_{sk} 为钢筋混凝土杆件中纵向受拉钢筋的应力；ρ_{te} 为截面配筋率（当 $\rho_{\mathrm{te}} \leqslant 0.01$ 时，取 $\rho_{\mathrm{te}} = 0.01$）。

当钢筋屈服时，式（4-44）中取 $\sigma_{\mathrm{sk}} = f_{\mathrm{y}}$，此时对应的纵向受拉钢筋应力不均匀系数为

$$\phi_0 = 1.1 - \frac{0.65 f_{\mathrm{tk}}}{\rho_{\mathrm{s}} f_{\mathrm{y}}} \quad (0.2 \leqslant \varphi \leqslant 1) \tag{4-44}$$

可以得出杆件的总变形为

$$\Delta h = \frac{\sigma_{\mathrm{sa}} h}{E_{\mathrm{s}}} = \frac{\phi_0 h}{E_{\mathrm{s}}} \frac{F}{A_{\mathrm{s}}} \tag{4-45}$$

$$K_{\mathrm{t}} = \frac{F}{\Delta h} = \frac{E_{\mathrm{s}} A_{\mathrm{s}}}{\phi_0 h} \tag{4-46}$$

$$d_{\mathrm{sy}} = \frac{\phi_0 h f_{\mathrm{y}}}{E_{\mathrm{s}}} \tag{4-47}$$

$$K_{\mathrm{ty}} = 0.02 K_{\mathrm{t}} \tag{4-48}$$

式中，h 为单元高度；f_{y} 为钢筋抗拉强度；E_{s} 为钢筋弹性模量；K_{t} 为受拉构件弹性刚度；d_{sy} 为受拉杆件屈服变形。

杆件受压时，假设混凝土与钢筋同时屈服，则有

$$d_{\mathrm{cy}} = -\varepsilon_{\mathrm{sy}} h = \frac{f_{\mathrm{y}}'}{E_{\mathrm{s}}} h \tag{4-49}$$

$$K_{\mathrm{c}} = \left(\frac{f_{\mathrm{c}} A_{\mathrm{c}}}{f_{\mathrm{y}}'} + A_{\mathrm{s}} \right) E_{\mathrm{s}} / h \tag{4-50}$$

$$K_{\mathrm{cy}} = 0.02 K_{\mathrm{c}} \tag{4-51}$$

式中，d_{cy} 为受压杆件屈服变形；K_{c} 为受压杆件弹性刚度；f_{y}' 为钢筋抗压强度。

（2）剪切力-位移关系

斜撑框架模型中间竖杆的剪切力-位移关系曲线采用如图 4-94 所示的骨架曲线[8]，曲线中各参数的确定方法如下：

$$K_{\mathrm{s}} = G A_{\mathrm{w}} / (kh) \tag{4-52}$$

$$V_{\mathrm{c}} = 0.438 \sqrt{f_{\mathrm{c}}} A_{\mathrm{w}} \tag{4-53}$$

$$V_{\mathrm{y}} = \left[\frac{0.0679 \rho_{\mathrm{x}}^{0.23} (f_{\mathrm{c}} + 17.6)}{[M/(VL) + 0.12]^{1/2}} + 0.845 (f_{\mathrm{yk}} \rho_{\mathrm{wh}})^{1/2} + 0.1 \sigma_0 \right] td \tag{4-54}$$

$$K_{\mathrm{sy}} = \alpha K_{\mathrm{s}} \tag{4-55}$$

$$\alpha = 0.14 + 0.46\rho_{\mathrm{wh}} f_{\mathrm{yk}} / f_{\mathrm{c}} \tag{4-56}$$

$$K_{\mathrm{si}} = 0.02K_{\mathrm{s}} \tag{4-57}$$

式中，f_c 为混凝土轴心抗压强度值；ρ_x 为墙肢有效受力纵筋配筋率；$M/(VL)$ 为剪力墙剪跨与墙宽之比；t 为墙截面厚度；ρ_{wh} 为墙肢有效水平配筋率；f_{yk} 为水平钢筋的屈服强度值；σ_0 为剪力墙截面上的平均压应力；d 为墙截面的高度。

（3）弯矩-曲率关系

目前关于剪力墙弯矩转角关系如何确定的文献较少，本节采用钢筋混凝土构件常用的弯矩-曲率关系曲线来描述剪力墙的弯曲刚度[9]，如图 4-95 所示。

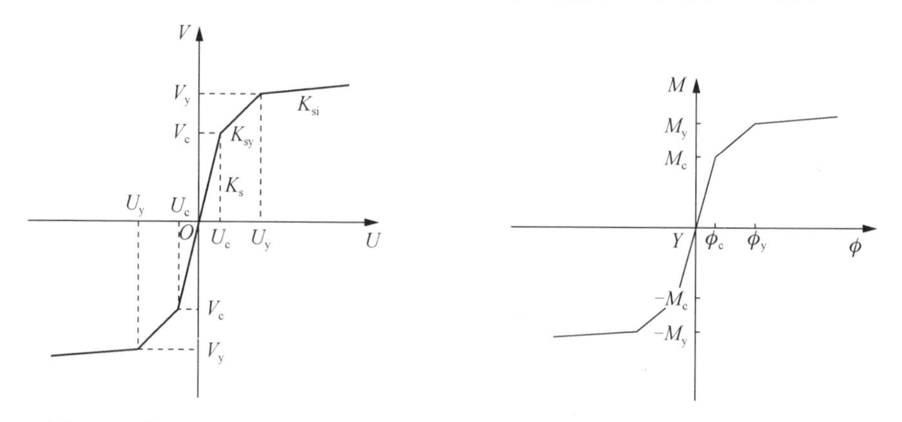

图 4-94　剪切力-位移关系曲线　　　图 4-95　弯矩-曲率关系曲线

在确定骨架曲线时，剪力墙单元的初始弯曲刚度可以基于均匀分布弯矩作用下的变形求得，即

$$K_0 = \frac{2(1-c)E_{\mathrm{c}}I}{h} \tag{4-58}$$

式中，参数 c 可根据剪力墙墙肢预期的曲率分布来确定，这里可以近似取为 0.5。

弯曲开裂后的刚度为

$$K_{\mathrm{c}} = \frac{M_{\mathrm{y}} - M_{\mathrm{c}}}{EI(\phi_{\mathrm{y}} - \phi_{\mathrm{c}})} K_0 \tag{4-59}$$

$$K_{\mathrm{y}} = 0.002K_0 \tag{4-60}$$

式中，M_y、M_c、ϕ_y、ϕ_c 分别为剪力墙的屈服弯矩、开裂弯矩、屈服曲率和开裂曲率；这几个参数的确定过程较为复杂，通常可以采用非线性有限元方法来确定，这里为了避免非线性有限元的复杂计算，采用文献[9]给出的 M_y、M_c、ϕ_y、ϕ_c 的经验计算式来确定。

剪力墙的开裂弯矩为

$$M_{\mathrm{c}} = Z_{\mathrm{c}}(f_{\mathrm{t}} + \sigma_0) \tag{4-61}$$

式中，Z_c 为剪力墙截面模量（截面对其形心轴的惯性矩与截面上最远点至形心轴的距离之比值）；f_t 为混凝土抗拉强度。

剪力墙的屈服弯矩为

$$M_y = \left(A_s f_y + \frac{A_{ws} f_{wy}}{2} + \frac{N}{2}\right) L_w \tag{4-62}$$

式中，A_s 为单侧边框柱所用钢材的截面面积；A_{ws} 为剪力墙纵向分布钢筋截面面积；f_{wy} 为纵向分布钢筋屈服强度。

剪力墙的开裂曲率为

$$\phi_c = \frac{M_c}{E_c I} \tag{4-63}$$

在推导剪力墙截面的屈服曲率 ϕ_y 时，首先假定截面应变呈线性分布和混凝土不能承受拉力。当仅考虑截面承受弯矩作用而不考虑轴向力作用时，根据截面力的平衡条件，可求得屈服曲率为

$$\phi'_y = \frac{\varepsilon_s}{d - K_a - a} \tag{4-64}$$

式中，a 为剪力墙边框柱的宽度；$K_a = kd - a$。

在不考虑轴力的情况下，上述方法屈服曲率的计算结果一般偏小，为了考虑轴力的影响，引入文献[10]对混凝土柱的屈服曲率的修正公式，墙的屈服曲率为

$$\phi_y = \left[1 + \frac{0.4}{0.84 + \rho_a} \frac{\sigma_0}{0.3 f_c}\right] \phi'_y \tag{4-65}$$

式中，$\rho_a = \dfrac{A_s f_y}{A_{ws} f_c}$。

3. 斜撑框架模型的刚度矩阵

结合力学知识可推导出斜撑框架模型的刚度矩阵[11]。

设单元两端的位移为 $\boldsymbol{d}^{\mathrm{T}} = \begin{bmatrix} U_i & V_i & \theta_i & U_j & V_j & \theta_j \end{bmatrix}$，其中 U_i、V_i、θ_i 分别为 i 端的水平位移、形心轴处的竖向位移和转角，另外三个符号表示的是相应于 j 端的三个变量；设单元两端的力为 $\boldsymbol{F}^{\mathrm{T}} = \begin{bmatrix} X_i & Y_i & M_i & X_j & Y_j & M_j \end{bmatrix}$，其中 X_i、Y_i、M_i 分别为 i 端的剪力、轴力和弯矩，另外三个符号表示的是相应于 j 端的三个变量。

在推导模型的刚度矩阵时，对于中间竖杆，在初等梁理论的基础上引入杆件剪切变形的影响，单元水平剪切变形为

$$\delta_{us} = \frac{b}{1+b}\left[U_j - U_i - \frac{1}{2} h(\theta_j + \theta_i)\right] \tag{4-66}$$

式中，$b = \dfrac{12EI_{\omega}k}{GA_{\omega}h^2}$，其中 k 为截面剪应力不均匀分布系数。

由单元的水平剪切变形引起的第 m 根斜杆轴向变形为

$$\delta_{\mathrm{ub}m} = \frac{b}{1+b}\left[U_j - U_i - \frac{1}{2}h(\theta_j + \theta_i)\right]\cos\alpha \tag{4-67}$$

第 m 根竖向边杆轴向变形为

$$\delta_{\mathrm{vc}m} = V_j - V_i + a_m(\theta_i - \theta_j) \tag{4-68}$$

式中，a_m 为剪力墙形心轴到墙端的距离，形心轴左侧取负值 $-b/2$，形心轴右侧取正值 $b/2$。

第 m 根斜杆的轴向变形为

$$\delta_{\mathrm{vb}m} = (V_j - V_i + a_{mi}\theta_i - a_{mj}\theta_j)\sin\alpha \tag{4-69}$$

式中，a_{mi} 和 a_{mj} 分别为单元 i 端和 j 端剪力墙形心轴到斜杆端点的距离，形心轴左侧取负值 $-b/2$，形心轴右侧取正值 $b/2$。

单元中间竖杆轴向变形为

$$\delta_{\mathrm{vw}} = V_j - V_i \tag{4-70}$$

给单元施加一个虚位移 $\boldsymbol{d}^{*\mathrm{T}} = \begin{bmatrix} U_i^* & V_i^* & \theta_i^* & U_j^* & V_j^* & \theta_j^* \end{bmatrix}$，外力在虚位移上所做的功为

$$\boldsymbol{W} = \boldsymbol{d}^{*\mathrm{T}}\boldsymbol{F} \tag{4-71}$$

内力在虚变形上所做的功为

$$U = k_{\mathrm{h}}\delta_{\mathrm{us}}\delta_{\mathrm{us}}^* + \sum_{m=1}^{2}k_{\mathrm{b}m}\delta_{\mathrm{ub}m}\delta_{\mathrm{ub}m}^* + \sum_{m=1}^{2}k_{\mathrm{c}m}\delta_{\mathrm{vc}m}\delta_{\mathrm{vc}m}^* + \sum_{m=1}^{2}k_{\mathrm{b}m}\delta_{\mathrm{vb}m}\delta_{\mathrm{vb}m}^* + k_{\mathrm{w}}\delta_{\mathrm{vw}}\delta_{\mathrm{vw}}^* \tag{4-72}$$

式中，k_{w} 为中间竖杆的轴向刚度；k_{h} 为中间竖杆的剪切刚度；k_{c} 为边杆的轴向刚度；k_{b} 为斜杆的轴向刚度。

由虚功原理得

$$\boldsymbol{d}^{*\mathrm{T}}\boldsymbol{F} = k_{\mathrm{h}}\delta_{\mathrm{us}}\delta_{\mathrm{us}}^* + \sum_{m=1}^{2}k_{\mathrm{b}m}\delta_{\mathrm{ub}m}\delta_{\mathrm{ub}m}^* + \sum_{m=1}^{2}k_{\mathrm{c}m}\delta_{\mathrm{vc}m}\delta_{\mathrm{vc}m}^* + \sum_{m=1}^{2}k_{\mathrm{b}m}\delta_{\mathrm{vb}m}\delta_{\mathrm{vb}m}^* + k_{\mathrm{w}}\delta_{\mathrm{vw}}\delta_{\mathrm{vw}}^* \tag{4-73}$$

将式（4-73）整理可得

$$\boldsymbol{d}^{*\mathrm{T}}\boldsymbol{F} = \boldsymbol{d}^{*\mathrm{T}}\boldsymbol{K}_{\mathrm{e}}\boldsymbol{d}$$

可知 $\boldsymbol{F} = \boldsymbol{K}_{\mathrm{e}}\boldsymbol{d}$

$$
\boldsymbol{K}_{\mathrm{e}}=\begin{bmatrix}
K_{11} & 0 & K_{13} & -K_{11} & 0 & K_{13} \\
 & K_{22} & K_{23} & 0 & -K_{22} & K_{26} \\
 & & K_{33} & -K_{13} & -K_{23} & K_{36} \\
 & & & K_{11} & 0 & -K_{13} \\
 & \text{对称} & & & K_{22} & -K_{26} \\
 & & & & & K_{66}
\end{bmatrix} \tag{4-74}
$$

式中，

$$
K_{11}=\left(\frac{b}{1+b}\right)^{2}\left(k_{\mathrm{h}}+\sum_{m=1}^{2}k_{\mathrm{b}m}\cos^{2}\alpha\right)
$$

$$
K_{13}=\frac{h}{2}\left(\frac{b}{1+b}\right)^{2}\left(k_{\mathrm{h}}+\sum_{m=1}^{2}k_{\mathrm{b}m}\cos^{2}\alpha\right)
$$

$$
K_{22}=\sum_{m=1}^{2}k_{\mathrm{c}m}+\sum_{m=1}^{2}k_{\mathrm{b}m}\sin^{2}\alpha+k_{\mathrm{w}}
$$

$$
K_{23}=-\left(\sum_{m=1}^{2}k_{\mathrm{c}m}a_{m}+\sum_{m=1}^{2}k_{\mathrm{b}m}a_{mi}\sin^{2}\alpha\right)
$$

$$
K_{26}=\sum_{m=1}^{2}k_{\mathrm{c}m}a_{m}+\sum_{m=1}^{2}k_{\mathrm{b}m}a_{mj}\sin^{2}\alpha
$$

$$
K_{33}=\frac{h^{2}}{4}\left(\frac{b}{1+b}\right)^{2}\left(k_{\mathrm{h}}+\cos^{2}\alpha\sum_{m=1}^{2}k_{\mathrm{b}m}\right)+\sum_{m=1}^{2}a_{m}^{2}k_{\mathrm{c}m}+\sum_{m=1}^{2}a_{mi}^{2}k_{\mathrm{b}m}\sin^{2}\alpha
$$

$$
K_{36}=\frac{h^{2}}{4}\left(\frac{b}{1+b}\right)^{2}\left(k_{\mathrm{h}}+\cos^{2}\alpha\sum_{m=1}^{2}k_{\mathrm{b}m}\right)-\sum_{m=1}^{2}a_{m}^{2}k_{\mathrm{c}m}-\sum_{m=1}^{2}a_{mi}a_{mj}k_{\mathrm{b}m}\sin^{2}\alpha
$$

$$
K_{66}=\frac{h^{2}}{4}\left(\frac{b}{1+b}\right)^{2}\left(k_{\mathrm{h}}+\cos^{2}\alpha\sum_{m=1}^{2}k_{\mathrm{b}m}\right)+\sum_{m=1}^{2}a_{m}^{2}k_{\mathrm{c}m}+\sum_{m=1}^{2}a_{mj}^{2}k_{\mathrm{b}m}\sin^{2}\alpha
$$

4. 计算结果与分析

各试件加载梁中部相对于基础顶面的最大位移反应的计算值与实测值的比较见表 4-35。

表 4-35　加载梁中部的最大位移反应计算值与实测值的比较

DHW1				DHW2			
台面输入加速度峰值	实测位移/mm	计算所得位移/mm	相对误差/%	台面输入加速度峰值	实测位移/mm	计算所得位移/mm	相对误差/%
0.359g	1.37	1.45	5.8	0.332g	1.24	1.31	5.6
0.613g	2.99	3.14	5.0	0.853g	3.67	3.82	4.1
1.047g	8.62	8.97	4.1	1.181g	5.12	5.42	5.9
1.253g	17.29	18.67	8.0	1.334g	6.71	7.18	7.0
DHW3				DHW4			
台面输入加速度峰值	实测位移/mm	计算所得位移/mm	相对误差/%	台面输入加速度峰值	实测位移/mm	计算所得位移/mm	相对误差/%
0.093g	0.944	0.963	2.0	0.416g	7.436	7.663	3.1
0.289g	4.391	4.561	3.9	0.661g	11.191	11.622	3.9
0.422g	7.579	8.043	6.1	0.821g	14.947	15.723	5.2
0.630g	20.543	22.376	8.9	1.218g	19.173	20.611	7.5

由表 4-35 可知，采用宏观模型计算所得的结果与实测结果匹配较好，说明本节所采用的剪力墙斜撑框架计算模型，只要确定了合理的杆件非线性力-位移关系，便可较好地反映钢管混凝土叠合边框剪力墙和钢管混凝土叠合边框内藏钢桁架剪力墙的弹性和塑性地震反应特征。

4.10　本 章 小 结

本章进行了 12 个钢管混凝土边框组合剪力墙模型试件、13 个钢管混凝土边框内藏钢桁架组合剪力墙模型试件、7 个钢管混凝土内藏钢桁架组合核心筒模型试件、1 个钢管混凝土叠合柱边框内藏网状钢桁架组合核心筒模型试件的低周反复水平荷载下的抗震性能试验研究，分析了各试件的承载力、刚度、延性、耗能、滞回特性及破坏过程；进行了 4 个钢管混凝土叠合边框组合剪力墙模型的模拟地震振动台试验研究，分析了各试件在不同峰值加速度输入下的剪力墙动力特性和加速度时程反应、位移时程反应及破坏特征。基于试验，本章参考钢管混凝土统一理论中钢管混凝土计算方法，考虑钢管混凝土边框内藏钢桁架组合剪力墙及核心筒的构造特点，建立了相应的刚度计算模型、承载力计算模型和恢复力模型。采用有限元软件，对钢管混凝土边框内藏钢桁架组合剪力墙进行了弹塑性有限元分析，对钢管混凝土叠合边框组合剪力墙和钢管混凝土叠合边框内藏钢桁架组合剪力墙进行了弹塑性时程分析。计算值与实测值匹配较好。

研究表明：

1）钢管混凝土边框内藏钢桁架组合剪力墙及核心筒的承载力、延性、耗能能力比普通混凝土剪力墙及核心筒显著提高，比钢管混凝土边框组合剪力墙及核心筒明显提高。

2）钢管混凝土边框内藏钢桁架组合剪力墙及核心筒的刚度，比普通混凝土剪力墙及核心筒显著提高，比钢管混凝土边框组合剪力墙及核心筒明显提高，且刚度退化速度较慢，性能相对稳定。

3）钢管混凝土边框内藏钢桁架组合剪力墙及核心筒的损伤破坏程度，比普通混凝土剪力墙及核心筒，以及钢管混凝土边框组合剪力墙及核心筒均明显减轻，钢桁架的存在制约了裂缝的开展，内藏钢桁架作为第二道抗震防线，显著提高了剪力墙的抗震能力。

4）钢管混凝土叠合柱边框内藏钢板及钢桁架混凝土组合核心筒，可以在筒体的不同部位和不同楼层灵活采用，以实现强度、刚度的合理匹配。

5）内藏钢桁架试件与无钢桁架试件相比，自振频率衰减较慢，阻尼比增加较慢；开裂前，台面输入加速度峰值相近的情况下，加载梁中部的加速度反应峰值相近；开裂后，随着台面输入加速度峰值的提高，带钢桁架试件加载梁中部的加速度反应峰值大于不带钢桁架试件加载梁中部的加速度反应峰值。

6）在台面输入加速度峰值相近的情况下，各工况的激振中，内藏钢桁架试件的加载梁中部相对基础的最大位移均小于无钢桁架试件的相应值，并且随着台面峰值加速度的增大，二者的差距越明显。

7）钢管混凝土叠合边框内藏钢桁架组合剪力墙比普通钢管混凝土叠合柱边框组合剪力墙承载力更高、刚度退化更慢、延性更好、抗震耗能能力更强。

参考文献

[1] 成文山．配置无明显屈服点钢筋的混凝土受弯构件截面的弯矩与曲率分析[J]．土木工程学报，1982，15（4）：1-10.

[2] 韩林海．钢管混凝土结构：理论与实践[M]．北京：科学出版社，2004.

[3] ATTARD M. Stress-strain relationship of confined and unconfined concrete[J]. ACI materials journal, 1996, 93(5): 432-442.

[4] 过镇海，时旭东．钢筋混凝土原理和分析[M]．北京：清华大学出版社，2003.

[5] 常卫华．内藏钢桁架混凝土组合核心筒抗震试验及理论研究[D]．北京：北京工业大学，2008.

[6] 林咏梅，周小真，张连德．钢筋混凝土双向压弯剪构件在单调扭矩作用下抗扭性能的研究[J]．建筑结构学报，1996，17（1）：29-39.

[7] HIRAISHI H. Evaluation of shear and flexural deformations of flexural type shear walls[C]//Procecding of 8th World Conference on Earthquake Engineering, 1984.

[8] 汪梦甫，周锡元．钢筋混凝土剪力墙多垂直杆非线性单元模型的改进及其应用[J]．湖南大学学报，2002，23（1）：38-57.

[9] 孙景江，江近仁．框架-剪力墙结构的非线性随机地震反应和可靠性分析[J]．地震工程与工程振动，1992，12（2）：59-68.

[10] PARK Y J, ANG A H S. Mechanistic seismic damage model for reinforced concrete[J]. Journal of structural engineering, 1985, 111(4): 722-739.

[11] 赵长军．带暗支撑短肢剪力墙结构模拟地震振动台试验及理论分析[D]．北京：北京工业大学，2008.

第 5 章　钢管及型钢边框内藏钢板组合剪力墙抗震试验与理论

5.1　钢管混凝土边框纯钢板剪力墙

5.1.1　试验概况

本节设计了 5 个试件，试件编号分别为 SW1.5-1～SW1.5-5，剪跨比均为 1.5，设计轴压比均为 0.54，施加轴力为 870kN。墙体高度均为 1110mm，其钢板墙体截面的高度均为 460mm，为钢管混凝土柱边框钢板剪力墙对称构件，其中钢板剪力墙的截面形式为工字形。

试验模型按照设计特点分为两组：

第 1 组：3 个不同高厚比的钢管混凝土边框纯钢板剪力墙，编号分别为 SW1.5-1、SW1.5-2、SW1.5-3。试件 SW1.5-1 墙体钢板厚度为 2mm，钢板宽厚比 $\beta = 230$；试件 SW1.5-2 墙体钢板厚度为 4mm，$\beta = 115$；试件 SW1.5-3 墙体钢板厚度为 6mm，$\beta = 77$。

第 2 组：2 个特殊构造的钢管混凝土边框纯钢板剪力墙，试件编号分别为 SW1.5-4、SW1.5-5。试件 SW1.5-4 钢板墙与边框钢管柱采用螺栓联接。螺栓联接按照同普通焊缝等强度的原则，采用 M12 普通螺栓，螺栓中心间距为 40mm，安装方式为螺栓帽与螺栓尾交叉错位安装；试件 SW1.5-5 为钢板开孔，钢板墙墙体孔洞为 42 个直径 10mm 的圆孔，开孔率为 0.8%，考虑剪力墙靠下部分受弯剪作用较强，实际工程中应设置较多拉结筋，下部剪跨比 1.0 范围内孔较密，孔距为 80mm，钢板墙上部孔距为 120mm。

5 个试件的边框钢管均采用截面为 140mm×140mm×4mm 的焊接方钢管，钢管柱内部设置加劲肋板，内部浇注混凝土，墙体钢板与矩形钢管壁焊接。各试件的钢管内混凝土采用同一批 C40 细石混凝土现浇，实测的混凝土立方体抗压强度为 45.1MPa，弹性模量为 3.34×10^4MPa。边框的矩形钢管及墙体的钢板采用 Q235 钢材。钢材的力学性能实测值见表 5-1，试件配筋及配钢图如图 5-1 所示，试件制作过程如图 5-2 所示。

表 5-1 5.1 节试件钢材的力学性能实测值

钢板厚度	使用位置	屈服强度/MPa	极限强度/MPa	延伸率/%	弹性模量/MPa
2mm	试件 SW1.5-1 钢板墙	221.5	359.7	27.3	2.06×10^5
4mm	钢管边框、试件 SW1.5-2 钢板墙	273.8	406.3	23.4	2.03×10^5
6mm	试件 SW1.5-3 钢板墙	278.2	405.5	24.4	2.09×10^5

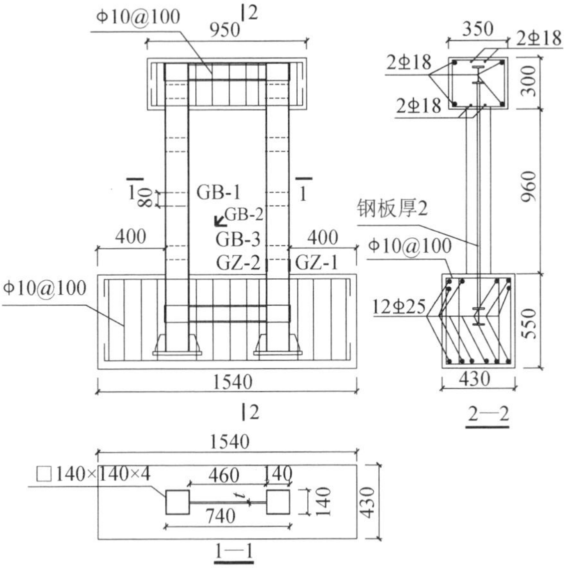

（a）SW1.5-1～SW1.5-3

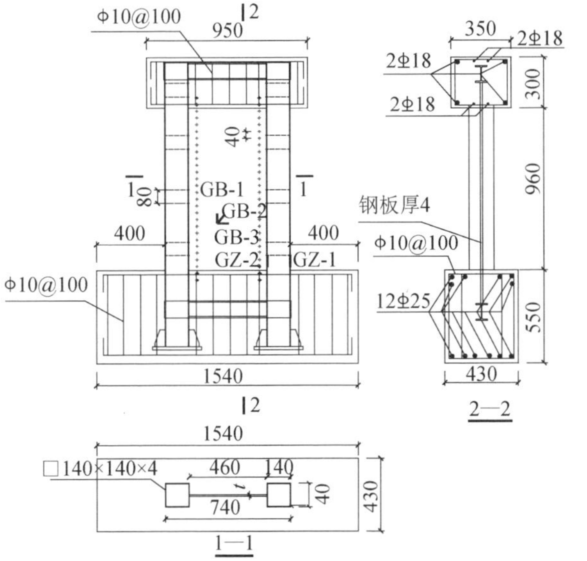

（b）SW1.5-4

图 5-1 5.1 节试件的配筋及配钢图

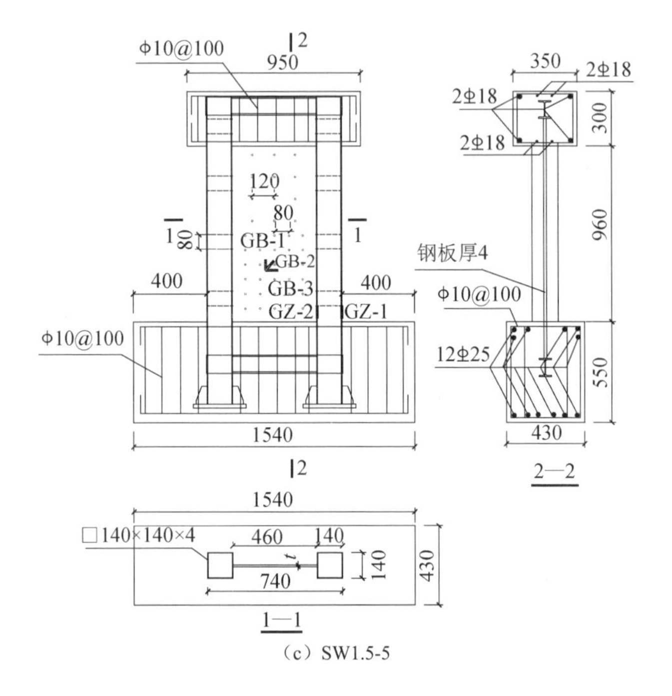

（c）SW1.5-5

图 5-1（续）

图 5-2　5.1 节试件的制作过程

试验采用低周反复荷载的加载方式。在施加水平荷载之前，首先施加 870kN 竖向荷载，在试验过程中保持其不变，在距基础顶面 1110mm 高度处用拉压千斤顶施加低周反复水平荷载。试验分为两个阶段进行：第一阶段为弹性阶段，采用荷载和位移联合控制加载的方法；第二阶段为弹塑性阶段，采用位移控制加载的方法。

5.1.2　承载力

试件主要阶段的屈服荷载及极限荷载实测值见表 5-2。

表 5-2　5.1 节试件主要阶段的屈服荷载及极限荷载实测值

试件编号	F_y/kN			F_u/kN			F_y/F_u
	正向	负向	均值	正向	负向	均值	
SW1.5-1	171.60	208.32	189.96	276.49	291.38	283.94	0.67
SW1.5-2	280.70	289.60	285.15	400.15	374.89	387.52	0.73
SW1.5-3	327.96	388.33	358.15	463.52	489.22	476.37	0.75
SW1.5-4	298.96	292.94	295.95	386.13	397.86	392.01	0.75
SW1.5-5	278.78	283.61	281.20	377.52	388.3	382.91	0.73

由表 5-2 可知，试件 SW1.5-2 和试件 SW1.5-3 的屈服荷载，分别比试件 SW1.5-1 提高了 50.1%、88.5%；试件 SW1.5-2 和试件 SW1.5-3 的极限荷载，分别比试件 SW1.5-1 提高了 36.5%、67.8%，说明随着试件剪力墙高厚比的减小，屈服荷载及极限承载力相应提高，但随着高厚比的减小，承载力增幅降低。试件 SW1.5-2 和试件 SW1.5-3 的屈强比，分别比试件 SW1.5-1 高 9.0%、11.9%，说明试件 SW1.5-1 有约束的屈服段较长。试件 SW1.5-4 和试件 SW1.5-5 同试件 SW1.5-2 相比，三种不同构造但钢板厚度相同的纯钢板剪力墙的屈服荷载、极限荷载及屈强比均较接近，可见在钢板厚度相同、加载方式相同的情况下，钢板连接由焊接改为同强度螺栓联接且开孔率较小时，对钢板剪力墙的承载力影响较小。

5.1.3　延性

试件位移及延性系数实测值见表 5-3。

表 5-3　5.1 节试件的位移及延性系数实测值

试件编号	U_y/mm			U_d/mm			θ_d	μ
	正向	负向	均值	正向	负向	均值		
SW1.5-1	6.20	6.34	6.27	33.60	38.42	36.01	1/31	5.74
SW1.5-2	6.01	6.21	6.11	35.56	36.86	34.79	1/32	5.69
SW1.5-3	5.57	5.83	5.70	27.02	27.71	27.37	1/41	4.80
SW1.5-4	6.16	6.10	6.13	34.41	35.48	34.95	1/31	5.70
SW1.5-5	5.65	5.84	5.75	34.05	34.92	34.48	1/32	5.99

由表 5-3 可知，试件 SW1.5-1 和试件 SW1.5-2 的弹塑性最大位移接近，二者延性性能相差不多；试件 SW1.5-3 与试件 SW1.5-1 和试件 SW1.5-2 相比，屈服位移分别降低了 9.1%和 6.7%，弹塑性最大位移分别减小了 24.0%和 21.3%；随着钢板厚度的增加，高厚比的减小，钢管混凝土边框柱钢板剪力墙的延性有所降低，其中试件 SW1.5-3 的延性系数分别比试件 SW1.5-1 和试件 SW1.5-2 降低了 16.4%和 15.6%；试件 SW1.5-4 与试件 SW1.5-2 相比弹塑性位移稍大，其原因是钢板与边框钢管的连接方式由焊接改为螺栓联接，墙体受力过程中产生一定滑移，延性系数也稍大，提高了 0.2%；试件 SW1.5-5 与试件 SW1.5-2 相比，弹塑性位移较为接近，而延性系数提高了 5.3%，试件 SW1.5-5 的钢板开孔可使剪力墙的变形能力得到提高。

5.1.4　刚度

实测各试件的 K-θ曲线如图 5-3 所示。

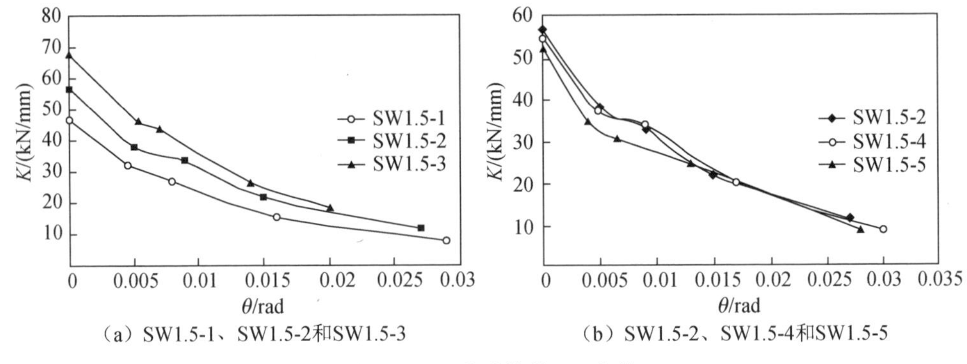

（a）SW1.5-1、SW1.5-2和SW1.5-3　　（b）SW1.5-2、SW1.5-4和SW1.5-5

图 5-3　5.1 节试件的 K-θ曲线

由图 5-3 可知，在经历初始阶段、明显屈服阶段、最大弹塑性变形阶段的过程中，刚度退化曲线没有明显的速降段，刚度退化较为平缓，其刚度变化与混凝土剪力墙的刚度变化相比稳定性更好；在极限荷载前，随着钢板厚度的增加，钢板屈曲发展变慢，刚度退化变慢，但超过 1/100 位移角后，钢板较厚试件的边框损伤较严重，刚度退化变快；钢板与边框钢管焊接试件、螺栓联接试件的刚度及衰减规律较为接近；钢板开洞试件较无开洞试件刚度略小。

5.1.5　滞回特性

实测所得各试件的 F-U（水平荷载-顶点水平位移）滞回曲线如图 5-4 所示，试件的 F-U 骨架曲线如图 5-5 所示。

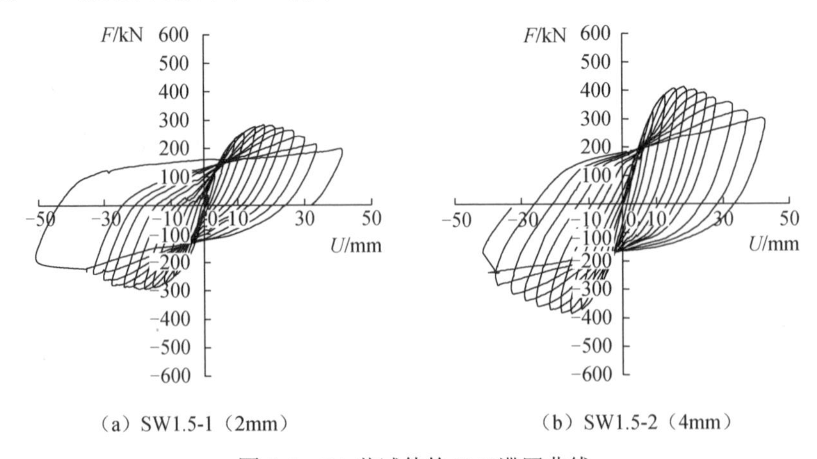

（a）SW1.5-1（2mm）　　（b）SW1.5-2（4mm）

图 5-4　5.1 节试件的 F-U 滞回曲线

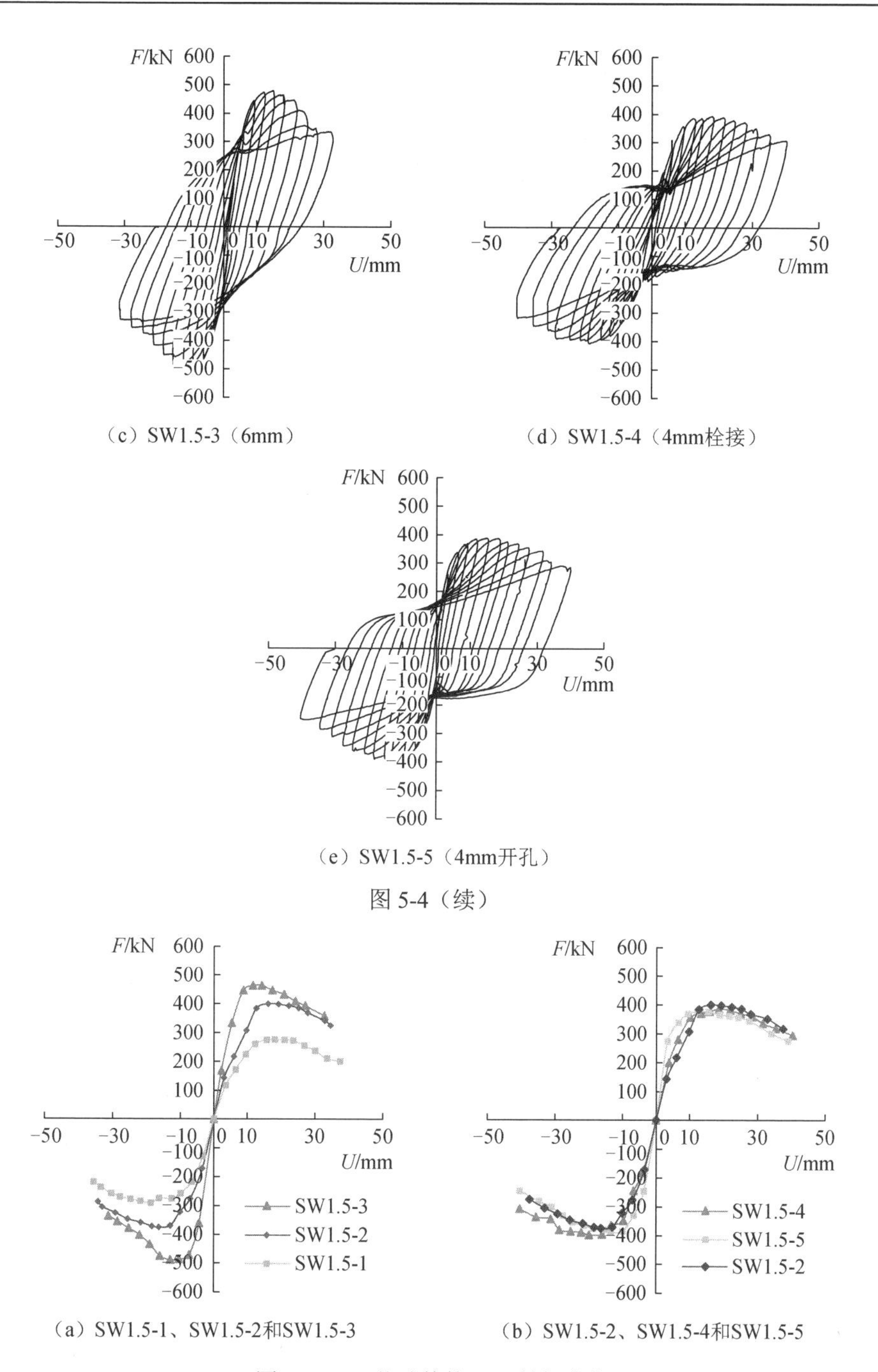

（c）SW1.5-3（6mm）

（d）SW1.5-4（4mm栓接）

（e）SW1.5-5（4mm开孔）

图 5-4（续）

（a）SW1.5-1、SW1.5-2和SW1.5-3

（b）SW1.5-2、SW1.5-4和SW1.5-5

图 5-5　5.1 节试件的 F-U 骨架曲线

由图 5-4 和图 5-5 可知，随着钢板厚度的增加，试件滞回环饱满程度增大、捏拢现象减轻，承载力提高，抗震耗能能力增强，但承载力达到极限承载力后，其刚度和延性性能下降较快。钢板与边框钢管焊接试件和普通试件相比，滞回环最大承载力及最大位移相近，但是钢板开孔剪力墙滞回环的捏拢现象相对较轻，也更为饱满，说明连接方式由焊接改为螺栓联接对钢板剪力墙的抗震性能影响不大，钢板墙在小开孔率的情况下，对其承载力及抗震能力的影响也很小，其延性反而更好。

5.1.6 耗能能力

试件的耗能实测值见表 5-4。

表 5-4 5.1 节试件的耗能实测值

试件编号	耗能/（kN · mm）			相对值
	正向	负向	总耗能	
SW1.5-1	9833.96	12050.37	21884.33	1.000
SW1.5-2	15712.80	16022.21	31735.01	1.450
SW1.5-3	14843.80	14136.05	28979.85	1.324
SW1.5-4	15787.11	15850.26	31637.37	1.446
SW1.5-5	17112.56	14875.57	32018.13	1.463

由表 5-4 可知，试件 SW1.5-2 与试件 SW1.5-1 相比，墙体配钢率提高了 2 倍，总耗能提高了 45.0%；试件 SW1.5-3 与试件 SW1.5-1 相比，墙体配钢率提高了 3 倍，但耗能能力却只提高了 32.4%；钢板与边框钢管的连接方式由焊接改为螺栓联接、钢板开孔等构造措施对耗能能力影响很小。

5.1.7 破坏特征

试验结束时，试件的最终破坏形态如图 5-6 所示。

（a）SW1.5-1

（b）SW1.5-2

（c）SW1.5-3

图 5-6 5.1 节试件的最终破坏形态

（d）SW1.5-4

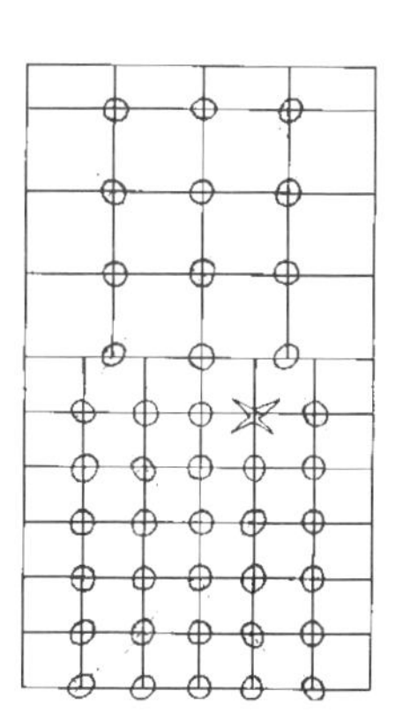

（e）SW1.5-5

图 5-6（续）

由图 5-6 可知，①试件 SW1.5-1 整个墙体钢板屈曲破坏比较严重，褶皱较多较重且以下重上轻的形式分布于墙板全高，沿全墙高出现三组平行的交叉斜向褶皱拉力带，拉力带的水平倾角平均约为 45°；②试件 SW1.5-2 与试件 SW1.5-1 相比，剪力墙钢板褶皱有所减弱，最下面的斜向褶皱拉力带的位置有所降低；③试件 SW1.5-3 与试件 SW1.5-2 和试件 SW1.5-1 相比，整个墙体钢板屈曲破坏比较轻；④试件 SW1.5-1～试件 SW1.5-3 的底部钢管混凝土边框柱出现内收现象，且随着钢板厚度的增加这种内收的趋势和内收的高度范围有所加大；⑤试件 SW1.5-4 与试件 SW1.5-2 相比，加载后期墙体螺栓联接处出现"啪啪"的响声，沿全墙高也出现两组平行的交叉斜向褶皱拉力带，但最下面的斜向褶皱拉力带的交叉点位置有所提高，拉力带的水平倾角平均约为 50°，褶皱形式为下重上轻；⑥试件 SW1.5-5 与试件 SW1.5-2 相比，由于墙体开孔，剪力墙钢板小褶皱明显增多，处于主褶皱拉力带区域的圆孔发生塑性变形而呈椭圆状，这正是该剪力墙耗能能力高于 SW1.5-2 试件的重要表征。

5.2　钢管混凝土边框纯钢板剪力墙承载力计算

5.2.1　基本假定

进行钢管混凝土边框纯钢板剪力墙承载力计算时，可以简化分解为钢板和框架两部分承载力的相加，并假定如下：

1）框架和钢板两部分共同承担水平荷载。

2）竖向荷载由框架柱承担，忽略钢板墙承担的竖向荷载。

3）钢管混凝土边框柱变形符合平截面假定，大偏心受压时忽略受拉区混凝土的抗拉作用。

4）基于本节的对称结构及构造特点，极限承载力状态下的钢板简化为等带宽的斜拉带和斜压带。

5）斜拉带和斜压带的合力作用线分别与边框柱轴线在柱底截面相交。

6）斜拉带和斜压带近似与水平线呈 45° 夹角。

5.2.2　计算模型

承载力计算模型如图 5-7 所示。当钢板屈曲后，钢管混凝土边框柱在底部刚度较大的基础和上部刚度较大的加载梁的强约束下，呈现出了钢管混凝土边框柱反弯点近似在柱的 $h/2$ 高度处的形态，故在建立模型时假定基础为刚性且加载梁为刚度无穷大的刚性杆件。框架柱的反弯点出现在柱的 $h/2$ 高度处，框架柱端部在轴力和弯矩的作用下发生大偏心受压破坏，受力如图 5-8 所示。

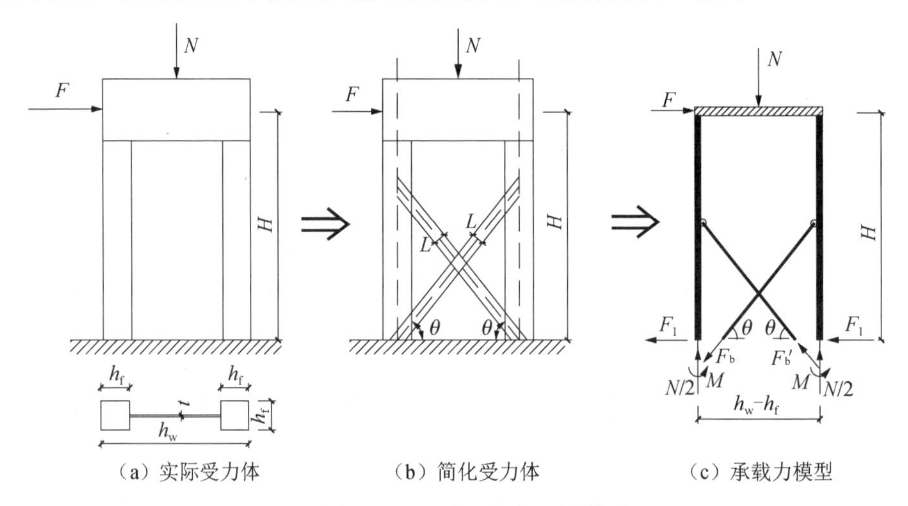

图 5-7　5.2 节承载力计算模型

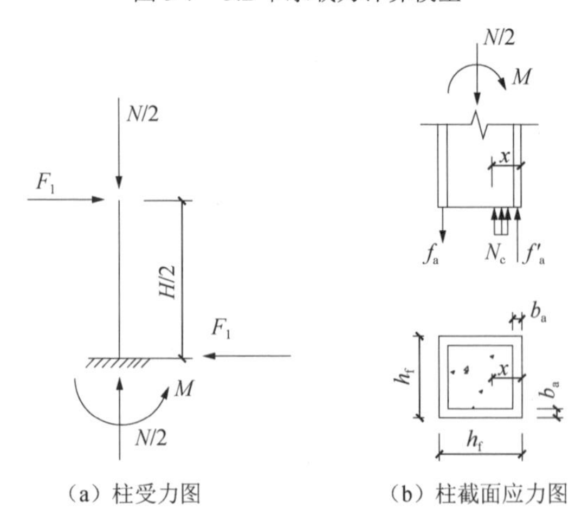

图 5-8　柱大偏心承载力计算模型

5.2.3　承载力计算

（1）单根钢管混凝土柱水平承载力计算

单根钢管混凝土柱水平承载力计算式如下：

$$\frac{N}{2}=\alpha f_c(x-b_a)(h_f-2b_a)+(2x+h_f)b_a f_a'-f_a(3h_f-2x)b_a \quad (5\text{-}1)$$

$$M=b_a f_a'(h_f-2b_a)\left(\frac{x-b}{2}\right)-b_a(h_f-2b)f_a\left(h_f-\frac{x+b_f}{2}\right)-(h_f-x)b_a f_a h_f \quad (5\text{-}2)$$

$$M=F_1\frac{H}{2} \quad (5\text{-}3)$$

式中，α 为钢管柱内混凝土强度提高系数，取值为 1.2；f_a、f_a' 分别为钢管柱柱臂的抗拉、抗压屈服强度；h_f、b_a 分别为钢管柱截面高度、钢管壁厚；N 为对试件施加的竖向轴力；H 为边框柱柱底至水平加载线的高度。

（2）钢板水平承载力计算

据实测数据拟合所得的 3 个剪力墙斜向受力带的厚度 t 与宽度 L 的关系式见式（5-4）。试验表明，在钢板受力过程中主要由斜拉带承担水平荷载，斜压带由于稳定问题不能充分发挥其作用，这里近似假定斜压带的抗压强度为相应抗拉强度的 1/5，该假定与文献[1]研究结果接近。在文献[2]中，钢板墙形成的拉力带倾角为 42°～50°，本节试验结果与此相近，为简便起见本节假定了拉力带倾角为 45°。

$$L=12.5t^2-140t+430 \quad (5\text{-}4)$$

$$F_2=F_b\cos\theta+F_b'\cos\theta \quad (5\text{-}5)$$

式中，F_b、F_b' 分别为斜向钢板拉压带的轴向抗拉、抗压承载力，$F_b=f_{ab}A_{ab}$，$F_b'=f_{ab}'A_{ab}'$，f_{ab}、f_{ab}' 分别为斜向钢板拉压带的抗拉、抗压屈服强度，取 $f_{ab}'=0.2f_{ab}$；A_{ab}、A_{ab}' 分别为斜向钢板拉压带的受拉、受压截面面积，$A_{ab}=A_{ab}'=tL$，L、t 分别为斜向钢板拉压带的宽度、厚度；θ 为斜向钢板拉压带的水平倾角，本节计算中近似取 45°。

（3）剪力墙整体水平承载力计算

剪力墙整体的水平承载力为框架部分水平承载力与钢板部分水平承载力之和，计算如下：

$$F=2F_1+F_2 \quad (5\text{-}6)$$

式中，F 为试件水平承载力；F_1、F_2 分别为单根框架柱水平承载力、钢板斜向拉压水平承载力的合力。

5.2.4　计算值与实测值的比较

承载力计算值与实测值的比较见表 5-5。计算中，混凝土强度取其实测抗压强度值，钢板和钢管强度取其实测屈服强度。

表 5-5　5.1 节试件承载力计算值与实测值的比较

试件编号	正截面承载力/kN	抗剪承载力/kN	理论计算值与实测值比较		
			计算值/kN	实测值/kN	相对误差/%
SW1.5-1	1762.25	283.94	305.46	283.94	7.58
SW1.5-2	1783.25	387.52	404.39	387.52	4.35
SW1.5-3	1804.66	476.37	466.65	476.37	2.14
SW1.5-4	1783.25	383.90	403.46	383.90	5.10
SW1.5-5	1783.25	382.67	404.76	382.67	5.77

由表 5-5 可知，各试件的承载力计算值与实测值匹配较好。

5.3　型钢混凝土边框内藏钢板组合剪力墙

5.3.1　试验概况

本节设计了 6 个试件，编号分别为 SWA-1～SWA-6。其中，试件 SWA-1～试件 SWA-4 为型钢混凝土边框内藏钢板组合剪力墙，试件 SWA-5 为型钢混凝土边框组合剪力墙，试件 SWA-6 为普通钢筋混凝土剪力墙。型钢混凝土柱的截面尺寸为 140mm×140mm，内置型钢截面尺寸为 100mm×50mm×5mm×6mm，边框柱主筋采用 14 根 ϕ6 钢筋，沿边框柱截面对称布置，钢骨和纵筋的截面总配钢率约为 10%；箍筋采用 ϕ4 钢筋，间距为 40mm。边框柱混凝土及墙板混凝土采用相同强度等级并同时浇筑。试件 SWA-1～试件 SWA-3 内藏钢板厚度分别为 2mm、4mm、6mm，宽厚比分别为 230、115、77。试件 SWA-1～试件 SWA-3 的内藏钢板与钢筋混凝土层之间的抗剪连接件均采用钢板开孔穿拉结筋的方式，拉结筋为 ϕ3 钢筋，考虑剪力墙下部受力较大，钢板下部开孔间距为 80mm，上部开孔间距为 120mm，圆孔直径为 10mm；试件 SWA-4 钢板厚度为 4mm，钢板上焊接 ϕ3 栓钉，间距为 40mm，采取正交等间距布置；混凝土墙板水平及竖向分布钢筋均为 ϕ4@40mm。为了加强钢骨与混凝土的共同工作能力，在钢骨翼缘上焊接栓钉，栓钉直径为 3mm，间距为 40mm。钢板与边框 H 型钢的连接采用焊接。各试件配筋及配钢图如图 5-9 所示。

各组合剪力墙的型钢及墙板内藏钢板采用 Q235 钢材，墙板内分布钢筋采用 ϕ4 冷拔钢筋，拉结筋采用 ϕ3 钢筋。混凝土试件及试块的混凝土在同等条件下保温养护，试件制作过程如图 5-10 所示，钢材的力学性能实测值见表 5-6。实测得各个批次混凝土立方体抗压强度如下：试件 SWA-1、试件 SWA-4、试件 SWA-6 为 46.7MPa；试件 SWA-2、试件 SWA-3、试件 SWA-5 为 48.1MPa。

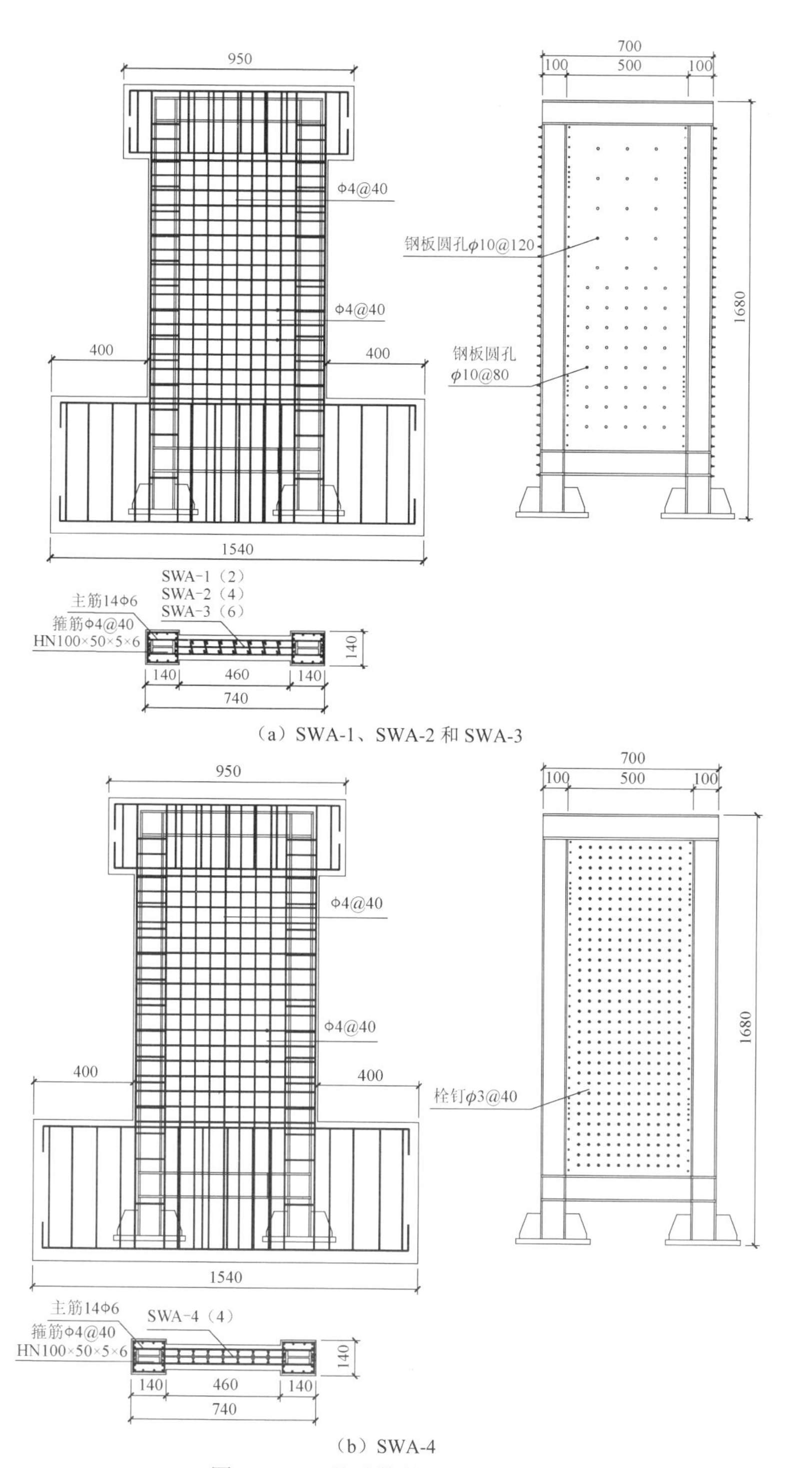

（a）SWA-1、SWA-2 和 SWA-3

（b）SWA-4

图 5-9　5.3 节试件的配筋及配钢图

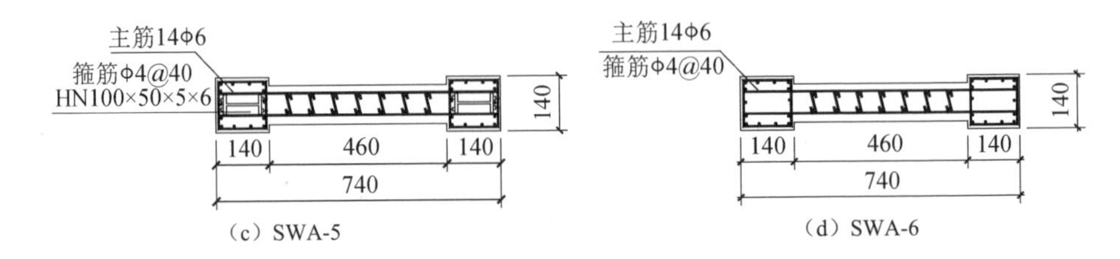

图 5-9（续）

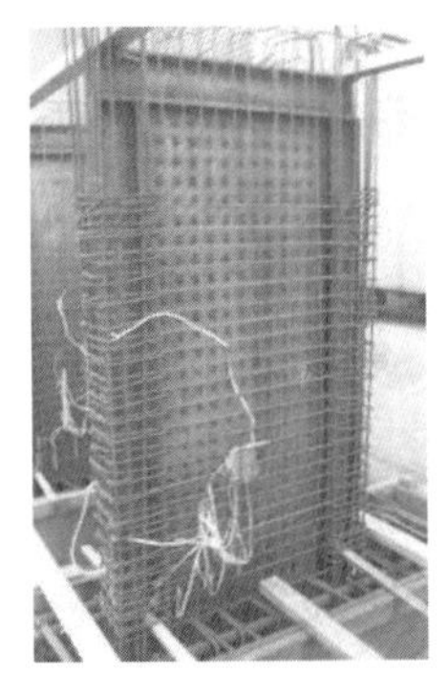

（a）设置栓钉试件

（b）设钢板开孔试件

（c）钢骨吊装现场

图 5-10　5.3 节试件制作过程

表 5-6　5.3 节试件钢材的力学性能实测值

钢材类型	屈服强度/MPa	极限强度/MPa	延伸率/%	弹性模量/MPa
2mm 厚钢板	221.5	359.7	27.3	2.06×10^5
4mm 厚钢板	273.8	406.3	23.4	2.03×10^5
6mm 厚钢板	278.2	405.5	24.4	2.09×10^5
H 型钢	315.0	450.0	31.5	1.91×10^5
Φ6 钢筋	536.0	591.0	30.0	1.77×10^5
Φ3 钢筋	206.5	241.5	11.5	1.96×10^5
Φ4 钢筋	343.5	390.0	20.7	1.96×10^5
Φ4 冷拔钢筋	669.0	836.0	7.5	2.06×10^5

试验采用低周反复荷载的加载方式。在施加水平荷载之前，首先施加一竖向荷载，并保持其在试验过程中不变，即控制试件的设计轴压比为一个定值；然后施加水平荷载，在试件屈服之前采用荷载控制加载，屈服之后采用位移控制加载。

5.3.2　承载力

实测所得各试件主要阶段的特征荷载及位移见表 5-7。

表 5-7　5.3 节试件主要阶段的特征荷载及位移

试件编号	F_c/kN	U_c/mm	F_y/kN	U_y/mm	F_u/kN	F_u相对值	U_d/mm	U_d相对值	θ_p	F_y/F_u	μ
SWA-1	150.49	1.26	469.18	6.74	706.48	1.698	26.46	1.416	1/42	0.66	3.93
SWA-2	201.94	1.57	604.01	7.28	782.18	1.880	26.96	1.443	1/41	0.77	3.70
SWA-3	155.05	1.24	624.36	8.74	772.54	1.857	22.60	1.210	1/49	0.81	2.59
SWA-4	206.39	1.69	552.85	7.89	763.20	1.834	25.53	1.367	1/43	0.72	3.24
SWA-5	146.66	1.38	351.97	5.32	574.63	1.381	17.35	0.929	1/64	0.70	3.26
SWA-6	123.15	1.15	310.93	5.98	416.06	1.000	18.68	1.000	1/59	0.75	3.12

由表 5-7 可知，随着内藏钢板厚度的增加，型钢混凝土边框内藏钢板组合剪力墙的极限荷载先增加后减小，变形能力减弱，适中的钢板厚度对试件的承载力和延性性能提高有利；采用栓钉或拉结筋作为内藏钢板与外包混凝土的抗剪连接的试件，对承载力和变形能力影响不大，拉结筋试件相关性能略好；型钢混凝土边框内藏钢板组合剪力墙，较普通钢筋混凝土剪力墙、型钢混凝土边框组合剪力墙的承载力、变形能力均有较大幅度的提高。

5.3.3　刚度退化

实测各试件刚度 K 随位移角 θ 的增大而退化的 K-θ 曲线如图 5-11 所示。

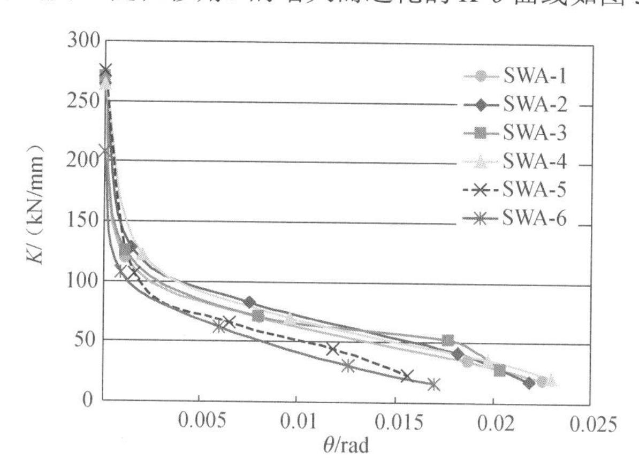

图 5-11　5.3 节试件的 K-θ 曲线

由图 5-11 可知，由于剪力墙试件内藏钢板厚度的差别，各个试件的初始刚度不同；随着内藏钢板厚度的增加，SWA-1、SWA-2、SWA-3 初始刚度依次提高；内藏钢板组合剪力墙比普通钢筋混凝土剪力墙的开裂刚度、屈服刚度均有所提高，且刚度退化速度较慢。

5.3.4　滞回特性

实测各试件的 F-U 滞回曲线如图 5-12 所示，相应的 F-U 骨架曲线比较如图 5-13 所示，实测所得各试件的耗能见表 5-8。

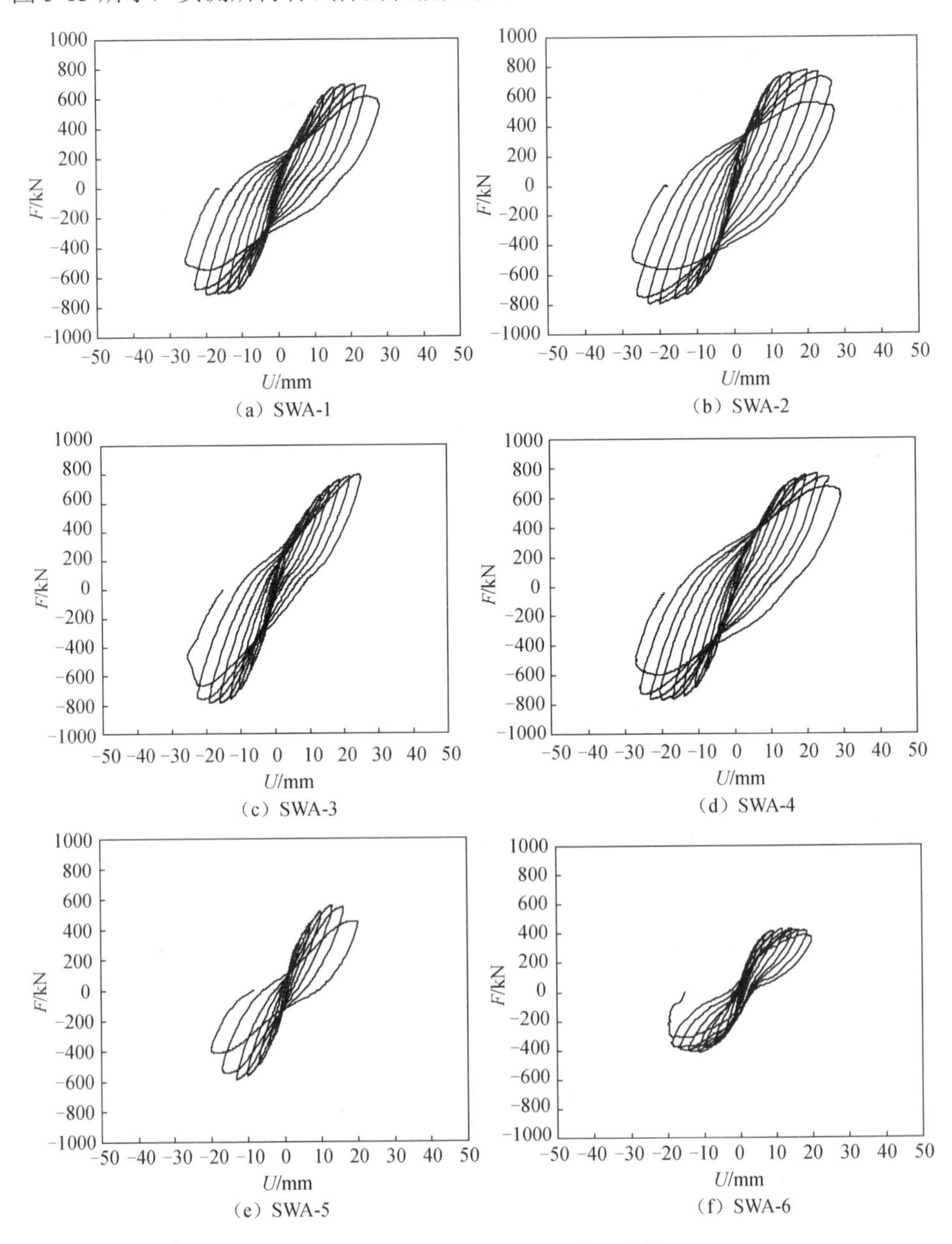

（a）SWA-1　（b）SWA-2　（c）SWA-3　（d）SWA-4　（e）SWA-5　（f）SWA-6

图 5-12　5.3 节试件的 F-U 滞回曲线

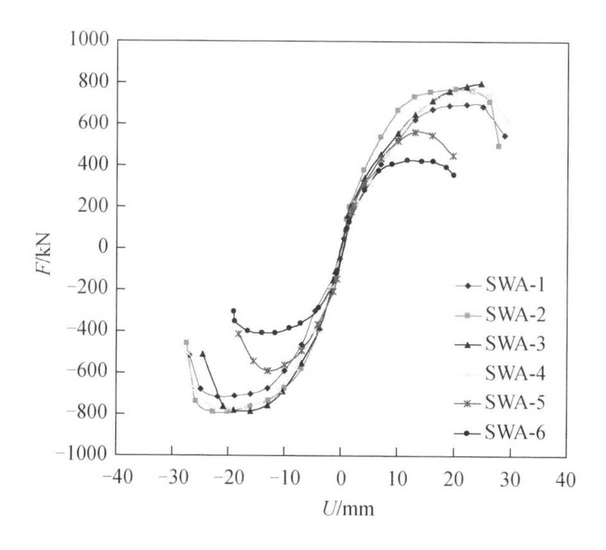

图 5-13　5.3 节试件的 F-U 骨架曲线比较

表 5-8　5.3 节试件的耗能实测值

试件编号	耗能/（kN · mm）	相对值
SWA-1	27463.17	2.40
SWA-2	35510.37	3.10
SWA-3	22185.60	1.94
SWA-4	32768.18	2.86
SWA-5	15426.16	1.35
SWA-6	11460.51	1.00

由图 5-12、图 5-13 和表 5-8 可知，型钢混凝土边框内藏钢板组合剪力墙较型钢混凝土边框组合剪力墙和普通钢筋混凝土剪力墙的滞回环更饱满，无明显的捏拢，耗能提高了 1 倍左右；4 个内藏钢板试件中，中厚钢板试件的滞回曲线最为饱满，耗能能力最大，说明型钢混凝土边框、混凝土墙板与钢板存在最优配置的问题；抗剪连接键为栓钉构造与拉结筋构造的试件抗震性能基本接近，其中拉结筋试件滞回环略显饱满，耗能能力提高 8%；在边框柱内配置型钢的试件，其承载力高于普通钢筋混凝土试件，最大弹塑性位移接近，滞回曲线捏拢较轻，抗震性能比普通钢筋混凝土剪力墙试件更好。

5.3.5　破坏特征

试件的最终破坏形态如图 5-14 所示。

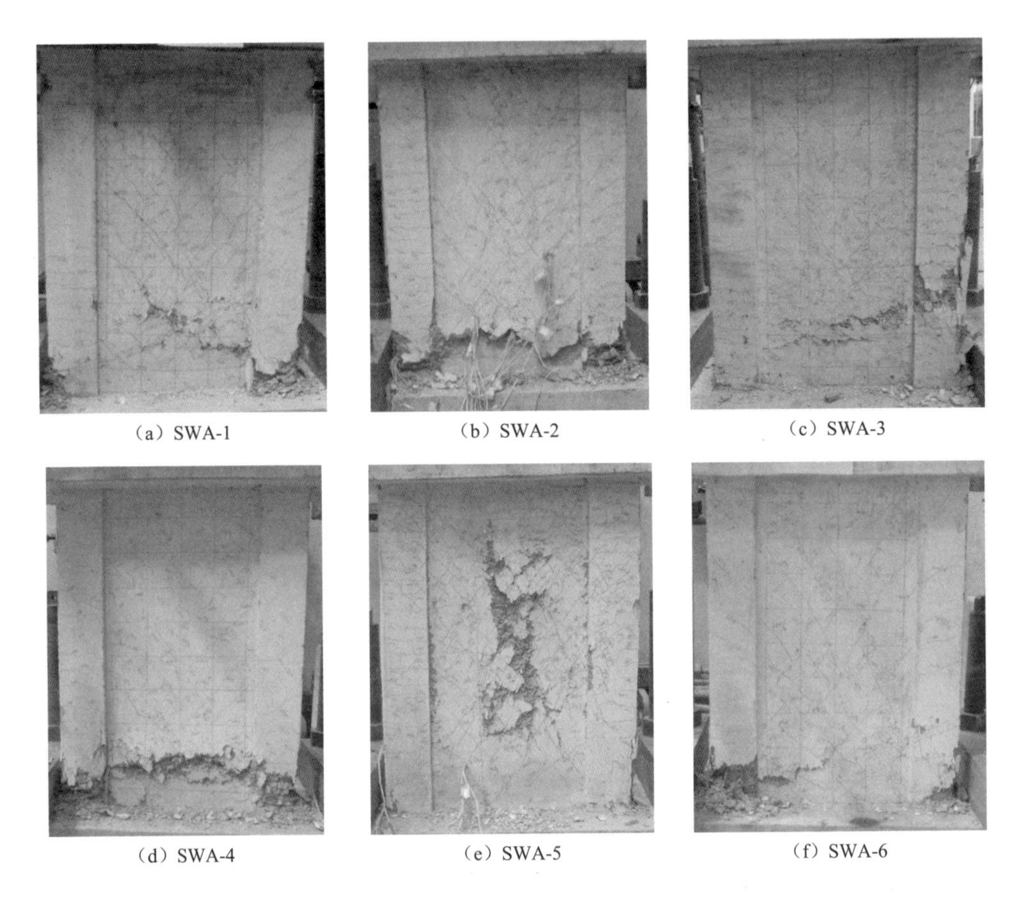

（a）SWA-1　（b）SWA-2　（c）SWA-3

（d）SWA-4　（e）SWA-5　（f）SWA-6

图 5-14　5.3 节试件的最终破坏形态

试件 SWA-1～试件 SWA-3 的性能比较：三者均是边框柱混凝土压溃后失去对剪力墙的约束，从而引起墙体扭转错动，造成墙体很快丧失承载力；三个试件的内藏钢板厚度不同，因而钢板在无约束状态下的屈曲模式也不相同。薄钢板褶皱多而屈曲幅值小，厚钢板褶皱少而屈曲幅值大；随着钢板厚度的增加，钢板从广泛的褶皱到墙体下部的局部屈曲，因而裂缝分布也从全墙板的密集分布变为集中在墙体下部；随着墙体内藏钢板厚度的增加，边框型钢对其约束相对减弱，当失去混凝土的约束后，厚钢板屈曲引起的墙板面外错动要比薄钢板严重，因此试件 SWA-1、试件 SWA-2 与试件 SWA-3 破坏程度有所加重；配置栓钉试件 SWA-4 与相应的拉结筋试件 SWA-2 基本相似；型钢混凝土边框组合剪力墙试件由于边框相对墙板较强，混凝土墙板剪切破坏较为严重，最终在轴向力和水平剪力作用下，在墙身中部发生严重破坏，而内藏钢板试件的严重破坏主要发生在试件底部截面；普通钢筋混凝土剪力墙的边框相对于墙板较弱，最终试件底部截面的角部混凝土被压碎、钢筋被拉断，呈现以弯曲为主的破坏特征。

5.4　钢管混凝土边框内藏钢板组合剪力墙

5.4.1　试验概况

本节设计了 9 个试件，剪跨比均为 1.5，试件采用 1/5 缩尺，试件编号分别为 SWB-1～SWB-9。边框钢管采用方形截面，尺寸为 140mm×140mm×4mm。钢管内混凝土和墙板混凝土采用相同强度等级。其中，试件 SWB-1～试件 SWB-3 内藏钢板厚度分别为 2mm、4mm、6mm。钢板宽度尺寸 460mm 与钢板厚度尺寸 2mm、4mm、6mm 的比值β分别为 230、115、77。试件 SWB-4 内藏钢板厚度为 4mm，钢板上焊接ϕ3 栓钉，间距为 40mm，采取正交等间距布置，与试件 SWB-2 相对应；试件 SWB-5 内藏钢板厚度为 4mm，内藏钢板两侧边缘与边框柱钢管采用螺栓联接，螺栓直径为 12mm，间距为 70mm；试件 SWB-6 与试件 SWB-2 相对应，仅将边框柱钢管内混凝土和墙板混凝土的强度提高；试件 SWB-7 与试件 SWB-2 相对应，仅将轴压比从 0.3 提高至 0.5。试件 SWB-8 剪跨比为 1.0，试件 SWB-9 剪跨比为 2.0。除了试件 SWB-4 采用常规的焊接栓钉做法以外，其余试件内藏钢板与外包钢筋混凝土层之间的抗剪连接件均采用在钢板上开设圆孔穿拉结筋的构造措施，考虑剪力墙下部受力较大，钢板下部开孔间距为 80mm，上部开孔间距为 120mm，圆孔直径为 10mm；钢板两侧墙板水平及竖向分布钢筋均为 ϕ4@40mm，拉结筋为 ϕ3 钢筋。此外，内藏钢板与边框柱钢管之间采用一种新型的连接方式，具体做法：在钢板宽度两侧留有插透边框钢管的突出板条，该板条与钢管内外两侧焊接后，强化了钢板与钢管内外两侧钢板及内部混凝土整体共同工作的性能，且可兼作钢管肋板，钢板与边框钢管的连接采用焊接。试件的主要设计参数见表 5-9，试件的配筋及配钢图如图 5-15 所示，试件的截面尺寸图如图 5-16 所示。

表 5-9　5.4 节试件的主要设计参数

试件编号	钢板厚度/mm	钢板宽厚比	抗剪连接件	钢板连接方式	混凝土强度/MPa	轴压比	剪跨比
SWB-1	2	230	拉结筋	焊接	45.1	0.3	1.5
SWB-2	4	115	拉结筋	焊接	45.1	0.3	1.5
SWB-3	6	77	拉结筋	焊接	45.1	0.3	1.5
SWB-4	4	115	栓钉	焊接	46.7	0.3	1.5
SWB-5	4	115	拉结筋	螺栓联接	46.7	0.3	1.5
SWB-6	4	115	拉结筋	焊接	50.1	0.3	1.5
SWB-7	4	115	拉结筋	焊接	45.1	0.5	1.5
SWB-8	4	115	拉结筋	焊接	46.7	0.3	1.0
SWB-9	4	115	拉结筋	焊接	48.1	0.3	2.0

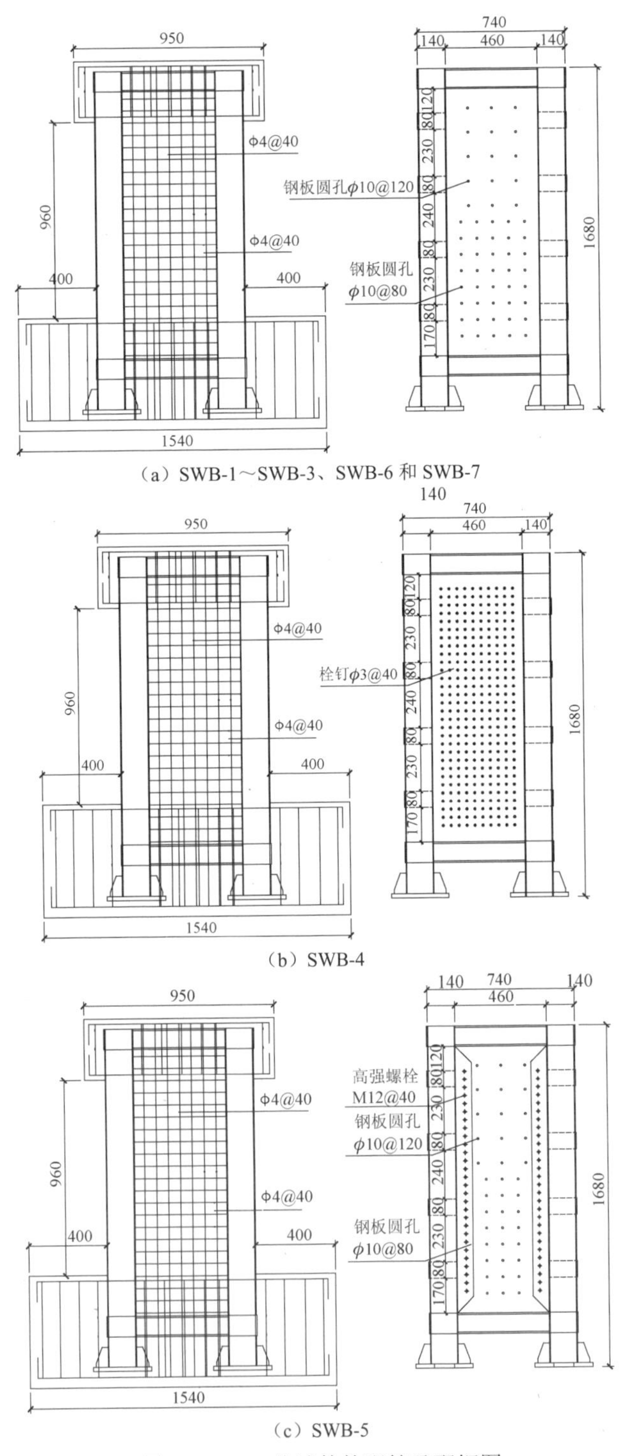

图 5-15　5.4 节试件的配筋及配钢图

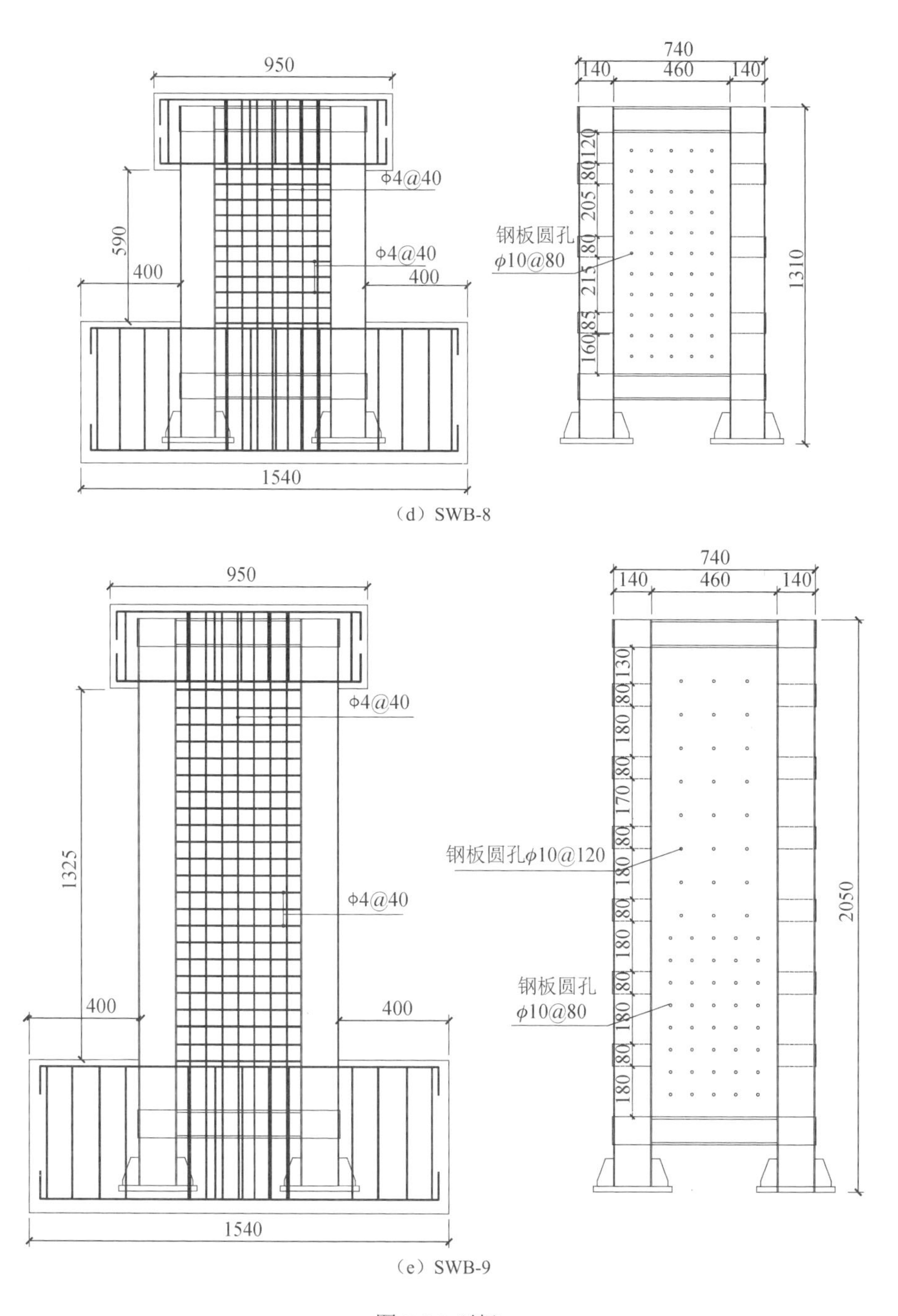

（d）SWB-8

（e）SWB-9

图 5-15（续）

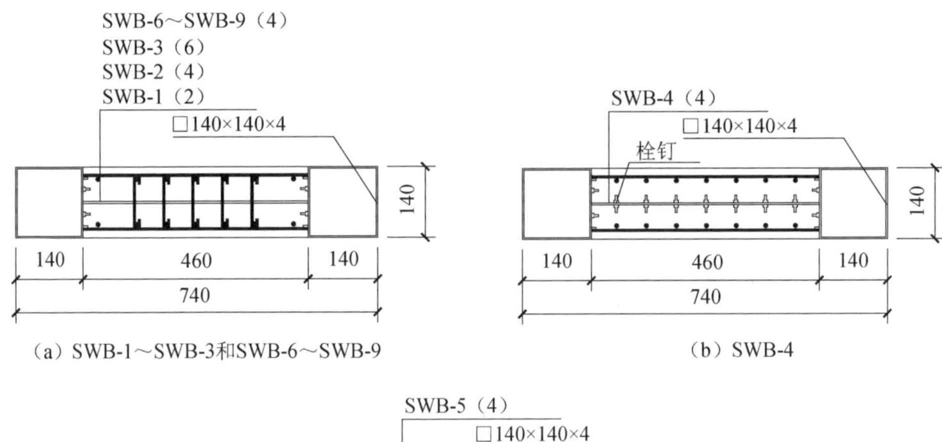

（a）SWB-1～SWB-3和SWB-6～SWB-9　　（b）SWB-4

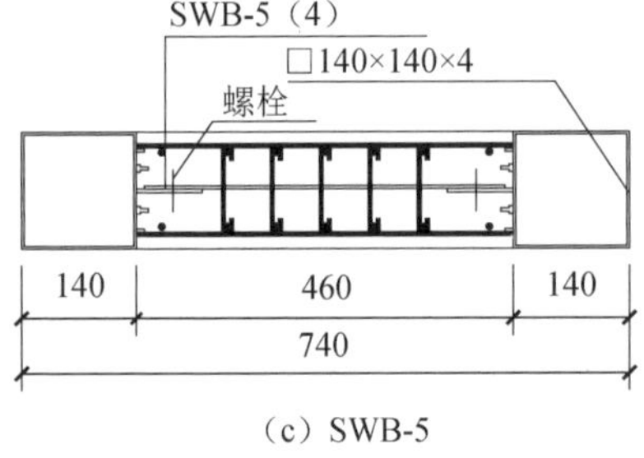

（c）SWB-5

图 5-16　5.4 节试件的截面尺寸

钢管混凝土边框组合剪力墙的方钢管及墙体内藏钢板采用 Q235 钢材。墙板内分布钢筋采用 Φ4 冷拔钢筋，拉结筋采用 Φ3 钢筋。试件钢管内混凝土及墙体混凝土为细石混凝土，采用商品混凝土分批浇筑，混凝土试件及试块的混凝土在同等条件下保温养护。试件制作过程如图 5-17 所示，钢材的力学性能实测值见表 5-10，实测各个批次混凝土的强度见表 5-9。

（a）钢构件加工

（b）墙体绑筋

（c）基础支模板

（d）制作完成

图 5-17　5.4 节试件的制作过程

表 5-10　5.4 节试件钢材的力学性能实测值

钢筋及钢材	屈服强度/MPa	极限强度/MPa	延伸率/%	弹性模量/MPa
4mm 壁厚钢管	273.8	406.3	23.4	2.03×10^5
2mm 厚钢板	221.5	359.7	27.3	2.06×10^5
4mm 厚钢板	273.8	406.3	23.4	2.03×10^5
6mm 厚钢板	278.2	405.5	24.4	2.09×10^5
ϕ4 冷拔钢筋	669.0	836.0	7.5	2.06×10^5
ϕ3 钢筋	206.5	241.5	11.5	1.96×10^5

试验采用低周反复荷载的加载方式，首先施加一竖向荷载，并保持其在试验过程中不变，即控制试件的设计轴压比为一定值；然后在加载梁中部由水平拉压千斤顶施加水平荷载，加载点到基础表面的距离，当剪跨比为 1.0 时取 740mm，当剪跨比为 1.5 时取 1110mm，当剪跨比为 2.0 时取 1480mm。在试件屈服之前采用荷载控制加载，屈服之后采用位移控制加载。

5.4.2　承载力与延性

试件主要阶段的特征荷载及位移见表 5-11。

表 5-11　5.4 节试件主要阶段的特征荷载及位移

试件编号	F_c/kN	F_y/kN	U_y/mm	F_u/kN	F_u 相对值	U_d/mm	θ	U_d	F_y/F_u	μ
SWB-1	225.00	458.40	6.43	705.55	1.00	40.79	1/27	1.00	0.65	6.34
SWB-2	255.50	480.86	7.23	766.81	1.09	45.56	1/24	1.12	0.63	6.30
SWB-3	272.50	508.06	6.38	809.43	1.15	39.96	1/28	0.98	0.63	6.26
SWB-4	176.12	526.20	6.17	770.00	1.09	34.36	1/32	0.84	0.68	5.57
SWB-5	227.97	496.93	6.90	806.64	1.14	40.60	1/27	1.00	0.62	5.88
SWB-6	156.37	551.31	7.95	822.47	1.17	40.71	1/27	1.00	0.67	5.12
SWB-7	310.00	538.40	6.19	840.61	1.19	30.50	1/37	0.75	0.64	4.93
SWB-8	309.72	905.77	7.69	1164.23	1.65	29.74	1/25	0.73	0.78	3.87
SWB-9	149.35	370.22	7.71	568.41	0.81	54.24	1/27	1.33	0.65	7.04

由表 5-11 可知，随着内藏钢板厚度及配钢率的增加，极限荷载值也相应提高，但是极限荷载的增长速度与钢板厚度的增长速度之间不是正比例关系，中厚钢板试件的弹塑性变形能力较强；混凝土等级的提高可提高试件的承载力，适当提高轴压比也可提高极限荷载值；内藏钢板剪跨比为 1.0 的小剪跨比试件，其最大弹塑性位移角达 1/25，与剪跨比为 1.5 和 2.0 的试件接近，表现出很好的变形能力；钢板与外包混凝土之间采用焊接栓钉或者钢板开孔穿拉结筋的连接方式对试件的极限承载力影响很小，但采用拉结筋试件的弹塑性最大位移提高了 32.60%；内藏钢板与边框柱之间采用螺栓联接或焊接连接，两种连接构造试件的特征荷载值比较接近。

5.4.3　刚度退化

各剪力墙的刚度 K 随位移角 θ 的增大而退化的 K-θ 曲线如图 5-18 所示。

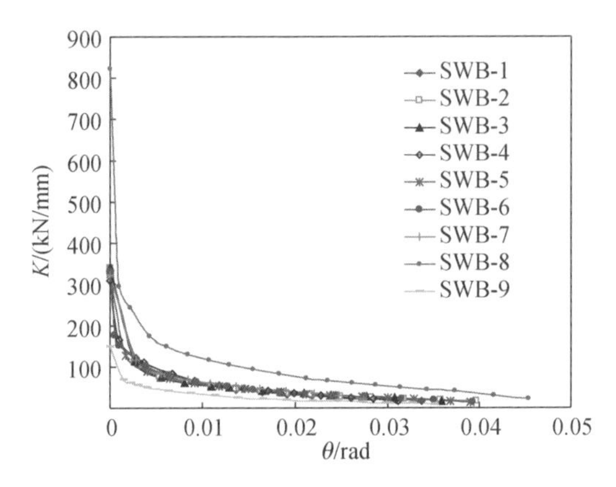

图 5-18　5.4 节试件的 K-θ 曲线

由图 5-18 可知，钢管混凝土边框内藏钢板组合剪力墙的初始刚度与剪力墙的截面尺寸、截面配钢率、混凝土强度等级有关；不同钢板厚度试件的开裂刚度、屈服刚度及后期刚度的退化趋势比较接近；剪跨比为 1.0 的小剪跨比试件的刚度退化较快，而适当提高轴压比的试件及剪跨比为 2.0 的试件的刚度退化较慢。

5.4.4　滞回特性

图 5-19 为实测试件的 F-U 滞回曲线，图 5-20 为实测试件的 F-U 骨架曲线。

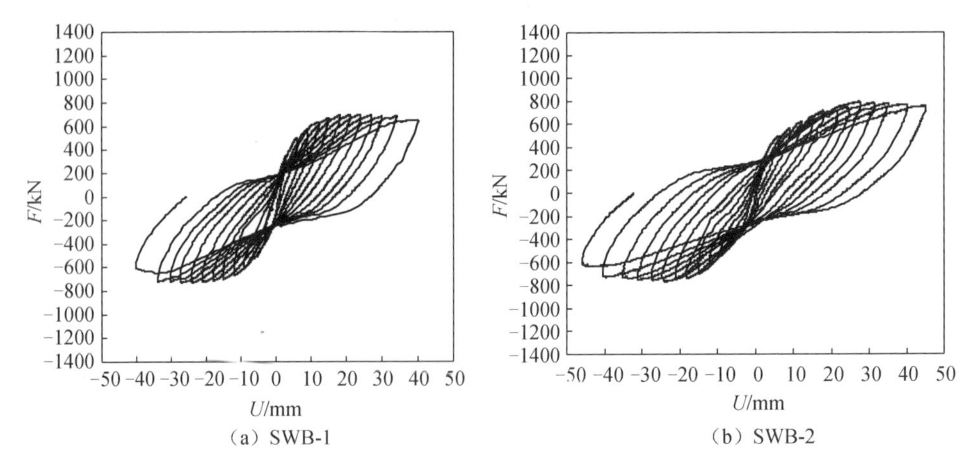

（a）SWB-1　　（b）SWB-2

图 5-19　5.4 节试件的 F-U 滞回曲线

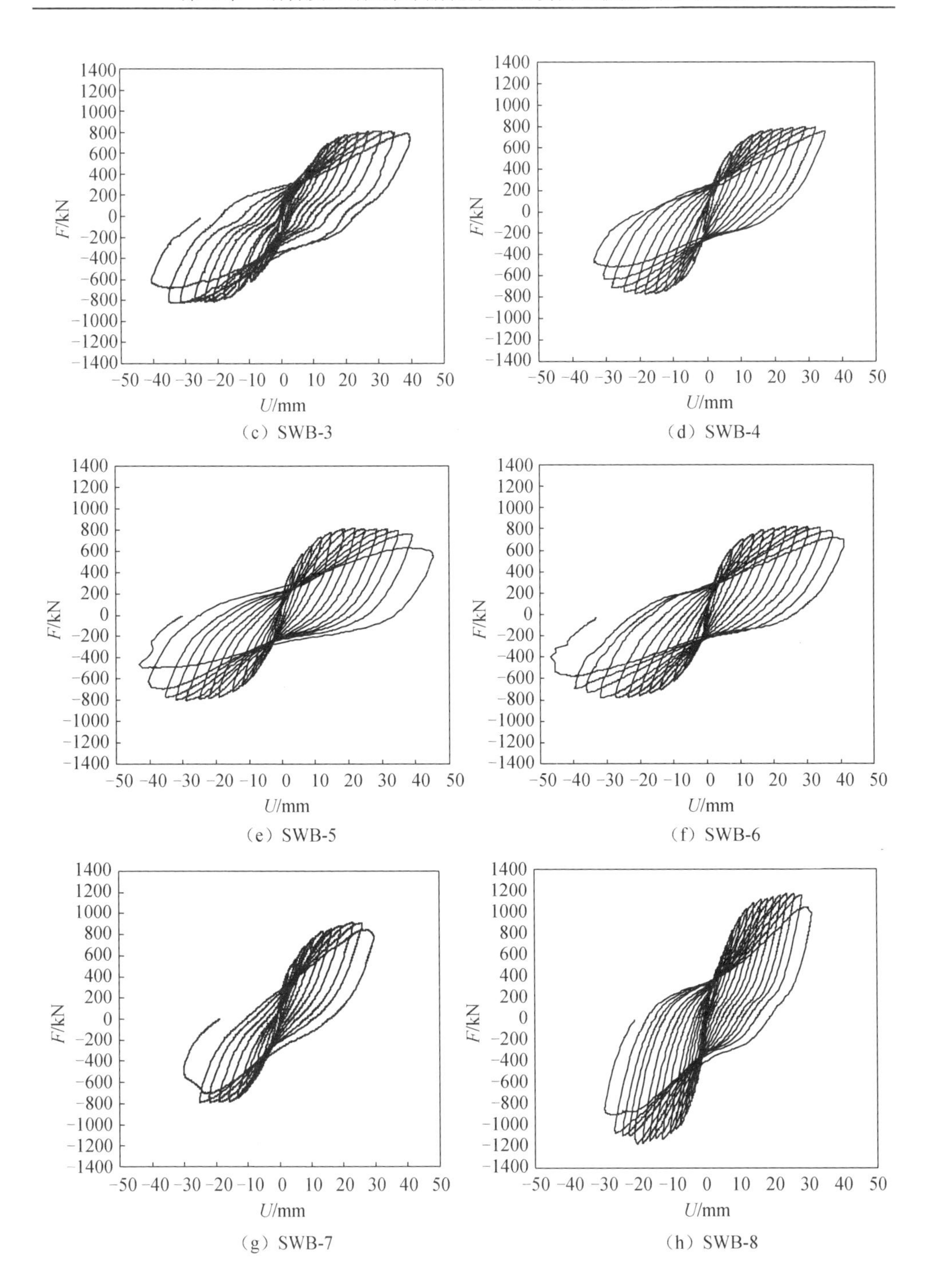

（c）SWB-3
（d）SWB-4
（e）SWB-5
（f）SWB-6
（g）SWB-7
（h）SWB-8

图 5-19（续）

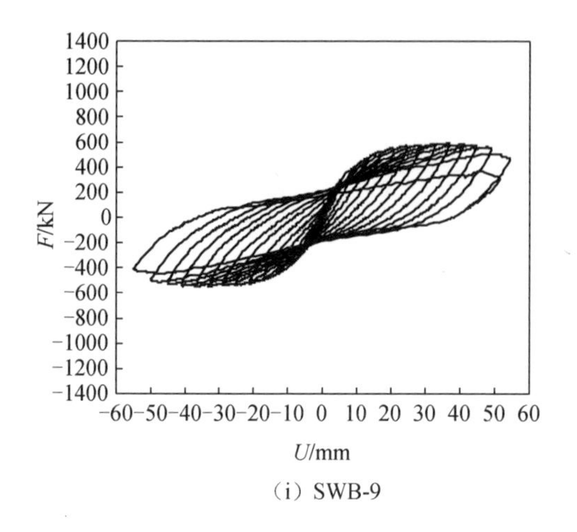

（i）SWB-9

图 5-19（续）

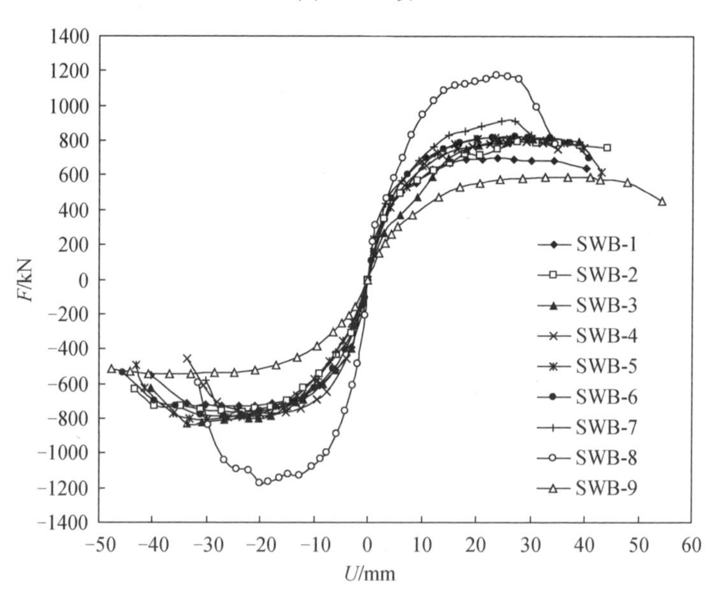

图 5-20　5.4 节试件的 F-U 骨架曲线

由图 5-19 可知，试件 SWB-2、SWB-5 的滞回环比较饱满，捏拢现象不明显，试件 SWB-5 包围的面积略大一些。由图 5-20 可知，钢管混凝土边框内藏钢板组合剪力墙试件有约束的屈服段比较长，具有较好的弹塑性变形性能和较强的抗震能力。

5.4.5　耗能能力

所得各试件的耗能实测值见表 5-12。

表 5-12　5.4 节试件的耗能实测值

试件编号	耗能/（kN • mm）	相对值
SWB-1	44712.32	1.00
SWB-2	57289.35	1.28
SWB-3	49920.34	1.12
SWB-4	44208.24	0.99
SWB-5	61852.25	1.38
SWB-6	53808.35	1.20
SWB-7	34311.91	0.77
SWB-8	55940.27	1.25
SWB-9	55128.21	1.23

由表 5-12 可知，在所有试件中，采用高强度混凝土的试件 SWB-6、采用螺栓固定的试件 SWB-5、内藏钢板厚度为 4mm 的试件 SWB-2 的耗能值较大，墙板内藏钢板的剪跨比为 1.0 和 2.0 的剪力墙试件的耗能性能也比较好，这说明采取合理的构造措施有利于提高剪力墙的耗能能力。

5.4.6　破坏特征

试件的最终破坏形态如图 5-21 所示。

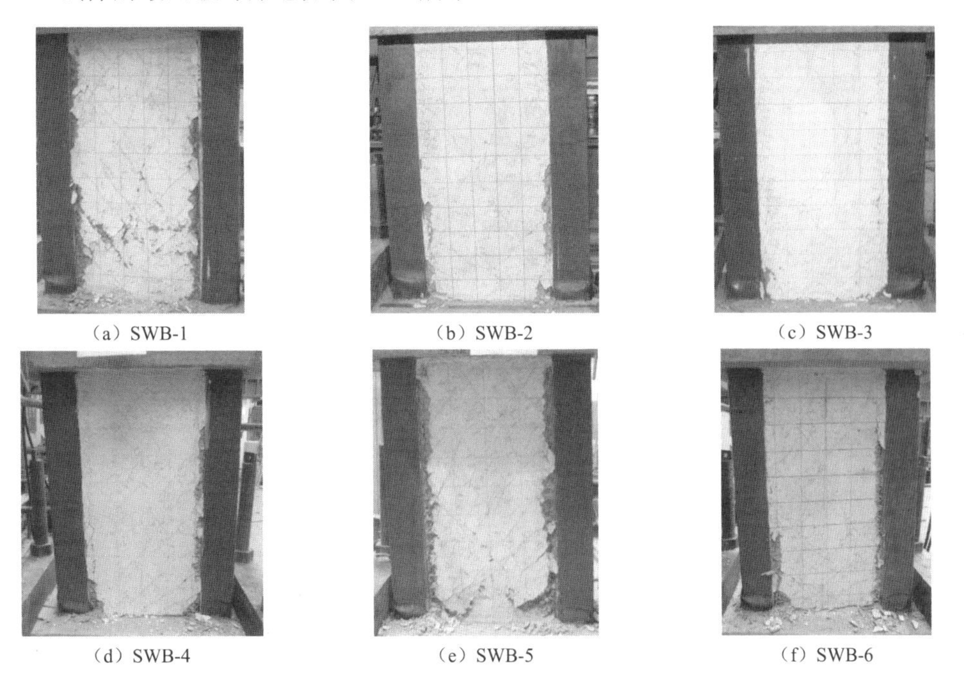

（a）SWB-1　（b）SWB-2　（c）SWB-3
（d）SWB-4　（e）SWB-5　（f）SWB-6

图 5-21　5.4 节试件的最终破坏形态

（g）SWB-7

（h）SWB-8

（i）SWB-9

图 5-21（续）

由图 5-21 可知：

1）试件 SWB-1 的墙体裂缝始于墙肢与钢管混凝土边框柱的连接处，墙体裂缝大多为弯剪斜裂缝，裂缝在混凝土墙肢与钢管混凝土边框柱的连接处、墙体底部高宽比 1.0 的区域范围内比较密集。内藏钢板的存在有效限制了外侧混凝土墙板裂缝的开展，整个混凝土墙肢裂缝的开展相对均匀，没有出现脆性剪切破坏。

2）试件 SWB-3、试件 SWB-2 较试件 SWB-1 的剪力墙墙肢破坏程度降低，裂缝分布也相应减少。

3）试件 SWB-4 与试件 SWB-2 基本一致；试件 SWB-5 的内藏钢板与边框钢管采用螺栓联接，导致混凝土墙板与钢管混凝土边框柱的界面混凝土损伤较重；试件 SWB-6 边框柱混凝土的强度有所提高，破坏特征与试件 SWB-2 基本一致；试件 SWB-6 的轴压比较试件 SWB-2 要高，其钢管混凝土边框柱底部的损伤相对较重，墙板混凝土底部的压碎范围也较大。

4）试件 SWB-8 的剪跨比为 1.0，混凝土墙板的剪切破坏现象较明显，损伤严重；试件 SWB-9 的剪跨比为 2.0，破坏形态与试件 SWB-2 相近，损伤主要发生在试件底部，弯曲破坏现象明显。

5.5 型钢及钢管混凝土边框内藏钢板组合剪力墙理论计算

本节采用 ABAQUS 软件对试件进行了有限元模拟，钢材采用等向弹塑性模型，钢管及钢板的本构关系依据低碳钢五阶段模型确定，墙体分布钢筋采用冷拔钢筋，其应力-应变关系曲线与高强度钢材相似，采用双线性模型，强化段的弹性模量取值为 $0.01E_s$，E_s 为钢材的弹性模量；混凝土采用损伤塑性模型，本构关系依据混凝土规范确定。

边框柱混凝土与墙板混凝土均采用 8 节点六面体线性减缩积分格式的三维实

体单元 C3D8R，边框柱内 H 型钢、钢管、墙板内藏钢板采用四节点减缩积分格式的壳单元 S4R，墙体分布钢筋采用 2 节点线性三维杆单元 T3D2。

5.5.1　型钢混凝土边框内藏钢板组合剪力墙有限元分析

1. *F-U* 曲线

图 5-22 为试件 SWA1～试件 SWA3 的 *F-U* 曲线。由图 5-22 可知，计算值与实测值匹配较好。

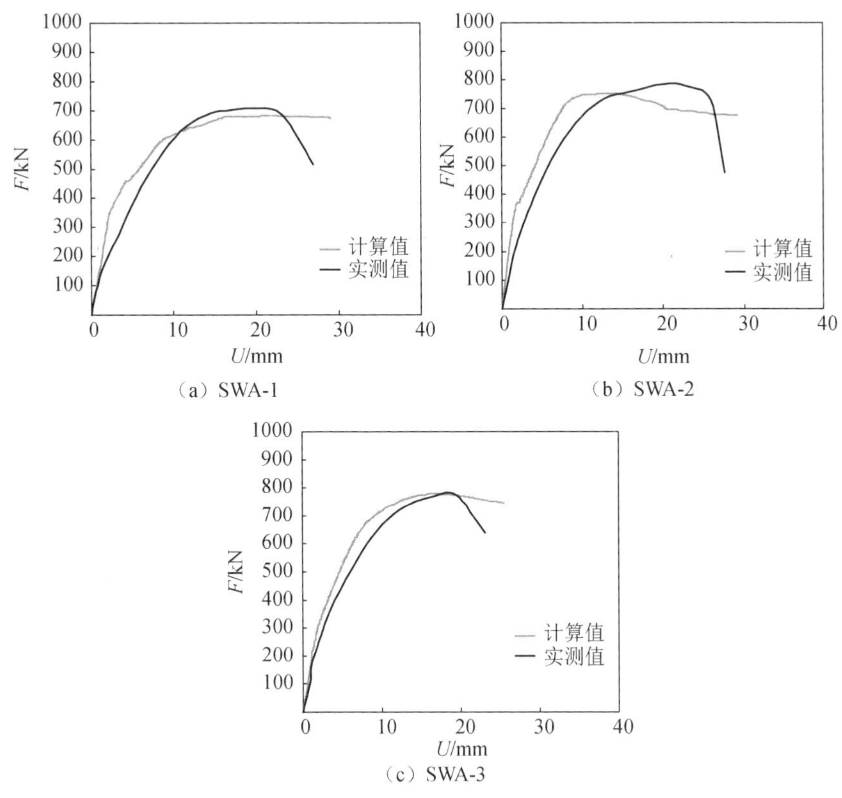

（a）SWA-1　（b）SWA-2　（c）SWA-3

图 5-22　试件 SWA1～试件 SWA3 的 *F-U* 曲线

为了研究型钢混凝土边框内藏钢板组合剪力墙各组件的应力、应变在不同阶段的分布状态，选取典型试件 SWA-2 为研究对象，对其在 *F-U* 曲线上的几个特征点时的应力、应变状态进行分析。这几个具有代表性的特征点分别为混凝土墙板出现初始裂缝时、型钢混凝土边框柱柱脚处型钢达到屈服应力时、剪力墙试件达到极限荷载时及最终破坏时所对应的受力状态。

2. 开裂点

ABAQUS 软件中采用的混凝土塑性损伤模型，当混凝土单元中出现受拉塑性应变（最大塑性主应变）时，即说明该混凝土单元已经开裂，裂缝的方向垂直于最大塑性主应变方向，即与表示拉应变的箭头方向垂直，裂缝的宽度可近似地由最大塑性主应变矢量箭头的长度来反映。图 5-23 为试件 SWA-2 受开裂荷载时墙板塑性主应变及主应力矢量图。

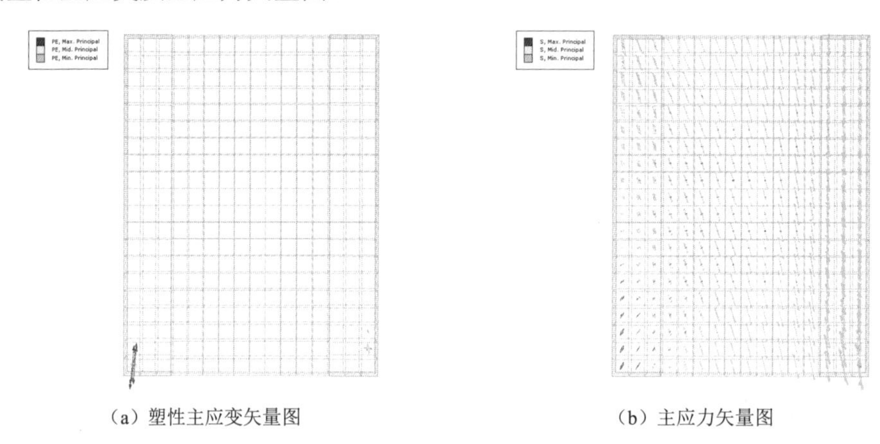

（a）塑性主应变矢量图　　　（b）主应力矢量图

图 5-23　试件 SWA-2 受开裂荷载时墙板塑性主应变及主应力矢量图

由图 5-23（b）可知，开裂时，试件的钢筋混凝土墙板应力均以受压为主；最大（拉）主应力和最小（压）主应力相比，最小（压）主应力的分布区域更广，主应力绝对值更大。

钢筋混凝土剪力墙板中的钢筋采用的是杆单元，钢筋只承受沿材料本身方向的轴向应力，因此选用单向应力 *S*11 来显示当前钢筋的受力状态，如图 5-24（a）所示。边框柱内藏 H 型钢和钢筋混凝土墙板内的钢板均采用的是壳单元，在荷载作用下和外部混凝土的约束作用下处于复杂的三向应力状态，因此采用 Mises 应力云图来描述其应力大小及应力分布，如图 5-24（b）所示。

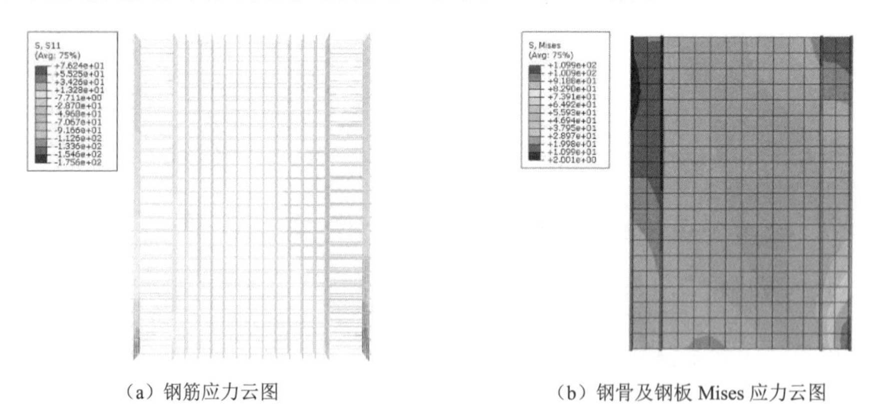

（a）钢筋应力云图　　　（b）钢骨及钢板 Mises 应力云图

图 5-24　试件 SWA-2 开裂荷载时钢筋、钢骨及钢板的应力云图

由图 5-24 可知，在钢筋混凝土墙板开裂时，墙板中分布钢筋的应力较小，最大压应力均大于最大拉应力；墙板中的横向分布钢筋均为受拉应力状态；左侧边框柱外侧纵筋受到最大拉应力，右侧边框柱外侧纵筋受到最大压应力。

3. 屈服点

此特征点以剪力墙边框柱内藏 H 型钢的 Mises 应力达到屈服应力时作为屈服标志，此时柱脚处的 H 型钢进入塑性状态。

图 5-25 为试件 SWA-2 屈服状态下的墙板塑性主应变及主应力矢量图。

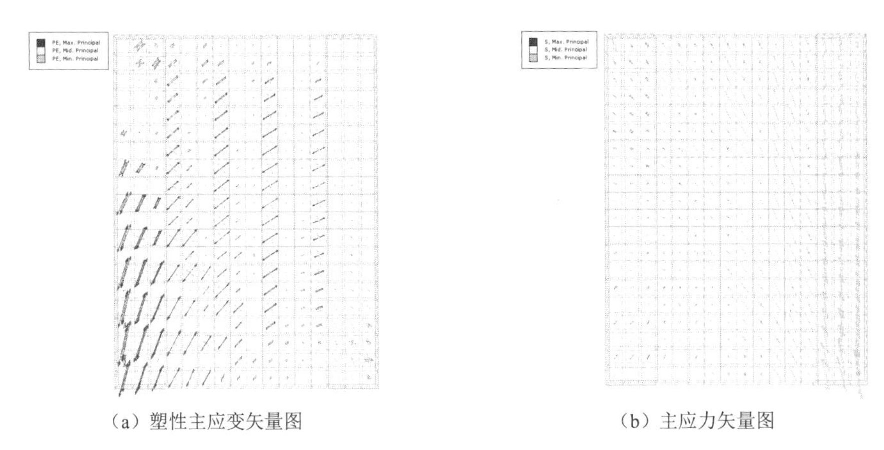

（a）塑性主应变矢量图　　（b）主应力矢量图

图 5-25　试件 SWA-2 屈服状态下的墙板塑性主应变及主应力矢量图

从图 5-25（a）可知，随着荷载的增大，墙板中最大塑性主应变的区域扩大，说明从开裂到边框柱型钢屈服，墙体出现了许多新裂缝，主要分布在受拉边框柱下部、剪力墙板的中部和剪力墙板与边框柱的交接边缘，并且以边框柱底部和剪力墙中部的裂缝宽度较大。从图 5-25（b）可知，随着荷载的增大，墙板左侧压应力有所减小，压应力的方向和水平线的夹角比开裂时减小。

试件 SWA-2 钢筋混凝土墙板分布钢筋的应力分布云图如图 5-26（a）所示，边框柱 H 型钢屈服时 H 型钢和剪力墙内藏钢板的 Mises 应力云图如图 5-26（b）所示。

由图 5-26 可知，墙板分布钢筋的应力比开裂时有所增大；最大拉应力分布在受拉边框柱外侧的纵向钢筋底部，最大压应力分布在受压边框柱外侧的纵向钢筋底部。

4. 极限荷载点

极限荷载点以试件达到极限荷载时为标志，图 5-27（a）为试件 SWA-2 钢筋混凝土墙板塑性主应变矢量图，图 5-27（b）为试件 SWA-2 极限荷载时钢筋混凝土墙板主应力矢量图。

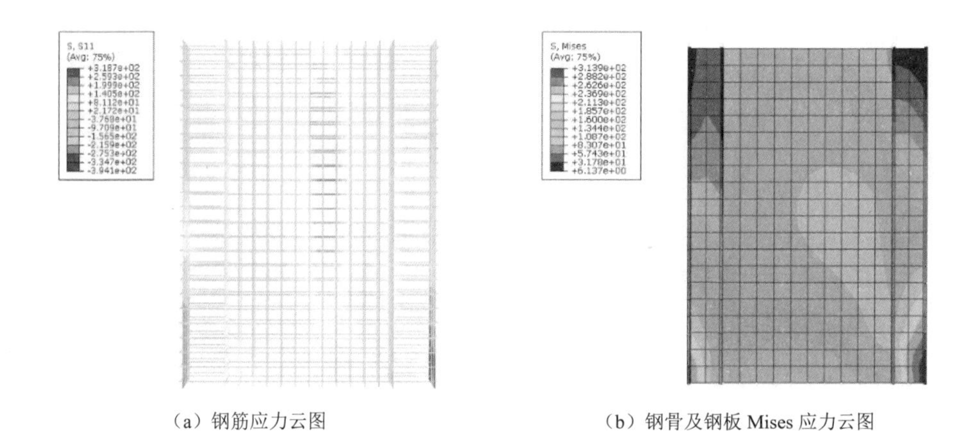

（a）钢筋应力云图　　（b）钢骨及钢板 Mises 应力云图

图 5-26　试件 SWA-2 钢筋、钢骨及钢板屈服状态下的应力云图

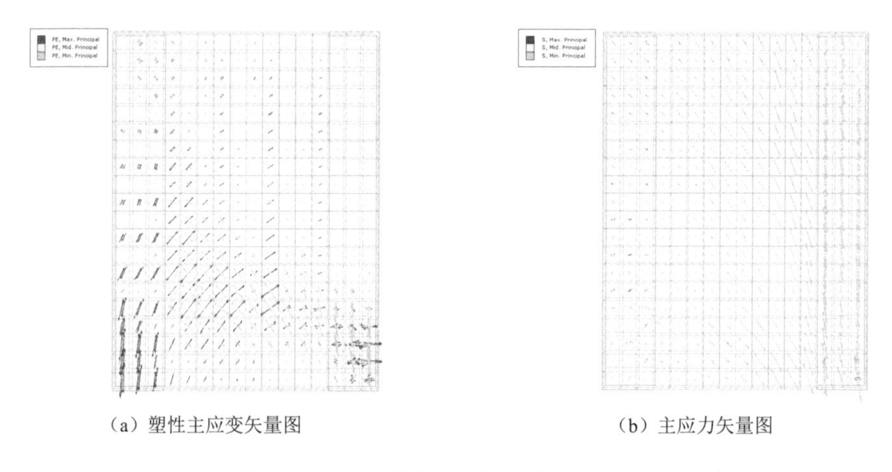

（a）塑性主应变矢量图　　（b）主应力矢量图

图 5-27　试件 SWA-2 极限荷载时墙板塑性主应变及主应力矢量图

与边框柱 H 型钢达到屈服荷载时的应变状态和应力状态相比，墙板混凝土最大塑性主应变的区域有所扩大，且最大塑性主应变的最大值也明显提高。说明从 H 型钢屈服到试件达到极限荷载的过程中，混凝土裂缝继续开展；墙板底部水平裂缝的开展达到剪力墙的对称轴，受压区高度减小；受压较严重的区域出现在右侧边框柱底部。图 5-28（a）描述了此时钢筋混凝土墙板分布钢筋的应力云图，图 5-28（b）为此刻边框柱 H 型钢和墙板内藏钢板的 Mises 应力云图。

由图 5-28 可知，当试件达到极限荷载时，边框柱外侧边缘的纵向钢筋底部受拉屈服，右侧边框柱边缘的纵向钢筋底部受压屈服；部分墙板分布钢筋达到屈服，剪力墙内藏钢骨及钢板的屈服区域有所扩大，H 型钢柱脚的应力值也有所增大，受压侧 H 型钢柱脚受压屈服的同时受拉侧边框柱的 H 型钢柱柱脚受拉屈服。

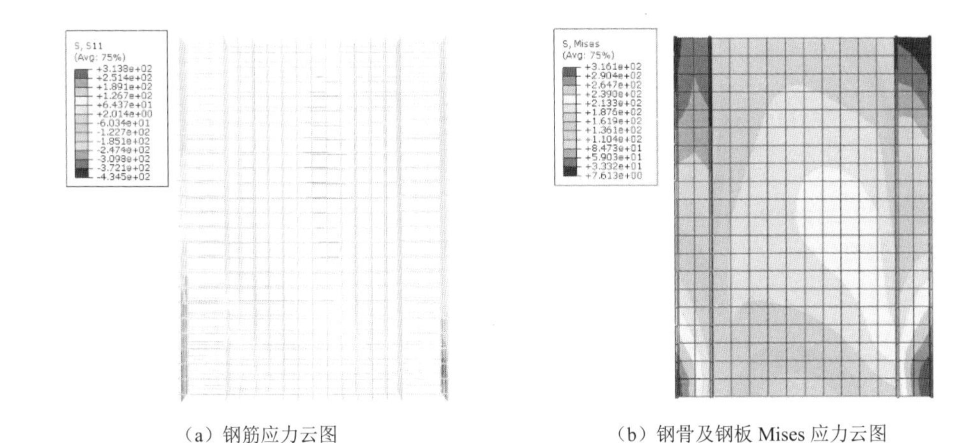

（a）钢筋应力云图　　　　（b）钢骨及钢板 Mises 应力云图

图 5-28　试件 SWA-2 极限荷载时钢筋、钢骨及钢板的应力云图

5. 破坏荷载点

计算所得的 *F-U* 曲线没有明显的下降段，因此取实测破坏位移为相应的破坏点。图 5-29（a）为此刻的剪力墙试件钢筋混凝土墙板塑性主应变矢量图，图 5-29（b）为此刻的剪力墙试件钢筋混凝土墙板主应力矢量图。

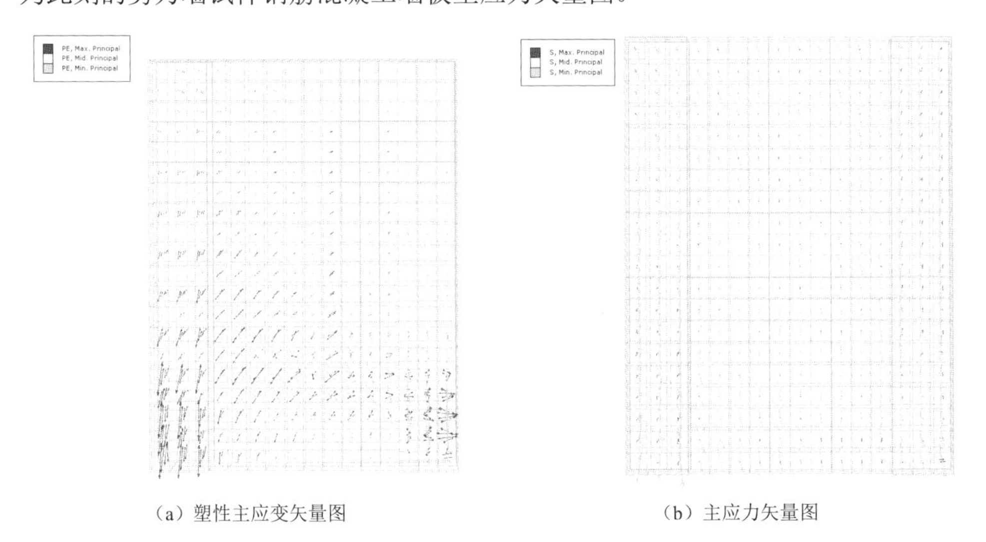

（a）塑性主应变矢量图　　　　（b）主应力矢量图

图 5-29　试件 SWA-2 破坏时墙板塑性主应变及主应力矢量图

试件破坏时，混凝土底部的裂缝延伸至试件对称轴另一侧，受压区减小，裂缝的宽度继续扩大。图 5-30（a）给出了此特征点处钢筋混凝土墙板分布钢筋的应力云图，图 5-30（b）为边框柱 H 型钢及剪力墙内藏钢板的 Mises 应力云图。由

图 5-30 可知，此时试件 SWA-2 受拉侧边框柱和受压侧边框柱的纵向钢筋均分别达到受拉、受压屈服状态，钢筋混凝土墙板的竖向分布钢筋由于 H 型钢和钢板的屈服而承担更多的竖向荷载，并达到屈服应力；边框柱 H 型钢的中下部达到屈服应力，同时墙体内藏钢板的中下部也达到屈服。

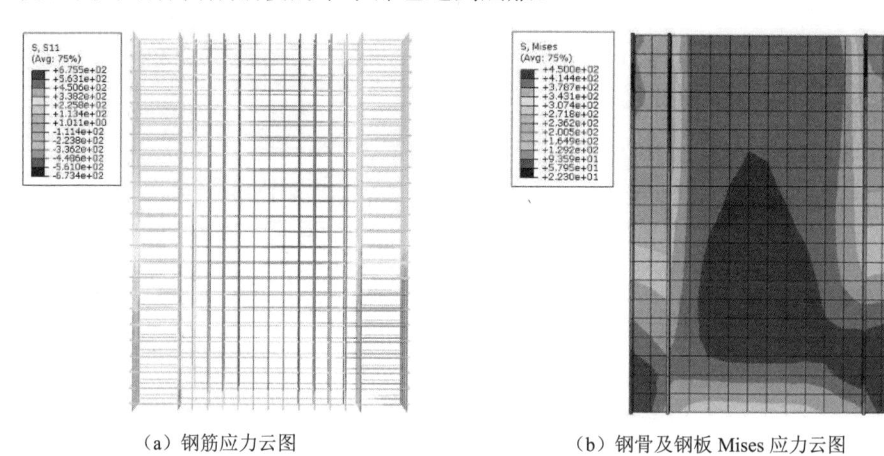

（a）钢筋应力云图　　　（b）钢骨及钢板 Mises 应力云图

图 5-30　试件 SWA-2 破坏时钢筋、钢骨及钢板的应力云图

6. 工作机理

通过对型钢混凝土边框内藏钢板剪力墙的试验和有限元分析，以及对型钢混凝土边框内藏钢板剪力墙的工作机理分析，发现该新型组合剪力墙的屈服机制如下：剪力墙混凝土首先开裂，由于剪力墙混凝土与内藏钢板的共同工作，剪力墙的裂缝分布较多且范围较广，呈现出良好的抗震屈服机制；作为新型组合剪力墙第一道防线的是混凝土剪力墙，第二道防线为内藏钢板，第三道防线为型钢混凝土边框，结构具有多道抗震防线；由于边框柱 H 型钢和剪力墙内藏钢板的存在，当墙体达到极限荷载后，受拉边框柱型钢和钢筋屈服，受压边框柱混凝土压溃，边框柱 H 型钢和剪力墙内藏钢板底部屈曲后出现塑性铰；在荷载的进一步作用下，试件呈现出承载力下降发生破坏的性态。

5.5.2　钢管混凝土边框内藏钢板组合剪力墙有限元分析

1. *F-U* 曲线

内藏钢板厚度为 2mm、4mm 和 6mm 的钢管混凝土边框内藏钢板剪力墙试件计算与实测曲线对比如图 5-31 所示，由图 5-31 可知，计算结果与实测结果匹配较好。

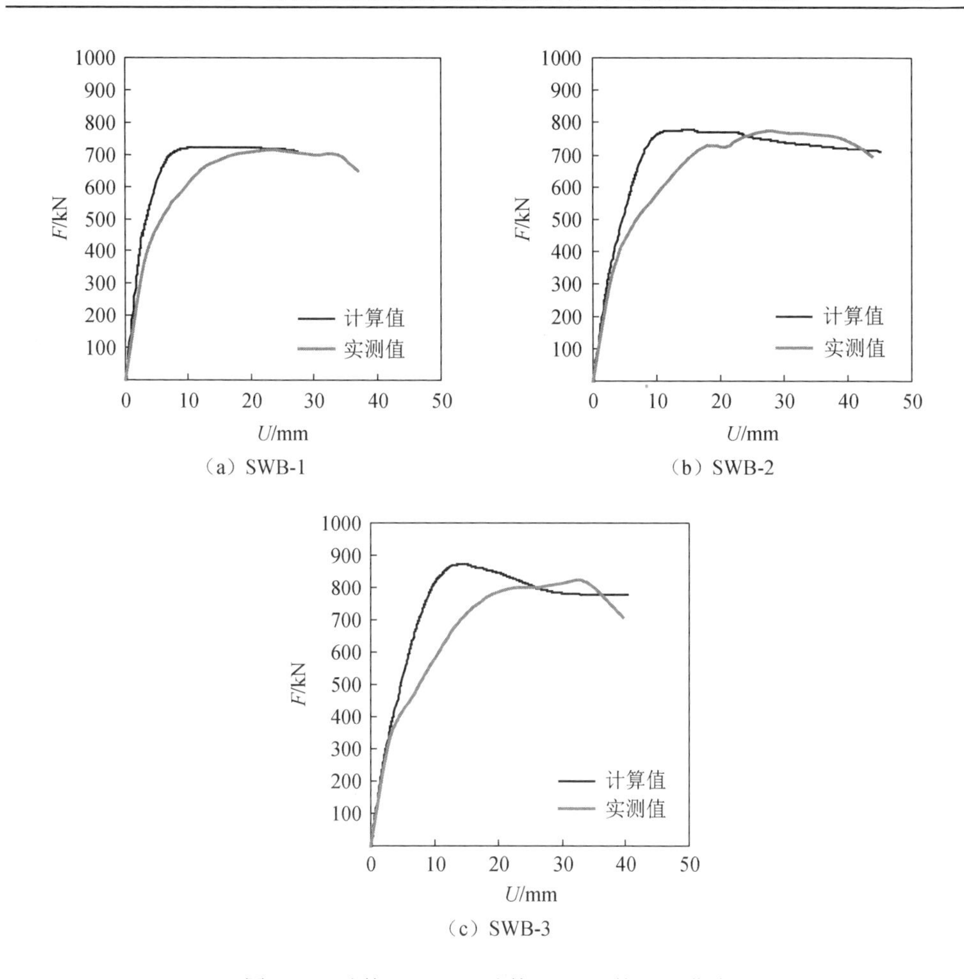

图 5-31　试件 SWB-1～试件 SWB-3 的 F-U 曲线

为了研究钢管混凝土边框内藏钢板剪力墙各个组件的应力、应变在不同阶段的分布状态和变化发展情况，选取典型的试验试件 SWB-2 作为研究对象，对其位于 F-U 曲线上的几个特征点时的应力、应变状态进行分析。这几个具有代表性的特征点分别为混凝土墙板出现初始裂缝时、钢管混凝土边框柱柱脚处钢管达到屈服应力时、剪力墙试件达到极限荷载时及最终破坏时所对应的受力状态。

2. 开裂点

SWB-2 试件的墙板混凝土出现初始裂缝时，墙板和边框柱的塑性主应变矢量图如图 5-32（a，c）所示；SWB-2 试件的混凝土墙板和边框柱混凝土的主应力矢量图如图 5-32（b，d）所示。

由图 5-32 可知，SWB-2 试件剪力墙的墙板混凝土应力均以受压为主；最大

（拉）主应力和最小（压）主应力相比，最小（压）主应力的分布区域更广，主应力绝对值更大。

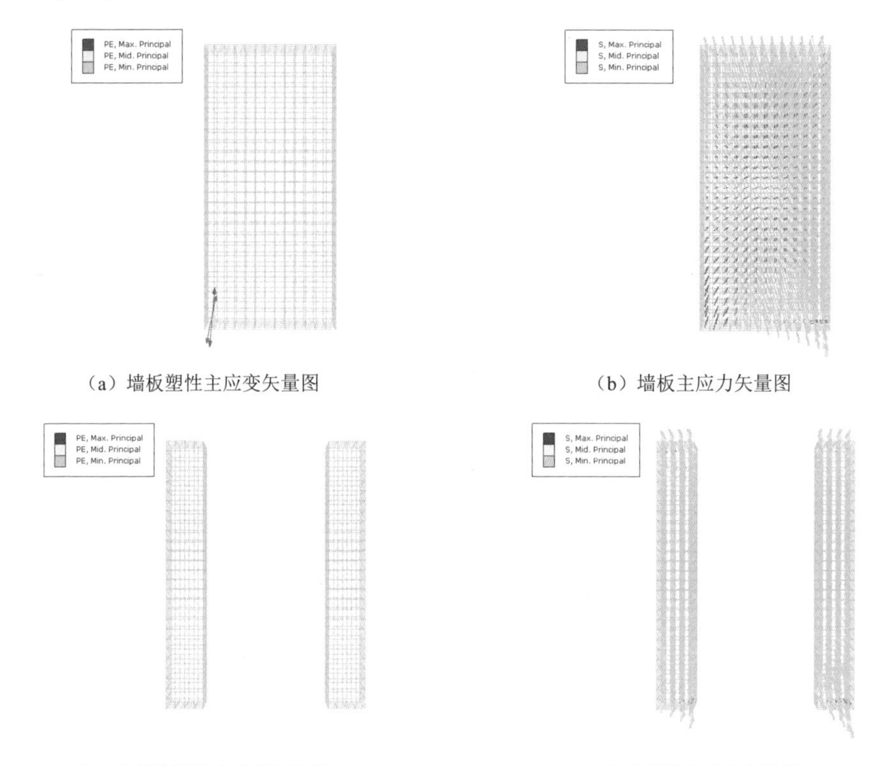

（a）墙板塑性主应变矢量图　（b）墙板主应力矢量图

（c）边框柱塑性主应变矢量图　（d）边框柱主应力矢量图

图 5-32　试件 SWB-2 墙板开裂时混凝土塑性主应变及主应力矢量图

图 5-33（a）为开裂时剪力墙试件钢筋的应力云图，钢管和钢板 Mises 应力云图如图 5-33（b）所示。

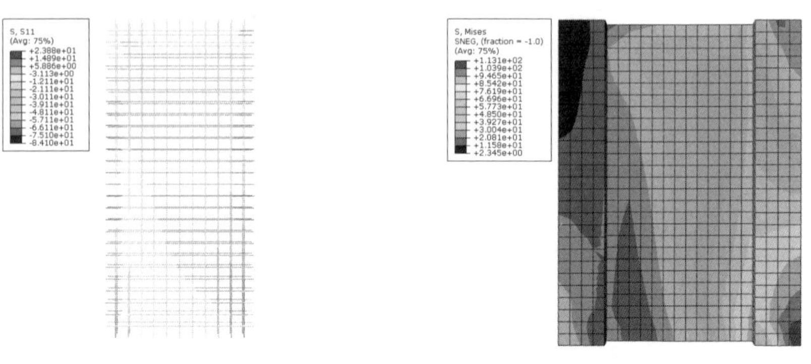

（a）钢筋应力云图　（b）钢管及钢板 Mises 应力云图

图 5-33　试件 SWB-2 墙板开裂时钢筋、钢管及钢板的应力云图

由图 5-33 可知，在墙板开裂时，墙板中分布钢筋的应力较小，最大压应力均大于最大拉应力；墙板中的横向分布钢筋均为受拉应力状态，竖向分布钢筋从左侧到右侧的应力状态为由受拉应力状态过渡到受压应力状态，最大拉应力分布在墙板左侧角部，最大压应力分布在墙板右侧角部；最大 Mises 应力出现在受压侧钢管的角部，钢板应力较大的部位也出现在角部。

3. 钢管屈服点

选取钢管混凝土边框柱脚处钢管的 Mises 应力达到屈服应力时为一个参考点，此时柱脚处钢管进入塑性状态。图 5-34（a，c）为此刻剪力墙试件墙板混凝土及边框柱混凝土塑性主应变矢量图，图 5-34（b，d）为此刻墙板混凝土及边框柱混凝土主应力矢量图。试件 SWB-2 墙板分布钢筋的应力云图如图 5-35（a）所示，钢管屈服时钢管及钢板的 Mises 应力云图如图 5-35（b）所示。

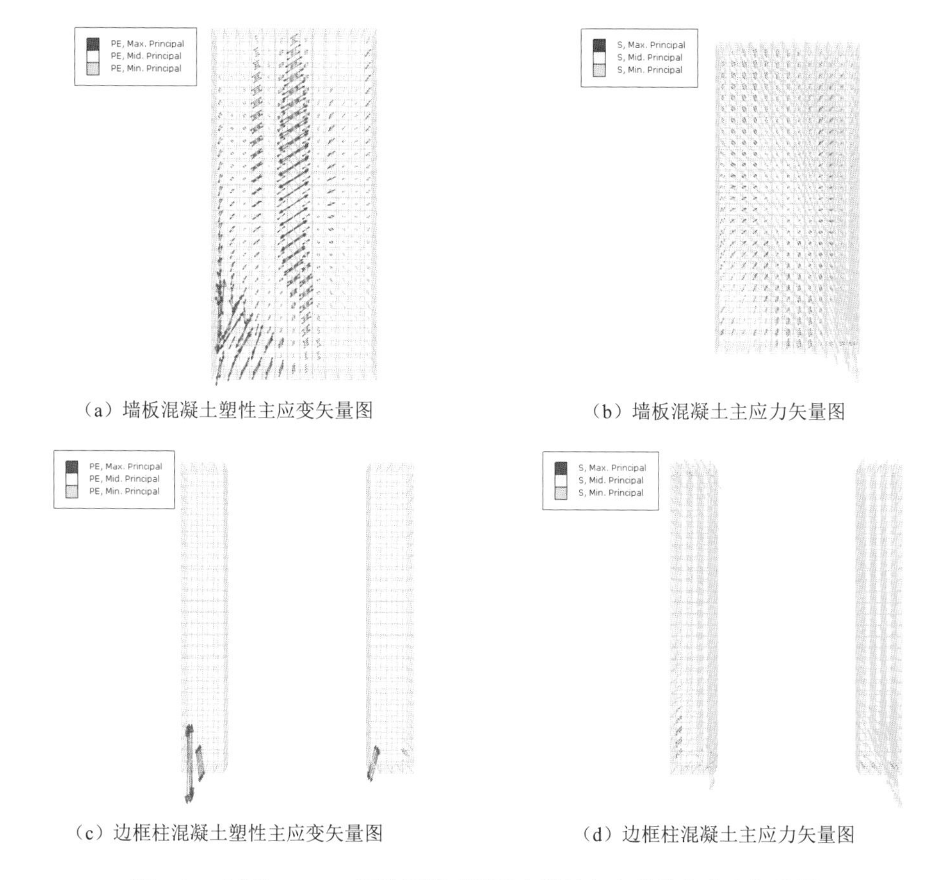

（a）墙板混凝土塑性主应变矢量图

（b）墙板混凝土主应力矢量图

（c）边框柱混凝土塑性主应变矢量图

（d）边框柱混凝土主应力矢量图

图 5-34　试件 SWB-2 钢管屈服时混凝土塑性主应变及主应力矢量图

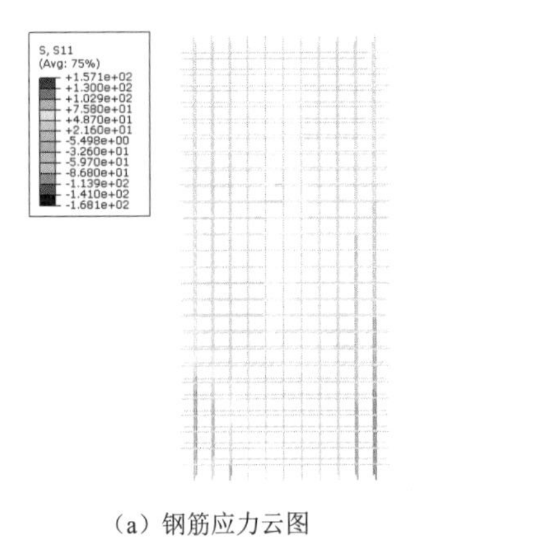

(a) 钢筋应力云图

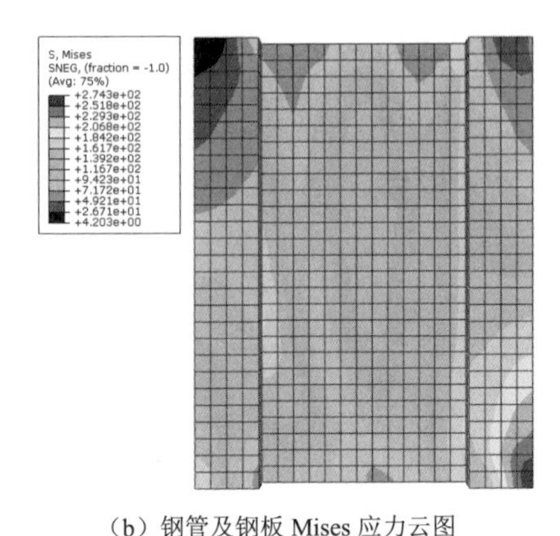

(b) 钢管及钢板 Mises 应力云图

图 5-35　试件 SWB-2 钢管屈服时钢筋、钢管及钢板的应力云图

由图 5-34 和图 5-35 可知，从试件墙板的塑性主应变矢量图中可以看到，随着荷载的增大，墙板中最大塑性主应变的区域扩大，说明从开裂到钢管屈服，墙体出现了许多新裂缝，且下部和底部边缘处的裂缝宽度比上部区域要大；从剪力墙墙板的主应力矢量图中可以看出，随着荷载的增大，墙板左侧压应力有所减小，压应力方向和水平线的夹角比开裂时减小；由钢筋的应力云图可知，墙板分布钢筋的应力比开裂时有所增大，最大拉应力分布在墙板左侧角部，最大压应力分布在墙板右侧角部；由钢管及钢板的应力云图可知，应力较大的区域分布在受拉侧和受压侧的边框柱脚处，并达到屈服应力，钢板应力较大的部位出现在角部和边柱柱脚附近，应力接近钢板的屈服应力。

4. 极限荷载点

取试件达到极限荷载时为一个参考点，图 5-36（a，c）为此刻剪力墙试件墙板混凝土和边框柱混凝土塑性主应变矢量图，图 5-36（b，d）为此刻剪力墙试件墙板混凝土及边框柱混凝土主应力矢量图。

与钢管屈服时刻相比，墙板混凝土最大塑性主应变的区域有所扩大，且最大塑性主应变的最大值也明显提高，说明从钢管屈服到试件达到极限荷载的过程中，混凝土裂缝继续开展。试验过程中，墙板底部裂缝开展至受压侧，受压区高度减小，墙板混凝土受压较严重的区域出现在右侧墙板底部。

图 5-37（a）给出了此刻墙板分布钢筋的应力云图，图 5-37（b）为此刻钢管及钢板的 Mises 应力云图。

从试件的应力云图中可以看到，当试件达到极限荷载时，大部分竖向分布钢筋底部受拉屈服，右侧底部钢筋受压屈服，墙板中其他分布钢筋未达到屈服；边框柱脚的屈服区域有所扩大。

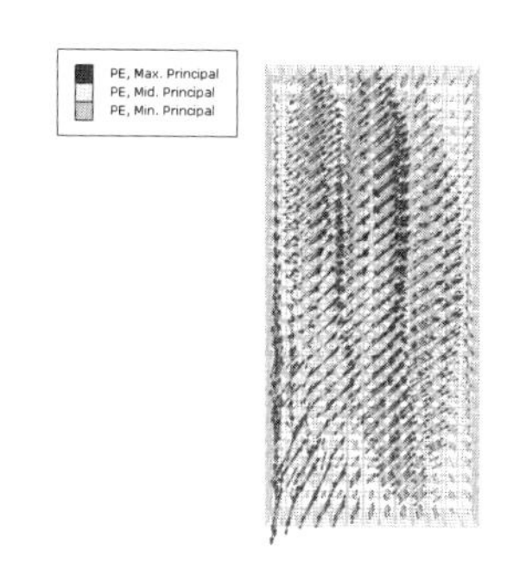

（a）墙板混凝土塑性主应变矢量图

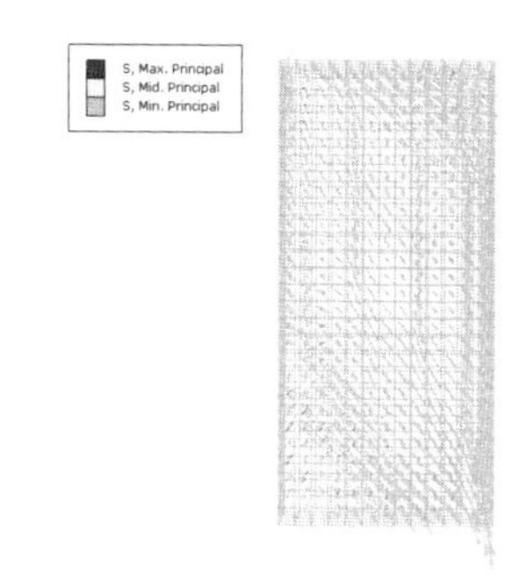

（b）墙板混凝土主应力矢量图

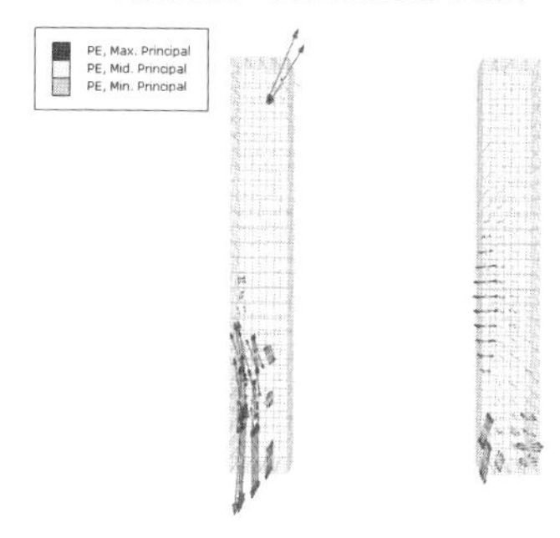

（c）边框柱混凝土塑性主应变矢量图

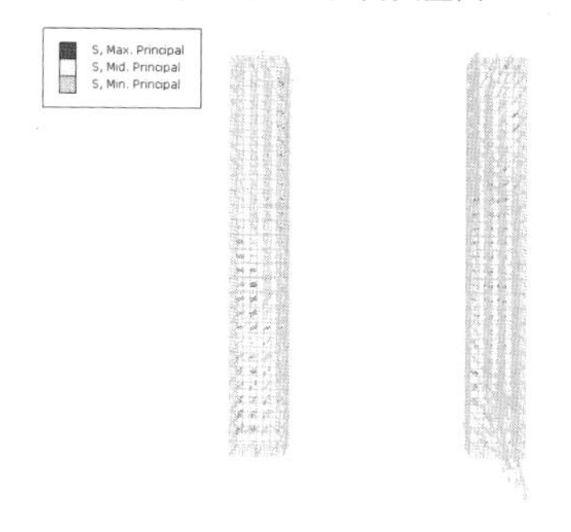

（d）边框柱混凝土主应力矢量图

图 5-36　试件 SWB-2 极限荷载时混凝土塑性主应变及主应力矢量图

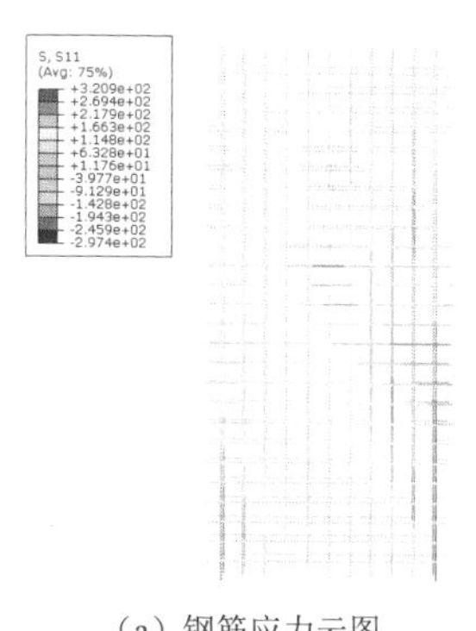

（a）钢筋应力云图

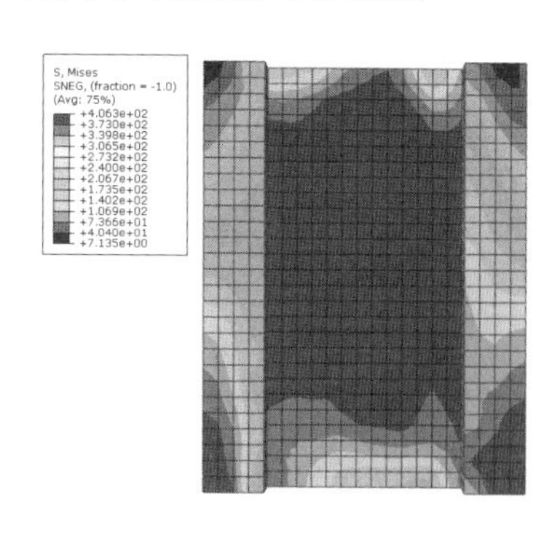

（b）钢管及钢板 Mises 应力云图

图 5-37　试件 SWB-2 极限荷载时钢筋、钢管及钢板的应力云图

5. 破坏荷载点

计算所得的 *F-U* 曲线没有明显的下降段，因此取实测破坏位移作为相应的破坏点。图 5-38（a，c）为此刻剪力墙试件墙板混凝土和边框柱混凝土塑性主应变矢量图，图 5-38（b，d）为此刻剪力墙试件墙板混凝土及边框柱混凝土主应力矢量图。

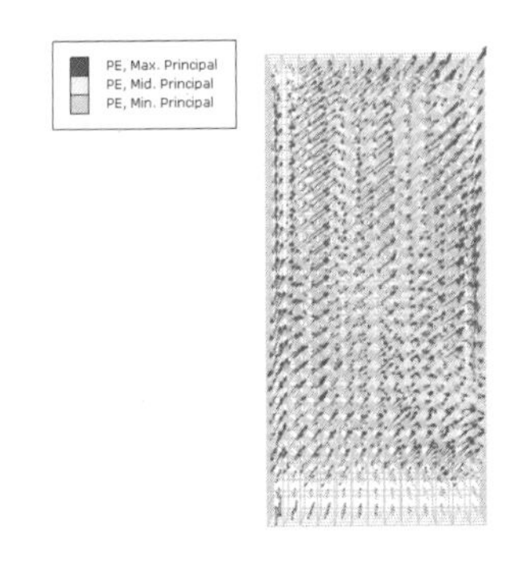

（a）墙板混凝土塑性主应变矢量图

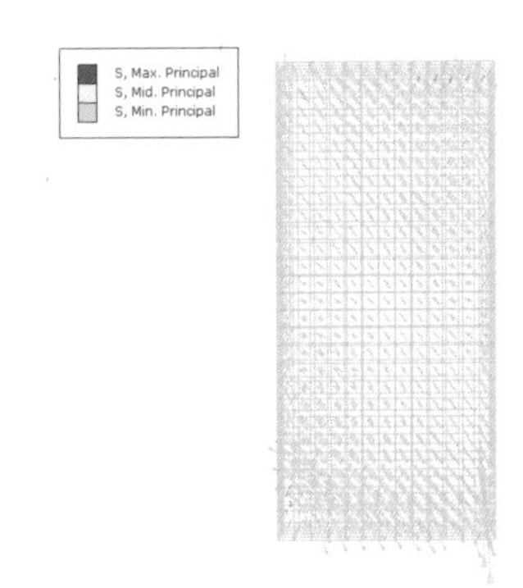

（b）墙板混凝土主应力矢量图

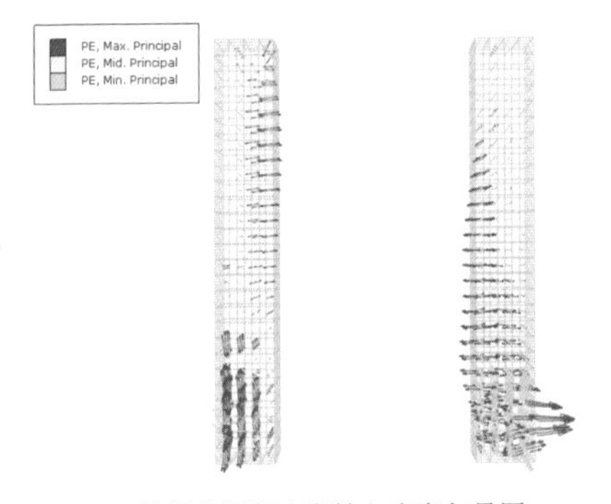

（c）边框柱混凝土塑性主应变矢量图

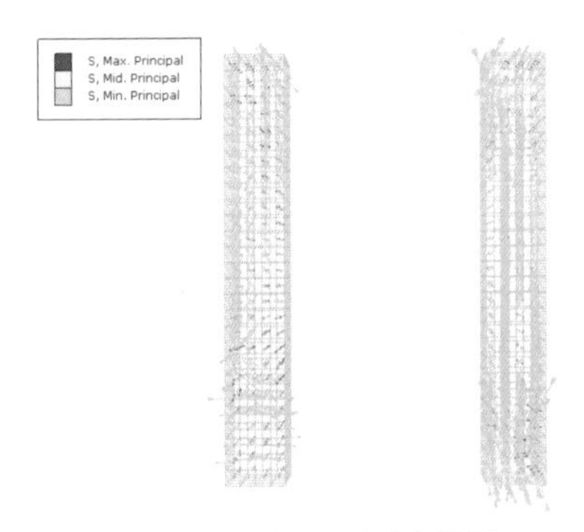

（d）边框柱混凝土主应力矢量图

图 5-38　试件 SWB-2 破坏时混凝土塑性主应变及主应力矢量图

由图 5-38 可知，试件破坏时，混凝土底部的裂缝延伸至受压区，裂缝的宽度继续扩大。图 5-39（a）给出了此刻墙板分布钢筋的应力云图，图 5-39（b）为此刻钢管及钢板的 Mises 应力云图。

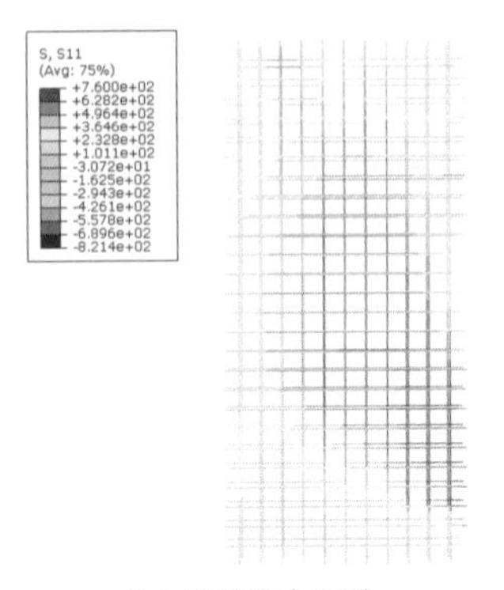

（a）钢筋应力云图

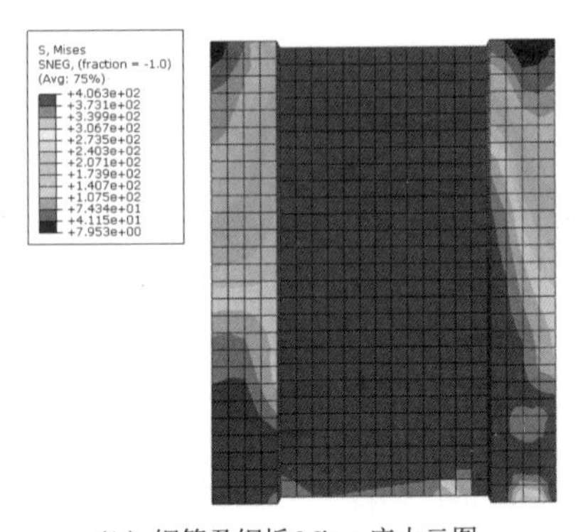

（b）钢管及钢板 Mises 应力云图

图 5-39　试件 SWB-2 破坏时钢筋、钢管及钢板的应力云图

由图 5-39 可知，此时剪力墙试件钢筋受拉屈服的区域进一步扩大，钢管及钢板的应力值进一步增大，试件边框柱钢管底部的应力均达到材料极限强度值。

6. 工作机理

剪力墙混凝土与内藏钢板共同工作，相互制约，剪力墙的裂缝分布较密且范围较广，呈现出良好的抗震耗能机制；该新型组合剪力墙第一道防线为混凝土剪力墙，第二道防线为内藏钢板，第三道防线为钢管混凝土边框，具有多道抗震防线；由于钢板的存在，在墙体达到极限荷载后，剪力墙仍呈现出承载力下降慢、后期刚度退化平稳、延性好的特征。

5.5.3 力学模型与计算

1. 弹性刚度计算模型

钢管及型钢混凝土边框内藏钢板组合剪力墙在低周反复加载的初始阶段，可以根据材料力学的基本理论假设各剪力墙试件为一个弹性薄板，剪力墙的变形由弯曲变形和剪切变形组成，计算模型如图 5-40 所示。

剪力墙的柔度为

$$\delta = \delta_s + \delta_b$$

剪力墙的初始刚度为

$$K = \frac{1}{\delta_s + \delta_b} = \frac{1}{\dfrac{\psi H}{AG} + \dfrac{H^3}{3EI}} \qquad (5\text{-}7)$$

$$A = A_0 + A_1 \qquad \psi = \frac{A_2}{A_3} \qquad (5\text{-}8)$$

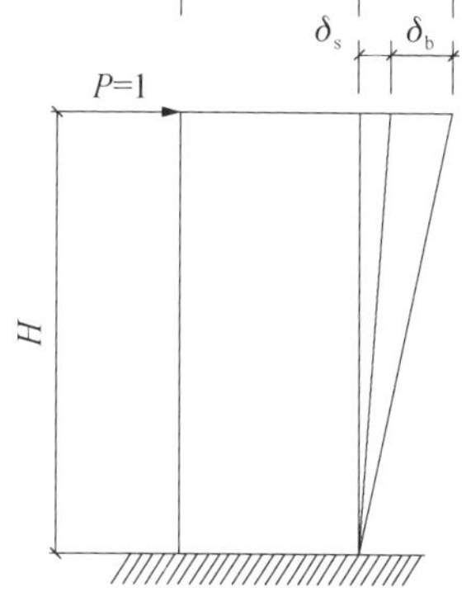

图 5-40　剪力墙变形计算模型

式中，δ_s 为单位荷载作用下的剪切变形；δ_b 为单位荷载作用下的弯曲变形；ψ 为剪应变不均匀系数；H 为剪力墙计算高度；G 为剪切模量，$G = 0.4E$；E 为弹性剪切模量；I 为截面惯性矩；A_0 为模型水平截面混凝土净面积；A_1 为换算后钢筋和型钢的截面面积；A_2 为模型水平截面面积；A_3 为截面腹板面积。

2. 计算值与实测值的比较

按照式（5-7）计算得到了型钢混凝土边框内藏钢板组合剪力墙和钢管混凝土边框内藏钢板组合剪力墙的两组试件的初始弹性刚度的计算值，其与实测值的比较见表 5-13 和表 5-14，计算值与实测值匹配较好。

表 5-13 试件 SWA-1～试件 SWA-6 初始弹性刚度计算值与实测值比较

试件编号	计算值/（kN/mm）	实测值/（kN/mm）	相对误差/%
SWA-1	268.87	263.50	2.04
SWA-2	276.96	264.24	4.81
SWA-3	284.92	270.58	5.30
SWA-4	276.96	264.70	4.63
SWA-5	260.62	275.05	5.25
SWA-6	215.45	208.61	3.28

表 5-14 试件 SWB-1～试件 SWB-9 初始弹性刚度计算值与实测值比较

试件编号	计算值/（kN/mm）	实测值/（kN/mm）	相对误差/%
SWB-1	332.89	328.22	1.42
SWB-2	339.64	338.97	0.20
SWB-3	346.32	341.42	1.44
SWB-4	339.64	308.72	10.02
SWB-5	347.64	326.30	6.54
SWB-6	358.34	331.15	8.21
SWB-7	339.64	322.29	5.38
SWB-8	810.02	823.33	1.62
SWB-9	167.65	149.97	11.79

3. 正截面承载力计算

（1）型钢混凝土边框内藏钢板组合剪力墙

如图 5-41 所示，型钢混凝土边框内藏钢板组合剪力墙的正截面承载力可以视为以下两个部分的组合：①配置边柱钢筋和均匀分布腹筋的混凝土剪力墙；②钢骨部分包括边柱型钢和墙体内藏钢板。其中，钢骨部分的边柱型钢可以视为边柱的附加钢筋，以此计算其对承载力的贡献；钢板与墙体分布钢筋可以根据其配置范围按沿腹板截面高度均匀配钢计算其对承载力的贡献。进行上述简化后，钢骨混凝土边框内藏钢板组合剪力墙正截面承载力计算可作出如下假设：

1）截面应变保持平面。

2）不计受拉区混凝土的抗拉作用。

3）按《混凝土结构设计规范》（GB 50010—2002）确定混凝土受压应力-应变关系曲线，混凝土极限压应变值 $\varepsilon_c < 0.002$ 时为抛物线，$0.002 \leqslant \varepsilon_c < 0.0033$ 时为水平直线，取 0.0033，相应的最大压应力取混凝土实测抗压强度值。

4）钢筋及型钢的应力-应变关系为：屈服前为线弹性关系，屈服后的应力取屈服强度。

型钢混凝土边框内藏钢板组合剪力墙的承载力计算模型可以视为普通钢筋混凝土剪力墙和内藏型钢部分的组合，计算模型简图如图 5-42 所示。

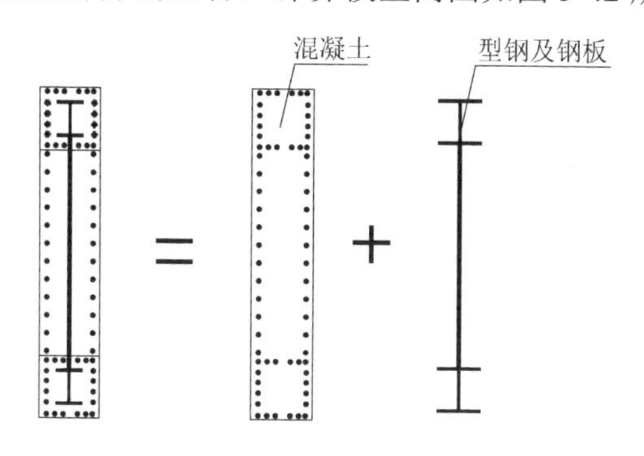

图 5-41　正截面计算单元分解（一）

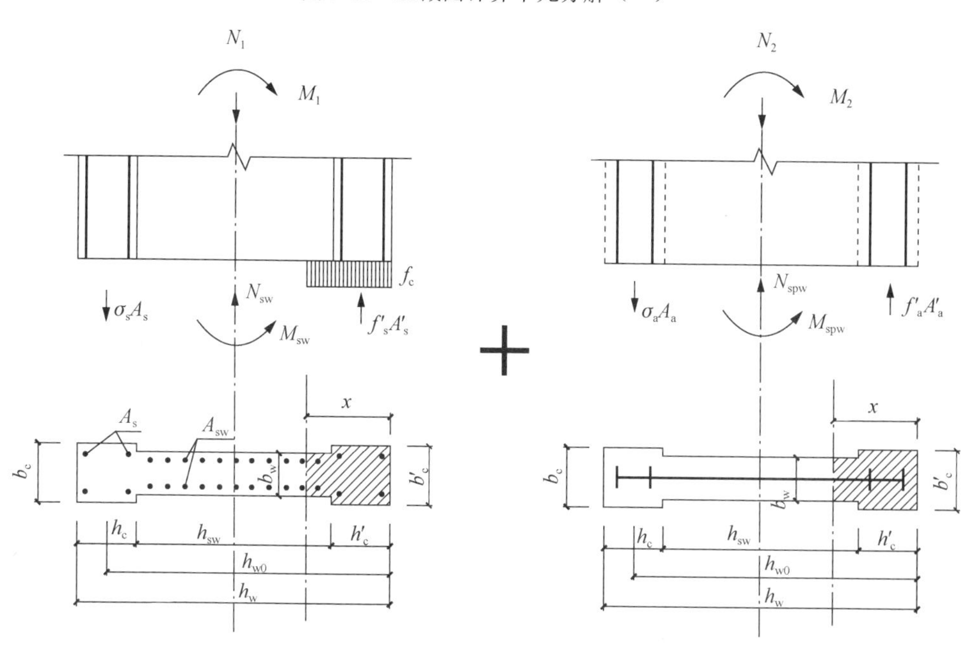

图 5-42　正截面承载力计算模型（一）

型钢混凝土边框内藏钢板组合剪力墙的承载力按下列公式计算：

$$N = N_{cc} + N_{cw} + f_a' A_a' + f_s' A_s' - \sigma_a A_a - \sigma_s A_s + N_{sw} + N_{spw} \tag{5-9}$$

$$Ne_0 = (N_{cc} + f_a' A_a' + f_s' A_s')\left(h_{w0} - \frac{h_c'}{2}\right) + N_{cw}\left(h_{w0} - \frac{h_c'}{2} - \frac{x}{2}\right) + M_{sw} + M_{spw} \tag{5-10}$$

式中，

$$N_{\mathrm{sw}}=f_{\mathrm{yw}}A_{\mathrm{sw}}\left(1+\frac{\xi-0.8}{0.4\omega}\right) \tag{5-11}$$

$$N_{\mathrm{spw}}=f_{\mathrm{spw}}A_{\mathrm{spw}}\left(1+\frac{\xi-0.8}{0.4\omega}\right) \tag{5-12}$$

$$M_{\mathrm{sw}}=\left[0.5-\left(\frac{\xi-0.8}{0.8\omega}\right)^{2}\right]f_{\mathrm{yw}}A_{\mathrm{sw}}h_{\mathrm{sw}} \tag{5-13}$$

$$M_{\mathrm{spw}}=\left[0.5-\left(\frac{\xi-0.8}{0.8\omega}\right)^{2}\right]f_{\mathrm{spw}}A_{\mathrm{spw}}h_{\mathrm{sw}} \tag{5-14}$$

$$N_{\mathrm{cw}}=f_{\mathrm{c}}(b_{\mathrm{w}}-t)(x-h_{\mathrm{c}}') \tag{5-15}$$

$$N_{\mathrm{cc}}=f_{\mathrm{c}}A_{\mathrm{c}}=f_{\mathrm{c}}b_{\mathrm{c}}'h_{\mathrm{c}}' \tag{5-16}$$

$$\xi_{\mathrm{b}}=\frac{0.8}{1+\dfrac{f_{\mathrm{y}}+f_{\mathrm{a}}}{2\times0.003E_{\mathrm{s}}}} \tag{5-17}$$

$$\omega=\frac{h_{\mathrm{sw}}}{h_{\mathrm{w0}}} \tag{5-18}$$

$$\xi=\frac{x}{h_{\mathrm{w0}}} \tag{5-19}$$

当$x\leqslant\xi_{\mathrm{b}}h_{\mathrm{w0}}$时，取$\sigma_{\mathrm{s}}=f_{\mathrm{y}}$，$\sigma_{\mathrm{a}}=f_{\mathrm{a}}$。当$x>\xi_{\mathrm{b}}h_{\mathrm{w0}}$时，取

$$\sigma_{\mathrm{s}}=\frac{f_{\mathrm{y}}}{\xi_{\mathrm{b}}-0.8}(\xi-0.8) \tag{5-20}$$

$$\sigma_{\mathrm{a}}=\frac{f_{\mathrm{a}}}{\xi_{\mathrm{b}}-0.8}(\xi-0.8) \tag{5-21}$$

图5-42及上述各式中，N、N_{cc}、N_{cw}、N_{sw}、N_{spw}分别为总轴力、受压区边框柱混凝土承担的轴力、受压区墙板混凝土承担的轴力、墙板竖向分布钢筋承担的轴力、内藏钢板承担的轴力；M_{sw}为墙板竖向分布钢筋对受拉边框柱的形心距；M_{spw}为内藏钢板对受拉边框柱的形心距；x为混凝土受压区高度；ξ为相对受压区高度；ξ_{b}为相对界限的受压区高度；f_{c}为混凝土抗压强度值；f_{a}'为边框柱所用型钢强度；f_{s}'为边框柱所用竖向钢筋强度；f_{yw}为墙体竖向分布钢筋强度；f_{spw}为墙体内藏钢板强度；σ_{a}为受拉区边框柱型钢拉应力；σ_{s}为受拉区边框柱竖向钢筋拉应力；A_{c}为边框柱混凝土的截面面积；A_{a}、A_{a}'分别为边框柱受拉、受压型钢的截面面积；A_{s}、A_{s}'分别为边框柱受拉、受压竖向钢筋截面面积；A_{sw}为墙体竖向分布钢筋截面面积；A_{spw}为墙体内藏钢板截面面积；h_{w}为截面的总高度；h_{w0}为受拉边框柱形心至受压区外边缘的距离，即截面有效高度；h_{sw}为墙体截面高度；b_{w}为墙板截面厚度；b_{c}、b_{c}'分别为受拉、受压边框柱截面宽度；h_{c}、h_{c}'分别为受拉、

受压边框柱截面高度；e_0 为偏心距；t 为剪力墙内藏钢板厚度；ω 为截面剪力墙墙板高度与截面有效高度的比值。

试件水平承载力为

$$F = (Ne_0) / H \tag{5-22}$$

式中，$e_0 = M/N$；H 为模型水平加载点至基础顶面的距离。

（2）钢管混凝土边框内藏钢板组合剪力墙

如图 5-43 所示，钢管混凝土边框内藏钢板组合剪力墙正截面承载力可以视为以下几部分的组合：①混凝土墙板部分；②边框钢管；③墙板内藏钢板及分布钢筋。承载力计算沿用规范对压弯构件对称配筋正截面承载力计算的基本假定，并做如下补充：①钢管混凝土边框受压计算时，应考虑钢管内核心混凝土受套箍作用的影响，受拉区边框柱仅考虑钢管部分的抗拉作用；②不计入受拉区混凝土（包括墙板混凝土和钢管内混凝土）的抗拉作用。计算简图可以做如下简化：①混凝土部分。计算承载力时端部钢管内混凝土作为混凝土柱与墙体混凝土分别计算承载力，同时考虑边框柱混凝土在钢管约束作用下对承载力的提高作用。②边框钢管。可以视为边框柱的附加钢筋计算其对承载力的贡献。根据应变分析结果，受拉和受压边框柱钢管为全截面屈服，因此按照钢管的形心计算其全截面承载力。③墙板分布钢筋和内藏钢板。将墙板分布钢筋等面积转化为连续分布等效厚度的钢板，并与墙板内配置钢板合并计算其对承载力的贡献。进行上述简化后，钢管混凝土边框内藏钢板组合剪力墙正截面承载力计算可作出如下假设：

1）截面应变保持平面。

2）不计受拉区混凝土的抗拉作用。

3）按《混凝土结构设计规范》（GB 50010—2002）确定混凝土受压应力-应变关系曲线，混凝土极限压应变值 $\varepsilon_c < 0.002$ 时为抛物线，$0.002 \leqslant \varepsilon_c < 0.0033$ 时为水平直线，取 0.0033；相应的最大压应力取混凝土实测抗压强度值。

4）钢管的应力-应变关系：屈服前为线弹性关系，屈服后的应力取屈服强度。

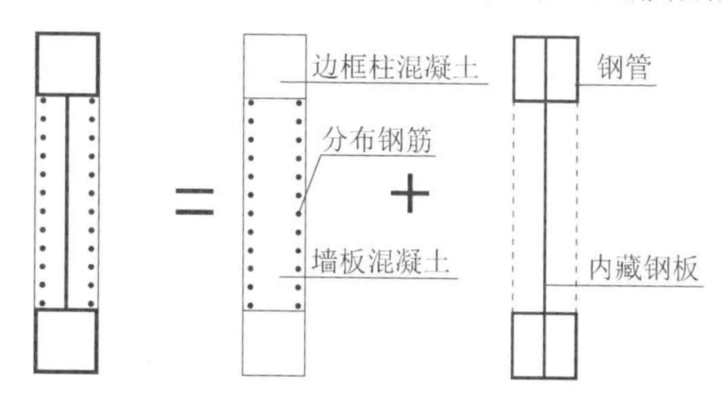

图 5-43　正截面计算单元分解（二）

钢管混凝土边框内藏钢板组合剪力墙的正截面承载力按下列公式计算，计算模型简图如图 5-44 所示。

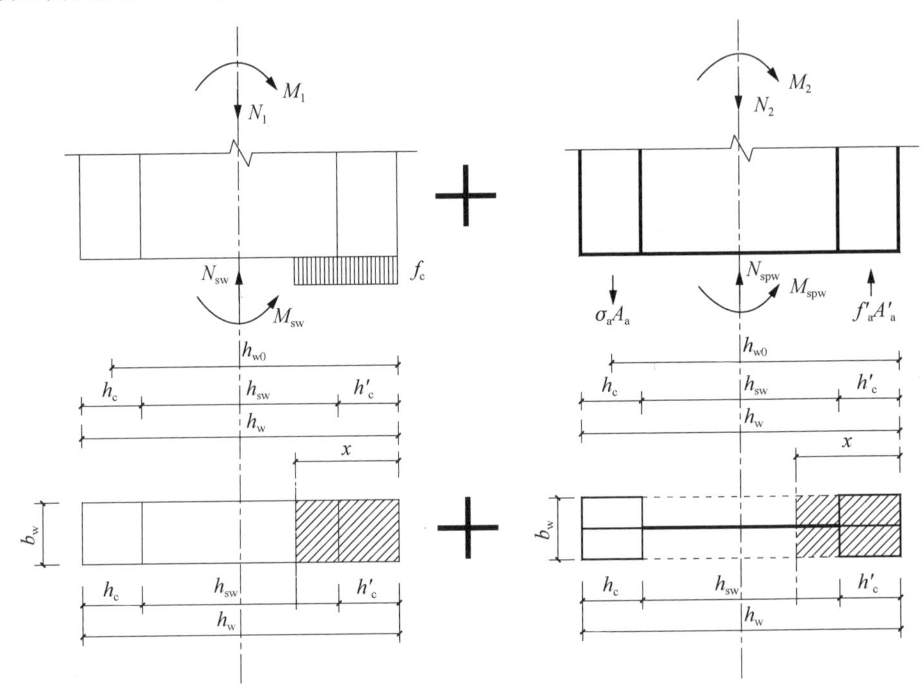

图 5-44　正截面承载力计算模型（二）

$$N = N_{cc} + N_{cw} + f_a'A_a' - \sigma_a A_a + N_{sw} + N_{spw} \tag{5-23}$$

$$Ne_0 = (N_{cc} + f_a'A_a' + f_s'A_s')\left(h_{w0} - \frac{h_c'}{2}\right) + N_{cw}\left(h_{w0} - \frac{h_c'}{2} - \frac{x}{2}\right) + M_{sw} + M_{spw} \tag{5-24}$$

式中，

$$N_{cc} = \alpha f_c A_c \tag{5-25}$$

$$N_{cw} = f_c(b_w - t)(x - h_c') \tag{5-26}$$

$$N_{sw} = f_{yw} A_{sw}\left(1 + \frac{\xi - 0.8}{0.4\omega}\right) \tag{5-27}$$

$$N_{spw} = f_{spw} A_{spw}\left(1 + \frac{\xi - 0.8}{0.4\omega}\right) \tag{5-28}$$

$$M_{sw} = \left[0.5 - \left(\frac{\xi - 0.8}{0.8\omega}\right)^2\right] f_{yw} A_{sw} h_{sw} \tag{5-29}$$

$$M_{spw} = \left[0.5 - \left(\frac{\xi - 0.8}{0.8\omega}\right)^2\right] f_{spw} A_{spw} h_{sw} \tag{5-30}$$

$$N_{cw} = f_c(b_w - t)(x - h_c') \tag{5-31}$$

$$N_{cc} = f_c A_c = f_c b_c' h_c' \tag{5-32}$$

当 $x \leqslant \xi_b h_{w0}$ 时，取 $\sigma_s = f_y$， $\sigma_a = f_a$， $\sigma_{sb} = f_{sb}$。当 $x > \xi_b h_{w0}$ 时，取

$$\sigma_s = \frac{f_y}{\xi_b - 0.8}(\xi - 0.8) \tag{5-33}$$

$$\sigma_a = \frac{f_a}{\xi_b - 0.8}(\xi - 0.8) \tag{5-34}$$

$$\xi_b = \frac{0.8}{1 + \dfrac{f_a}{0.003E_s}} \tag{5-35}$$

图 5-44 及上述各式中，α 为混凝土强度调整系数，本节取值为 1.1； E_s 为钢材的弹性模量； f_a、 f_a' 分别为边框柱所用钢管的抗拉、抗压强度； f_c 为混凝土抗压强度值； A_a、 A_a' 分别为边框柱中受拉、受压钢管的截面面积； A_c 为边框柱混凝土的截面面积； h_w、 b_w 分别为截面的总高度、墙板厚度； h_c、 h_c' 分别为受拉侧、受压侧边框柱截面高度； σ_a 为受拉区钢管拉应力； σ_s 为受拉区钢筋拉应力。水平承载力按式（5-22）计算。

4. 斜截面承载力计算

试验表明，无论是型钢混凝土边框组合剪力墙还是钢管混凝土边框组合剪力墙，在墙厚、抗剪组件的设置不足和剪跨比较小时，主要表现为弯剪破坏特征，故应对其斜截面抗剪承载力进行验算。钢管混凝土边框内藏钢板组合剪力墙与型钢混凝土边框内藏钢板组合剪力墙的差别在于边框采用钢管混凝土柱或者型钢混凝土柱。根据型钢混凝土边框内藏钢板组合剪力墙、钢管混凝土边框内藏钢板组合剪力墙两种类型剪力墙的试验结果，型钢混凝土边框内藏钢板组合剪力墙的抗剪承载力可由钢筋混凝土墙板、型钢混凝土柱和内藏钢板三部分叠加组成，即

$$V = V_w + V_{col} + V_p \tag{5-36}$$

钢管混凝土边框内藏钢板组合剪力墙的抗剪承载力可由钢筋混凝土墙板、钢管混凝土柱和内藏钢板三部分叠加组成，即

$$V = V_w + V_{sc} + V_p \tag{5-37}$$

式中，V_w 为钢筋混凝土墙板的水平抗剪承载力；V_{col} 为型钢混凝土边框柱的水平抗剪承载力；V_{sc} 为钢管混凝土边框柱的水平抗剪承载力；V_p 为内藏钢板的抗剪承载力。其中，V_p 可视为连续分布的水平分布钢筋计算其抗剪承载力；V_{sc} 和 V_{col} 均按《组合结构设计规范》（JGJ 138—2016）中有关型钢抗剪承载力计算方法计算。V_w 考虑两方面的贡献（图 5-45），即混凝土剪压区承担的剪力 V_c、与斜裂缝

相交的水平分布筋的抗剪承载力V_s，有

$$V_w = V_c + V_s \tag{5-38}$$

$$V_c = \frac{1}{\lambda - 0.5}\left(0.05 f_c b_w h_{w0} + 0.13N\frac{A_w}{A}\right) \tag{5-39}$$

$$V_s = f_{yh}\frac{A_{sh}}{s}h_{w0} \tag{5-40}$$

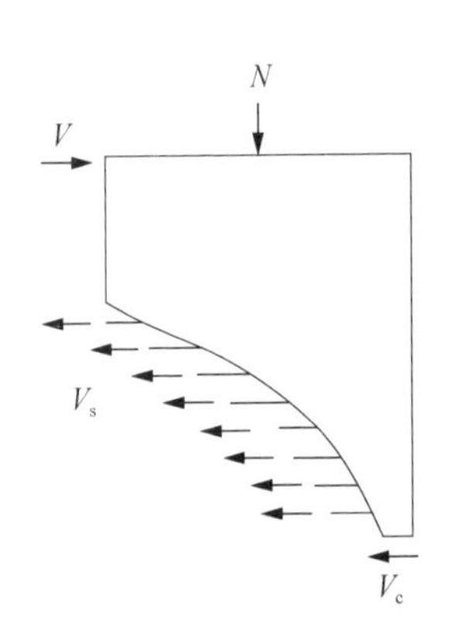

图 5-45　钢筋混凝土墙板抗剪承载力计算模型

式中，λ为计算截面处的剪跨比，当$\lambda < 1.5$时取$\lambda = 1.5$，当$\lambda > 2.2$时取$\lambda = 2.2$；b_w为墙肢截面宽度；h_{w0}为墙肢截面有效高度，这里取墙板的截面高度；A、A_w分别为剪力墙横截面的全截面面积和腹板面积；N为剪力墙轴向压力设计值；f_{yh}为墙肢水平分布钢筋的抗拉屈服强度；A_{sh}为配置在同一水平截面内的水平分布钢筋的总截面面积。

型钢混凝土柱的抗剪承载力计算式为

$$V_{col} = V_{sc} = \frac{0.4}{\lambda} f_a A_a \tag{5-41}$$

式中，当$V_{col} > 0.25V$或$V_{sc} > 0.25V$时，取$V_{col} = 0.25V$或$V_{sc} = 0.25V$。

参照文献[3]，内藏钢板的抗剪承载力计算式为

$$V_p = \frac{0.22}{\lambda} f_{sp} A_{sp} \tag{5-42}$$

式中，f_{sp}为剪力墙内藏钢板的强度；A_{sp}为剪力墙内藏钢板的截面面积。

5.5.4　恢复力模型及计算分析

1. 骨架曲线

分析试验所得型钢混凝土边框内藏钢板组合剪力墙骨架曲线的形状及走势，骨架曲线模型可采用带下降段的三折线骨架曲线模型，该模型以屈服荷载点和极限荷载点作为转折点，即在确定骨架曲线前先要确定屈服荷载、极限荷载和极限位移相对应的点，如图 5-46 所示。

定义试件的屈服刚度为屈服前刚度K_y，屈服荷载到极限荷载的刚度为屈服后刚度K_{py}，极限荷载到破坏荷载的刚度为下降段刚度K_u。

1）K_y的确定采用对弹性刚度K_0折减的方法，即$K_y = \alpha_1 K_0$，其中α_1为折减系数。根据试验分析，建议如下：型钢混凝土边框内藏钢板组合剪力墙取为$\alpha_1 = 0.02t + 0.22$，t为内藏钢板厚度；钢管混凝土边框内藏钢板组合剪力墙的剪跨比为 1.0 时$\alpha_1 = 0.18$，剪跨比为 1.5 时$\alpha_1 = 0.34$，剪跨比为 2.0 时$\alpha_1 = 0.28$。

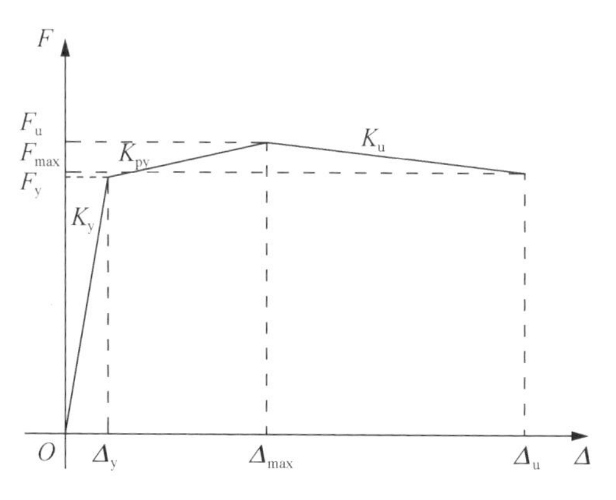

图 5-46　5.5.4 节骨架曲线模型

屈服荷载 F_y 的确定，采用式（5-22）计算所得的极限承载力折减的方法，型钢混凝土边框内藏钢板剪力墙的折减系数取 0.70，钢管混凝土边框内藏钢板剪力墙的折减系数取 0.65。

屈服位移 $\varDelta_y$ 由屈服荷载 F_y 和屈服前刚度 K_y 确定，即 $\varDelta_y = F_y / K_y$。

2）屈服后刚度 K_{py} 的确定采用屈服前刚度 K_y 折减的方法，即 $K_{py} = \alpha_2 K_y$，其中 α_2 为折减系数。根据试验分析，建议如下：型钢混凝土边框内藏钢板组合剪力墙取为 $\alpha_2 = -0.01t + 0.22$，t 为内藏钢板厚度；钢管混凝土边框内藏钢板组合剪力墙的剪跨比为 1.0 时 $\alpha_2 = 0.14$，剪跨比为 1.5 时 $\alpha_2 = 0.2$，剪跨比为 2.0 时 $\alpha_2 = 0.12$。

极限荷载 F_{max} 取式（5-22）计算所得的极限承载力。

极限位移 $\varDelta_{max}$ 由屈服荷载 F_y、屈服位移 $\varDelta_y$、极限荷载 F_{max} 和屈服后刚度 K_{py} 确定，计算式为 $\varDelta_{max} = \dfrac{F_{max} - F_y}{K_{py}} + \varDelta_y$。

3）下降段刚度 K_u 的确定采用屈服前刚度 K_y 折减的方法，计算式为 $K_u = \alpha_3 K_y$，其中 α_3 为折减系数。根据试验分析，建议如下：当为型钢混凝土边框内藏钢板剪力墙时，α_3 取 0.28；当为钢管混凝土边框内藏钢板组合剪力墙时，α_3 取 0.14。

破坏荷载 F_u 取极限承载力下降到 85%的值。

破坏位移 $\varDelta_u$ 由极限荷载 F_{max}、极限位移 $\varDelta_{max}$、破坏荷载 F_u 和下降段刚度 K_u 确定，计算式为 $\varDelta_u = \varDelta_{max} - \dfrac{F_{max} - F_u}{K_u}$。

2. 滞回规则

考虑剪力墙试件正向和反向的卸载规则基本相同，并认为试件在达到屈服荷载前滞回曲线的卸载刚度与加载刚度基本相同；在荷载超过屈服荷载后，将实测的刚度退化曲线进行拟合。所采用的拟合公式为

$$K_{\mathrm{un}} = \beta\left(\frac{\Delta_i}{\Delta_{\mathrm{y}}}\right)^{\gamma} K_{\mathrm{y}}$$

式中，K_{un}为卸载刚度。Δ_i为屈服后每个加载循环所达到位移绝对值的最大值。β为拟合系数，对于型钢混凝土边框内藏钢板组合剪力墙，$\beta = -0.005t^2 + 0.04t + 0.9$；对于剪跨比为1.5的钢管混凝土边框内藏钢板组合剪力墙，$\beta = 0.015t^2 - 0.16t + 0.76$；对于剪跨比为 1.0 的钢管混凝土边框内藏钢板组合剪力墙，$\beta = 1.3$；对于剪跨比为 2.0 的钢管混凝土边框内藏钢板组合剪力墙，$\beta = 0.75$。γ为拟合指数，对于型钢混凝土边框内藏钢板组合剪力墙，$\gamma = -0.025t - 0.21$；对于剪跨比为 1.5 的钢管混凝土边框内藏钢板剪力墙，$\gamma = -0.0525t^2 + 0.505t - 2.25$；对于剪跨比为 1.0 的钢管混凝土边框内藏钢板组合剪力墙，$\gamma = -0.25$；对于剪跨比为 2.0 的钢管混凝土边框内藏钢板剪力墙，$\gamma = -0.29$。

3. 恢复力模型及计算结果

恢复力模型的行走路线如图 5-47 所示。对其简单描述如下：在构件的受力未超过屈服强度以前，加载及卸载均沿骨架曲线的弹性阶段，卸载时不考虑刚度退化和残余变形，即路线 *Oa*，加载、卸载路线的刚度为 K_{y}；构件受力超过屈服强度后，加载路径沿着骨架曲线进行，即正向加载的路线 *ab* 和路线 *bc*，反向加载的路线 *de* 和路线 *ef*，从屈服点到极限荷载点之间的刚度为 K_{py}，从极限荷载点到破坏荷载点之间的刚度为 K_{u}；正反向屈服后的卸载刚度均按刚度 K_{un} 卸载，即路线 *gh*、*kl*、*pq* 和路线 *ij*、*mn*、*rs* 分别为从路线 *ab*、*bc* 和路线 *de*、*ef* 上反向卸载至荷载为 0，刚度均为 K_{un}；正向卸载后，反向再加载指向反向曾经经历过的最大位移点，即路线 *hd*、*li*、*qm*；反向卸载后的正向再加载指向正向曾经经历过的最大位移点，即路线 *jg*、*nk*、*sp*，均遵循最大位移指向的再加载规则。

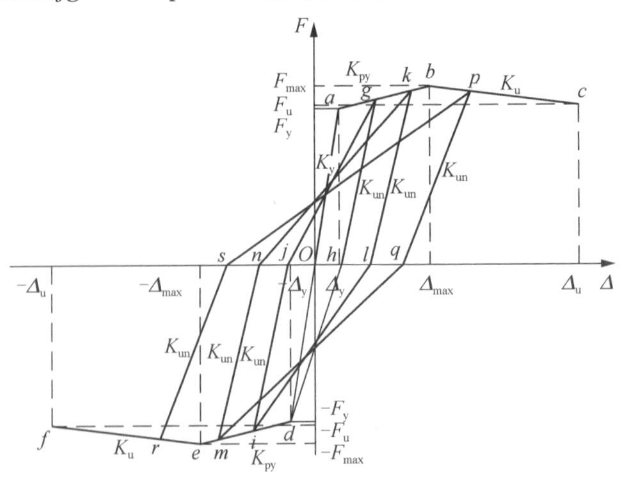

图 5-47　5.5.4 节恢复力模型的行走路线

计算所得恢复力模型与试验所得的曲线如图5-48所示，两者匹配较好。

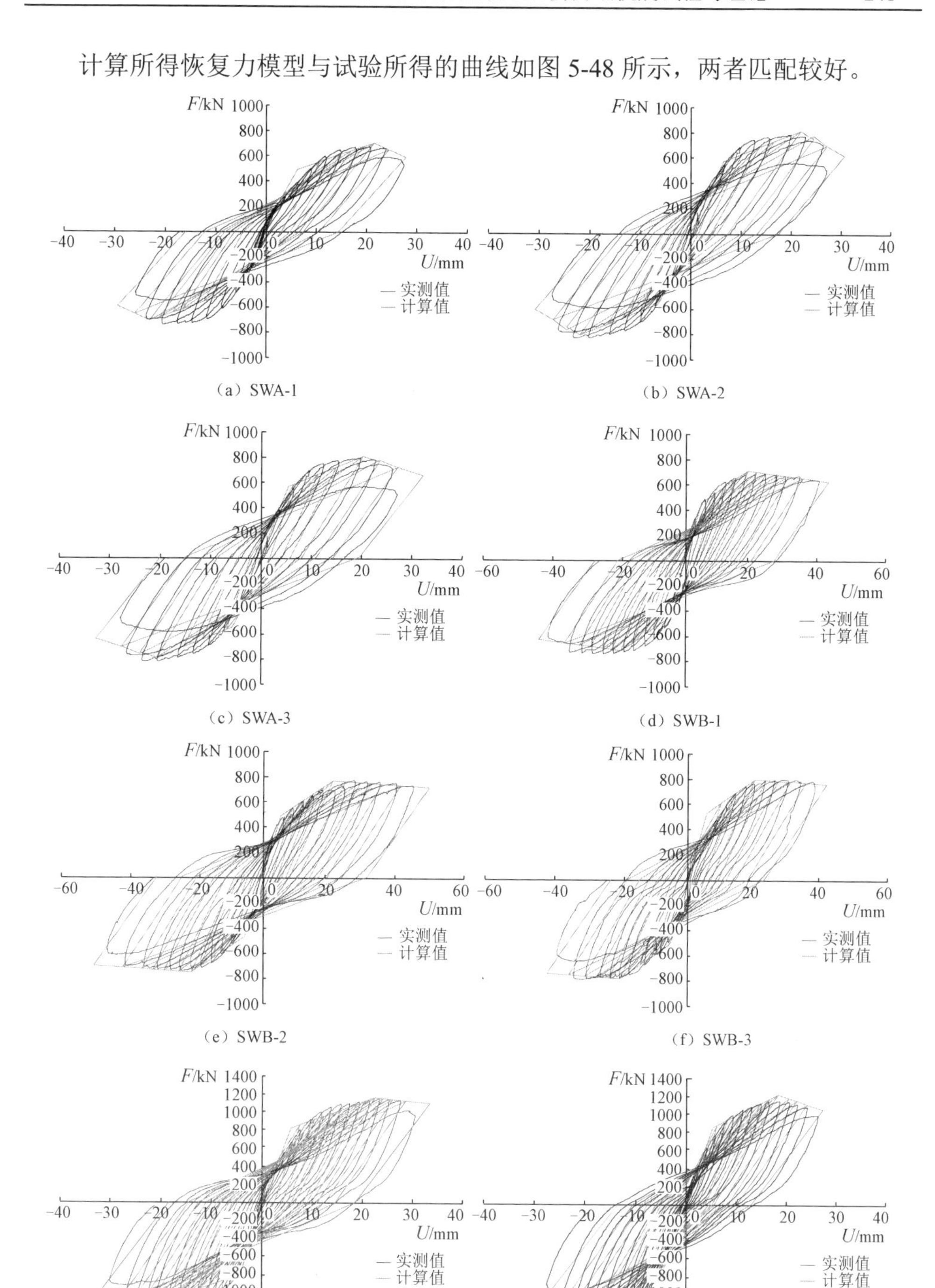

（a）SWA-1　（b）SWA-2　（c）SWA-3　（d）SWB-1　（e）SWB-2　（f）SWB-3　（g）SWB-12　（h）SWB-14

图5-48　恢复力模型计算值与实测值曲线

5.6 钢管混凝土叠合边框内藏钢板组合剪力墙

5.6.1 试验概况

本节设计了 4 个试件，截面均为工字形，模型的缩尺比为 1∶7，剪跨比均为 2.0。试件编号分别为 H9-2、H11-1、H12-1、H9-1。4 个试件均采用矩形钢管混凝土叠合柱边框，试件的基本构造如下：叠合柱矩形钢管边框为焊接，尺寸为 100mm×100mm×4mm，叠合柱内钢筋为 12Φ6，叠合柱两侧暗柱纵筋为 4Φ14，暗柱的箍筋为 8 号钢丝，间距为 40mm；剪力墙内部钢板边缘与钢管边框焊接在一起，且边缘呈 U 形锯齿状深入钢管边框内部，并与钢管进行双面焊接；4 个试件的钢管壁及钢板上均焊接有 M3 栓钉，沿高度分布间距为 200mm，长度为 15mm；拉结筋采用 Φ4@80mm，在钢板上穿孔，与钢筋网定位焊，呈梅花状分布；墙体的纵向分布钢筋及水平分布钢筋均采用 Φ4@40mm。墙板范围面积及开洞率、内藏钢板面积及内藏钢板率见表 5-15。

4 个试件的洞口设置各不相同，其中 H9-2 为同一截面上开两个小洞口的试件，洞口尺寸分别为 329mm×336mm 及 157mm×314mm，内部桁架柱为 HW30mm×40mm×4mm×4mm，桁架横梁及斜杆均为 50mm×6mm；H11-1 为同一截面上开一个大洞口的试件，洞口尺寸分别为 392mm×402mm、392mm×429mm，洞口居于墙体腹板的中心。桁架横梁及连梁斜撑均为 50mm×6mm，墙肢部位的钢板为 93mm×3mm；H12-1 为同一截面上开一个小洞口并且洞口内侧边缘配置了型钢的试件，洞口尺寸为 328mm×342mm；H9-1 为剪力墙内藏钢板且无洞口的试件，内部桁架柱为 HW30mm×40mm×4mm×4mm，桁架横梁均为 50mm×6mm，钢板厚度为 3mm。混凝土强度等级为 C40，试件的轴压比为按照大连国际会议中心地震作用最大内力组合时试件的轴压比，H9-2、H11-1、H12-1、H9-1 的轴压比分别为 0.36、0.22、0.28、0.36。试件的配筋及配钢图如图 5-49 所示，试件钢骨配置如图 5-50 所示。

表 5-15　模型洞口面积及开洞率

试件编号	墙板范围面积（含洞口）/mm^2	洞口面积/mm^2	开洞率/%	墙板范围内藏钢板面积/mm^2	内藏钢板率/%
H9-2	1330955	319684	24.02	0	0
H11-1	1330955	298725	22.40	373056	28.03
H12-1	1330955	112847	8.48	604273	45.40
H9-1	1330955	0	0	1330955	100

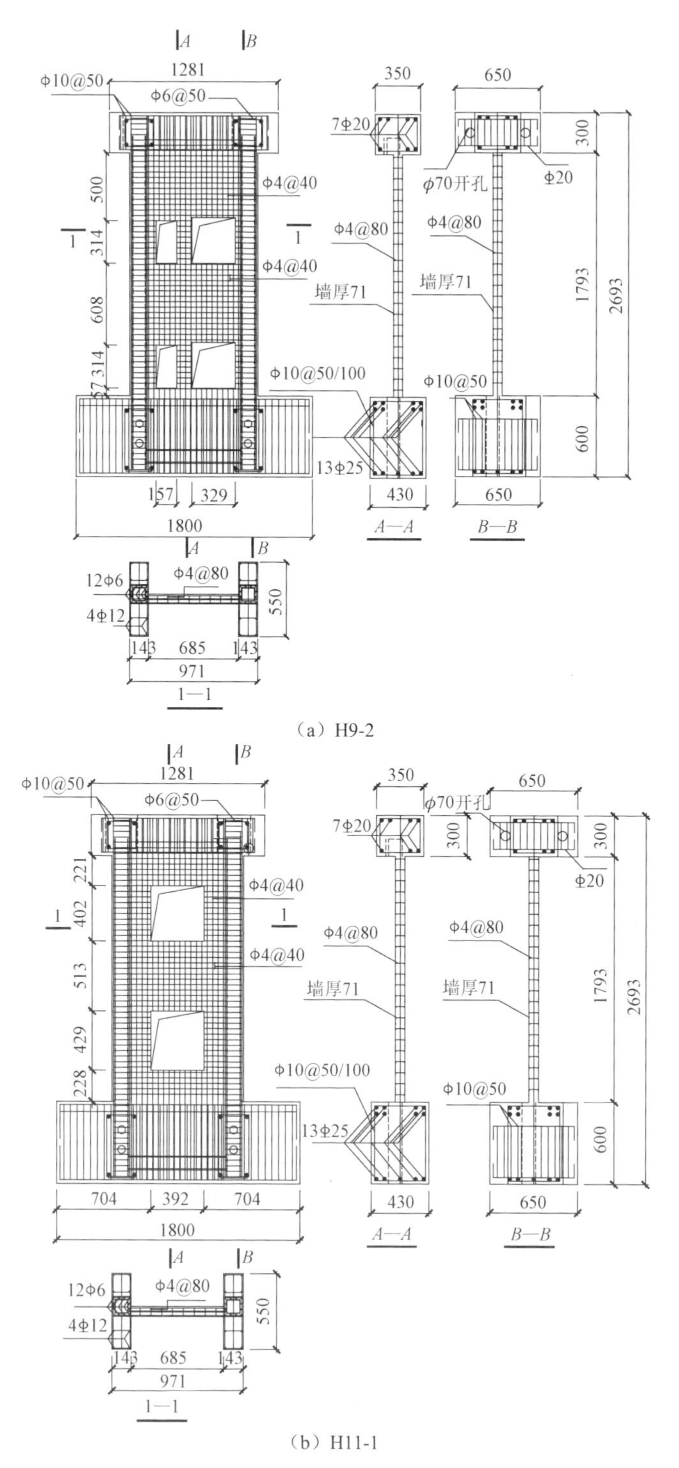

(b) H11-1

图 5-49　5.6 节试件的配筋及配钢图

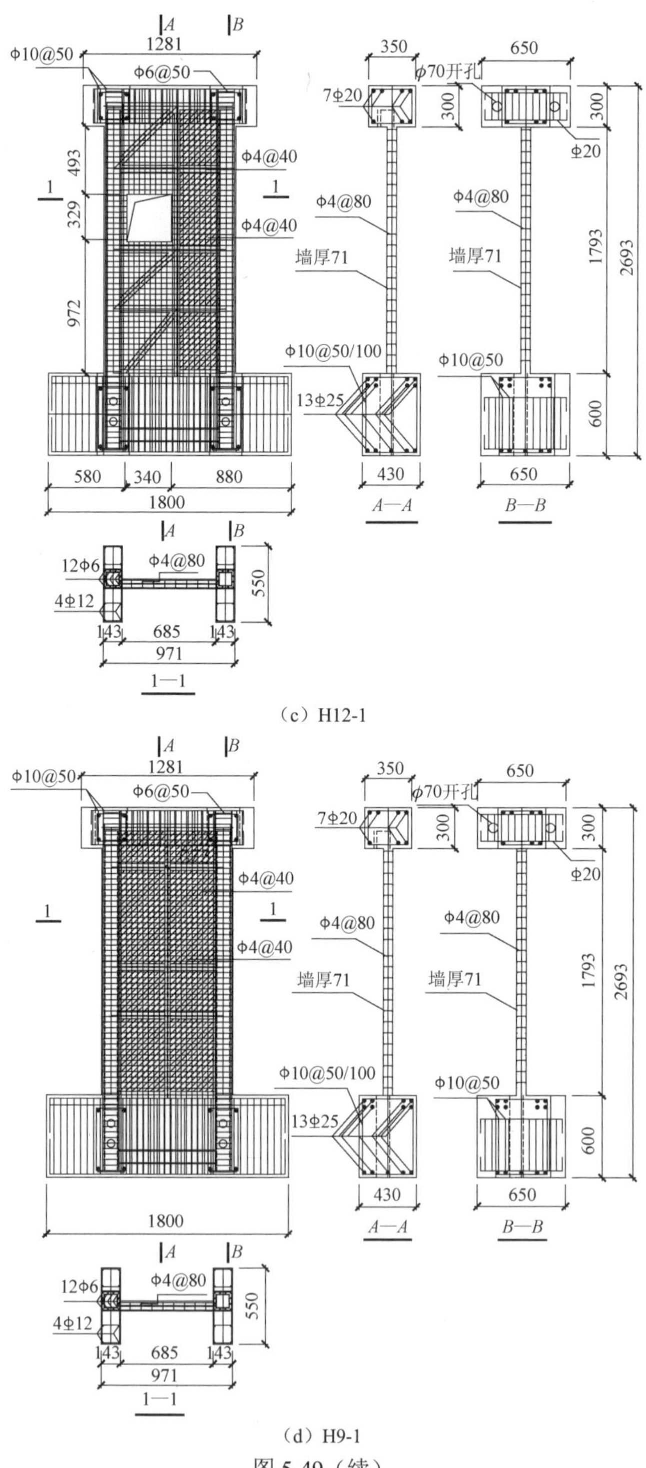

（c）H12-1

（d）H9-1

图 5-49（续）

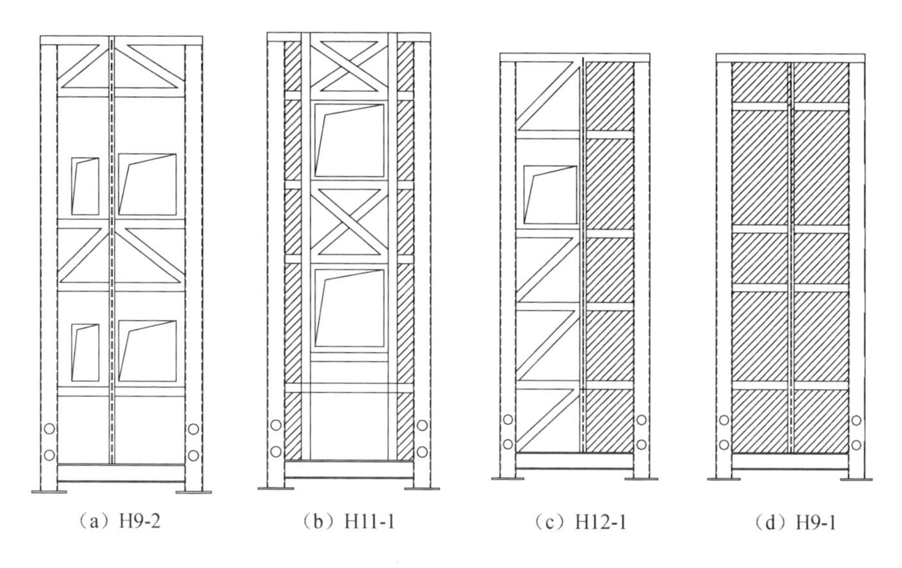

图 5-50　试件钢骨配置

试件制作顺序：钢结构骨架定位、绑扎钢筋、支模板、现浇混凝土。每浇一批混凝土均同时留有混凝土试块，且试件及试块的混凝土在同等条件下养护。基础及加载梁的混凝土材料由北京高强混凝土搅拌站提供，墙体及叠合柱混凝土材料均现场搅拌。基础及加载梁混凝土设计强度为 C60，墙体及叠合柱混凝土设计强度为 C40，实测标准立方体抗压强度为 42.5MPa，弹性模量为 3.27×10^4MPa。钢材的力学性能实测值见表 5-16，试件制作过程如图 5-51 所示。

表 5-16　5.6 节试件钢材的力学性能实测值

钢材类型	屈服强度/MPa	极限强度/MPa	延伸率/%	弹性模量/MPa
3mm 钢板	369	509	25.5	2.06×10^5
4mm 钢板	340	452	20.5	1.96×10^5
6mm 钢板	339	448	20.7	2.03×10^5
Φ4 钢筋	669	836	7.50	2.06×10^5
Φ6 钢筋	536	591	30.00	1.77×10^5
8 号钢丝	406	456	23.67	1.96×10^5

试验时，首先在截面的形心位置施加竖向轴向力，并在试验过程中保持不变，即在加载的过程中保持控制试件的设计轴压比。水平加载采用低周反复荷载方式，加载点距基础顶面距离为 1943mm，平行于工程轴方向，即通过腹板的中心线，加载方案采用荷载-位移双控制法。在构件屈服之前采用荷载控制加载，试件屈服后采用位移控制。

图 5-51　5.6 节试件制作过程

5.6.2　承载力

实测所得各剪力墙试件的开裂荷载、明显屈服荷载和极限荷载见表 5-17。因部分试件洞口开设及内部配钢的不对称性，以及实测过程中加载的历程不尽相同，故表 5-17 中给出了正负两向的实测结果。

表 5-17　5.6 节试件的开裂荷载、屈服荷载及极限荷载实测值

试件编号	F_c/kN			F_y/kN			F_u/kN			F_y/F_u	
	正向	负向	均值	正向	负向	均值	正向	负向	均值	正向	负向
H9-2	55.00	60.00	57.50	260.57	245.87	253.22	352.12	327.83	339.97	0.74	0.75
H11-1	60.00	60.00	60.00	304.23	271.78	288.00	395.11	348.44	371.77	0.77	0.78
H12-1	115.00	120.00	117.50	369.82	288.92	329.37	480.29	385.22	432.76	0.77	0.75
H9-1	155.00	185.00	170.00	470.34	434.0	447.17	—	930.45	930.45	—	0.47

由表 5-17 可知：

1）试件 H9-2 墙体设置了上下两排共四个洞口，墙板开洞率为 24.02%。该剪力墙截面配筋及配钢形式对称，但中间钢管柱位置偏离轴线 54mm，偏心率为 6.5%。H9-2 墙体在四个剪力墙中为洞口最多、配钢最少的一个试件，且更接近于深梁框架结构，因此该墙体承载力较低，屈强比较大，综合抗震耗能能力较其他三个试件弱。

2）试件 H11-1 的墙板开洞率为 22.40%，与试件 H9-2 相比二者墙板的开洞率接近。但该剪力墙的截面配筋及配钢更对称，为对称结构。试件 H11-1 在两侧翼缘近处的墙板上内藏了钢板，其开裂荷载、屈服荷载、极限荷载分别比试件 H9-2 墙体提高了 4.3%、13.7%、9.4%，屈强比与试件 H9-2 接近。说明配钢率对此类剪

力墙的承载力有较大的影响。

3）试件 H12-1 剪力墙与试件 H11-1 剪力墙相比较，一是洞口少且开洞率也小，二是墙板范围的内藏钢板设置面积大 60.7%。实测也表明试件 H12-1 比试件 H11-1 承载力更高。其开裂荷载、屈服荷载、极限荷载分别比试件 H11-1 墙体提高了 95.8%、14.4%、16.4%。

4）试件 H9-2、试件 H11-1、试件 H12-1 的屈强比较为接近，均在 0.75 左右，表明试件从屈服到极限荷载的屈服段较为接近，各试件均有明显的约束屈服段。

5）由于试件 H9-1 墙体为无洞口的内藏钢板混凝土组合剪力墙，与其他三个墙体相比，开裂荷载、屈服荷载和极限承载力显著提高，屈强比为其他三个试件的 60%左右，具有良好的延性和较强的弹塑性耗能能力。屈强比明显降低，说明该墙体不仅具有较高的承载力，而且从屈服到极限的过程发展较长，具有良好的抗震延性与耗能能力。

综上可知，随着试件墙板配钢率的增加，开裂荷载、屈服荷载及极限承载力也相应地提高；随着试件墙板开洞率的增加，开裂荷载、屈服荷载及极限承载力也相应地降低。

5.6.3　刚度

表 5-18 列出了主要阶段各剪力墙试件的刚度实测值。表 5-18 中，剪力墙初始弹性刚度以 K_0 表示；剪力墙开裂割线刚度以 K_c 表示；剪力墙明显屈服割线刚度以 K_y 表示；$\beta_{c0}=K_c/K_0$ 为开裂割线刚度与初始弹性刚度的比值，它表示试件从加载开始到明显开裂时刚度退化的情况；$\beta_{y0}=K_y/K_0$ 为屈服割线刚度与初始弹性刚度的比值，它表示试件从加载开始到试件明显屈服时刚度退化的情况。试件的 K-θ 曲线如图 5-52 所示。

表 5-18　5.6 节试件的主要阶段刚度实测值

试件编号	K_0/（kN/mm）			K_c/（kN/mm）			K_y/（kN/mm）			β_{c0}		β_{y0}	
	正向	负向	均值	正向	负向	均值	正向	负向	均值	正向	负向	正向	负向
H9-2	98.16	96.29	97.23	37.67	40.27	38.97	25.37	23.22	24.55	0.38	0.42	0.26	0.24
H11-1	117.34	102.34	109.84	40.54	46.15	43.34	30.73	27.34	29.04	0.35	0.45	0.26	0.27
H12-1	126.76	113.56	120.16	41.07	47.24	44.16	39.22	28.81	34.02	0.32	0.42	0.31	0.25
H9-1	134.29	142.58	138.44	68.28	80.09	74.18	51.12	49.32	50.22	0.51	0.56	0.38	0.35

由表 5-18、图 5-52 可知：

1）各试件的初始弹性刚度、开裂刚度、屈服刚度与墙板的开洞率有密切的关系。其中，开洞率较大的试件 H9-2，其屈服刚度为试件 H11-1 的 84.5%、试件 H12-1 的 72.2%、试件 H9-1 的 48.9%。说明剪力墙开洞率越大，其刚度越小。

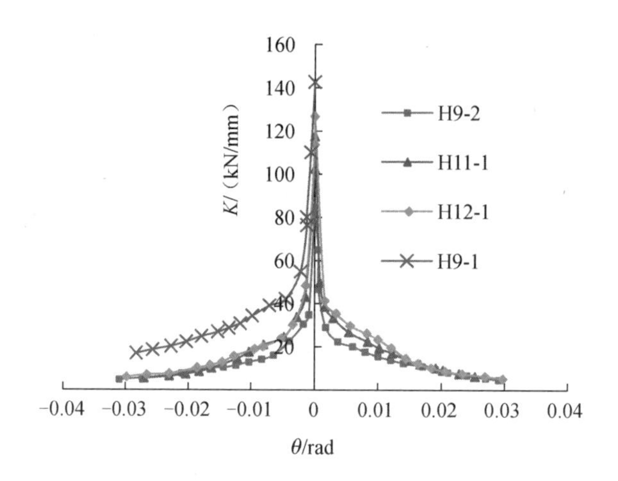

图 5-52　5.6 节试件的 K-θ 曲线

2）各试件的初始弹性刚度、开裂刚度、屈服刚度与墙板的内藏钢板率有密切的关系。其中，内藏钢板率较大的试件 H9-1，其屈服刚度为试件 H9-2 的 2.05 倍、试件 H11-1 的 1.73 倍、试件 H12-1 的 1.48 倍。说明剪力墙的内藏钢板率越高，刚度越大。

3）各试件的刚度退化速度与墙板的内藏钢板率有密切的关系。其中，内藏钢板率较大的试件 H9-1，其β_{y0}比试件 H9-2 提高了 45.8%、比试件 H11-1 提高了 29.6%、比试件 H12-1 提高了 40.0%。说明剪力墙内藏钢板率越高，刚度退化越慢，这对于稳定剪力墙的后期工作性能是非常有利的。

5.6.4　位移及延性

试件的位移及延性系数实测值见表 5-19。

表 5-19　5.6 节试件的位移及延性系数实测值

试件编号	U_c/mm			U_y/mm			U_d/mm			μ		
	正向	负向	均值	正向	负向	均值	正向	负向	均值	正向	负向	均值
H9-2	1.46	1.49	1.48	10.27	10.59	10.33	48.37	49.23	48.80	4.71	4.65	4.68
H11-1	1.48	1.30	1.39	9.90	9.94	9.92	42.66	42.24	42.45	4.31	4.25	4.28
H12-1	2.80	2.54	2.67	9.43	10.03	9.73	35.46	48.26	41.86	3.76	4.81	4.29
H9-1	2.27	2.31	2.29	9.20	8.80	9.00	—	59.94	59.94	—	6.81	6.81

由表 5-19 可知：

1）由于试件 H9-2 与试件 H11-1 的墙板开洞率接近，两者的开裂位移也较为接近，它们的开裂位移比内藏钢板率较大的试件 H12-1 和试件 H9-1 明显要小，平均减小了 71.8%。该剪力墙的承载力最小，但由于开洞率较大，其变形性能更接近于深梁框架结构。三个开洞剪力墙中，试件 H9-2 的弹塑性位移分别比试件

H11-1、试件 H12-1 提高了 15%、16.6%，试件 H9-2 的延性系数分别比试件 H11-1、试件 H12-1 提高了 9.3%、9.1%。

2）由于试件 H12-1 的对称性较差，该试件按荷载下降至 85%极限荷载时确定的弹塑性位移值要小于试件 H9-2 和试件 H11-1。

3）在 4 个试件中，试件 H9-1 的弹塑性性能较好，其中弹塑性位移比试件 H9-2 提高了 22.8%、比试件 H11-1 提高了 41.2%、比试件 H12-1 提高了 43.2%；延性系数比试件 H9-2 提高了 45.5%、比试件 H11-1 提高了 59.1%、比试件 H12-1 提高了 58.7%。

5.6.5　滞回特性

试件 H9-2、试件 H11-1、试件 H12-1、试件 H9-1 的 F-U 滞回曲线如图 5-53 所示，试件的 F-U 骨架曲线如图 5-54 所示，试件的耗能实测值见表 5-20。

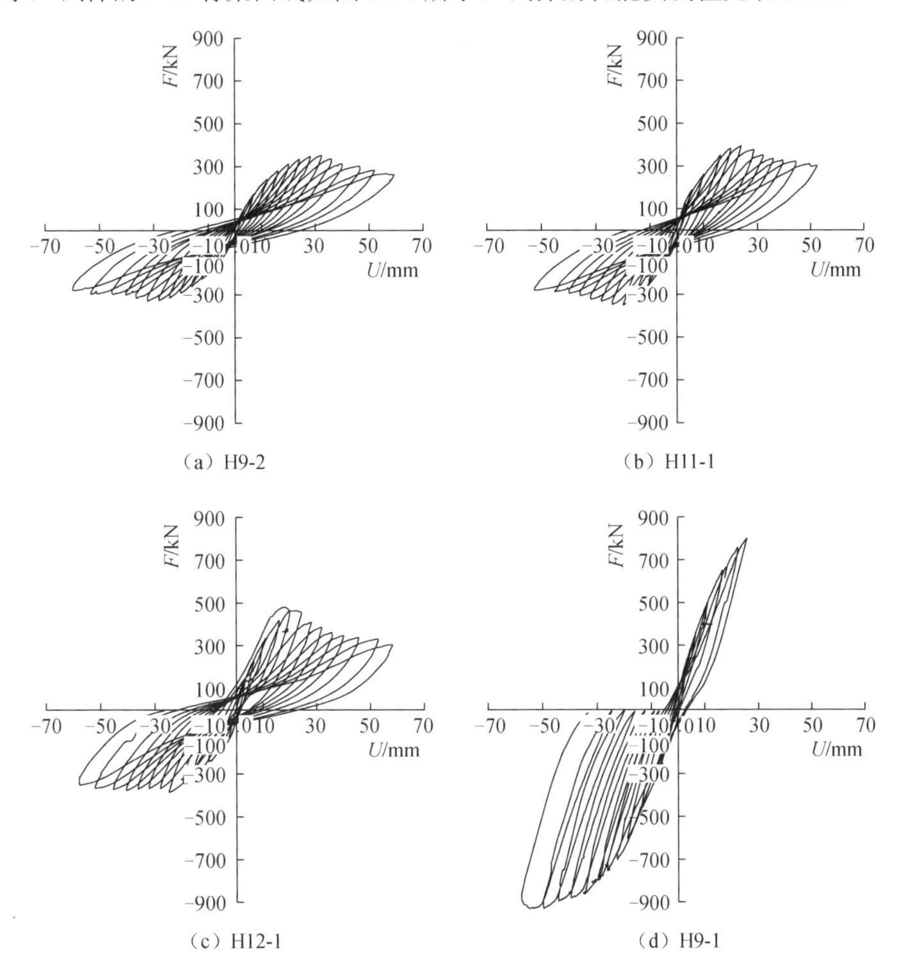

图 5-53　5.6 节试件的 F-U 滞回曲线

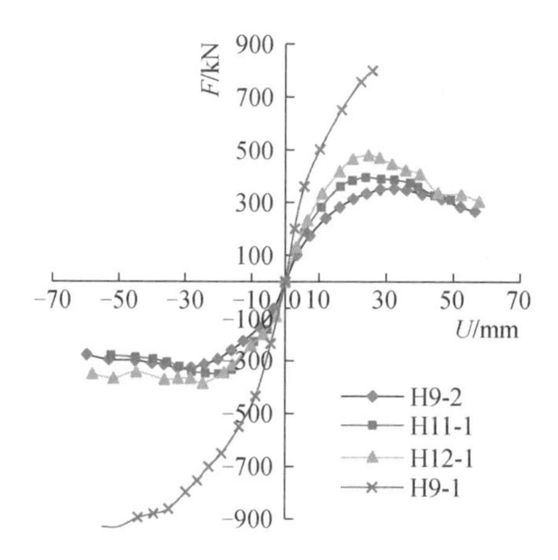

图 5-54　5.6 节试件的 F-U 骨架曲线

表 5-20　5.6 节试件的耗能实测值

试件编号	耗能能力			
	正向/（kN • mm）	负向/（kN • mm）	均值/（kN • mm）	相对值
H9-2	15700	14753	15227	1.000
H11-1	16876	16129	16502	1.084
H12-1	19602	16627	17844	1.172
H9-1	—	32575	32575	2.139

分析图 5-53、图 5-54 和表 5-20 可知：

1）试件 H9-1 的滞回曲线与试件 H9-2、试件 H11-1、试件 H12-1 相比，滞回环的饱和程度明显较好，中部捏拢程度较轻，而试件 H9-2 滞回曲线在饱满度方面最差，但由于此剪力墙的设计更为接近于深梁框架，其具有较好的弹塑性变形能力，延性较好。无洞口叠合柱边框内藏钢板剪力墙试件 H9-1 在 4 个试件中具有优越的抗震性能。

2）试件 H9-1 在正、负两向的承载力均较其他 3 个试件有明显的提高。

3）随着试件内部用钢量的提高，试件的耗能能力明显提高，其中与试件 H9-2 相比，试件 H11-1 耗能能力提高了 8.4%，试件 H12-1 耗能能力提高了 17.2%，试件 H9-1 耗能能力提高了 213.9%。

5.6.6　破坏特征

试件的最终破坏形态及相应的裂缝分布如图 5-55 所示。

由图 5-55 可知：

1）试件 H9-2 的裂缝分布有两个密集区，一是上下洞口间的深梁区域，二是两洞口间的小墙肢上；两翼缘处的裂缝主要为水平受弯裂缝，且发展程度和破坏程度均轻于深梁和小墙肢；该剪力墙试件总体上呈墙板剪压破坏为主的形态；达到了本章试验中重点研究强翼缘弱墙板的研究意图，为分析墙板的极限抗剪能力提供了可靠的试验依据。

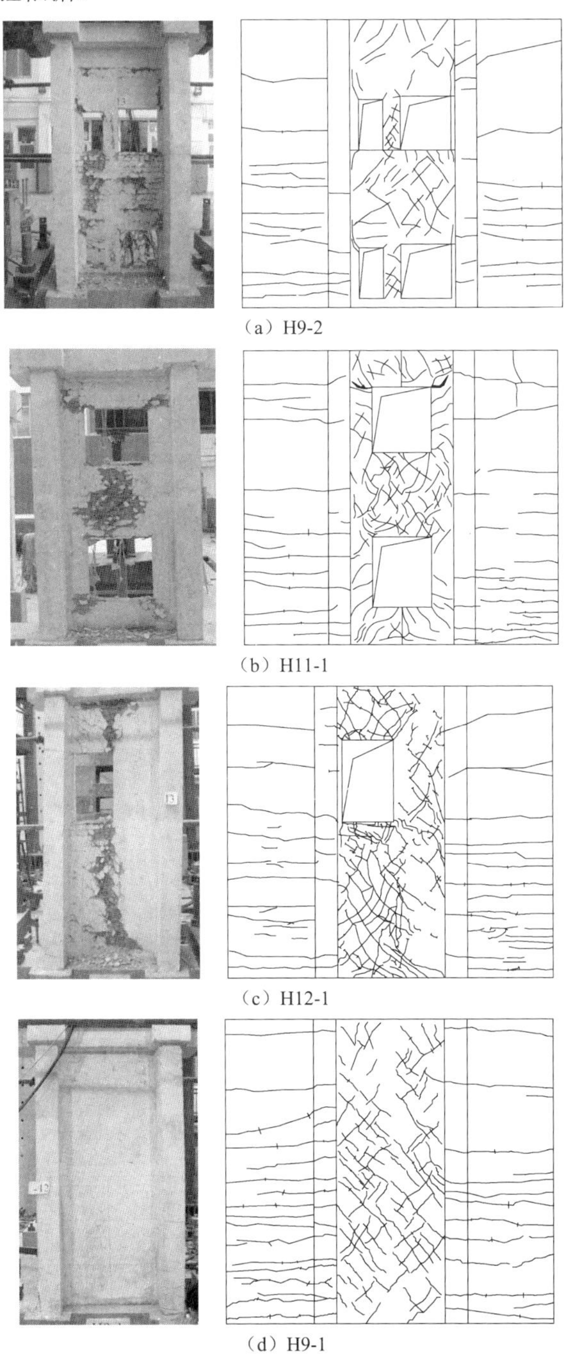

（a）H9-2

（b）H11-1

（c）H12-1

（d）H9-1

图 5-55　5.6 节试件的最终破坏形态及相应的裂缝分布

2）试件 H11-1 的裂缝分布与试件 H9-2 类似，这两个剪力墙均为开洞率较大的墙体，且均在上下洞口间形成了深梁，同时深梁均为内藏钢桁架深梁。虽然试件 H9-2 剪力墙的跨高比相对较大但两个剪力墙试件的深梁均为跨高比较小的梁，这是两个试件墙板中部深梁均发生了剪切破坏的主要原因。

3）试件 H12-1 的裂缝分布也有两个密集区域，两个区域的核心位于左右墙板交界处，两个区域划分为洞口之上和洞口之下，总体呈上下条带破坏模式。

4）试件 H9-1 的裂缝分布有两个特点：一是墙板上密集而细小的交叉斜裂缝，且分布域较广；二是翼墙水平裂缝开展较多、较宽，且沿高度方向分布域较广。在整个试验过程中，除翼墙角部有混凝土压碎脱落之外，整个墙体没有混凝土的脱落现象发生。

5.7　钢管混凝土叠合柱边框内藏钢板组合剪力墙理论计算

5.7.1　正截面承载力

1. 基本假定

对钢管混凝土叠合柱边框内藏钢板组合剪力墙进行理论计算，基本假定如下：

1）不考虑受拉区混凝土的抗拉作用。

2）对于混凝土的受压应力-应变关系曲线，当混凝土极限应变值 $\varepsilon_c < 0.0020$ 时，取抛物线；当 $0.0020 < \varepsilon_c < 0.0033$ 时，取水平直线，混凝土极限压应变取 0.0033；当混凝土达到其极限压应变后抗压强度保持不变，取其平均值 f_{cm}。

3）钢筋的受拉应力-应变关系曲线采用双直线，即在钢筋屈服前，钢筋的应力与应变保持线性关系，在钢筋屈服后其强度保持不变，取其屈服强度 f_y。

2. 试件 H9-2

试件 H9-2 可以简化为钢管混凝土叠合柱边框内藏钢桁架深连梁联肢剪力墙，计算时作如下假定：剪力墙试件发生大偏心受压破坏时，根部的弯矩起控制作用；在受拉区，钢管达到屈服应力时，叠合柱纵筋及翼墙上的暗柱纵筋也达到屈服；中和轴附近的钢筋应力较小，计算时不予考虑；由于墙肢洞口面积较大，且钢筋数量非常少，墙体腹板内洞口区域内受拉区钢筋不予考虑；钢管及叠合柱纵筋及翼墙上的暗柱纵筋受压屈服。

当中间墙肢与中和轴的距离相对较小时，计算中引入中间墙肢钢柱及钢筋的抗拉强度折减系数 μ_1、μ_2；考虑钢管混凝土叠合柱边框中钢管对混凝土的约束作用，混凝土强度得到提高，引入钢管内混凝土强度提高系数 α[4]。墙肢大偏心受压的承载力计算模型如图 5-56 所示。

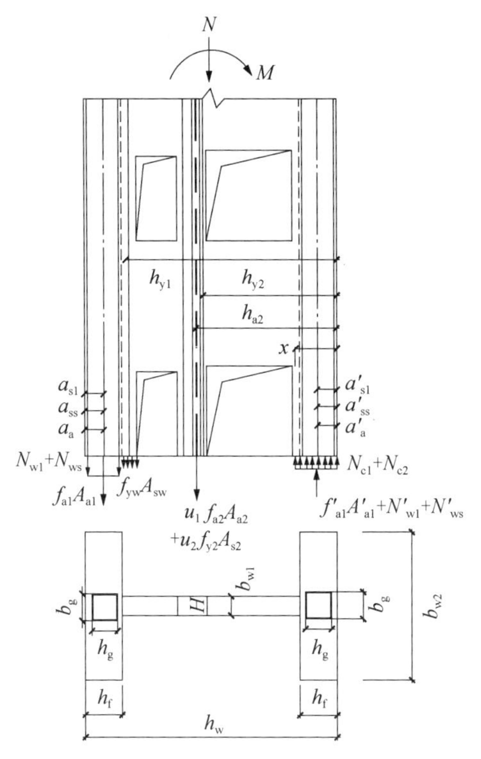

图 5-56　试件 H9-2 大偏心承载力计算模型

注：a_{s1}、a'_{s1} 分别为翼墙端部纵筋受拉、受压合力点到截面近边缘的距离；a_{ss}、a'_{ss} 分别为叠合柱中的纵筋受拉、受压合力点到截面近边缘的距离；a_a、a'_a 分别为叠合柱中钢管受拉、受压合力点到截面近边缘的距离。

受压区高度 $x=h_f$，为 T 形截面的界限情况，即试件在大偏心受压下可以分两种情况：

1）当 $x>h_f$，即混凝土受压区进入墙体腹板内部时，μ_1 为中间墙肢钢柱抗拉强度折减系数，建议取 0.8；μ_2 为中间墙肢纵筋的抗拉强度折减系数，建议取 0.8；可得

$$\begin{aligned}N = {} & f'_{a1}A'_{a1} + N_{c1} + N_{c2} + N'_{w1} + N'_{ws} \\ & - f_{yw}A_{sw} - N_{w1} - N_{ws} - \mu_1 f_{a2}A_{a2} \\ & - \mu_2 f_{y2}A_{s2} - f_{a1}A_{a1}\end{aligned} \tag{5-43}$$

$$\begin{aligned}N\left(e_0 - \frac{h_w}{2} + \frac{h_f}{2}\right) = {} & f_{a1}A_{a1}(h_w - h_f) + f_{yw}A_{sw}\left(h_{yw} - \frac{h_f}{2}\right) \\ & + N_{w1}(h_w - h_f) + N_{ws}(h_w - h_f) \\ & + \mu_1 f_{a2}A_{a2}\left(h_{a2} - \frac{h_f}{2}\right) + \mu_2 f_{y2}A_{s2}\left(h_{y2} - \frac{h_f}{2}\right) \\ & - f_c b_{w1}(x - h_f)\frac{x}{2}\end{aligned} \tag{5-44}$$

式中，$N_{w1}=f_{y1}A_{s1}$；$N_{ws}=f_{ys}A_{ss}$；$N'_{w1}=f'_{y1}A'_{s1}$；$N'_{ws}=f'_{ys}A'_{ss}$；$N_{c1}=\alpha f_c A_c$；$N_{c2}=f_c(b_{w2}h_f-A_c)+f_c b_{w1}(x-h_f)$。

2）当 $x\leqslant h_f$，即混凝土受压区仅在墙体翼墙范围内，且当 $x\leqslant(h_g/2+h_f/2)$ 时，取 $x=(h_g/2+h_f/2)$，可得

$$
\begin{aligned}
N=&f'_{a1}A'_{a1}+N_{c1}+N_{c2}+N'_{w1}+N'_{ws}-f_{yw}A_{sw}\\
&-N_{w1}-N_{ws}-f_{a2}A_{a2}-f_{y2}A_{s2}-f_{a1}A_{a1}
\end{aligned}
\tag{5-45}
$$

$$
\begin{aligned}
N\left(e_0-\frac{h_w}{2}+\frac{x}{2}\right)=&f_{a1}A_{a1}\left(h_w-\frac{h_f}{2}-\frac{x}{2}\right)+f_{yw}A_{sw}\left(h_{yw}-\frac{x}{2}\right)\\
&+N_{w1}\left(h_w-\frac{h_f}{2}-\frac{x}{2}\right)+N_{ws}\left(h_w-\frac{h_f}{2}-\frac{x}{2}\right)\\
&+f_{a2}A_{a2}\left(h_{a2}-\frac{x}{2}\right)+f_{y2}A_{s2}\left(h_{y2}-\frac{x}{2}\right)\\
&+f'_{a1}A'_{a1}\left(\frac{h_f}{2}-\frac{x}{2}\right)+N'_{w1}\left(\frac{h_f}{2}-\frac{x}{2}\right)\\
&+N'_{ws}\left(\frac{h_f}{2}-\frac{x}{2}\right)-(a-1)N_{c1}\left(\frac{h_f}{2}-\frac{x}{2}\right)
\end{aligned}
\tag{5-46}
$$

式中，$N_{w1}=f_{y1}A_{s1}$；$N_{ws}=f_{ys}A_{ss}$；$N_{c1}=\alpha f_c A_c$；$N_{c2}=f_c(b_{w2}x-A_c)$；$N'_{w1}=f'_{y1}A'_{s1}$；$N'_{ws}=f'_{ys}A'_{ss}$；N 为剪力墙轴压力设计值；e_0 为偏心距；x 为混凝土受压区高度；f_c 为混凝土抗压强度值；f_{yw} 为墙体竖向分布筋抗拉强度；f_{y1}、f'_{y1} 分别为翼墙端部纵筋抗拉、抗压强度；f_{ys}、f'_{ys} 分别为钢管混凝土叠合柱的纵筋抗拉、抗压强度；f_{a1}、f'_{a1} 分别为钢管混凝土叠合柱中所用钢管的抗拉、抗压强度；f_{a2} 为中间墙肢内钢柱抗拉强度；A_{s1}、A'_{s1} 分别为翼墙端部受拉、受压纵筋面积；A_{s2} 为中间墙肢纵筋的面积；A_{ss}、A'_{ss} 分别为钢管混凝土叠合柱的纵筋抗拉、抗压面积；A_{a1}、A'_{a1} 分别为钢管混凝土叠合柱的钢管受拉、受压面积；A_{a2} 为中间墙肢内钢柱截面面积；A_{sw} 为远离受压侧墙肢受拉分布钢筋的面积；A_c 为钢管混凝土叠合柱钢管内混凝土面积；h_f 为翼墙厚度；h_{yw} 为远离受压侧墙肢分布钢筋合力点到受压区边缘的距离；h_{y2} 为中间墙肢纵筋合力点到受压区边缘的距离；h_{a2} 为中间墙肢钢柱合力点到受压区边缘的距离。

试件的水平承载力按式（5-22）计算。

3．试件 H11-1

试件 H11-1 可以简化为钢管混凝土叠合柱边框内藏钢板短墙肢双肢剪力墙，计算时作如下假定：受拉墙肢的钢管、钢板、洞口钢柱、翼墙纵筋、叠合柱纵筋、墙体分布纵筋均受拉屈服；受压区计算高度 x 不小于墙肢翼缘厚度 h_f；受压翼缘

的钢管、翼墙纵筋、叠合柱纵筋受压屈服；受压翼缘混凝土包括钢管内混凝土达到其抗压强度并引入钢管内混凝土强度提高系数α；受压区计算高度 x 范围内的钢板、分布纵筋、洞口钢柱（该钢柱在洞口较大时不在受压区）受压屈服，混凝土达到其抗压强度；考虑钢管混凝土叠合柱边框中钢管对混凝土的约束作用，引入钢管内混凝土强度提高系数。双肢墙整体破坏时的承载力计算模型如图 5-57 所示。

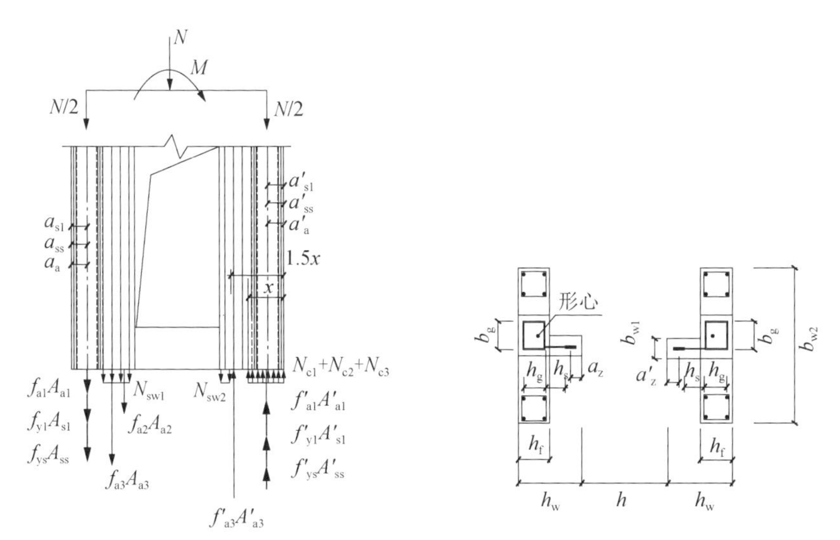

图 5-57　试件 H11-1 大偏心承载力计算模型

注：a_z、a'_z 分别为墙肢内钢柱受拉、受压合力点到截面近边缘的距离。

$$
\begin{aligned}
N = & f'_{a1}A'_{a1} + f'_{y1}A'_{s1} + f'_{ys}A'_{ss} + N_{c1} + N_{c2} + f'_{a3}A'_{a3} - N_{sw1} - N_{sw2} \\
& - f_{a1}A_{a1} - f_{a3}A_{a3} - f_{y1}A_{s1} - f_{ys}A_{ss} - f_{a2}A_{a2}
\end{aligned} \tag{5-47}
$$

$$
\begin{aligned}
M = & (f_{a1}A_{a1} + f'_{a1}A'_{a1})\left(h_w + \frac{h}{2} - \frac{h_f}{2}\right) + f_{a3}A_{a31}\left(a_z + \frac{h_s}{2} + \frac{h}{2}\right) \\
& + \frac{1}{2}N_{sw1}(h_w - h_f + h) + f_{a2}A_{a2}\left(\frac{h}{2} + a_z\right) \\
& - f_{a3}A_{a32}\left(h_w - \frac{3x}{2} - \frac{h_s}{2} + \frac{h}{2}\right) \\
& + (f'_{y1}A'_{s1} + f'_{ys}A'_{ss} + f_{y1}A_{s1} + f_{ys}A_{ss})\left(h_w + \frac{h}{2} - \frac{h_f}{2}\right) \\
& - \frac{1}{2}N_{sw2}(h_w - 1.5x + h) + M_c
\end{aligned} \tag{5-48}
$$

其中，

$$N_{sw1}=(h_w-h_f)b_{w1}f_{yw}\rho_w,\ N_{sw2}=(h_w-1.5x)b_{w1}f_{yw}\rho_w$$

$$N_{c1}=\alpha f_c A_c,\ N_{c2}=f_c(b_{w2}h_f-A_c),\ N_{c3}=f_c b_{w1}(x-h_f)$$

$$M_c=N_{c1}\left(h_w-\frac{h_f}{2}+\frac{h}{2}\right)+\frac{1}{2}N_{c3}(x-h_f+h)+N_{c2}\left(h_w-\frac{h_f}{2}+\frac{h}{2}\right)$$

式中，f_{a2}为墙肢内钢柱抗拉强度；f_{a3}、f'_{a3}分别为墙肢内钢板的抗拉、抗压强度；A_{a31}为受拉墙肢内受拉钢板截面面积；A_{a32}为受压墙肢内受拉钢板截面面积；A_c为钢管混凝土叠合柱钢管内混凝土面积；N_{sw1}为受拉侧墙肢分布钢筋的拉力；N_{sw2}为受压侧墙肢分布钢筋的拉力。

钢管混凝土叠合边框内藏钢板-钢桁架双肢剪力墙承载力为

$$F=M/H \tag{5-49}$$

式中，H为水平加载点到基础顶面的距离。

4. 试件 H9-1

试件 H9-1 可以简化为钢管混凝土叠合柱边框内藏钢板剪力墙，计算时作出如下假定：当试件发生大偏心受压破坏时，在受拉区，钢管达到屈服应力时，墙肢分布钢筋、叠合柱纵筋及翼墙上的暗柱纵筋也达到屈服；中和轴附近钢筋、钢板的应力较小，计算时不予考虑；计算受拉区分布钢筋及钢板时，只计算 $h_w-1.5x$ 范围内的受拉钢筋及钢板；综合考虑受压区钢板应变片的应变情况，建议受压区钢板的应力取为钢板屈服强度的 0.4 倍；由于受压钢筋直径较细且数量较少，忽略受压区分布钢筋的作用；钢管及叠合柱纵筋及翼墙上的暗柱纵筋受压屈服。考虑钢管混凝土叠合柱边框中钢管对混凝土的约束作用，引入钢管内混凝土强度提高系数 α。双肢墙整体破坏时的承载力计算模型如图 5-58 所示。

受压区高度 $x=h_f$，为 T 形截面的界限情况，即试件在大偏心受压下可以分成两种情况：

1）当 $x>h_f$，即混凝土受压区进入墙体腹板内部，令μ为中间墙肢钢柱抗拉强度折减系数，取 0.8，可得

$$\begin{aligned}N=&f'_{a1}A'_{a1}+N_{c1}+N_{c2}+N'_{w1}+N'_{ws}+0.4\left(x-\frac{h_f+h_g}{2}\right)t_w f'_{a3}\\&-f_{a1}A_{a1}-N_{w1}-N_{ws}-(h_w-h_f-1.5x)b_{w1}f_{yw}\rho_w\\&-\left(h_w-\frac{h_f+h_g}{2}-1.5x\right)t_w f_{a3}-\mu f_{a2}A_{a2}\end{aligned} \tag{5-50}$$

$$N\left(e_0-\frac{h_w}{2}+\frac{h_f}{2}\right)=f_{a1}A_{a1}(h_w-h_f)+(N_{w1}+N_{ws})(h_w-h_f)+\mu f_{a2}A_{a2}\left(h_{a2}-\frac{h_f}{2}\right)$$
$$+(h_w-h_f-1.5x)\left(h_w-\frac{h_w-h_f-1.5x}{2}-h_f\right)b_{w1}f_{yw}\rho_w$$
$$+t_w f_{a3}\left(h_w-\frac{h_f+h_g}{2}-1.5x\right)\left(\frac{h_w}{2}+\frac{3x}{4}-\frac{3h_f}{4}-\frac{h_g}{4}\right)$$
$$-f_c b_{w1}(x-h_f)\frac{x}{2}-0.4\left(x-\frac{h_f+h_g}{2}\right)t_w f'_{a3}\left(\frac{1}{2}x+\frac{h_g}{2}-\frac{h_f}{4}\right) \tag{5-51}$$

上述式中，$N_{w1}=f_{y1}A_{s1}$；$N_{ws}=f_{ys}A_{ss}$；$N'_{w1}=f'_{y1}A'_{s1}$；$N'_{ws}=f'_{ys}A'_{ss}$；$N_{c1}=\alpha f_c A_c$；$N_{c2}=f_c(b_{w2}h_f-A_c)+f_c b_{w1}(x-h_f)$。

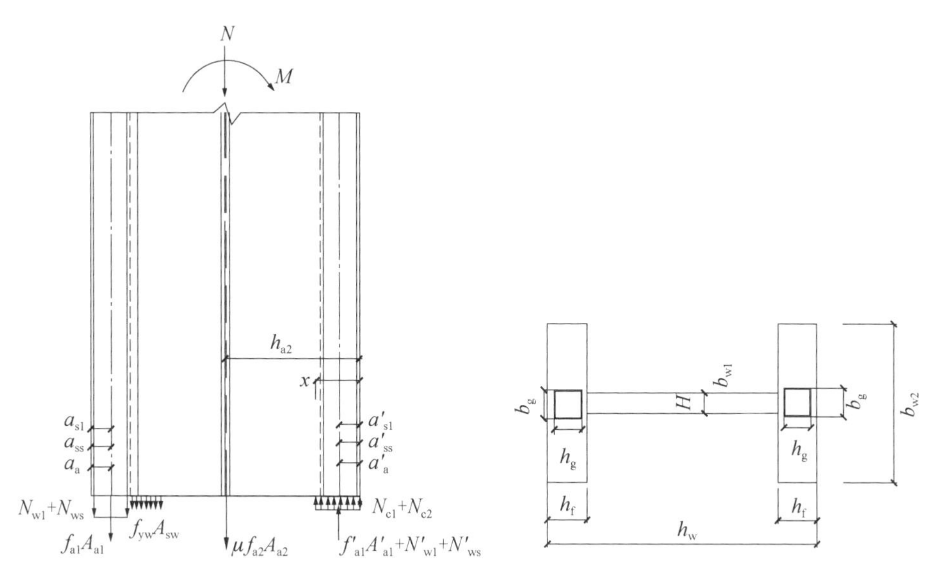

图 5-58　H9-1 大偏心承载力计算模型

2）当 $x\leqslant h_f$，即混凝土受压区仅在墙体翼墙范围内，且当 $x\leqslant(h_g/2+h_f/2)$时，取 $x=(h_g/2+h_f/2)$可得

$$N=f'_{a1}A'_{a1}+N_{c1}+N_{c2}+N'_{w1}+N'_{ws}+0.4\left(x-\frac{h_f+h_g}{2}\right)t_w f'_{a3}$$
$$-f_{a1}A_{a1}-(h_w-h_f-1.5x)b_{w1}f_{yw}\rho_w$$
$$-\left(h_w-\frac{h_f+h_g}{2}-1.5x\right)t_w f_{a3}-f_{a2}A_{a2}-N_{w1}-N_{ws} \tag{5-52}$$

$$
\begin{aligned}
N\left(e_0-\frac{h_\mathrm{w}}{2}+\frac{x}{2}\right)=&f_{\mathrm{a}1}A_{\mathrm{a}1}\left(h_\mathrm{w}-\frac{h_\mathrm{f}}{2}-\frac{x}{2}\right)+(N_{\mathrm{w}1}+N_{\mathrm{ws}})\left(h_\mathrm{w}-\frac{h_\mathrm{f}}{2}-\frac{x}{2}\right)+f_{\mathrm{a}2}A_{\mathrm{a}2}\left(h_{\mathrm{a}2}-\frac{x}{2}\right)\\
&+(h_\mathrm{w}-h_\mathrm{f}-1.5x)\left(h_\mathrm{w}-\frac{h_\mathrm{w}-h_\mathrm{f}-1.5x}{2}-h_\mathrm{f}\right)b_{\mathrm{w}1}f_{\mathrm{yw}}\rho_\mathrm{w}\\
&+f'_{\mathrm{a}1}A'_{\mathrm{a}1}\left(\frac{h_\mathrm{f}}{2}-\frac{x}{2}\right)+\left(h_\mathrm{w}-\frac{h_\mathrm{f}+h_\mathrm{g}}{2}-1.5x\right)t_\mathrm{w}f_{\mathrm{a}3}\left(\frac{h_\mathrm{w}}{2}+\frac{x}{2}-\frac{h_\mathrm{f}+h_\mathrm{g}}{4}\right)\\
&+(N'_{\mathrm{w}1}+N'_{\mathrm{ws}})\left(\frac{h_\mathrm{f}}{2}-\frac{x}{2}\right)-0.4\left(x-\frac{h_\mathrm{f}+h_\mathrm{g}}{2}\right)t_\mathrm{w}f'_{\mathrm{a}3}\frac{x}{2}\\
&-(a-1)N_{\mathrm{c}1}\left(\frac{h_\mathrm{f}}{2}-\frac{x}{2}\right)
\end{aligned}
\tag{5-53}
$$

上述式中，$N_{\mathrm{w}1}=f_{\mathrm{y}1}A_{\mathrm{s}1}$；$N_{\mathrm{ws}}=f_{\mathrm{ys}}A_{\mathrm{ss}}$；$N_{\mathrm{c}1}=\alpha f_\mathrm{c}A_\mathrm{c}$；$N_{\mathrm{c}2}=f_\mathrm{c}(b_{\mathrm{w}2}x-A_\mathrm{c})$；$N'_{\mathrm{w}1}=f'_{\mathrm{y}1}A'_{\mathrm{s}1}$；$N'_{\mathrm{ws}}=f'_{\mathrm{ys}}A'_{\mathrm{ss}}$；$f_{\mathrm{a}2}$为墙肢内中间钢柱抗拉强度；$A_{\mathrm{a}2}$为墙体内型钢柱截面面积；$A_\mathrm{c}$为钢管混凝土叠合柱钢管内混凝土面积；$h_{\mathrm{a}2}$为墙体内钢柱合力点到受压区边缘的距离。

5.7.2 斜截面承载力

试验表明，墙肢水平截面内的剪力由混凝土和水平分布钢筋及钢板共同承担，剪力墙的斜截面受剪承载力还受到墙肢内轴向压力或轴向拉力的影响。

1. 偏心受压时斜截面受剪承载力模型

墙肢内轴向压力的存在提高了剪力墙的受剪承载力，可采用承载力叠加法计算抗剪承载力，墙肢水平截面内的剪力由混凝土、水平分布钢筋、两侧的钢管及剪力墙内部的钢板共同承担。

混凝土及钢筋对剪力墙的抗剪承载力的贡献按下式计算，即

$$V_{\mathrm{cs}}=\frac{1}{\lambda-0.5}\left(0.5f_\mathrm{c}b_\mathrm{w}h_{\mathrm{w}0}+0.13N\frac{A_\mathrm{w}}{A}\right)+f_{\mathrm{yv}}\frac{A_{\mathrm{sh}}}{s}h_{\mathrm{w}0} \tag{5-54}$$

钢板对剪力墙试件抗剪承载力的贡献按下式计算，即

$$V_\mathrm{p}=\frac{0.22}{\lambda}f_\mathrm{p}A_\mathrm{p} \tag{5-55}$$

两侧钢管对剪力墙试件抗剪承载力的贡献按下式计算，即

$$V_\mathrm{a}=\frac{0.4}{\lambda}f_\mathrm{a}A_\mathrm{a} \tag{5-56}$$

$$V_{\mathrm{w}}=\frac{1}{\lambda-0.5}\left(0.5f_{\mathrm{c}}b_{\mathrm{w}}h_{\mathrm{w0}}+0.13N\frac{A_{\mathrm{w}}}{A}\right)+f_{\mathrm{yv}}\frac{A_{\mathrm{sh}}}{s}h_{\mathrm{w0}}$$
$$+\frac{0.22}{\lambda}f_{\mathrm{p}}A_{\mathrm{p}}+\frac{0.4}{\lambda}f_{\mathrm{a}}A_{\mathrm{a}} \tag{5-57}$$

式中，b_{w}、h_{w0}分别为墙肢腹板截面宽度和截面有效高度；A、A_{w}分别为I形或T形截面的全截面面积和腹板面积；N为与剪力设计值V_{w}相应的轴压力设计值；f_{yv}为墙肢水平分布钢筋的抗拉强度屈服强度值；A_{sh}为配置在同一水平截面内的水平分布钢筋的全部截面面积；s为水平分布钢筋间距；λ为剪力墙计算截面的剪跨比；A_{a}为剪力墙中钢管的截面面积；f_{p}为钢板抗拉屈服强度值；A_{p}为钢板抗拉截面面积。

2. 偏心受拉时斜截面受剪承载力模型

偏心受拉情况下，轴向拉力的存在会降低剪力墙试件的抗剪承载力，在大偏心受拉情况下剪力墙试件抗剪承载力计算式为

$$V_{\mathrm{w}}=\frac{1}{\lambda-0.5}\left(0.5f_{\mathrm{c}}b_{\mathrm{w}}h_{\mathrm{w0}}-0.13N\frac{A_{\mathrm{w}}}{A}\right)+f_{\mathrm{yh}}\frac{A_{\mathrm{sh}}}{s}h_{\mathrm{w0}}$$
$$+\frac{0.22}{\lambda}f_{\mathrm{p}}A_{\mathrm{p}}+\frac{0.4}{\lambda}f_{\mathrm{a}}A_{\mathrm{a}} \tag{5-58}$$

式中，N为剪力墙试件轴向拉力设计值，其余各符号代表意义同式（5-57）。

3. 承载力计算值与实测值的比较

试件的承载力计算值与实测值的比较见表5-21。由于试件H12-1左右不对称，在此没有进行试件H12-1的承载力计算。

表5-21　5.6节试件承载力计算值与实测值的比较

试件编号	正截面承载力/kN	斜截面承载力/kN	理论计算值与实测值比较		
			计算值/kN	实测值/kN	相对误差/%
H9-2（正向）	336.14	374.21	336.14	352.12	4.54
H9-2（负向）	317.36	374.21	317.36	327.83	3.19
H11-1（正向）	379.23	396.95	379.23	395.11	4.00
H11-1（负向）	379.23	396.95	379.23	348.44	8.84
H9-1（正向）	1009.28	1124.56	1009.28	—	—
H9-1（负向）	1009.28	1124.56	1009.28	930.45	8.47

由表 5-21 可知，试件 H9-2、试件 H11-1、试件 H9-1 的斜截面承载力大于正截面承载力，用正截面承载力计算式所得计算结果与实测结果的相对误差在 10%以内，计算值与实测值匹配较好。

5.7.3　恢复力模型

1. 骨架曲线拟合

观察试验中叠合柱边框组合剪力墙骨架曲线的形状及走势，采用带下降段的三折线骨架线模型，模型以屈服荷载点和极限荷载点作为转折点，即需要确定屈服荷载对应的点、极限荷载对应的点和极限位移对应的点，如图 5-59 所示。

定义构件的屈服刚度为屈服前刚度 K_y；屈服荷载到极限荷载的刚度为屈服后刚度 K_{py}；极限荷载到破坏荷载的刚度为下降段刚度 K_u。

1）屈服前刚度 K_y 的确定采取弹性刚度 K_0 折减的方法，即 $K_y=\alpha_1K_0$。式中，α_1 为折减系数。经试验分析，建议如下：试件 H9-2、试件 H11-1 的带叠合柱边框联肢剪力墙的 α_1 取 0.27，试件 H9-1 的采用带叠合柱边框内藏钢板剪力墙的 α_1 取 0.36。

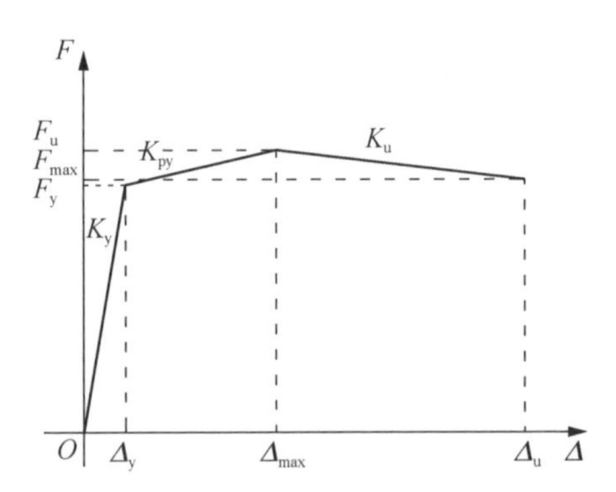

图 5-59　5.7.3 节骨架曲线模型

屈服荷载 F_y 的取值按本节计算所得的极限承载力进行折减，折减系数对钢管混凝土叠合柱边框联肢剪力墙取 0.75，对钢管混凝土叠合柱边框内藏钢板剪力墙取 0.50。

屈服位移 $\varDelta_y$ 由屈服荷载 F_y 和屈服前刚度 K_y 确定，即 $\varDelta_y=F_y/K_y$。

2）屈服后刚度 K_{py} 的确定采取屈服前刚度 K_y 折减的方法，即 $K_{py}=\alpha_2K_y$。式中，α_2 为折减系数。经试验分析，建议如下：钢管混凝土叠合柱边框组合剪力墙的 α_2 取 0.20。

极限荷载 F_{max} 取本节计算所得的极限承载力。

极限位移$\varDelta_{max}$由屈服荷载F_y、屈服位移$\varDelta_y$、极限荷载F_{max}和屈服后刚度K_{py}确定，计算式为$\varDelta_{max}=\dfrac{F_{max}-F_y}{K_{py}}+\varDelta_y$。

3）下降段刚度K_u的取值按屈服前刚度K_y进行折减，计算式为$K_u=\alpha_3 K_y$。式中，α_3为折减系数。经试验分析，建议如下：对于钢管混凝土叠合柱边框联肢剪力墙，α_3取-0.10。

破坏荷载F_u取极限承载力下降到 85%的值。

破坏位移$\varDelta_u$由极限荷载F_{max}、极限位移$\varDelta_{max}$、破坏荷载F_u和下降段刚度K_u确定，计算式为$\varDelta_u=\varDelta_{max}-\dfrac{F_{max}-F_u}{K_u}$。

图 5-60 为 *F-U* 骨架曲线的计算值与实测值的比较，二者匹配较好。

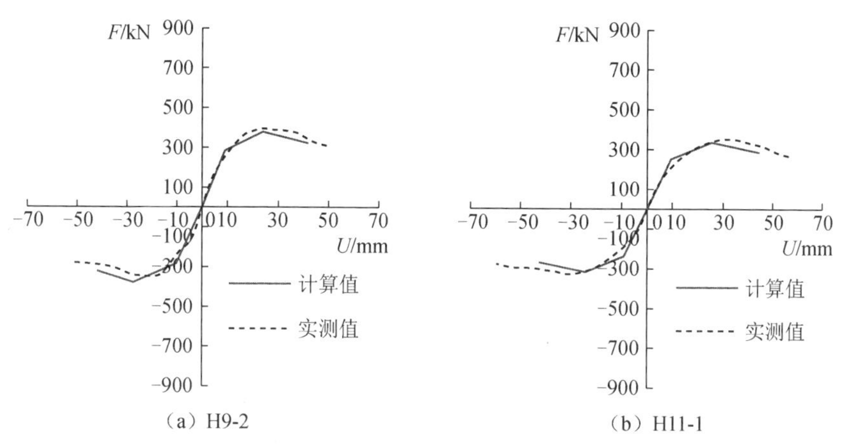

图 5-60　试件 H9-2 和试件 H11-1 的 *F-U* 骨架曲线计算值与实测值的比较

2. 滞回曲线拟合

对剪力墙试件正向加载时的刚度退化曲线进行拟合，在达到屈服荷载前，认为滞回曲线的卸载刚度与屈服前的刚度基本相同；在荷载超过屈服荷载后，将实测的刚度退化曲线进行拟合。

通过拟合得到的计算式为

$$K_{un}=\beta\left(\frac{\varDelta_i}{\varDelta_y}\right)^{\gamma}K_y$$

式中，K_{un}为卸载刚度；$\varDelta_i$为屈服后曾经达到位移绝对值的最大值；β为拟合系数，对于钢管混凝土叠合柱边框联肢剪力墙取 1.03，对于钢管混凝土叠合柱边框内藏钢板剪力墙取 1.04；γ为拟合指数，对于钢管混凝土叠合柱边框联肢剪力墙取-0.56，对于钢管混凝土叠合柱边框内藏钢板剪力墙取-0.24。

对于钢管混凝土叠合柱边框联肢剪力墙，$K_{un}=1.03\left(\dfrac{\Delta_i}{\Delta_y}\right)^{-0.56}K_y$；对于钢管混凝土叠合柱边框内藏钢板剪力墙，$K_{un}=1.04\left(\dfrac{\Delta_i}{\Delta_y}\right)^{-0.24}K_y$。

恢复力模型的行走路线如图 5-47 所示。

将计算所得恢复力模型曲线与实测所得的滞回曲线进行对比，如图 5-61 所示。图中灰线为计算拟合的滞回曲线，黑线为实测的滞回曲线，由图可见二者匹配较好。

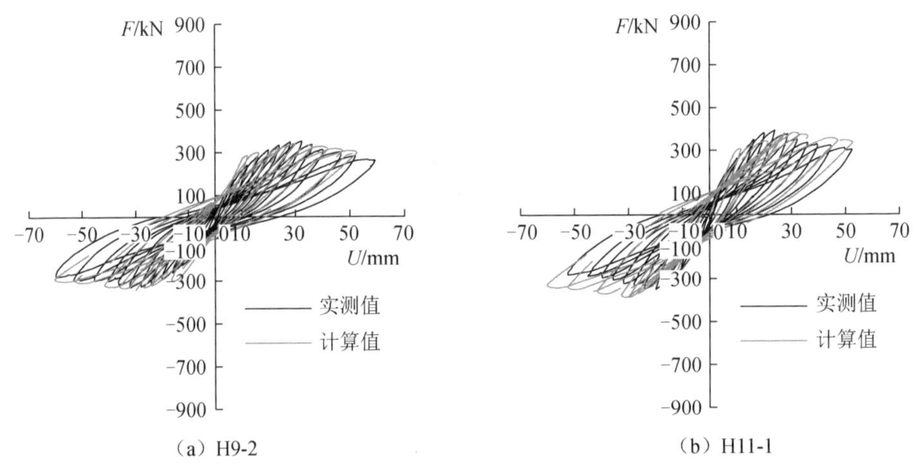

图 5-61　试件 H9-2 和试件 H11-1 恢复力模型计算值与实测值曲线对比

5.8　钢管混凝土边框内藏钢板组合剪力墙振动台试验

5.8.1　试验概况

本节设计了 4 个钢管混凝土边框内藏钢板组合剪力墙，编号分别为 GBW1、GBW2、GBW3、GBW4，各试件均按 1/12 缩尺。其中试件 GBW1 和试件 GBW2 高宽比为 1.7，试件 GBW3 和试件 GBW4 高宽比为 3.2。试件 GBW1、试件 GBW3 为钢管混凝土边框纯钢板剪力墙模型，试件 GBW2、试件 GBW4 为钢管混凝土边框内藏钢板组合剪力墙模型。各试件的边框为方钢管混凝土柱，方钢管的壁厚为 2mm，其截面边长为 60mm；各试件钢板厚度均为 1mm；墙体钢板与边框钢管焊接；试件 GBW2、试件 GBW4 墙体的分布钢筋采用 ϕ1.6 钢丝，同时钢管混凝土边框与混凝土剪力墙之间采用 U 形钢板连接键联接，并在 U 形连接键的弯钩内竖向插入 Φ4 钢筋，以加强剪力墙与边框的共同工作性能。试件采用 C30 细石混凝土浇筑，实测混凝土立方体抗压强度为 34.2MPa，弹性模量为 2.91×10^4MPa。钢材的力学性能实测值见表 5-22，各试件的配筋和配钢图如图 5-62 所示，试验装置如图 5-63 所示。

表 5-22　5.8 节试件钢材的力学性能实测值　（单位：MPa）

类型	屈服强度	极限强度	弹性模量
钢管	290	420	1.92×10^5
钢板	215	329	1.90×10^5
ϕ1.6 钢丝	376	445	1.88×10^5

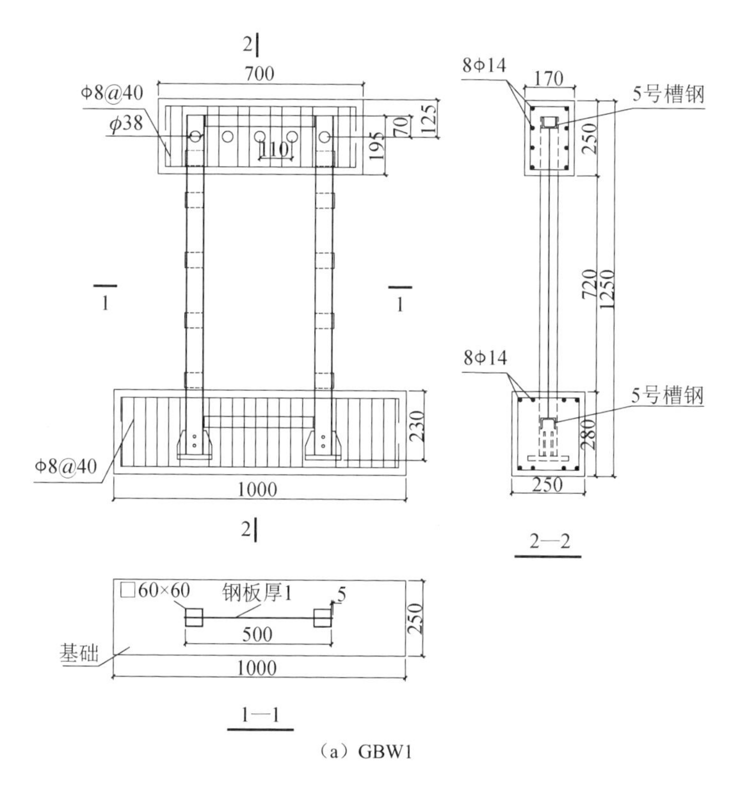

（a）GBW1

图 5-62　5.8 节试件配筋及配钢图

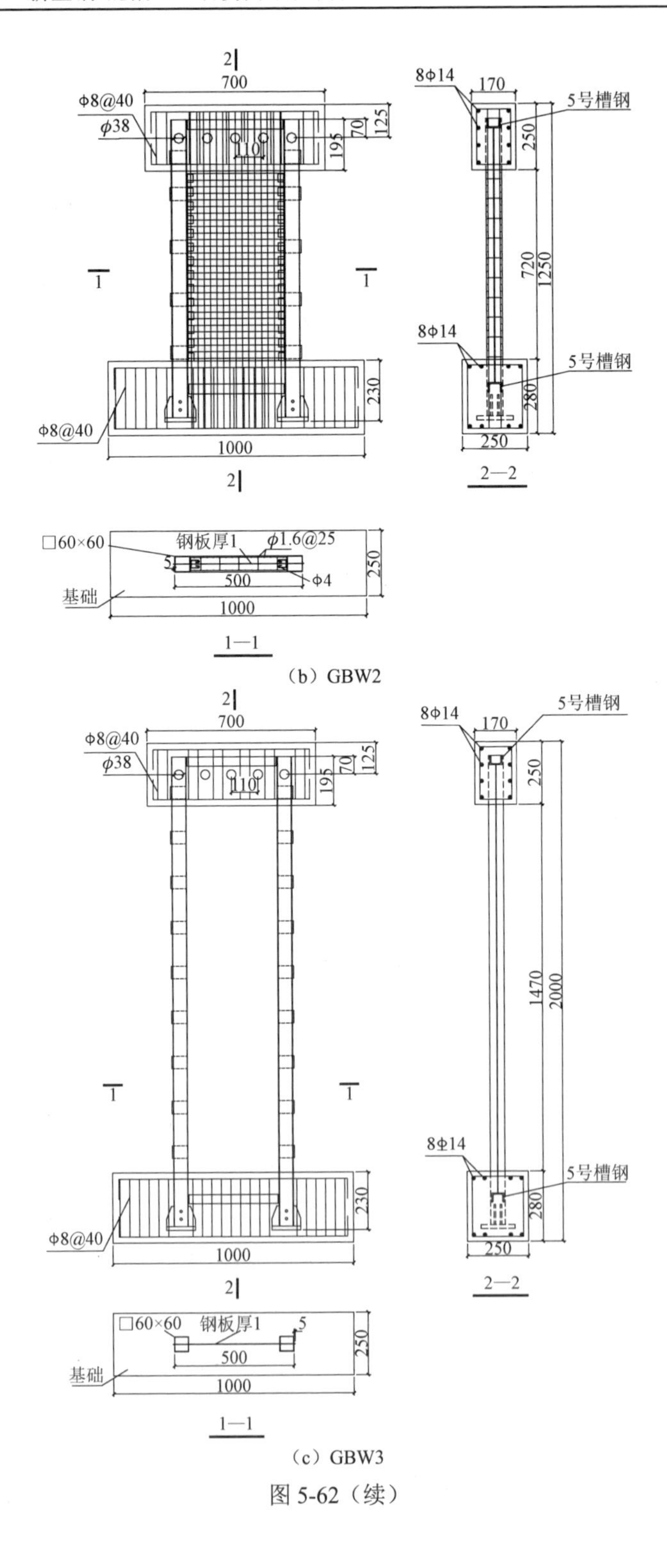

（b）GBW2

（c）GBW3

图 5-62（续）

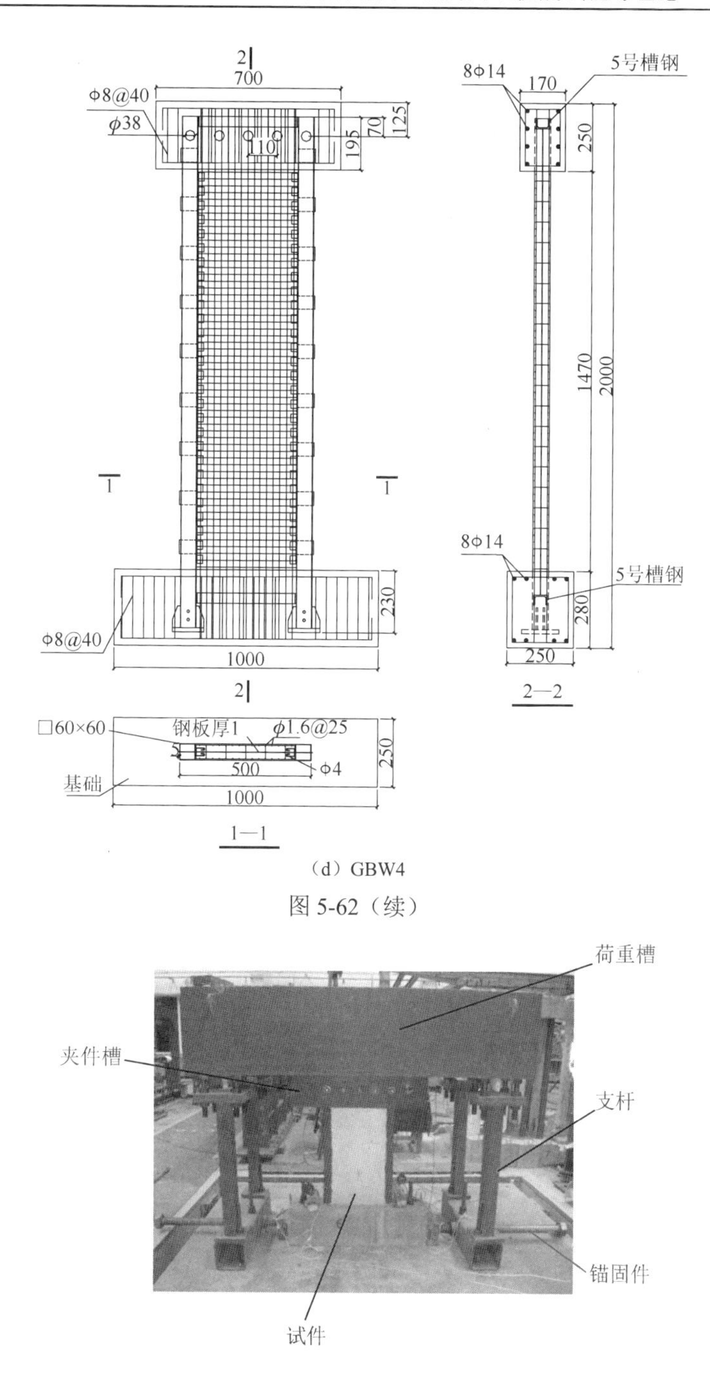

（d）GBW4

图 5-62（续）

图 5-63　试验装置

对 4 个试件进行了模拟地震振动台试验，荷重槽和荷重块总质量为 7t。试验中，振动台单向输入 Taft 地震波（X 方向），根据模型相似关系要求，时间相似系数为 0.289，持续时间为 50×0.289=14.45s。试验过程中试件 GBW2 进行到第 19 个工况后仍未完全破坏，此时振动台试验装置已达到工作极限，为了看到试件的破坏形态，换成 Kerns 地震波后又进行了一次激振。试验中台面实际输入的加速度峰值见表 5-23。

表 5-23　台面实际输入过程

（a）GBW1 和 GBW2 的台面输入过程

GBW1			GBW2		
工况	地震烈度	台面输入加速度峰值	工况	地震烈度	台面输入加速度峰值
1	—	0.094g	1	—	0.121g
2	—	0.183g	2	—	0.214g
3	—	0.286g	3	—	0.323g
4	8 度罕遇烈度	0.391g	4	8 度罕遇烈度	0.434g
5	—	0.528g	5	—	0.557g
6	—	0.591g	6	9 度罕遇烈度	0.696g
7	—	0.732g	7	—	0.739g
8	—	0.855g	8	—	0.817g
9	—	0.973g	9	—	0.957g
10	—	1.320g	10	—	1.051g
11	—	1.530g	11	—	1.282g
12	—	1.750g	12	—	1.344g
			13	—	1.405g
			14	—	1.514g
			15	—	1.615g
			16	—	1.732g
			17	—	1.797g
			18	—	1.921g
			19	—	1.913g
			20	—	K1.920g

（b）GBW3 和 GBW4 的台面输入过程

GBW3			GBW4		
工况	地震烈度	台面输入加速度峰值	工况	地震烈度	台面输入加速度峰值
1	—	0.104g	1	—	0.111g
2	—	0.226g	2	—	0.229g

续表

GBW3			GBW4		
工况	地震烈度	台面输入加速度峰值	工况	地震烈度	台面输入加速度峰值
3	—	0.308g	3	—	0.332g
4	8 度罕遇烈度	0.417g	4	8 度罕遇烈度	0.397g
5	—	0.532g	5	—	0.528g
6	9 度罕遇烈度	0.645g	6	—	0.594g
7	—	0.749g	7	9 度罕遇烈度	0.698g
8	—	0.874g	8	—	0.808g
9	—	0.923g	9	—	0.944g
10	—	1.088g	10	—	1.058g
11	—	1.250g	11	—	1.167g
12	—	1.430g	12	—	1.372g
13	—	1.550g	13	—	1.438g
14	—	1.680g	14	—	1.503g
15	—	1.590g	15	—	1.792g
			16	—	1.846g

5.8.2 自振频率

实测各试件的自振频率-台面输入加速度峰值关系曲线如图 5-64 所示。由图 5-64 可知，在台面输入加速度峰值相近的情况下，内藏钢板混凝土试件的自振频率大于普通钢板剪力墙的自振频率，这有利于试件保持较大的后期刚度。

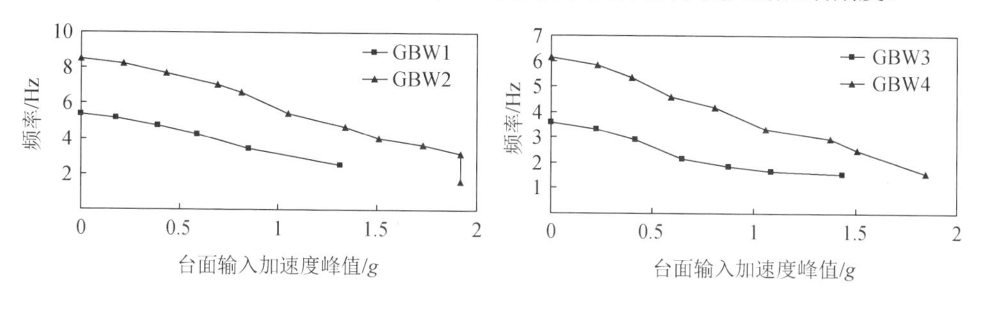

图 5-64　5.8 节试件自振频率-台面输入加速度峰值关系曲线

5.8.3 加速度反应

实测所得各试件的振动台台面、试件基础顶面、试件加载梁中部的绝对加速度反应最大值见表 5-24 和表 5-25。试验过程中，试件 GBW1～试件 GBW4 部分工况台面和加载梁中部的加速度反应时程曲线如图 5-65～图 5-68 所示；部分工况各试件加载梁中部的加速度反应时程曲线比较如图 5-69 所示。

表 5-24　试件 GBW1 和试件 GBW2 各位置绝对加速度反应最大值

工况	GBW1			GBW2		
	台面输入加速度峰值	基础顶面	加载梁中部	台面输入加速度峰值	基础顶面	加载梁中部
1	0.094*g*	0.108*g*	0.201*g*	0.121*g*	0.143*g*	0.285*g*
2	0.183*g*	0.198*g*	0.397*g*	0.214*g*	0.245*g*	0.518*g*
3	0.286*g*	0.299*g*	0.510*g*	0.323*g*	0.357*g*	0.748*g*
4	0.391*g*	0.405*g*	0.615*g*	0.434*g*	0.452*g*	0.925*g*
5	0.528*g*	0.588*g*	0.778*g*	0.557*g*	0.608*g*	1.215*g*
6	0.591*g*	0.635*g*	0.856*g*	0.696*g*	0.769*g*	1.431*g*
7	0.732*g*	0.745*g*	0.882*g*	0.739*g*	0.775*g*	1.384*g*
8	0.855*g*	0.867*g*	0.794*g*	0.817*g*	0.863*g*	1.453*g*
9	0.973*g*	0.985*g*	0.901*g*	0.957*g*	1.033*g*	1.504*g*
10	1.320*g*	1.390*g*	1.280*g*	1.051*g*	1.069*g*	1.517*g*
11	1.530*g*	1.580*g*	1.200*g*	1.282*g*	1.295*g*	1.530*g*
12	1.750*g*	1.880*g*	1.110*g*	1.344*g*	1.368*g*	1.594*g*
13	—	—	—	1.405*g*	1.423*g*	1.689*g*
14	—	—	—	1.514*g*	1.557*g*	1.738*g*
15	—	—	—	1.615*g*	1.643*g*	1.884*g*
16	—	—	—	1.732*g*	1.771*g*	1.977*g*
17	—	—	—	1.797*g*	1.818*g*	1.996*g*
18	—	—	—	1.921*g*	2.035*g*	2.256*g*
19	—	—	—	1.913*g*	2.076*g*	2.178*g*
20	—	—	—	*K*1.920*g*	1.949*g*	1.505*g*

表 5-25　试件 GBW3 和试件 GBW4 各位置绝对加速度反应最大值

工况	GBW3			GBW4		
	台面输入加速度峰值	基础顶面	加载梁中部	台面输入加速度峰值	基础顶面	加载梁中部
1	0.104*g*	0.112*g*	0.175*g*	0.111*g*	0.119*g*	0.234*g*
2	0.226*g*	0.233*g*	0.320*g*	0.229*g*	0.235*g*	0.512*g*
3	0.308*g*	0.325*g*	0.385*g*	0.332*g*	0.341*g*	0.706*g*
4	0.417*g*	0.426*g*	0.455*g*	0.397*g*	0.407*g*	0.821*g*

续表

工况	GBW3			GBW4		
	台面输入加速度峰值	基础顶面	加载梁中部	台面输入加速度峰值	基础顶面	加载梁中部
5	0.532g	0.562g	0.423g	0.528g	0.533g	1.122g
6	0.645g	0.658g	0.405g	0.594g	0.599g	1.352g
7	0.749g	0.752g	0.429g	0.698g	0.717g	1.153g
8	0.874g	0.883g	0.444g	0.808g	0.817g	1.213g
9	0.923g	1.030g	0.471g	0.944g	0.951g	1.232g
10	1.088g	1.093g	0.425g	1.058g	1.071g	1.393g
11	1.250g	1.260g	0.527g	1.167g	1.201g	1.491g
12	1.430g	1.437g	0.594g	1.372g	1.412g	1.639g
13	—	—	—	1.438g	1.460g	1.881g
14	—	—	—	1.503g	1.524g	1.692g
15	—	—	—	1.792g	1.818g	1.401g
16	—	—	—	1.846g	1.862g	1.202g

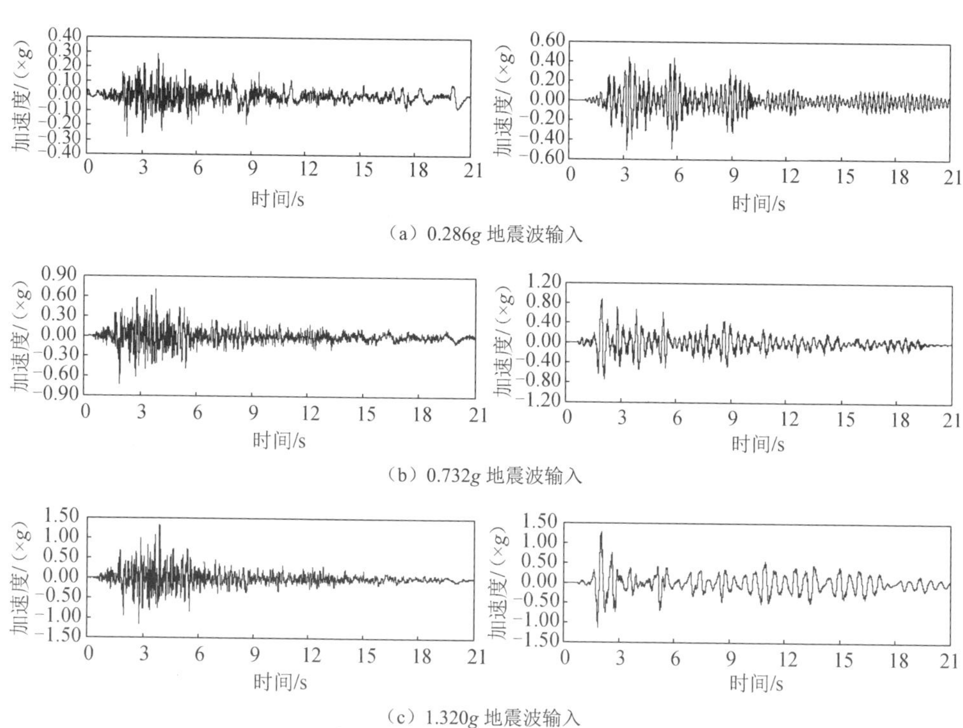

图 5-65　试件 GBW1 加速度反应时程曲线

注：各分图左侧图均为台面处，右侧图均为加载梁中部，图 5-65～图 5-69 同此。

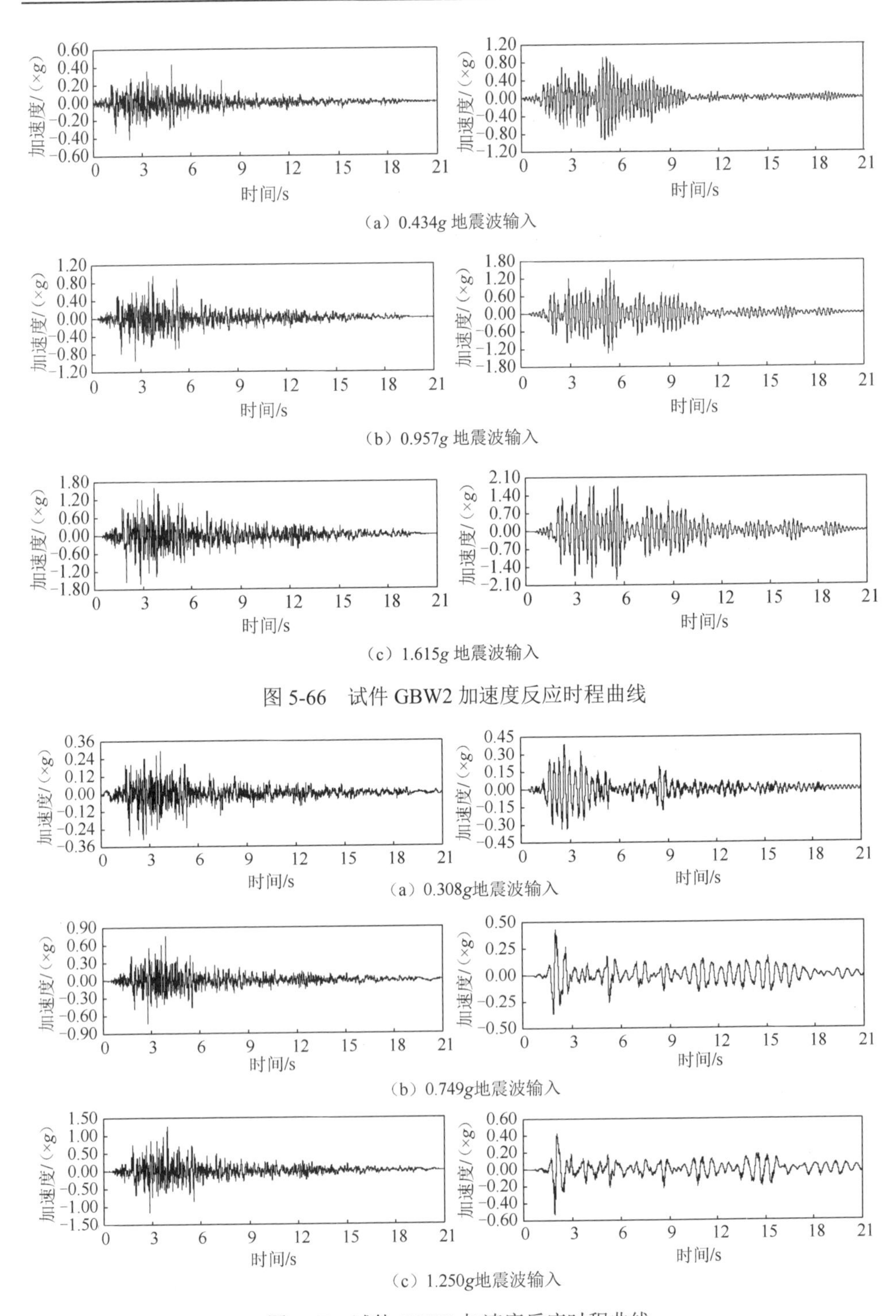

（a）0.434g 地震波输入

（b）0.957g 地震波输入

（c）1.615g 地震波输入

图 5-66　试件 GBW2 加速度反应时程曲线

（a）0.308g地震波输入

（b）0.749g地震波输入

（c）1.250g地震波输入

图 5-67　试件 GBW3 加速度反应时程曲线

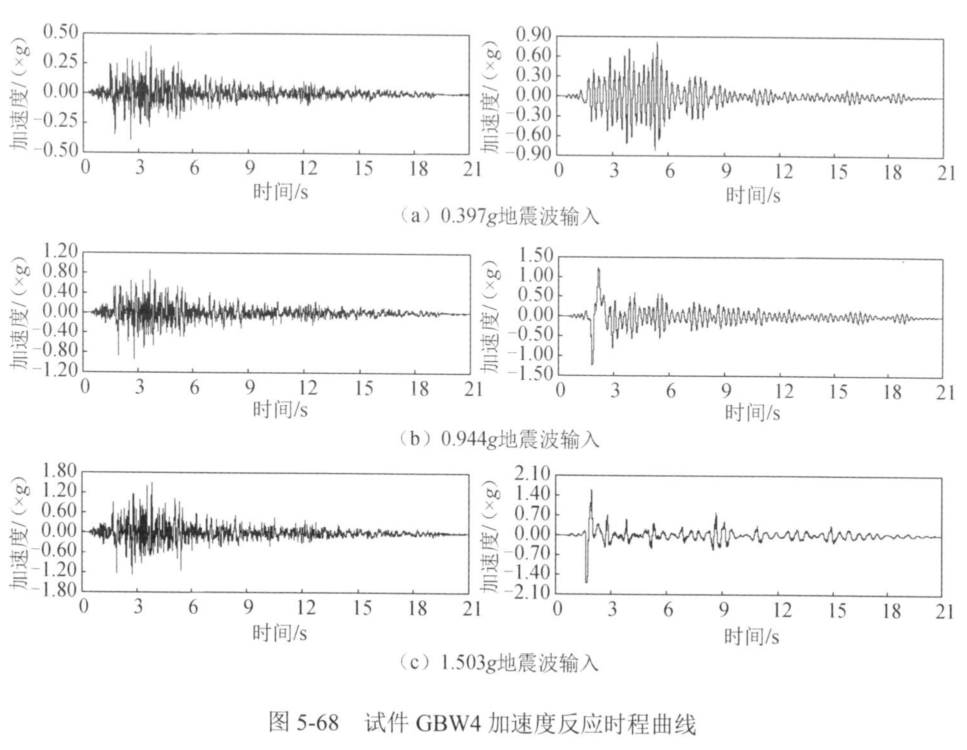

（a）0.397g地震波输入

（b）0.944g地震波输入

（c）1.503g地震波输入

图 5-68　试件 GBW4 加速度反应时程曲线

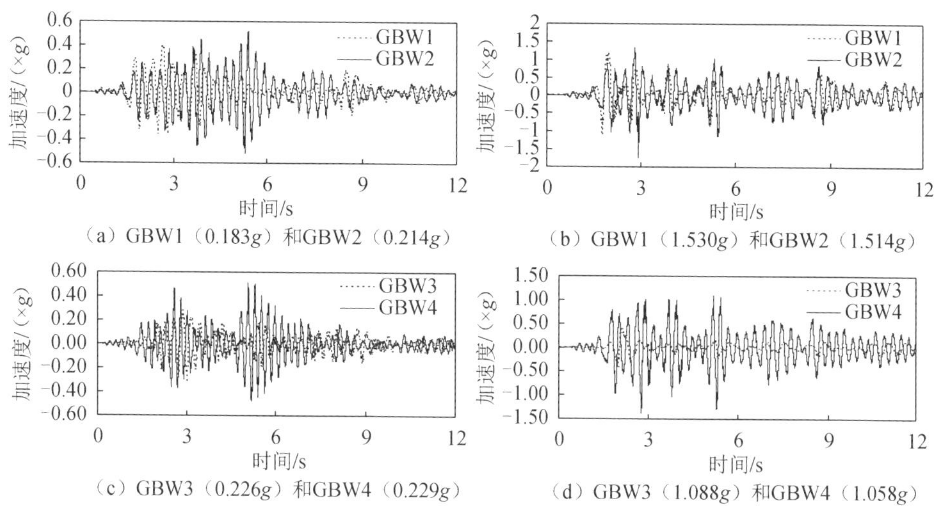

（a）GBW1（0.183g）和GBW2（0.214g）

（b）GBW1（1.530g）和GBW2（1.514g）

（c）GBW3（0.226g）和GBW4（0.229g）

（d）GBW3（1.088g）和GBW4（1.058g）

图 5-69　5.8 节试件加载梁中部加速度反应时程曲线的比较

由表 5-24、表 5-25 和图 5-65～图 5-69 可知，在台面输入加速度峰值相近的情况下，内藏钢板混凝土剪力墙试件加载梁中部的加速度反应峰值大于普通钢板剪力墙试件的相应值，试件 GBW1 和试件 GBW2 在第 8 个工况的台面输入加速度峰值相近的情况下，后者的加载梁中部的加速度反应峰值比前者大 0.659*g*；试件 GBW3 和试件 GBW4 在第 10 个工况的台面输入加速度峰值相近的情况下，后者的加载梁中部的加速度反应峰值比前者大 0.968*g*。

5.8.4 位移反应

实测所得各试件在不同加速度峰值地震波输入下，加载梁中部相对于试件基础顶面的相对水平位移反应及对应的位移角见表 5-26 和表 5-27，表中的相对位移为水平相对位移，它由斜向布置的拉线式位移传感器实测得到的数据经转换后得到。试件 GBW1 部分工况下的加载梁中部位移反应时程曲线如图 5-70 所示；试件 GBW2 部分工况下的加载梁中部位移反应时程曲线如图 5-71 所示；试件 GBW3 部分工况下的加载梁中部位移反应时程曲线如图 5-72 所示；试件 GBW4 部分工况下的加载梁中部位移反应时程曲线如图 5-73 所示。4 个试件部分工况下的加载梁中部位移反应时程曲线的比较如图 5-74 所示。

表 5-26　试件 GBW1 和试件 GBW2 加载梁中部最大位移反应

工况	GBW1			GBW2		
	台面输入加速度峰值	位移/mm	位移角/rad	台面输入加速度峰值	位移/mm	位移角/rad
1	0.094*g*	1.40	1/603	0.121*g*	0.52	1/1625
2	0.183*g*	2.78	1/303	0.214*g*	1.13	1/748
3	0.286*g*	3.83	1/222	0.323*g*	1.71	1/494
4	0.391*g*	5.07	1/167	0.434*g*	2.11	1/400
5	0.528*g*	7.81	1/109	0.557*g*	2.99	1/283
6	0.591*g*	9.7	1/87	0.696*g*	4.14	1/204
7	0.732*g*	13.38	1/63	0.739*g*	4.54	1/186
8	0.855*g*	19.39	1/44	0.817*g*	4.92	1/172
9	0.973*g*	23.38	1/36	0.957*g*	6.08	1/139
10	1.320*g*	31.1	1/27	1.051*g*	6.53	1/129
11	1.530*g*	37.48	1/23	1.282*g*	7.47	1/113
12	1.750*g*	44.69	1/19	1.344*g*	8.39	1/101
13	—	—	—	1.405*g*	9.30	1/91
14	—	—	—	1.514*g*	9.98	1/85
15	—	—	—	1.615*g*	11.26	1/75
16	—	—	—	1.732*g*	11.79	1/71
17	—	—	—	1.797*g*	12.14	1/69
18	—	—	—	1.921*g*	14.25	1/59
19	—	—	—	1.913*g*	15.10	1/56
20	—	—	—	*K*1.920*g*	24.83	1/34

表 5-27　试件 GBW3 和试件 GBW4 加载梁中部最大位移反应

工况	GBW3			GBW4		
	台面输入加速度峰值	位移/mm	位移角/rad	台面输入加速度峰值	位移/mm	位移角/rad
1	0.104g	2.24	1/715	0.111g	1.66	1/962
2	0.226g	5.22	1/306	0.229g	3.45	1/462
3	0.308g	7.08	1/227	0.332g	6.86	1/233
4	0.417g	8.73	1/182	0.397g	7.32	1/218
5	0.532g	11.38	1/141	0.528g	9.37	1/170
6	0.645g	15.94	1/100	0.594g	10.03	1/159
7	0.749g	23.47	1/68	0.698g	11.24	1/142
8	0.874g	29.10	1/55	0.808g	12.93	1/123
9	0.923g	32.38	1/50	0.944g	14.05	1/114
10	1.088g	36.73	1/44	1.058g	15.60	1/102
11	1.250g	43.21	1/37	1.167g	21.10	1/76
12	1.430g	49.21	1/32	1.372g	25.51	1/63
13	—	—	—	1.438g	30.93	1/52
14	—	—	—	1.503g	36.52	1/44
15	—	—	—	1.792g	40.31	1/40
16	—	—	—	1.846g	44.73	1/36

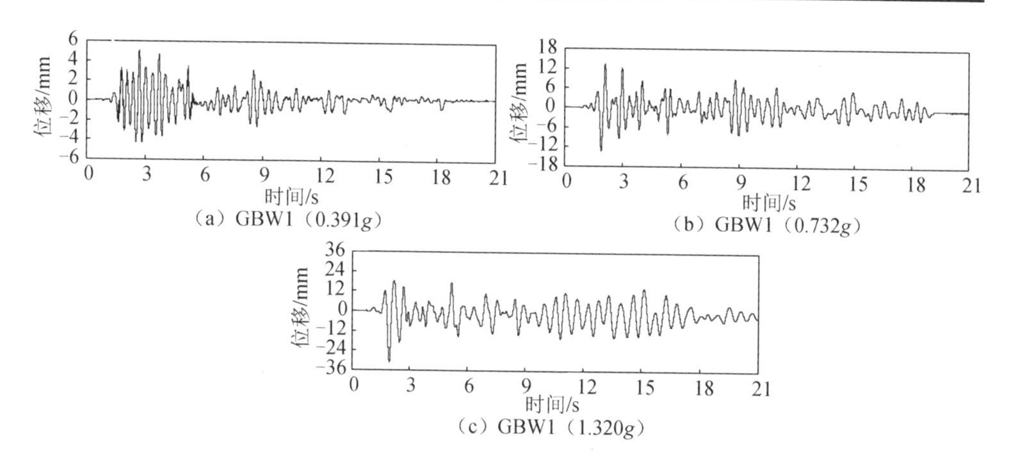

图 5-70　试件 GBW1 加载梁中部位移反应时程曲线

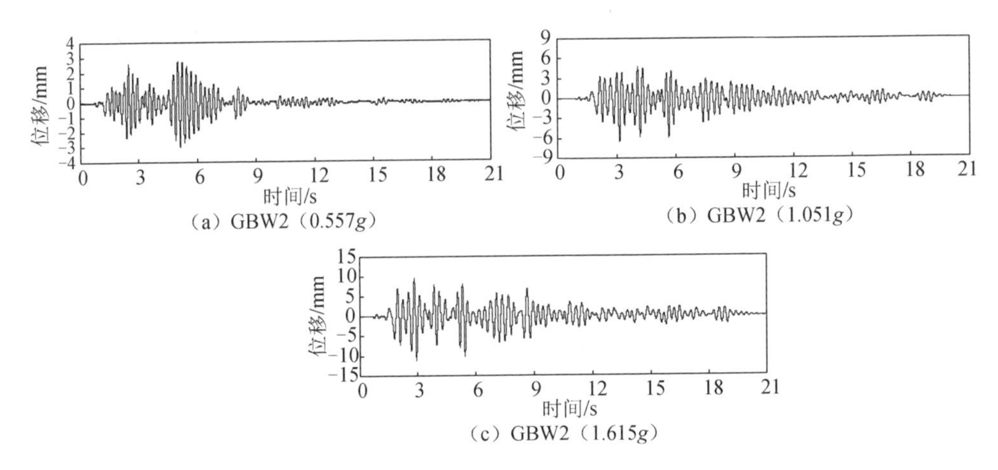

（a）GBW2（0.557g）

（b）GBW2（1.051g）

（c）GBW2（1.615g）

图 5-71　试件 GBW2 加载梁中部位移反应时程曲线

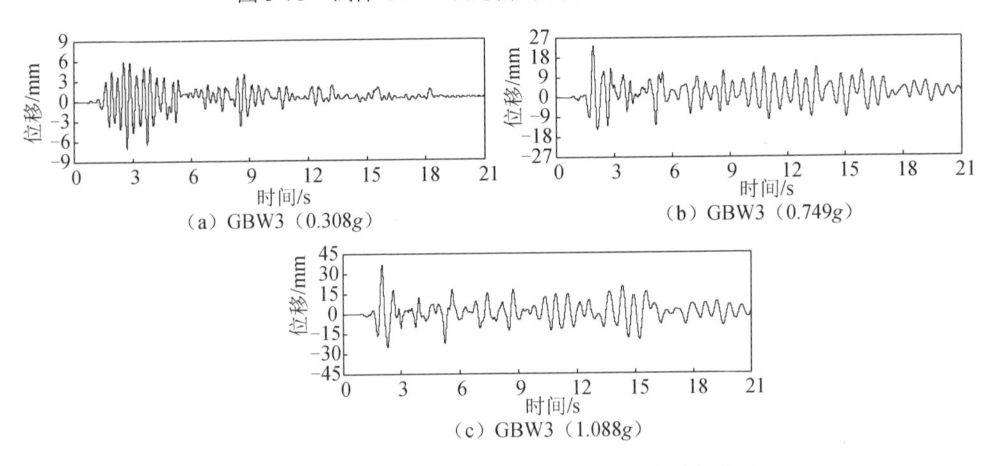

（a）GBW3（0.308g）

（b）GBW3（0.749g）

（c）GBW3（1.088g）

图 5-72　试件 GBW3 加载梁中部位移反应时程曲线

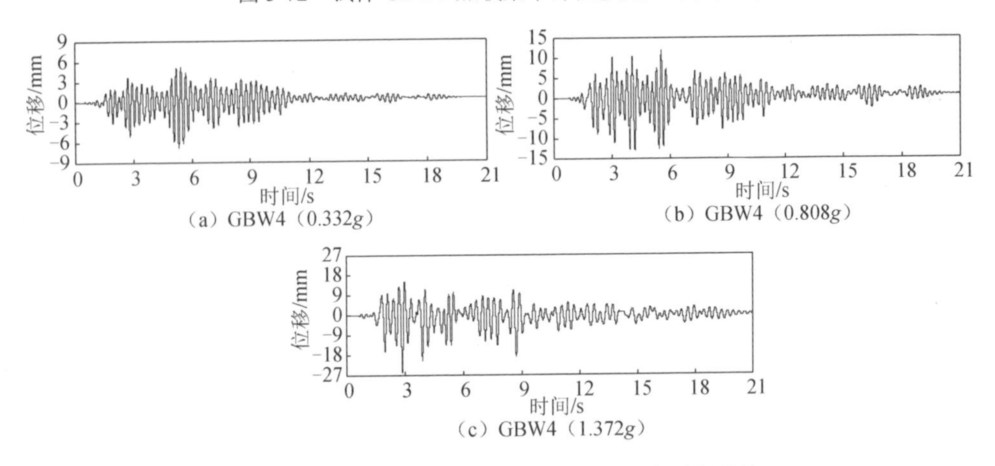

（a）GBW4（0.332g）

（b）GBW4（0.808g）

（c）GBW4（1.372g）

图 5-73　试件 GBW4 加载梁中部位移反应时程曲线

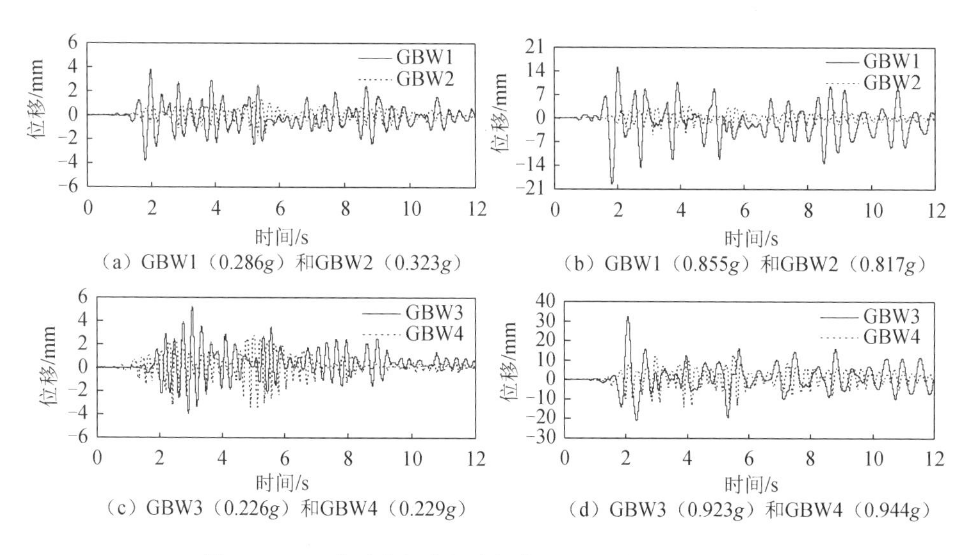

（a）GBW1（0.286g）和GBW2（0.323g）
（b）GBW1（0.855g）和GBW2（0.817g）
（c）GBW3（0.226g）和GBW4（0.229g）
（d）GBW3（0.923g）和GBW4（0.944g）

图 5-74　5.8 节试件加载梁中部位移反应时程曲线的比较

由表 5-26、表 5-27 和图 5-70～图 5-74 可知，在台面输入加速度峰值相近的情况下，内藏钢板混凝土剪力墙加载梁中部的相对基础最大位移明显小于普通钢板剪力墙的相应值，而且随着台面输入加速度峰值的增大，二者的相差幅度也在增大。试件 GBW1 与试件 GBW2 相比，在第 3 个工况（台面输入加速度峰值相近），后者的加载梁中部相对基础的最大位移比前者小 2.12mm；在第 7 个工况（台面输入加速度峰值相近），后者的最大位移比前者小 8.84mm；在第 9 个工况（台面输入加速度峰值相近），后者的最大位移比前者小 17.3mm。试件 GBW1 的台面输入加速度峰值为 1.530g 时与试件 GBW2 的台面输入加速度峰值为 1.615g 时相比，后者的最大位移比前者小 26.22mm。试件 GBW3 与试件 GBW4 相比，在第 2 个工况（台面输入加速度峰值相近），后者的最大位移比前者小 1.77mm；在第 9 个工况（台面输入加速度峰值相近），后者的最大位移比前者小 18.33mm。

试验表明：由于内藏钢板的存在，可以有效地限制混凝土墙体裂缝的开展，补偿混凝土板刚度和承载力的损失，有利于结构后期的内力重分布；钢管混凝土边框和混凝土墙板分别给内藏钢板提供了平面内和平面外两个方向的约束，从而限制了钢板的整体和局部屈曲。

5.8.5　破坏特征

试件的最终破坏形态如图 5-75 所示。

（a）GBW1

（b）GBW2

（c）GBW1 边框柱底部

（d）GBW2 边框柱底部

（e）GBW3

（f）GBW4

（g）GBW3 边框柱底部

（h）GBW4 边框柱底部

图 5-75　5.8 节试件的最终破坏形态

试验表明：

1）对于钢管混凝土边框钢板剪力墙试件，试件的破坏形式主要为弯剪破坏，钢板的屈曲破坏比较严重，褶皱较多，斜向拉力带也比较明显。钢管混凝土边框对钢板有较强的约束作用，试件在钢板屈曲后仍然可以继续承受荷载，屈曲后的钢板类似于拉力带，形成斜撑作用，仍具有一定的抗侧移刚度和抗剪承载力。

2）对于钢管混凝土边框内藏钢板剪力墙试件，由于内藏钢板的存在，在混凝土性能已很弱的情况下钢板仍可作为剪力墙的第二道抗震防线发挥其抗侧力作用；当台面输入加速度峰值继续加大，钢板和混凝土的性能进一步退化时，钢管混凝土边框仍可作为第三道防线发挥作用。

5.9 钢管混凝土边框内藏钢板组合剪力墙弹塑性时程分析

5.9.1 剪力墙有限元弹塑性时程分析

1. 有限元分析模型的建立

钢材采用等向弹塑性模型，本构关系采用低碳钢五阶段本构模型，混凝土采用塑性损伤模型，钢管内混凝土的本构关系参照韩林海等提出的适用于 ABAQUS 有限元软件分析的本构模型，墙板混凝土的本构关系参照混凝土结构设计规范建议的本构模型。

混凝土采用 8 节点六面体线性减缩积分格式的三维实体单元 C3D8R，钢管、钢板均采用 4 节点减缩积分格式的壳单元 S4R，钢筋单元采用的是两节点的线性三维杆单元 T3D2。

钢管与核心混凝土的界面模型由界面法线方向的接触和切线方向的黏结滑移构成，将钢筋嵌入混凝土单元中，以模拟钢筋与混凝土之间的黏结关系。

2. 自振频率

试件在弹性阶段自振频率的计算值与实测值的比较见表 5-28。由表 5-28 可知二者匹配较好。

表 5-28 5.8 节试件自振频率计算值与实测值的比较

项目	计算值/（kN/mm）	实测值/（kN/mm）	相对误差/%
GBW1	5.05	5.35	5.61
GBW2	8.07	8.51	5.17
GBW3	3.40	3.59	5.29
GBW4	6.13	5.81	5.22

3. 位移时程反应分析

各模型在弹性阶段和弹塑性阶段若干典型工况下的加载梁中部位移反应计算值与实测值的比较如图 5-76 所示。从图 5-76 可以看出，计算结果和实测结果匹配较好。

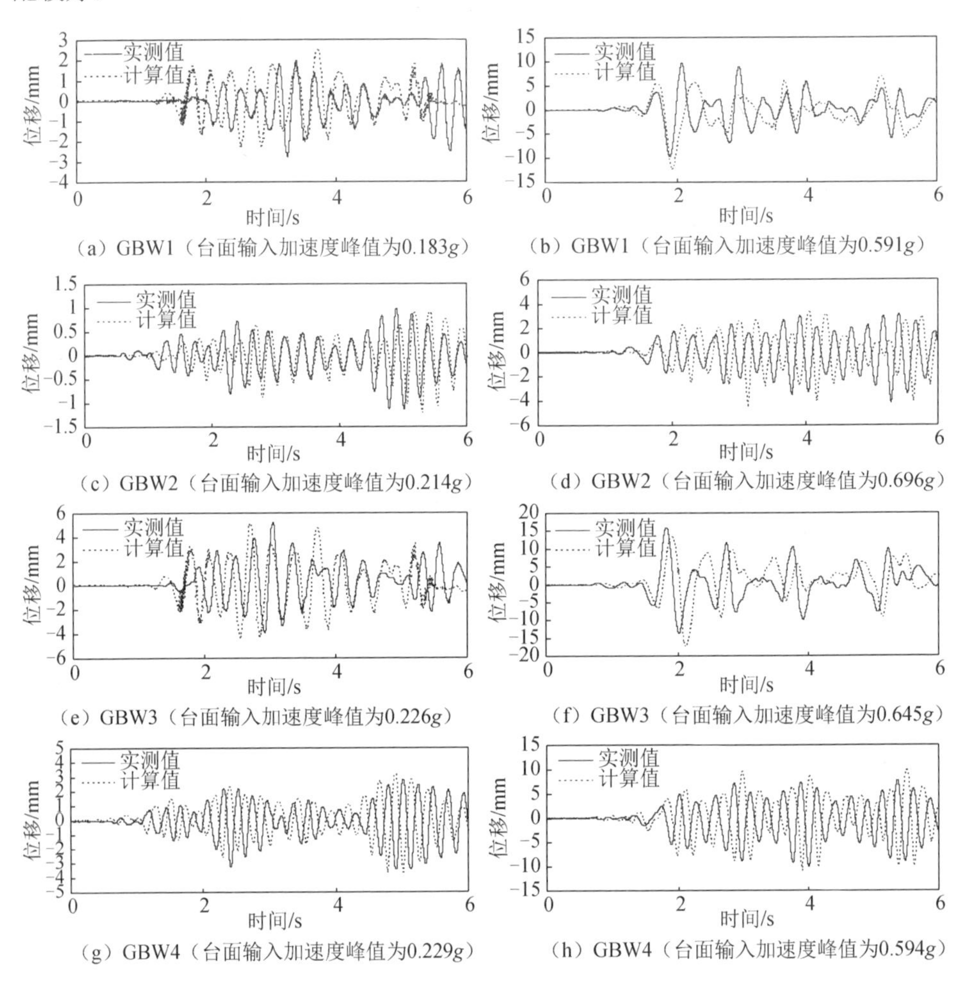

（a）GBW1（台面输入加速度峰值为0.183*g*）　（b）GBW1（台面输入加速度峰值为0.591*g*）

（c）GBW2（台面输入加速度峰值为0.214*g*）　（d）GBW2（台面输入加速度峰值为0.696*g*）

（e）GBW3（台面输入加速度峰值为0.226*g*）　（f）GBW3（台面输入加速度峰值为0.645*g*）

（g）GBW4（台面输入加速度峰值为0.229*g*）　（h）GBW4（台面输入加速度峰值为0.594*g*）

图 5-76　5.8 节试件加载梁中部位移反应计算值与实测值的比较

4. 钢板宽厚比对剪力墙抗震性能的影响

由 4 个试件的破坏过程可知，内藏钢板耗能作用比较突出，因此在实际工程中需要重点考虑采用怎样的钢板宽厚比才可以平衡经济方面和受力方面的要求。采用前述的建模分析方式，针对试件 GBW3 和试件 GBW4，改变其中内藏钢板的宽厚比，进行不同加速度峰值下的地震位移反应计算，计算结果见表 5-29。由表 5-29 可知，随着内藏钢板宽厚比的减小，在相同地震加速度峰值下试件加载梁中部相对基础的最大位移也相应减小；试件加载梁中部相对基础的最大位移当钢板的宽厚比从 380 减至 190（钢板的厚度由 1mm 增至 2mm），以及从 190 减至 95 时（钢板的厚度由 2mm 增至 4mm）减小幅度较大；但是当宽厚比继续减小时，位移减小幅度开始减缓。钢管混凝土边框纯钢板剪力墙试件和钢管混凝土边框内藏钢板剪力墙宜采用中厚钢板。

表 5-29　不同钢板宽厚比试件的加载梁中部位移最大值

加速度峰值	GBW3 钢板宽厚比				GBW4 钢板宽厚比			
	380	190	95	63	380	190	95	63
0.4g	8.532mm	5.374mm	2.755mm	1.987mm	6.110mm	5.222mm	4.200mm	3.273mm
0.6g	13.277mm	9.945mm	5.722mm	4.738mm	9.629mm	8.138mm	6.650mm	5.135mm
0.8g	26.811mm	20.158mm	13.988mm	10.572mm	12.062mm	10.029mm	8.105mm	6.081mm
1.0g	35.336mm	27.237mm	17.229mm	11.647mm	14.129mm	11.627mm	9.150mm	7.605mm
1.2g	—	—	—	—	16.768mm	13.426mm	10.401mm	6.838mm

5. 边框钢管壁厚对剪力墙抗震性能的影响

利用 ABAQUS 有限元软件，仍然使用前述的建模分析方式，针对本节研究的试件 GBW3 和试件 GBW4，改变其钢管混凝土边框中钢管的壁厚，进行不同峰值加速度下加载梁中部的位移反应计算，计算结果见表 5-30。由表 5-30 可知，随着钢管混凝土边框中钢管壁厚的增加，加载梁中部位移在减小；当钢管壁厚从 3mm 增加到 4mm 时，加载梁中部位移的减小幅度较大；钢管壁厚从 4mm 增加到 5mm 时，加载梁中部位移的减小幅度明显较小，说明对钢管壁厚的设计需要考虑综合效果。

表 5-30　不同钢管壁厚下试件加载梁中部的位移最大值　（单位：mm）

加速度峰值	GBW3 钢管壁厚			GBW4 钢管壁厚		
	3	4	5	3	4	5
0.4g	5.975	2.152	1.379	4.597	3.624	2.677
0.6g	10.477	5.098	4.154	7.583	6.106	4.538
0.8g	19.459	13.274	9.968	9.422	7.559	5.471
1.0g	26.633	16.722	11.079	11.065	8.612	7.102
1.2g	—	—	—	12.787	9.791	6.239

5.9.2 剪力墙宏观模型的弹塑性时程分析

1. 宏观模型的建立

采用 SAP2000 有限元软件对 4 个组合剪力墙试件建立宏观模型进行弹塑性时程分析。在多垂直杆单元模型的基础上建立 4 个剪力墙试件的宏观模型，如图 5-77 所示。该模型中，上下楼板用刚性梁模拟，上梁采用加密布置的方式来模拟荷重槽的作用；将剪力墙用多条垂直杆件模拟，剪力墙单元的轴向刚度和弯曲刚度由垂直杆提供，单元的剪切刚度由位于 rh 高度处的剪切弹簧提供；该模型的边缘核心杆用来模拟钢管混凝土边框对剪力墙的刚度贡献，只考虑其拉、压刚度。该模型考虑了中间墙板和外侧边柱的变形协调，由于剪力墙弯矩和轴力的相关性，同时也考虑墙体非线性变形过程中墙体中性轴的移动，以调整不同的 r 值来模拟不同曲率分布的墙肢。

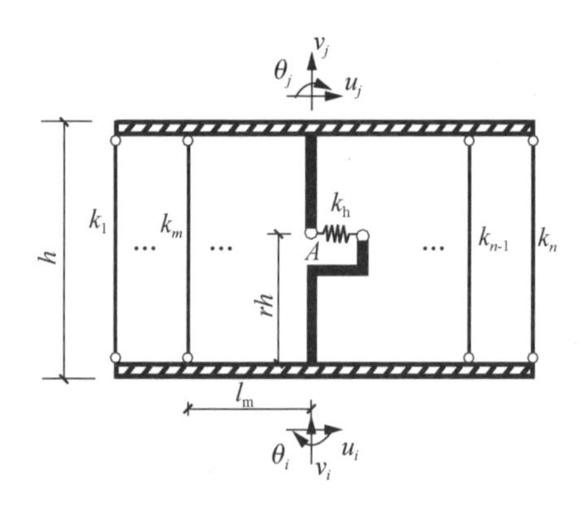

图 5-77　剪力墙的宏观模型

2. 墙体转动中心高度的取值

根据上述宏观模型的定义，墙体转动中心 r 的取值与剪力墙沿高度方向的曲率分布情况有关[5]。在图 5-77 中由于剪力墙单元绕 A 点转动角度 θ 而产生的水平位移 u_b 为

$$u_b = (1-r)h\theta = (1-r)h\int_0^h \phi \mathrm{d}x \tag{5-59}$$

式中，ϕ 为剪力墙截面的曲率；h 为剪力墙单元的高度。该位移对应于墙单元中由弯曲变形引起的水平位移为

$$u_b = \int_0^h x\phi \mathrm{d}x \tag{5-60}$$

式中，x 为积分点到墙体自由端的距离（这里为到顶部刚性横梁的距离），式（5-59）与式（5-60）相等并进行运算后可以推导得

$$rh = \frac{\int_0^h (h - x)\phi \mathrm{d}x}{\int_0^h \phi \mathrm{d}x} \tag{5-61}$$

从式（5-61）中可以看出，转动中心高度的物理含义为沿剪力墙单元高度方向的曲率分布图的形心（在弹性阶段时即为弯矩分布图的形心）到单元底部的距离。根据剪力墙的受力特点，可以假设墙体曲率沿墙单元高度呈线性变化，且单元底部曲率与顶部曲率之比为η，即

$$\phi = \frac{\eta - 1}{h} x + 1 \tag{5-62}$$

这样经过积分运算后可以得到

$$r = \frac{\eta + 2}{3(\eta + 1)} \tag{5-63}$$

不同的曲率分布可以得到不同的 r 值。考虑实际剪力墙的弯矩沿剪力墙高度的变化比较缓慢，若假定在同一单元内部曲率呈均匀分布，即取 $\eta = 1$，则 $r = 0.5$。参考以上分析，在进行计算时近似取 $r = 0.5$。

3. 模型中拉压杆件的滞回模型

对于钢筋混凝土轴心受力构件，其受拉和受压两个方向的滞回性能存在很大差别，因而应该对其滞回模型进行专门的研究。本节杆件均为轴向受力的拉压杆件，鉴于目前对钢筋混凝土轴心受力构件滞回特性的研究尚不完善，计算时一般基于材料本构关系及分析对象的特点，将杆件视作由钢筋弹簧和混凝土弹簧并联而成[6]，拉压杆计算模型如图 5-78 所示。

4. 模型中剪切弹簧的滞回模型

由于剪力墙受剪机理比较复杂，相关的试验数据也不足，国内外文献中建议的剪力墙滞回模型不多。剪切弹簧的滞回模型采用图 5-79 所示的指向原点恢复力模型，其中 K_1 为初始刚度；K_2 为开裂至屈服前的刚度；K_3 为屈服后的刚度；V_c 为混凝土开裂剪力；Δu_c 为混凝土开裂时单元模型的层间位移；V_y 为屈服剪力；Δu_y 为屈服位移。

在确定剪切刚度和剪切位移时，骨架曲线上各关键点的确定方法参照文献[7]，不再赘述。

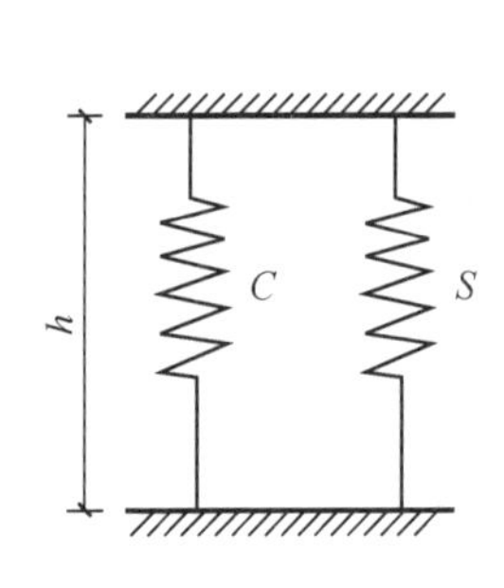

图 5-78　拉压杆计算模型

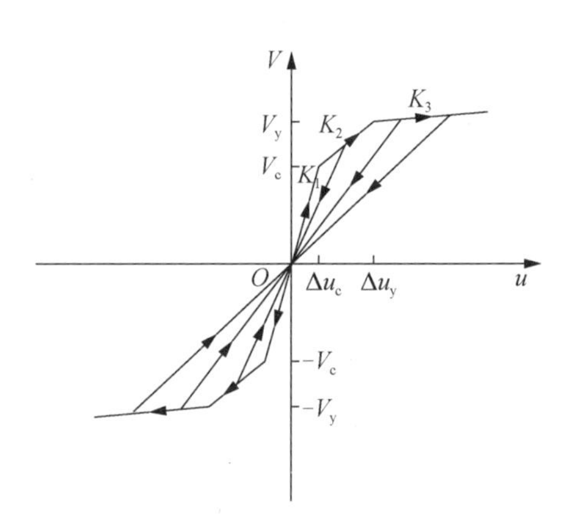

图 5-79　剪切弹簧滞回模型

5. 单元划分

将钢管混凝土边框内藏钢板剪力墙试件沿截面划分成 7 个单元，最两边的单元模拟钢管混凝土边框，如图 5-80 所示。再沿高度划分成若干墙带。每个墙带之间是刚性梁，顶部的钢梁以加密的形式来模拟质量块。每个单元均包含钢筋（钢材）和混凝土：对于中间的单元，将钢筋和混凝土分开考虑；对于墙肢端部的单元，将钢管和约束混凝土分开考虑。

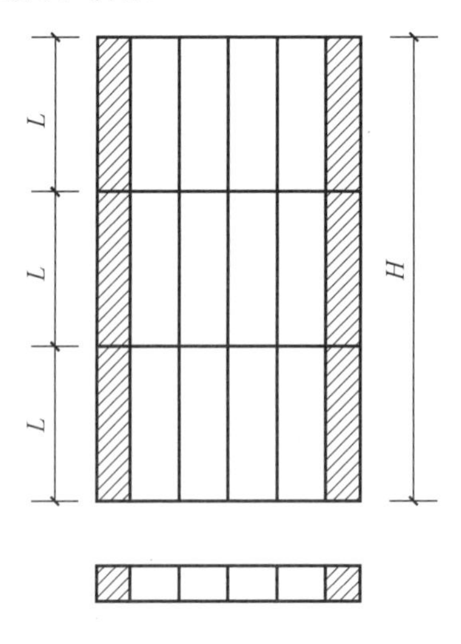

图 5-80　墙肢单元划分

6. 计算结果

计算所得的钢管混凝土边框内藏钢板组合剪力墙试件 GBW2 和试件 GBW4 加载梁中部相对基础顶面最大位移反应的计算值与实测值见表 5-31。计算所得的钢管混凝土边框纯钢板剪力墙试件 GBW1 和试件 GBW3 加载梁中部相对基础顶面最大位移反应的计算值与实测值见表 5-32。

表 5-31　试件 GBW2 和试件 GBW4 加载梁中部相对基础顶面最大位移反应的计算值与实测值

GBW2				GBW4			
台面输入加速度峰值	实测位移/mm	计算所得位移/mm	相对误差/%	台面输入加速度峰值	实测位移/mm	计算所得位移/mm	相对误差/%
0.214g	1.13	1.16	2.7	0.229g	3.45	3.56	3.2
0.434g	2.11	2.21	4.7	0.397g	7.32	7.63	4.2
0.817g	4.92	5.23	6.3	0.698g	11.24	11.98	6.6
1.282g	7.47	8.06	7.9	1.167g	21.10	22.81	8.1

表 5-32　试件 GBW1 和试件 GBW3 加载梁中部相对基础顶面最大位移反应的计算值与实测值

GBW1				GBW3			
台面输入加速度峰值	实测位移/mm	计算所得位移/mm	相对误差/%	台面输入加速度峰值	实测位移/mm	计算所得位移/mm	相对误差/%
0.183g	2.78	2.87	3.2	0.104g	2.24	2.33	4.0
0.391g	5.07	5.32	4.9	0.308g	7.08	7.46	5.4
0.528g	7.81	8.37	7.2	0.532g	11.38	12.31	8.2
0.732g	13.38	14.65	9.5	0.749g	23.47	25.88	10.3

由表 5-32 可知，计算所得位移值与实测值匹配较好；在多垂直杆单元模型基础上建立的剪力墙宏观计算模型能较好地反映钢管混凝土边框内藏钢板剪力墙和钢管混凝土边框内藏钢板组合剪力墙在弹性和塑性阶段的地震反应。

5.10　本 章 小 结

本章进行了 5 个钢管混凝土边框纯钢板剪力墙模型试件、6 个型钢混凝土边框内藏钢板组合剪力墙模型试件、9 个钢管混凝土边框内藏钢板组合剪力墙模型试件和 4 个钢管混凝土叠合柱边框内藏钢板组合剪力墙模型试件的低周反复荷载作用下的抗震性能试验研究，分析了各试件的承载力、延性、刚度及其退化过程、耗能能力、破坏特征等；进行了 4 个钢管混凝土边框内藏钢板组合剪力墙模型试件的模拟地震振动台试验研究，测试了各试件在不同加速度峰值下的动力特性及加速度时程反应、位移时程反应、应变时程反应，比较了各剪力墙试件的破坏特征。基于试验，考虑型钢及钢管混凝土边框内藏钢板组合剪力墙的构造特点，建立了相应的刚度模型、承载力模型、恢复力模型，计算结果与实测值匹配较好；

采用 ABAQUS 软件对型钢及钢管混凝土边框内藏钢板组合剪力墙进行了弹塑性时程分析，分析了参数变化对其抗震性能的影响；另外，在多垂直杆单元模型的基础上建立宏观模型，采用 SAP2000 有限元软件进行了弹塑性时程分析。

研究表明：

1）钢管混凝土边框内藏钢板组合剪力墙的承载力、延性、耗能能力比普通剪力墙和型钢混凝土边框内藏钢板组合剪力墙明显提高。

2）钢管及型钢混凝土边框内藏钢板组合剪力墙刚度退化较慢，后期性能稳定。

3）钢管及型钢混凝土边框内藏钢板组合剪力墙的抗剪承载力明显提高。内藏钢板可有效控制墙体裂缝的开展和主裂缝的出现，使裂缝分布范围扩大且密集，剪力墙刚度退化明显减慢。

4）钢管混凝土边框内藏钢板剪力墙与钢管混凝土边框纯钢板剪力墙相比，在台面输入加速度峰值相近的情况下，前者的自振频率较高，加载梁中部加速度反应峰值较大，水平位移反应较小，刚度较大，承载力较高，抗震耗能能力较强。

5）钢管混凝土边框内藏钢板剪力墙具有多道抗震防线，可充分发挥钢管混凝土边框、内藏钢板、钢筋混凝土墙板协同工作的优势，可较大幅度地提高剪力墙的后期刚度和变形能力。

参 考 文 献

[1] 孙飞飞，刘桂然．组合钢板剪力墙的简化模型[J]．同济大学学报（自然科学版），2010，38（1）：18-23.

[2] DRIVER R G, KULAK G L, ELWI A E, et al. FE and simplified models of steel plate shear wall[J]. Journal of structural engineering, 1998, 124(2): 121-130.

[3] 吕西林，干淳洁，王威．内置钢板钢筋混凝土剪力墙抗震性能研究[J]．建筑结构学报，2009，30（5）：89-96.

[4] 曹万林，王敏，张建伟，等．钢管混凝土边框剪力墙抗震试验及承载力计算[J]．北京工业大学学报，2008，34（12）：1291-1297.

[5] 干淳洁．内置钢板钢筋混凝土剪力墙抗震性能研究[D]．上海：同济大学，2008.

[6] 蒋欢军，吕西林．一种宏观剪力墙单元模型应用研究[J]．地震工程与工程振动，2003，23（1）：38-43.

[7] 汪梦甫，周锡元．钢筋混凝土剪力墙多垂直杆非线性单元模型的改进及其应用[J]．湖南大学学报，2002，23（1）：38-57.

第 6 章　钢管及型钢密柱内藏分块钢板组合剪力墙抗震试验与理论

6.1　研 究 背 景

本章介绍的是一种钢管及型钢密柱内藏分块钢板组合剪力墙。当钢管及型钢边框内藏钢板组合剪力墙的轴压比不为主要矛盾时，可采用钢管及型钢密柱内藏分块钢板组合剪力墙的设计方案。与内藏整体钢板组合剪力墙相比，分块钢板有以下优点：便于吊装、定位、焊接，施工难度小；可避免整体钢板通高将混凝土墙体一分为二的弊端，钢板两侧焊接栓钉等加强整体性的措施要求相对较低；上下分块钢板之间可穿过拉结筋，以加强钢板两侧混凝土墙体的联系，且钢板两侧混凝土易贯通，加强了混凝土墙体的整体性。图 6-1（a）为内藏整体钢板剪力墙局部构造，图 6-1（b）为内藏分块钢板剪力墙局部构造。

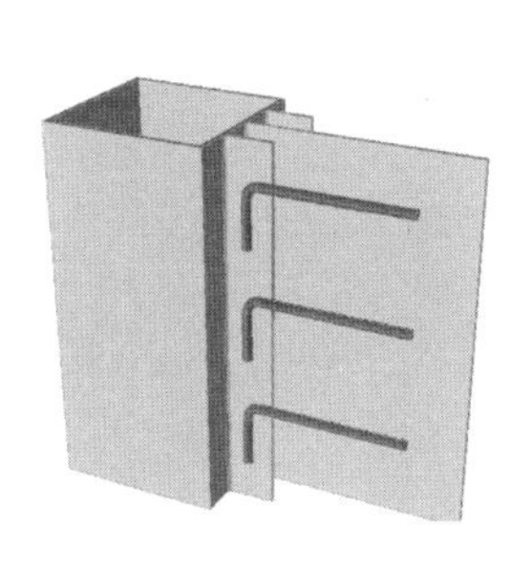

（a）内藏整体钢板

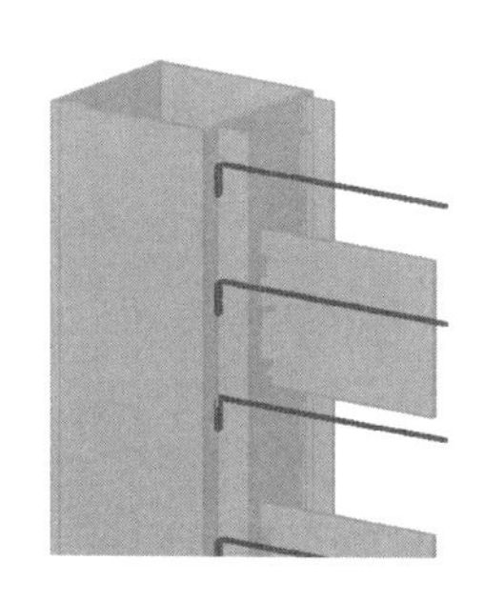

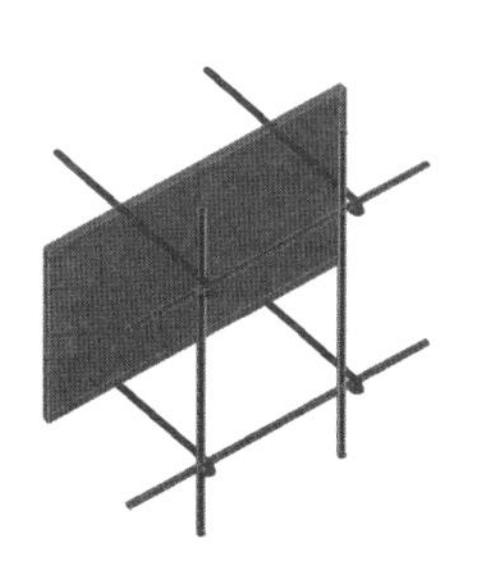

（b）内藏分块钢板

图 6-1　内藏钢板剪力墙局部构造

型钢混凝土密柱内藏分块钢板组合剪力墙，将型钢混凝土柱、分块钢板、钢筋混凝土剪力墙的优势进行组合，形成具有良好屈服机制和多道抗震防线的新型组合剪力墙。地震作用下，钢筋混凝土墙板破坏后，型钢混凝土柱、分块钢板与边框梁形成一个几何不变的深梁-密柱结构，深梁是耗能分块钢板，密柱是边框柱及中柱，深梁-密柱结构为第二道抗震防线。型钢混凝土密柱内藏分块钢板核心结构如图 6-2 所示。

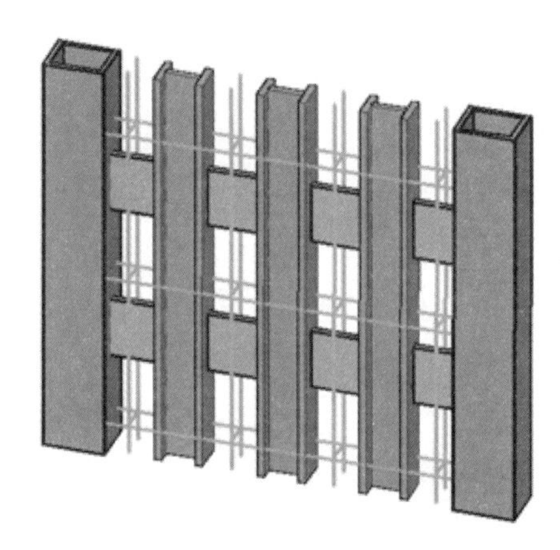

图 6-2　型钢混凝土密柱内藏分块钢板核心结构

为研究该新型组合剪力墙的抗震性能，进行了不同设计参数试件的低周反复荷载试验研究，建立了承载力计算模型，进行了有限元数值模拟。

6.2　钢管混凝土密柱内藏分块钢板组合剪力墙

6.2.1　试验概况

1. 试件设计

共设计了 6 个试件，剪跨比均为 1.5，编号分别为 CFW-1～CFW-6。试件 CFW-1 为方钢管混凝土密柱带两道单层分块钢板结构；试件 CFW-2 为方钢管混凝土密柱带两道双层分块钢板结构；试件 CFW-3 为方钢管混凝土密柱内藏两道单层分块钢板组合剪力墙；试件 CFW-4 为方钢管混凝土密柱内藏两道双层分块钢板组合剪力墙；试件 CFW-5 为内藏方钢管混凝土密柱、两道单层分块钢板组合剪力墙；试件 CFW-6 为内藏方钢管混凝土密柱、两道双层分块钢板组合剪力墙；其中，试件 CFW-3 和试件 CFW-4 的钢管为外露型明钢管，试件 CFW-5 和试件 CFW-6 的钢管为内藏型叠合式暗钢管。

试件 CFW-1～CFW-4 的钢管均采用 140mm×140mm×4mm 方钢管，试件 CFW-5、CFW-6 的内藏钢管均采用 100mm×100mm×4mm 方钢管，试件 CFW-1～CFW-6 的分块钢板为连通钢管腔体肋板的焊接方式，分块钢板厚度为 5mm。试件的配筋及配钢图如图 6-3 所示，试件的钢构照片如图 6-4 所示。

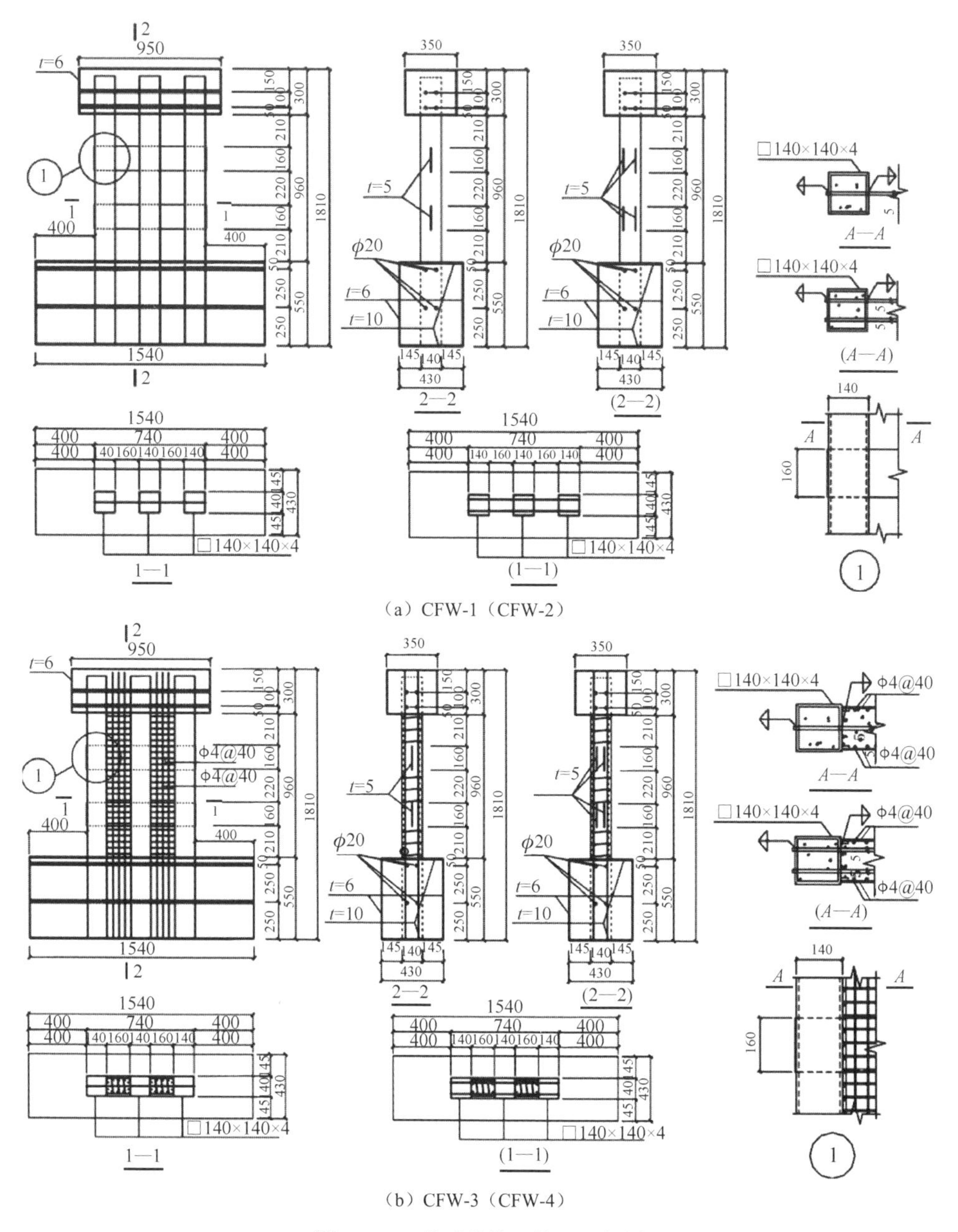

（a）CFW-1（CFW-2）

（b）CFW-3（CFW-4）

图 6-3　6.1 节试件的配筋及配钢图

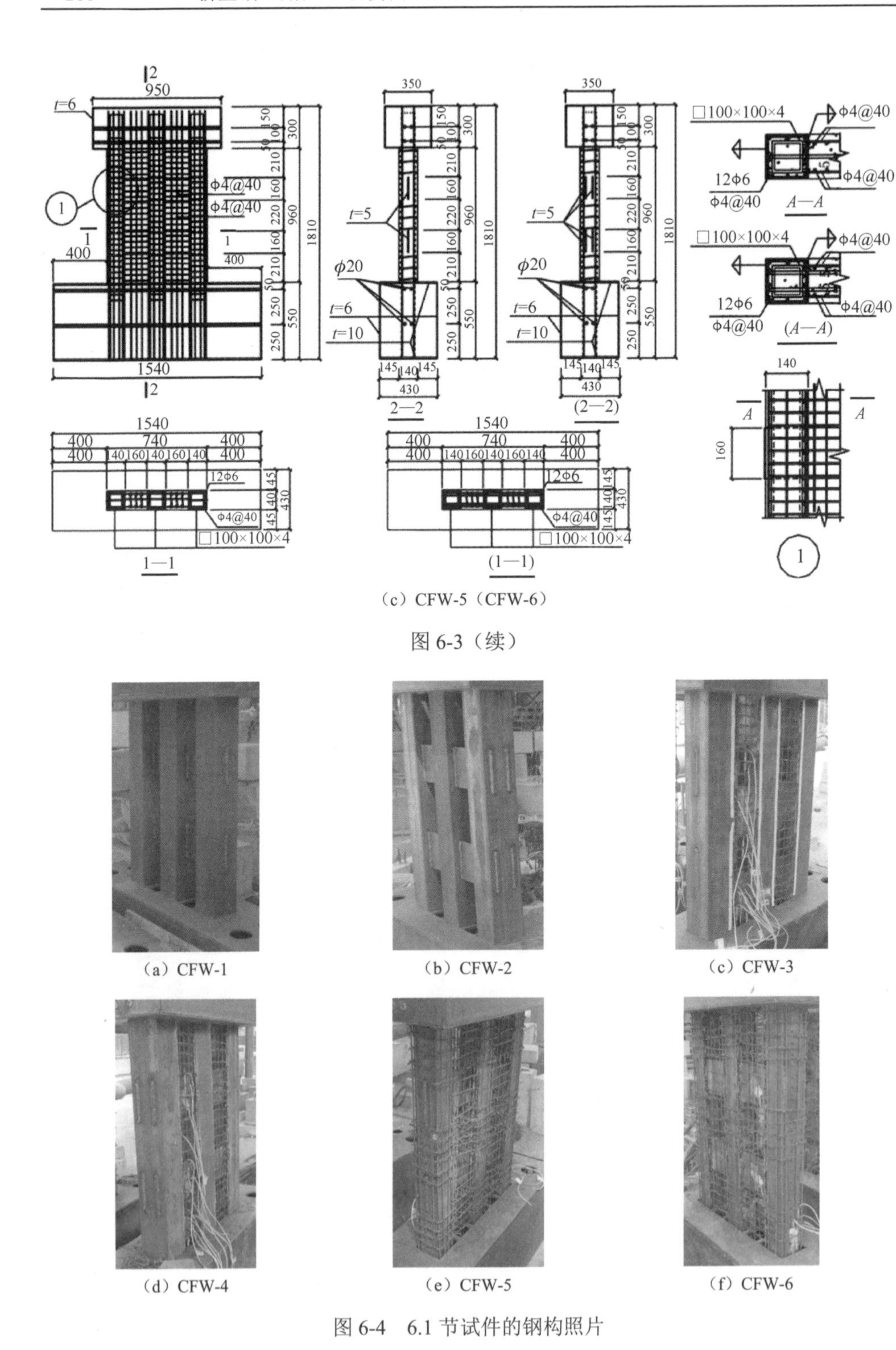

（c）CFW-5（CFW-6）

图 6-3（续）

（a）CFW-1

（b）CFW-2

（c）CFW-3

（d）CFW-4

（e）CFW-5

（f）CFW-6

图 6-4　6.1 节试件的钢构照片

2. 材料性能

钢材的力学性能实测值见表 6-1。实测混凝土立方体抗压强度平均值为 42.1MPa，弹性模量平均值为 3.29×10^4MPa。

表 6-1　6.1 节试件的钢材力学性能实测值

钢材类型	结构名称	f_y/MPa	f_u/MPa	δ/%	E_s/MPa
140mm×140mm×4mm 钢管	CFW-1～CFW-4 钢管	270.3	401.1	11.93	2.08×10^5
100mm×100mm×4mm 钢管	CFW-5、CFW-6 钢管	276.6	403.2	24.38	2.10×10^5
5mm 厚钢板	分块钢板	268.7	399.2	20.12	2.01×10^5
ϕ4 钢筋	分布钢筋	632.9	811.5	9.60	2.06×10^5
ϕ6 钢筋	CFW-5、CFW-6 叠合柱纵筋	396.5	563.2	14.50	2.02×10^5

3. 加载装置及加载方案

试件加载装置示意图如图 6-5 所示，试件加载现场照片如图 6-6 所示。

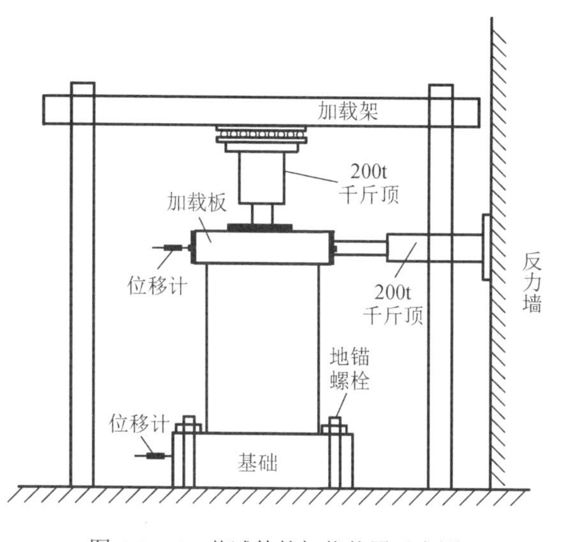

图 6-5　6.1 节试件的加载装置示意图

图 6-6　6.1 节试件的加载现场照片

试验采用低周反复荷载的加载方式，在施加水平荷载之前，首先施加一 1000kN 的竖向荷载，并保持其在试验过程中不变。竖向荷载通过竖向千斤顶施加，竖向千斤顶与反力梁通过滚动支座相连。水平荷载由水平拉压千斤顶施加，拉为正，压为负，加载点位于加载梁高度的中点，到基础表面的距离为 1110mm。采用位移控制的方式进行加载。

6.2.2 破坏特征

6.1 节试件的最终破坏形态如图 6-7 所示。

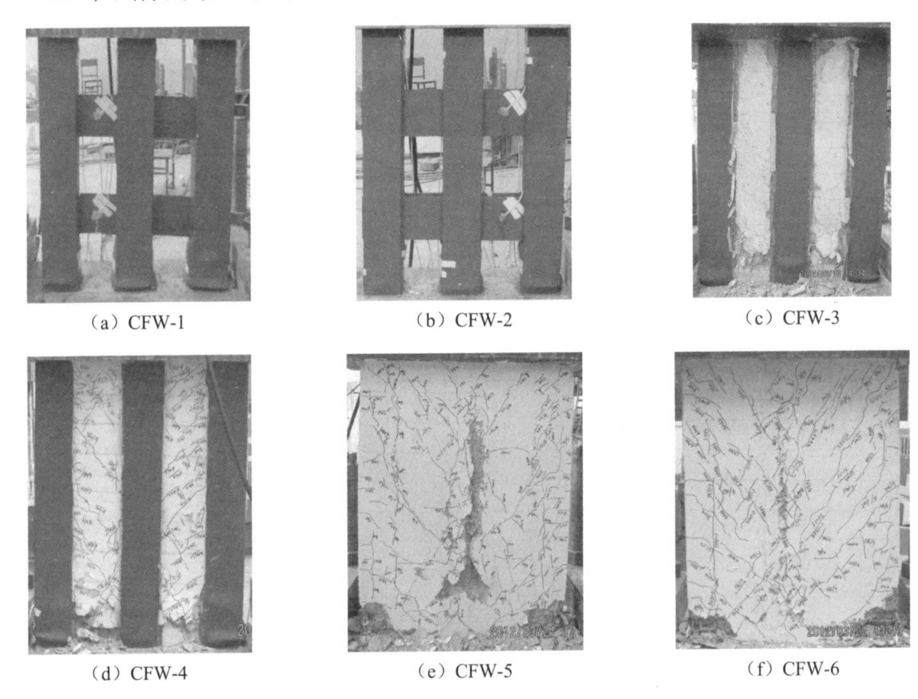

（a）CFW-1 （b）CFW-2 （c）CFW-3

（d）CFW-4 （e）CFW-5 （f）CFW-6

图 6-7 6.1 节试件的最终破坏形态

各试件的破坏特征比较：①试件 CFW-1 与试件 CFW-2 相比，分块钢板屈服变形较大，钢管混凝土柱底部塑性铰域较大，其屈曲耗能性能发挥较充分。②试件 CFW-3 与试件 CFW-4 相比，钢管混凝土中柱柱底塑性铰域较大，边柱塑性铰域较小；钢管混凝土柱与混凝土条带单元界面处的剪切滑移较大，有一定的带竖缝剪力墙变形特征；混凝土条带损伤主要位于与钢管混凝土柱的连接界面处，混凝土条带墙体的裂缝相对减少。③试件 CFW-5 与试件 CFW-6 相比，墙体中部内藏钢管部位损伤较重，整体剪力墙性质相对较弱，它们均显示出底部正截面受弯破坏为主的特征。

6.2.3 承载力与变形能力

试件主要阶段的特征荷载及位移实测值见表 6-2。

表 6-2　6.1 节试件主要阶段的特征荷载及位移实测值

试件编号	F_c/kN	U_c/mm	F_y/kN	U_y/mm	F_u/kN	U_d/mm	θ_p	F_y/F_u	μ
CFW-1	—	—	242.93	7.96	314.27	28.33	1/39	0.773	3.56
CFW-2	—	—	279.54	7.46	365.70	24.82	1/45	0.764	3.33
CFW-3	230.00	3.12	382.35	7.90	455.53	40.14	1/28	0.839	5.08
CFW-4	250.00	3.48	455.26	7.86	590.38	31.49	1/35	0.771	4.01
CFW-5	208.00	2.41	408.34	6.84	523.34	22.35	1/50	0.780	3.27
CFW-6	226.00	2.71	413.06	7.05	570.62	21.34	1/52	0.724	3.03

由表 6-2 可知，分块钢板平面布置相同的情况下，增加相同位置钢板的数量（层数）或增加厚度可提高结构的承载力，但变形能力及延性有一定的降低。在钢管混凝土密柱-分块钢板核心结构上，增设分块钢板外包混凝土条带分灾耗能单元后，形成了包含钢管混凝土密柱-分块钢板核心结构和混凝土竖向耗能带的分灾体系，它们相互作用与约束，承载力提高了 44.9%～62.9%，最大弹塑性位移提高了 26.9%～41.7%，综合抗震性能大幅度提高。钢管混凝土暗柱内藏分块钢板剪力墙与钢管混凝土明柱内藏分块钢板剪力墙相比，单层分块钢板情况下，承载力较高，但双层分块钢板情况下承载力较低，其原因是对分块钢板的约束能力不同，存在分块钢板合理配置的问题。钢管混凝土暗柱内藏分块钢板剪力墙在变形过程中显示出了整体墙的特征，最大弹塑性位移降低 32.2%～44.3%，延性系数降低 24.5%～35.7%。试件 CFW-1～试件 CFW-4 的弹塑性位移角均超过了 1/50，试件 CFW-5、试件 CFW-6 的弹塑性位移角也都在 1/50 附近，说明该类型组合剪力墙具有良好的弹塑性变形能力。

6.2.4　刚度及退化过程

试件的刚度实测值及刚度退化系数见表 6-3，实测所得各试件的 K-θ 曲线如图 6-8 所示。

表 6-3　6.1 节试件的刚度实测值及刚度退化系数

试件编号	K_c/（kN/mm）		K_0/（kN/mm）		K_y/（kN/mm）		β_{y0}	
	实测值	相对值	实测值	相对值	实测值	相对值	实测值	相对值
CFW-1	—	—	112.96	1.000	30.52	1.000	0.27	1.000
CFW-2	—	—	139.22	1.232	37.47	1.228	0.27	0.997
CFW-3	72.56	1.000	164.20	1.454	48.39	1.586	0.30	1.092
CFW-4	77.16	1.063	166.97	1.478	53.54	1.754	0.32	1.188
CFW-5	82.65	1.139	178.35	1.579	59.70	1.956	0.34	1.240
CFW-6	83.26	1.148	180.64	1.599	56.20	1.841	0.31	1.152

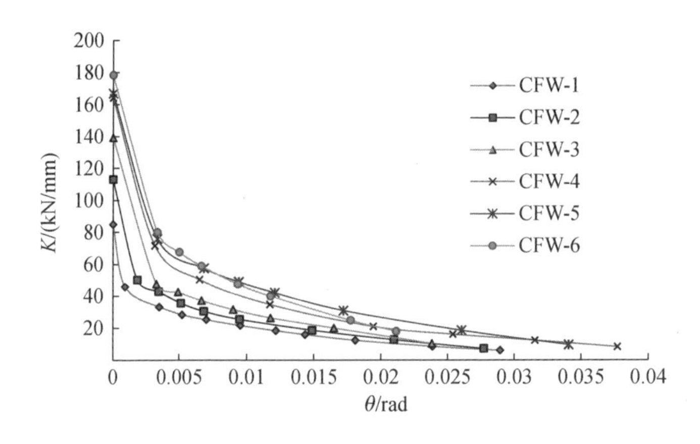

图 6-8　6.1 节试件的 K-θ 曲线

由表 6-3 和图 6-8 可知，位置相同，分块钢板数量的增加可明显提高试件的刚度；分块钢板外包混凝土条带后，显著提高了试件的刚度，但试件 CFW-4 对试件 CFW-2 初始刚度提高的比例明显小于试件 CFW-3 对试件 CFW-1 的初始刚度提高的比例，其原因是试件 CFW-2 比试件 CFW-1 的分块钢板数量多 1 倍，试件 CFW-2 的刚度已比试件 CFW-1 明显提高，而试件 CFW-4 与试件 CFW-3 的混凝土条带一致，相应刚度提高的比例减小。试件 CFW-6 与试件 CFW-5 相比，初始刚度、屈服刚度相当，这时它们基本呈整体墙变形，其试件破坏主要是底部塑性角域的屈服破坏，这种情况下分块钢板的强弱对试件整体刚度的影响已不明显。

6.2.5　滞回特性

实测所得各试件的 F-U 滞回曲线如图 6-9 所示，图中 F 为各试件的水平荷载，U 为各试件加载点处的水平位移。

由图 6-9 可知，①试件 CFW-3 比试件 CFW-1、试件 CFW-4 比试件 CFW-2 的滞回耗能能力大幅度提高，这与混凝土条带-分块钢板-钢管混凝土密柱协同工作、分灾耗能密切相关：混凝土条带在开裂、闭合过程中分灾耗能；混凝土条带约束分块钢板，使其成为约束屈曲分块钢板，其耗能能力得以充分发挥；混凝土条带水平分布钢筋与钢管上的钢板竖向条带焊接，在试件变形过程中，混凝土条带与钢管混凝土柱之间交互错动、摩擦消能减震；混凝土条带与钢管密柱共同工作，相互制约，一定程度上增强了各自的变形能力。②试件 CFW-5 与试件 CFW-6 的滞回性能总体接近，试件 CFW-5 的滞回环相对饱满一些。③试件 CFW-3 比试件 CFW-5、试件 CFW-4 比试件 CFW-6 的滞回环显著饱满，弹塑性变形能力显著提高，这是由于试件 CFW-3 和试件 CFW-4 在变形过程中，其各组成部件间形成了相互制约和交错摩擦耗能的屈服机制，可分灾耗能。

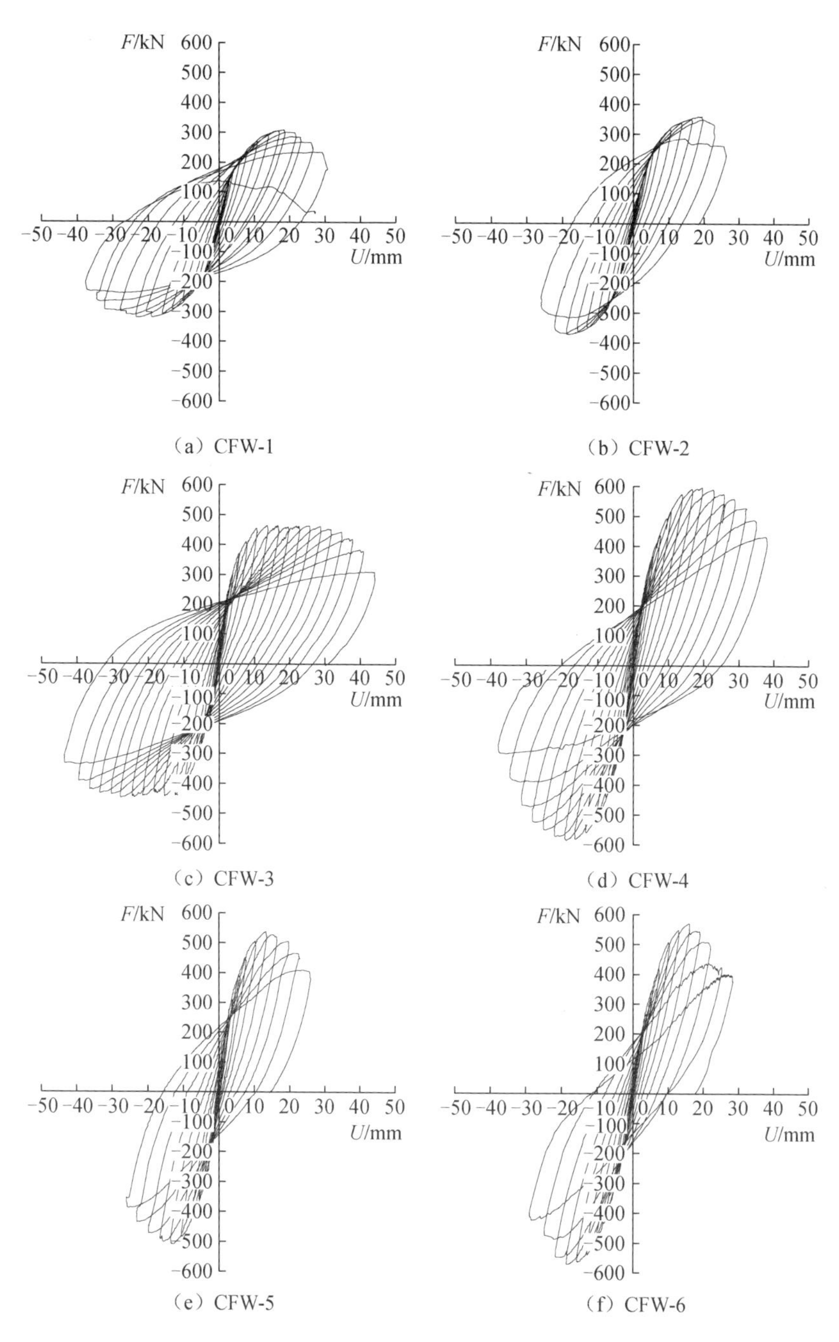

图 6-9　6.1 节试件的 *F-U* 滞回曲线

6.2.6　耗能能力

由于试验中各试件的加载历程不完全相同，取滞回曲线的外包络线所包围的面积作为比较各试件耗能能力的指标。各剪力墙试件的耗能实测值见表 6-4。

表 6-4　6.1 节试件的耗能实测值

试件编号	耗能/（kN • mm）	耗能相对值
CFW-1	19400.57	1.000
CFW-2	17923.02	0.924
CFW-3	38917.68	2.006
CFW-4	33946.22	1.750
CFW-5	21354.15	1.101
CFW-6	19498.54	1.005

由表 6-4 可知，分块钢板外包混凝土条带后，不仅显著提高了结构的承载力，还可大幅提高结构的抗震耗能能力；试件 CFW-5 与试件 CFW-6 相比，耗能能力提高了 9.5%，这是由于这两个试件呈现出整体剪力墙的变形特点。相对来说，分块钢板增加到一定程度后，再增加分块钢板不会使其作用更好。

6.2.7　有限元模拟

1. 模型建立

钢材采用 ABAQUS 软件中提供的等向弹塑性模型，应力-应变曲线采用弹性强化二折线模型，屈服后的应力-应变关系简化为斜直线。混凝土采用混凝土损伤塑性模型，钢管外混凝土本构关系参照《混凝土结构设计规范》(GB 50010—2002）建议的混凝土应力-应变关系确定，钢管内混凝土参照韩林海[1]建议的方钢管混凝土应力-应变关系确定。

钢管核心混凝土与墙板混凝土都采用 8 节点六面体线性减缩积分格式的三维实体单元 C3D8R，钢管、分块钢板采用 4 节点减缩积分格式的三维壳单元 S4R，墙体钢筋、叠合柱竖向钢筋和箍筋使用 2 节点线性三维杆单元 T3D2。

钢管与核心混凝土的界面模型定义了界面法线方向的接触和切线方向的黏结滑移，其中法线方向采用硬接触，切线方向采用有限滑移，剪切滑移系数为 0.2；钢管混凝土柱与基础和加载梁之间采用绑定约束。分块钢板、钢筋，以及叠合柱的钢管、墙体分布钢筋及箍筋是埋入墙板混凝土中的，在 ABAQUS 中采用嵌入来模拟。

轴向荷载及水平位移通过在模型外侧设置参考点，将加载梁侧面与参考点通过分布耦合联系起来。

2. 荷载-位移曲线对比

试件的 F-U 骨架曲线如图 6-10 所示，可见数值模拟结果与实测值匹配较好。

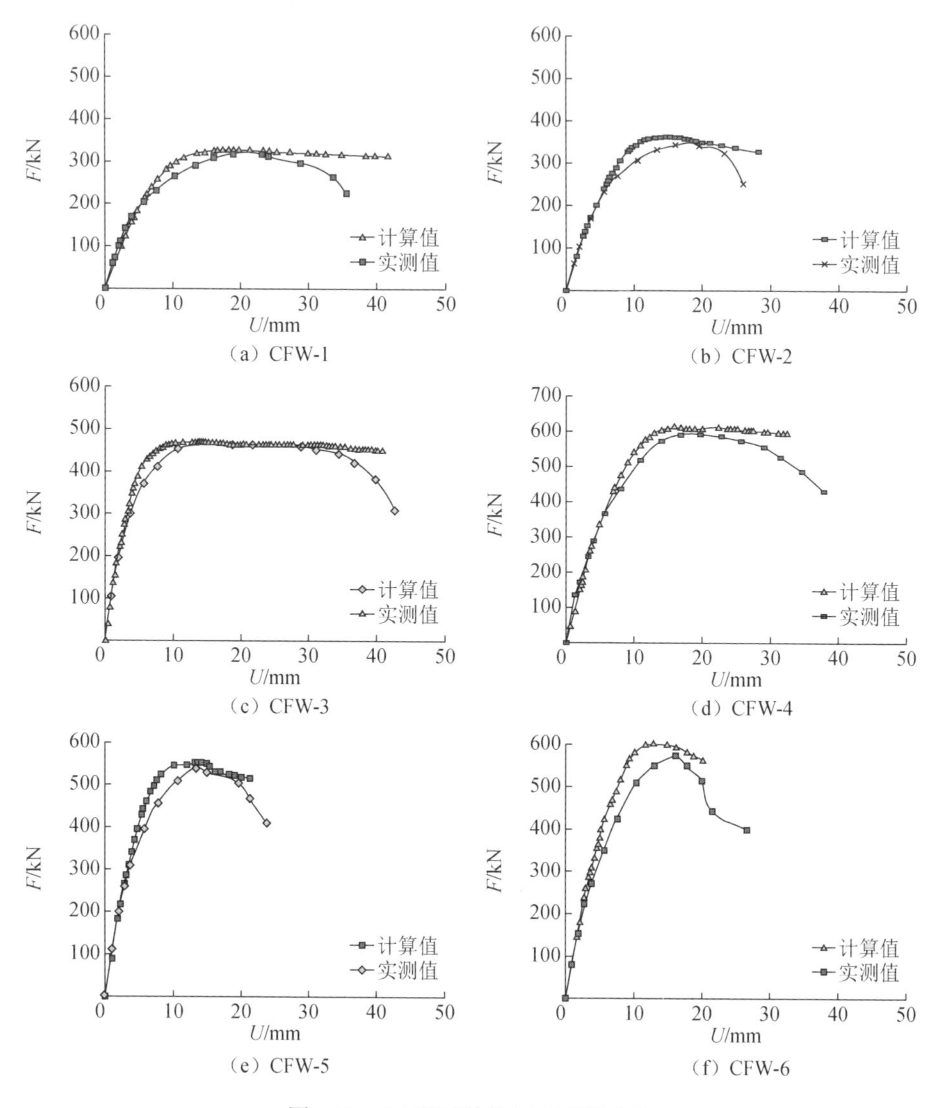

图 6-10 6.1 节试件的 F-U 骨架曲线

6.3 钢管及型钢混凝土密柱-分块钢板结构

6.3.1 试验概况

1. 试件设计

本节设计 9 个钢管及型钢混凝土密柱-分块钢板结构试件，其主要变化参数为分块钢板道数、分块钢板强度、型钢密柱组合形式、剪跨比等。各模型试件均对称设计，截面均为一字形，厚度为 140mm。钢管均采用 Q345 无缝钢管制作，工字钢柱由 Q345 钢板焊接而成。分块钢板高 160mm、厚 4mm，插入钢管柱腔体内并与之焊接，或直接与工字钢柱焊接。各试件的设计参数见表 6-5，试件的尺寸和配钢图如图 6-11 所示，试件制作过程如图 6-12 所示。

表 6-5　6.3 节试件的设计参数

<table>
<tr><th>试件编号</th><th>边柱构造/mm</th><th>中柱构造/mm</th><th>分块钢板钢材</th><th>分块钢板道数</th><th>剪跨比</th></tr>
<tr><td>CFWK1.5-1</td><td rowspan="4">□140×140×4</td><td rowspan="4">□140×140×4</td><td rowspan="4">Q235</td><td>0</td><td rowspan="4">1.5</td></tr>
<tr><td>CFWK1.5-2</td><td>2</td></tr>
<tr><td>CFWK1.5-3</td><td>3</td></tr>
<tr><td>CFWK1.5-4</td><td>4</td></tr>
<tr><td>CFWK1.5-5</td><td>○160×5</td><td>□140×140×4</td><td>Q235</td><td rowspan="3">3</td><td rowspan="3">1.5</td></tr>
<tr><td>CFWK1.5-6</td><td>□140×140×4</td><td>□140×140×4</td><td>Q345</td></tr>
<tr><td>CFWK1.5-7</td><td>HN140×60×8×10</td><td>HN100×100×6×8</td><td>Q235</td></tr>
<tr><td>CFWK1.0-I</td><td rowspan="4">□140×140×4</td><td rowspan="4">□140×140×4</td><td rowspan="4">Q235</td><td>2</td><td>1.0</td></tr>
<tr><td>CFWK1.0-Ⅱ</td><td>2</td><td>1.0</td></tr>
<tr><td>CFWK2.0-Ⅰ</td><td>4</td><td>2.0</td></tr>
<tr><td>CFWK2.0-Ⅱ</td><td>4</td><td>2.0</td></tr>
</table>

注：试件 CFWK1.0-Ⅱ、试件 CFWK2.0-Ⅱ分别为试件 CFWK1.0-Ⅰ、试件 CFWK2.0-Ⅰ试验至 1/50 位移角明显屈服损伤后，两侧钢管间贴焊 2mm 薄钢板后的加固试件。

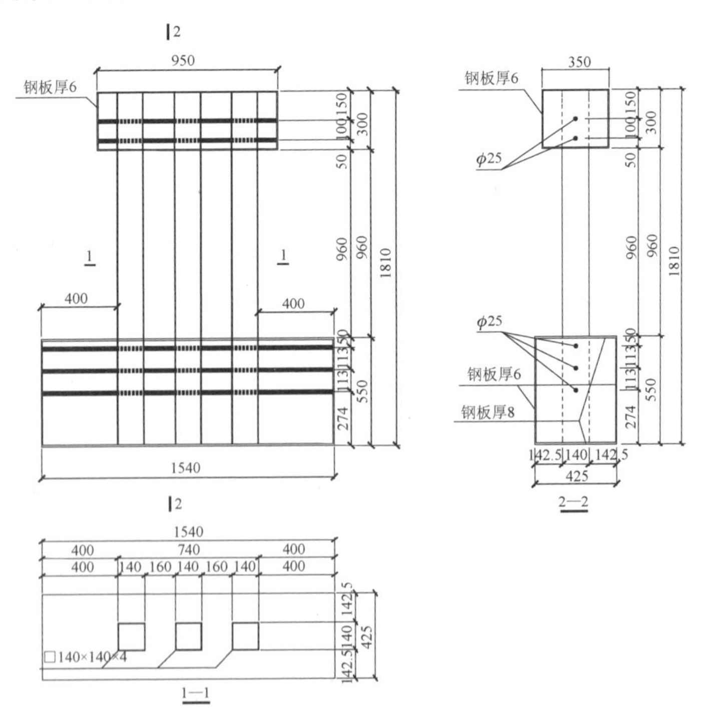

(a) CFWK1.5-1

图 6-11　6.3 节试件的尺寸及配钢图

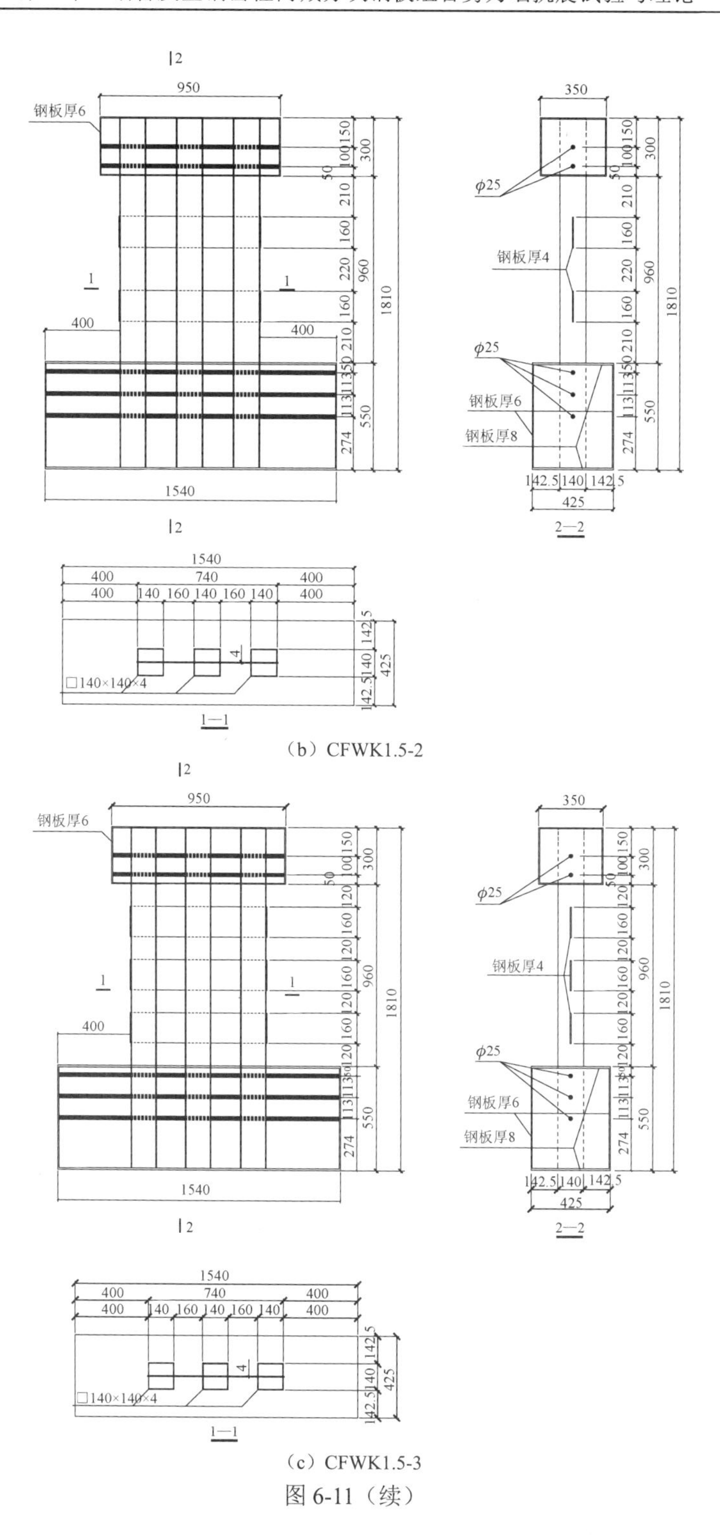

（b）CFWK1.5-2

（c）CFWK1.5-3

图 6-11（续）

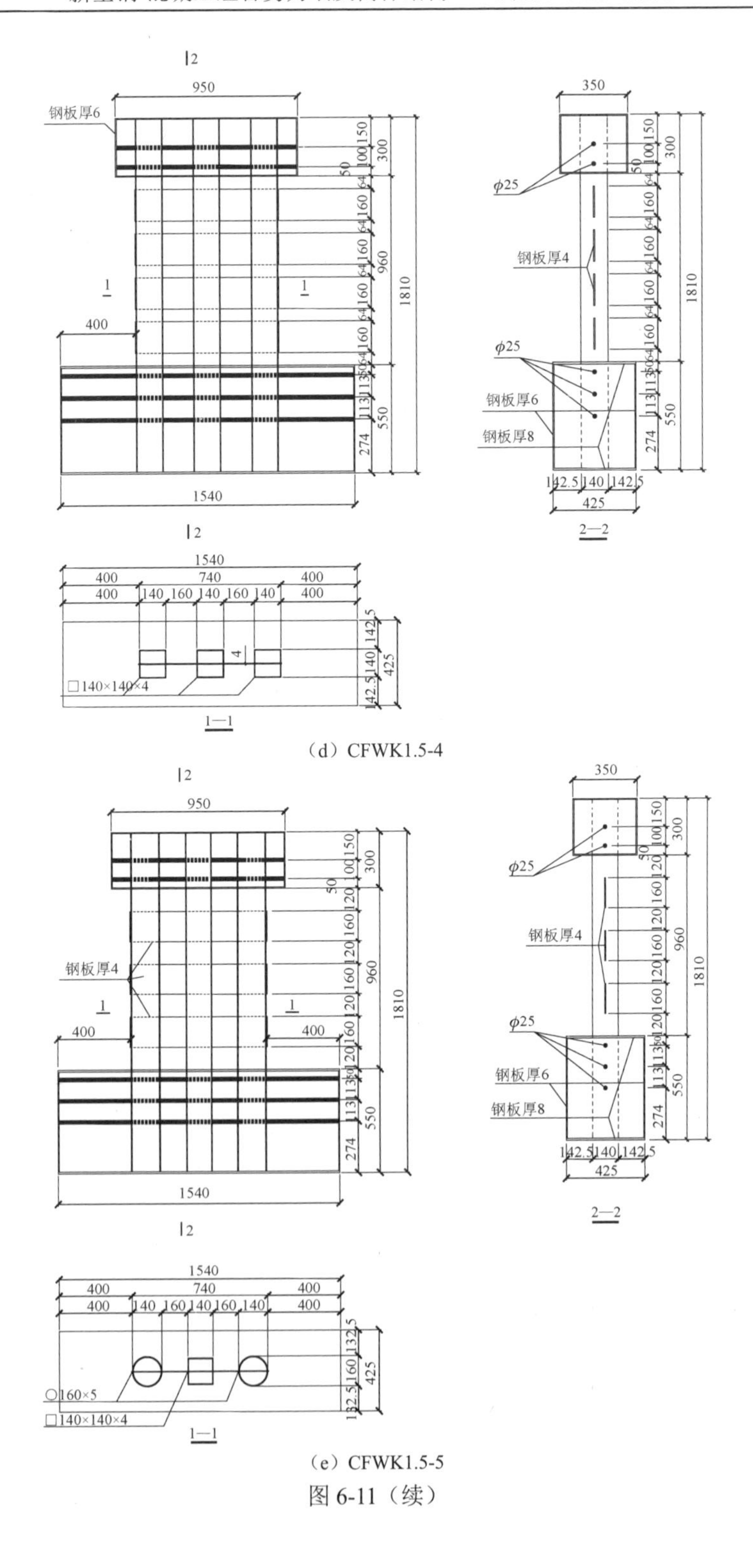

（d）CFWK1.5-4

（e）CFWK1.5-5

图 6-11（续）

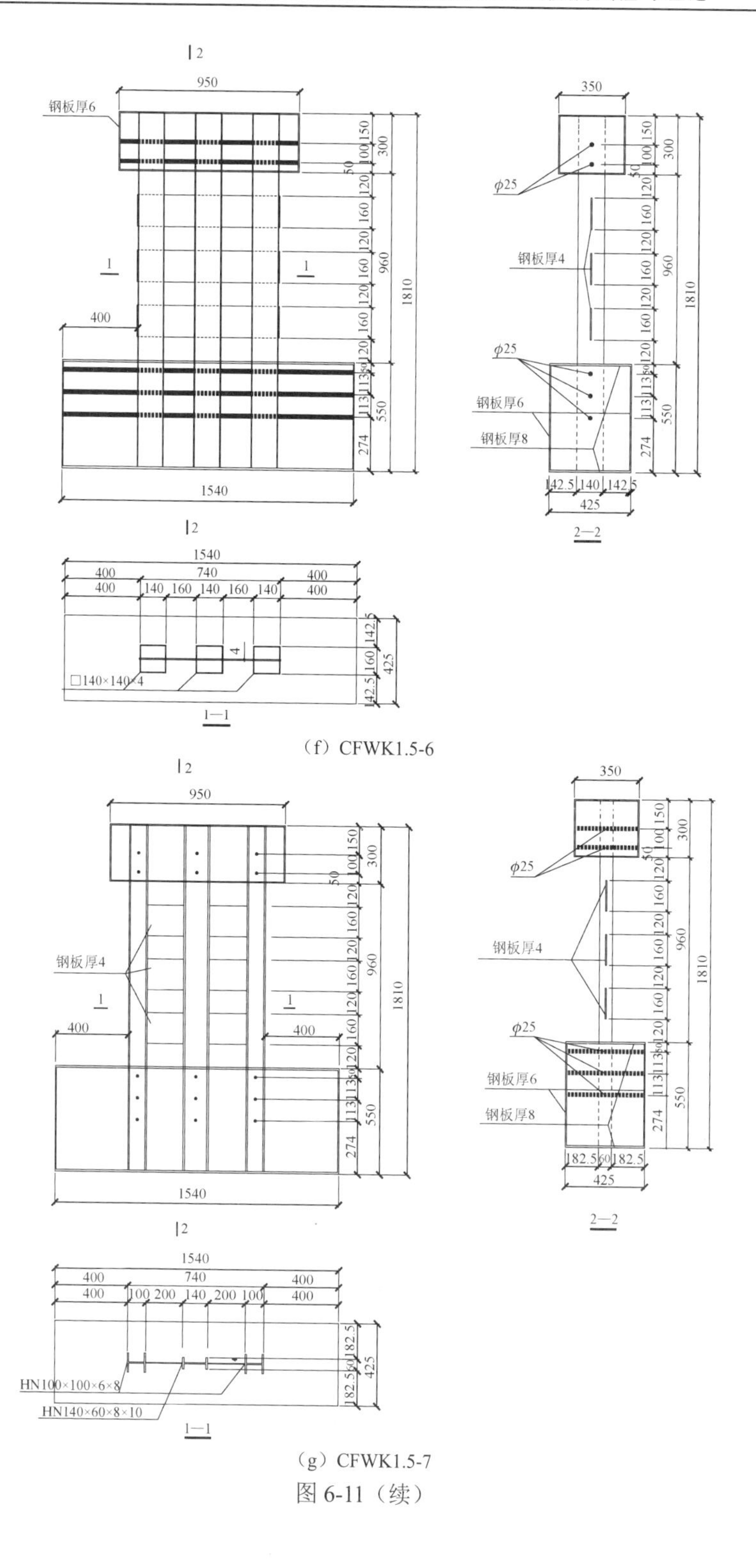

（f）CFWK1.5-6

（g）CFWK1.5-7

图6-11（续）

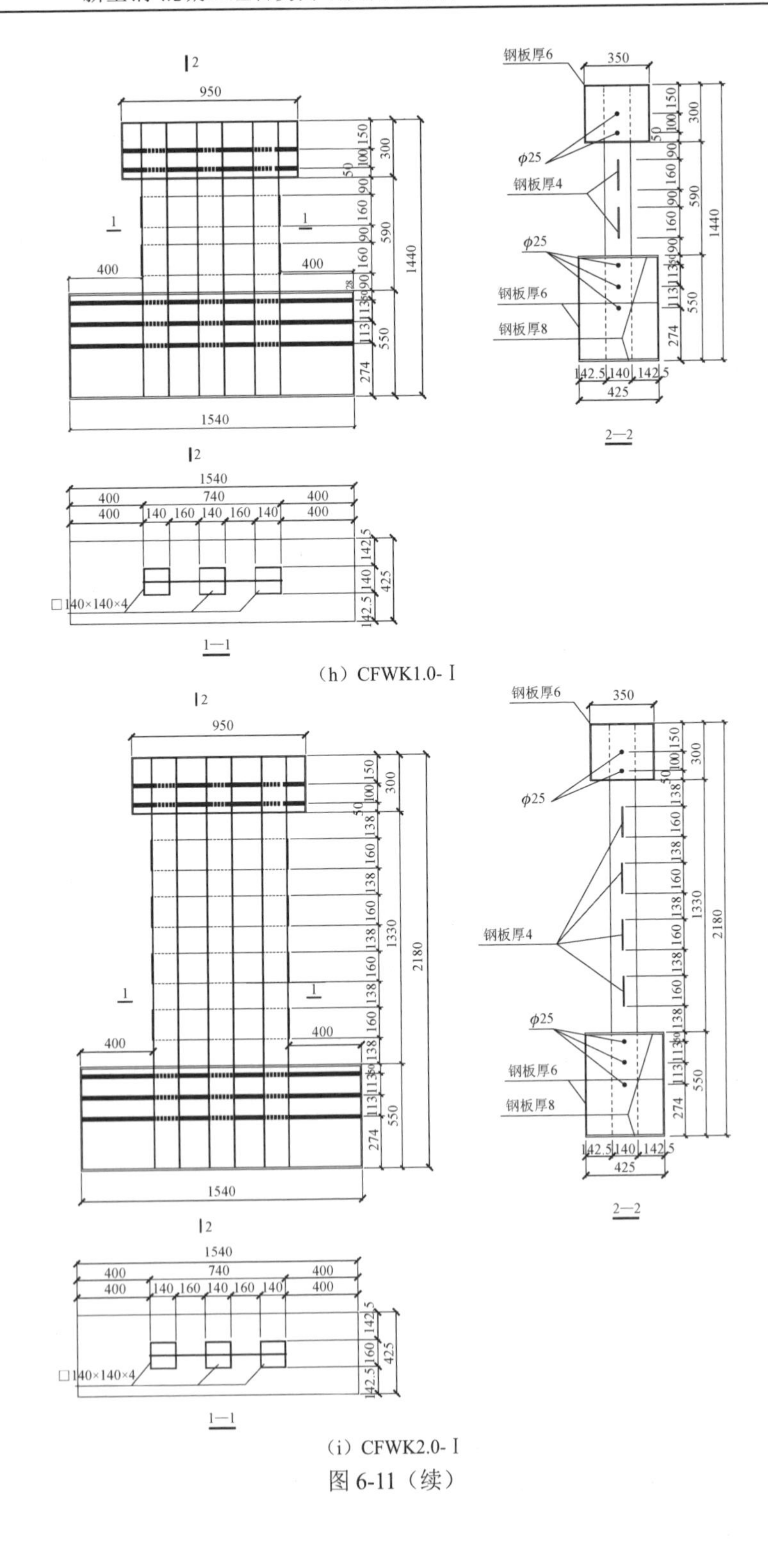

（h）CFWK1.0-Ⅰ

（i）CFWK2.0-Ⅰ

图 6-11（续）

（a）钢构件制作

（b）浇筑混凝土

图6-12　6.3节试件的制作过程

2. 材料性能

试件采用同一批细石混凝土浇筑，实测混凝土立方体抗压强度为45.3MPa，弹性模量为3.28×10^4MPa；钢材的力学性能实测值见表6-6。

表6-6　6.3节试件钢材的力学性能实测值　（单位：MPa）

钢材	结构名称	f_y	f_u	E_s
140mm×140mm×4mm钢管	边框柱	375.03	507.76	2.05×10^5
4mm厚钢板	分块钢板、中柱	270.32	401.16	2.10×10^5

3. 加载装置及加载方案

试件的加载装置示意图如图6-13所示，试件加载现场照片如图6-14所示。

试验采用低周反复荷载的加载方式，首先在加载梁顶部施加一1000kN的竖向荷载，此荷载在试验过程中保持不变，水平荷载由水平拉压千斤顶施加，加载点位于加载梁高度的中点，到试件基础表面的距离为1110mm。采用荷载和位移联合控制的方式进行加载，即在试件屈服之前采用荷载控制加载，每级荷载下循环一次；试件屈服之后采用位移控制加载，直至试件明显破坏、无法继续加载或水平荷载下降到峰值荷载的85%以下时，结束加载。

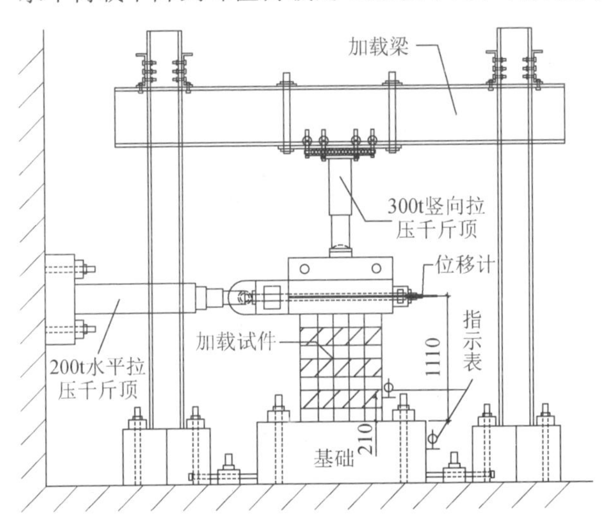

图6-13　6.3节试件的加载装置示意

图6-14　6.3节试件的加载现场照片

为研究试件CFWK1.0-Ⅰ和试件CFWK2.0-Ⅰ的抗震性能及震后的可修复性，试验分两阶段进行。第Ⅰ阶段加载至1/50位移角，试件明显屈服损伤，该位移角已达《高层建筑混凝土结构技术规程》（JGJ 3—2002）规定的钢筋混凝土剪力墙弹塑性位移角限值1/120的2.4倍；之后，在试件两侧钢管间贴焊薄钢板进行修复，并作为新的试件，开始第Ⅱ阶段的试验，试件编号记为CFWK1.0-Ⅱ和CFWK2.0-II。

6.3.2　破坏特征

试件的最终破坏形态如图6-15所示。

（a）CFWK1.5-1

（b）CFWK1.5-2

（c）CFWK1.5-3

（d）CFWK1.5-4

图6-15　6.3节试件的最终破坏形态

（e）CFWK1.5-5

（f）CFWK1.5-6

（g）CFWK1.5-7

（h）CFWK1.0-Ⅰ

（i）CFWK2.0-Ⅰ

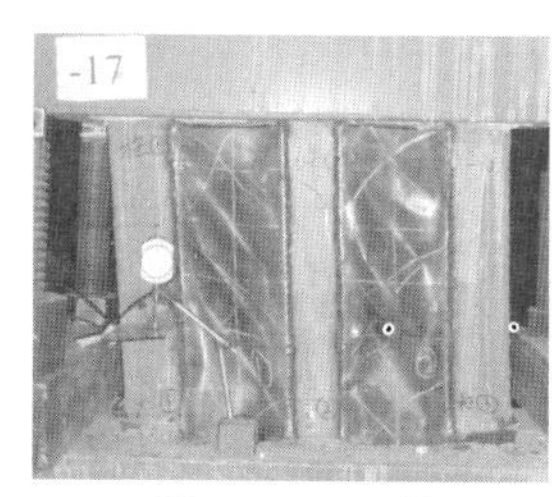

（j）CFWK1.0-Ⅱ

（k）CFWK2.0-Ⅱ

图 6-15（续）

各试件加载初期变形不明显，当加载至接近极限荷载时，受压侧钢管混凝土边框柱轻微起鼓，分块钢板出现明显的屈曲变形；随着荷载和位移的增大，分块钢板由矩形变形为平行四边形，角部焊缝被撕裂，钢管鼓起变形加大。最终，分块钢板焊缝被撕裂，受压侧钢管角部开裂，混凝土压碎露出。试验破坏状态表明，剪跨比 1.0 和 1.5 的钢管混凝土密柱-分块钢板结构中分块钢板屈曲变形发展较快，耗能性能较好；剪跨比 2.0 的试件分块钢板变形相对较弱，这是由于分块钢板的变形主要取决于两相邻型钢混凝土柱的错动，剪跨比越小，试件剪切变形的成分越多，反之，剪跨比越大，弯曲变形成分越多，此时的变形主要发生在试件底部，分块钢板屈曲变形的耗能能力也就越弱。

6.3.3　承载力

6.3 节试件的特征荷载实测值见表 6-7。

表 6-7　6.3 节试件的特征荷载实测值

试件编号	F_y/kN	U_y/mm	F_u/kN	U_d/mm	θ_p	F_y/F_u	μ
CFWK1.5-1	176.5	11.72	200.2	29.54	1/38	0.882	2.52
CFWK1.5-2	227.2	10.95	270.7	32.92	1/34	0.839	3.01
CFWK1.5-3	242.8	10.63	288.5	35.58	1/32	0.842	3.35
CFWK1.5-4	278.4	11.33	330.3	36.26	1/31	0.843	3.20

续表

试件编号	F_y/kN	U_y/mm	F_u/kN	U_d/mm	θ_p	F_y/F_u	μ
CFWK1.5-5	288.09	10.91	343.13	37.51	1/34	0.840	3.44
CFWK1.5-6	252.46	11.27	290.01	37.20	1/30	0.871	3.30
CFWK1.5-7	179.31	8.53	214.62	29.38	1/38	0.835	3.44
CFWK1.0- I	532.16	7.75	621.22	15.96	1/46	0.857	2.06
CFWK2.0- I	268.94	14.58	321.29	29.23	1/51	0.837	2.00
CFWK1.0- II	652.44	9.56	763.17	33.93	1/21	0.85	3.55
CFWK2.0- II	369.05	17.43	402.18	49.85	1/29	0.90	2.86

注：试件 CFWK2.0- I 正向加载时，受拉侧柱脚被拔出，导致正向荷载快速下降，屈服位移与极限位移取负向的屈服位移与极限位移。

由表 6-7 可知，随着分块钢板道数的增多，试件的承载力不断增加；边框柱构造形式的不同对结构承载力影响较大，圆钢管边框柱试件承载力最高，方钢管边框柱试件次之，工字钢边框柱试件最低；改变分块钢板的强度，对试件整体承载力的影响不大；分块钢板布置间距相同，试件剪跨比越大，水平承载力就越低，但降低的幅度不断减小，当试件以弯曲变形为主后，剪跨比的影响已不明显。

6.3.4 位移和延性

实测所得各试件加载点位置处的水平位移及位移延性系数见表 6-7。由表 6-7 可知，增设分块钢板后，试件的弹塑性最大位移随其道数的增多而增大，但延性系数并非随分块道数的增加而提高；边框柱的形式和分块钢板的材料类型对试件的变形性能也有一定的影响。因此，合理确定分块钢板的设计参数与设置道数十分重要，分块钢板设计参数应与型钢混凝土的设计参数合理匹配，以获得较优的性价比和良好的抗震屈服延性机制。

6.3.5 刚度

试件的刚度实测值及刚度退化系数见表 6-8，K-θ 曲线如图 6-16 所示。

表 6-8　6.3 节试件的刚度实测值及刚度退化系数

试件编号	K_0/（kN/mm）		K_y/（kN/mm）		β_{y0}
	实测值	相对值	实测值	相对值	实测值
CFWK1.5-1	90.23	1.000	15.09	1.000	0.167
CFWK1.5-2	136.22	1.510	20.84	1.381	0.153
CFWK1.5-3	160.45	1.778	22.91	1.518	0.143
CFWK1.5-4	175.20	1.942	24.64	1.633	0.139
CFWK1.5-5	180.85	2.004	24.31	1.611	0.134

续表

试件编号	K_0/（kN/mm）		K_y/（kN/mm）		β_{y0}
	实测值	相对值	实测值	相对值	实测值
CFWK1.5-6	167.82	1.860	22.99	1.524	0.137
CFWK1.5-7	135.22	1.499	21.03	1.394	0.156
CFWK1.0-Ⅰ	278.73	3.089	68.67	4.551	0.246
CFWK2.0-Ⅰ	71.43	0.792	18.45	1.223	0.259
CFWK1.0-Ⅱ	122.07	1.353	68.32	4.528	0.377
CFWK2.0-Ⅱ	61.11	0.677	25.66	1.700	0.452

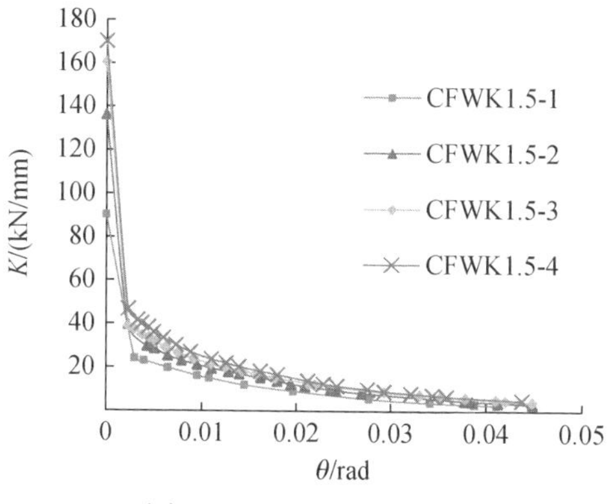

（a）CFWK1.5-1～CFWK1.5-4

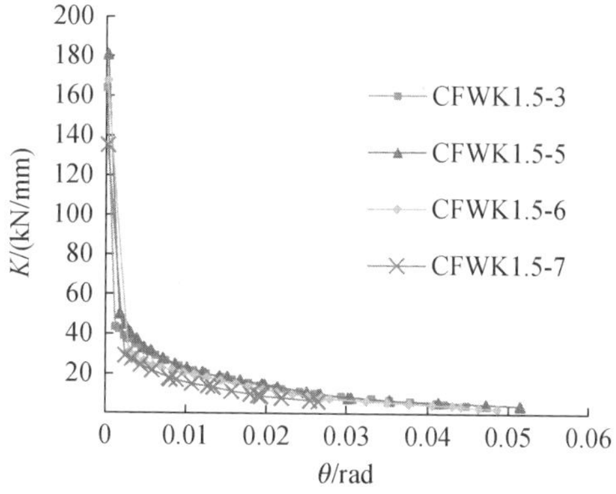

（b）CFWK1.5-3、CFWK1.5-5～CFWK1.5-7

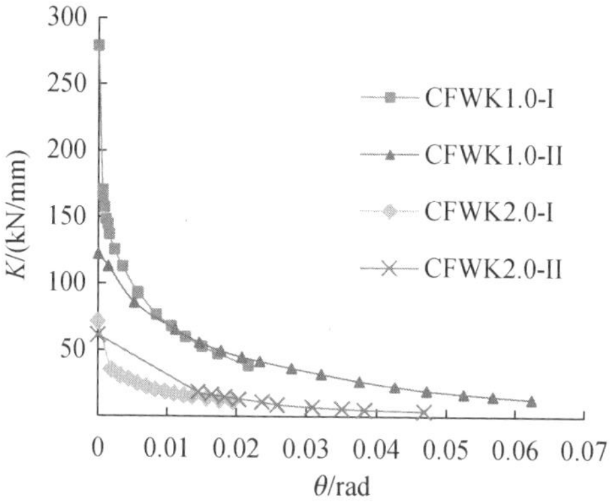

（c）CFWK1.0-Ⅰ、CFWK1.0-Ⅱ、CFWK2.0-Ⅰ和 CFWK2.0-Ⅱ

图 6-16　6.3 节试件的 K-θ 曲线

由表 6-8 和图 6-16 可知，分块钢板的布置道数对试件的刚度有很大影响，随着分块钢板道数的增加，结构的刚度明显提高，但提高的比例逐渐减小，同时试件刚度的退化速度逐渐变快；边框柱形式的不同对试件的刚度有较大影响，圆钢管混凝土柱-分块钢板结构的刚度提高较为明显；分块钢板材料的不同对结构刚度的影响较小。

6.3.6　滞回特性

实测所得试件的 F-U 滞回曲线如图 6-17 所示。

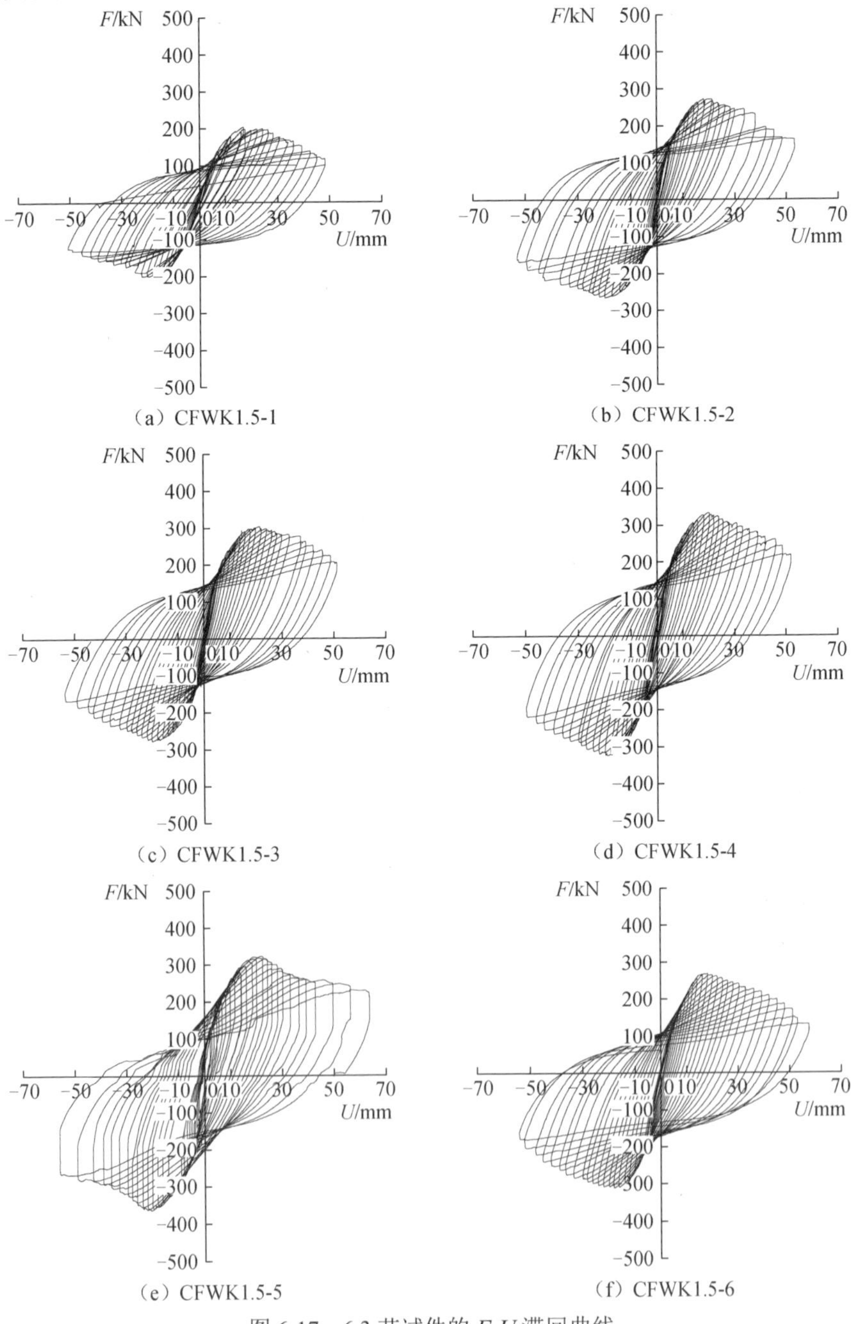

图 6-17　6.3 节试件的 F-U 滞回曲线

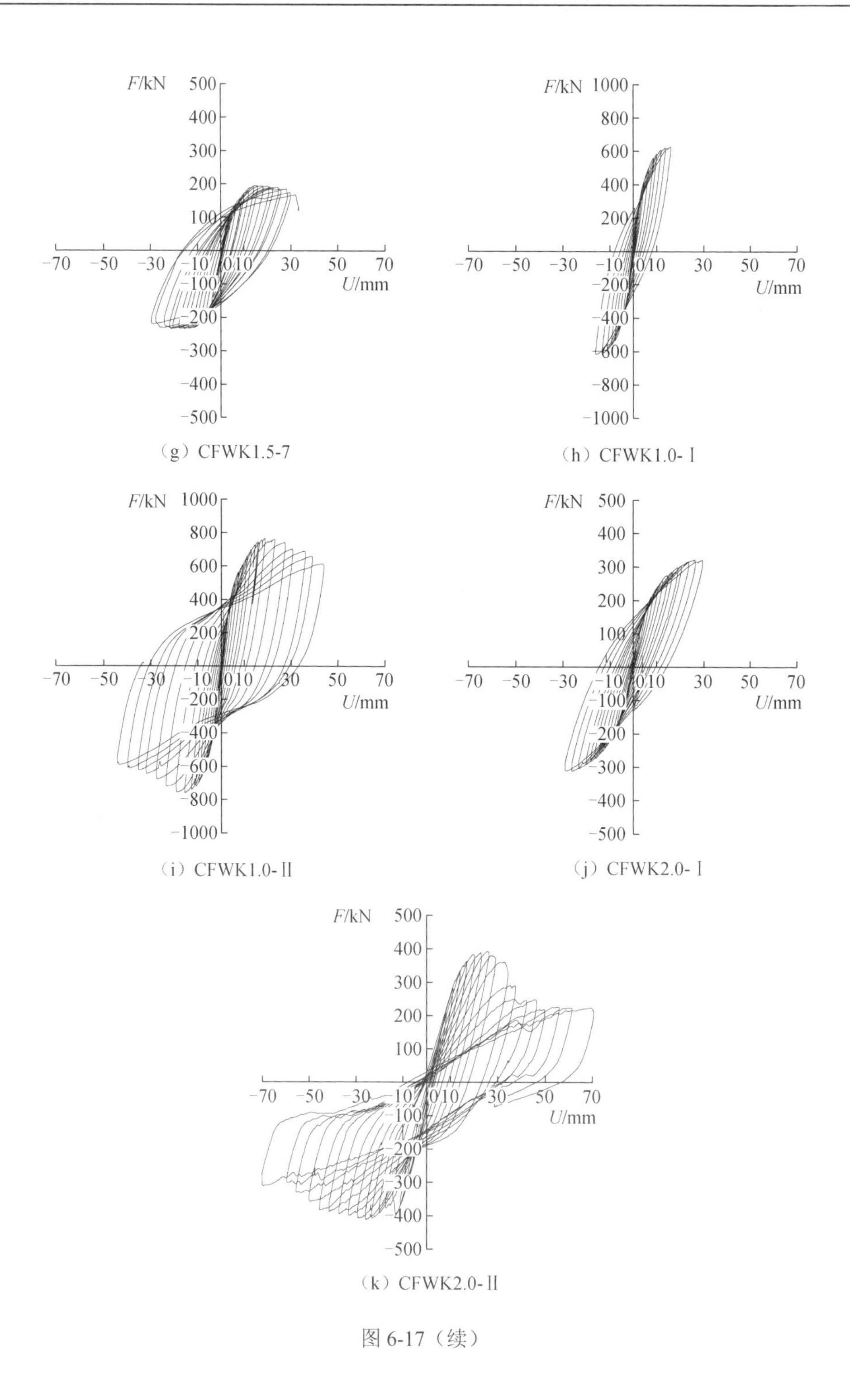

（g）CFWK1.5-7

（h）CFWK1.0-Ⅰ

（i）CFWK1.0-Ⅱ

（j）CFWK2.0-Ⅰ

（k）CFWK2.0-Ⅱ

图 6-17（续）

由图 6-17 可知，各试件的滞回曲线较为饱满，无明显的捏拢现象；布置分块钢板后，承载力、刚度、延性显著提高，后期弹塑性变形性能较强，综合抗震性能显著提高，但随着分块钢板道数的增加，抗震能力提高的比例逐渐减小，因此合理设计分块钢板是实现结构延性屈服机制、提高抗震耗能能力的关键；圆钢管混凝土边框试件的滞回环更为饱满，耗能能力更强；分块钢板的材料强度对滞回环饱满程度的影响较弱。

6.3.7 耗能

试件的耗能实测值见表 6-9。由于各试件的加载历程有差异，取各试件滞回曲线外包络线包围的面积作为各试件耗能的代表值。

表 6-9 6.3 节试件的耗能实测值

试件编号	耗能/（kN · mm）	耗能相对值
CFWK1.5-1	10952.21	1.000
CFWK1.5-2	17210.42	1.571
CFWK1.5-3	19920.97	1.819
CFWK1.5-4	21728.01	1.984
CFWK1.5-5	27127.48	2.477
CFWK1.5-6	19952.76	1.822
CFWK1.5-7	—	—
CFWK1.0- Ⅰ	14722.49	1.344
CFWK2.0- Ⅰ	13462.11	1.229
CFWK1.0- Ⅱ	65437.00	5.975
CFWK2.0- Ⅱ	41309.00	3.772

由表 6-9 可知，设置分块钢板可显著提高结构的弹塑性耗能能力，但提高的比例随着分块钢板道数的增加逐渐减小，这说明了分块钢板存在优化布置与参数合理设计的问题；圆钢管混凝土密柱-分块钢板结构的耗能性能优于方钢管边框柱和工字钢边框柱试件。

6.3.8 承载力计算

1. 承载力模型

基于试验提出了一种适于该结构的承载力计算简化模型，如图 6-18 所示。模型建立中假定：①钢管混凝土柱的底部为固定端，上部为无转角的水平滑动支座；②各钢管混凝土柱承担的竖向荷载按柱顶负载面积分配；③钢管混凝土柱的截面变形符合平截面假定，忽略钢管内受拉区混凝土的抗拉作用；④分块钢板的反弯点在跨中，受弯剪屈服；⑤钢管混凝土柱的上下柱端均受压弯屈服。

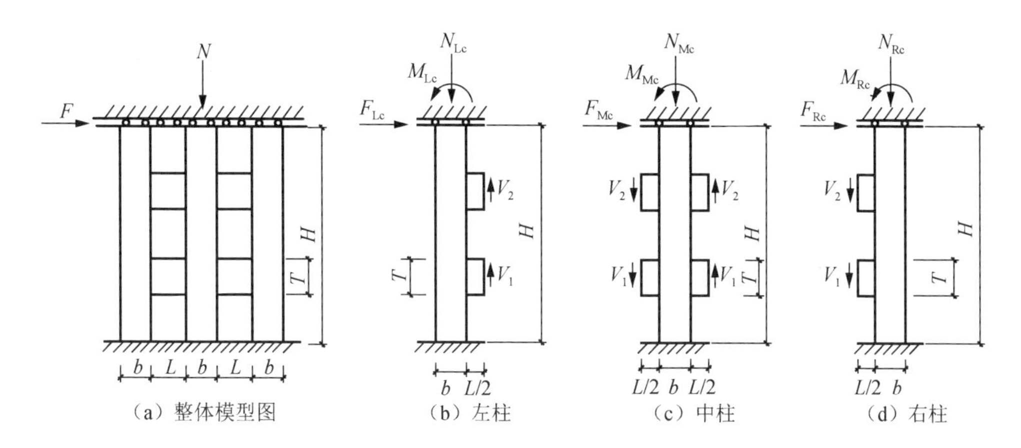

图 6-18　承载力模型

注：N 为试件轴力；F 为试件水平推力；N_{Lc}、N_{Mc}、N_{Rc} 分别为左柱、中柱、右柱承担的轴力；F_{Lc}、F_{Mc}、F_{Rc} 分别为左柱、中柱、右柱承担的水平推力；M_{Lc}、M_{Mc}、M_{Rc} 分别为左柱、中柱、右柱的极限弯矩；V_1、V_2、…、V_m 分别为第 1 道、第 2 道、…、第 m 道分块钢板的剪力；H 为钢管混凝土柱的高度；b 为钢管混凝土柱的宽度；L 为分块钢板的宽度；T 为分块钢板的高度。

2. 计算式

试验研究表明，钢管混凝土密柱-分块钢板结构达到承载力时，钢管混凝土柱的上下端截面均达到极限弯矩，并形成塑性铰。由承载力模型的平衡条件可分别得到钢管混凝土柱各自承担的水平荷载，具体如下：

（1）左柱计算

对柱底形心取矩，即

$$F_{\mathrm{Lc}}=\frac{2M_{\mathrm{Lc}}+\sum_{i=1}^{m}V_i(b+L)/2}{H} \tag{6-1}$$

（2）中柱计算

对柱底形心取矩，即

$$F_{\mathrm{Mc}}=\frac{2M_{\mathrm{Mc}}+\sum_{i=1}^{m}V_i(b+L)}{H} \tag{6-2}$$

（3）右柱计算

对柱底形心取矩，即

$$F_{\mathrm{Rc}}=\frac{2M_{\mathrm{Rc}}+\sum_{i=1}^{m}V_i(b+L)/2}{H} \tag{6-3}$$

（4）分块钢板剪力计算

$$V = \gamma f_{\mathrm{v}} Tt \tag{6-4}$$

（5）方钢管混凝土柱-分块钢板结构整体水平承载力计算

$$F = F_{\mathrm{Lc}} + F_{\mathrm{Mc}} + F_{\mathrm{Rc}} \tag{6-5}$$

（6）方钢管混凝土柱极限弯矩计算

方钢管混凝土柱极限弯矩参考《组合结构设计规范》（JGJ 138—2016），当其截面受压区高度 $x \leqslant \xi_{\mathrm{b}} h_{\mathrm{c}}$ 时，属大偏心受压破坏，正截面受压承载力可按图 6-19 进行计算，有

$$N \leqslant \alpha_1 f_{\mathrm{c}} b_{\mathrm{c}} x + 2 f_{\mathrm{a}} t \left(2\frac{x}{\beta_1} - h_{\mathrm{c}} \right) \tag{6-6}$$

$$Ne \leqslant \alpha_1 f_{\mathrm{c}} b_{\mathrm{c}} x (h_{\mathrm{c}} + 0.5t - 0.5x) + f_{\mathrm{a}} bt (h_{\mathrm{c}} + t) + M_{\mathrm{aw}} \tag{6-7}$$

$$M_{\mathrm{c}} = N \left(e - \frac{h_{\mathrm{c}}}{2} - \frac{t}{2} \right) \tag{6-8}$$

式中，

$$M_{\mathrm{aw}} = f_{\mathrm{a}} t \frac{x}{\beta_1} \left(2h_{\mathrm{c}} + t - \frac{x}{\beta_1} \right) - f_{\mathrm{a}} t \left(h_{\mathrm{c}} - \frac{x}{\beta_1} \right) \left(h_{\mathrm{c}} + t - \frac{x}{\beta_1} \right) \tag{6-9}$$

截面受压区高度 $x > \xi_{\mathrm{b}} h_{\mathrm{c}}$ 时，属小偏心受压破坏，其正截面受压承载力可按图 6-20 进行计算：

$$N \leqslant \alpha_1 f_{\mathrm{c}} b_{\mathrm{c}} x + f_{\mathrm{a}} bt + 2 f_{\mathrm{a}} t \frac{x}{\beta_1} - 2\sigma_{\mathrm{a}} t \left(h_{\mathrm{c}} - \frac{x}{\beta_1} \right) - \sigma_{\mathrm{a}} bt \tag{6-10}$$

$$Ne \leqslant \alpha_1 f_{\mathrm{c}} b_{\mathrm{c}} x (h_{\mathrm{c}} + 0.5t - 0.5x) + f_{\mathrm{a}} bt (h_{\mathrm{c}} + t) + M_{\mathrm{aw}} \tag{6-11}$$

$$M_{\mathrm{c}} = N \left(e - \frac{h_{\mathrm{c}}}{2} - \frac{t}{2} \right) \tag{6-12}$$

式中，

$$M_{\mathrm{aw}} = f_{\mathrm{a}} t \frac{x}{\beta_1} \left(2h_{\mathrm{c}} + t - \frac{x}{\beta_1} \right) - \sigma_{\mathrm{a}} t \left(h_{\mathrm{c}} - \frac{x}{\beta_1} \right) \left(h_{\mathrm{c}} + t - \frac{x}{\beta_1} \right) \tag{6-13}$$

$$\sigma_{\mathrm{a}} = \frac{f_{\mathrm{a}}}{\xi_{\mathrm{b}} - \beta_1} \left(\frac{x}{h_{\mathrm{c}}} - \beta_1 \right) \tag{6-14}$$

$$\xi_{\mathrm{b}} = \frac{\beta_1}{1 + \dfrac{f_{\mathrm{a}}}{E_{\mathrm{a}} \varepsilon_{\mathrm{cu}}}} \tag{6-15}$$

式（6-1）～式（6-15）中，x 为柱截面受压区高度；f_{a} 为钢管抗拉强度；$\varepsilon_{\mathrm{cu}}$ 为正截面的混凝土极限压应变，取 0.003；f_{c} 为混凝土抗压强度；b_{c}、h_{c} 分别为钢管内填混凝土的截面宽度、高度；t 为钢管的管壁厚度；α_1 为系数，取 1.0；β_1 为

系数，取 0.8；e 为轴力作用点至钢管远端钢板厚度中心的距离；E_a 为钢管弹性模量；γ 为分块钢板抗剪强度修正系数，取 0.7～0.8，本节建议取 0.75；f_v 为分块钢板的抗剪强度。

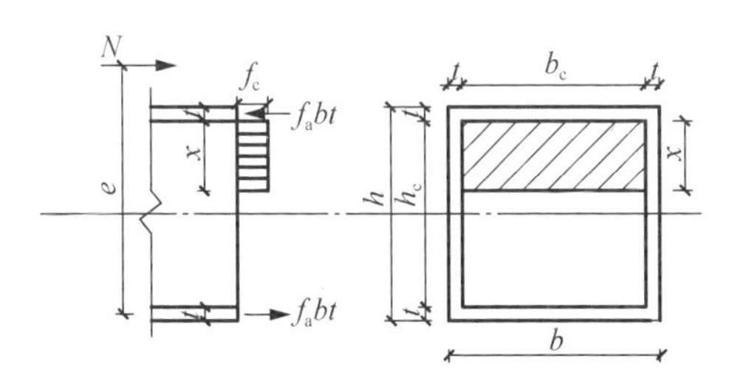

图 6-19　大偏心受压承载力计算模型

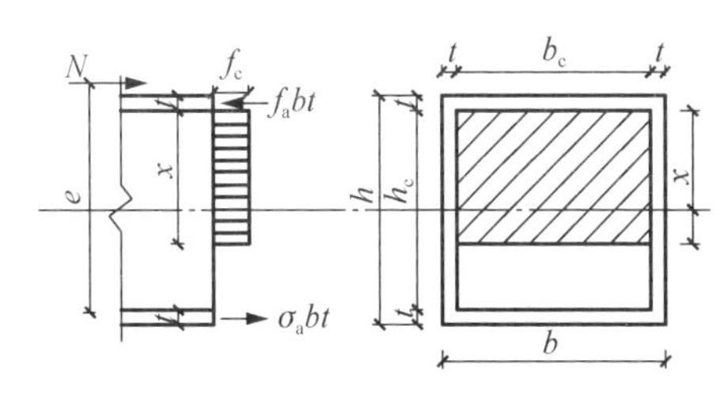

图 6-20　小偏心受压承载力计算模型

3. 计算值与实测值的比较

按上述承载力计算模型和公式计算所得各试件的承载力与实测值比较见表 6-10。计算结果与实测值匹配较好。

表 6-10　6.3 节试件承载力计算值与实测值比较

试件编号	理论计算值与实测值比较		
	计算值/kN	实测值/kN	相对误差绝对值/%
CFWK1.5-1	195	200.2	2.60
CFWK1.5-2	273	270.7	0.85
CFWK1.5-3	312	288.5	8.15
CFWK1.5-4	351	330.3	6.27
CFWK1.5-5	364.82	343.13	6.32
CFWK1.5-6	316.43	290.01	9.11
CFWK1.5-7	224.84	214.62	4.76

6.3.9 有限元分析

采用与 6.2.7 节相似的建模方法，进行有限元分析。

1. *F-U* 曲线对比

图 6-21 给出了试件的 *F-U* 骨架曲线，由图可知计算值与实测值匹配较好。

2. 应力云图

图 6-22 给出了部分试件的应力云图。由于实际的试件处于复杂应力状态，为了更清晰地表现钢管柱、工字钢的受力特点，选用 Mises 应力云图来描述模型中

核心钢构的应力状态。

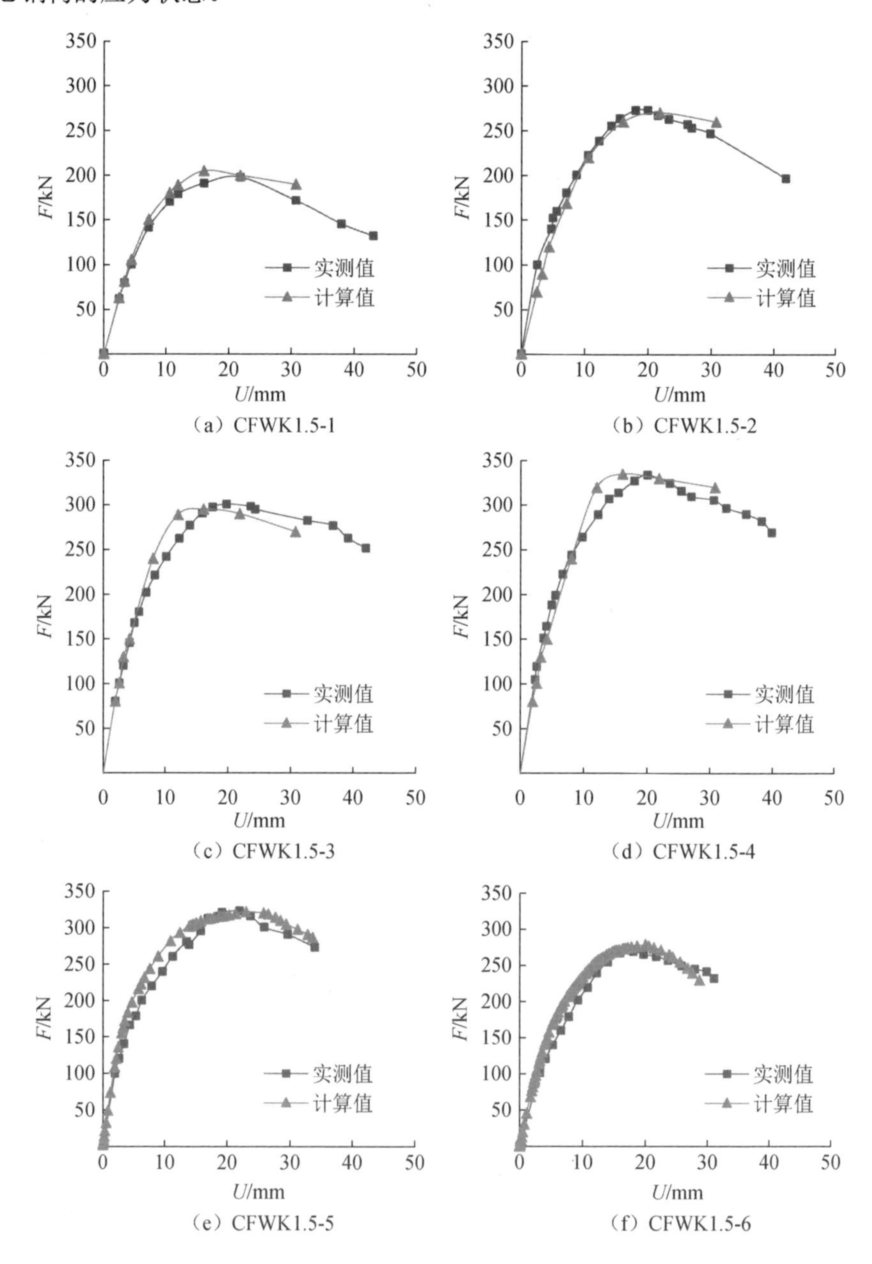

图 6-21　6.3 节试件的 *F-U* 骨架曲线

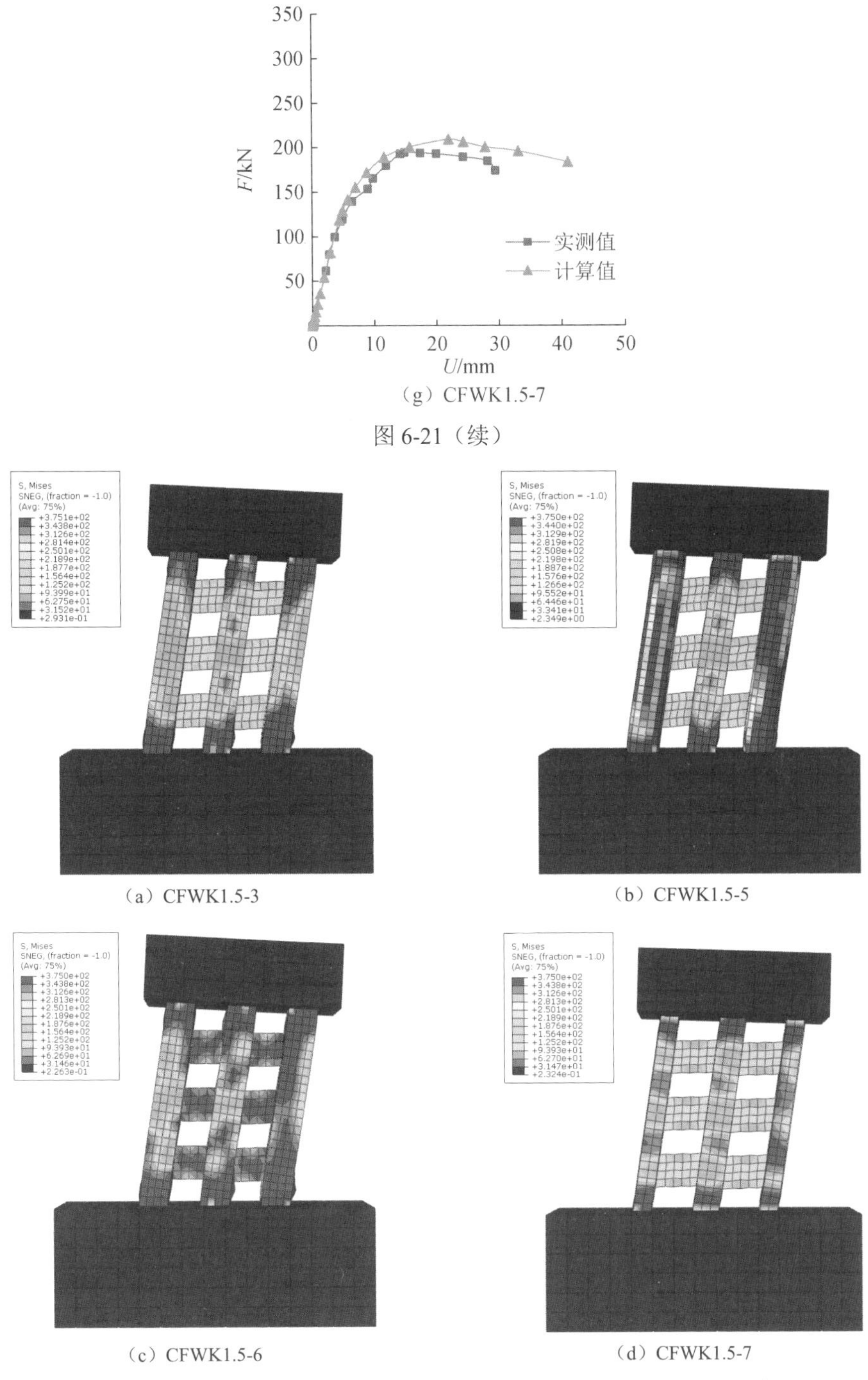

（g）CFWK1.5-7

图 6-21（续）

（a）CFWK1.5-3

（b）CFWK1.5-5

（c）CFWK1.5-6

（d）CFWK1.5-7

图 6-22　试件 CFWK1.5-3、试件 CFWK1.5-5～试件 CFWK1.5-7 的应力云图

由图 6-22 可知，4 个模型中 Mises 应力最大的区域出现在柱的受拉侧和受压侧边框柱脚的底部和柱顶；分块钢板应力均较大，且应力的出现时间较为均匀。受压侧的钢管柱被压扁，受拉侧达到屈服，有限元模拟的试验过程与实际试验的过程相似，与试验现象相匹配。

6.4 钢管边柱及型钢中柱内藏分块钢板组合剪力墙

6.4.1 试验概况

1. 试件设计

为研究钢管混凝土边柱及型钢混凝土中柱内藏分块钢板混凝土组合剪力墙的抗震性能及震后的可修复性，试验分两阶段进行。第 I 阶段加载至 1/50 位移角，试件明显屈服损伤，该位移角已达规范规定的钢筋混凝土剪力墙弹塑性位移角限值 1/120 的 2.4 倍；之后，在试件两侧钢管之间贴焊薄钢板进行修复，并作为新的试件，开始第 II 阶段的试验。

第 I 阶段试件设计：5 个组合剪力墙试件编号分别为 CFWA1-Ⅰ、CFWA2-Ⅰ、CFWA3-Ⅰ、CFWA4-Ⅰ、CFWA5-Ⅰ，均为钢管混凝土边框柱、工字钢中柱、钢筋混凝土墙体条带组合剪力墙；区别在于边框柱与工字钢中柱之间的连接不同，即试件 CFWA1-Ⅰ无分块钢板，试件 CFWA2-Ⅰ有两道分块钢板，试件 CFWA3-Ⅰ有三道分块钢板，试件 CFWA4-Ⅰ有四道分块钢板，试件 CFWA5-Ⅰ以试件 CFWA1-Ⅰ为基础，在边框柱与型钢中柱之间焊接了整体钢板。试件的配筋及配钢图如图 6-23 所示。

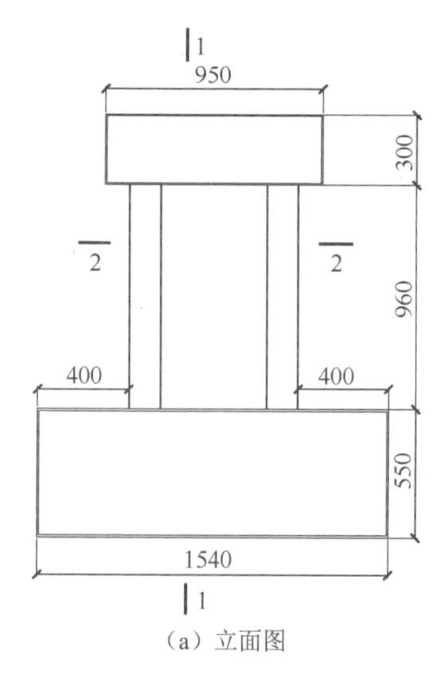

（a）立面图

图 6-23 6.4 节试件的配筋及配钢图

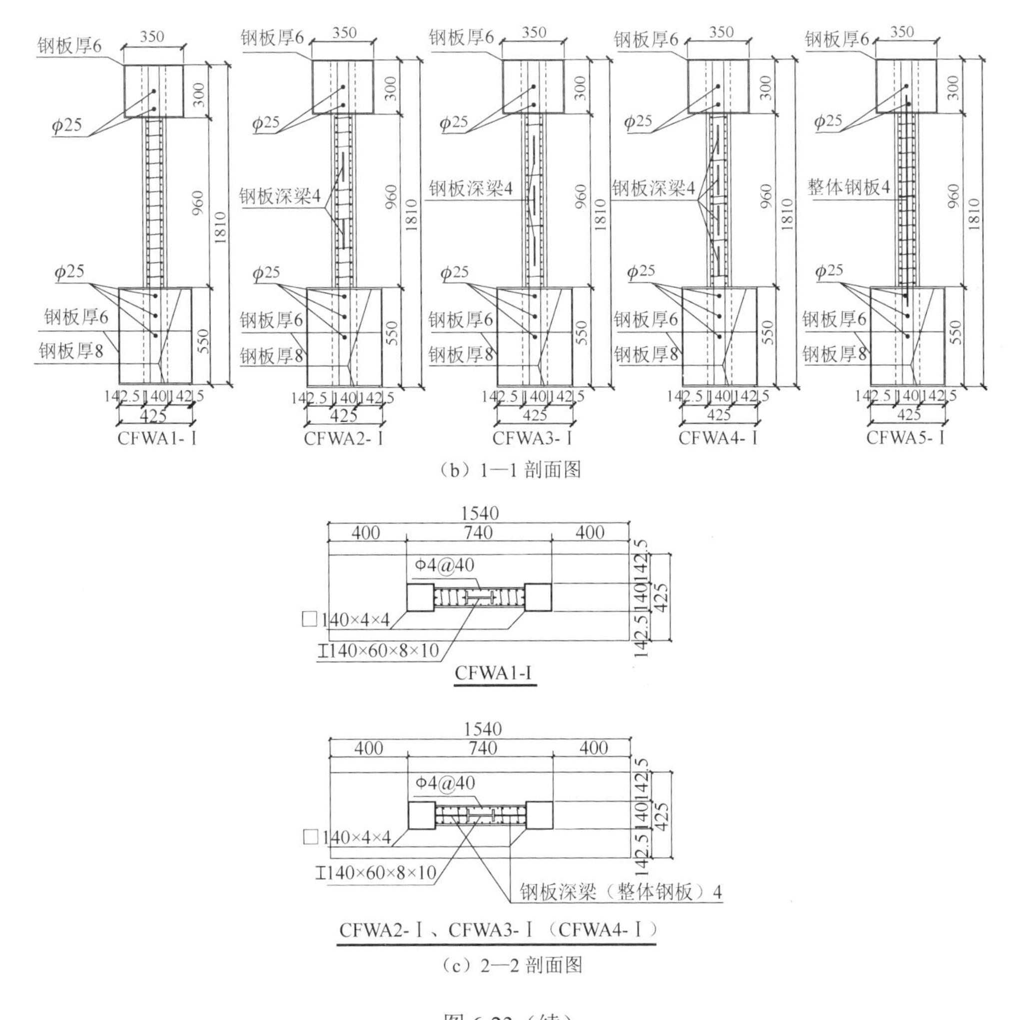

（b）1—1 剖面图

（c）2—2 剖面图

图 6-23（续）

第Ⅱ阶段试件设计：对第Ⅰ阶段试验结束后的 5 个损伤试件，在两侧钢管之间贴焊厚度为 2mm 的薄钢板进行修复，修复后的试件作为第Ⅱ阶段试验的试件，与第Ⅰ阶段试验试件对应的编号分别为 CFWA1-Ⅱ、CFWA2-Ⅱ、CFWA3-Ⅱ、CFWA4-Ⅱ、CFWA5-Ⅱ。

各试件的边柱钢管采用□140×4×4 的 Q345 方钢管；型钢中柱采用I140mm×60mm×8mm×10mm 的 Q345 焊接工字钢；分块钢板截面高 160mm，厚 4mm，用 Q235 钢板制作；混凝土墙体厚 100mm，分布钢筋采用 ϕ4 钢筋；各试件的基础及加载梁均采用矩形钢管混凝土；边框钢管混凝土之间贴焊 2mm 厚的 Q235 薄钢板，薄钢板与钢管边框搭接 20mm 并进行贴焊（满焊）。

2. 材料性能

试件采用同一批 C45 细石混凝土浇筑，实测混凝土抗压强度标准值为 45.3MPa，弹性模量为 3.28×10^4MPa；钢材的力学性能实测值见表 6-11。

表 6-11　6.4 节试件钢材的力学性能实测值　（单位：MPa）

钢材	结构名称	f_y	f_u	E_s
□140×4×4 钢管	钢管边柱	375.03	507.76	2.05×10^5
10mm 钢板	工字形中柱	405.55	496.56	2.04×10^5
8mm 钢板	工字形中柱	378.06	536.07	2.05×10^5
4mm 钢板	分块钢板	270.32	401.16	2.06×10^5
2mm 钢板	贴焊薄钢板	252.03	389.01	2.05×10^5
ϕ4 钢筋	分布钢筋	634.06	738.05	2.06×10^5

3. 加载装置及加载方案

试件的加载装置示意图如图 6-24 所示。加载方案：竖向荷载通过竖向千斤顶-滚轴支座-反力梁加载系统施加。首先，施加竖向荷载 1000kN，并控制其在试验过程中保持不变；然后，在加载梁中部距基础顶面 1110mm 高度处施加低周反复水平荷载。第 I 阶段试验至位移角 1/50 时结束，其试验如图 6-25（a）所示，第 I 阶段试验完成后，在屈服损伤试件的边框钢管两侧贴焊薄钢板，将其作为新的试件进行第 II 阶段试验，第 II 阶段试验如图 6-25（b）所示。

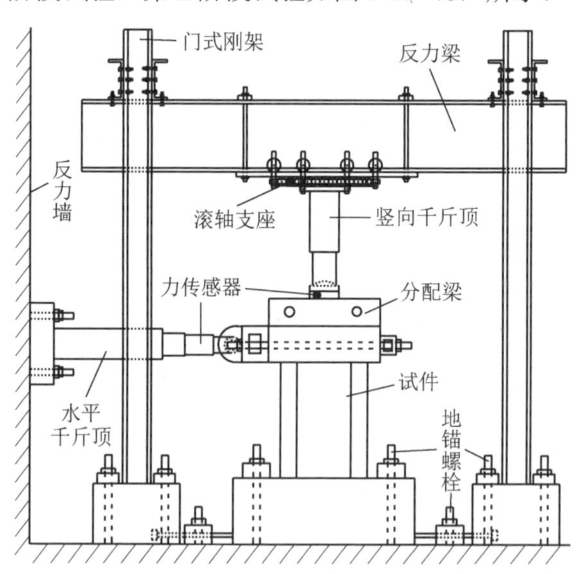

图 6-24　6.4 节试件的加载装置示意

（a）第Ⅰ阶段试验

（b）第Ⅱ阶段试验

图 6-25　6.4 节试件的加载现场照片

6.4.2　破坏现象

1. 第Ⅰ阶段试验

第Ⅰ阶段各试件的最终破坏形态如图 6-26 所示，各试件损伤及破坏过程分析如下。

1）试件 CFWA1-Ⅰ、试件 CFWA2-Ⅰ、试件 CFWA3-Ⅰ、试件 CFWA4-Ⅰ的第一条裂缝均为微小斜裂缝，出现在型钢中柱与混凝土连接界面处的墙体中部；之后，钢管混凝土边柱与混凝土墙体的连接界面处出现微小斜裂缝，这是连接界面处耗能条带剪切变形的表征；随着反复荷载的施加，这些斜裂缝加大、增多、损伤，并逐渐发展成 4 条竖向分灾耗能条带，起到了明显的分灾耗能作用，使核心结构的延性耗能作用得到更充分的发挥。对于试件 CFWA5-Ⅰ，工字钢中柱与混凝土墙体连接界面的分灾耗能作用发挥得不及前 4 个试件，且钢管混凝土边柱与混凝土墙体连接界面的耗能条带未明显形成。

2）试件 CFWA2-Ⅰ、试件 CFWA3-Ⅰ、试件 CFWA4-Ⅰ与试件 CFWA1-Ⅰ相比，分别增加了两道、三道、四道分块钢板，形成了“钢管及型钢混凝土密柱-分块钢板”核心结构，使得 4 条竖向耗能条带的损伤相对较轻，试件变形相对较小，表明该核心结构作为第二道抗震防线，与混凝土墙体及竖向耗能条带协同抗震耗能，这是剪力墙综合抗震耗能能力明显提高的重要表征；试件 CFWA5-Ⅰ的损伤与破坏形态表现出了整体钢板剪力墙的破坏形态。

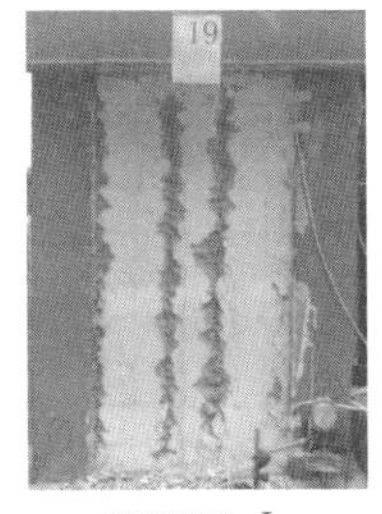
CFWA1-Ⅰ

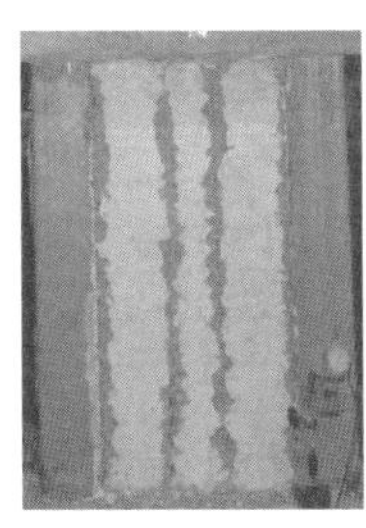
CFWA2-Ⅰ

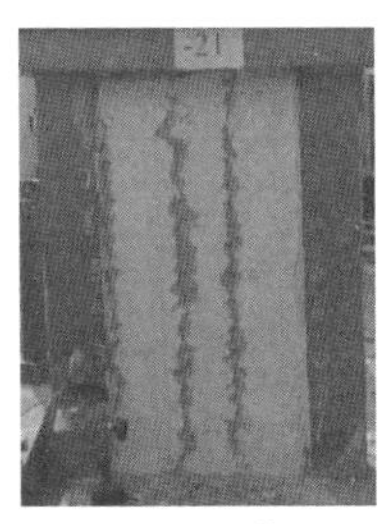
CFWA3-Ⅰ

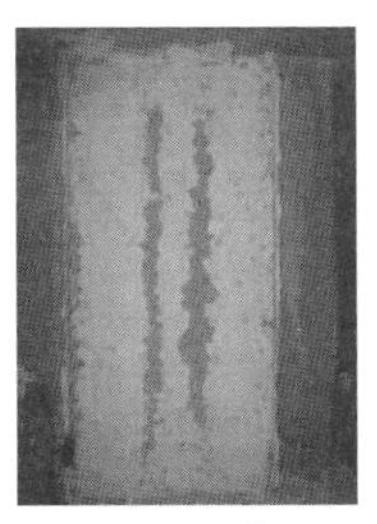
CFWA4-Ⅰ

CFWA5-Ⅰ

图 6-26　6.4 节试件第Ⅰ阶段试验的最终破坏形态

2. 第Ⅱ阶段试验

第Ⅱ阶段各试件的最终破坏形态如图 6-27 所示，各试件损伤及破坏过程分析如下。

1）加载至 1/90 位移角左右时，各试件的薄钢板开始出现斜向拉力带；加载至 1/50 位移角时，试件 CFWA1-Ⅱ、试件 CFWA2-Ⅱ、试件 CFWA3-Ⅱ、试件 CFWA4-Ⅱ的薄钢板明显屈曲变形，实测外贴钢板沿 45°方向的应变达到屈服应变，有局部焊缝开裂；其中试件 CFWA2-Ⅱ的焊接质量未达要求，焊缝开裂较早，导致刚度退化较快；试件 CFWA5-Ⅱ的薄钢板变形不明显，柱脚鼓凸反而较大。加载至 1/30 位移角左右时，各试件边柱钢管根部截面的棱角陆续开裂，裂口处混凝土酥碎挤出，边柱钢管与薄钢板的贴焊部位焊缝损伤严重。

2）随着分块钢板道数的增加，贴焊薄钢板的斜向鼓凸越发不明显，其变形耗能能力也越差，试件 CFWA5-Ⅱ基本没有鼓凸出现，这表明贴焊薄钢板在核心结构较弱的组合墙体的抗震能力发挥中作用效果较好，从优化设计角度考虑，设置三道分块钢板的试件 CFWA3-Ⅰ各部件损伤较为均匀，分灾耗能能力较好，可修复性较好。

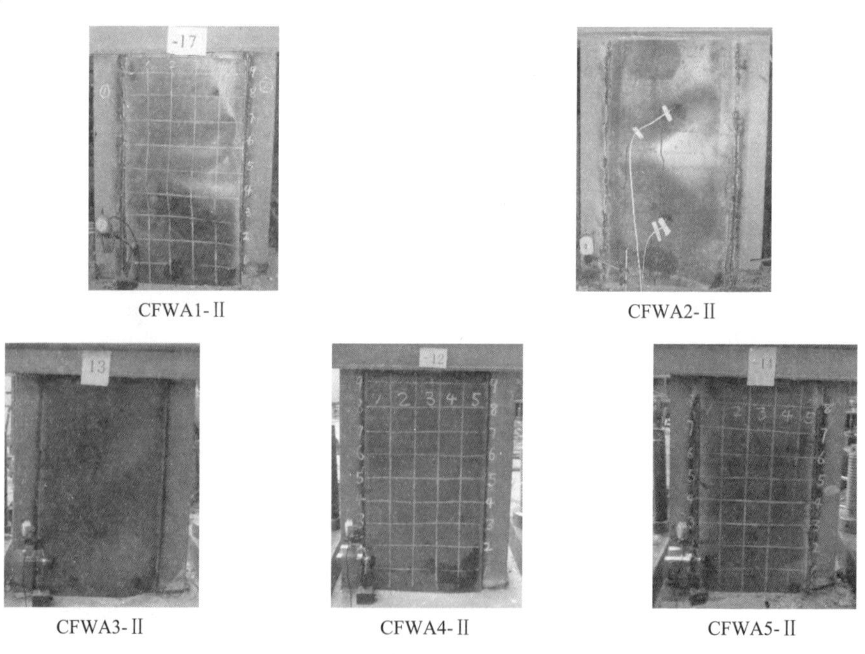

图 6-27　6.4 节试件第Ⅱ阶段试验的最终破坏形态

6.4.3 承载力

试件主要阶段的特征荷载实测值见表 6-12，其中 h 为各分块钢板截面高度之和，整体钢板墙的 h 为钢板全高加上下焊接锚固的尺寸，用 h 表示内部设置钢板的用钢量。表 6-12 中，第Ⅰ阶段试件损伤但不失效，因此不涉及破坏荷载；第Ⅱ阶段试件贴焊钢板变形而不开裂，内藏混凝土墙体在第Ⅰ阶段就已经开裂，故没有开裂荷载问题。试件的 F_u-h 曲线如图 6-28 所示。

表 6-12 6.4 节试件主要阶段的特征荷载实测值

试件编号	h/mm	F_c/kN		F_y/kN		F_u/kN		F_d/kN		F_y/F_u
		实测值	相对值	实测值	相对值	实测值	相对值	实测值	相对值	
CFWA1-Ⅰ	0.00	110.00	1.000	275.41	1.000	320.36	1.000	320.36	1.000	0.860
CFWA2-Ⅰ	320.00	118.58	1.078	324.42	1.178	380.28	1.187	380.28	1.187	0.853
CFWA3-Ⅰ	480.00	125.35	1.140	377.48	1.371	446.32	1.393	446.32	1.393	0.846
CFWA4-Ⅰ	640.00	130.40	1.185	400.90	1.456	456.20	1.424	456.20	1.424	0.879
CFWA5-Ⅰ	1160.00	134.58	1.223	470.18	1.707	532.16	1.661	532.16	1.661	0.884
CFWA1-Ⅱ	0.00	—	—	368.89	1.000	414.12	1.000	350.00	1.000	0.891
CFWA2-Ⅱ	320.00	—	—	379.01	1.027	426.36	1.030	360.41	1.030	0.889
CFWA3-Ⅱ	480.00	—	—	463.69	1.257	530.98	1.282	449.33	1.284	0.873
CFWA4-Ⅱ	640.00	—	—	488.76	1.325	552.30	1.334	466.46	1.333	0.885
CFWA5-Ⅱ	1160.00	—	—	531.79	1.442	576.60	1.392	489.11	1.397	0.922

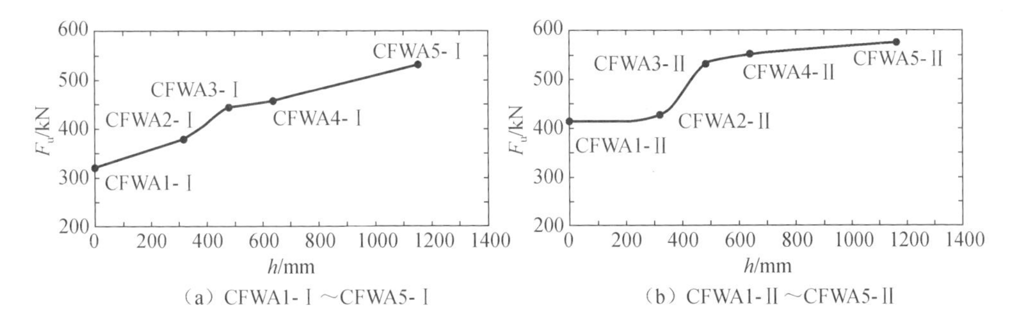

(a) CFWA1-Ⅰ～CFWA5-Ⅰ (b) CFWA1-Ⅱ～CFWA5-Ⅱ

图 6-28 6.4 节试件的 F_u-h 曲线

由表 6-12 及图 6-28 可知，第Ⅰ阶段，随着分块钢板高度之和的增加，承载力相应增大，但增幅先大后小，其中试件 CFWA3-Ⅰ设计较合理；第Ⅱ阶段，试件 CFWA3-Ⅱ的设计参数匹配较合理。试件 CFWA3-Ⅰ与试件 CFWA1-Ⅰ相比，屈服荷载、极限荷载、破坏荷载分别提高了 37.1%、39.3%、28.4%，表明分块钢板的合理加设可显著提高剪力墙的承载力。试件 CFWA3-Ⅰ与试件 CFWA5-Ⅰ相比，内置钢板用钢量为试件 CFWA5-Ⅰ的 41.4%，极限荷载为试件 CFWA5-Ⅰ的 83.9%，性价比较高。内置分块钢板试件与内置整体钢板试件的修复后承载力与修复前承载力的比值均值分别为 1.177、1.084，说明内置分块钢板试件的可修复性比内置整体钢板试件要好。

6.4.4　变形、耗能和刚度

试件的特征位移与耗能实测值见表 6-13。由表 6-13 可知，第 I 阶段的 U_d 为试验结束时的位移 22mm，第 II 阶段的 U_d 为正负两向荷载下降至极限荷载 85%时对应弹塑性位移值的均值；E_p 为各试件的耗能，两个试验阶段对应于 1/50 位移角的耗能，位移角均用 $\theta_{0.02}$ 表示，其下角标 0.02 表示位移角值；位移角 θ_d 对应的耗能用 U_d 表示。因各试件的加载过程有差异，E_p 耗能值的计算取滞回曲线外包络线包围的面积作为比较用耗能。K-θ曲线如图 6-29 所示。

表 6-13　6.4 节试件的特征位移与耗能实测值

试件编号	U_c	U_y/mm			U_d/mm			E_p/（kN • mm）			
		实测值	比率	θ_y	实测值	比率	θ_d	$\theta_{0.02}$	实测值	θ_d	实测值
CFWA1- I	1.76	7.86	1.000	1/141	22.00	1.000	1/50	1/50	9203	—	—
CFWA2- I	1.82	8.31	1.057	1/134	22.00	1.000	1/50	1/50	12447	—	—
CFWA3- I	1.86	8.76	1.115	1/127	22.00	1.000	1/50	1/50	15544	—	—
CFWA4- I	1.90	9.63	1.225	1/115	22.00	1.000	1/50	1/50	14453	—	—
CFWA5- I	1.95	14.54	1.850	1/76	22.00	1.000	1/50	1/50	14101	—	—
CFWA1- II	—	13.36	1.000	1/83	30.52	1.000	1/36	1/50	10077	1/36	19419
CFWA2- II	—	14.61	1.094	1/76	35.63	1.167	1/31	1/50	11313	1/31	27906
CFWA3- II	—	15.20	1.138	1/73	36.92	1.210	1/30	1/50	14323	1/30	30979
CFWA4- II	—	16.26	1.217	1/68	35.80	1.173	1/31	1/50	11846	1/31	32175
CFWA5- II	—	19.39	1.451	1/57	35.43	1.161	1/31	1/50	11052	1/31	33102

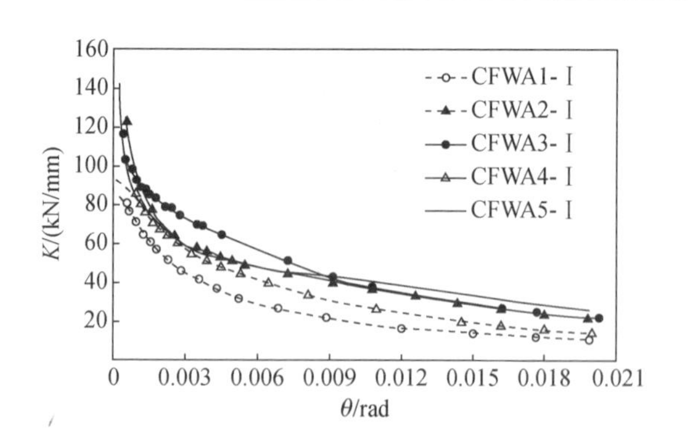

图 6-29　6.4 节试件的 K-θ 曲线

分析表 6-13 和图 6-29 可知，第 I 阶段，1/50 位移角时，该组合剪力墙的耗能随分块钢板的增多先增大后减小，其中试件 CFWA3- I 耗能能力较强；第 II 阶段，试件 CFWA3-Ⅱ耗能效果较好，这表明优化设置分块钢板是其抗震设计的关键。

试件 CFWA3-Ⅰ与试件 CFWA5-Ⅰ相比，内置钢板的高度为试件 CFWA5-Ⅰ的 41.4%，耗能值为试件 CFWA5-Ⅰ的 1.1 倍，这表明内置分块钢板剪力墙比内置整体钢板剪力墙性价比更好。

内置分块钢板试件与内置整体钢板试件相比，其修复后耗能与修复前耗能比值的均值分别为 0.883、0.784，说明内置分块钢板试件的可修复性比内置整体钢板试件更好。

试件初始刚度按大小排序依次为试件 CFWA5-Ⅰ、试件 CFWA4-Ⅰ、试件 CFWA3-Ⅰ、试件 CFWA2-Ⅰ、试件 CFWA1-Ⅰ，表明内置钢板数量增加的同时，试件的初始刚度也有所增大；在反复荷载受力过程中，试件 CFWA3-Ⅰ的刚度退化较慢，工作性能较稳定，这表明其设计较为合理，其合理设计的关键在于较好地处理了分块钢板与钢管及型钢混凝土柱的强度及刚度的匹配关系，实现了隐含的“强柱、弱梁”延性体系优化设计。

6.4.5　滞回特性

各试件的 *F-U* 滞回曲线如图 6-30 所示，相应的 *F-U* 骨架曲线如图 6-31 所示。

由图 6-30 和图 6-31 可知，第Ⅰ阶段，1/50 位移角时，试件 CFWA3-Ⅰ与其他试件相比，滞回曲线中部捏拢现象较轻，滞回环饱满，耗能能力强；第Ⅱ阶段，1/50 位移角时，试件 CFWA3-Ⅱ与其他试件相比，滞回曲线中部捏拢现象较轻，滞回环饱满，耗能能力强，但整体程度比第Ⅰ阶段有所减弱。第Ⅰ阶段和第Ⅱ阶段的骨架曲线比较可见，1/50 位移角时，承载力及刚度随着分块钢板的增加而增大，但提高的幅度逐渐变慢，其中试件 CFWA3-Ⅰ和试件 CFWA3-Ⅱ的设计综合抗震性能较好。

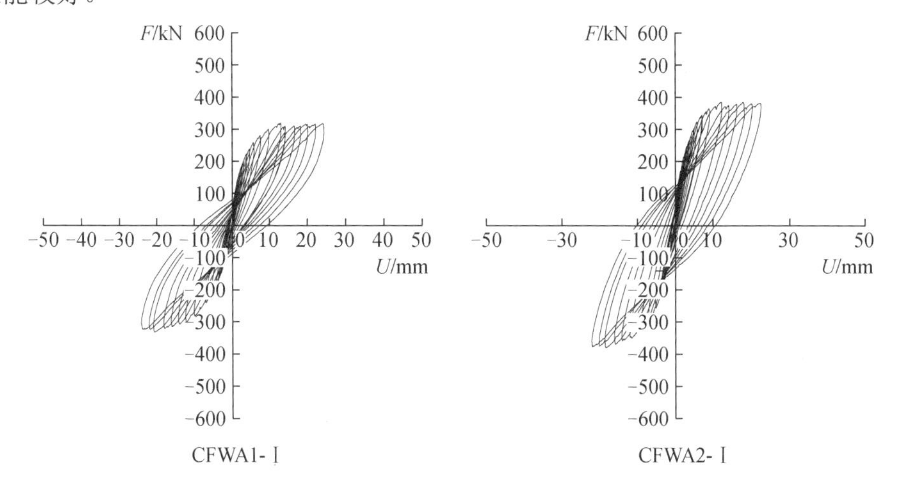

图 6-30　6.4 节试件的 *F-U* 滞回曲线

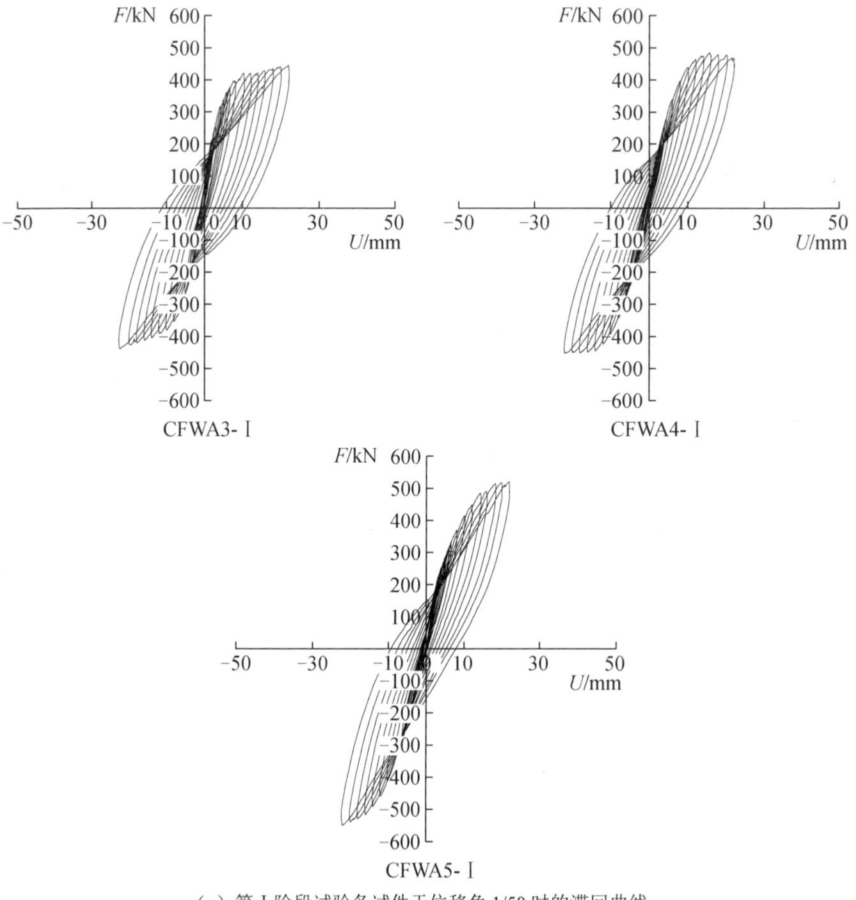

（a）第Ⅰ阶段试验各试件于位移角 1/50 时的滞回曲线

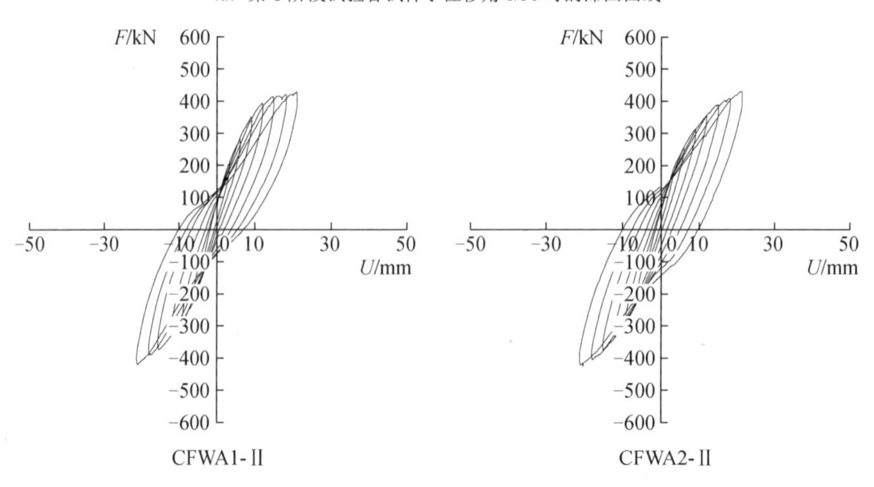

图 6-30（续）

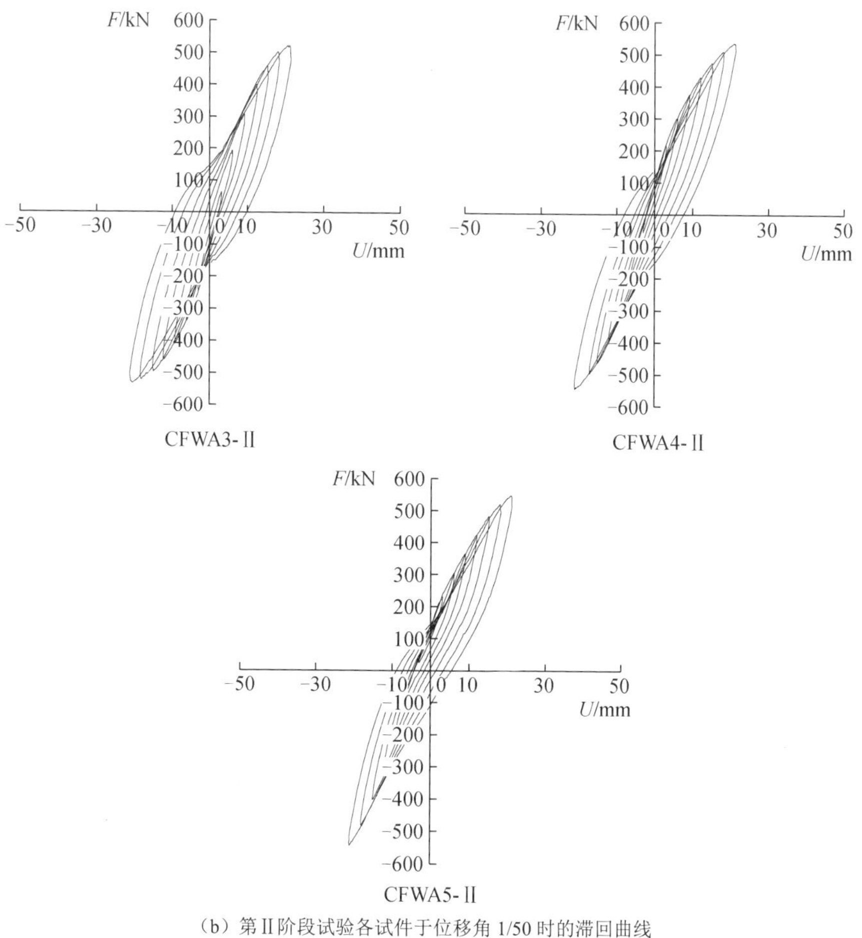

（b）第 II 阶段试验各试件于位移角 1/50 时的滞回曲线

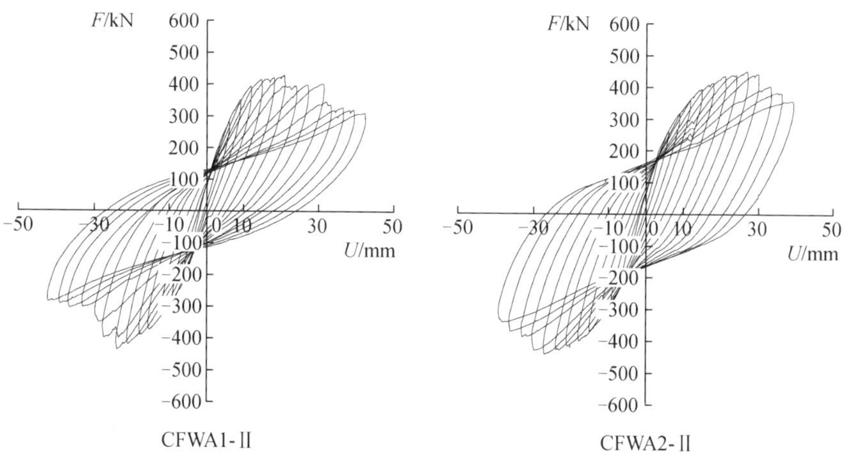

图 6-30（续）

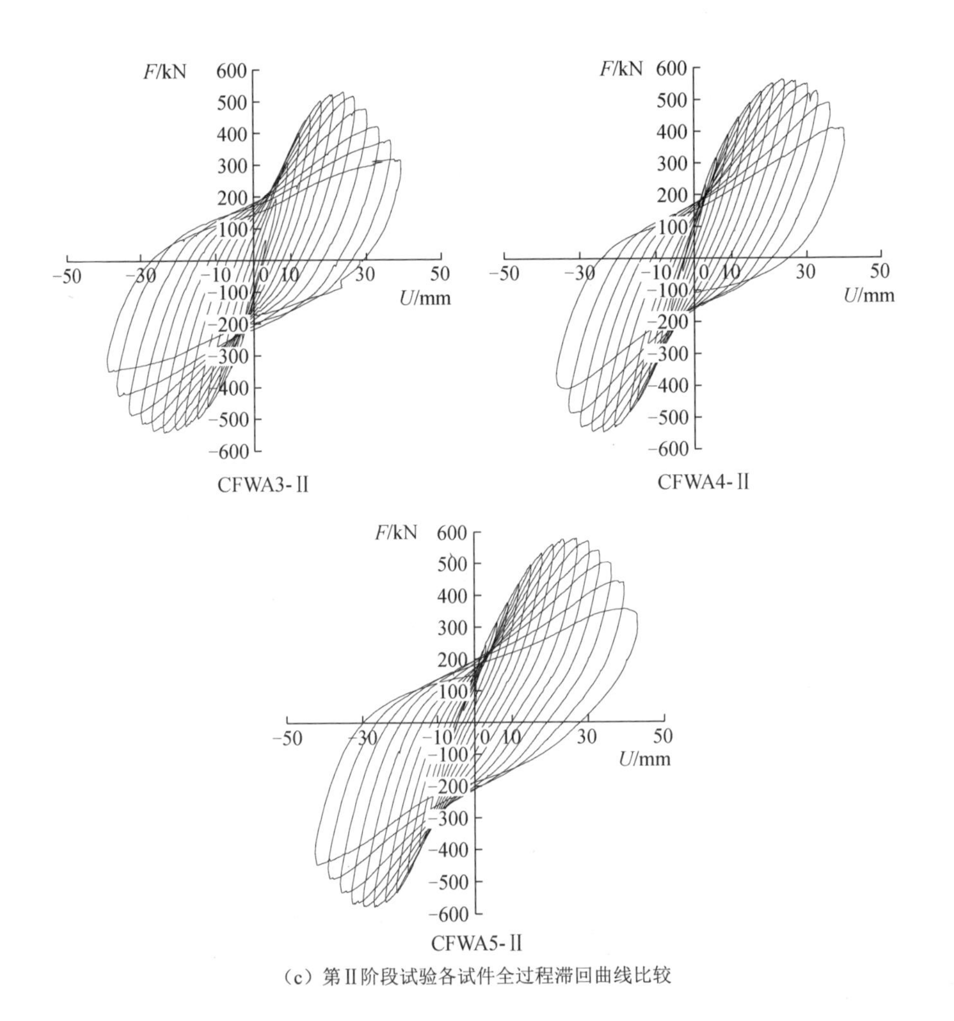

（c）第Ⅱ阶段试验各试件全过程滞回曲线比较

图 6-30（续）

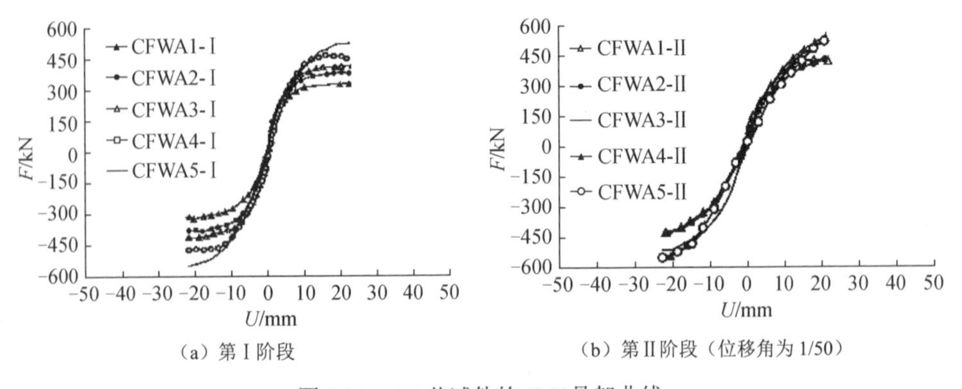

（a）第Ⅰ阶段 （b）第Ⅱ阶段（位移角为1/50）

图 6-31 6.4 节试件的 F-U 骨架曲线

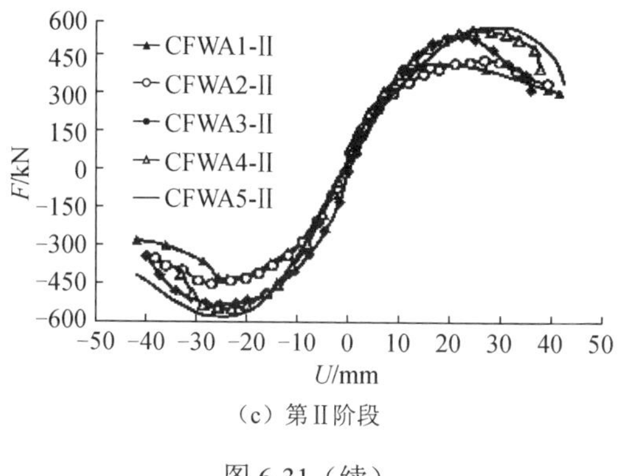

（c）第 II 阶段

图 6-31（续）

6.4.6　有限元分析

1．接触关系

钢管边框与混凝土墙体接触界面的法线方向采用“硬接触”，切线方向采用库仑摩擦模型，摩擦系数取 0.2；上下端的部分边框钢管、型钢中柱、分块钢板、钢筋网片嵌入整体模型中；混凝土墙体及边框钢管核心混凝土与刚性基础、刚性加载梁的接触面采用绑定约束。

2．计算与试验对比

（1）试件 CFWA1-Ⅰ和试件 CFWA2-Ⅰ的模拟分析

对部分试验试件进行了有限元模拟计算，对比研究了其工作性能。图 6-32 为钢管混凝土边框内藏型钢暗柱试件 CFWA1-Ⅰ、钢管混凝土边框内藏型钢暗柱带分块钢板试件 CFWA2-Ⅰ的 F-U 骨架曲线，模拟曲线匹配较好。

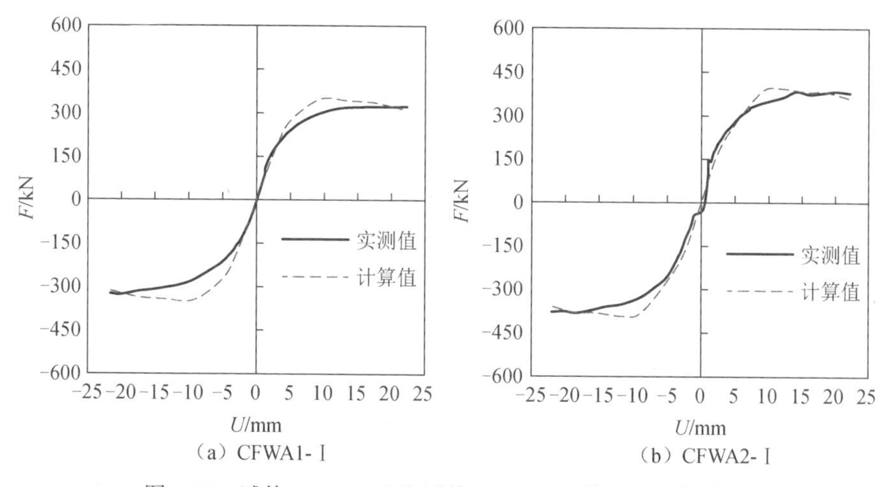

（a）CFWA1-Ⅰ　（b）CFWA2-Ⅰ

图 6-32　试件 CFWA1-Ⅰ和试件 CFWA2-Ⅰ的 F-U 骨架曲线

图 6-33 给出了以上两试件在 1/50 位移角时的钢构部分应力云图和混凝土墙体损伤云图。

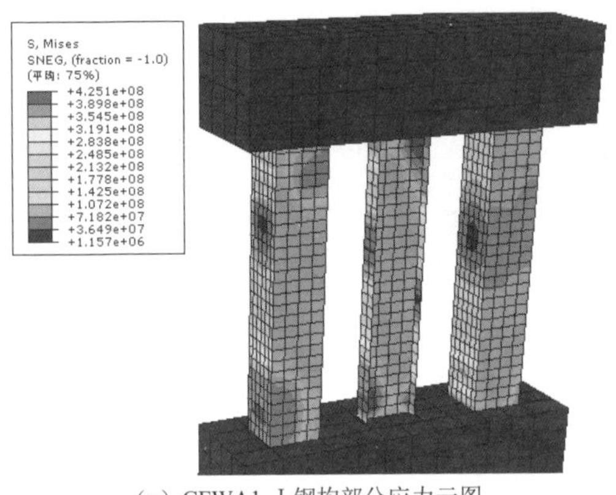

（a）CFWA1-Ⅰ钢构部分应力云图

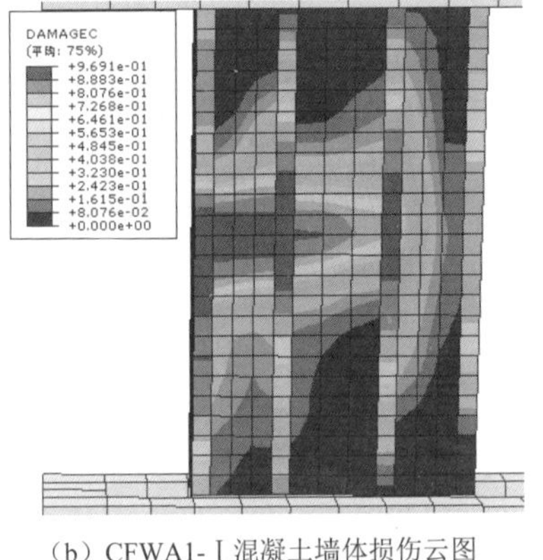

（b）CFWA1-Ⅰ混凝土墙体损伤云图

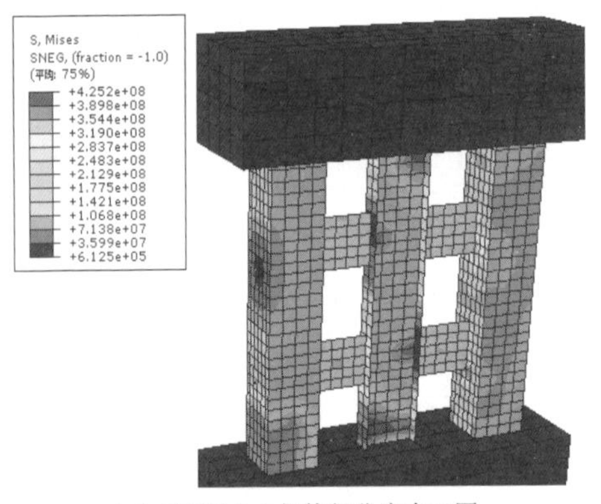

（c）CFWA2-Ⅰ钢构部分应力云图

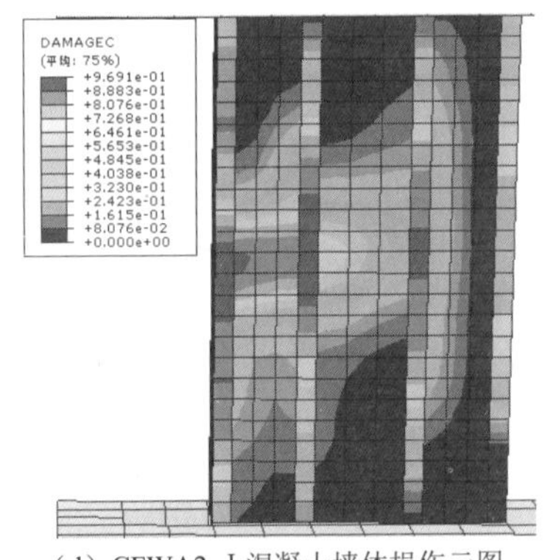

（d）CFWA2-Ⅰ混凝土墙体损伤云图

图 6-33　试件 CFWA1-Ⅰ和试件 CFWA2-Ⅰ的云图比较

由图 6-33 可知：①钢构部分，钢管混凝土边框内藏型钢暗柱带分块钢板试件 CFWA2-Ⅰ较钢管混凝土边框内藏型钢暗柱试件 CFWA1-Ⅰ的柱子端部的损伤明显减轻；分块钢板沿 45° 方向损伤变形并屈服，消耗了地震能量，有效地保护了钢管边框与型钢暗柱。②混凝土墙体，试件 CFWA1-Ⅰ和试件 CFWA2-Ⅰ在与钢构的连接界面处均损伤严重，这有利于耗能；试件 CFWA1-Ⅰ较试件 CFWA2-Ⅰ在墙体中部位置损伤严重，这是由于其核心钢构部分较弱，钢构部分对钢筋混凝土墙体约束作用不强，墙体的整体性、各部件的协同工作性能均不如 CFWA2-Ⅰ。

（2）试件 CFWA3-Ⅰ和试件 CFWA5-Ⅰ的模拟分析

图 6-34 为钢管混凝土边框内藏型钢暗柱带三道分块钢板试件 CFWA3-Ⅰ、钢管混凝土边框内藏型钢暗柱带整体钢板试件 CFWA5-Ⅰ的 *F-U* 骨架曲线，模拟曲线匹配较好。

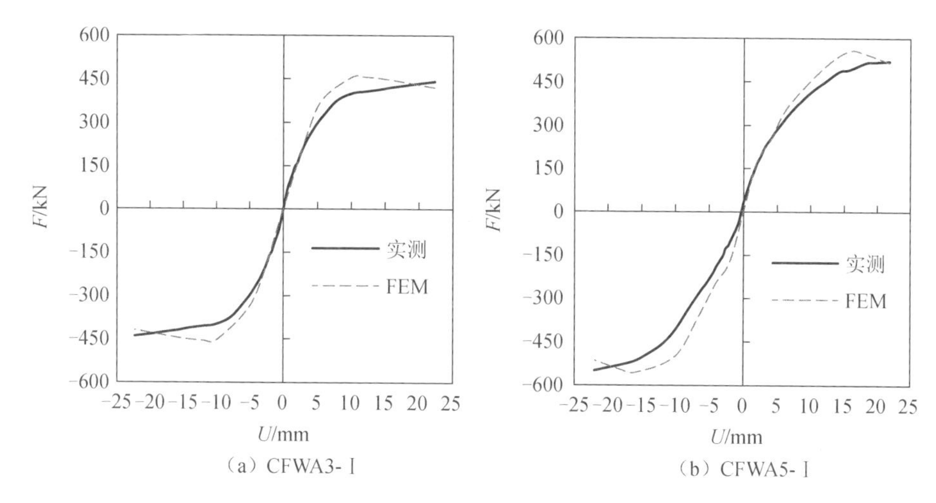

（a）CFWA3-Ⅰ　　（b）CFWA5-Ⅰ

图6-34　试件CFWA3-Ⅰ和试件CFWA5-Ⅰ的F-U骨架曲线

图6-35给出了以上两试件在1/50位移角时的钢构部分应力云图和混凝土墙体损伤云图。

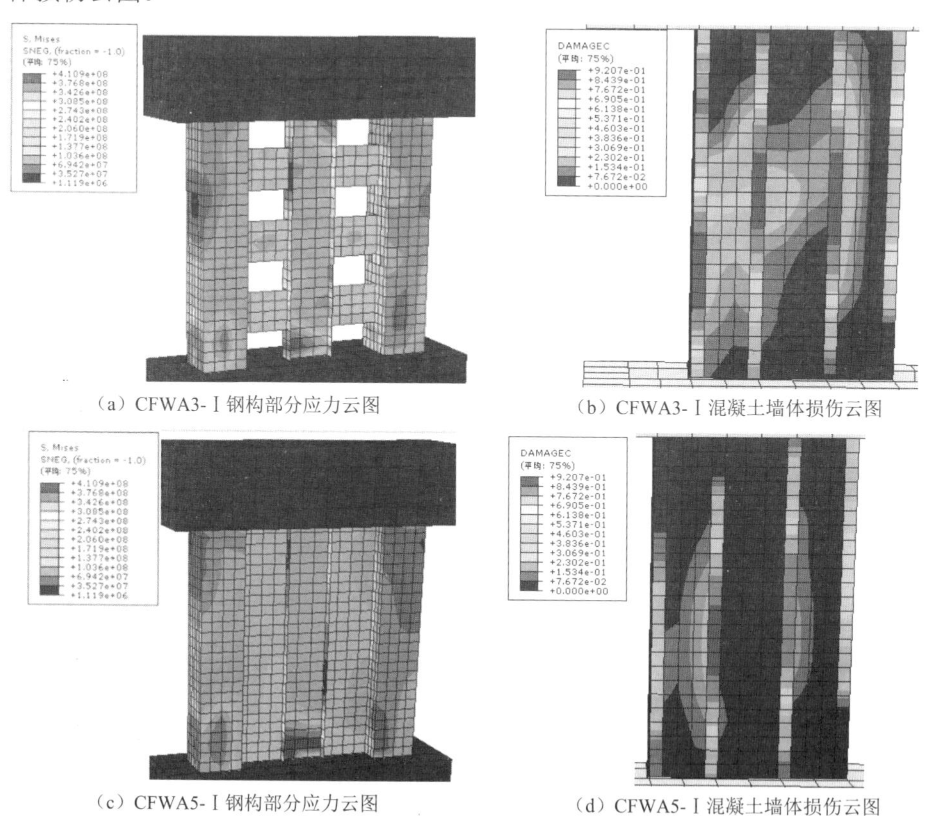

（a）CFWA3-Ⅰ钢构部分应力云图　　（b）CFWA3-Ⅰ混凝土墙体损伤云图

（c）CFWA5-Ⅰ钢构部分应力云图　　（d）CFWA5-Ⅰ混凝土墙体损伤云图

图6-35　试件CFWA3-Ⅰ和试件CFWA5-Ⅰ的云图比较

由图 6-35 可知，①混凝土墙体，混凝土墙体与钢构的连接界面处有损伤，起到了第一道抗震防线的作用，保护了核心钢构的骨架部分；而核心结构更强的 CFWA5-Ⅰ的混凝土墙体几乎无损伤，这是由于钢构部分与混凝土墙体的刚度不匹配，混凝土墙体的耗能能力未能充分发挥，且钢构部分先于混凝土损伤，对抗震耗能不利。②钢构部分，试件 CFWA3-Ⅰ较试件 CFWA5-Ⅰ的柱脚损伤明显减轻，分块钢板虽然用钢量较少，但起到了良好的抗震分灾作用。

3. 不同设计参数模拟

试验结果表明，钢管混凝土边框内藏三道分块钢板组合剪力墙的抗震性能最好，性价比最高，取该设计参数的核心钢构部分进一步通过数值进行模拟，竖向力设定为 1000kN，加载至 22mm。

（1）分块钢板厚度

分块钢板厚度分别取 0mm、2mm、4mm、6mm 及 8mm，分析核心钢构部分的应力云图及骨架曲线，*F-U* 骨架曲线如图 6-36 所示，应力云图比较如图 6-37 所示。

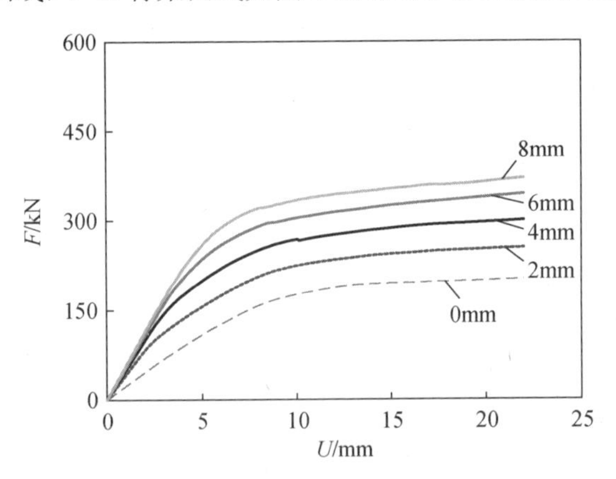

图 6-36　不同分块钢板厚度的钢管混凝土边框内藏三道分块钢板组合剪力墙的 *F-U* 骨架曲线

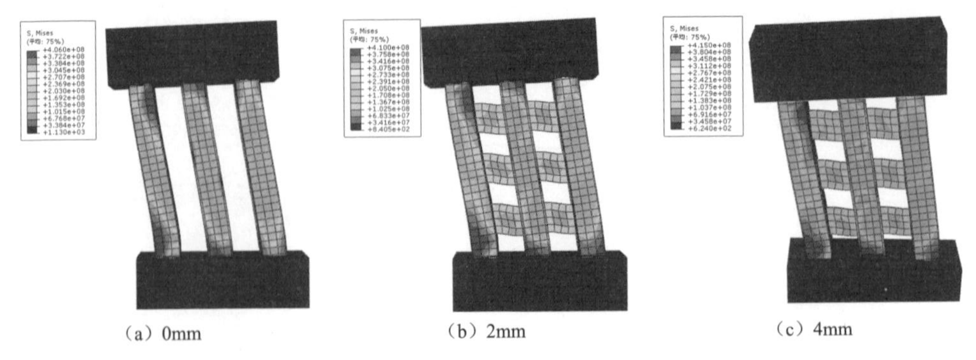

图 6-37　不同分块钢板厚度的钢管混凝土边框内藏三道分块钢板组合剪力墙的应力云图比较

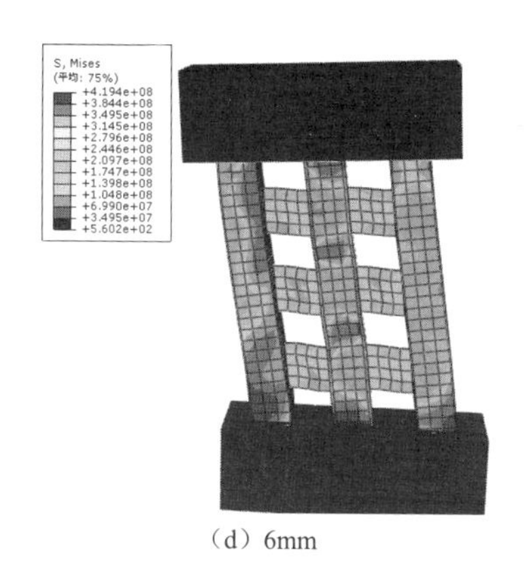

（d）6mm

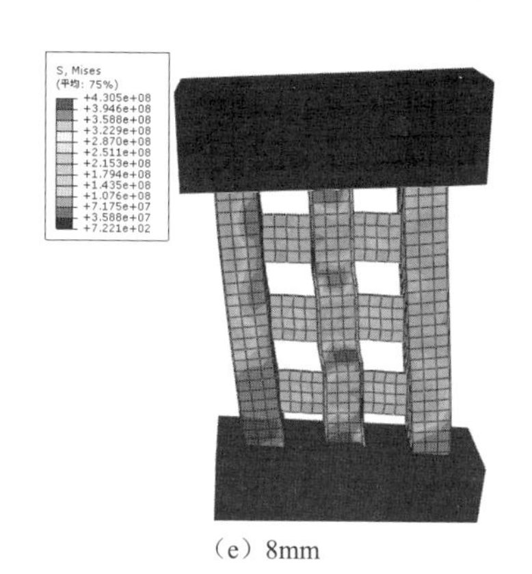

（e）8mm

图 6-37（续）

由图 6-36 和图 6-37 可知，随着分块钢板厚度的增加，分块钢板的损伤逐步减轻，表明其分灾耗能能力发挥不明显。钢管混凝土柱及型钢混凝土柱的损伤先减轻后加重，分块钢板厚度取 4mm 时，钢管混凝土柱与型钢混凝土柱损伤较轻；分块钢板与钢管边框等厚时，核心钢构各部分损伤较为均衡，设计最为合理。1/50 位移角时，承载力随着分块钢板厚度的增加，增幅越来越小，分块钢板厚度取 4mm 时增幅较为合理，性价比较好。

（2）分块钢板布置位置

对三道分块钢板进行中部集中布置、沿高度方向均匀布置及上中下分散布置进行分析，可知不同布置形式对核心钢构部分承载力及损伤程度的影响。F-U 骨架曲线如图 6-38 所示，应力云图比较如图 6-39 所示。

由图 6-38 和图 6-39 可知，分块钢板沿高度方向均匀布置与中部集中布置的核心钢构各部件的损伤较为均匀，上中下分散布置构件损伤较重。位移角为 1/50 时，中部集中布置试件与沿高度方向均匀布置试件承载力相近，上中下分散布置试件的核心钢构承载力较低。

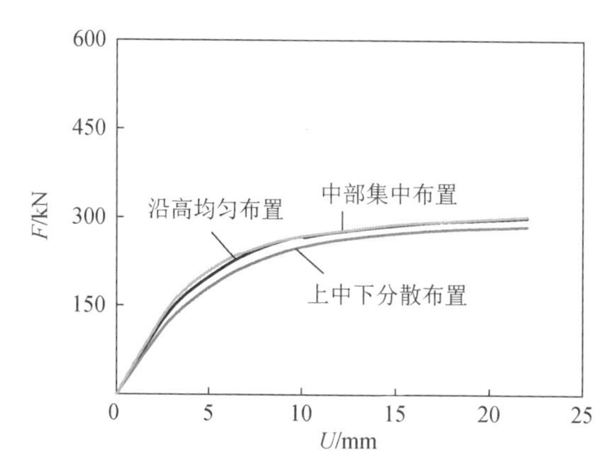

图 6-38　不同分块钢板布置形式的钢管混凝土边框内藏三道分块钢板组合剪力墙的 F-U 骨架曲线

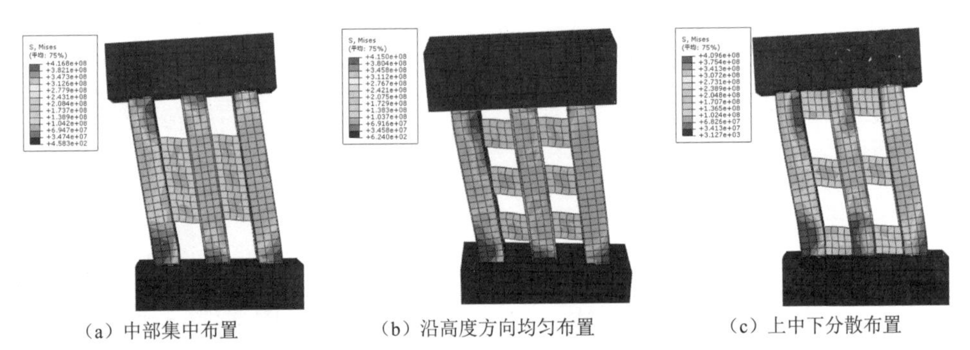

（a）中部集中布置　（b）沿高度方向均匀布置　（c）上中下分散布置

图 6-39　不同分块钢板布置形式的钢管混凝土边框内藏三道分块钢板组合剪力墙的应力云图比较

6.5　钢管混凝土密柱内藏分块钢板组合剪力墙

6.5.1　试验概况

1. 试件设计

本节设计了 5 个 1/5 缩尺的剪力墙模型试件，试件由钢管混凝土密柱、分块钢板、混凝土墙体及相关连接界面四类消能减震单元组成。试件高 960mm，宽 740mm，墙厚 140mm。5 个试件的变化参数为钢管混凝土柱之间的分块钢板道数，分别为 0 道、2 道、3 道、4 道。分块钢板均为 160mm×160mm×4mm 的 Q345 钢板；各试件钢管混凝土柱的钢管均为 140mm×140mm×4mm 的 Q345 方钢管；与混凝土墙体接触面的钢管上焊接栓钉和竖向钢板条，混凝土墙体水平分布钢筋的端部弯折段与钢管上贴焊的钢板条焊接；拉结筋从上下分块钢板之间穿过，分布钢筋及拉结筋均为 ϕ4 钢筋。试件的配筋及配钢图如图 6-40 所示。

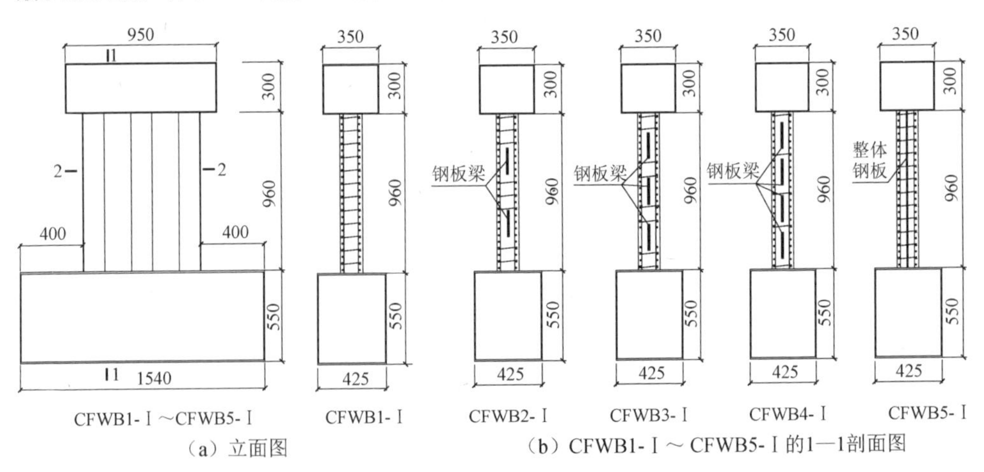

（a）立面图　（b）CFWB1- Ⅰ～CFWB5- Ⅰ的1—1剖面图

图 6-40　6.5 节试件的配筋及配钢图

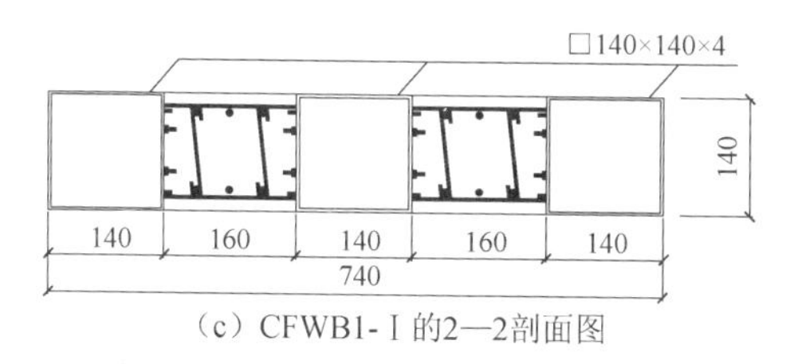

（c）CFWB1-Ⅰ的2—2剖面图

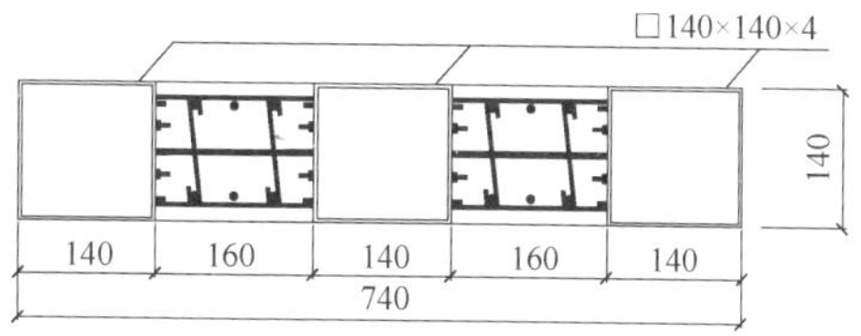

（d）CFWB2-Ⅰ～CFWB5-Ⅰ的2—2剖面图

图 6-40（续）

2. 材料性能

试件采用同一批 C45 细石混凝土浇筑，实测混凝土抗压强度为 45.3MPa，弹性模量为 3.28×10^4MPa；实测钢材屈服强度 f_y、极限强度 f_u、弹性模量 E_s 见表 6-14。

表 6-14　6.5 节试件钢材的力学性能实测值　（单位：MPa）

部件	f_y	f_u	E_s
140mm×140mm×4mm 方钢管	375.0	507.8	2.05×10^5
4mm 分块钢板	270.3	401.2	2.06×10^5
2mm 修复钢板	252.0	389.0	2.05×10^5
Φ4 钢筋	634.1	738.1	2.06×10^5

3. 加载方案

加载现场照片如图 6-41 所示。

（a）第Ⅰ阶段试验

（b）第Ⅱ阶段试验

图 6-41　6.5 节试件的加载现场照片

加载方案：首先，在加载梁顶部中心位置处施加竖向荷载，并在加载中控制竖向荷载保持不变，竖向荷载通过竖向千斤顶-滚轴支座-反力梁加载系统施加，各试件的竖向荷载均为1000kN；之后，用水平拉压千斤顶沿着加载梁轴线方向施加低周反复荷载，水平加载的位置距试件基础顶面1110mm。

为研究试件损伤后的修复性能，对其中的4个试件分别进行两个阶段试验。第Ⅰ阶段试验，重点研究1/50位移角前的试件抗震性能；第Ⅱ阶段试验，重点研究第Ⅰ阶段损伤试件修复后的抗震性能，修复采用剪力墙边框钢管之间两侧贴焊薄钢板的方法。第Ⅰ阶段试验，试件编号为CFWB1-Ⅰ、CFWB2-Ⅰ、CFWB3-Ⅰ、CFWB4-Ⅰ、CFWB5-Ⅰ；第Ⅱ阶段试验，试件编号为CFWB1-Ⅱ、CFWB2-Ⅱ、CFWB3-Ⅱ、CFWB4-Ⅱ、CFWB5-Ⅱ。第Ⅰ阶段试验，从开始加载至试件位移角达1/50（水平位移22mm）时暂停试验，并对损伤试件采用边框钢管之间两侧贴焊薄钢板的修复方法进行修复。之后，对修复试件进行第Ⅱ阶段试验，施加反复荷载直至试件严重破坏。为比较修复效果，对性能较好的试件CFWB3-Ⅱ不进行修复，但仍进行两阶段试验，其中在1/50位移角前，CFWB3-Ⅱ经历了两次反复荷载。

6.5.2　承载力、位移、刚度

两个试验阶段，实测得到了试件的开裂荷载F_c、开裂位移U_c、开裂刚度K_c、正负两向屈服荷载均值F_y、正负两向屈服位移均值U_y、正负两向屈服刚度均值K_y、正负两向极限荷载均值F_u、正负两向极限荷载对应的位移均值U_u、正负两向极限荷载对应的刚度均值K_u，见表6-15。两个试验阶段，试件的F_u-h曲线和K-θ曲线如图6-42所示，其中h为各分块钢板截面高度之和，即整体钢板墙的h为钢板的高度。

表6-15　6.5节试件的承载力、位移和刚度实测值

试验阶段	试件编号	开裂				屈服				极限			
		F_c /kN	U_c /mm	θ_c	K_c /（kN/mm）	F_y /kN	U_y /mm	θ_y	K_y /（kN/mm）	F_u /kN	U_u /mm	θ_u	K_u /（kN/mm）
第Ⅰ阶段	CFWB1-Ⅰ	120	1.7	1/669	72.3	304	8.1	1/137	37.5	361	22.0	1/50	16.4
	CFWB2-Ⅰ	125	1.7	1/645	72.7	352	8.9	1/125	39.6	450	22.0	1/50	20.5
	CFWB3-Ⅰ	126	1.8	1/630	71.6	409	9.8	1/113	41.7	489	22.0	1/50	22.2
	CFWB4-Ⅰ	130	1.8	1/617	72.2	423	10.0	1/111	42.3	487	22.0	1/50	22.1
	CFWB5-Ⅰ	140	1.9	1/600	75.7	499	11.5	1/97	43.4	549	22.0	1/50	25.0
第Ⅱ阶段	CFWB1-Ⅱ	—	—	—	—	455	15.1	1/74	30.1	589	34.7	1/32	17.0
	CFWB2-Ⅱ	—	—	—	—	496	15.5	1/72	32.0	573	29.0	1/38	19.8
	CFWB3-Ⅱ	—	—	—	—	440	20.9	1/53	21.1	485	29.9	1/37	16.2
	CFWB4-Ⅱ	—	—	—	—	507	16.3	1/68	31.1	556	25.2	1/44	22.1
	CFWB5-Ⅱ	—	—	—	—	528	21.0	1/53	25.1	576	28.5	1/39	20.2

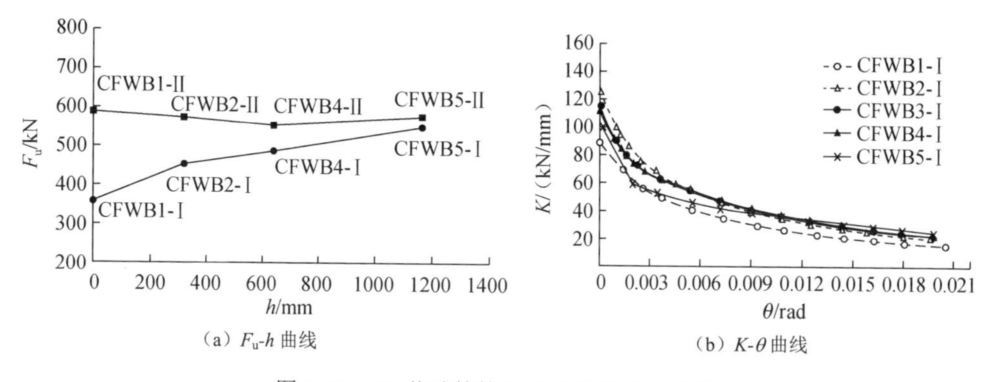

图 6-42　6.5 节试件的 F_u-h 曲线及 K-θ 曲线

由表 6-15 及图 6-42 可知：

1）第Ⅰ阶段试验：试件的开裂荷载、屈服荷载、极限荷载随着分块钢板道数的增多，承载力总体呈增大趋势，但增大程度逐渐减弱，本节试件参数条件下，三道分块钢板效果较好。试件刚度随着分块钢板参数 h 的增大总体呈增大趋势，但增大速度逐渐减慢。

2）第Ⅱ阶段试验：分析 F_u-h 曲线可知，损伤后修复的 4 个试件 CFWB1-Ⅱ、CFWB2-Ⅱ、CFWB4-Ⅱ、CFWB5-Ⅱ与修复前相比，极限承载力分别提高了 63%、27%、14%、5%，这表明随着分块钢板参数 h 的增大，相应试件承载力的提高比例减小。

3）性能较好的 CFWB3-Ⅰ未修复，仍进行了两阶段试验，第Ⅰ阶段试验至 1/50 位移角后，继续开始第Ⅱ阶段试验，其在 1/50 位移角前经历了两次反复荷载。该试件第Ⅱ阶段承载力明显较低。

6.5.3　耗能

试件的耗能实测值见表 6-16。表中，$\theta_{0.02}$ 表示两个试验阶段对应的 1/50 位移角，下角标 0.02 表示位移角值；E_p 为耗能代表值，取滞回曲线外包络线包围的面积。

表 6-16　6.5 节试件的耗能实测值

试验阶段	试件编号	耗能			
		$\theta_{0.02}$	E_p/（kN • mm）	θ_d	E_p/（kN • mm）
第Ⅰ阶段	CFWB1-Ⅰ	1/50	10543	—	—
	CFWB2-Ⅰ	1/50	13891	—	—
	CFWB3-Ⅰ	1/50	14620	—	—
	CFWB4-Ⅰ	1/50	13571	—	—
	CFWB5-Ⅰ	1/50	11331	—	—
第Ⅱ阶段	CFWB1-Ⅱ	1/50	10120	1/27	34175
	CFWB2-Ⅱ	1/50	13266	1/33	41745

续表

试验阶段	试件编号	耗能			
		$\theta_{0.02}$	E_p/（kN·mm）	θ_d	E_p/（kN·mm）
第Ⅱ阶段	CFWB3-Ⅱ	1/50	10250	1/30	36282
	CFWB4-Ⅱ	1/50	13813	1/30	27461
	CFWB5-Ⅱ	1/50	9454	1/28	29379

由表 6-16 可知：

1）第Ⅰ阶段试验：随着分块钢板参数 h 的增大，各试件的耗能值呈先增大后减小的趋势，其中设置三道分块钢板的试件 CFWB3-Ⅰ的耗能能力最好，因此，抗震设计中应合理匹配分块钢板与钢管混凝土柱的强弱关系，体现“强柱弱梁”设计理念，实现延性屈服机制。

2）第Ⅱ阶段试验：与第Ⅰ阶段试验相比，在 1/50 位移角之前，4 个修复试件的耗能值仍呈先增大后减小的趋势；未修复试件 CFWB3-Ⅱ的耗能比试件 CFWB3-Ⅰ降低了 42.6%，说明随着反复荷载施加的次数增加，试件性能退化；即使如此，未修复试件 CFWB3-Ⅱ的耗能仍高于试件 CFWB1-Ⅱ和试件 CFWB5-Ⅱ，说明设置三道分块钢板试件的设计是合理的。整体钢板试件 CFWB5-Ⅱ的耗能能力较小，其原因是整体钢板抗剪能力较强，采用贴焊薄钢板的修复方法主要提高了抗剪能力，这对以弯曲破坏为主的试件来说反而不利于钢板剪切屈服耗能能力的发挥。

6.5.4 滞回特性

试件的 F-U 滞回曲线及骨架曲线如图 6-43 所示，图 6-43（a）为第Ⅰ阶段试验所得各试件 1/50 位移角前的滞回曲线，图 6-43（b）为第Ⅱ阶段试验所得各试件全过程滞回曲线，图 6-43（c，d）为试件骨架曲线比较。

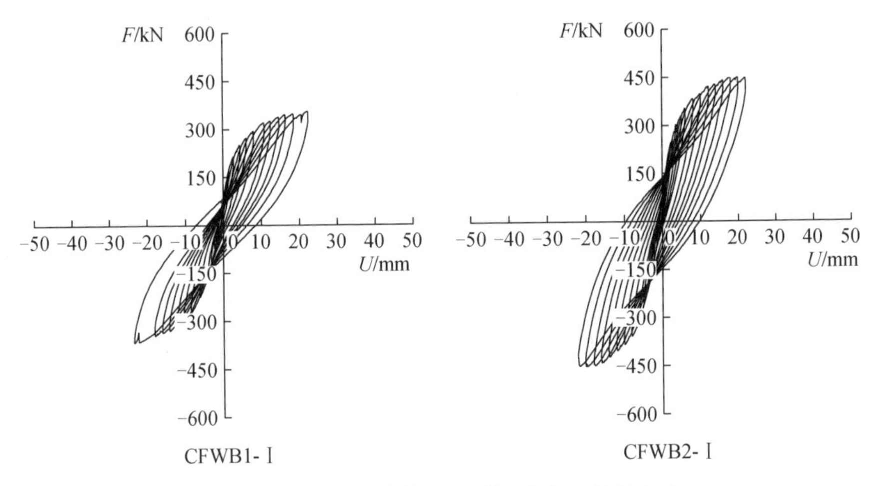

图 6-43　6.5 节试件的 F-U 滞回曲线及骨架曲线

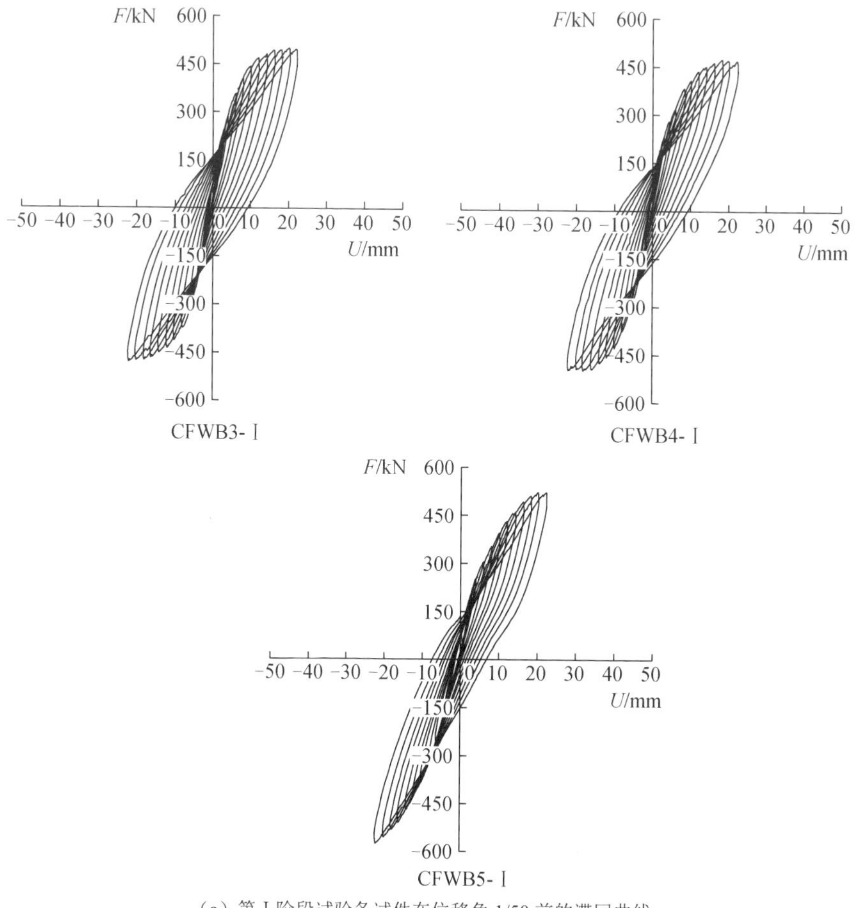

（a）第Ⅰ阶段试验各试件在位移角 1/50 前的滞回曲线

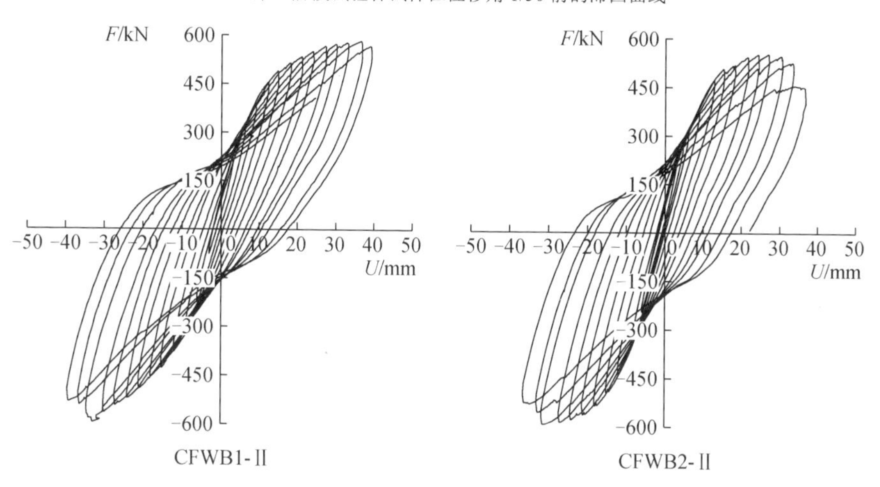

图 6-43（续）

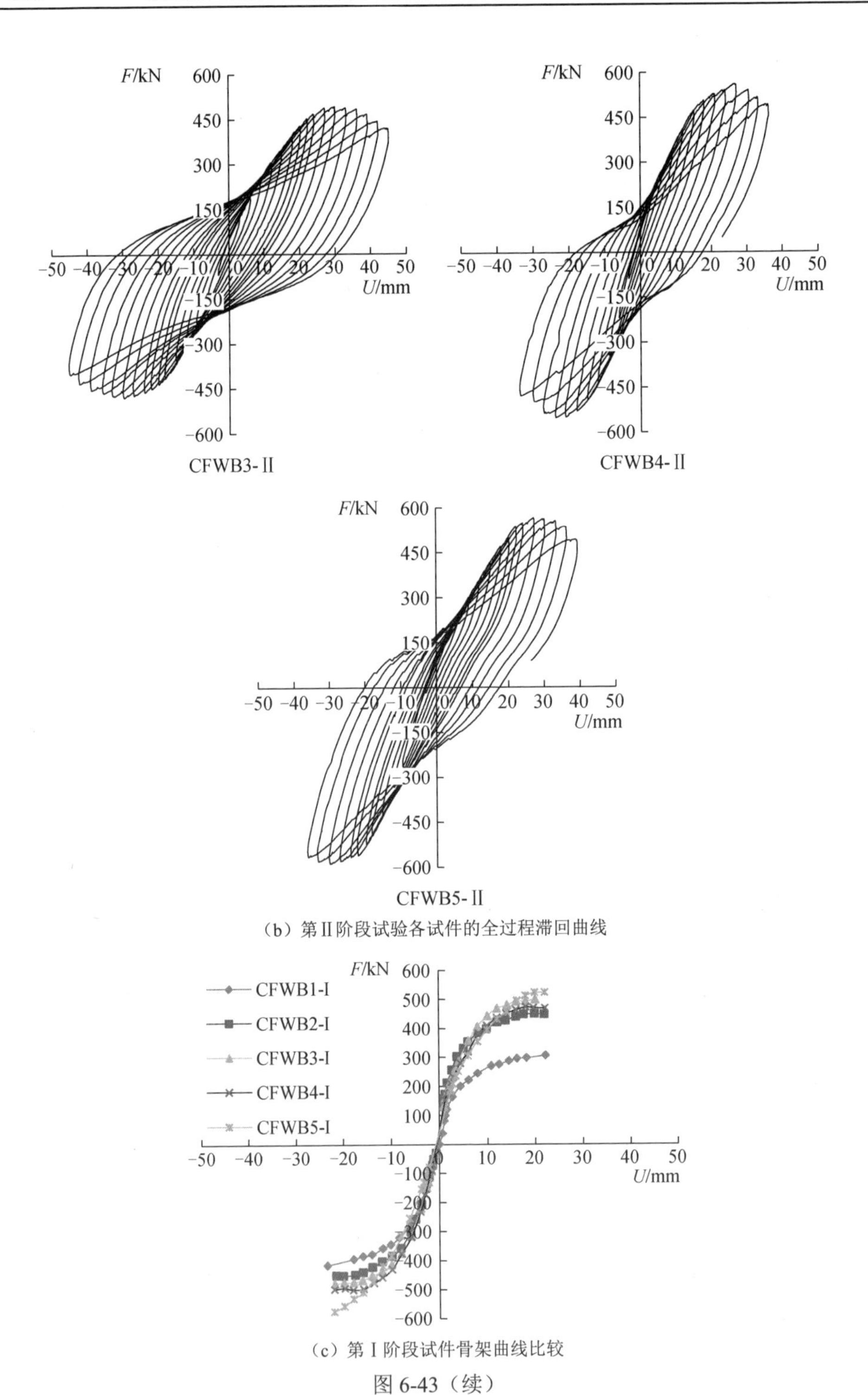

（b）第Ⅱ阶段试验各试件的全过程滞回曲线

（c）第Ⅰ阶段试件骨架曲线比较

图 6-43（续）

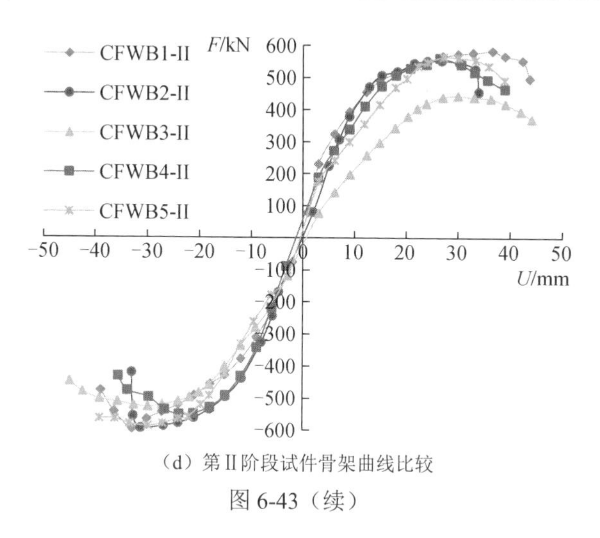

（d）第Ⅱ阶段试件骨架曲线比较

图6-43（续）

分析图6-43（a）～（d）可知：

1）第Ⅰ阶段试验：试件CFWB3-Ⅰ的滞回环最为饱满，抗震耗能能力较强；试件CFWB1-Ⅰ与试件CFWB5-Ⅰ的滞回环的捏拢现象相对明显，耗能能力相对较差，说明分块钢板参数 h 的合理设计对试件耗能的影响十分显著。

2）第Ⅱ阶段试验：在1/50位移角前，未修复试件CFWB3-Ⅱ的滞回耗能性能明显较差，试件CFWB1-Ⅱ、试件CFWB2-Ⅱ、试件CFWB4-Ⅱ修复后的滞回耗能性能较好，而试件CFWB5-Ⅱ的修复效果并不理想，说明处理好试件弯曲与剪切的强弱关系对耗能能力的提高非常重要。

3）骨架曲线比较：比较第Ⅰ阶段试验和第Ⅱ阶段试验所得骨架曲线，试件承载力随着分块钢板参数 h 的增大而提高，但抗震延性却先增大后减小。

6.5.5　损伤过程与消能

（1）第Ⅰ阶段试验

各试件的最终破坏形态如图6-44所示，各试件的混凝土最终裂缝分布形态如图6-45所示。

（a）CFWB1-Ⅰ

（b）CFWB2-Ⅰ

图6-44　6.5节试件第Ⅰ阶段试验的最终破坏形态

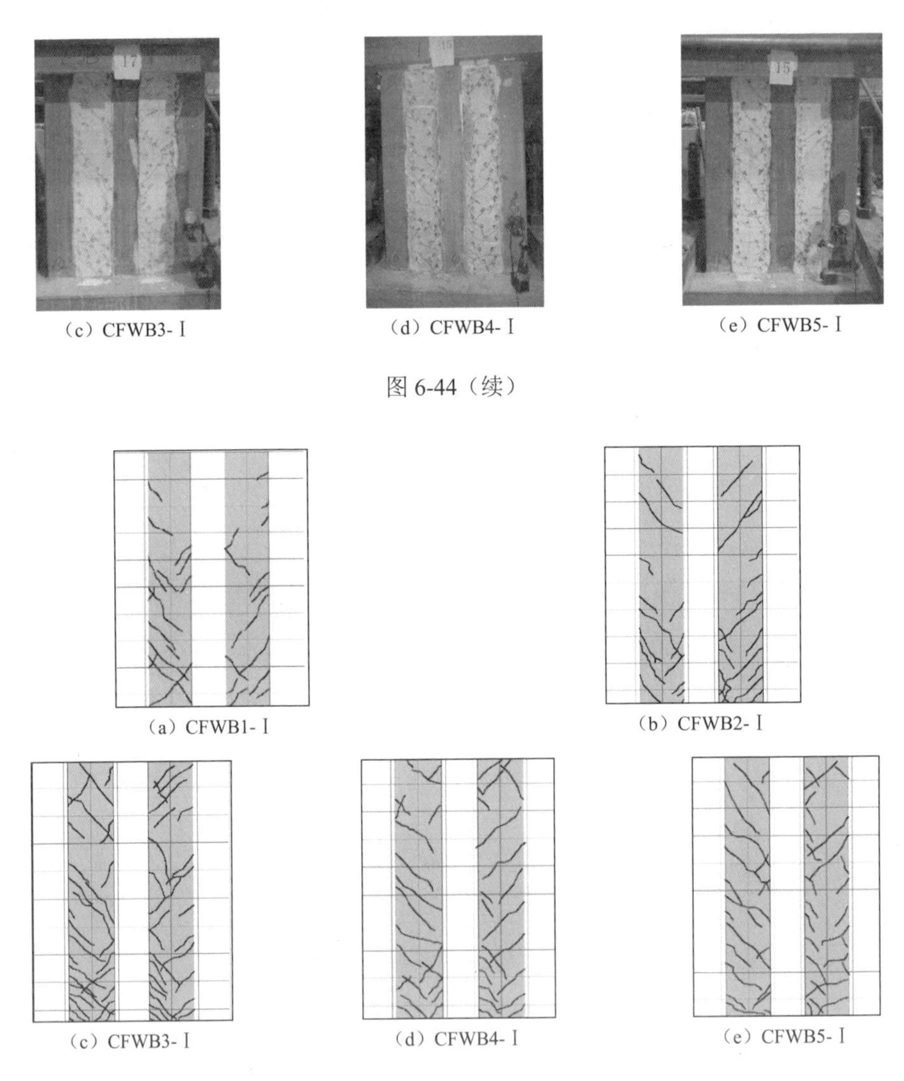

（c）CFWB3-Ⅰ　（d）CFWB4-Ⅰ　（e）CFWB5-Ⅰ

图 6-44（续）

（a）CFWB1-Ⅰ　（b）CFWB2-Ⅰ

（c）CFWB3-Ⅰ　（d）CFWB4-Ⅰ　（e）CFWB5-Ⅰ

图 6-45　6.5 节试件第Ⅰ阶段试验的混凝土最终裂缝形态

由该剪力墙的试验过程及图 6-44 和图 6-45 可知：

1）形成消能减震条带。各试件的第一条裂缝均为微小斜裂缝，出现在混凝土墙体的中下部，之后钢管混凝土边柱与混凝土墙体的界面处出现微小斜裂缝，这时墙体与钢管柱之间发生微小错动；随后这些斜裂缝逐渐开展，并发展成竖向分灾耗能条带，发挥其消能减震作用，减缓了钢管混凝土密柱-分块钢板核心结构的损伤。

2）实现了该组合剪力墙分灾消能减震的设计理念。试件 CFWB1-Ⅰ、试件 CFWB2-Ⅰ、试件 CFWB3-Ⅰ、试件 CFWB4-Ⅰ的损伤与破坏形态接近，它们均在钢管混凝土柱与混凝土墙体的连接界面处形成了 4 条竖向耗能条带，在反复加载过程中，消能减震条带起到了很好的消能减震作用，实现了该组合剪力墙分灾消能减震的设计理念。从优化设计角度考虑，设置三道分块钢板的试件比其他试件各部位的损伤较为均匀，分灾耗能能力较好。

（2）第Ⅱ阶段试验

各试件的最终破坏形态如图 6-46 所示，结合分析试验过程及图 6-46 可知：

1）加载至 1/85 位移角左右时，试件 CFWB1-Ⅱ、试件 CFWB2-Ⅱ的薄钢板开始出现斜向拉力带。加载至 1/50 位移角时，试件 CFWB1-Ⅱ、试件 CFWB2-Ⅱ、试件 CFWB4-Ⅱ的薄钢板明显屈曲，形成明显的斜向拉力带，在反复加载下逐步形成交叉斜向拉力带；试件 CFWB5-Ⅱ边框钢管柱的柱脚鼓凸较大，薄钢板变形不明显。加载至 1/30 位移角左右时，各试件边柱柱脚在角部陆续开裂，裂口处混凝土压碎挤出，钢管与薄钢板的贴焊焊缝部分损伤严重。

2）第Ⅱ阶段试验中，未加固试件 CFWB3-Ⅱ的变形比其他试件要大、承载力与耗能能力较差、各部件损伤较严重，说明该组合剪力墙损伤后采用贴焊薄钢板的修复方法可获得良好的加固效果，但随着分块钢板参数 h 的增大，贴焊薄钢板的修复效果减弱甚至不利，应贴焊更薄的钢板并加强边框柱的根部。

（a）CFWB1-Ⅱ

（b）CFWB2-Ⅱ

（c）CFWB3-Ⅱ

（d）CFWB4-Ⅱ

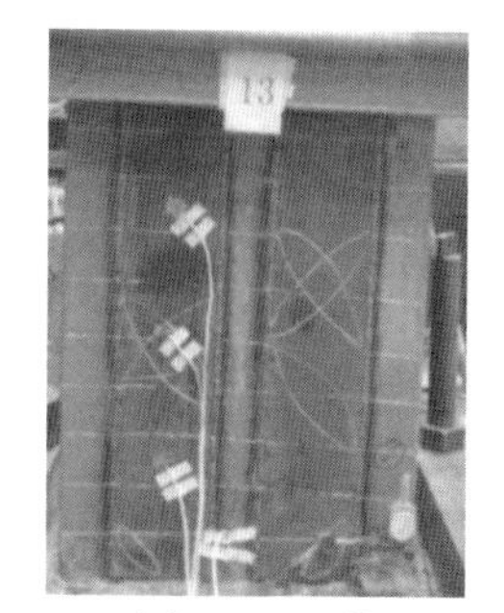

（e）CFWB5-Ⅱ

图 6-46　6.5 节试件第Ⅱ阶段试验的破坏形态

6.6 钢管及型钢混凝土密柱内藏分块钢板双肢组合剪力墙

为了研究钢管及型钢混凝土密柱内藏分块钢板双肢剪力墙的抗震性能和震后的可修复性能，本节采取了两阶段试验方法。第Ⅰ阶段试验：对一个试件进行低周反复荷载作用下的抗震性能试验，试件经历弹性、屈服、明显损伤过程，直至顶层位移角达到1/50时第Ⅰ阶段试验结束。第Ⅱ阶段试验：对第Ⅰ阶段的损伤试件，选用合理的修复技术进行修复，形成一个相应的修复试件，对该修复后的新试件进行低周反复荷载试验，称为第Ⅱ阶段试验。通过比较试件两个阶段试验的结果，研究了试件修复前后的承载力、刚度及退化规律、延性、耗能及破坏特征，分析了墙肢与连梁的强弱关系，揭示了组合双肢剪力墙的传力规律、受力机理和屈服机制，探讨了分块钢板对提高组合双肢剪力墙整体抗震能力的贡献。

6.6.1 试验概况

1. 试件设计

（1）第Ⅰ阶段试验

第Ⅰ阶段试验共包括8个双肢剪力墙试件，编号分别为SCSW1-Ⅰ～SCSW8-Ⅰ，其中试件SCSW1-Ⅰ～SCSW6-Ⅰ为带洞口剪力墙，试件SCSW7-Ⅰ、试件SCSW8-Ⅰ为无洞口剪力墙，试件按1/4缩尺，剪跨比为1.68，墙肢高宽比为4.2，各层连梁跨高比为1∶1。试件SCSW1-Ⅰ为方钢管混凝土边框墙肢、连梁内无分块钢板剪力墙，试件SCSW2-Ⅰ、试件SCSW3-Ⅰ、试件SCSW4-Ⅰ分别为方钢管混凝土边框、圆钢管混凝土边框、H型钢混凝土边框的墙肢内藏跨高比1.0分块钢板剪力墙；试件SCSW5-Ⅰ为方钢管混凝土边框墙肢内藏跨高比2.0分块钢板剪力墙；试件SCSW6-Ⅰ为方钢管混凝土边框墙肢内藏整钢板剪力墙。试件SCSW7-Ⅰ与试件SCSW1-Ⅰ构造相同，但无洞口；试件SCSW8-Ⅰ与试件SCSW2-Ⅰ构造相同，但无洞口。各试件的设计参数见表6-17，试件的配筋及配钢图如图6-47所示，试件的制作过程如图6-48所示。

（2）第Ⅱ阶段试验

第Ⅰ阶段试验完成后，试件在原地直接修复，修复后作为新的试件重新加载。新试件的编号与第Ⅰ阶段试件的编号对应，分别为SCSW1-Ⅱ～SCSW8-Ⅱ。修复采用对墙肢和柱脚贴焊钢板的方法，修复方案如图6-49所示。试件修复构造做法：钢管底部作为抗弯修复区，通过方钢管边框柱的柱脚外侧三面焊接钢板，以提高抗弯性能；进行柱脚的修复时，钢板与钢管采用满焊；由于钢管与基础钢板有一定的缝隙，为了有效传递上部作用力，柱脚贴焊两层修复钢板；钢板由内到外的厚度分别为5mm、10mm，钢板底边与基础可靠焊接。抗弯修复区以上的墙体，采用在两个边框钢管之间单侧贴焊3mm厚薄钢板的方法进行修复；在抗剪修复区，薄钢板分上下两块，与钢管的搭接长度为 80mm，在试件的每层洞口位置对应开洞。

表 6-17　6.6 节试件的设计参数

试件编号	墙肢				连梁			整体含钢率/%	含钢率相对值
	ρ_w/%	2mm钢板	3mm钢板	含钢率/%	ρ_b/%	2mm含钢率/%	3mm含钢率/%		
SCSW1-Ⅰ	0.35	0 道	0 道	6.19	0.47	1.03	1.03	5.74	1
SCSW2-Ⅰ	0.35	2 道	2 道	7.14	0.47	2.87	3.79	6.84	1.192
SCSW3-Ⅰ	0.35	2 道	2 道	7.08	0.47	2.87	3.79	6.78	1.181
SCSW4-Ⅰ	0.35	2 道	2 道	7.22	0.47	2.87	3.79	6.91	1.204
SCSW5-Ⅰ	0.35	3 道	3 道	7.06	0.47	2.87	3.79	6.76	1.178
SCSW6-Ⅰ	0.35	整块	0 道	7.24	0.47	2.87	3.79	6.93	1.207
SCSW7-Ⅰ	0.35	0 道	0 道	6.19	0.47	1.03	1.03	5.39	1
SCSW8-Ⅰ	0.35	2 道	2 道	7.14	0.47	2.87	3.79	6.38	1.184

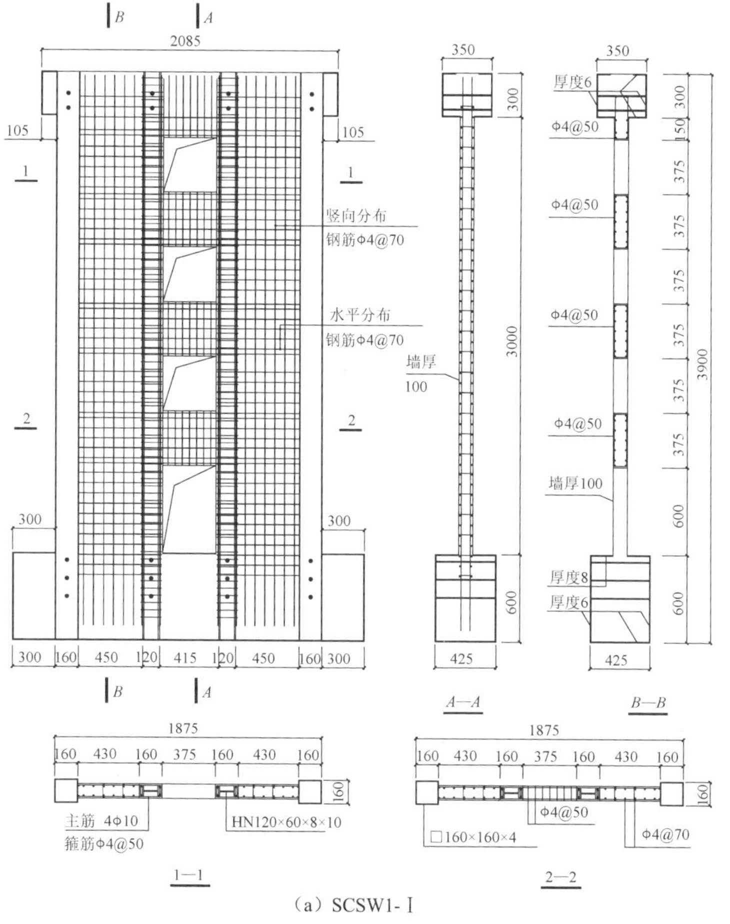

(a) SCSW1-Ⅰ

图 6-47　6.6 节试件的配筋及配钢图

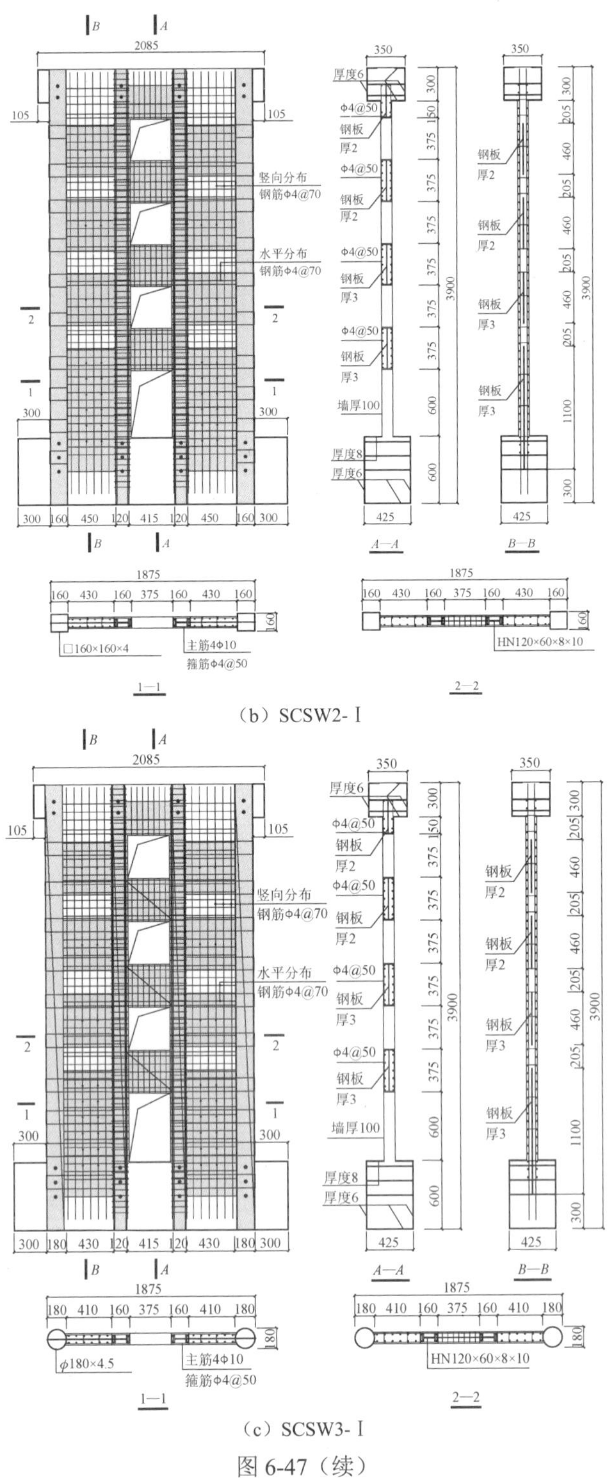

(b) SCSW2-Ⅰ

(c) SCSW3-Ⅰ

图 6-47（续）

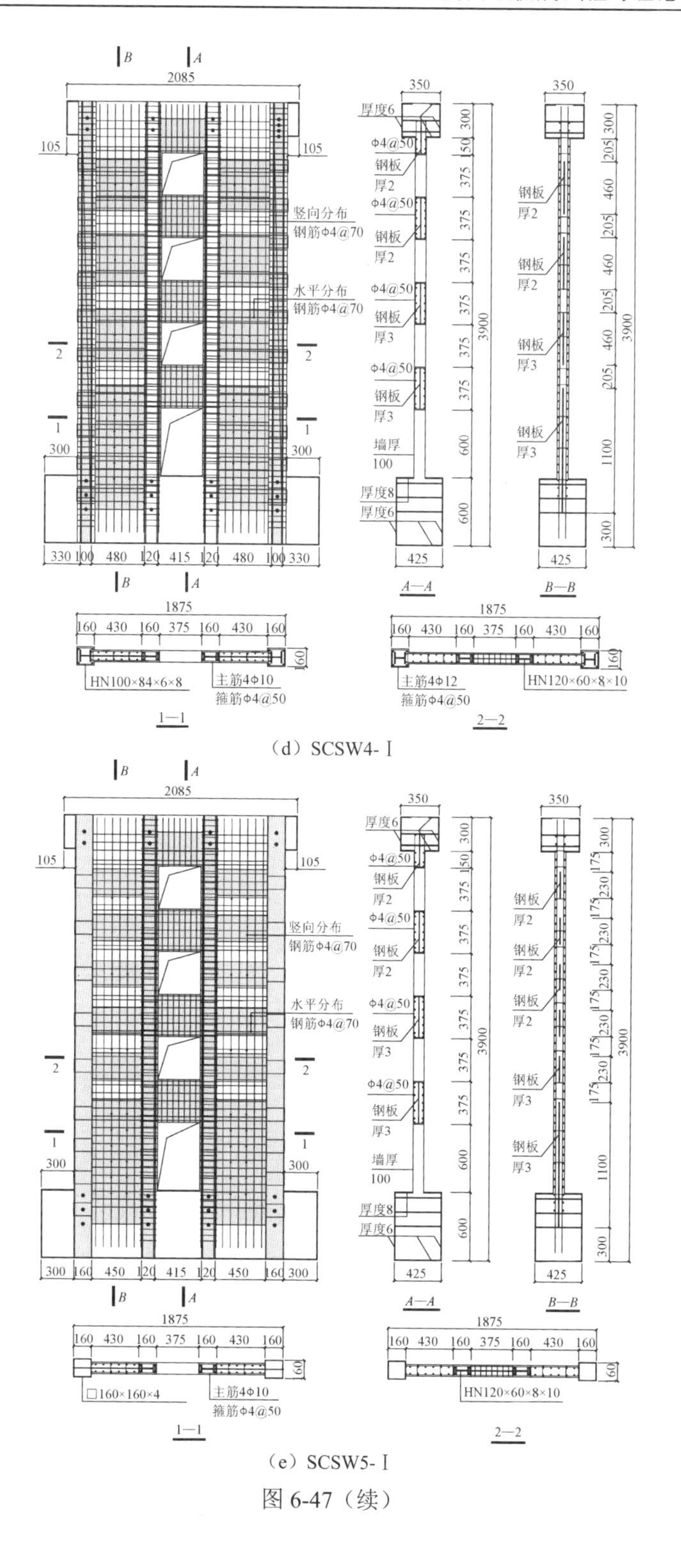

（d）SCSW4-Ⅰ

（e）SCSW5-Ⅰ

图 6-47（续）

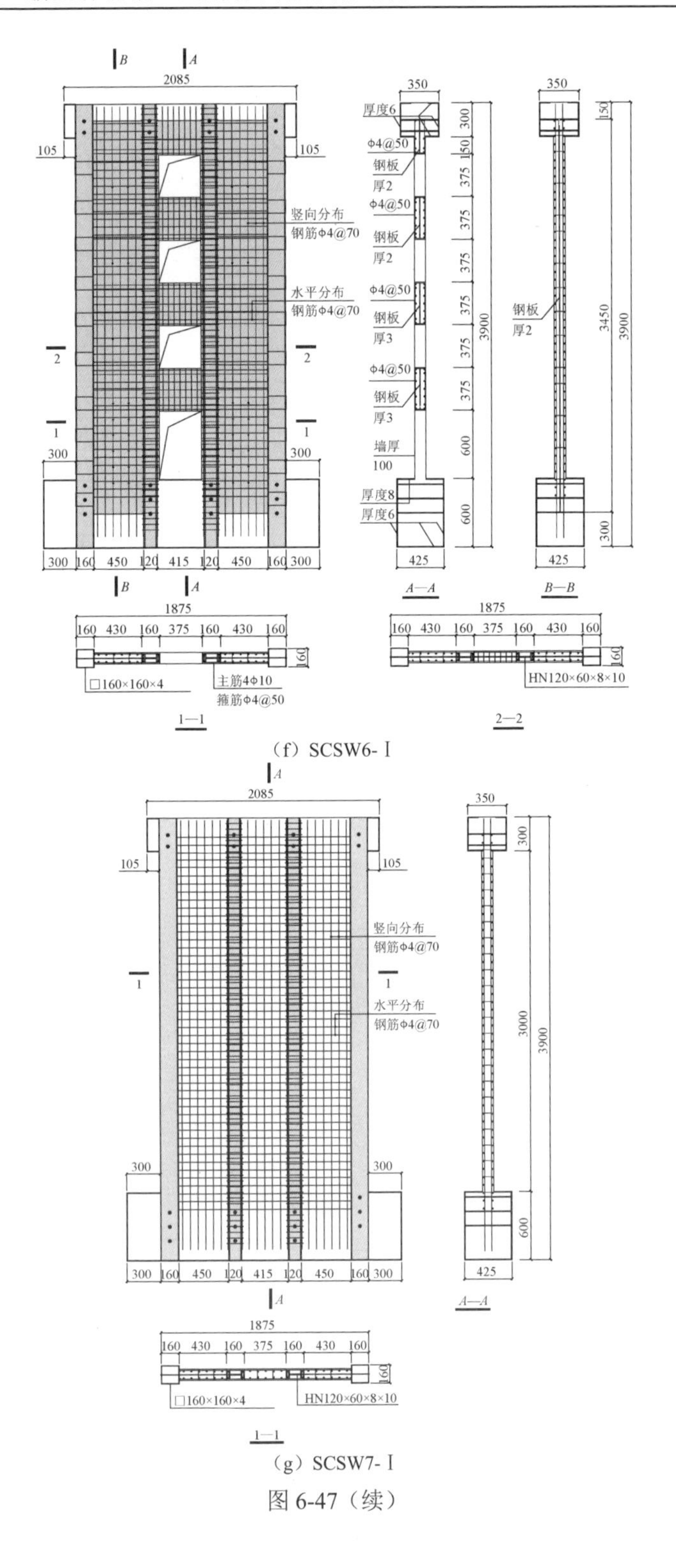

(f) SCSW6-Ⅰ

(g) SCSW7-Ⅰ

图 6-47（续）

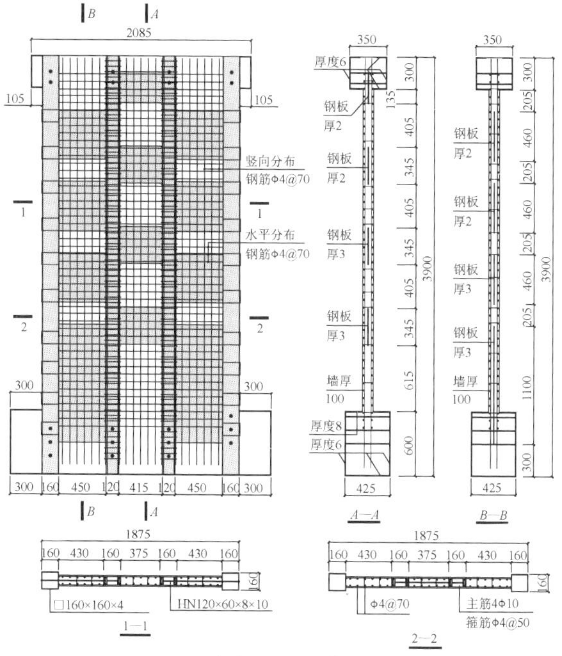

（h）SCSW8-Ⅰ

图6-47（续）

（a）试件组装焊接

（b）钢骨吊装现场

（c）浇筑混凝土

图6-48　6.6节试件的制作过程

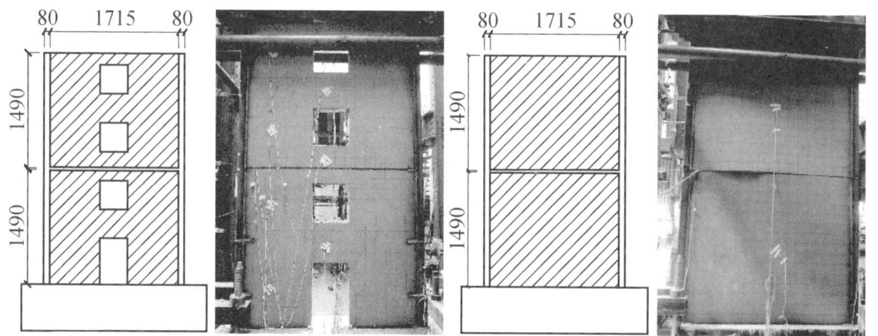

（a）墙肢修复

图6-49　修复方案

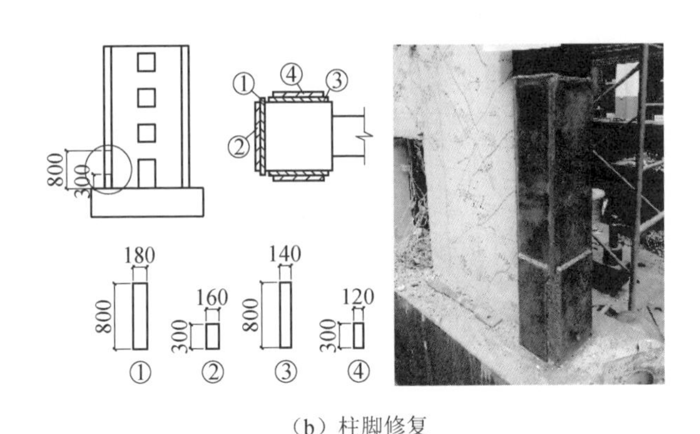

（b）柱脚修复

图 6-49（续）

试件 SCSW1-Ⅱ在反复荷载作用下钢管和混凝土墙板之间发生剪切滑移破坏，仅贴焊柱间薄钢板。试件 SCSW3-Ⅱ的边框采用圆钢管，仅贴焊柱间薄钢板。试件 SCSW2-Ⅱ、试件 SCSW5-Ⅱ、试件 SCSW6-Ⅱ采用相同的修复加固措施，柱脚修复后贴焊柱间薄钢板。试件 SCSW7-Ⅱ在反复荷载作用下主要发生钢管和混凝土墙板之间的剪切滑移破坏，仅贴焊柱间薄钢板。试件 SCSW8-Ⅱ仅柱脚修复，贴焊柱间薄钢板。试件 SCSW4-Ⅱ的边框为型钢叠合柱，不适宜贴焊钢板，且抗震性能较好，故未修复，直接进行第Ⅱ阶段试验，用以比较修复效果。

2. 材料性能

钢材的力学性能实测值见表 6-18。钢管内填混凝土和双肢墙墙体混凝土同时浇筑，考虑试件墙体厚度较薄、高度较高，混凝土浇筑分三层进行。基础及试件第 1 层、第 2 层、第 3 层、第 4 层及加载梁各层的材料特性有所不同。在每一层制作时均预留一组混凝土试块，使其与试件的混凝土在同等条件下自然养护。依据《普通混凝土力学性能试验方法标准》（GB/T 50081—2002）实测各个批次混凝土立方体的抗压强度，混凝土的力学性能实测值见表 6-19。

表 6-18　6.6 节试件钢材的力学性能实测值

钢材	结构名称	屈服强度/MPa	极限强度/MPa	延伸率/%	弹性模量/MPa
□160×160×4 钢管	钢管边柱	348.45	515.67	26.23	2.05×10^5
ϕ180×4.5 钢管	钢管边柱	379.97	510.01	28.37	2.04×10^5
10mm 钢板	暗柱型钢、贴焊钢板	405.55	496.56	31.75	2.04×10^5
8mm 钢板	暗柱型钢、边柱型钢	378.06	536.07	29.51	2.05×10^5

续表

钢材	结构名称	屈服强度/MPa	极限强度/MPa	延伸率/%	弹性模量/MPa
6mm 钢板	边柱型钢	365.50	508.41	26.80	2.04×10^5
3mm 钢板	分块钢板、贴焊钢板	268.76	399.26	22.95	2.01×10^5
2mm 钢板	分块钢板、整块钢板	252.03	389.01	26.38	2.05×10^5
ϕ12 钢筋	边柱纵筋	349.11	502.44	29.45	2.05×10^5
ϕ10 钢筋	暗柱纵筋	315.70	436.85	24.62	2.05×10^5
ϕ4 钢筋	分布钢筋	634.06	738.05	11.93	2.06×10^5

表 6-19　6.6 节试件混凝土的力学性能实测值

组号	立方体抗压强度/MPa	轴心抗压强度/MPa	轴心抗拉强度/MPa	弹性模量/MPa
第一组	48.4	31.84	2.89	3.36×10^4
第二组	49.1	32.30	2.91	3.41×10^4
第三组	47.1	30.99	2.85	3.38×10^4
均值	48.2	31.71	2.88	3.38×10^4

3. 加载装置及加载方案

试件的加载装置示意图及加载现场照片分别如图 6-50 和图 6-51 所示。

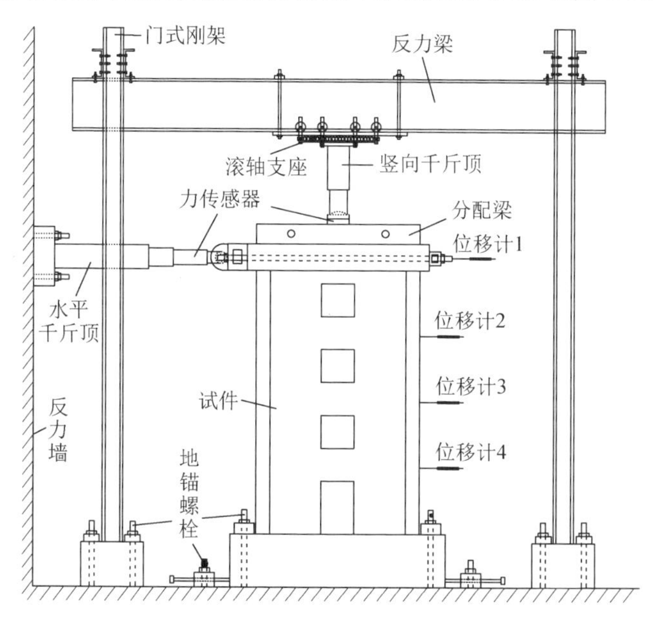

图 6-50　6.6 节试件的加载装置示意

图 6-51　6.6 节试件的加载现场照片

试验采用低周反复荷载的加载方式。首先施加竖向荷载 1500kN，加载全程保证稳定不变；之后在加载梁中部距基础顶面 3150mm 高度处施加低周反复水平荷载。所施加的轴压力对应的试验轴压比参考《高层建筑混凝土结构技术规程》(JGJ 3—2002)，计算式为

$$n_{\mathrm{t}}=\frac{N}{f_{\mathrm{c}}A_{\mathrm{c}}+f_{\mathrm{aa}}A_{\mathrm{aa}}+f_{\mathrm{spw}}A_{\mathrm{spw}}} \tag{6-16}$$

设计轴压比计算式为

$$n_{\mathrm{d}}=\frac{1.25N}{f_{\mathrm{c}}A_{\mathrm{c}}/1.4+f_{\mathrm{aa}}A_{\mathrm{aa}}/1.11+f_{\mathrm{spw}}A_{\mathrm{spw}}/1.11} \tag{6-17}$$

式中，N 为试件轴压力，施加的轴压力同为 1500kN；$f_{\mathrm{c}}A_{\mathrm{c}}$ 为墙肢混凝土的抗压承载力；$f_{\mathrm{aa}}A_{\mathrm{aa}}$ 为剪力墙所配钢管和型钢的抗压承载力；$f_{\mathrm{spw}}A_{\mathrm{spw}}$ 为墙肢内藏钢板的抗压承载力。计算时，荷载分项系数为 1.25，混凝土和钢材的材料分项系数分别为 1.4 和 1.11。计算得到无钢板试件 SCSW1-Ⅰ的试验轴压比为 0.22，相应的设计轴压比为 0.34；内藏钢板试件 SCSW2-Ⅰ～试件 SCSW6-Ⅰ的轴压比相近，试验轴压比为 0.21，相应的设计轴压比为 0.32；无钢板试件 SCSW7-Ⅰ的试验轴压比为 0.20，相应的设计轴压比为 0.30；内藏钢板试件 SCSW8-Ⅰ的试验轴压比为 0.18，相应的设计轴压比为 0.28。

水平荷载采用荷载和位移联合控制法，以拉为正、压为负。弹性阶段由荷载控制分级加载，每级增量为 20kN，弹塑性阶段按位移控制，每级增量为 3mm，每级加载循环 1 次。第Ⅰ阶段试验结束时顶层水平位移达到 63mm，其位移角为 1/50。根据边框钢管或型钢根部截面处的应变值判断试件的弹塑性状态。

6.6.2　承载力

表 6-20 为试件第Ⅰ阶段和第Ⅱ阶段的特征荷载实测值。

表 6-20　6.6 节试件第Ⅰ和第Ⅱ阶段的特征荷载实测值

试件编号	试验阶段	开裂荷载	明显屈服荷载		极限荷载		破坏荷载		屈强比
		F_c/kN	F_y/kN	相对值	F_u/kN	相对值	F_d/kN	相对值	F_y/F_u
SCSW1-Ⅰ	第Ⅰ阶段	124.63	317.89	1.000	416.78	1.000	384.95	1.000	0.763
SCSW2-Ⅰ		140.53	640.53	2.019	898.33	2.155	799.37	2.077	0.713
SCSW3-Ⅰ		142.33	655.86	2.063	915.47	2.197	865.58	2.249	0.716
SCSW4-Ⅰ		144.19	738.98	2.325	1025.57	2.461	953.70	2.477	0.721
SCSW5-Ⅰ		136.59	616.01	1.938	854.64	2.051	661.21	1.718	0.721
SCSW6-Ⅰ		158.97	650.68	2.049	897.72	2.154	722.10	1.876	0.725
SCSW7-Ⅰ		162.57	420.26	1.000	556.78	1.000	448.40	1.000	0.755
SCSW8-Ⅰ		176.46	679.64	1.617	956.65	1.718	921.63	2.055	0.710
SCSW1-Ⅱ	第Ⅱ阶段	—	360.32	1.000	551.04	1.000	469.29	1.000	0.654
SCSW2-Ⅱ		—	526.34	1.461	751.79	1.364	643.52	1.371	0.700
SCSW3-Ⅱ		—	576.30	1.599	797.96	1.448	723.58	1.542	0.722
SCSW4-Ⅱ		—	563.13	1.563	781.20	1.417	653.52	1.393	0.721
SCSW5-Ⅱ		—	482.86	1.340	657.14	1.193	558.57	1.190	0.735
SCSW6-Ⅱ		—	539.81	1.498	726.90	1.319	654.15	1.394	0.743
SCSW7-Ⅱ		—	500.50	1.000	699.11	1.000	605.33	1.000	0.716
SCSW8-Ⅱ		—	587.96	1.175	819.78	1.173	688.12	1.137	0.717

由表 6-20 可知，第Ⅰ阶段试验，带洞口墙配置分块钢板后，承载力提高 1 倍以上，但含钢率的提高范围为 17.8%～20.7%，无洞口墙配置分块钢板后，承载力也有较大提高；由于圆钢管混凝土柱在压弯作用下的抗震性能要优于方钢管混凝土柱，边框柱配置圆钢管的试件，其开裂、屈服和极限状态下的特征荷载相比边框柱配置方钢管的试件均有所提高。试件 SCSW4-Ⅰ边框所配型钢的钢材强度和含钢率都略大于边框所配方钢管的钢材强度和含钢率，为双肢墙提供了更好的横向约束作用，故试件 SCSW4-Ⅰ的承载力要高于试件 SCSW2-Ⅰ。第Ⅱ阶段试验，未修复试件经历了两次反复荷载作用后承载力明显较低，修复后试件的承载力得到提高或可恢复到原结构的 85%左右；核心结构较弱的试件经修复后，其承载力提高幅度相对较大。

6.6.3　刚度

试件的刚度实测值及刚度退化系数见表 6-21，试件两个阶段的 K-θ 曲线如图 6-52 所示。

由表 6-21 和图 6-52 可知，各试件刚度 K 随着位移角 θ 的退化过程都可以大致分为三个阶段，即刚度速降阶段、刚度缓降阶段和刚度平缓阶段，其中从微裂产生扩展到裂缝肉眼可见的区间为刚度速降阶段，从结构明显开裂到明显屈服的区间为刚度缓降阶段，从明显屈服到最大弹塑性变形区间为刚度平缓阶段。第Ⅱ

阶段试验与第Ⅰ阶段试验相比，由于混凝土已充分开裂，刚度速降过程较短；刚度缓降阶段中，墙肢修复了钢板的屈服，边框柱新的塑性铰屈服进入刚度平缓阶段的时间较早，局部屈曲现象明显。加设分块钢板或整钢板的剪力墙的初始刚度有所提高，刚度退化速率较慢，其退化曲线始终高于未加设分块钢板剪力墙试件的退化曲线。

表 6-21　6.6 节试件的刚度实测值及刚度退化系数

试件编号	初始弹性刚度	开裂割线刚度		明显屈服割线刚度			
	K_0/（kN/mm）	K_c/（kN/mm）	β_{c0}	K_y/（kN/mm）	β_{y0}	β_{yc}	β_{y0} 相对值
SCSW1-Ⅰ	113.72	57.17	0.503	29.81	0.262	0.521	1.000
SCSW2-Ⅰ	119.19	60.25	0.506	32.39	0.272	0.538	1.037
SCSW3-Ⅰ	120.98	59.55	0.492	33.39	0.277	0.561	1.057
SCSW4-Ⅰ	121.40	61.88	0.508	32.98	0.271	0.533	1.033
SCSW5-Ⅰ	118.58	58.32	0.492	32.17	0.271	0.552	1.035
SCSW6-Ⅰ	123.85	63.33	0.512	31.39	0.254	0.496	0.968
SCSW7-Ⅰ	197.79	58.19	0.294	33.96	0.172	0.584	—
SCSW8-Ⅰ	204.05	70.58	0.346	39.39	0.193	0.558	—
SCSW1-Ⅱ	53.97	—	—	10.06	0.186	—	1.000
SCSW2-Ⅱ	72.52	—	—	21.97	0.303	—	1.625
SCSW3-Ⅱ	68.43	—	—	20.38	0.298	—	1.598
SCSW4-Ⅱ	64.90	—	—	17.08	0.263	—	1.411
SCSW5-Ⅱ	68.02	—	—	13.69	0.201	—	1.079
SCSW6-Ⅱ	79.13	—	—	19.44	0.246	—	1.317
SCSW7-Ⅱ	90.39	—	—	14.57	0.161	—	1.000
SCSW8-Ⅱ	113.74	—	—	19.55	0.172	—	0.972

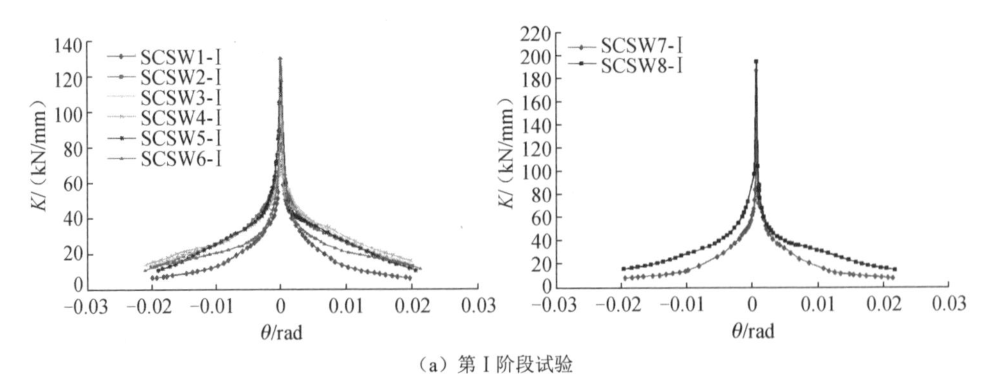

（a）第Ⅰ阶段试验

图 6-52　6.6 节试件的 K-θ 曲线

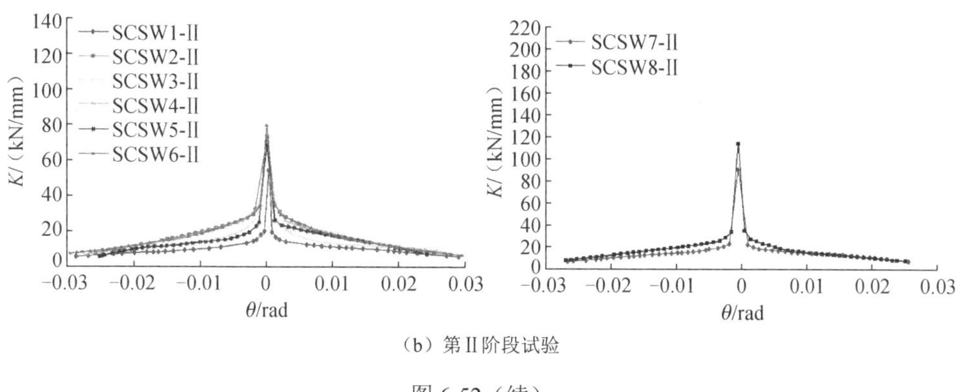

（b）第 II 阶段试验

图 6-52（续）

6.6.4　延性

试件的位移及延性系数实测值见表 6-22。

表 6-22　6.6 节试件的位移及延性系数实测值

试件编号	开裂位移 /mm	屈服位移 /mm	极限位移 /mm	弹塑性最大位移/mm	延性系数μ	μ相对值	位移角
SCSW1- I	2.18	10.67	24.84	63.11	5.92	1.00	1/50
SCSW2- I	2.33	19.78	46.11	62.73	3.19	0.54	1/50
SCSW3- I	2.39	19.64	47.77	63.10	3.21	0.54	1/50
SCSW4- I	2.33	22.41	52.56	61.96	2.81	0.48	1/50
SCSW5- I	2.33	19.15	39.47	56.22	3.29	0.50	1/56
SCSW6- I	2.51	20.73	49.57	58.94	3.04	0.48	1/53
SCSW7- I	2.77	12.38	25.78	63.45	6.34	1.00	1/50
SCSW8- I	2.48	17.26	43.39	62.52	3.65	0.71	1/50
SCSW1- II	—	35.81	65.37	89.26	2.49	1.00	1/35
SCSW2- II	—	23.96	46.17	78.30	3.27	1.31	1/40
SCSW3- II	—	28.28	56.29	71.20	2.52	1.01	1/44
SCSW4- II	—	32.98	56.31	83.66	2.54	1.02	1/37
SCSW5- II	—	35.27	60.38	73.31	2.08	0.83	1/42
SCSW6- II	—	27.78	62.48	96.05	3.46	1.39	1/32
SCSW7- II	—	34.35	50.05	80.2	2.33	1.00	1/39
SCSW8- II	—	30.07	61.12	82.3	2.73	1.07	1/38

由表 6-22 可知，内藏分块钢板剪力墙的变形能力比无分块钢板方钢管混凝

土边框组合剪力墙有较大提高；型钢混凝土边框双肢剪力墙的延性系数要低于其他 5 个带钢管混凝土边框双肢剪力墙，圆钢管混凝土边框双肢墙的延性要优于方钢管混凝土边框双肢剪力墙；未加设内藏钢板的剪力墙延性系数最大，加设整体钢板的试件 SCSW6-Ⅰ延性最差，但大多试件的延性系数大于 3.0，满足抗震要求，说明内藏分块钢板双肢剪力墙的弹塑性变形能力良好，分块钢板的优化分布有利于提高结构延性。损伤后修复试件的屈服位移角、最大弹塑性位移角均满足规范要求，表明采用综合修复方法进行修复后，剪力墙仍具有足够的变形能力和抗倒塌能力。

6.6.5　滞回特性

图 6-53 和图 6-54 分别为试件第Ⅰ阶段试验和第Ⅱ阶段试验的 F-U 滞回曲线。

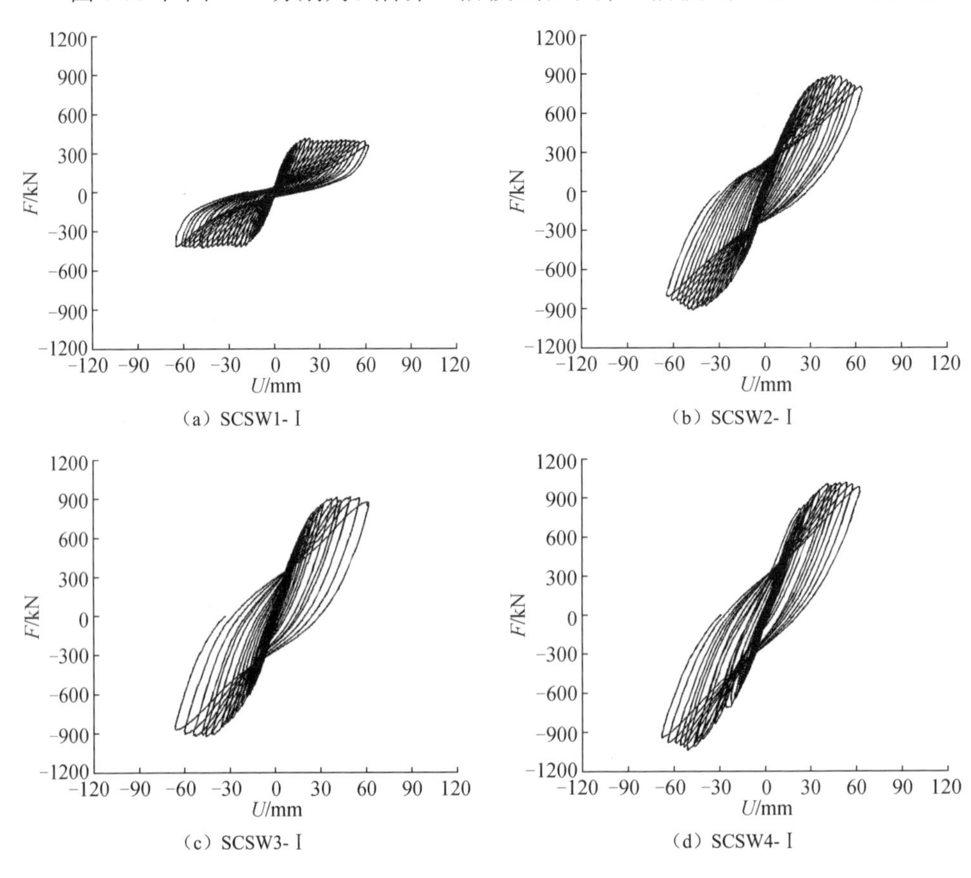

图 6-53　6.6 节试件第Ⅰ阶段试验的 F-U 滞回曲线

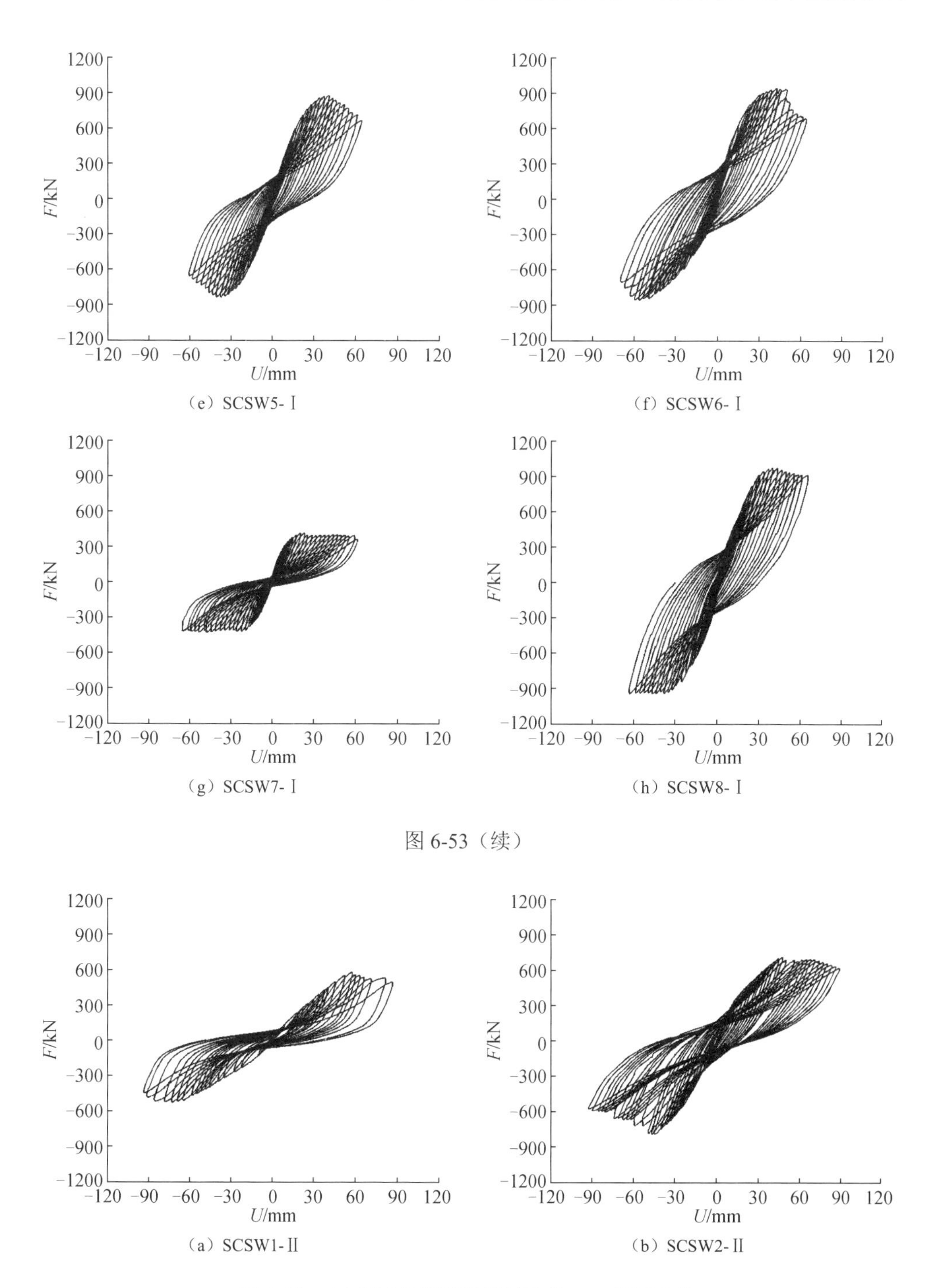

（e）SCSW5-Ⅰ

（f）SCSW6-Ⅰ

（g）SCSW7-Ⅰ

（h）SCSW8-Ⅰ

图 6-53（续）

（a）SCSW1-Ⅱ

（b）SCSW2-Ⅱ

图 6-54　6.6 节试件第Ⅱ阶段试验的 F-U 滞回曲线

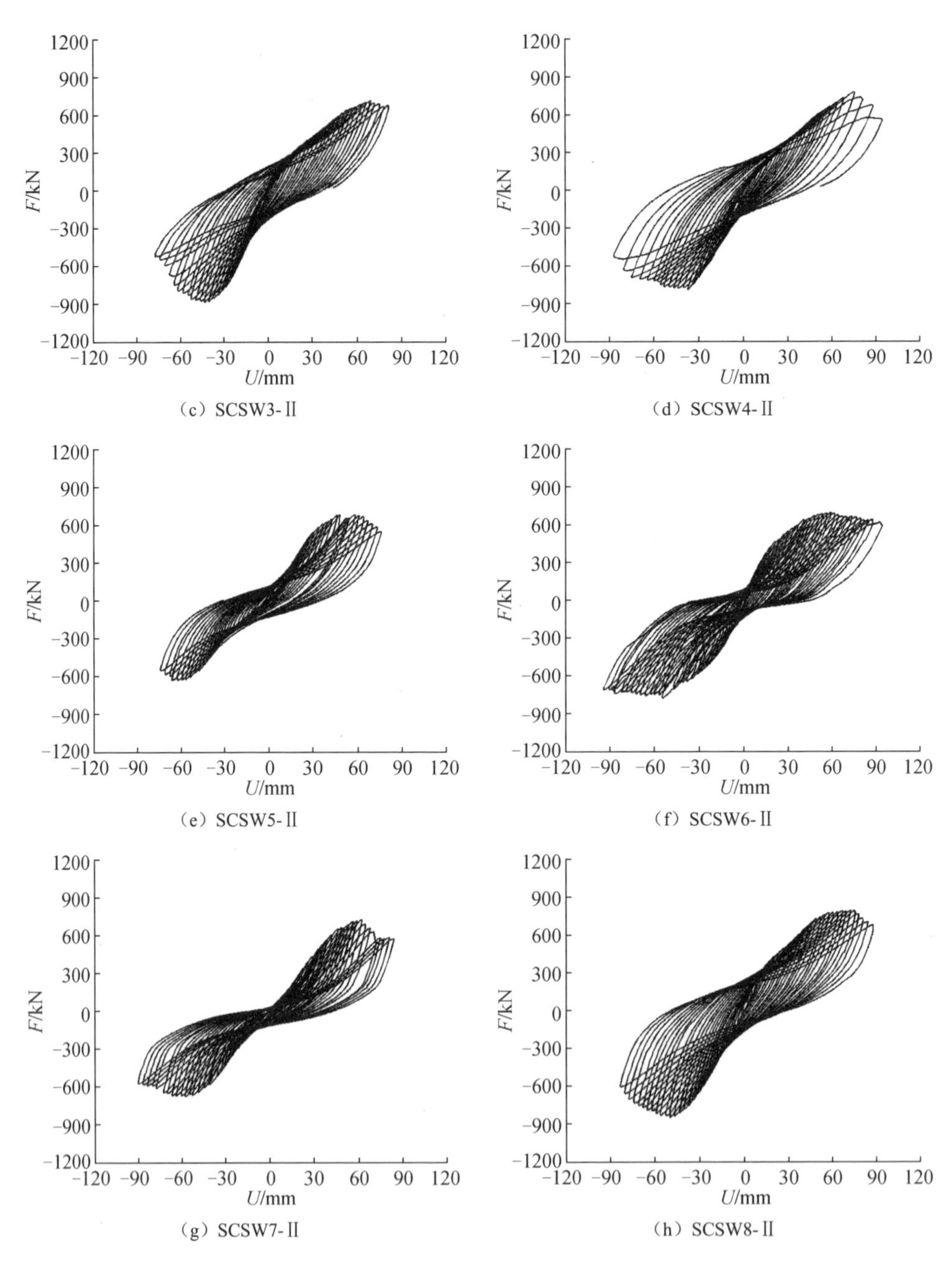

（c）SCSW3-Ⅱ　（d）SCSW4-Ⅱ

（e）SCSW5-Ⅱ　（f）SCSW6-Ⅱ

（g）SCSW7-Ⅱ　（h）SCSW8-Ⅱ

图 6-54（续）

由图 6-53 和图 6-54 可知，第Ⅰ阶段试验中，无内藏分块钢板剪力墙的滞回环捏拢现象最为明显，耗能能力差，表现出较强的剪切与滑移滞回特征；内藏分块钢板或整钢板剪力墙的滞回曲线为弓形，变形与弯剪并存，滞回环相对饱满；

内藏分块钢板双肢剪力墙采用不同截面形式的约束边缘构件时，均能取得较好的耗能性能，钢管混凝土边框剪力墙的承载能力虽然低于型钢混凝土边框剪力墙，但具有更好的耗能能力；双肢墙分块钢板的不同布置方案对试件耗能性能影响显著；采用分块钢板比采用整体钢板延性性能好；第Ⅱ阶段试验中，根据试件弯曲与剪切的强弱关系进行有针对性的修复，以及合理选配修复钢板的厚度，对维持耗能能力效果很好。

6.6.6　耗能

取滞回曲线的外包络线所包围的面积作为比较各试件耗能能力的一个指标。为了比较试件修复前后的耗能能力，第Ⅰ阶段试验累积滞回耗能 $E_{1/50}$ 取 1/50 位移角时滞回曲线的包络面积，第Ⅱ阶段试验累积滞回耗能 $E_{1/50}$ 取 1/50 位移角时滞回曲线的包络面积，累积滞回耗能 E_p 取加载结束时滞回曲线的包络面积。第Ⅱ阶段将水平荷载下降至极限荷载 85%时判断为试件破坏。剪力墙试件的耗能实测值见表 6-23，表中的$\theta_{1/50}$表示位移角为 1/50，θ_d 表示试件破坏时的位移角，E_p 为耗能值。

表 6-23　6.6 节试件的耗能实测值

试件编号	试件阶段	$\theta_{1/50}$	$E_{1/50}$/（MN·mm）	比率	θ_d	E_p/（MN·mm）	比率
SCSW1-Ⅰ	第Ⅰ阶段	1/50	36.057	1.00	—	—	—
SCSW2-Ⅰ		1/50	71.599	1.99	—	—	—
SCSW3-Ⅰ		1/50	74.128	2.06	—	—	—
SCSW4-Ⅰ		1/50	73.298	2.03	—	—	—
SCSW5-Ⅰ		1/50	68.535	1.90	—	—	—
SCSW6-Ⅰ		1/50	73.319	2.03	—	—	—
SCSW7-Ⅰ		1/50	42.1	1.00	—	—	—
SCSW8-Ⅰ		1/50	79.3	1.89	—	—	—
SCSW1-Ⅱ	第Ⅱ阶段	1/50	29.030	1.00	1/35	60.584	1.00
SCSW2-Ⅱ		1/50	50.234	1.73	1/40	69.816	1.15
SCSW3-Ⅱ		1/50	57.494	1.98	1/44	67.455	1.11
SCSW4-Ⅱ		1/50	46.493	1.60	1/37	83.395	1.38
SCSW5-Ⅱ		1/50	37.740	1.30	1/42	55.253	0.91
SCSW6-Ⅱ		1/50	44.210	1.52	1/33	91.944	1.52
SCSW7-Ⅱ		1/50	36.3	1.00	1/39	62.6	1.00
SCSW8-Ⅱ		1/50	55.1	1.52	1/38	89.6	1.43

根据试件的 *F-U* 滞回曲线计算出等效黏性阻尼系数 ξ_{eq}，对试件耗能能力进行综合评估。等效黏性阻尼系数主要反映构件滞回曲线的饱满程度，计算式为

$$\xi_{eq} = \frac{1}{2\pi} \cdot \frac{A_{FBE} + A_{FDE}}{A_{AOB} + A_{COD}} \tag{6-18}$$

式中，$A_{FBE}+A_{FDE}$ 为一个滞回环包围的面积；$A_{AOB}+A_{COD}$ 为相应的三角形面积，见图 6-55。第Ⅰ阶段计算所得累积耗能 E 和等效黏性阻尼系数 ξ_{eq} 随着加载过程的变化曲线如图 6-56 和图 6-57 所示。

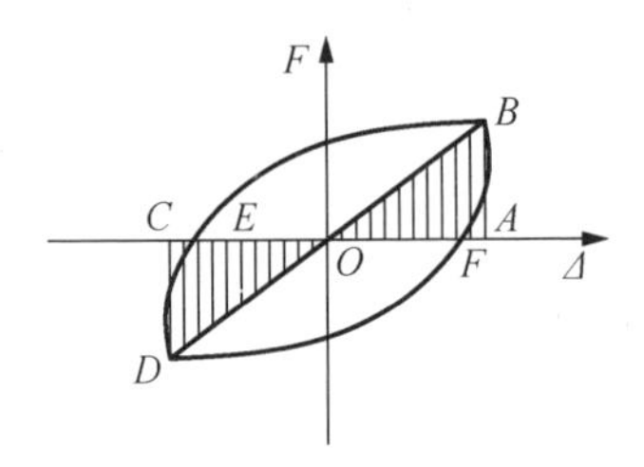

图 6-55　等效黏性阻尼系数计算

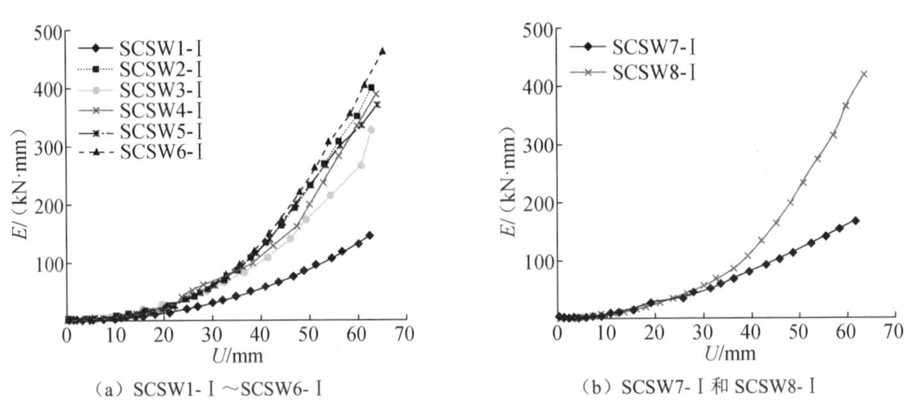

（a）SCSW1-Ⅰ～SCSW6-Ⅰ　　（b）SCSW7-Ⅰ和 SCSW8-Ⅰ

图 6-56　6.6 节试件第Ⅰ阶段试验累积耗能-加载历程曲线

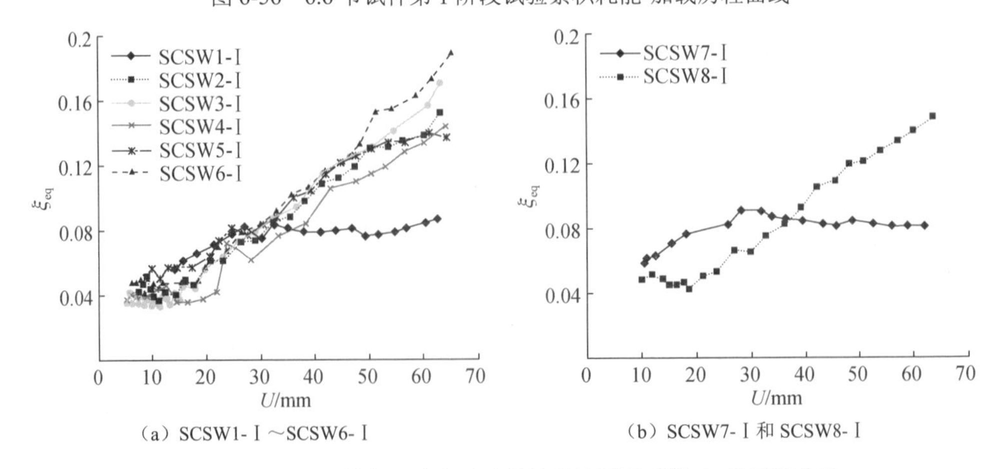

（a）SCSW1-Ⅰ～SCSW6-Ⅰ　　（b）SCSW7-Ⅰ和 SCSW8-Ⅰ

图 6-57　6.6 节试件第Ⅰ阶段试验等效黏性阻尼系数-加载历程曲线

综合分析表 6-23 和图 6-56、图 6-57 可知，内藏分块钢板或整钢板双肢剪力墙较无分块钢板双肢剪力墙，其累积滞回耗能分别提高了 1 倍左右；合理布置的内藏分块钢板剪力墙可达到与内藏整钢板剪力墙相近的耗能能力；第Ⅰ阶段试验，随着顶层位移的增加，试件累积耗能明显增长，进入弹塑性阶段后，各试件累积耗能呈指数增长趋势，表明耗能能力良好，等效黏性阻尼系数随着位移的增加近似呈线性增长，说明结构在后期卸载过程中具有较大的残余变形；第Ⅱ阶段试验中，采用综合修复方法可在一定程度上延缓耗能能力的退化；错位布置分块钢板的双肢剪力墙，损伤后试件的抗剪能力和抗弯能力均可通过贴焊钢板得到提高，可修复性优于整体钢板双肢剪力墙。进入弹塑性阶段之前，试件 SCSW8-Ⅰ的等效黏性阻尼系数曲线要低于试件 SCSW7-Ⅰ，说明加设了内藏分块钢板后增大了边缘构件对混凝土墙板的约束作用，其刚度要大于无内藏钢板试件 SCSW7-Ⅰ，变形能力降低，耗能能力前期较小；进入弹塑性阶段后，内藏分块钢板组合剪力墙试件的等效黏性阻尼系数随着位移的增加近似呈线性增长，结构在后期卸载过程中具有较大的残余变形；θ=1/50 时，内藏分块钢板试件 SCSW8-Ⅰ的 ξ_{eq} 增大至 0.147。

6.6.7　破坏机制

1. 第Ⅰ阶段试验

试件 SCSW1-Ⅰ～试件 SCSW8-Ⅰ均发生弯剪型破坏，连梁出现交叉裂缝，墙肢大部分裂缝的走向为弯剪型，其屈服过程有所差别，表现出不同程度的损伤，试件第Ⅰ阶段试验的最终破坏形态如图 6-58 所示。

试件 SCSW1-Ⅰ裂缝数量少，墙肢斜裂缝出现较早，破坏时每层的正负加载方向处只有明显的主斜裂缝。连梁首先出现塑性铰，边框钢管的底部钢板受拉屈服，反向加载受压屈曲。连梁剪切斜裂缝出现在试件屈服之后，破坏形式为上重下轻。

(a) SCSW1-Ⅰ

(b) SCSW2-Ⅰ

(c) SCSW3-Ⅰ

图 6-58　6.6 节试件第Ⅰ阶段试验的最终破坏形态

（d）SCSW4-Ⅰ

（e）SCSW5-Ⅰ

（f）SCSW6-Ⅰ

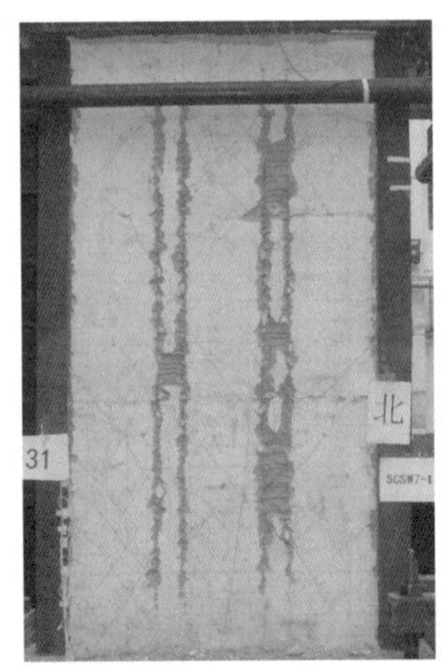

（g）SCSW7-Ⅰ

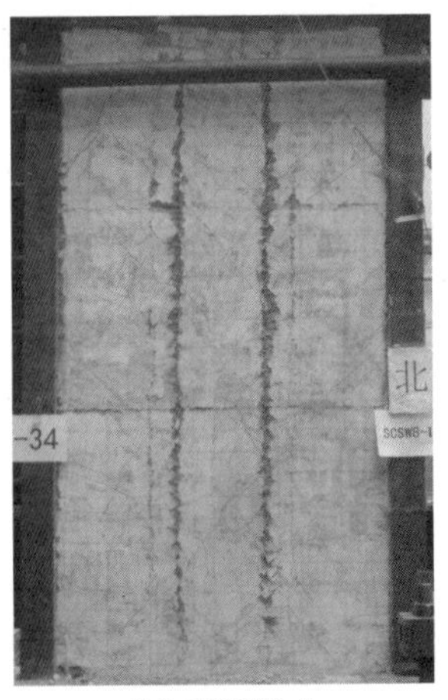

（h）SCSW8-Ⅰ

图 6-58（续）

内藏分块钢板或整钢板双肢剪力墙试件屈服较晚，在试件 SCSW1-Ⅰ达到屈服时仍处于弹塑性工作阶段，裂缝开展情况大体相似：内藏钢板有效限制了连梁和墙肢外侧混凝土裂缝的开展，墙肢底部水平裂缝开裂的位置上升，主斜裂缝出现较晚且发展缓慢，整个墙肢裂缝分布均匀且密集。

试件 SCSW2-Ⅰ～试件 SCSW5-Ⅰ加设了分块钢板，增强了钢管及型钢混凝土柱之间的拉结性能，形成的“钢管及型钢混凝土密柱-墙肢内藏分块钢板-连梁内藏钢板”核心钢构抗侧力体系具有较好的整体稳定性。内藏分块钢板的厚度沿墙高进行调整，中上层布置较薄的钢板，使整个墙肢都参与耗能，减轻了墙体底部的损伤程度，未出现墙肢底角混凝土的压碎现象。连梁的破坏上重下轻，整体破坏程度比墙肢严重，体现了双肢剪力墙的“强墙肢、弱连梁”延性屈服机制。

试件 SCSW2-Ⅰ墙肢处内藏跨高比为 1.0 的分块钢板，与连梁内藏钢板错位布置；试件 SCSW5-Ⅰ墙肢处内藏跨高比为 2.0 的分块钢板，与连梁内藏钢板同位布置，两试件每层墙肢的含钢率大致相等。试件 SCSW5-Ⅰ与试件 SCSW2-Ⅰ相比，上部墙肢的层间位移角相差较大，损伤更为严重。

试件 SCSW6-Ⅰ墙肢处内藏整体钢板，损伤与破坏形态表现出了整体剪力墙的破坏形态，连梁损伤较轻，耗能集中在墙肢底部，整体钢板底部屈曲，钢板上部未能充分发挥耗能作用，试件最终呈现出以弯曲破坏为主的弯剪型破坏形态。

对于试件 SCSW7-Ⅰ，型钢混凝土密柱与相邻的混凝土墙体之间相互错动，在结合面处形成斜向短裂缝，随着剪切错动的逐渐加剧，结合面混凝土严重剥落，形成 6 条竖向耗能条带。边框钢管根部的鼓凸变形较小，损伤主要集中在 6 条耗能条带上，其将整个墙体分为若干个小墙，起到了分灾耗能的作用，变形特征与“分缝剪力墙”接近。

对于试件 SCSW8-Ⅰ，墙体中上部形成分布较密的剪切斜裂缝，达到极限荷载后不再出现新裂缝。加载后期，水平施工缝处略有起皮，竖向耗能条带损伤相对较轻，边框钢管根部受压鼓凸严重，直至被拉裂，墙板根部混凝土压碎，破坏形式属于弯剪型破坏。

综合第Ⅰ阶段试验的试件破坏情况，无洞口剪力墙加载至位移角 1/50 时，两个试件的破坏形态基本相同，均为弯剪破坏，裂缝均匀遍布全墙，抗震性能较好。混凝土墙体两侧与方钢管混凝土边柱、型钢叠合暗柱相互错动，墙体混凝土边缘形成斜向短裂缝，逐渐扩展成为竖向耗能条带。试件共形成 6 条竖向耗能条带，起到分灾耗能的作用。

2. 第Ⅱ阶段试验

试件第Ⅱ阶段试验的最终破坏形态如图 6-59 所示。

(a) SCSW1-Ⅱ

(b) SCSW2-Ⅱ

(c) SCSW3-Ⅱ

图 6-59　6.6 节试件第Ⅱ阶段试验的最终破坏形态

（d）SCSW4-Ⅱ　（e）SCSW5-Ⅱ　（f）SCSW6-Ⅱ

（g）SCSW7-Ⅱ　（h）SCSW8-Ⅱ

图 6-59（续）

未加固试件 SCSW4-Ⅱ的墙肢混凝土严重脱落，说明采用贴焊薄钢板修复方法对该组合墙肢进行抗剪加固后可获得良好的修复效果。随着含钢率的增加，墙肢贴焊薄钢板的斜向鼓凸越发不明显，其变形耗能能力也越差，修复效果减弱，说明核心结构较弱的组合双肢墙抗剪能力较差，通过贴焊薄钢板可以在抗震耗能中发挥较好的效果。柱脚焊接修复钢板后，将塑性铰从底部向上转移，修复钢板高度范围内的墙肢损伤较轻，有效避免了双肢墙底部因弯曲破坏而提前退出工作。边框柱在新位置出现塑性铰，进一步参与了耗能，缓解了剪力墙底部弯矩过大的不利影响。针对不同弯剪破坏形态，选用相应措施进行损伤修复。设置墙肢分块钢板的试件 SCSW2-Ⅱ、试件 SCSW5-Ⅱ的边框柱为方钢管，比较方便修复，各部件损伤较为均匀，分灾耗能能力较好，可修复性较好。

试件 SCSW7-Ⅱ边框钢管的底部鼓凸加重，墙肢上的修复薄钢板出现斜向拉力带，将方钢管在焊缝处撕裂，露出管内混凝土；试件 SCSW8-Ⅱ位于方钢管柱脚修复区上方的墙体损伤加重，柱脚修复钢板上方的钢管出现新的鼓凸。应依据不同的损伤特征合理选择修复方法，柱脚贴焊钢板增大了方钢管边框的截面面积，加强了结构的抗弯承载力；墙肢贴焊薄钢板对墙体混凝土进行约束，提高了结构的抗剪性能，两者均可获得良好的修复效果。

6.6.8　承载力计算

1. 带洞口双肢剪力墙承载力计算模型

双肢剪力墙在水平力作用下，一般总是由其高度方向上的中部或偏下部的连梁两端率先进入屈服，随着墙体平面内侧向变形的进一步增大，塑性铰将逐步向上、向下扩展到相当一部分楼层的连梁两端，较早发生塑性铰的塑性转动将相应增大，其受力模型如图 6-60 所示。其平衡条件为

$$FH = M_{u1} + M_{u2} + N_b L \tag{6-19}$$

式中，FH 为水平荷载在双肢墙底部产生的总弯矩；M_{u1}、M_{u2} 分别为左、右墙肢底部分担的弯矩，可以通过偏压、偏拉构件截面的极限承载力理论经计算求得；$N_b L$ 为墙肢的整体弯矩，N_b 为连梁剪力的合力在墙肢中产生的拉力或压力，其大小为 $N_b = \sum_{i=1}^{n} V_{bi}$，$L$ 为左右墙肢形心间的距离，V_{bi} 为第 i 层连梁的抗剪承载力，n 为层数。

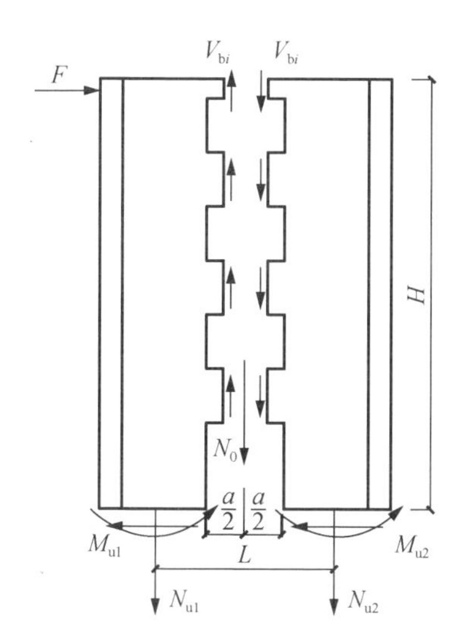

图 6-60　双肢剪力墙受力模型

根据试件的破坏特征和钢筋的应变分析可知：内藏分块钢板双肢剪力墙最终破坏时，各层连梁出现剪切屈服，受拉墙肢的钢管、钢板、墙体分布钢筋均屈服，受压墙肢的底部混凝土被压碎，受压区的钢管应变达到极限压应变，受力为大偏心受压破坏形式。根据《混凝土结构设计规范》（GB 50010—2002）提供的钢筋混凝

土构件正截面承载力计算方法，同时参考《型钢混凝土组合结构技术规程》（JGJ 138—2001）的相关公式，本节试验中内藏分块钢板双肢剪力墙的墙肢承载力可由以下部分组合：①钢筋混凝土墙板部分；②核心钢构件部分，包括边框钢管、暗柱型钢及墙内分块钢板。连梁承载力可由以下部分组合，即钢筋混凝土连梁部分、连梁内藏钢板部分。双肢剪力墙的正截面计算单元分解如图 6-61 所示。

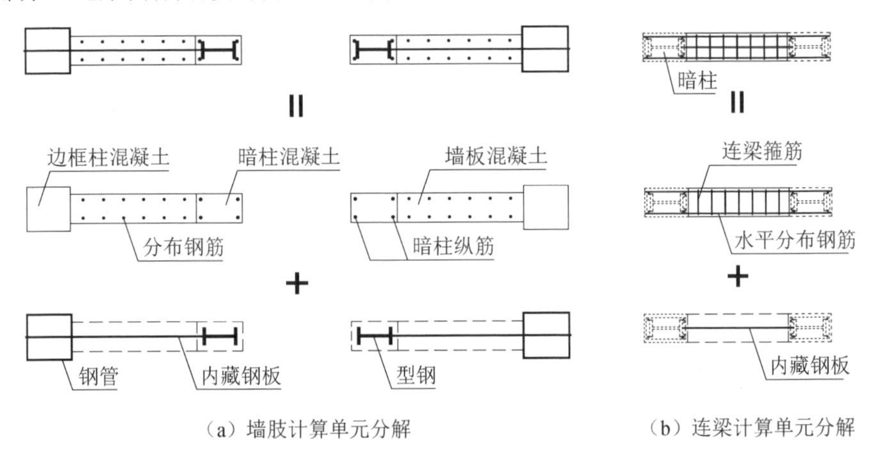

（a）墙肢计算单元分解　　（b）连梁计算单元分解

图 6-61　双肢剪力墙的正截面计算单元分解

根据试验结果，可对双肢剪力墙的力学模型进行简化：①边框钢管全截面屈服，可视为边框柱的附加钢筋参与计算；②型钢叠合暗柱近似均匀分布在墙截面内，可将暗柱型钢和纵筋转化为具有相同截面面积的竖向分布附加钢筋，附加钢筋沿截面腹部均匀布置；③墙肢内藏分块钢板可转化为沿墙高连续分布的等厚度整体钢板计算其对承载力的贡献。双肢剪力墙的正截面承载力计算模型如图 6-62 所示。

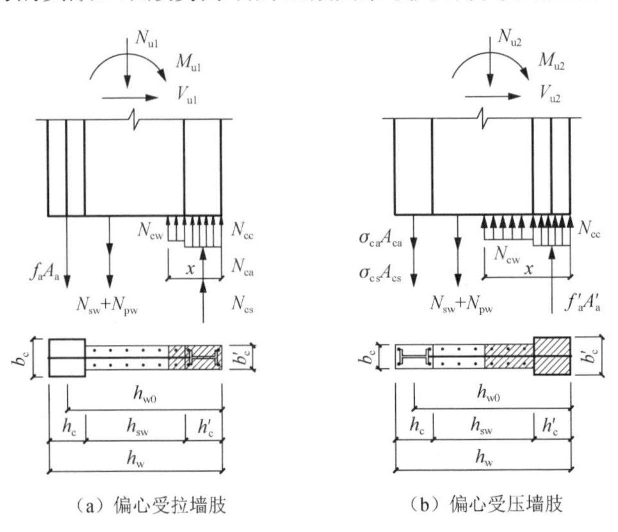

（a）偏心受拉墙肢　　（b）偏心受压墙肢

图 6-62　双肢剪力墙的正截面承载力计算模型

（1）偏心受拉墙肢极限承载力

内藏分块钢板双肢剪力墙偏心受拉墙肢的承载力模型如图 6-62（a）所示。墙肢在小偏心受拉或大偏心受拉而混凝土压区很小（$x \leqslant h_c'/2$）的情况下时，按全截面受拉假定计算。其正截面受拉承载力应符合下式要求：

$$N \leqslant \frac{1}{\dfrac{1}{N_{u1}} + \dfrac{e_0}{M_{u1}}} \tag{6-20}$$

式中，N 为轴力；e_0 为偏心距。

连梁剪力的合力在受拉墙肢中产生拉力，可得受拉墙肢的底部轴力 N_{u1} 为

$$N_{u1} = \frac{1}{2}N_0 - N_b \tag{6-21}$$

由平衡条件可得

$$N_{u1} = f_{ca}A_{ca} + f_{cs}A_{cs} + f_a A_a + N_{sw} + N_{pw} \tag{6-22}$$

$$M_{u1} = N_{u1}\left(\frac{h_{w0} - h_c'}{2}\right) \tag{6-23}$$

其中，

$$N_{sw} = \left(1 + \frac{\xi - 0.8}{0.4\omega}\right) f_{yw} A_{sw} \tag{6-24}$$

$$N_{pw} = \left(1 + \frac{\xi - 0.8}{0.4\omega}\right) f_{pw} A_{pw} \tag{6-25}$$

式中，N_{u1}、M_{u1} 分别为偏心受拉墙肢的底部轴向力和底部弯矩；N_0 为结构自重产生的竖向力；N_{sw}、N_{pw} 分别为墙板竖向分布钢筋承担的轴力、内藏钢板承担的轴力；f_a、f_{ca}、f_{cs}、f_{yw}、f_{pw} 分别为暗柱所配钢管、型钢、纵筋及墙体所配竖向分布钢筋、分块钢板的抗拉强度；A_a、A_{ca}、A_{cs}、A_{sw}、A_{pw} 分别为暗柱所配钢管、型钢、纵筋及墙体所配竖向分布钢筋、分块钢板的总面积；h_{w0} 为受拉边框柱形心至受压区外边缘的距离，即截面有效高度；h_c' 为受压端边框柱截面高度；ξ 为相对受压区高度；ω 为截面剪力墙墙板高度与截面有效高度的比值。

$$\xi_b = \frac{0.8}{1 + \dfrac{f_y + f_a}{2 \times 0.003 E_s}} \tag{6-26}$$

$$\omega = \frac{h_{sw}}{h_{w0}} \tag{6-27}$$

$$\xi = \frac{x}{h_{w0}} \qquad \begin{cases} \text{当} x \leqslant \xi_b h_{w0} \text{时，} & \sigma_a = f_a \\ \text{当} x > \xi_b h_{w0} \text{时，} & \sigma_a = \dfrac{f_a}{\xi_b - 0.8}(\xi - 0.8) \end{cases} \tag{6-28}$$

式中，x 为混凝土受压区高度；ξ_b 为混凝土界限相对受压区高度；h_{sw} 为剪力墙墙板截面高度；σ_a 为受拉端钢管的拉应力。

（2）偏心受压墙肢极限承载力

内藏分块钢板双肢剪力墙偏心受压墙肢的承载力模型如图 6-62（b）所示。连梁剪力的合力在受压墙肢中产生压力，可得受压墙肢的底部轴力 N_{u2} 为

$$N_{u2} = \frac{1}{2}N_0 + N_b \tag{6-29}$$

由平衡条件可得

$$N_{u2} = f'_{sc}A'_{sc} + N_{cw} - \sigma_{ca}A_{ca} - \sigma_{cs}A_{cs} + N_{sw} + N_{pw} \tag{6-30}$$

$$M_{u2} = f'_{sc}A'_{sc}\left(h_{w0} - \frac{h'_c}{2}\right) + N_{cw}\left(h_{w0} - \frac{h'_c}{2} - \frac{x}{2}\right) + M_{sw} + M_{pw} \tag{6-31}$$

其中，

$$N_{cw} = f_c(b_w - t)(x - h'_c) \tag{6-32}$$

$$N_{sw} = \left(1 + \frac{\xi - 0.8}{0.4\omega}\right)f_{yw}A_{sw} \tag{6-33}$$

$$N_{pw} = \left(1 + \frac{\xi - 0.8}{0.4\omega}\right)f_{pw}A_{pw} \tag{6-34}$$

$$M_{sw} = \left[0.5 - \left(\frac{\xi - 0.8}{0.8\omega}\right)^2\right]f_{yw}A_{sw}h_{sw} \tag{6-35}$$

$$M_{pw} = \left[0.5 - \left(\frac{\xi - 0.8}{0.8\omega}\right)^2\right]f_{pw}A_{pw}h_{sw} \tag{6-36}$$

式中，N_{u2}、M_{u2} 分别为偏心受压墙肢的底部轴向力和底部弯矩；f_c 为混凝土抗压强度；σ_{ca}、σ_{cs} 分别为暗柱所配型钢、纵筋的应力；f'_{sc} 为受压侧钢管混凝土柱的组合强度；A'_{sc} 为受压侧钢管混凝土柱的面积；M_{sw}、M_{pw} 分别为剪力墙受拉区墙板所配竖向分布钢筋、分块钢板的合力对受拉端钢管截面重心的力矩；t 为剪力墙等效整体钢板厚度。

（3）钢板组合连梁斜截面受剪承载力

小跨高比的内藏钢板组合连梁的斜截面受剪承载力计算，应考虑内藏钢板对抗剪承载力的贡献，根据《组合结构设计规范》（JGJ 138—2016），非抗震设计时的计算式为

$$V = 0.7f_tb_bh_{b0} + f_{yv}\frac{A_{sv}}{s}h_{b0} + 0.58f_{pw}t_wh_w \tag{6-37}$$

式中，f_t 为混凝土轴心抗拉强度；f_{yv} 为连梁箍筋屈服强度；A_{sv} 为配置在同一截面内箍筋各肢的全部截面面积；s 为箍筋间距；t_w、h_w 分别为连梁内藏钢板厚度

和高度；b_b、h_{b0} 分别为连梁的截面宽度和有效高度。

2. 带洞口双肢剪力墙承载力计算与实测值对比

按各材料的实测强度，依据上述计算式，本节各双肢剪力墙极限承载力计算值与实测值的比较见表 6-24。由表 6-24 可知，计算值与实测值匹配较好。

表 6-24　6.6 节试件的极限承载力计算值与实测值的比较

试件编号	计算值/kN	实测值/kN	相对误差/%
SCSW1- Ⅰ	452.36	416.78	8.54
SCSW2- Ⅰ	883.49	898.33	−1.65
SCSW3- Ⅰ	892.36	915.47	2.52
SCSW4- Ⅰ	915.61	1025.57	10.72
SCSW5- Ⅰ	872.19	854.64	2.05
SCSW6- Ⅰ	884.94	897.72	1.42

3. 无洞口剪力墙正截面承载力计算模型

本节试验中，钢管混凝土边框内藏分块钢板无洞口剪力墙的剪跨比为 1.68，属中高剪力墙，破坏形式主要为弯剪破坏。计算剪力墙为偏心受压状态下的正截面承载力，并验算其斜截面受剪承载力，两者中的较小值为剪力墙的极限承载力。

钢管混凝土边框内藏分块钢板无洞口剪力墙的正截面承载力可由以下两部分组合：①钢筋混凝土墙板部分；②核心钢构件部分，包括边框钢管、暗柱型钢及墙内分块钢板。其可根据《混凝土结构设计规范》（GB 50010—2002）提供的钢筋混凝土构件正截面承载力计算方法，同时参考《型钢混凝土组合结构技术规程》（JGJ 138—2001）的相关计算式进行计算。根据试验研究结果，对该组合剪力墙模型进行简化：①边框钢管全截面屈服，可视为边框柱的附加钢筋参与计算；②型钢叠合暗柱近似均匀分布在墙截面内，可将暗柱型钢和纵筋转化为具有相同截面面积的竖向分布附加钢筋，附加钢筋沿截面腹部均匀布置；③内藏分块钢板可转化为沿墙高连续分布的等厚度整体钢板计算其对承载力的贡献。

钢管混凝土边框内藏分块钢板无洞口剪力墙的正截面计算单元分解如图 6-63 所示，其正截面承载力计算模型如图 6-64 所示。

对钢管混凝土边框内藏分块钢板无洞口剪力墙，正截面承载力计算作出如下基本假定：

1）截面应变保持平面。

2）忽略受拉区墙板和钢管内混凝土的抗拉作用。

3）混凝土受压的应力-应变关系曲线，混凝土极限压应变值 $\varepsilon_c < 0.002$ 时为抛物线，$0.002 \leqslant \varepsilon_c < 0.0033$ 时为水平直线，取 0.0033；相应的最大压应力取混凝土

抗压强度标准值 f_{ck}。

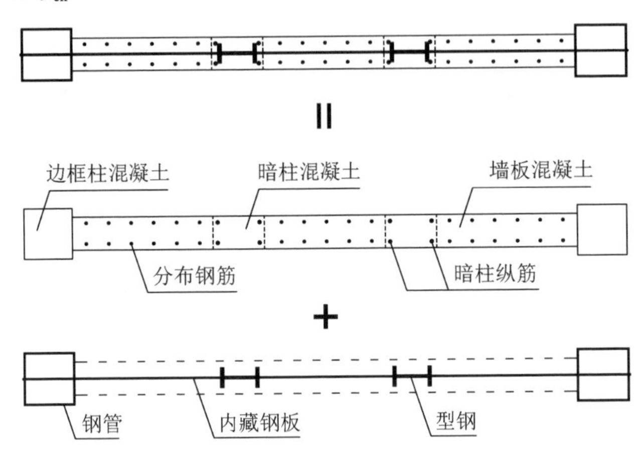

图 6-63　钢管混凝土边框内藏分块钢板无洞口剪力墙的正截面计算单元分解

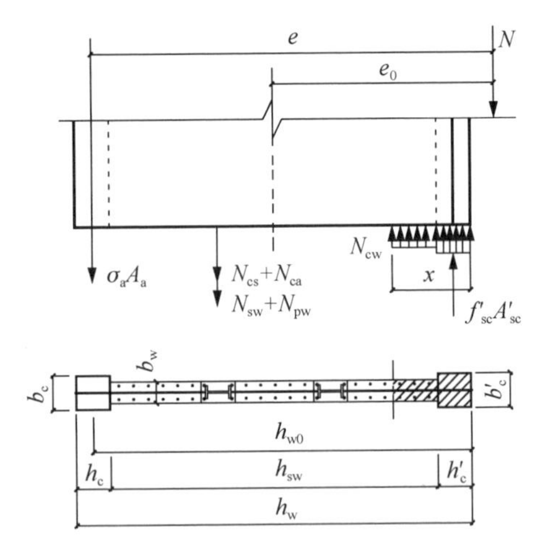

图 6-64　钢管混凝土边框内藏分块钢板无洞口剪力墙的正截面承载力计算模型

4）钢管的应力-应变关系：屈服前为线弹性关系，屈服后的应力取屈服强度。

5）考虑核心混凝土受到钢管的套箍作用，其竖向刚度及极限压应变有所提高。由《钢管混凝土结构技术规范》（GB 50936—2014）可知，钢管混凝土边框组合抗压强度 f'_{sc} 的计算式为 $f'_{sc}=(1.212+B\theta+C\theta^2)f_c$，式中，$\theta$为实心钢管混凝土构件的套箍系数，$\theta=A'_a f'_a/(A_c f_c)$；$A'_a$、$A_c$ 分别为钢管、混凝土的面积；f'_a、f_c 分别为钢管、混凝土的抗压强度；B、C 分别为截面形式对套箍效应的影响系数。

6）暗柱型钢及纵筋在整个试验过程中未达到屈服，引入强度降低系数β，以免高估暗柱型钢及纵筋对剪力墙抗弯承载力的贡献。

钢管混凝土边框内藏分块钢板无洞口剪力墙与图6-64对应的正截面承载力计

算式如下：

$$N = f'_{sc}A'_{sc} + N_{cw} - \sigma_a A_a + N_{sw} + N_{pw} + N_{ca} + N_{cs} \tag{6-38}$$

$$Ne_0 = f'_{sc}A'_{sc}\left(h_{w0} - \frac{h'_c}{2}\right) + N_{cw}\left(h_{w0} - \frac{h'_c}{2} - \frac{x}{2}\right) + M_{sw} + M_{pw} + M_{ca} + M_{cs} \tag{6-39}$$

其中，

$$N_{cw} = f_c(b_w - t)(x - h'_c) \tag{6-40}$$

$$N_{sw} = \left(1 + \frac{\xi - 0.8}{0.4\omega}\right) f_{yw} A_{sw} \tag{6-41}$$

$$N_{pw} = \left(1 + \frac{\xi - 0.8}{0.4\omega}\right) f_{pw} A_{pw} \tag{6-42}$$

$$N_{ca} = \left(1 + \frac{\xi - 0.8}{0.4\omega}\right) \beta f_{ca} A_{ca} \tag{6-43}$$

$$N_{cs} = \left(1 + \frac{\xi - 0.8}{0.4\omega}\right) \beta f_{cs} A_{cs} \tag{6-44}$$

$$M_{sw} = \left[0.5 - \left(\frac{\xi - 0.8}{0.8\omega}\right)^2\right] f_{yw} A_{sw} h_{sw} \tag{6-45}$$

$$M_{pw} = \left[0.5 - \left(\frac{\xi - 0.8}{0.8\omega}\right)^2\right] f_{pw} A_{pw} h_{sw} \tag{6-46}$$

$$M_{ca} = \left[0.5 - \left(\frac{\xi - 0.8}{0.8\omega}\right)^2\right] \beta f_{ca} A_{ca} h_{sw} \tag{6-47}$$

$$M_{cs} = \left[0.5 - \left(\frac{\xi - 0.8}{0.8\omega}\right)^2\right] \beta f_{cs} A_{cs} h_{sw} \tag{6-48}$$

$$\xi_b = \frac{0.8}{1 + \dfrac{f_y + f_a}{2 \times 0.003 E_s}} \tag{6-49}$$

$$\omega = \frac{h_{sw}}{h_{w0}} \tag{6-50}$$

$$\xi = \frac{x}{h_{w0}} \qquad \begin{cases} \sigma_a = f_a & (x \leqslant \xi_b h_{w0}) \\ \sigma_a = \dfrac{f_a}{\xi_b - 0.8}(\xi - 0.8) & (x > \xi_b h_{w0}) \end{cases} \tag{6-51}$$

图 6-64 及上述各式中，M_{ca}、M_{cs} 分别为剪力墙受拉区暗柱所配型钢、纵筋对受拉端钢管截面重心的力矩；A_a 为受拉边框柱的钢管截面面积；h_w、b_w 分别为剪力墙截面高度、墙板厚度；h_c、h'_c、b_c、b'_c 分别为受拉端、受压端边框柱的截面

高度和宽度；β 为暗柱强度降低系数，依据本试验应变分析结果取 0.38。

由于型钢构件与混凝土墙之间连接较弱，界面处易发生剪切错动，引入系数 γ_0 对剪力墙的承载力进行调整，试件水平承载力 F 为

$$F = \gamma_0 (Ne_0) / H \tag{6-52}$$

式中，H 为模型水平加载点高度；γ_0 为剪力墙整体降低系数，取值范围为 0.8～0.9。

4. 无洞口剪力墙受剪承载力计算经验公式

目前，关于型钢混凝土剪力墙和钢板混凝土剪力墙在偏心受压时的斜截面受剪承载力计算方法的研究已取得了大量成果。根据本书的试验结果，结合《型钢混凝土组合结构技术规程》（JGJ 138—2001）建议的带边框型钢混凝土剪力墙抗剪承载力计算式，以及《高层建筑混凝土结构技术规程》（JGJ 3—2010）建议的钢板混凝土剪力墙抗剪承载力计算式，并参考《组合结构设计规范》（JGJ 138—2016）中的相关内容，型钢混凝土柱间内藏分块钢板无洞口剪力墙的抗剪承载力可看成钢筋混凝土墙板、钢管混凝土边框柱、型钢混凝土暗柱和内藏分块钢板等部分的叠加。抗剪承载力计算模型如图 6-65 所示。

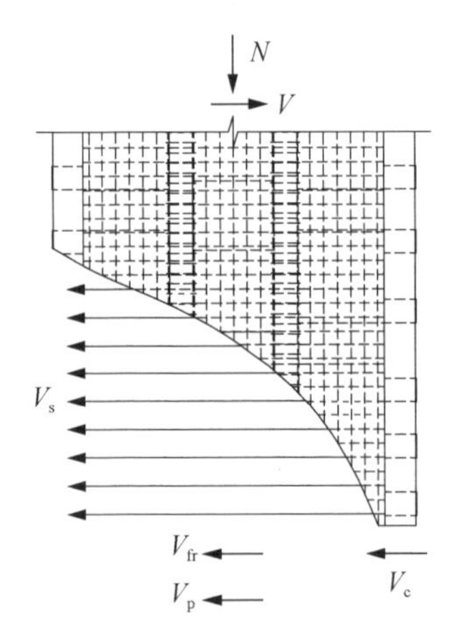

图 6-65　抗剪承载力计算模型

$$V = V_w + V_{fr} + V_p \tag{6-53}$$

式中，V_w 为组合剪力墙中钢筋混凝土部分的水平抗剪承载力；V_{fr} 为型钢混凝土柱的水平抗剪承载力，包含了钢管混凝土边框和墙体截面内型钢混凝土暗柱的抗剪贡献，按《型钢混凝土组合结构技术规程》（JGJ 138—2001）中有关型钢抗剪承载力计算的内容进行计算；V_p 为分块钢板的抗剪承载力。将分块钢板折算为墙内等体积的整块钢板，其抗剪承载力按等效的连续分布水平钢筋计算。

V_w 由以下两项组成：

$$V_w = V_c + V_s \tag{6-54}$$

其中，

$$V_c = \frac{1}{\lambda - 0.5}\left(0.5\beta_r f_t b_w h_{w0} + 0.13N\frac{A_w}{A}\right) \tag{6-55}$$

$$V_s = f_{yh}\frac{A_{sh}}{s}h_{w0} \tag{6-56}$$

式中，V_c 为混凝土剪压区承担的剪力；V_s 为水平分布钢筋对抗剪承载力的贡献；N 为剪力墙轴向压力设计值，当 $N > 0.2f_c b_w h_w$ 时，取 $N = 0.2f_c b_w h_w$；λ 为计算截

面处的剪跨比，当 $\lambda < 1.5$ 时，取 1.5，当 $\lambda > 2.2$ 时，取 2.2；β_r 为边框柱对混凝土墙体的约束系数；b_w 为墙肢截面宽度；h_{w0} 为墙肢截面有效高度；A、A_w 分别为剪力墙横截面的全截面面积和腹板面积；f_t 为混凝土轴心抗拉强度；f_{yh} 为水平分布钢筋抗拉屈服强度；A_{sh} 为配置在同一水平截面内的水平分布钢筋的截面面积；s 为水平钢筋的竖向间距。

型钢混凝土柱的抗剪承载力参照《组合结构设计规范》（JGJ 138—2016）按下式计算：

$$V_{fr} = \frac{0.4}{\lambda}(f_a A_{a1} + n_a f_{ca} A_{ca1}) \tag{6-57}$$

式中，当 $V_{fr} > 0.25V$ 时，取 $V_{fr} = 0.25V$；A_{a1}、A_{ca1} 分别为带边框剪力墙的钢管、暗柱所配型钢的有效截面面积，有效截面的宽度等于墙肢厚度，当两端边框所配钢管的截面面积不同时，取较小一端的面积；n_a 为剪力墙所有暗柱内型钢的总面积与两端边框钢管总面积的比值，当 $n_a > 0.6$ 时，取 0.6。

分块钢板的抗剪承载力为

$$V_p = \frac{0.6}{\lambda - 0.5} f_{pw} A_{pw} \tag{6-58}$$

将式（6-54）～式（6-58）代入式（6-53），整理得到非抗震设计状况下，钢管及型钢混凝土密柱内藏分块钢板组合剪力墙在偏心受压时的斜截面受剪承载力计算式为

$$\begin{aligned} V = &\frac{1}{\lambda - 0.5}\left(0.5\beta_r f_t b_w h_{w0} + 0.13N\frac{A_w}{A}\right) + f_{yh}\frac{A_{sh}}{s}h_{w0} \\ &+ \frac{0.4}{\lambda}(f_a A_{a1} + n_a f_{ca} A_{ca1}) + \frac{0.6}{\lambda - 0.5} f_{pw} A_{pw} \end{aligned} \tag{6-59}$$

《组合结构设计规范》（JGJ 138—2016）提出的钢板混凝土剪力墙偏心受压斜截面受剪承载力计算式为

$$\begin{aligned} V = &\frac{1}{\lambda - 0.5}\left(0.5 f_t b_w h_{w0} + 0.13N\frac{A_w}{A}\right) + f_{yh}\frac{A_{sh}}{s}h_{w0} \\ &+ \frac{0.3}{\lambda} f_a A_a + \frac{0.6}{\lambda - 0.5} f_{pw} A_{pw} \end{aligned} \tag{6-60}$$

式（6-59）在规范所列计算式的基础上，对式（6-60）中的第三项（即边框钢管抗剪项）进行了调整，将折减后的暗柱型钢抗剪承载力归并入该项，将边框柱所配钢管的截面面积 A_a 改为偏于安全的 A_{a1}。由于钢板与钢管、型钢相连，进一步约束了剪力墙混凝土和型钢的变形，规范的计算方法偏于保守，低估了钢管及型钢混凝土密柱内藏分块钢板组合剪力墙型钢的抗剪作用和对墙体的约束作用，故适当提高边框钢管的抗剪贡献率，将系数由 0.3 提高到 0.4。

此外，还分析了钢管混凝土边框内藏分块钢板无洞口剪力墙的构造特点，结合试验结果，确定了约束系数 β_r 的取值。当型钢混凝土柱与混凝土墙体之间无分块钢板时，存在明显的相对滑移，计算时取 $\beta_r=1.0$；当型钢混凝土柱与混凝土墙体之间内藏分块钢板时，计算时取 $\beta_r=1.2$。

5. 无洞口剪力墙受剪承载力分析模型

(1) 软化拉压杆模型

将美国 ACI 318 规范和欧洲 Eurocode 8 规范推荐的拉压杆模型用于计算混凝土结构中截面应变呈非线性分布的应力扰动区（D 区），具有足够高的精度。拉压杆模型基于塑性理论的下限定理，只需满足平衡条件和屈服准则，不需要考虑变形协调条件的限制。软化拉压杆模型在拉压杆模型的基础上，考虑了混凝土的软化效应，同时满足平衡条件、变形协调条件和物理方程。有研究表明，软化拉压杆模型可以更准确地预测剪跨比小于 2 的钢筋混凝土剪力墙的受剪承载力和混凝土界面直剪承载力。

应用软化拉压杆模型，对本节剪跨比为 1.68 的钢管混凝土边框内藏分块钢板无洞口剪力墙进行受力分析，结合钢板剪力墙较成熟的条带模型，提出了钢管混凝土边框内藏分块钢板无洞口中高剪力墙的受剪承载力计算模型，进一步推导出了相应的受剪承载力简化软化拉压杆模型。

1) 作用机制。使用软化拉压杆模型分析钢管混凝土边框内藏分块钢板无洞口中高剪力墙的传力机制和有关模型如图 6-66 所示。

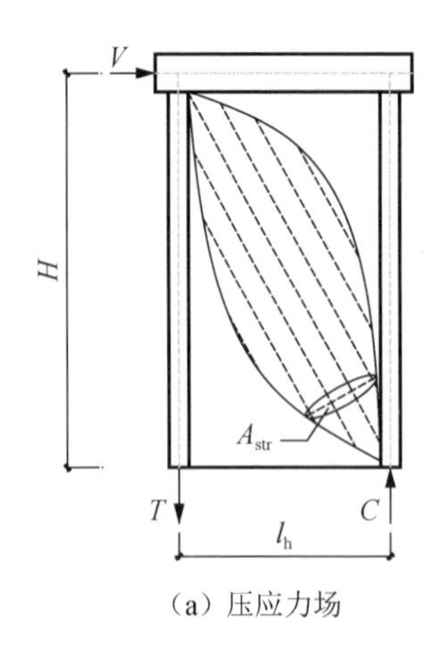

(a) 压应力场

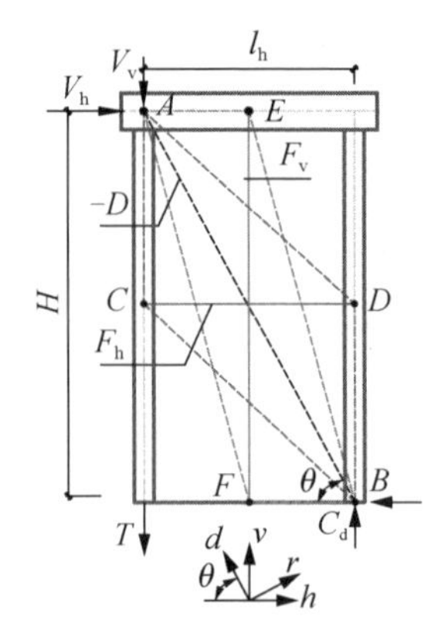

(b) 软化拉压杆桁架模型

图 6-66　剪力墙的软化拉压杆模型

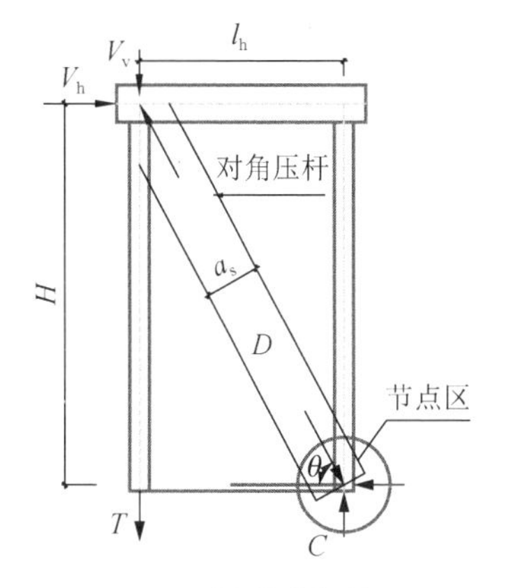

（c）对角传力机制

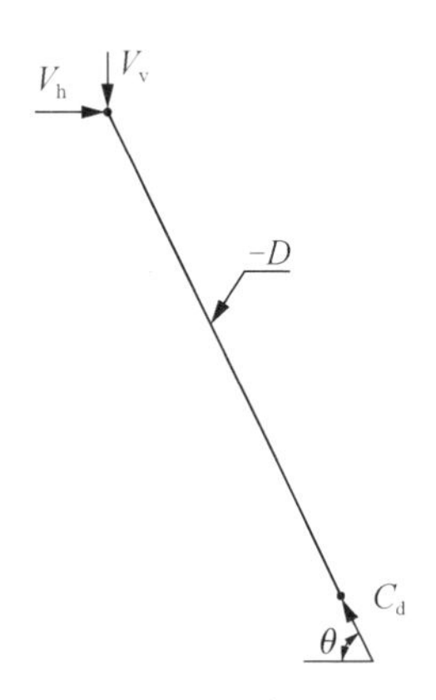

（d）对角传力机制模型

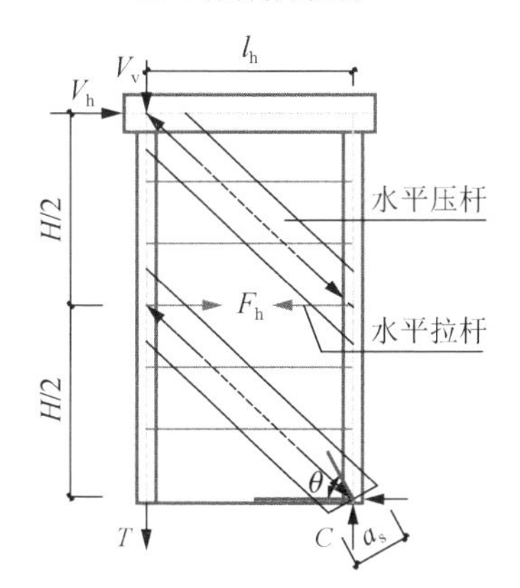

（e）水平传力机制

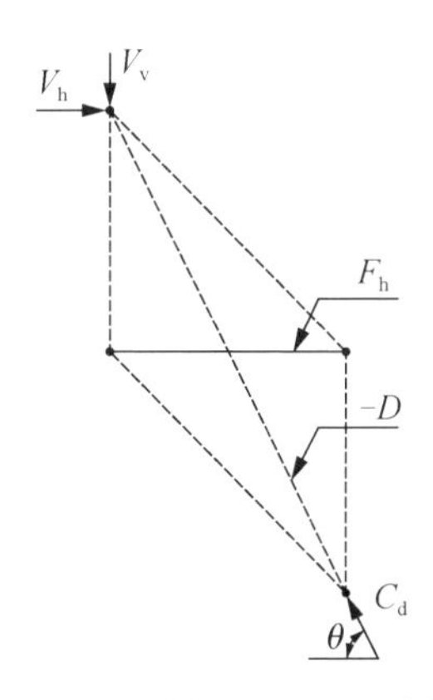

（f）水平传力机制和对角传力机制模型

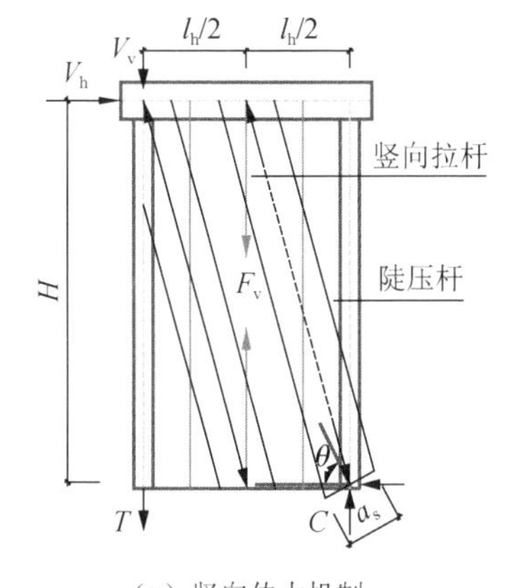

（g）竖向传力机制

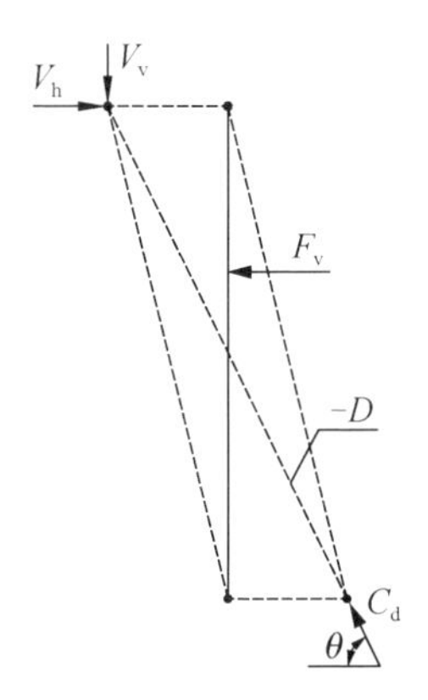

（h）竖向传力机制和对角传力机制模型

图 6-66（续）

剪力墙内部的压应力场如图 6-66（a）所示，软化拉压杆桁架模型如图 6-66（b）

所示，包括主对角压杆 *AB*、水平拉杆 *CD*、竖向拉杆 *EF* 和次压杆（*AD*、*BC*、*AF*、*BE*）等。主对角压杆用以代表斜裂缝之间对角混凝土承受的压力，水平拉杆代表水平钢筋和内藏钢板提供的拉力，竖向拉杆代表竖向钢筋和型钢提供的拉力，水平和竖向拉杆带动其他部分的混凝土形成次压杆。抗剪机制由对角传力机制、水平传力机制和竖向传力机制组成。

对角传力机制由一个对角压杆构成［图 6-66（c）］，其力学模型如图 6-66（d）所示。对角压杆的倾斜角度 θ 为

$$\theta = \arctan\left(\frac{H}{l_{\mathrm{h}}}\right) \tag{6-61}$$

式中，H 为水平力作用点到墙体底部的距离；l_{h} 为墙底力偶的力臂，矩形截面墙体的 l_{h} 可取 $0.9l_{\mathrm{w}}$，l_{w} 为剪力墙截面高度，带边框剪力墙的 l_{h} 可取边框柱几何中心之间的距离。

对角压杆的有效面积 A_{str} 为

$$A_{\mathrm{str}} = a_{\mathrm{s}} b_{\mathrm{s}} \tag{6-62}$$

式中，b_{s} 为对角压杆的截面宽度，取墙厚 t_{w}；a_{s} 为对角压杆的截面高度，可近似取 $a_{\mathrm{s}} = a_{\mathrm{w}}$，$a_{\mathrm{w}}$ 为剪力墙的受压区高度，可由下式近似计算得到，即

$$a_{\mathrm{w}} = \left(0.25 + 0.85\frac{N}{A_{\mathrm{w}} f_{\mathrm{c}}'}\right) l_{\mathrm{w}} \tag{6-63}$$

式中，N 为墙体承受的轴力；A_{w} 为墙体截面面积；f_{c}' 为混凝土圆柱体抗压强度，MPa。

水平传力机制由水平拉杆和水平压杆构成［图 6-66（e）］，其力学模型如图 6-66（f）所示。水平拉杆中，均匀布置的水平钢筋在极限阶段仅有部分达到屈服，可取水平分布钢筋总量的 75%进行计算。

竖向传力机制由竖向拉杆和陡压杆构成［图 6-66（g）］，其力学模型如图 6-66（h）所示。对于两端设有约束边缘构件的墙体，仅考虑墙体中部的竖向钢筋和型钢所提供的拉力，不考虑约束边缘构件。

软化拉压杆模型作为一个静定结构，当水平和竖向传力机制的拉杆屈服后，仍可以通过对角传力机制传递应力。在图 6-66（b）中，当压杆节点区混凝土达到抗压强度而压溃时，剪力墙达到抗剪承载力。模型在外力 V_{h}、V_{v} 和 C_{d} 的作用下，根据力的平衡条件得

$$V_{\mathrm{h}} = C_{\mathrm{d}} \cos\theta \tag{6-64}$$

$$V_{\mathrm{v}} = C_{\mathrm{d}} \sin\theta \tag{6-65}$$

2）内藏钢板多条带模型。由本节试验可以看出，组合剪力墙的内藏分块钢板以正弦波的形式出现剪切屈曲，以屈曲后斜向拉力场的形式抵抗剪力，拉力场由

全部板厚承担。分块钢板折算为高厚比大的整块薄钢板，采用 Thorburn 等[2]提出的条带模型（strip model）计算整块钢板对组合剪力墙抗剪承载力的贡献，不考虑钢板的屈曲荷载，将屈曲后的对角拉应力理想化为一系列等倾角的受拉条带，忽略了竖向拉力场方向的抗压能力。内藏钢板条带模型如图 6-67 所示，图中条带倾角α为

$$\tan^4\alpha = \frac{1+\dfrac{tL}{2A_{\text{col}}}}{1+th\left(\dfrac{1}{A_{\text{beam}}}+\dfrac{h^3}{360I_{\text{col}}L}\right)} \tag{6-66}$$

式中，A_{col}、I_{col} 分别为柱截面面积和惯性矩；A_{beam} 为梁截面面积；L、h 分别为钢板宽度和层高；t 为内藏钢板厚度；α为条带与柱的夹角，取值范围为 37°～50°[3]，一般取α=45°。

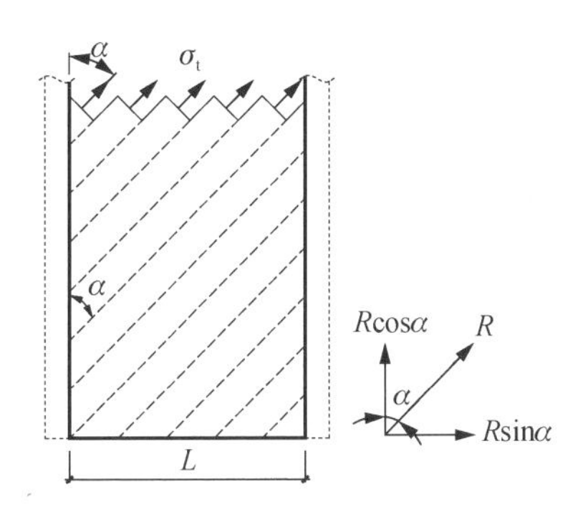

图 6-67　内藏钢板条带模型

所有条带的合力 F_{t} 为

$$F_{\text{t}} = \frac{\sigma_{\text{t}} tL}{\cos\alpha} \tag{6-67}$$

式中，σ_{t} 为单个条带的对角拉应力。

条带合力 F_{t} 的水平和竖向分量分别表示为

$$F_{\text{th}} = F_{\text{t}}\sin\alpha \tag{6-68}$$

$$F_{\text{tv}} = F_{\text{t}}\cos\alpha \tag{6-69}$$

剪力墙水平剪力由对角传力机制、水平传力机制和竖向传力机制共同抵抗，根据平衡条件建立方程，有

$$V_{\text{h}} = -D\cos\theta + F_{\text{h}} + F_{\text{v}}\cot\theta \tag{6-70}$$

$$V_{\text{v}} = -D\sin\theta + F_{\text{h}}\tan\theta + F_{\text{v}} \tag{6-71}$$

式中，D 为主对角压杆中的压力；F_{h}、F_{v} 分别为水平、竖向拉杆中的拉力，其中均以拉力为正。

水平剪力 V_h 在抗剪机制中按相对刚度分配[4]。当仅水平传力机制参与受力时，水平拉杆所传递的水平剪力比例 γ_h 为

$$\gamma_h = \frac{2\tan\theta - 1}{3} \quad (0 \leqslant \gamma_h \leqslant 1) \tag{6-72}$$

同理，当仅竖向传力机制参与受力时，竖向拉杆所传递的竖向剪力比例 γ_v 为

$$\gamma_v = \frac{2\cot\theta - 1}{3} \quad (0 \leqslant \gamma_v \leqslant 1) \tag{6-73}$$

水平剪力在三个抗剪机制中的分配比例通过下式确定：

$$-D\cos\theta : F_h : F_v \cot\theta = R_d : R_h : R_v \tag{6-74}$$

可表示为

$$D = \frac{-1}{\cos\theta} \frac{R_d}{R_d + R_h + R_v} V_h \tag{6-75}$$

$$F_h = \frac{R_h}{R_d + R_h + R_v} V_h \tag{6-76}$$

$$F_v = \frac{1}{\cot\theta} \frac{R_v}{R_d + R_h + R_v} V_h \tag{6-77}$$

式中，R_d、R_h、R_v 分别为对角、水平和竖向传力机制所承担剪力的比值，其计算式为

$$R_d = \frac{(1-\gamma_h)(1-\gamma_v)}{1-\gamma_h\gamma_v} \tag{6-78}$$

$$R_h = \frac{\gamma_h(1-\gamma_v)}{1-\gamma_h\gamma_v} \tag{6-79}$$

$$R_v = \frac{\gamma_v(1-\gamma_h)}{1-\gamma_h\gamma_v} \tag{6-80}$$

软化拉压杆模型的破坏准则为对角压杆、陡压杆、水平压杆在节点上的合力达到混凝土的抗压强度。节点区由混凝土斜压柱产生的对角抗压强度 C_{ds} 为

$$C_{ds} = \sigma_{d,max} A_{str} \tag{6-81}$$

$$\sigma_{d,max} = \frac{1}{A_{str}} \left[D - \frac{\cos\left[\theta - \arctan\left(\dfrac{H}{2l_h}\right)\right]}{\cos\left[\arctan\left(\dfrac{H}{2l_h}\right)\right]} F_h - \frac{\cos\left[\arctan\left(\dfrac{2H}{l_h}\right) - \theta\right]}{\sin\left[\arctan\left(\dfrac{2H}{l_h}\right)\right]} F_v \right] \tag{6-82}$$

作用在节点区的最大压应力 $\sigma_{d,max}$ 可简化为

$$\sigma_{d,max} = \frac{1}{A_{str}} \left[D - \frac{F_h}{\cos\theta}\left(1 - \frac{\sin^2\theta}{2}\right) - \frac{F_v}{\sin\theta}\left(1 - \frac{\cos^2\theta}{2}\right) \right] \tag{6-83}$$

由于组合剪力墙内藏钢板的存在，钢板对混凝土斜压柱的对角抗压强度产生

一定的贡献，即 C_{dp}，其对角抗压强度不受混凝土软化性质的影响，因此有

$$C_{dp} = f_c' A_{dp} \tag{6-84}$$

$$A_{dp} = a_s\left(\frac{E_p}{E}-1\right)t_w\frac{\sin\alpha}{\cos\alpha} \tag{6-85}$$

由以上可知，设置内藏钢板的组合剪力墙的预估抗剪强度为

$$V_{pre} = (C_{ds}+C_{dp})\sin\theta \tag{6-86}$$

混凝土在发生开裂后，斜裂缝之间出现一定的抗压强度软化现象。对于强度介于 20～100MPa 的混凝土，采用 Zhang 和 Hsu 建议的较为简化的应变软化本构模型[5]，其表达式为

$$\sigma_d = -\zeta f_c'\left[2\left(\frac{-\varepsilon_d}{\zeta\varepsilon_0}\right)-\left(\frac{-\varepsilon_d}{\zeta\varepsilon_0}\right)^2\right]\quad\left(\frac{-\varepsilon_d}{\zeta\varepsilon_0}\leqslant 1\right) \tag{6-87}$$

$$\sigma_d = -\zeta f_c'\left[1-\left(\frac{-\varepsilon_d/(\zeta\varepsilon_0)-1}{2/\zeta-1}\right)^2\right]\quad\left(\frac{-\varepsilon_d}{\zeta\varepsilon_0}>1\right) \tag{6-88}$$

$$\zeta = \frac{5.8}{\sqrt{f_c'}}\frac{1}{\sqrt{1+400\varepsilon_r}}\leqslant\frac{0.9}{\sqrt{1+400\varepsilon_r}} \tag{6-89}$$

$$\varepsilon_0 = 0.002+0.001\left(\frac{f_c'-20}{80}\right)\quad(20\leqslant f_c'\leqslant 100\text{MPa}) \tag{6-90}$$

式中，ζ 为混凝土软化系数；σ_d 为沿 d 方向混凝土的主应力；ε_d、ε_r 分别为 d 向和 r 向的平均主应变，以受拉为正；ε_0 为与 f_c' 对应的压应变。

当节点区极限压应力等于混凝土抗压强度，即 $\sigma_{d,max} = -\zeta f_c'$ 时，可判定剪力墙达到极限抗剪承载力。

假定钢筋、型钢和钢板的力学本构关系均为弹塑性，其应力-应变关系为

$$f_i = \begin{cases} E_i\varepsilon_i & (\varepsilon_i < \varepsilon_{yi}) \\ E_i\varepsilon_{yi} & (\varepsilon_i \geqslant \varepsilon_{yi}) \end{cases} \tag{6-91}$$

式中，E_i 为钢筋、型钢或钢板的弹性模量；ε_i 为钢筋、型钢或钢板的屈服应变。

型钢混凝土柱组合剪力墙基于上述本构方程，模型中水平拉杆和竖向拉杆的屈服力为

$$F_h = A_{sh}E_s\varepsilon_h \leqslant F_{yh} \tag{6-92}$$

$$F_v = A_{sv}E_s\varepsilon_v \leqslant F_{yv} \tag{6-93}$$

型钢混凝土柱之间的分块钢板组合剪力墙，由于内藏钢板对水平拉杆中的拉力 F_h 有一定贡献，水平拉杆中的拉力 F_h 由水平分布钢筋和内藏钢板两部分拉力组合而成，即 $F_h = F_{sh}+F_{th}$，可表示为

$$F_{\rm h} = A_{\rm sh} E_{\rm s} \varepsilon_{\rm sh} + \frac{th}{\cos\alpha} E_{\rm p} \varepsilon_{\rm ph} \sin\alpha \tag{6-94}$$

$$F_{\rm v} = A_{\rm sv} E_{\rm s} \varepsilon_{\rm sv} + A_{\rm av} E_{\rm aa} \varepsilon_{\rm av} \tag{6-95}$$

式中，$F_{\rm sh}$ 为水平分布钢筋的合力；$F_{\rm th}$ 为钢板条带合力的水平分量；$A_{\rm sh}$、$A_{\rm sv}$ 分别为参与计算的水平和竖向分布钢筋的面积；$A_{\rm av}$ 为参与计算的型钢面积；$\varepsilon_{\rm sh}$、$\varepsilon_{\rm sv}$ 分别为水平和竖向分布钢筋的应变，其上限分别为 $\varepsilon_{\rm yh}$ 和 $\varepsilon_{\rm yv}$。

根据变形协调原理，剪力墙开裂后，*d-r* 坐标系中的主轴压应变 $\varepsilon_{\rm d}$、主轴拉应变 $\varepsilon_{\rm r}$ 与水平应变 $\varepsilon_{\rm h}$、竖向应变 $\varepsilon_{\rm v}$ 之间应满足下列要求：

$$\varepsilon_{\rm d} + \varepsilon_{\rm r} = \varepsilon_{\rm h} + \varepsilon_{\rm v} \tag{6-96}$$

（2）软化拉压杆模型的简化计算

Hwang 等[6, 7]将软化拉压杆模型算法进一步简化，简化算法的计算结果与理论算法非常接近，并偏于保守。软化拉压杆模型的破坏准则为对角压杆、次压杆在节点上的合力超过节点处混凝土的抗压强度，型钢混凝土柱组合剪力墙的对角抗压强度可以表示为

$$C_{\rm d,n} = K\zeta f_{\rm c}' A_{\rm str} \tag{6-97}$$

在此基础上，考虑内藏钢板的贡献，型钢混凝土柱之间的分块钢板组合剪力墙的对角抗压强度可表示为

$$C_{\rm d,n} = K\zeta f_{\rm c}' A_{\rm str} + C_{\rm dp} \tag{6-98}$$

式中，K 为拉压杆指标，反映的是水平和竖向钢筋对抗剪的有利作用。

混凝土软化系数 ζ 的简化计算式为

$$\zeta = \frac{3.35}{\sqrt{f_{\rm c}'}} \leqslant 0.52 \tag{6-99}$$

拉压杆指标 K 可以定义为

$$K = K_{\rm d} + (K_{\rm h} - 1) + (K_{\rm v} - 1) = K_{\rm h} + K_{\rm v} - 1 \tag{6-100}$$

式中，$K_{\rm d}$ 为对角压杆指标，可取 $K_{\rm d} = 1$；$K_{\rm h}$ 和 $K_{\rm v}$ 分别为水平和竖向拉杆指标，其计算式为

$$K_{\rm h} = 1 + \frac{(K_{\rm h}' - 1)F_{\rm yh}}{F_{\rm h}'} \leqslant K_{\rm h}' \tag{6-101}$$

$$K_{\rm v} = 1 + \frac{(K_{\rm v}' - 1)F_{\rm yv}}{F_{\rm v}'} \leqslant K_{\rm v}' \tag{6-102}$$

弹性水平拉杆指标 $K_{\rm h}'$ 和弹性竖向拉杆指标 $K_{\rm v}'$ 按下式进行估算：

$$K_{\rm h}' = \frac{1}{1 - 0.2(\gamma_{\rm h} + \gamma_{\rm h}^2)} \tag{6-103}$$

$$K_{\mathrm{v}}' = \frac{1}{1-0.2(\gamma_{\mathrm{v}}+\gamma_{\mathrm{v}}^{2})} \tag{6-104}$$

记 F_{h}' 和 F_{v}' 分别为水平和竖向拉杆的平衡拉力值，用以表征当拉杆屈服，并且混凝土压杆也达到抗压强度时的平衡拉力，即

$$F_{\mathrm{h}}' = \gamma_{\mathrm{h}} K_{\mathrm{h}}' \zeta f_{\mathrm{c}}' A_{\mathrm{str}} \cos\theta \tag{6-105}$$

$$F_{\mathrm{v}}' = \gamma_{\mathrm{v}} K_{\mathrm{v}}' \zeta f_{\mathrm{c}}' A_{\mathrm{str}} \sin\theta \tag{6-106}$$

综上所述，在组合剪力墙达到极限状态时，考虑混凝土的软化作用，钢管及型钢混凝土密柱组合剪力墙的斜截面受剪承载力 V_{u} 的计算式为

$$V_{\mathrm{u}} = C_{\mathrm{d,n}} \cos\theta = K\zeta f_{\mathrm{c}}' A_{\mathrm{str}} \cos\theta \tag{6-107}$$

型钢混凝土柱之间的分块钢板组合剪力墙，由斜压柱产生的对角抗压强度和内藏钢板对斜压柱强度产生的贡献所组成的斜截面受剪承载力 V_{u} 的计算式为

$$\begin{aligned} V_{\mathrm{u}} &= (K\zeta f_{\mathrm{c}}' A_{\mathrm{str}} + C_{\mathrm{dp}})\cos\theta \\ &= \left[K\zeta f_{\mathrm{c}}' A_{\mathrm{str}} + f_{\mathrm{c}}' a_{\mathrm{s}} \left(\frac{E_{\mathrm{p}}}{E} - 1\right) t_{\mathrm{w}} \frac{\sin\alpha}{\cos\alpha}\right]\cos\theta \end{aligned} \tag{6-108}$$

（3）计算混凝土界面直剪承载力的软化拉压杆模型

采用软化拉压杆模型计算混凝土界面直剪承载力的方法在文献[8]中已经提出，如图 6-68 和图 6-69 所示。由于平行于剪切面的竖向分布钢筋对剪切强度基本没有影响，仅垂直于剪切面的水平分布钢筋发挥作用，混凝土界面的软化拉压杆模型不包括水平传力机制，只有对角传力机制和竖向传力机制。

采用软化拉压杆模型计算小剪跨比钢管混凝土组合剪力墙竖缝处的钢筋混凝土直剪承载力 V_{c} 时，考虑钢管对墙体的削弱，受压区高度应表示为

$$a_{\mathrm{w}} = \left(0.25 + 0.85\frac{D_{\mathrm{x}}}{A_{\mathrm{w}} f_{\mathrm{c}}'}\right)\delta_{1} L \tag{6-109}$$

式中，D_{x} 为对角压杆作用力在垂直于剪切面方向的分力，$D_{\mathrm{x}} = D\cos\theta$，$\theta$ 为剪力墙对角压杆与水平轴之间的夹角；δ_{1} 为考虑钢管隔离作用后，剪切面上的混凝土交接面占总剪切面的比例；L 为对角压杆的滑移面长度，$L = a_{\mathrm{w1}}/\cos\theta$，$a_{\mathrm{w1}}$ 为整截面墙的受压区高度。

剪切面上斜压杆的竖向和水平分量的关系 $V_{\mathrm{jv}}/V_{\mathrm{jh}} = \tan\beta/2 = \tan\theta$，如图 6-69 所示，主应力倾角 β_{1} 取为初始斜裂缝的倾角。

对角压杆的压力 D 定义为

$$D = \frac{1}{\cos\theta}\frac{R_{\mathrm{d}}}{R_{\mathrm{d}} + R_{\mathrm{h}} + R_{\mathrm{v}}} V_{\mathrm{wh}} \tag{6-110}$$

式中，V_{wh} 为沿竖向裂缝发生滑移时的受剪承载力假定值；R_d、R_h、R_v 按式（6-78）～式（6-80）进行计算。

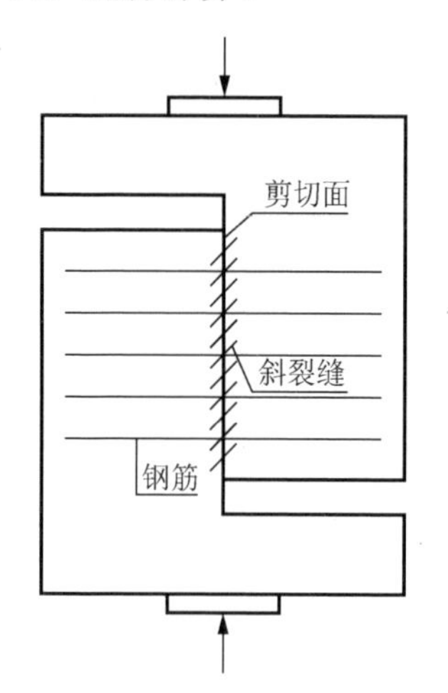

图 6-68　剪切面试验试件模型

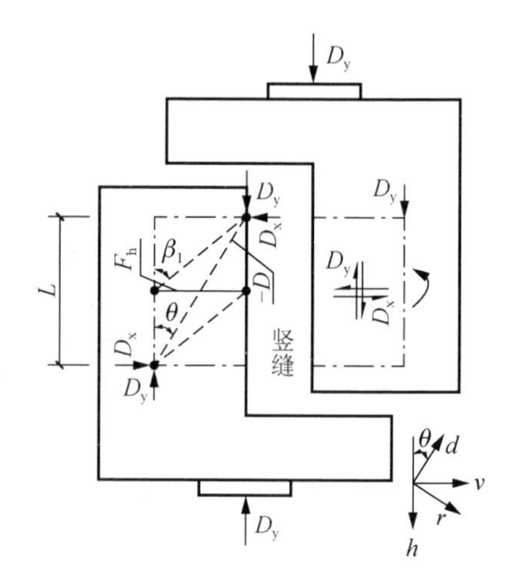

图 6-69　剪切面的软化拉压杆模型

（4）拉压杆-滑移模型

文献[8]提出了拉压杆-滑移模型，适用于分析剪力墙由整体墙逐渐演化为分缝墙的情况。该模型将竖向剪切滑移面引入对角压杆，考虑了剪切面两侧墙柱间的相互滑移对剪力墙性能的影响，结合了钢筋混凝土剪力墙的软化拉压杆模型与混凝土界面直剪承载力的软化拉压杆模型对剪力墙进行受力分析。

型钢混凝土柱无洞口剪力墙的破坏，同样是由整体墙逐渐演化为竖向分缝墙的过程。在无内藏钢板的情况下，核心钢构件与混凝土墙体的协同工作能力较差，核心钢构件对混凝土墙的截面削弱较大。通过试验分析可知，在极限荷载时，受水平力作用的剪力墙，钢构件处的短小斜裂缝把混凝土分割成众多较小的斜向短柱；达到极限荷载时，竖向裂缝沿高度方向近乎贯穿整个墙面，竖缝两侧混凝土发生滑移，混凝土逐渐剥落形成耗能条带。基于这种受力特点，采用拉压杆-滑移模型对该剪力墙的受剪承载力进行计算。

拉压杆-滑移模型的剪力墙应力场分布如图 6-70 所示，其传力机制如图 6-71 所示。斜压杆压力 D 的水平和竖向分力分别为 D_x、D_y，平行于钢管的分力 D_y 引起滑移面的剪切破坏。受剪承载力计算分为两步：首先采用软化拉压杆模型计算整体墙混凝土对角压杆的截面面积及压力，确定竖向裂缝处混凝土剪切面的面积及受力；然后计算竖向裂缝处剪切面的抗剪承载力，取两次计算的较小值作为剪力墙的抗剪承载力。

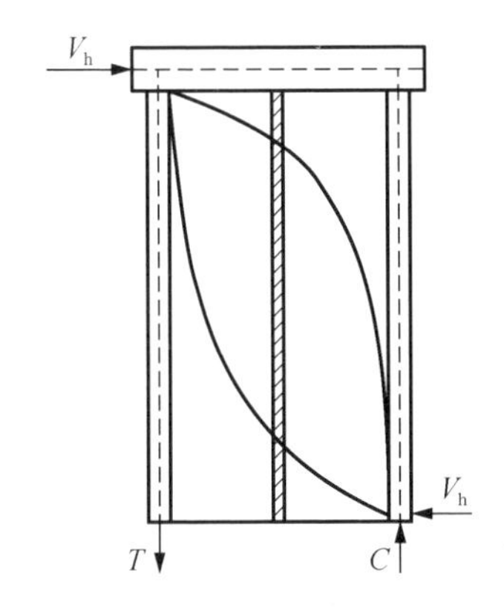

图 6-70　剪力墙应力场分布

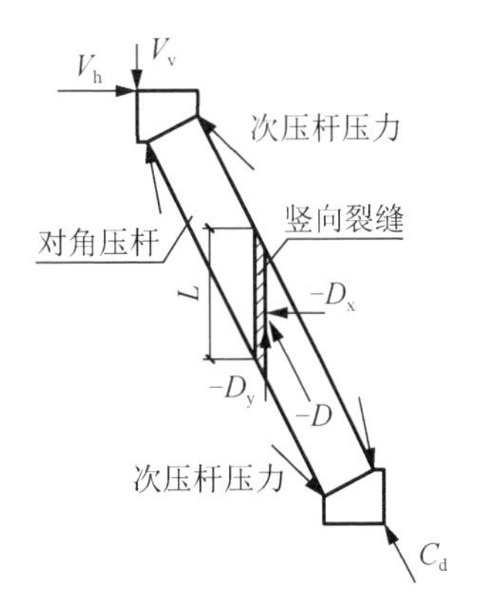

图 6-71　拉压杆-滑移模型传力机制

竖向裂缝处混凝土剪切面的受剪承载力由两部分组成，即竖向裂缝处钢筋混凝土的直剪承载力 V_d 和钢管与混凝土之间的摩擦作用 V_f，计算式为

$$V_{ws} = V_d + V_f \tag{6-111}$$

计算剪切面的直剪承载力时，主应力倾角 β_1 取为初始斜裂缝的倾角，根据试验测得初始斜裂缝的倾角取值范围为 41°～53°，取平均值 47°进行计算。

钢管与混凝土之间的摩擦作用对受剪承载力所做的贡献为

$$V_f = D_x \mu \delta_2 \tag{6-112}$$

式中，μ 为钢构件与混凝土之间的摩擦系数，取 0.3；δ_2 为摩擦面计算系数。钢筋混凝土剪切面如图 6-72 所示。

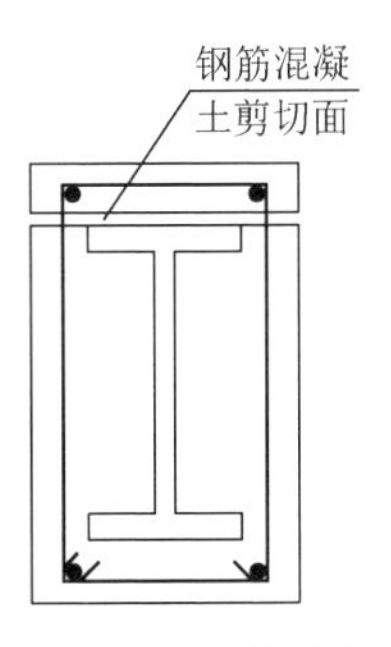

图 6-72　钢筋混凝土剪切面

6. 无洞口剪力墙承载力计算与实测值对比

按混凝土和钢筋、钢材的实测强度，采用式（6-38）和式（6-39）计算组合剪力墙试件的正截面承载力，采用抗剪承载力经验计算式（6-59）和力学分析模型计算方法计算抗剪承载力。一般情况下，经验公式参数较少，但离散性较大，计算结果较保守；力学分析模型参数较多，但可以合理反映剪力墙的受力机理，

与试验结果匹配相对较好。由试验分析可知，型钢混凝土柱之间的分块钢板组合剪力墙的内藏分块钢板提高了型钢混凝土框架与混凝土墙体的协同工作能力，由整体墙逐渐演化为分缝墙的现象不显著，仅采用软化拉压杆模型的简化计算方法计算抗剪承载力。型钢混凝土柱无洞口组合剪力墙在延性承载阶段，主要以带竖缝剪力墙的形式工作，需要采用拉压杆-滑移模型计算方法进行抗剪承载力计算。

表 6-25 给出了两个无洞口剪力墙试件的抗弯承载力计算值与实测值的比较，以及分别按经验公式、软化拉压杆模型、拉压杆-滑移模型计算得到的组合剪力墙抗剪承载力。

表 6-25　试件 SCSW7-Ⅰ和试件 SCSW8-Ⅰ承载力计算值与实测值的比较

试件编号	实测值/kN	抗弯承载力		经验公式		软化拉压杆模型		拉压杆-滑移模型	
		计算值/kN	相对误差/%	计算值/kN	相对误差/%	计算值/kN	相对误差/%	计算值/kN	相对误差/%
SCSW7-Ⅰ	556.78	789.30	41.76	787.18	41.38	777.42	39.63	546.11	1.92
SCSW8-Ⅰ	956.65	941.75	1.56	1049.17	9.67	949.52	0.75	—	—

由表 6-25 可知：

1）试件 SCSW7-Ⅰ的软化拉压杆模型计算值与经验公式计算值相近，其正截面极限承载力计算值与忽略剪切滑移影响的斜截面抗剪极限承载力计算值都远大于实测值。由拉压杆-滑移模型计算得到的抗剪极限承载力计算值与实测值匹配较好，其计算值略小于实测值，偏于安全，最终以发生剪切滑移破坏为主。

2）试件 SCSW8-Ⅰ的经验公式计算值大于实测值，偏于不安全。其正截面极限承载力计算值和软化拉压杆模型计算得到的抗剪极限承载力计算值相接近，且与实测值匹配较好，计算值略小于实测值，偏于安全，墙体发生弯剪破坏，所占比重相当。

6.6.9　有限元分析

钢管和混凝土之间定义以下接触关系：法线方向接触定义为硬接触；切线方向接触定义为库仑摩擦模型，可传递剪应力，摩擦系数一般为 0.2～0.5，本节取 0.35。连梁、墙肢内的分块钢板和 H 型钢合并成一个整体部件，整体部件和钢筋嵌入墙板混凝土中。钢管核心混凝土、混凝土墙板的上下端与刚性加载梁、刚性基础的接触面采用绑定约束。

1. 试验模型模拟

通过试验分析比较可知，试件 SCSW2-Ⅰ错位布置分块钢板可使结构的强度和刚度匹配恰当，提高了结构的抗侧刚度，兼具有良好的延性和滞回耗能能力，综合性能最好。因此取试件 SCSW2-Ⅰ为基本试件，初步进行了钢管混凝土边框内藏分块钢板双肢剪力墙的数值建模和模拟分析，并且与试件 SCSW6-Ⅰ相对比，用以分析内藏整体钢板和内藏分块钢板对剪力墙受力性能的影响。

图 6-73 给出了第Ⅰ阶段试验试件 SCSW2-Ⅰ和试件 SCSW6-Ⅰ的 *F-U* 骨架曲线。

由图 6-73 可知，试验和模拟的荷载-位移曲线匹配较好，模拟曲线的弹性刚度要大于试验曲线的弹性刚度，而且极限荷载对应的变形小于试验曲线极限荷载对应的变形，其原因是 ABAQUS 软件中采用的混凝土是理想的均质材料，而试验的混凝土为非均质材料且存在一定的缺陷，同时分析中忽略了混凝土与钢筋之间的黏结滑移。

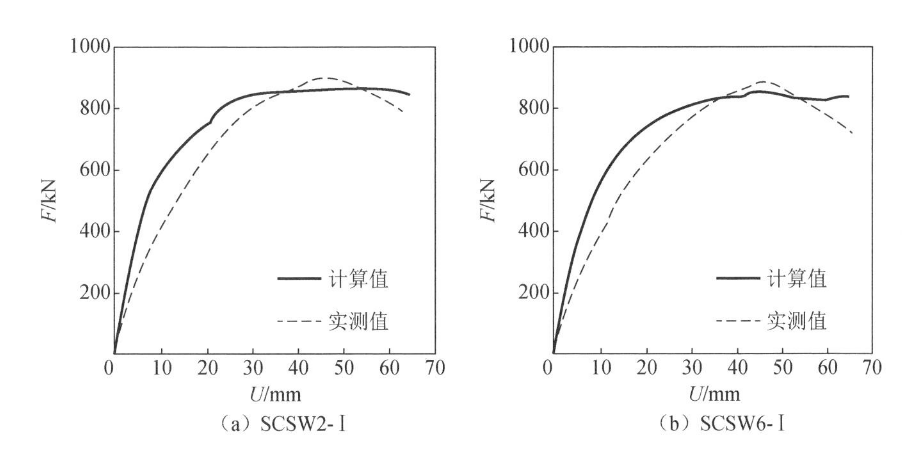

图 6-73 试件 SCSW2-Ⅰ和试件 SCSW6-Ⅰ的 *F-U* 骨架曲线

图 6-74 和图 6-75 分别给出了试件 SCSW2-Ⅰ、SCSW6-Ⅰ在 1/50 位移角时，钢筋和钢构部分的应力云图及混凝土墙体的损伤云图。

由图 6-73～图 6-75 可知，模拟值与实测值匹配较好。墙肢内藏分块钢板的耗能分布较均匀，减轻了墙肢底部的损伤程度并延缓了损伤过程；墙肢内藏整体钢板的耗能集中在墙肢底部，未能较好地发挥上部钢板的耗能作用，底部损伤较重；两个试件的连梁钢板耗能充分，均实现了“强墙肢、弱连梁”的延性屈服机制。

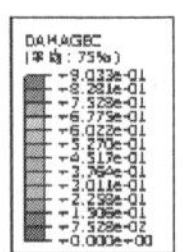

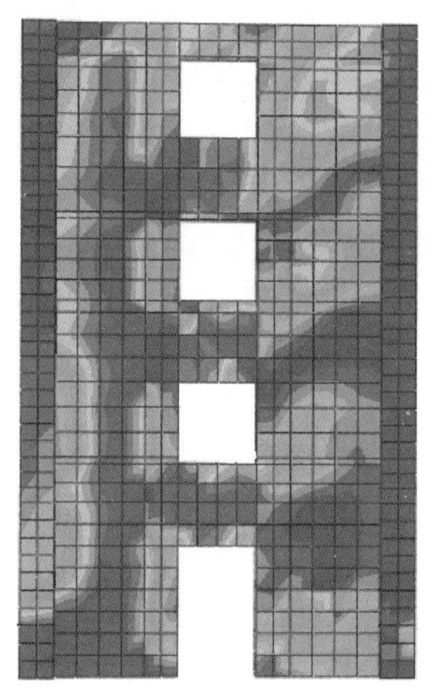

（a）混凝土应力云图

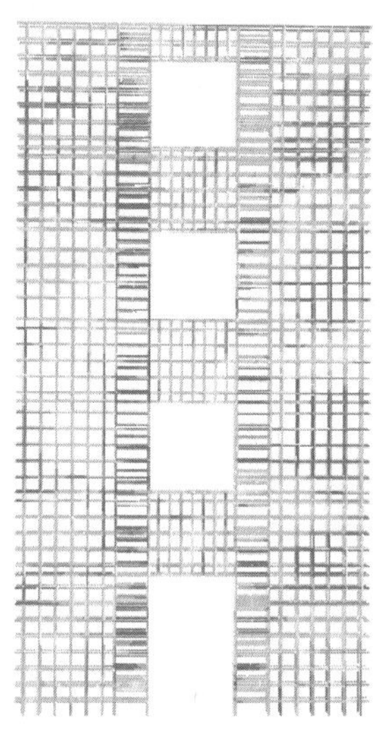

（b）钢筋应力云图

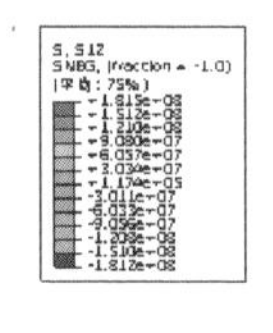

（c）钢管与分块钢板应力云图

图 6-74　SCSW2-Ⅰ应力云图

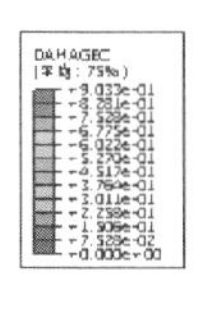
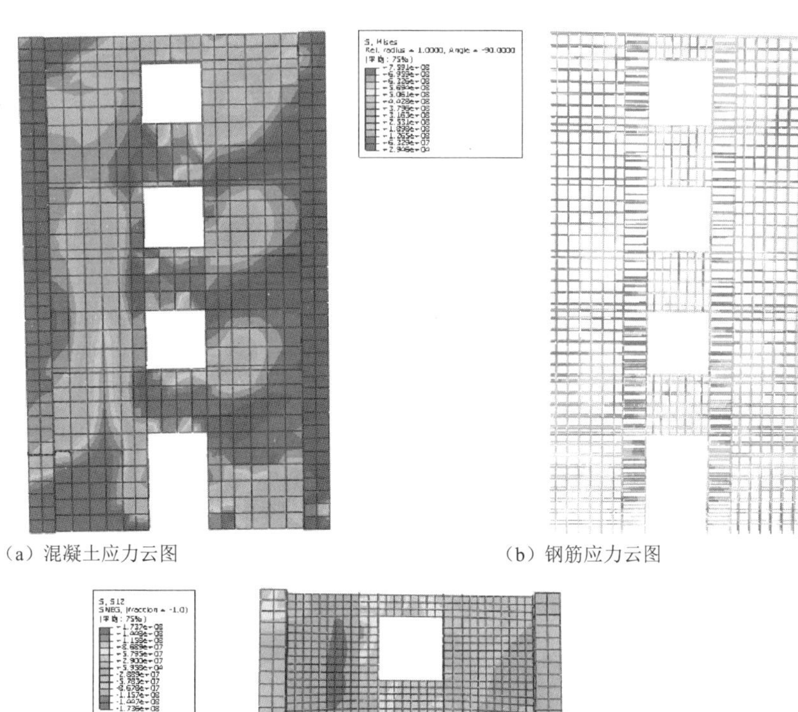

（a）混凝土应力云图　　　　（b）钢筋应力云图

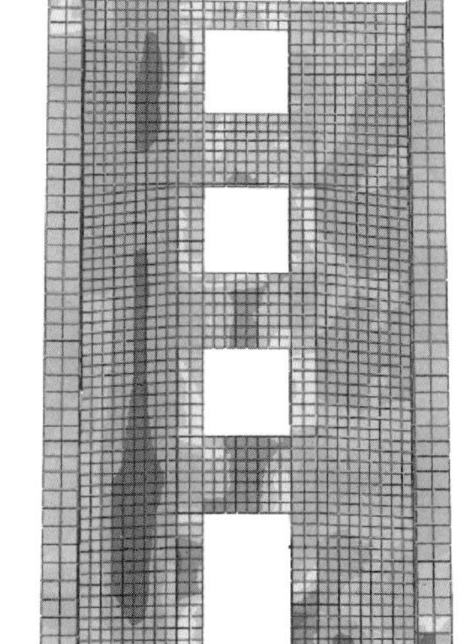

（c）钢管与分块钢板应力云图

图 6-75　SCSW6-Ⅰ应力云图

2. 边框钢管壁厚的影响

以下采用与试验原型相同的内藏错位分块钢板双肢剪力墙试件 SCSW2-Ⅰ进行分析，讨论边框钢管厚度和分块钢板厚度两个因素对剪力墙承载力的影响。

在其他条件不变的条件下，改变边框钢管的壁厚，剪力墙的受力性能会有所不同。边框钢管厚度分别取 2mm、6mm 时，其对双肢墙的影响的骨架曲线如

图 6-76 所示。由图 6-76 可知，随着钢管混凝土边框中钢管壁厚的增加，极限荷载随之明显增大，起到了较大的抗弯作用。剪力墙的开裂荷载也会增大，但增大的幅度很小。当钢管壁厚增大到一定程度时，其对承载力的提高程度降低，因此钢管含钢率不宜过大。

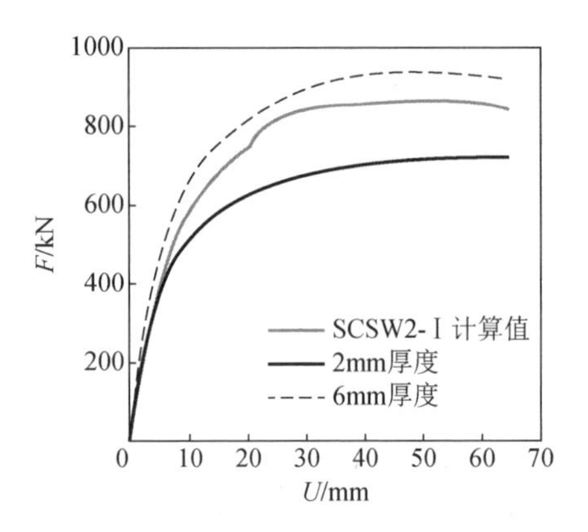

图 6-76　边框钢管厚度对双肢墙的影响的骨架曲线

3. 分块钢板厚度的影响

双肢剪力墙整体含钢率用 ρ_s 来表示，在整体含钢率不同的情况下，剪力墙的受力性能会有所不同。

在试件 SCSW2-Ⅰ的基础上，同时改变连梁、墙肢中分块钢板的厚度，与试件 SCSW2-Ⅰ的计算值相比，按照分块钢板的厚度由小到大依次为 2mm、试件 SCSW2-Ⅰ计算值、4mm、6mm，对应的整体含钢率分别为 6.59%、6.84%、7.45%、8.30%，得到 4 个剪力墙模型的 *F-U* 曲线，如图 6-77（a）所示。

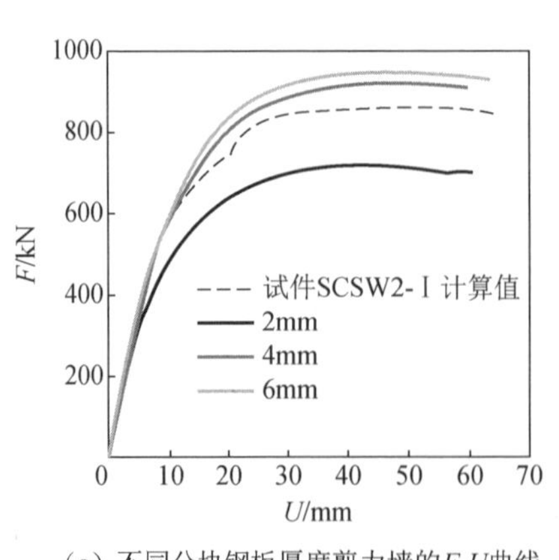

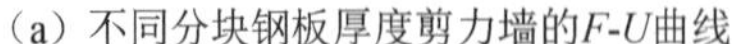

（a）不同分块钢板厚度剪力墙的*F-U*曲线

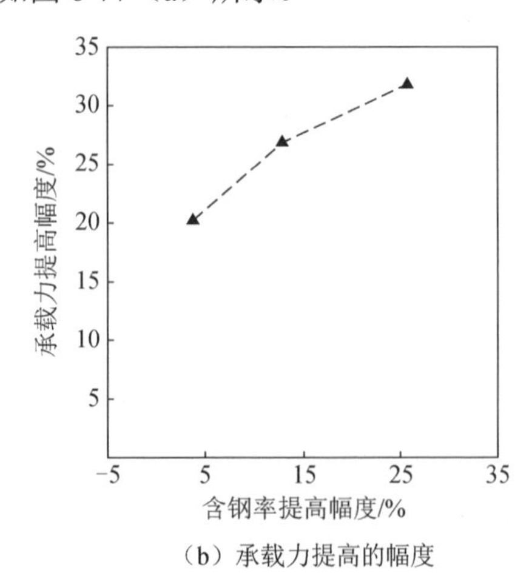

（b）承载力提高的幅度

图 6-77　分块钢板厚度对双肢墙的影响

计算结果表明，当通过改变分块钢板的厚度使整体含钢率分别为 6.59%、6.84%、7.45%、8.30%时，其对应剪力墙与 2mm 厚钢板的剪力墙模型（含钢率 6.59%）相比，整体含钢率分别提高了 3.8%、13.1%、25.9%，承载力分别提高了 20.3%、27.0%、31.7%，承载力提高幅度与整体含钢率提高幅度的关系如图 6-77（b）所示。由图可知，随着钢板厚度的提高，剪力墙的承载力也逐步提高。从计算结果还可以看出，当分块钢板厚度按试件 SCSW2-Ⅰ选取时，对剪力墙的初始刚度有所提高，承载力提高效果最好；当所有的分块钢板厚度继续提高时，其对承载力的提高作用明显降低，因此设计中应合理确定分块钢板的含钢率与强度。

6.6.10　恢复力模型

1. 骨架曲线

为研究内藏分块钢板双肢墙和内藏分块钢板无洞口剪力墙的力与变形关系，对试验中内藏分块钢板双肢剪力墙和内藏分块钢板无洞口剪力墙的骨架曲线的形状及走势进行了综合分析，结果表明采用带下降段的三折线骨架曲线模型为宜。该模型以屈服荷载点和极限荷载点作为转折点，即确定屈服荷载、极限荷载和极限位移对应的点，如图 6-78 所示。

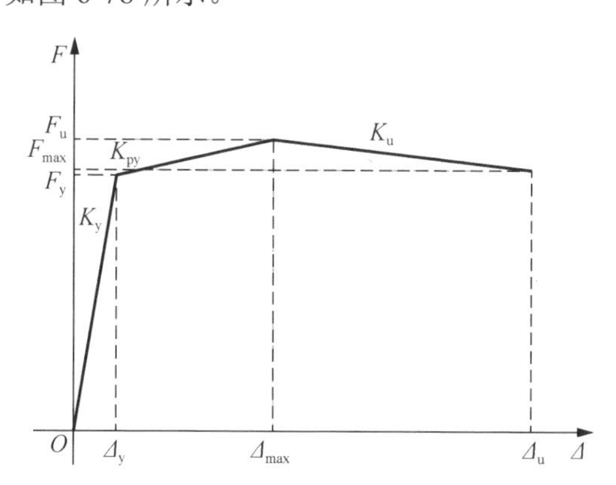

图 6-78　6.6.10 节骨架曲线模型

定义试件的屈服刚度为屈服前刚度 K_y，屈服荷载到极限荷载的刚度为屈服后刚度 K_{py}，极限荷载到破坏荷载的刚度为下降段刚度 K_u。

1）K_y 的取值为对弹性刚度 K_0 进行折减，即 $K_y = \alpha_1 K_0$，其中 α_1 为折减系数。根据试验分析，建议如下：对于内藏分块钢板双肢剪力墙，不同边框柱截面形式、不同分块钢板跨高比的情况下，取 $\alpha_1 = -0.02\rho_s + 0.40$；对于内藏分块钢板无洞口剪力墙，取 $\alpha_1 = 0.19$。

屈服荷载 F_y 的取值为对前述的极限承载力进行折减，折减系数的取值：对内藏分块钢板双肢剪力墙和内藏整块钢板双肢剪力墙，取 0.72；对内藏分块钢板无洞口剪力墙，取 0.71。

屈服位移Δ_y由屈服荷载F_y和屈服前刚度K_y确定，即$\Delta_y = F_y / K_y$。

2）屈服后刚度K_{py}的取值为对屈服前刚度K_y进行折减，即$K_{py} = \alpha_2 K_y$，其中α_2为折减系数。根据试验分析，建议如下：对于型钢混凝土边框内藏钢板剪力墙，取$\alpha_2 = -0.18\rho_s + 1.51$；对于无洞口内藏分块钢板组合剪力墙，取$\alpha_2 = 0.26$。

极限荷载F_{max}取前述计算所得的极限承载力。

极限位移Δ_{max}由屈服荷载F_y、屈服位移Δ_y、极限荷载F_{max}和屈服后刚度K_{py}确定，计算式为$\Delta_{max} = \dfrac{F_{max} - F_y}{K_{py}} + \Delta_y$。

3）下降段刚度K_u的取值为对屈服前刚度K_y进行折减，计算式为$K_u = \alpha_3 K_y$，其中α_3为折减系数。根据试验数据分析，建议如下：对于型钢混凝土边框内藏钢板剪力墙，取$\alpha_3 = -0.58\rho_s + 3.78$；对于内藏分块钢板无洞口剪力墙，取$\alpha_3 = -0.04$。

破坏荷载F_u取极限承载力下降到 85%的值。

破坏位移Δ_u由极限荷载F_{max}、极限位移Δ_{max}、破坏荷载F_u和下降段刚度K_u确定，计算式为$\Delta_u = \Delta_{max} - \dfrac{F_{max} - F_u}{K_u}$。

2. 滞回特性

由于剪力墙试件正向和反向的卸载规则基本相同，并认为试件在达到屈服荷载前滞回曲线的卸载刚度与加载刚度基本相同，在荷载超过屈服荷载后，将实测的刚度退化曲线进行拟合，图 6-79 为部分剪力墙试件卸载刚度的拟合曲线。

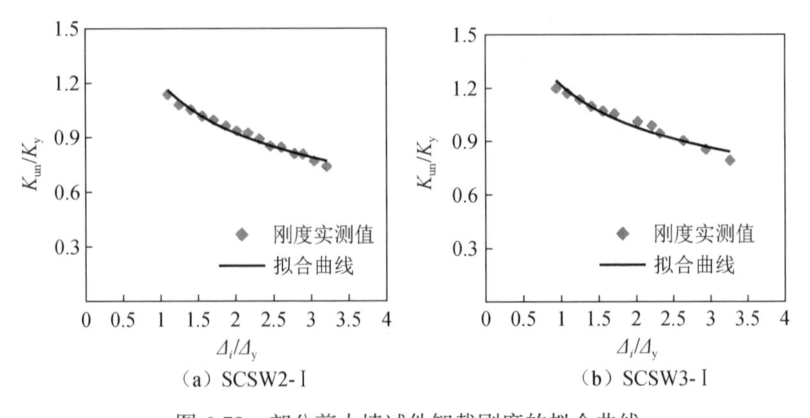

图 6-79　部分剪力墙试件卸载刚度的拟合曲线

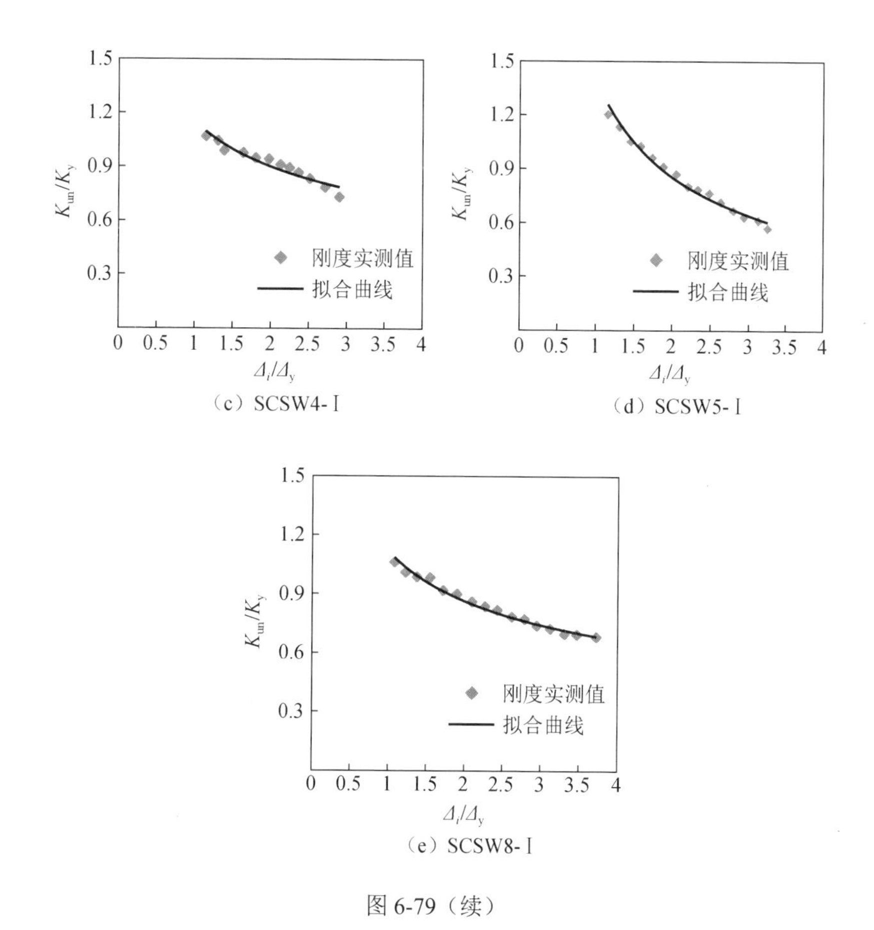

（c）SCSW4-Ⅰ

（d）SCSW5-Ⅰ

（e）SCSW8-Ⅰ

图 6-79（续）

所采用的拟合计算式为$K_{un}=\beta\left(\dfrac{\Delta_i}{\Delta_y}\right)^{\gamma}K_y$。式中，$K_{un}$为卸载刚度；$\Delta_i$为屈服后每个加载循环所达到位移绝对值的最大值；$\beta$为拟合系数；$\gamma$为拟合指数，一般通过最小二乘法拟合出最优值。对于内藏钢板双肢剪力墙，取$\beta=-0.62\rho_s+5.49$，$\gamma=0.66\rho_s-4.97$；对于内藏分块钢板无洞口剪力墙，$\beta=1.116$，$\gamma=-0.370$。

3. 恢复力模型及计算结果

恢复力模型的行走路线如图 5-47 所示，试件的 F-U 滞回曲线如图 6-80 所示。由图 6-80 可知，实测值与计算值匹配较好。

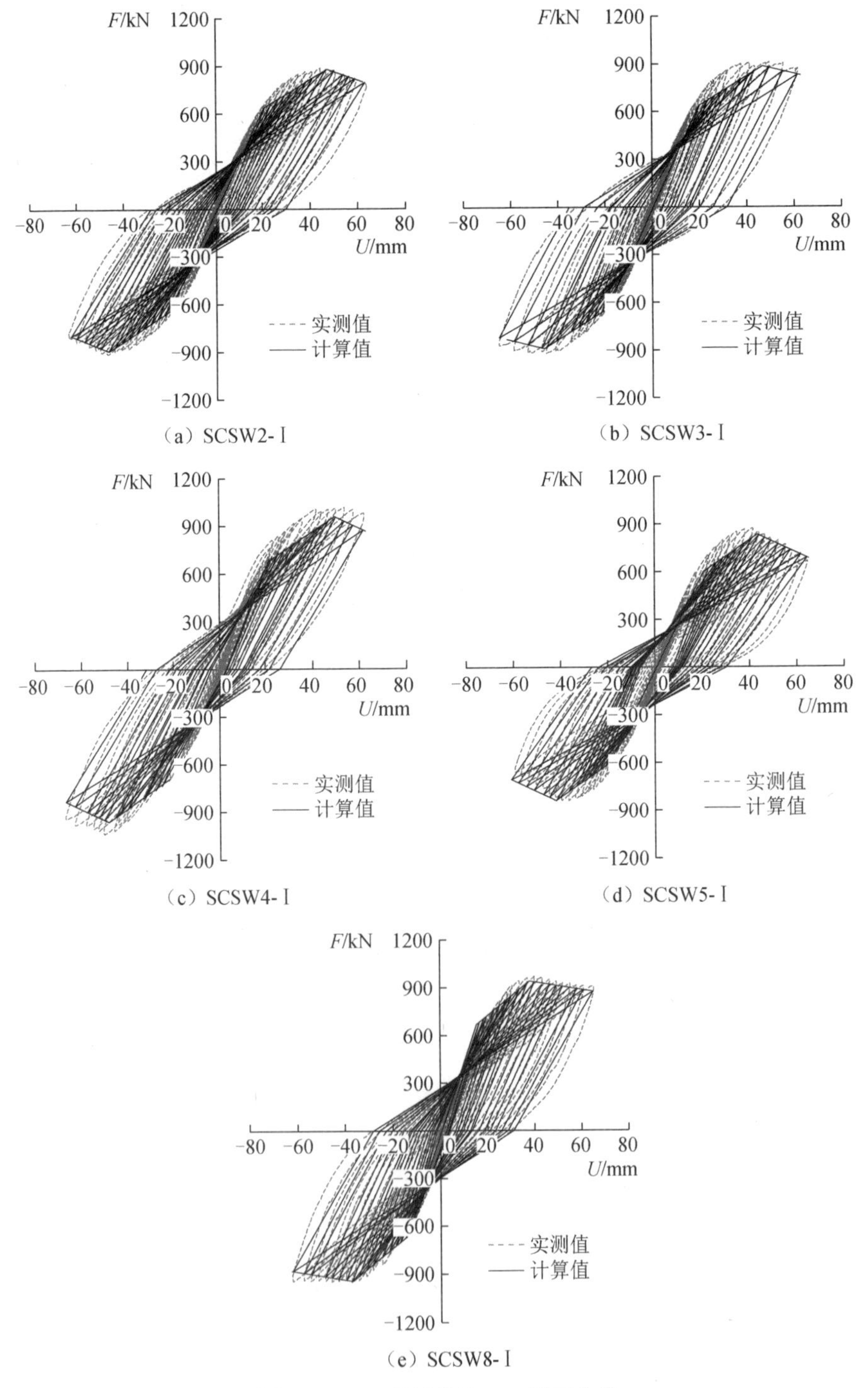

图 6-80　6.6 节试件的 F-U 滞回曲线

6.7 本章小结

本章进行了 6 个钢管混凝土密柱内藏分块钢板组合剪力墙、9 个钢管及型钢混凝土密柱-分块钢板结构、5 个钢管混凝土边柱及型钢混凝土中柱内藏分块钢板组合剪力墙、5 个钢管混凝土密柱内藏分块钢板组合剪力墙、8 个钢管及型钢混凝土密柱内藏分块钢板双肢剪力墙模型试件在低周反复荷载作用下的抗震性能试验研究，分析了各试件的承载力、刚度、延性、耗能、滞回特性及破坏过程。基于试验，采用 ABAQUS 有限元软件进行了弹塑性有限元分析，研究了其在单调加载下的荷载-变形曲线和各阶段工作性能；考虑钢管及型钢混凝土密柱内藏分块钢板组合剪力墙的构造特点，建立了相应的刚度计算模型、承载力计算模型和恢复力模型，计算结果与试验匹配较好。研究表明：

1）钢管及型钢混凝土密柱内藏分块钢板组合剪力墙，由钢管混凝土、分块钢板、混凝土墙体及相关连接界面四类消能减震单元组成，钢管混凝土密柱-分块钢板形成核心结构，具有良好的分灾耗能机制：在受力过程中，钢筋混凝土条带首先在开裂与闭合过程中消耗地震能量，起到分灾和延缓钢管混凝土密柱-分块钢板核心结构损伤与破坏的作用；分块钢板通过弯剪变形消耗地震能量，同时又与钢管及外包混凝土条带共同工作，协同耗能；钢管混凝土边柱起着较大的抗弯作用，钢管及型钢混凝土中柱在受力后期可分担较多的竖向轴力，有利于发挥墙体的延性。

2）钢管及型钢混凝土密柱-分块钢板结构，应设计成“强钢管及型钢混凝土密柱、弱分块钢板”的延性屈服结构，并注重分块钢板设计参数与钢管混凝土设计参数的合理匹配，以获得较优的性价比和良好的抗震性能。

3）钢管及型钢混凝土密柱内藏分块钢板组合剪力墙，明显屈服损伤后采用钢管混凝土边框之间贴焊薄钢板的方法进行修复，剪力墙仍具有足够的抗震能力，震后可修复性较好。

4）与没有内藏分块钢板的双肢剪力墙相比，内藏分块钢板双肢剪力墙的抗震承载力较大，刚度退化较慢，延性显著提高。钢管混凝土边框-墙肢内藏分块钢板-型钢暗柱-连梁内藏钢板-混凝土墙体共同工作，整体协同抗震，连接部位消能减震，具有良好的分灾耗能性能。

5）钢管及型钢混凝土密柱内藏分块钢板双肢剪力墙，随着墙体含钢率的增加，承载力和刚度有所提高，但延性逐渐变差，滞回耗能性能呈先增后减的变化趋势。抗震设计中，应合理匹配钢管混凝土边框、内藏分块钢板墙肢、内层钢板连梁的刚度、强度设计参数，实现“强墙肢、弱连梁”的延性屈服机制。

6）钢管及型钢混凝土密柱内藏分块钢板双肢剪力墙，墙肢内藏分块钢板与连梁内藏钢板的厚度、高宽比及沿墙高的布置应合理设计，以使剪力墙的刚度、强度合理匹配，提高剪力墙的抗震能力。

参 考 文 献

[1] 韩林海．钢管混凝土结构：理论与实践[M]．北京：科学出版社，2004．

[2] THORBURN L J, KULAK G L, MONTGOMERY C J. Analysis of steel plate shear walls[R]. Structural engineering report. Edmoton: University of Alberta, 1983.

[3] 王迎春，郝际平，李峰，等．钢板剪力墙力学性能研究[J]．西安建筑科技大学学报（自然科学版），2007，39（2）：181-186．

[4] SCHAFER K. Strut-and-tie models for the design of structural concrete[R]. Tainan: Cheng Kung University, 1996.

[5] ZHANG L X, HSU T T C. Behavior and analysis of 100 MPa concrete membrane elements[J]. Journal of structural engineering, 1998, 124(1): 24-34.

[6] HWANG S J, FANG W H, LEE H J, et al. Analytical model for predicting shear strength of squat walls[J]. Journal of structural engineering, 2001, 127(1): 43-50.

[7] HWANG S J, YU H W, LEE H J. Theory of interface shear capacity of reinforced concrete[J]. Journal of structural engineering, 2000, 126(6): 700-707.

[8] 初明进，冯鹏，叶列平．冷弯薄壁型钢混凝土剪力墙受剪承载力计算模型[J]．建筑结构学报，2011，32（9）：107-114．

第 7 章　新型钢-混凝土组合剪力墙及筒体体系应用的工程案例

7.1　北京新保利大厦

北京新保利大厦应用了内藏钢桁架混凝土组合核心筒技术。该工程为钢框架-钢筋混凝土筒体组合结构，结构总高度为 99.2m，24 层，平面布置呈三角形并有一个大中庭，三个角部各布置一个竖向筒体。横向体系是由西北角、东南角和西南角的核心筒与南北向和东西向的钢框架组成的双重体系。

主体结构采用钢-钢筋混凝土混合结构，抗侧力体系为钢框架-内藏钢桁架混凝土组合剪力墙筒体体系。钢筋混凝土剪力墙延伸至基础筏板，钢框架柱延伸至地下 1 层，地下 2～4 层转换为钢筋混凝土柱。主体结构的楼板采用压型钢板混凝土组合楼板，大部分楼层的楼板混凝土采用轻集料混凝土。

该工程的 3 个核心筒承担了整个结构 90%左右的侧向力，是结构抗震的核心体系。设计中采用了内藏钢桁架混凝土组合核心筒，显著提高了核心筒体的抗震性能，结构整体抗震能力显著提高。内藏钢桁架混凝土组合核心筒的钢桁架布置如图 7-1 所示，施工过程中的钢框架-核心筒结构如图 7-2 所示，施工过程中的核心筒内藏钢桁架如图 7-3 所示。

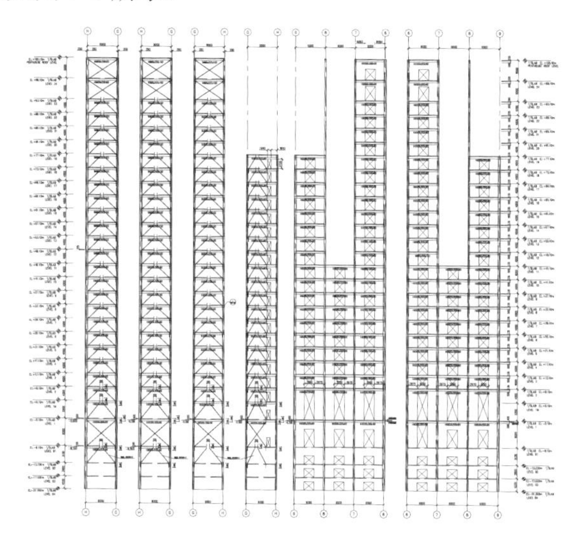

图 7-1　内藏钢桁架混凝土组合核心筒的钢桁架布置（示意图）

图 7-2 施工过程中的钢框架-核心筒结构

图 7-3 施工过程中的核心筒内藏钢桁架

7.2 广州珠江新城 J1-1 项目

广州珠江新城 J1-1 项目位于广州珠江新城西塔的西侧，为一栋超高层建筑。地上 66 层，地下 5 层，主体高度为 276.5m，建筑总高度为 288m，建筑面积为 13.5 万 m^2，功能为写字楼、酒店、高级公寓等。

主塔楼呈方形，局部有切角，无裙房。结构体系采用框架-筒体结构体系，外框架采用型钢混凝土框架、钢管混凝土柱；核心筒采用钢管混凝土边框内藏桁架组合剪力墙筒体，结合建筑避难层，设置了两个结构加强层，加强层设腰桁架和伸臂桁架。主体塔楼为矩形，底部建筑平面尺寸为 45.0m×45.0m，核心筒尺寸为 20.0m×20.0m。塔楼的高宽比为 276.5/45=6.1，核心筒的高宽比为 276.5/20=13.8。内筒与外框架之间的距离为 12.5m。建筑角部柱子由 6 层的两根合并到正负零标高处的一根，倾斜角度为 8°。地下室 1 层顶板采用现浇钢筋混凝土梁板体系，地下室其余楼层采用现浇钢筋混凝土无梁楼盖体系，与钢管柱的连接采用钢筋混凝土环梁节点。该建筑的建筑效果图如图 7-4 所示。

图 7-4　建筑效果图

该建筑中由钢管混凝土边框内藏桁架组合剪力墙形成的筒体底部墙的厚度为 700mm，两端钢管混凝土柱为 700mm×700mm×16mm，方钢管混凝土柱的含钢率约为 10%，钢材材质为 Q345B，混凝土强度等级为 C60。图 7-5 为组合剪力墙布置示意图，剪力墙中的内藏钢桁架随着楼层的增加（受力逐步减小）而逐步减小设计截面。图 7-6 为结构设计中 1～6 层的内藏桁架斜撑和横梁按照随着楼层的增高数量递减的规律确定的截面。此项目中采用钢管混凝土边框内藏钢桁架组合剪力墙及筒体的结构形式显著提高了核心筒的抗震性能，建筑的适用性较好，便于采用逆作法施工。

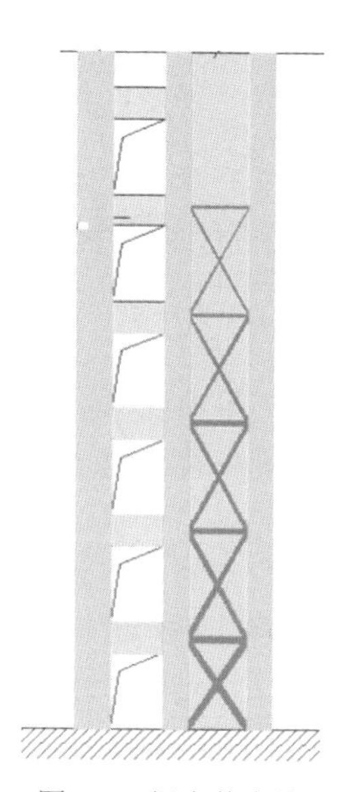

图 7-5　组合剪力墙布置示意

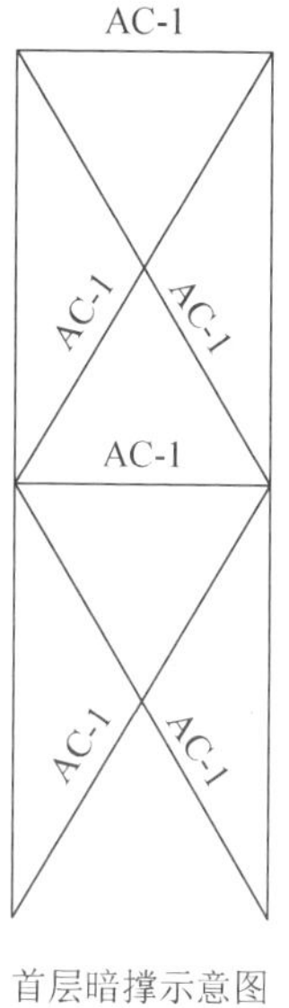

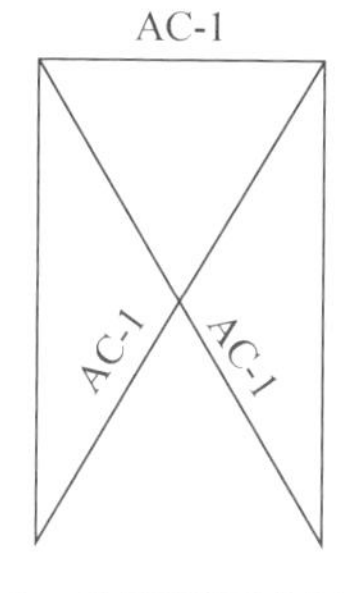

2～6层暗撑示意图

层号＼截面	AC-1截面
F1	250×250×9×14
F2～F3	250×250×8×12
F4～F5	200×200×6×12
F6	150×150×6×8

图 7-6　内藏桁架斜撑和横梁设计

7.3　大连国际会议中心

大连国际会议中心建筑面积为 13.2 万 m^2，建筑效果图如图 7-7 所示。这个有着贝壳形屋顶的会议中心共 5 层，地下 1 层，地上 4 层。拥有 1700 个座席的高标准剧场，可承担包括大型歌舞剧演出在内的多种演出活动；中心内还分别设有 1000 座、500 座、300 座的中小型会议厅 8 个，小型会议室 30 个，两个 32 座的小电影厅和多媒体会议厅。

图 7-7　大连国际会议中心建筑效果图

大连国际会议中心在设计上，紧扣绿色、环保、以人为本的理念，采用楼宇自控、智能遮阳、自然通风、海水源冷媒制冷等新技术，为低耗高能的绿色建筑。该工程结构十分复杂，结构主体由 14 个核心筒体和 1 片剪力墙共同支撑起近 3 万 m^2 的大跨度中空钢结构平台，这些核心筒体作为该建筑结构的撑起承载主体，必须保证在任何情况下筒体结构不损坏。图 7-8（a）为实际工程中筒体结构平面；图 7-8（b）为内藏钢桁架的构造，实际工程中的钢桁架梁和柱采用了工字钢。图 7-9 为组合筒体施工现场照片。该核心筒的构造有两个特征，一是边框采用了方钢管混凝土叠合柱，二是墙体采用了内藏网状钢桁架组合墙体。该新型组合核心筒的设计采用的是课题组提出并研发的钢管混凝土叠合柱边框内藏钢桁架组合剪力墙核心筒。

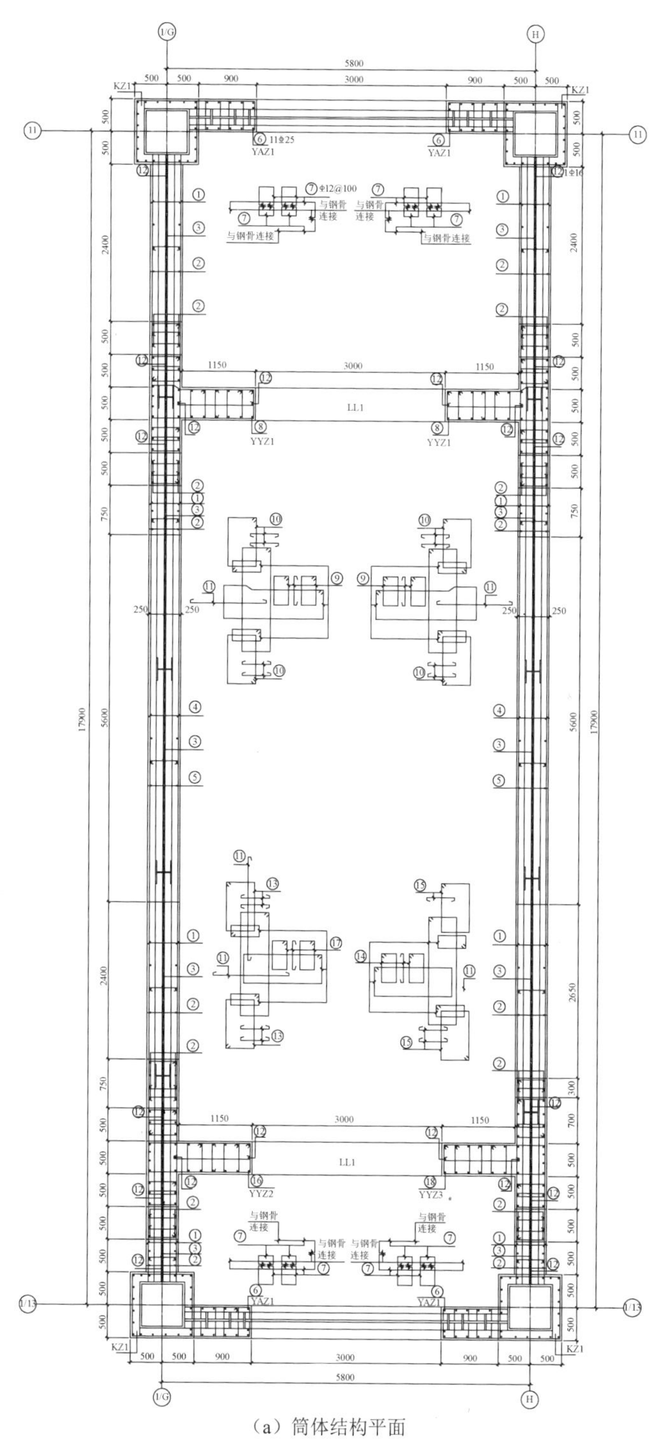

（a）筒体结构平面

图 7-8　工程中组合筒体构造

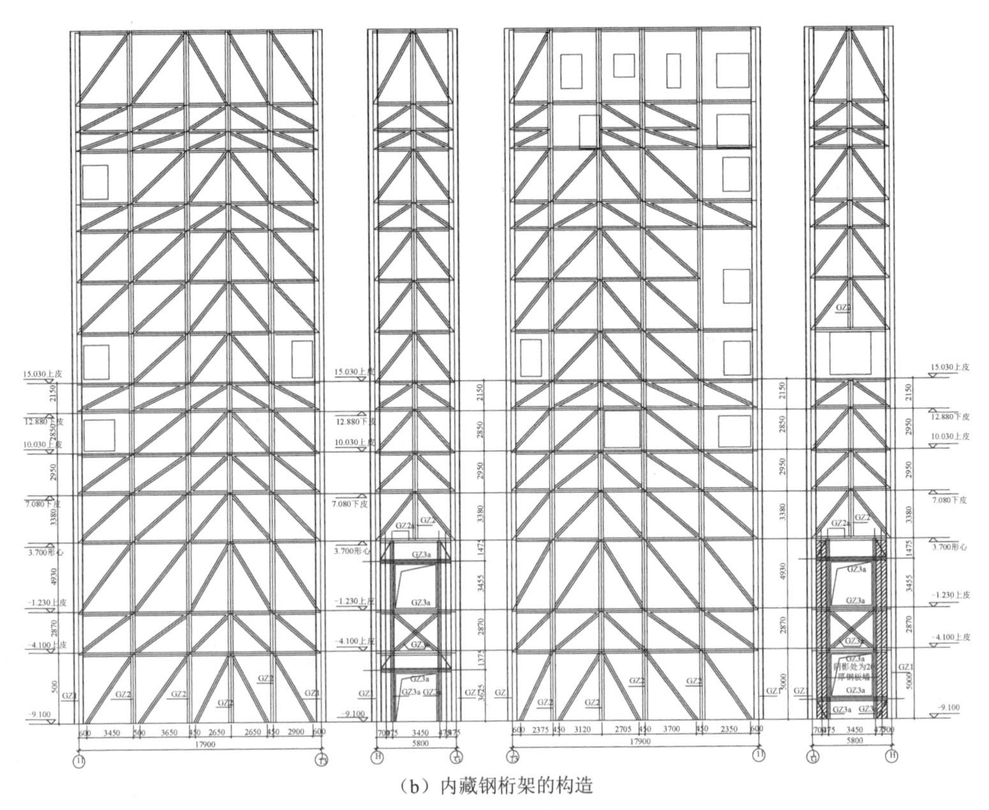

（b）内藏钢桁架的构造

图 7-8（续）

（a）施工现场（一）

（b）施工现场（二）

（c）施工现场（三）

（d）施工现场（四）

图 7-9　组合筒体施工现场照片

工程的实际应用表明，课题组提出的钢管混凝土叠合柱边框-钢桁架组合核心筒结构具有施工简便、抗震性能好、适用性强等优点，具有较大的工程实用价值和良好的应用前景。

7.4　北京财富中心二期办公楼

北京财富中心二期办公楼建筑面积约为 17 万 m^2，结构总高度为 265m，地上 59 层，地下 4 层。其建筑效果图如图 7-10 所示。塔楼结构为组合结构框架-钢筋混凝土核心筒体系，塔楼沿东西方向的高宽比达到了 6.13，核心筒高宽比为 16.1。显然，塔楼东西方向的尺寸较短，从而造成该方向的结构刚度较小，因此在此方向增设伸臂桁架、腰桁架形成加强层，以此增大结构刚度，以达到控制侧向位移的目的。办公楼主体结构的抗侧力体系由核心筒、外框架、伸臂桁架和腰桁架组成。图 7-11 为主要结构体系的组成。

图 7-10　北京财富中心二期办公楼建筑效果图

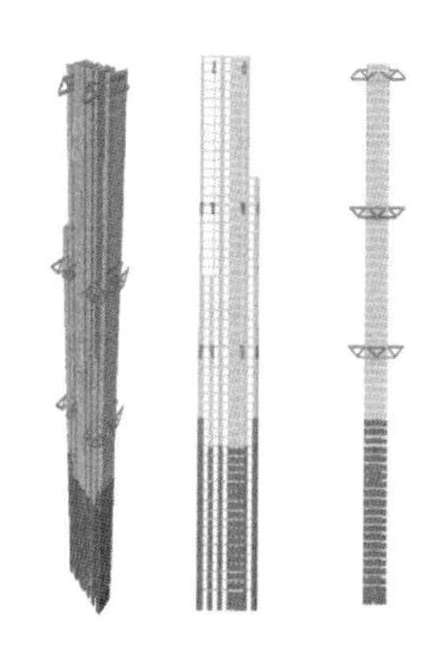

图 7-11　北京财富中心二期办公楼主要结构体系的组成

核心筒作为抗侧力体系的主要组成部分配合电梯井布置，在平面上为长方形，从基础向上一直延伸至结构屋顶，在较高楼层的南北方向尺寸有所减小，其外轮廓尺寸为 42.3m×15.9m（基底～44 层）、34.8m×15.1m（45 层～屋面）。核心筒周边墙体的厚度随着楼层高度的增加而逐渐减小，即由 1200mm 减小至 600mm。核心筒在承担竖向及水平荷载的同时，在水平荷载作用下提供抗侧移刚度和抗扭转刚度。特别是底部首层至 16 层的加强区域要求核心筒内的短边方向的墙体不仅要有足够的竖向承载力，而且还要满足抗剪承载力和抗侧移刚度的要求。此外，墙体的厚度应该尽可能“薄”，从而降低自重。因此，核心筒底部及部分加强区采用了内藏钢板组合剪力墙，特别是核心筒靠近端部的两道墙体，而靠近内部的墙体则采用内藏钢桁架的加强方式，核心筒剪力墙布置图如图 7-12 所示。核心筒墙体的厚度为 1000mm，内置钢板厚度为 35mm，其构造措施是在钢筋混凝土墙体内嵌入钢板，钢板与混凝土之间以栓钉连接。此外，钢板周边有钢柱、钢梁作为约束构件埋于混凝土中对钢板形成有效约束，从而提高钢板的综合抗震性能，剪力墙构造图如图 7-13 所示。北京财富中心二期办公楼施工现场照片如图 7-14 所示。

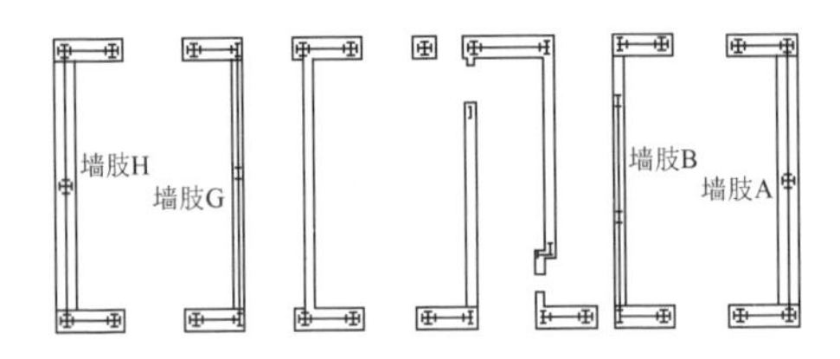

图 7-12　核心筒剪力墙布置

（a）底部加强楼层　（b）非加强楼层

图 7-13　剪力墙构造

（a）内藏钢板剪力墙

（b）内藏钢桁架剪力墙

（c）塔楼施工

图 7-14　北京财富中心二期办公楼施工现场照片

内藏钢板组合剪力墙核心筒的应用，有利于改善核心筒墙体在压弯、拉弯、剪切方面的受力性能，与钢筋混凝土剪力墙核心筒的设计方案相比，其在提高抗侧刚度和延性的同时，还减小了核心筒底部墙体的厚度，因此减轻了结构自重，这有利于抗震。